中望CAD

机械版实用教程

布克科技
姜勇 周克媛 董彩霞◎编著

人民邮电出版社
北京

图书在版编目（CIP）数据

中望CAD机械版实用教程 / 布克科技等编著. -- 北京 : 人民邮电出版社, 2023.7
ISBN 978-7-115-49706-2

Ⅰ. ①中… Ⅱ. ①布… Ⅲ. ①机械制图－AutoCAD软件－高等职业教育－教材 Ⅳ. ①TH126

中国国家版本馆CIP数据核字(2023)第007949号

内 容 提 要

本书围绕学以致用的核心思想编排教材内容，既系统介绍了中望机械 CAD 理论知识，又根据知识点布置了丰富的基础绘图练习、综合练习及机械图练习，着重培养学生的 CAD 绘图技能，提高解决实际问题的能力。

全书共 14 章，主要内容包括中望机械 CAD 用户界面及基本操作，绘制和编辑平面图形，组合体三视图及剖视图，高级绘图与编辑，书写文字，标注尺寸，查询信息、图块及外部参照，中望 CAD 机械绘图工具，零件图，产品设计方法及装配图，轴测图，打印图形，三维建模等。

本书可作为高等职业院校机械、电子、交通、纺织及工业设计等专业的计算机辅助绘图课教材，也可作为广大工程技术人员的自学用书。

◆ 编　　著　布克科技　姜　勇　周克媛　董彩霞
责任编辑　李永涛
责任印制　王　郁　胡　南
◆ 人民邮电出版社出版发行　　北京市丰台区成寿寺路 11 号
邮编　100164　　电子邮件　315@ptpress.com.cn
网址　https://www.ptpress.com.cn
北京天宇星印刷厂印刷
◆ 开本：787×1092　1/16
印张：19.5　　　　2023 年 7 月第 1 版
字数：495 千字　　　　2025 年 2 月北京第 9 次印刷

定价：79.90 元

读者服务热线：(010) 81055410　印装质量热线：(010) 81055316
反盗版热线：(010) 81055315

前言

中望机械 CAD 是广州中望龙腾软件股份有限公司研发的一款优秀的计算机辅助设计及绘图软件，广泛应用于机械、电子、汽车、交通及能源等制造业领域，其用户包括宝武、上汽集团、中船集团、中交集团、中国移动、京东方、格力、海尔及国家电网等中国乃至世界知名企业。由于其具有易于学习、使用方便、体系结构开放等优点，因此深受广大工程技术人员的喜爱。

近年来，随着我国社会经济的迅猛发展，市场急需一大批懂技术、懂设计、懂软件、会操作设备的应用型高技能人才。本书是基于目前社会上对中望机械 CAD 应用人才的需求和各个院校开设相关课程的教学需求，以及企业中部分技术人员学习中望机械 CAD 的需求而编写的。

本书结构大致按照“软件功能→功能演练→综合练习”这一思路进行设计，以“学以致用”的核心思想从易到难地编排内容。本书将理论知识与实际操作密切结合，提供丰富的实践内容，贴近机械工程需求，体现了教学改革的最新理念。

本书突出实用性，注重培养学生的实践能力，且具有以下特色。

（1）循序渐进地介绍中望机械 CAD 的主要功能。为常用命令提供相应的基本操作示例，并配有图解说明，此外还对命令的各选项进行详细解释。

（2）将理论知识与上机练习有机结合，便于教师采用“边讲、边练、边学”的教学模式。围绕 3～5 个命令精选相关练习题，通过这些作图训练，学生可以逐渐掌握命令的基本用法和相应的作图技巧。

（3）专门安排两章内容介绍用中望机械 CAD 绘制典型零件图及装配图的方法。通过对这部分内容的学习，学生可以了解用中望机械 CAD 绘制机械图的步骤及特点，并掌握一些实用的作图技巧，从而提高解决实际问题的能力。

本书编者长期从事 CAD 的应用、开发及教学工作，并且一直在关注 CAD 技术的发展，对中望机械 CAD 软件的功能、特点及其应用有较深入的理解和体会。编者对本书的结构体系做了精心安排，力求系统、清晰地介绍用中望机械 CAD 设计和绘图的方法与技巧。

全书分为 14 章，主要内容如下。

- 第 1 章：介绍中望机械 CAD 用户界面、基本操作及图层设置等。
- 第 2 章：介绍线段、平行线、圆及圆弧连接等的绘制方法。
- 第 3 章：介绍矩形、正多边形、椭圆及剖面图案等的绘制方法。
- 第 4 章：介绍绘制组合体三视图及剖视图的方法和技巧。
- 第 5 章：介绍多段线、多线、射线、点对象及面域等的绘制方法。
- 第 6 章：介绍书写文字和创建表格对象的方法。
- 第 7 章：介绍标注各种类型的尺寸的方法。
- 第 8 章：介绍查询图形信息的方法和图块、外部参照等的用法。
- 第 9 章：介绍中望 CAD 机械专用绘图及标注工具。
- 第 10 章：通过实例介绍绘制典型零件图的方法和技巧。

- 第 11 章：介绍装配图及拆画零件图的方法及技巧。
- 第 12 章：介绍绘制轴测图的方法。
- 第 13 章：介绍打印图形的方法。
- 第 14 章：介绍创建三维实体模型的方法。

本书配套资源中包含书中实例的素材文件和部分实例操作的视频教学文件，请打开异步社区官网（http://www.epubit.com），注册并登录账号；在主页中单击[Q]按钮，在打开页面的搜索框中输入“49706”，单击[搜索产品]按钮；进入本书的产品页面，在【配套资源】栏目中单击[去下载]按钮；在打开的页面中单击链接地址即可进入配套资源下载页面，按提示进行操作。

由于作者水平有限，书中难免存在疏漏之处，敬请读者批评指正。

编者

2023 年 5 月

目录

第 1 章　中望机械 CAD 用户界面及基本操作 ······1
1.1　中望机械 CAD 绘图环境 ······1
1.2　中望机械 CAD 用户界面的组成 ······2
1.2.1　菜单浏览器 ······2
1.2.2　快速访问工具栏 ······3
1.2.3　功能区 ······3
1.2.4　绘图窗口 ······4
1.2.5　命令提示窗口 ······4
1.2.6　状态栏 ······5
1.3　学习基本操作 ······6
1.3.1　使用中望机械 CAD 绘图的基本过程 ······6
1.3.2　切换工作空间 ······8
1.3.3　调用命令 ······9
1.3.4　鼠标操作 ······9
1.3.5　选择对象的常用方法 ······10
1.3.6　删除对象 ······12
1.3.7　撤销和重复命令 ······12
1.3.8　取消已执行的操作 ······12
1.3.9　快速缩放及移动图形 ······12
1.3.10　放大图形及返回最初的显示状态 ······13
1.3.11　将图形全部显示在绘图窗口中 ······13
1.3.12　设定绘图区域的大小 ······14
1.3.13　设置单位显示格式 ······15
1.3.14　预览打开的文件及在文件间切换 ······15
1.3.15　上机练习——布置用户界面及设定绘图区域的大小 ······16
1.4　模型空间和图纸空间 ······17
1.5　图形文件管理 ······18
1.5.1　新建、打开及保存图形文件 ······18
1.5.2　输入及输出其他格式的文件 ······20
1.6　设置图层、线型、线宽及颜色 ······21
1.6.1　创建及设置图层 ······21
1.6.2　控制图层状态 ······23
1.6.3　修改对象所在的图层及合并图层 ······24
1.6.4　修改对象的颜色、线型和线宽 ······24
1.6.5　修改非连续线的外观 ······25
1.6.6　上机练习——使用图层及修改线型比例 ······26
1.7　习题 ······26
第 2 章　绘制和编辑平面图形（一） ······28
2.1　绘制线段的方法（一） ······28
2.1.1　输入点的坐标绘制线段 ······28
2.1.2　使用对象捕捉功能精确绘制线段 ······30
2.1.3　结合对象捕捉、极轴追踪及对象捕捉追踪功能绘制线段 ······33
2.1.4　利用正交模式辅助绘制线段 ······34
2.1.5　修剪线条 ······34
2.1.6　延伸对象 ······35
2.1.7　直接拖曳改变线条长度 ······36
2.1.8　上机练习——绘制线段的方法 ······37
2.2　绘制线段的方法（二） ······38
2.2.1　利用角度覆盖方式绘制垂线及倾斜线段 ······38
2.2.2　利用 XLINE 命令绘制任意角度的斜线 ······38

2.2.3 绘制平行线 ······40
2.2.4 打断对象 ······41
2.2.5 动态调整线条长度 ······42
2.2.6 上机练习——绘制斜线及垂线 ······42
2.2.7 上机练习——利用 OFFSET 和 TRIM 等命令绘图 ······43
2.3 切线、圆及圆弧连接 ······44
2.3.1 绘制切线 ······44
2.3.2 绘制圆 ······45
2.3.3 绘制切线、圆及圆弧连接 ······46
2.3.4 上机练习——绘制圆弧连接 ······47
2.4 移动及复制对象 ······48
2.4.1 移动对象 ······48
2.4.2 复制对象 ······49
2.4.3 上机练习——利用 MOVE 和 COPY 命令绘图 ······50
2.5 倒圆角和倒角 ······51
2.5.1 倒圆角 ······51
2.5.2 倒角 ······52
2.5.3 上机练习——倒圆角及倒角 ······53
2.6 综合练习一——绘制由线段构成的图形 ······54
2.7 综合练习二——利用 OFFSET 和 TRIM 等命令绘图 ······55
2.8 综合练习三——绘制线段及圆弧连接 ······56
2.9 习题 ······57
第 3 章 绘制和编辑平面图形（二）······59
3.1 绘制矩形、正多边形及椭圆 ······59
3.1.1 绘制矩形 ······59
3.1.2 绘制正多边形 ······60
3.1.3 绘制椭圆 ······61
3.1.4 上机练习——绘制由矩形、正多边形及椭圆等构成的图形 ······62
3.2 绘制具有均布及对称几何特征的图形 ······63
3.2.1 矩形阵列对象 ······63
3.2.2 环形阵列对象 ······65
3.2.3 沿路径阵列对象 ······66
3.2.4 沿倾斜方向阵列对象 ······67
3.2.5 镜像对象 ······68
3.2.6 上机练习——练习阵列及镜像命令 ······69
3.3 旋转及对齐图形 ······70
3.3.1 旋转对象 ······70
3.3.2 对齐对象 ······71
3.3.3 上机练习——用旋转和对齐命令绘图 ······72
3.4 拉伸及缩放图形 ······74
3.4.1 拉伸图形 ······74
3.4.2 按比例缩放图形 ······75
3.4.3 上机练习——利用已有对象生成新图形 ······76
3.5 绘制样条曲线和断裂线 ······77
3.6 填充剖面图案 ······78
3.6.1 填充封闭区域 ······78
3.6.2 填充不封闭区域 ······79
3.6.3 填充复杂图形的方法 ······79
3.6.4 使用渐变色填充图形 ······80
3.6.5 剖面线的比例 ······80
3.6.6 剖面线的角度 ······80
3.6.7 创建注释性填充图案 ······81
3.6.8 上机练习——绘制断裂线及填充剖面图案 ······81
3.7 关键点编辑方式 ······81
3.7.1 利用关键点拉伸对象 ······82
3.7.2 利用关键点移动及复制对象 ······83
3.7.3 利用关键点旋转对象 ······84
3.7.4 利用关键点缩放对象 ······84
3.7.5 利用关键点镜像对象 ······85
3.7.6 上机练习——利用关键点编辑方式绘图 ······86
3.8 编辑对象特性 ······87

3.8.1 用 PROPERTIES 命令改变对象特性……87
3.8.2 对象特性匹配……87
3.9 综合练习一——绘制具有均布特征的图形……88
3.10 综合练习二——创建矩形阵列及环形阵列……89
3.11 综合练习三——绘制由多边形、椭圆等对象组成的图形……91
3.12 综合练习四——利用已有图形生成新图形……92
3.13 习题……93

第 4 章 组合体三视图及剖视图……95

4.1 绘制组合体三视图……95
4.2 根据两个视图绘制第三个视图……96
4.3 根据轴测图绘制组合体三视图……97
4.4 全剖及半剖视图……98
4.5 阶梯剖及旋转剖……99
4.6 断面图……100
4.7 习题……101

第 5 章 高级绘图与编辑……102

5.1 多段线、多线及射线……102
5.1.1 绘制多段线……102
5.1.2 编辑多段线……103
5.1.3 创建多线……105
5.1.4 创建多线样式……106
5.1.5 编辑多线……108
5.1.6 绘制射线……109
5.1.7 分解多线及多段线……110
5.1.8 利用多段线及多线命令绘图……110
5.2 点对象……111
5.2.1 设置点样式……111
5.2.2 创建点……111
5.2.3 创建测量点……112
5.2.4 创建等分点……112
5.3 绘制圆环及圆点……113
5.4 合并及清理对象……113
5.4.1 合并对象……113
5.4.2 清理已命名对象……114
5.5 面域造型……114
5.5.1 创建面域……114
5.5.2 并运算……115
5.5.3 差运算……115
5.5.4 交运算……116
5.5.5 面域造型应用实例……117
5.6 综合练习——创建多段线、圆点及面域……118
5.7 习题……118

第 6 章 书写文字……121

6.1 书写文字的方法……121
6.1.1 创建及修改文字样式……121
6.1.2 创建单行文字……123
6.1.3 单行文字的对齐方式……124
6.1.4 在单行文字中加入特殊符号……125
6.1.5 用 TEXT 命令填写明细表……125
6.1.6 用 TEXT 命令标注机械图……126
6.1.7 创建多行文字……127
6.1.8 添加特殊字符……130
6.1.9 在多行文字中设置不同字体及字高……131
6.1.10 创建分数及公差形式的文字……131
6.1.11 编辑文字……132
6.1.12 在零件图中使用注释性文字……133
6.1.13 上机练习——创建单行及多行文字……134
6.2 创建表格对象……136
6.2.1 表格样式……136
6.2.2 创建及修改空白表格……138
6.2.3 在表格对象中填写文字……140
6.3 习题……141

第 7 章 标注尺寸……143

7.1 标注尺寸的方法……143
7.1.1 创建国标规定的标注样式……143
7.1.2 创建长度型尺寸标注……146

7.1.3 创建对齐尺寸标注 147
7.1.4 创建连续型和基线型尺寸标注 148
7.1.5 创建角度型尺寸标注 149
7.1.6 创建直径型和半径型尺寸标注 150
7.2 利用角度标注样式簇标注角度 151
7.3 标注尺寸公差及形位公差 152
7.3.1 标注尺寸公差 152
7.3.2 标注形位公差 153
7.4 引线标注 153
7.5 编辑尺寸标注 155
7.5.1 修改尺寸标注的内容及位置 155
7.5.2 改变尺寸标注外观——更新尺寸标注 156
7.5.3 均布及对齐尺寸线 156
7.5.4 编辑尺寸标注属性 157
7.6 在工程图中标注注释性尺寸 157
7.7 上机练习——尺寸标注综合训练 158
7.7.1 采用普通尺寸或注释性尺寸标注平面图形 158
7.7.2 标注组合体尺寸 160
7.8 习题 161

第 8 章 查询信息、图块及外部参照 162

8.1 获取图形几何信息的方法 162
8.1.1 获取点的坐标 162
8.1.2 测量距离及连续线长度 163
8.1.3 计算图形面积及周长 164
8.1.4 列出对象的图形信息 165
8.1.5 查询图形信息综合练习 166
8.2 图块 167
8.2.1 创建图块 167
8.2.2 插入图块或外部文件 168
8.2.3 定义图形文件的插入基点 169
8.2.4 在工程图中使用注释性图块 169
8.2.5 创建及使用块属性 170
8.2.6 编辑属性定义 172
8.2.7 编辑块属性 172
8.2.8 块属性管理器 173
8.2.9 图块及属性综合练习——创建明细表图块 174
8.3 使用外部引用 175
8.3.1 引用外部图形 175
8.3.2 管理及更新外部引用文件 176
8.3.3 转换外部引用文件的内容为当前图样的一部分 177
8.4 习题 178

第 9 章 中望 CAD 机械绘图工具 181

9.1 绘图及编辑工具 181
9.1.1 智能画线 181
9.1.2 中心线 183
9.1.3 对称画线 184
9.1.4 平行线 184
9.1.5 垂线 185
9.1.6 垂分线 186
9.1.7 角等分线 187
9.1.8 角度线 187
9.1.9 切线及公切线 188
9.1.10 波浪线 189
9.1.11 绘制圆 189
9.1.12 绘制矩形 190
9.1.13 指定点打断 191
9.1.14 光孔及螺纹孔 192
9.1.15 孔阵列 193
9.1.16 孔轴设计 194
9.1.17 孔轴投影 195
9.1.18 工艺槽 196
9.1.19 倒角及倒圆角 197
9.1.20 调用图库中的螺纹孔及沉孔 198
9.1.21 截断线 199
9.1.22 折断符 199
9.1.23 上机练习——机械绘图工具的应用 199

9.2 插入图框、尺寸标注及书写技术要求……200
9.2.1 插入图框……200
9.2.2 标注尺寸的集成命令——智能标注……201
9.2.3 标注水平、竖直及对齐尺寸……202
9.2.4 标注连续型及基线型尺寸……203
9.2.5 标注直径型和半径型尺寸……204
9.2.6 标注角度……205
9.2.7 标注尺寸公差……206
9.2.8 标注基准代号……207
9.2.9 标注形位公差……208
9.2.10 标注表面结构代号……209
9.2.11 书写技术要求……210
9.2.12 填写标题栏……210
9.2.13 上机练习——插入图框及标注尺寸……211
9.3 其他标注工具……212
9.3.1 形位公差的多种标注形式……212
9.3.2 一次性给多个标注文字添加符号……212
9.3.3 半剖标注……213
9.3.4 板厚标注……214
9.3.5 倒角标注……214
9.3.6 折弯标注……214
9.3.7 圆孔标记……214
9.3.8 焊接符号……215
9.3.9 锥度及斜度标注……215
9.3.10 多重标注……215
9.3.11 剖切符号……216
9.3.12 视图方向符号……216
9.3.13 局部放大图……217
9.3.14 引线标注……217
9.4 生成零件序号及明细表……217
9.4.1 标注零件序号……218
9.4.2 插入及合并零件序号……219
9.4.3 对齐零件序号……220
9.4.4 生成明细表……221
9.4.5 编辑明细表……222
9.4.6 上机练习——标注零件序号及生成明细表……222
9.5 自定义机械绘图环境……223
9.6 习题……224
第 10 章 零件图……226
10.1 用中望机械 CAD 绘制机械图的过程……226
10.1.1 建立绘图环境……227
10.1.2 布局主视图……227
10.1.3 生成主视图局部细节……228
10.1.4 布局其他视图……228
10.1.5 向左视图投影几何特征并绘制细节特征……229
10.1.6 向俯视图投影几何特征并绘制细节特征……230
10.1.7 修饰图样……231
10.1.8 插入标准图框、标注尺寸及书写技术要求……231
10.2 绘制典型零件图……231
10.2.1 传动轴……231
10.2.2 连接盘……233
10.2.3 转轴支架……236
10.2.4 蜗轮箱……238
10.3 习题……241
第 11 章 产品设计方法及装配图……243
11.1 中望机械 CAD 产品设计的方法……243
11.1.1 绘制 1∶1 的总体装配方案图……243
11.1.2 设计方案的对比及修改……244
11.1.3 绘制详细的产品装配图……244
11.1.4 根据装配图拆画零件图……245
11.1.5 装配零件图以检验配合尺寸的正确性……246
11.2 根据零件图组合装配图……247
11.3 插入图框、生成零件序号及明细表……249
11.4 习题……249

第 12 章 轴测图 ……………………251
12.1 轴测投影模式、轴测面及轴测轴 …………………… 251
12.2 在轴测投影模式下作图 ………… 252
12.2.1 在轴测投影模式下绘制直线 …………………… 252
12.2.2 在轴测面内移动及复制对象 …………………… 253
12.2.3 在轴测面内绘制平行线 … 255
12.2.4 在轴测投影模式下绘制角 …………………… 256
12.2.5 绘制圆的轴测投影 ………… 256
12.3 在轴测图中添加文字 …………… 257
12.4 标注尺寸 ……………………………… 259
12.5 综合训练——绘制轴测图 …… 260
12.6 习题 …………………………………… 261
第 13 章 打印图形 ……………………263
13.1 打印图形的过程 ………………… 263
13.2 设置打印参数 ……………………… 265
13.2.1 选择打印设备 ……………… 265
13.2.2 选择打印样式 ……………… 266
13.2.3 选择图纸幅面 ……………… 266
13.2.4 设定打印区域 ……………… 267
13.2.5 设定打印比例 ……………… 269
13.2.6 设定着色打印 ……………… 269
13.2.7 调整图形打印方向和位置 …………………… 270
13.2.8 预览打印效果 ……………… 270
13.2.9 页面设置——保存打印设置 …………………… 271
13.3 打印图形实例——输出到打印机或生成 PDF 文件 ………… 271
13.4 将多个图纸布置在一起打印 … 274
13.5 自动拼图打印 ……………………… 276
13.6 发布图形集 ………………………… 277
13.6.1 将图形集发布为 PDF、DWF 或 DWFx 格式文件 ………… 277
13.6.2 批处理打印 ………………… 279
13.7 习题 …………………………………… 279
第 14 章 三维建模 ……………………280
14.1 观察三维模型 ……………………… 280
14.1.1 用标准视点观察模型 …… 280
14.1.2 三维动态旋转 ……………… 281
14.1.3 视觉样式 ……………………… 282
14.2 创建三维基本实体 ……………… 283
14.3 将二维对象拉伸成实体 ……… 284
14.4 旋转二维对象以形成实体…… 285
14.5 通过扫掠创建实体 ……………… 286
14.6 通过放样创建实体 ……………… 287
14.7 利用平面或曲面剖切实体…… 288
14.8 三维移动及复制 ………………… 289
14.9 三维旋转 …………………………… 290
14.10 三维阵列 ………………………… 291
14.11 三维镜像 ………………………… 291
14.12 三维对齐 ………………………… 292
14.13 三维倒圆角及倒角 …………… 293
14.14 与实体显示有关的系统变量 ……………………………… 294
14.15 用户坐标系 ……………………… 295
14.16 利用布尔运算构建复杂的实体模型 ……………………… 296
14.17 实体建模综合练习 …………… 298
14.18 习题 ………………………………… 299

第 1 章

中望机械 CAD 用户界面及基本操作

主要内容

- 中望机械 CAD 的工作界面。
- 调用中望 CAD 命令。
- 选择对象的常用方法。
- 删除对象、撤销和重复命令、取消已执行的操作。
- 快速缩放、移动图形及全部缩放图形。
- 设定绘图区域的大小。
- 新建、打开及保存图形文件。
- 设置及修改图层、线型、线宽及颜色等。

1.1 中望机械 CAD 绘图环境

启动中望机械 CAD 2022 后，其用户界面如图 1-1 所示，主要由菜单浏览器按钮、快速访问工具栏、功能区、绘图窗口、命令提示窗口和状态栏等部分组成。下面通过操作练习来了解中望机械 CAD 绘图环境。

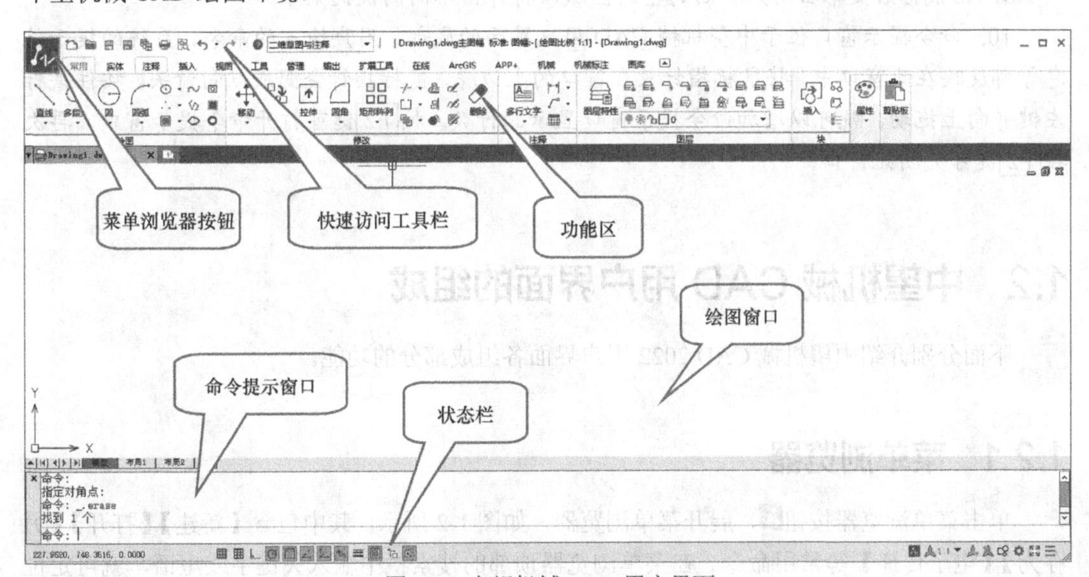

图 1-1　中望机械 CAD 用户界面

【练习 1-1】了解中望机械 CAD 绘图环境。

1. 单击用户界面左上角的菜单浏览器按钮，弹出的菜单包含【新建】【打开】【保存】等常用命令。单击按钮，显示已打开的所有图形文件；单击按钮，显示最近使用的文件。

2. 中望机械 CAD 绘图环境一般称为工作空间，当快速访问工具栏上的下拉列表框中显示【二维草图与注释】时，表明现在位于二维草图与注释工作空间。单击下拉列表框右边的按钮，选择【ZWCAD 经典】选项，切换到经典的中望机械 CAD 用户界面。单击状态栏中的按钮，在弹出的菜单中选择【二维草图与注释】命令，切换回初始用户界面。

3. 单击功能区右上角的按钮，使功能区在最小化及最大化状态之间切换。

4. 单击状态栏上的按钮，在弹出的菜单中选择【菜单栏】命令，绘图窗口上方会显示菜单栏。选择菜单命令【工具】/【命令行】，关闭命令提示窗口；再次选择同样的菜单命令，则又打开命令提示窗口。

5. 绘图窗口是用户绘图的工作区域，该区域无限大，其左下方有一个表示坐标系的图标，图标中的箭头分别指示 x 轴和 y 轴的正方向。在绘图区域中移动十字光标，状态栏上将显示十字光标点的坐标。单击该坐标区可打开、关闭坐标系或改变坐标的显示方式。

6. 中望机械 CAD 提供了模型空间和图纸空间两种绘图空间。单击绘图窗口下方的 布局1 按钮，切换到图纸空间；单击 模型 按钮，切换到模型空间。默认情况下，中望机械 CAD 的绘图空间是模型空间，用户可在这里按实际尺寸绘制二维或三维图形。图纸空间提供了一张虚拟图纸（与手工绘图时使用的图纸类似），用户可将模型空间中的图样按不同缩放比例布置在这张图纸上。

7. 绘图窗口上方是文件选项卡，单击文件选项卡右边的按钮，创建新图形文件。单击不同的文件选项卡，可在不同文件间切换。用鼠标右键单击文件选项卡，弹出快捷菜单，该菜单包含【新建文档】【打开文档】【关闭】等命令。

8. 绘图窗口下边的状态栏中有许多命令按钮，用于设置绘图环境及打开或关闭各类辅助绘图功能，如对象捕捉、极轴追踪等。单击状态栏最右边的按钮，可在弹出的菜单中自定义按钮的显示和隐藏状态。

9. 用鼠标右键单击用户界面的不同区域，将弹出不同的快捷菜单。

10. 命令提示窗口位于中望机械 CAD 用户界面的底部，用户输入的命令、系统的提示信息等都反映在此窗口中。将鼠标指针放在窗口的上边缘，鼠标指针会变成双向箭头，按住鼠标左键并向上拖动，就可以增加命令提示窗口显示的行数。按 F2 键可打开命令提示窗口，再次按 F2 键可关闭此窗口。

1.2 中望机械 CAD 用户界面的组成

下面分别介绍中望机械 CAD 2022 用户界面各组成部分的功能。

1.2.1 菜单浏览器

单击菜单浏览器按钮，展开菜单浏览器，如图 1-2 所示，其中包含【新建】【打开】【另存为】【电子传递】等常用命令。在菜单浏览器顶部的搜索栏中输入关键字或短语，就可定位相应的菜单命令。选择搜索结果，即可执行相应命令。

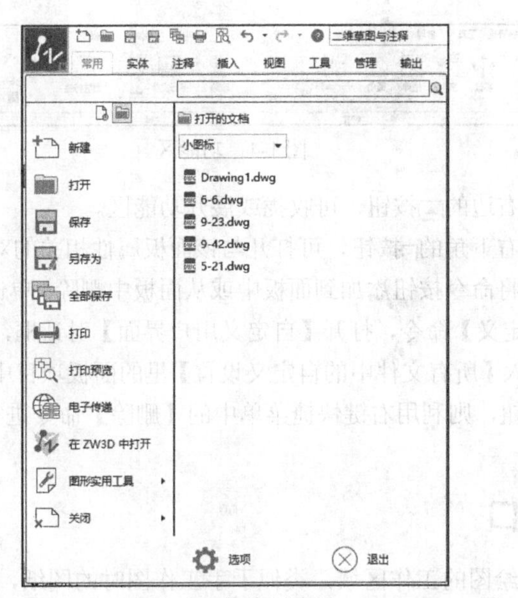

图 1-2 菜单浏览器

单击菜单浏览器顶部的按钮，显示最近使用的文件。单击按钮，显示已打开的所有图形文件。将鼠标指针悬停在文件名上，将显示该文件的路径信息。单击小图标下拉列表框，选择【小图像】或【大图像】选项，以不同方式显示文件的预览图。

1.2.2 快速访问工具栏

快速访问工具栏用于存放经常访问的命令按钮，包括【新建】【打开】【另存为】【打印】等，如图 1-3 所示。在【工作空间】下拉列表框中可切换中望机械 CAD 用户界面的组成形式。

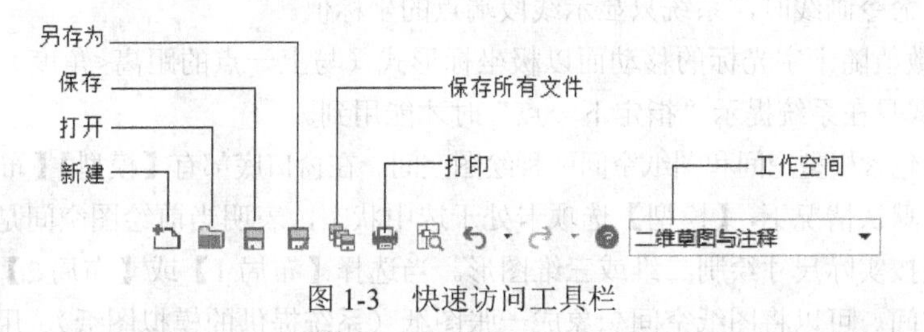

图 1-3 快速访问工具栏

用户可根据需要将命令按钮添加到快速访问工具栏或从快速访问工具栏中删除。单击状态栏中的按钮，在弹出的菜单中选择【自定义】命令，打开【自定义用户界面】对话框，在该对话框中将【命令列表】中的命令按钮拖入【所有文件中的自定义设置】中的快速访问工具栏项目中，即可完成命令按钮的添加。若要删除命令按钮，则利用右键快捷菜单中的【删除】命令进行操作即可。

1.2.3 功能区

功能区由【常用】【注释】【插入】等选项卡组成，如图 1-4 所示。每个选项卡又由多个面板组成，如【常用】选项卡是由【绘图】【修改】【注释】【图层】等面板组成的。每个面板中有许多命令按钮和控件。

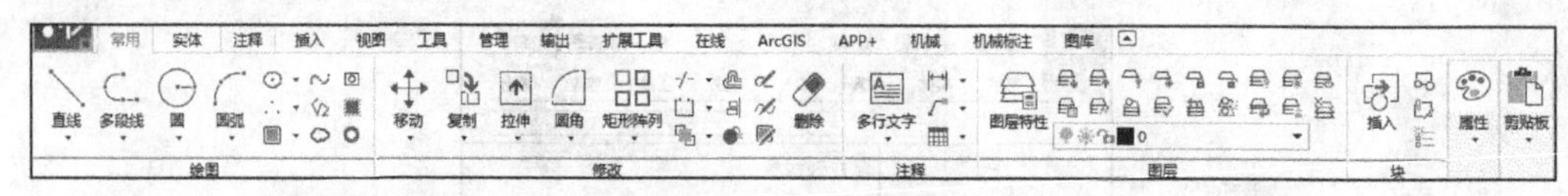

图 1-4 功能区

单击功能区顶部右边的按钮，可收拢或展开功能区。

单击功能区面板右下角的按钮，可打开与该面板属性相关的对话框。

用户可根据需要将命令按钮添加到面板中或从面板中删除。单击状态栏中的按钮，在弹出的菜单中选择【自定义】命令，打开【自定义用户界面】对话框，在该对话框中将【命令列表】中的命令按钮拖入【所有文件中的自定义设置】里的面板项目中，即可完成命令按钮的添加。若要删除命令按钮，则利用右键快捷菜单中的【删除】命令进行操作即可。

1.2.4 绘图窗口

绘图窗口是用户绘图的工作区域，类似于手工作图时的图纸，该区域是无限大的。在其左下方有一个表示坐标系的图标，此图标指示了绘图区的方位。图标中的箭头分别指示 x 轴和 y 轴的正方向，z 轴则垂直于当前视口。

虽然中望机械 CAD 提供的绘图区域是无限大的，但用户可根据需要自行设定显示在用户界面中的绘图区域的大小，即指定其长与高。

当移动鼠标时，绘图区域中的十字光标会跟随移动，与此同时，状态栏中将显示十字光标的坐标数值。单击该区域可改变坐标的显示方式。

坐标的显示方式有以下 3 种。

- 坐标数值随十字光标的移动而变化——动态显示，坐标值显示形式是“*x, y, z*”。
- 仅仅显示用户指定点的坐标——静态显示，坐标值显示形式是“*x, y, z*”。例如，用 LINE 命令画线时，系统只显示线段端点的坐标值。
- 坐标数值随十字光标的移动而以极坐标形式（与上一点的距离<角度）显示，这种显示方式只在系统提示“指定下一点”时才能用到。

绘图窗口包含模型空间和图纸空间两种绘图空间。在窗口底部有【模型】【布局 1】【布局 2】3 个选项卡，默认情况下，【模型】选项卡处于选中状态，表明当前绘图空间是模型空间，用户一般在这里按实际尺寸绘制二维或三维图形。当选择【布局 1】或【布局 2】选项卡时，可切换至图纸空间。可以将图纸空间想象成一张图纸（系统提供的模拟图纸），用户可以将模型空间中的图样按不同缩放比例布置在这张图纸上。

绘图窗口上方是文件选项卡，单击不同的选项卡，可在不同文件之间切换。用鼠标右键单击文件选项卡，在弹出的菜单中包含【新建文档】【打开文档】【保存文档】【关闭】等命令。

单击文件选项卡右边的 + 按钮，创建新图形文件，该文件采用的模板与文件选项卡关联的文件相同。若想改变默认模板，可用鼠标右键单击绘图窗口，在弹出的快捷菜单中选择【选项】命令，打开【选项】对话框，在文件选项卡的【快速新建的默认模板文件名】中设定新的模板文件。

1.2.5 命令提示窗口

命令提示窗口位于中望机械 CAD 用户界面的下方，用户输入的命令、系统的提示信息等都显示在此窗口中。默认情况下，该窗口仅显示 5 行，将鼠标指针放在窗口的上边缘，鼠标指针会变成双向箭头，按住鼠标左键不放并向上拖动，就可以增加命令提示窗口中显示的行数。

按 F2 键可打开命令提示窗口，再次按 F2 键可关闭此窗口。

1.2.6 状态栏

状态栏中显示了十字光标的坐标值，还有各类辅助绘图工具按钮。用鼠标右键单击这些工具按钮，弹出快捷菜单，可对其进行必要的设置。下面简要介绍这些工具按钮的功能。

- 捕捉：打开或关闭捕捉功能。开启该功能，则十字光标仅能在设置的捕捉间距内进行移动。用鼠标右键单击该按钮，可以指定是开启栅格捕捉还是极轴捕捉，还可进行相关的捕捉设置。若打开极轴捕捉，则当进行极轴追踪时，十字光标移动的距离为设定的极轴间距。极轴追踪功能的详细介绍参见 2.1.3 小节。
- 栅格：打开或关闭栅格显示。当显示栅格时，屏幕上会出现类似方格纸的图形，这有助于在绘图时进行定位。栅格的间距可通过右键快捷菜单中的相关命令进行设定。
- 正交：打开或关闭正交模式。打开此模式，就只能绘制出水平或竖直线段。
- 极轴追踪：打开或关闭极轴追踪模式。打开此模式，可沿一系列极轴角方向进行追踪。用鼠标右键单击该按钮，可设定追踪的增量角或对追踪属性进行设置。
- 对象捕捉：打开或关闭对象捕捉模式。打开此模式，绘图时，可自动捕捉端点、圆心等几何点。
- 对象捕捉追踪：打开或关闭对象捕捉追踪模式。打开此模式，绘图时，可自动从端点、圆心等几何点处，沿正交方向或极轴角方向进行追踪。使用此功能时，必须打开对象捕捉模式。
- 动态 UCS：打开时，在绘图及编辑过程中，用户坐标系自动与三维对象的平面对齐。
- 动态输入：打开或关闭动态输入。打开时，将在十字光标附近显示命令提示信息、命令选项及输入框。
- 线宽：打开或关闭线宽显示。
- 透明度：打开或关闭对象的透明度特性。
- 选择循环：将十字光标移动到对象重叠处时，十字光标的形状会发生变化，单击一点，弹出【选择集】列表框，可从中选择某一对象。
- 注释比例 1:1 ▾：设置当前注释比例，也可自定义注释比例。
- 显示注释对象：显示所有注释性对象或仅显示具有当前注释比例的注释性对象。
- 添加注释比例：改变当前注释比例时，将新的比例赋予所有注释性对象。
- 隔离或隐藏对象：单击此按钮，在弹出的菜单中可利用相关命令隔离或隐藏对象，也可解除这些操作。
- 工作空间：切换工作空间，包括【二维草图与注释】【ZWCAD 经典】等工作空间。显示或关闭菜单栏及功能区。
- 全屏显示：打开或关闭全屏显示。
- 自定义：自定义状态栏上的按钮。

一些工具按钮的控制可通过相应的快捷键来实现，如表 1-1 所示。

表 1-1 工具按钮及相应的快捷键

按钮	快捷键	按钮	快捷键
对象捕捉	F3	极轴追踪	F10
栅格	F7	对象捕捉追踪	F11
正交	F8	动态输入	F12
捕捉	F9		

要点提示 和按钮是互斥的，若启用其中一个按钮，则另一个自动关闭。

1.3 学习基本操作

下面介绍中望机械 CAD 中常用的基本操作。

1.3.1 使用中望机械 CAD 绘图的基本过程

【练习 1-2】请读者跟随以下步骤一步步操作，通过本练习了解用中望机械 CAD 绘图的基本过程。

1. 启动中望机械 CAD 2022。

2. 单击快速访问工具栏上的按钮，打开【选择样板文件】对话框，如图 1-5 所示。该对话框中列出了许多用于创建新图形的样板文件，选择“zwcadiso.dwt”文件，单击打开(O)按钮，开始绘制新图形。长度（长、宽、直径、半径、线宽等）单位默认为 mm。

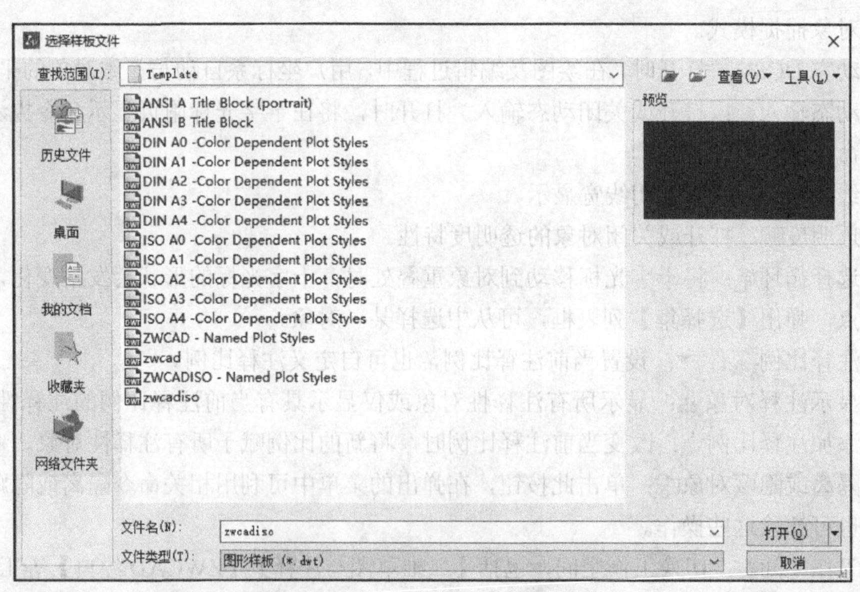

图 1-5 【选择样板文件】对话框

3. 按下状态栏上的、、按钮。注意，不要按下按钮。

4. 单击【常用】选项卡中【绘图】面板上的按钮，系统提示如下。

```
命令: _line
指定第一个点:                    //单击确定 A 点，如图 1-6 所示
```

指定下一点或 [角度(A)/长度(L)/放弃(U)]: 300
//向右移动十字光标，输入线段长度并按 Enter 键
指定下一点或 [角度(A)/长度(L)/放弃(U)]: 400
//向上移动十字光标，输入线段长度并按 Enter 键
指定下一点或 [角度(A)/长度(L)/闭合(C)/放弃(U)]: 200
//向右移动十字光标，输入线段长度并按 Enter 键
指定下一点或 [角度(A)/长度(L)/闭合(C)/放弃(U)]: 450
//向下移动十字光标，输入线段长度并按 Enter 键
指定下一点或 [角度(A)/长度(L)/闭合(C)/放弃(U)]: //按 Enter 键结束命令

结果如图 1-6 左图所示。

5. 按 Enter 键重复绘制线段命令，绘制线段 *BC*，结果如图 1-6 右图所示。

6. 单击快速访问工具栏上的↶按钮，线段 *BC* 消失，再次单击该按钮，连续折线也消失。单击↷按钮，连续折线显示出来，继续单击该按钮，线段 *BC* 也显示出来。

7. 输入绘制圆命令的全称 CIRCLE 或简称 C，系统提示如下。

命令: CIRCLE //输入命令，按 Enter 键确认
指定圆的圆心或 [三点(3P)/两点(2P)/切点、切点、半径(T)]: //单击，指定圆心 *D*
指定圆的半径或 [直径(D)]: 100 //输入圆半径，按 Enter 键确认

8. 单击【常用】选项卡中【绘图】面板上的⊙按钮，系统提示如下。

命令: _circle
指定圆的圆心或 [三点(3P)/两点(2P)/切点、切点、半径(T)]: //将十字光标移动到端点 A 处，系统自动捕捉该点，单击确认圆心
指定圆的半径或 [直径(D)] <100.0000>: 160 //输入圆半径，按 Enter 键

结果如图 1-7 所示。

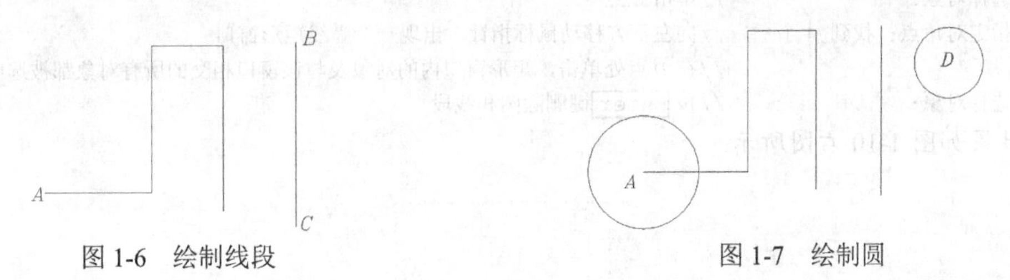

图 1-6 绘制线段 图 1-7 绘制圆

9. 转动鼠标滚轮，系统以十字光标为中心缩放视图。按住鼠标滚轮，十字光标变成手的形状，向左或向右拖动图形，直至图形不可见为止。

10. 双击鼠标滚轮，图形将全部显示在绘图窗口中，如图 1-8 所示。

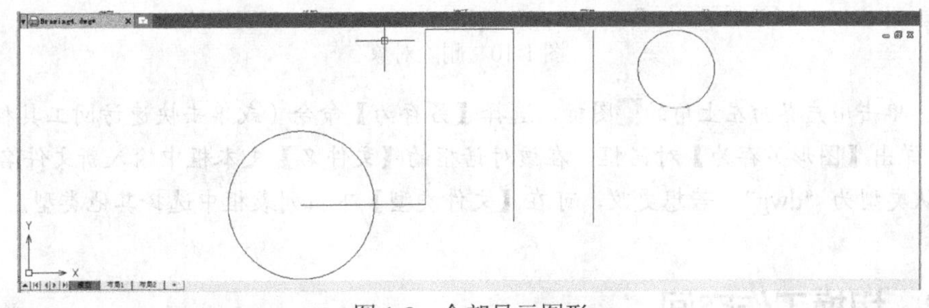

图 1-8 全部显示图形

11. 单击鼠标右键，在弹出的快捷菜单中选择【缩放】命令，十字光标变成放大镜形状，此时按住鼠标左键不放并向上拖动，图形将缩小，结果如图 1-9 所示。按 Esc 键或 Enter 键退出；或者单击鼠标右键，在弹出的快捷菜单中选择【退出】命令。快捷菜单中的【范围缩放】命令可使图形充满整个绘图窗口。

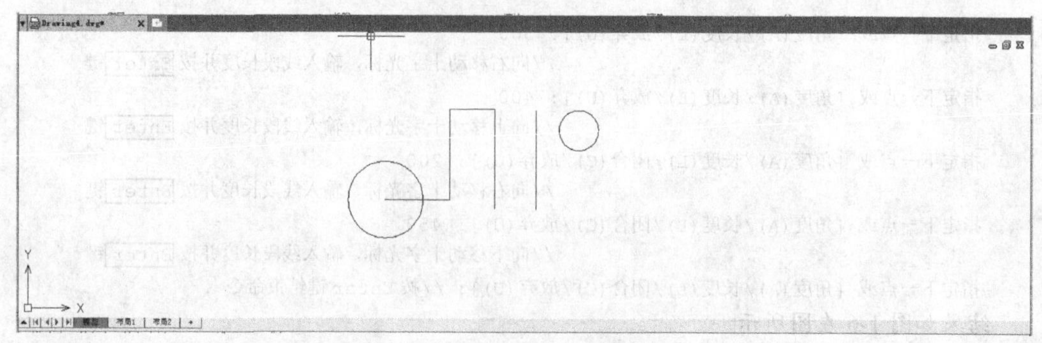

图 1-9 缩小图形

12. 单击鼠标右键，在弹出的快捷菜单中选择【平移】命令，再单击鼠标右键，在弹出的快捷菜单中选择【缩放窗口】命令，在要缩放的区域左上角单击，移动鼠标指针使矩形框包含图形的一部分，再次单击，矩形框内的图形被放大。单击鼠标右键，在弹出的快捷菜单中选择【回到最初的缩放状态】命令，则恢复为原来的图形。

13. 单击【常用】选项卡中【修改】面板上的按钮，系统提示如下。

```
命令: _erase
选择对象:                    //单击 A 点，如图 1-10 左图所示
指定对角点: 找到 1 个         //向右下方移动鼠标指针，出现一个实线矩形窗口
                             //在 B 点处单击，矩形窗口内的圆被选中，被选对象变为虚线
选择对象:                    //按 Enter 键删除圆
命令:ERASE                   //按 Enter 键重复命令
选择对象:                    //单击 C 点
指定对角点: 找到 4 个         //向左下方移动鼠标指针，出现一个虚线矩形窗口
                             //在 D 点处单击，矩形窗口内的对象及与该窗口相交的所有对象都被选中
选择对象:                    //按 Enter 键删除圆和线段
```

结果如图 1-10 右图所示。

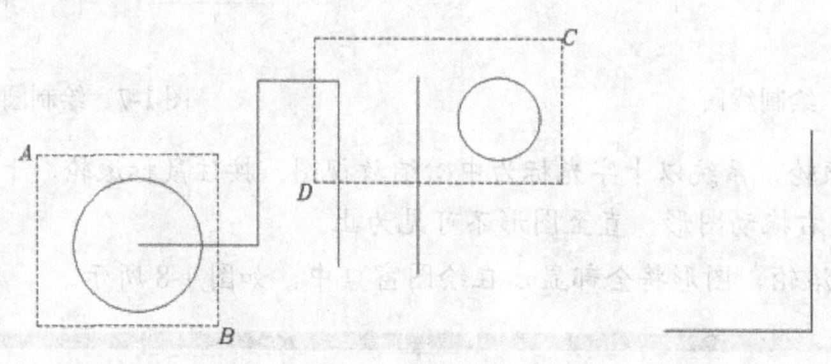

图 1-10 删除对象

14. 单击用户界面左上角的图标，选择【另存为】命令（或单击快速访问工具栏上的按钮），弹出【图形另存为】对话框，在该对话框的【文件名】文本框中输入新文件名。该文件的默认类型为“dwg”，若想更改，可在【文件类型】下拉列表框中选择其他类型。

1.3.2 切换工作空间

利用快速访问工具栏上的二维草图与注释下拉列表框或状态栏上的按钮可以切换工作空间。工作空间是中望机械 CAD 用户界面中工具栏、面板等的组合。当用户绘制二维或三维图形时，就切换到相应的工作空间，此时系统仅显示与绘图任务密切相关的工具栏和面板等，而隐藏一些不必要的界面元素。

单击按钮，弹出的菜单中列出了中望机械 CAD 各工作空间的名称，选择其中之一，可切换到相应的工作空间。系统提供的默认工作空间有以下两个。

- 二维草图与注释。
- ZWCAD 经典。

1.3.3 调用命令

调用中望机械 CAD 命令的方法一般有两种：一种是在命令行中输入命令全称或简称，另一种是在功能区或工具栏上单击命令按钮。

一个典型的命令执行过程如下。

```
命令: CIRCLE                                      //输入命令全称 CIRCLE 或简称 C，按 Enter 键
指定圆的圆心或 [三点(3P)/两点(2P)/切点、切点、半径(T)]:   90,100
                                                  //输入圆心坐标，按 Enter 键
指定圆的半径或 [直径(D)] <50.7720>: 70             //输入圆的半径，按 Enter 键
```

（1）方括号“[]”中以“/”隔开的内容表示各个选项，若要选择某个选项，则需输入圆括号中的字母，字母可以是大写或小写形式。例如，想通过 3 点画圆，就输入“3P”。

（2）尖括号“<>”中的内容是当前默认值。

中望机械 CAD 的命令执行过程是交互式的，当用户输入命令后需按 Enter 键（或空格键）确认，系统才会执行该命令。绘图过程中，系统有时需要等待用户输入必要的绘图参数，如输入命令选项、点的坐标或其他几何数据等，输入完成后也要按 Enter 键（或空格键）确认，系统才会继续执行下一步操作。

在命令行中输入命令的第 1 个或前几个字母后，系统会自动弹出一个列表，列出以相同字母开头的命令名称、系统变量和命令别名。单击命令或利用箭头键选择命令，再按 Enter 键即可执行相应命令。

要点提示 在使用某一命令时按 F1 键，系统将显示该命令的帮助信息。

1.3.4 鼠标操作

在功能区或工具栏上单击命令按钮，系统就会执行相应的命令。利用中望机械 CAD 绘图时，用户在多数情况下是通过鼠标发出命令的。鼠标各按键的作用如下。

- 左键：拾取键，用于单击工具栏上的命令按钮、选择菜单命令，也可以在绘图过程中指定点、选择图形对象等。
- 右键：一般情况下，单击鼠标右键将弹出快捷菜单，该菜单上有【确认】【复制】【缩放】等命令。右键的功能是可以设定的，选择绘图窗口右键快捷菜单中的【选项】命令，打开【选项】对话框，如图 1-11 所示，在【用户系统配置】选项卡的【Windows 标准】分组框中可以自定义右键的功能。例如，可以设置命令执行期间右键仅相当于 Enter 键。
- 滚轮：向前转动滚轮，可放大图形；向后转动滚轮，可缩小图形。缩放基点为十字光标中点。ZOOMFACTOR 系统变量用来设定缩放增量系数。按住滚轮并拖动图形，则平移图形。双击滚轮，可全部缩放图形。

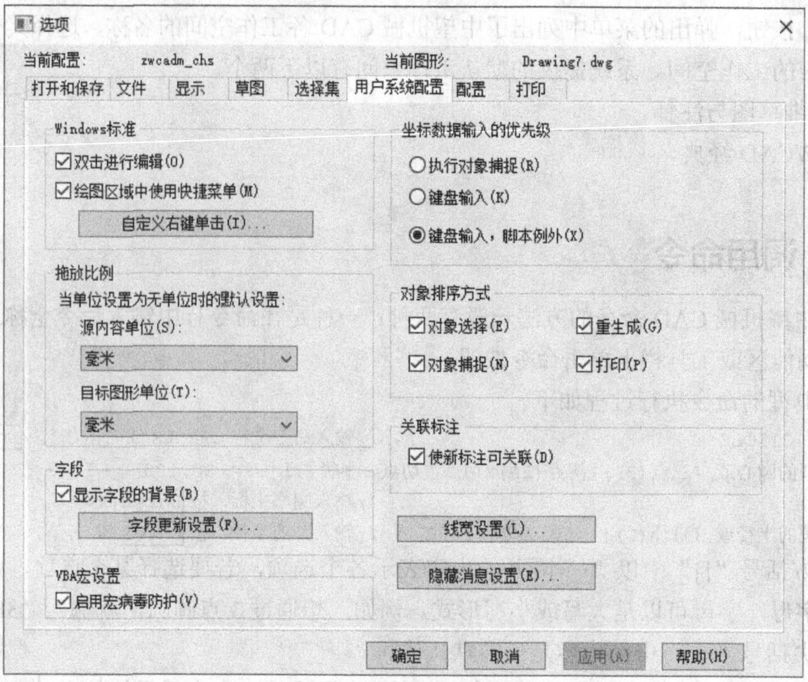

图 1-11 【选项】对话框

1.3.5 选择对象的常用方法

使用编辑命令时需要选择对象，被选中的对象构成一个选择集。系统提供了多种构造选择集的方法。默认情况下，用户能够逐个选择对象，也可利用实线矩形、虚线矩形一次选择多个对象。

一、用矩形窗口选择对象

当系统提示“选择对象”时，用户在要编辑的对象的左上角或左下角单击，然后向右移动鼠标指针，系统显示一个实线矩形，让此矩形完全包含要编辑的图形对象，再次单击，实线矩形中的所有对象（不包括与矩形边相交的对象）被选中，被选中的对象将以虚线形式显示。

下面通过 ERASE 命令演示这种选择方法。

【练习 1-3】用实线矩形选择对象。

打开素材文件“dwg\第 1 章\1-3.dwg”，如图 1-12 左图所示。用 ERASE 命令将左图修改为右图。

```
命令：_erase
选择对象：                    //在 A 点处单击
指定对角点：找到 9 个          //在 B 点处单击
选择对象：                    //按 Enter 键结束
```

结果如图 1-12 右图所示。

要点提示 只有当 HIGHLIGHT 系统变量处于打开状态（等于 1）时，系统才高亮显示被选择的对象。

二、用虚线矩形选择对象

当系统提示"选择对象"时，在要编辑的对象的右上角或右下角单击，然后向左移动鼠标指针，此时会出现一个虚线矩形，使该矩形包含被编辑的对象的一部分，而让其余部分与矩形的边相交，再次单击，则矩形内的对象及与矩形的边相交的对象全部被选中。

下面用 ERASE 命令演示这种选择方法。

【练习 1-4】用虚线矩形选择对象。

打开素材文件"dwg\第 1 章\1-4.dwg"，如图 1-13 左图所示，用 ERASE 命令将左图修改为右图。

```
命令: _erase
选择对象:                                   //在 C 点处单击
指定对角点: 找到 14 个                      //在 D 点处单击
选择对象:                                   //按 Enter 键结束
```

结果如图 1-13 右图所示。

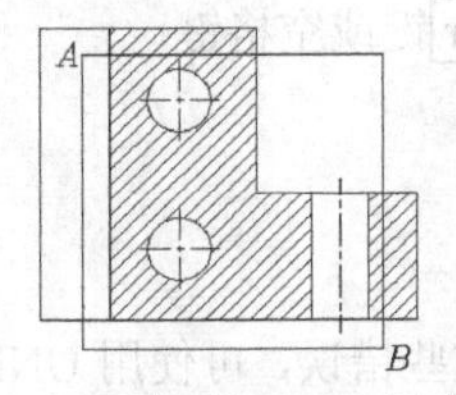

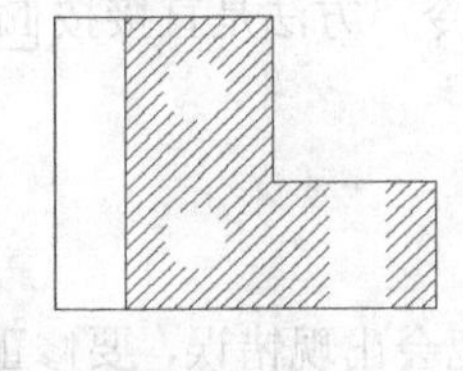

图 1-12　用实线矩形选择对象

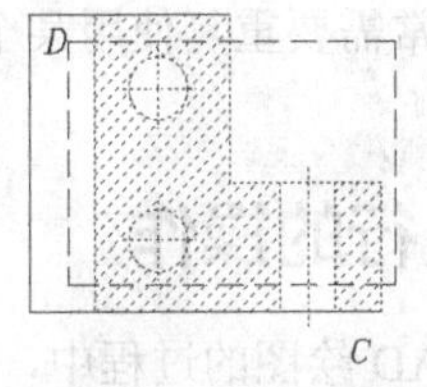

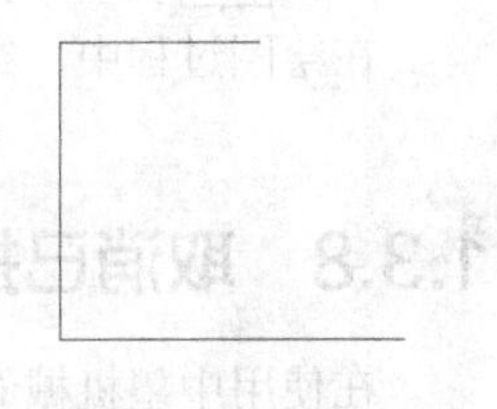

图 1-13　用虚线矩形选择对象

三、给选择集添加或删除对象

在编辑过程中，用户常常不能一次性构造好选择集，有时需向选择集中添加或删除对象。在添加对象时，可直接选择或利用实线矩形、虚线矩形选择要添加的对象。若要删除对象，可先按住 Shift 键，再从选择集中选择要删除的对象。

下面通过 ERASE 命令演示修改选择集的方法。

【练习 1-5】修改选择集。

打开素材文件"dwg\第 1 章\1-5.dwg"，如图 1-14 左图所示，用 ERASE 命令将左图修改为右图。

```
命令: _erase
选择对象:                      //在 C 点处单击
指定对角点: 找到 8 个          //在 D 点处单击
选择对象: 找到 1 个，删除 1 个，总计 7 个
                               //按住 Shift 键，选择矩形 A，将该矩形从选择集中删除
选择对象:找到 1 个，总计 8 个  //选择圆 B
选择对象:                      //按 Enter 键结束
```

结果如图 1-14 右图所示。

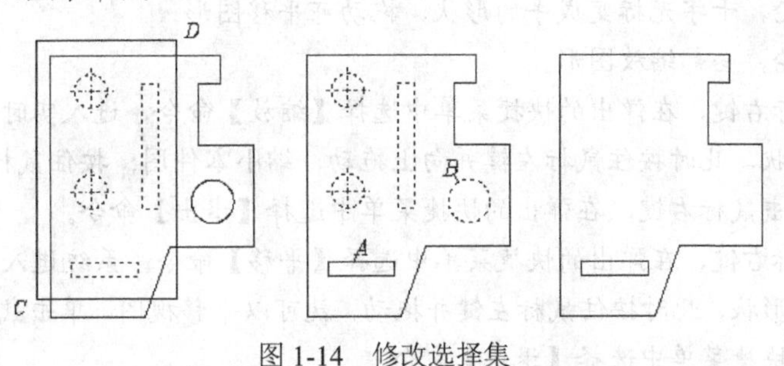

图 1-14　修改选择集

1.3.6 删除对象

ERASE 命令用来删除图形对象，该命令没有任何选项。要删除一个对象，用户可以先选择该对象，然后单击【修改】面板上的按钮，或者输入 ERASE（简写 E）；也可先发出 ERASE 命令，再选择要删除的对象。

此外，选择对象后按 Delete 键也可删除对象，或者利用右键快捷菜单中的【删除】命令。

1.3.7 撤销和重复命令

发出某个命令后，可随时按 Esc 键撤销该命令，此时系统会返回到命令行。

有时在图形区域内偶然选择了图形对象，该对象上出现了一些高亮显示的小框，这些小框被称为关键点。关键点可用于编辑对象（在后面的章节中将详细介绍），要取消显示这些关键点，按 Esc 键即可。

在绘图过程中，经常需要重复使用某个命令，方法是直接按 Enter 键或空格键。

1.3.8 取消已执行的操作

在使用中望机械 CAD 绘图的过程中，难免会出现错误，要修正这些错误，可使用 UNDO 命令（简写 U）或单击快速访问工具栏上的按钮。如果想要取消前面执行的多个操作，可反复使用 UNDO 命令或反复单击按钮。此外，也可单击按钮右边的按钮，然后选择要取消哪几个操作。

当取消一个或多个操作后，若又想恢复原来的效果，可使用 REDO 命令或单击快速访问工具栏上的按钮。此外，也可单击按钮右边的按钮，然后选择要恢复哪几个操作。

1.3.9 快速缩放及移动图形

中望机械 CAD 的图形缩放及移动功能是很完备的，使用起来也很方便。绘图时，经常通过鼠标滚轮来完成这两项操作。此外，单击鼠标右键，弹出快捷菜单，选择【缩放】或【平移】命令也能实现同样的功能。

【练习 1-6】观察图形的方法。

1. 打开素材文件“dwg\第 1 章\1-6.dwg”，如图 1-15 所示。

2. 将十字光标移动到要缩放的区域，向前滚动滚轮放大图形，向后滚动滚轮缩小图形。

3. 按住滚轮，十字光标变成手的形状，拖动可平移图形。

4. 双击滚轮，全部缩放图形。

5. 单击鼠标右键，在弹出的快捷菜单中选择【缩放】命令，进入实时缩放状态，十字光标变成放大镜形状，此时按住鼠标左键并向上拖动，缩小零件图；按住鼠标左键并向下拖动，放大零件图。单击鼠标右键，在弹出的快捷菜单中选择【退出】命令。

6. 单击鼠标右键，在弹出的快捷菜单中选择【平移】命令，系统进入实时平移状态，十字光标变成手的形状，此时按住鼠标左键并拖动，就可以平移视图。单击鼠标右键，弹出快捷菜单，在弹出的快捷菜单中选择【退出】命令。

7. 单击鼠标右键，在弹出的快捷菜单中选择【平移】命令，切换到实时平移状态，平移图形，按 Esc 键或 Enter 键退出。

8. 不要关闭文件，下一小节将继续使用。

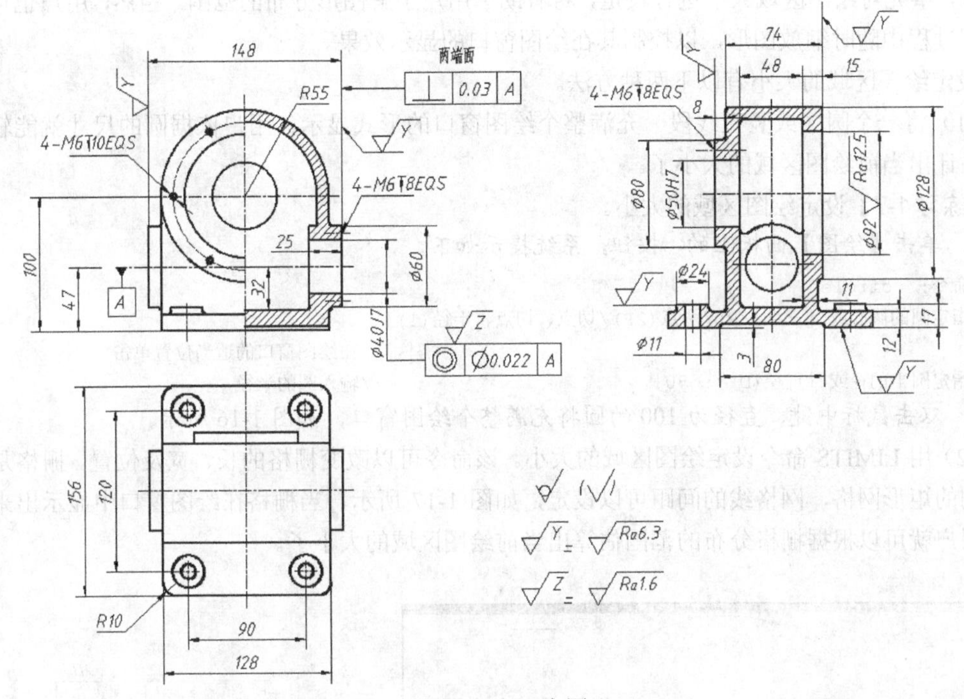

图 1-15　观察图形

1.3.10　放大图形及返回最初的显示状态

在绘图过程中，用户经常要将图形的局部区域放大，以方便绘图。绘制完成后，又要返回最初的显示状态，以观察绘图效果。利用右键快捷菜单中的【缩放】及【回到最初的缩放状态】命令可以实现这两项功能。

继续上一小节的练习。

1. 单击鼠标右键，在弹出的快捷菜单中选择【缩放】命令，再次单击鼠标右键，在弹出的快捷菜单中选择【缩放窗口】命令。在主视图左上角的空白处单击，向右下角移动鼠标指针，出现矩形，再次单击，系统把矩形内的图形放大至充满整个绘图窗口。

2. 单击鼠标右键，在弹出的快捷菜单中选择【回到最初的缩放状态】命令，则返回最初的显示状态。

3. 按住滚轮并拖动，平移图形。单击鼠标右键，在弹出的快捷菜单中选择【回到最初的缩放状态】命令，返回前一步的视图。按 Esc 键或 Enter 键退出。

1.3.11　将图形全部显示在绘图窗口中

双击滚轮，将所有图形对象充满绘图窗口显示出来。

单击鼠标右键，在弹出的快捷菜单中选择【缩放】命令，再次单击鼠标右键，在弹出的快捷菜单中选择【范围缩放】命令，则全部图形充满绘图窗口显示出来。

1.3.12 设定绘图区域的大小

中望机械CAD的绘图空间是无限大的，但用户可以设定绘图窗口中的绘图区域的大小。作图时，事先对绘图区域大小进行设定，将有助于用户了解图形分布的范围。当然，用户也可在绘图过程中随时缩放图形，以控制其在绘图窗口的显示效果。

设定绘图区域的大小有以下两种方法。

（1）将一个圆（或竖直线段）充满整个绘图窗口的形式显示，用户依据圆的尺寸就能轻易地估计出当前绘图区域的大小了。

【练习1-7】设定绘图区域的大小。

1. 单击【绘图】面板上的按钮，系统提示如下。

```
命令: _circle
指定圆的圆心或 [三点(3P)/两点(2P)/切点、切点、半径(T)]:
                                          //在绘图窗口的适当位置单击
指定圆半的径或 [直径(D)]: 50              //输入圆的半径
```

2. 双击鼠标中键，直径为100的圆将充满整个绘图窗口，如图1-16所示。

（2）用LIMITS命令设定绘图区域的大小。该命令可以改变栅格的长、宽及位置。栅格是一系列的矩形网格，网格线的间距可以设定，如图1-17所示。当栅格在绘图窗口中显示出来后，用户就可以根据栅格分布的范围估算出当前绘图区域的大小了。

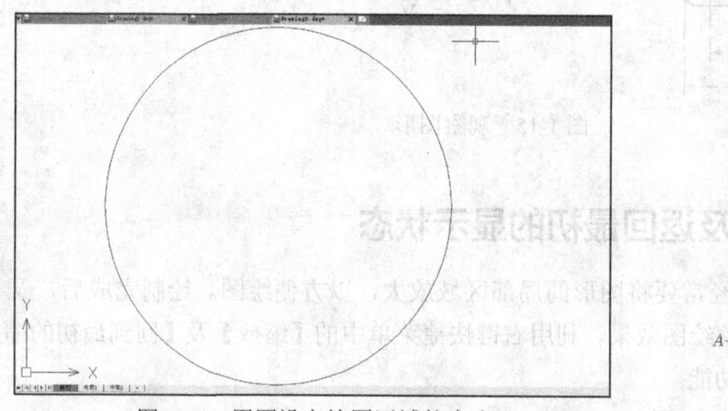

图1-16 用圆设定绘图区域的大小

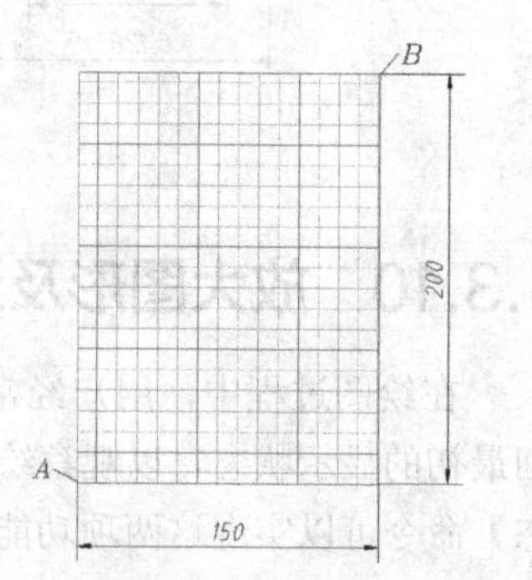

图1-17 用栅格设定绘图区域的大小

【练习1-8】用LIMITS命令设定绘图区域的大小。

1. 选择菜单命令【格式】/【图形界限】，系统提示如下。

```
命令: '_limits
指定左下点或限界 [开(ON)/关(OFF)] <0,0>:100,80
                              //输入A点的x、y坐标，或者任意单击一点
指定右上点<420,297>: @150,200
                              //输入B点相对于A点的坐标，按Enter键
```

2. 单击状态栏上的按钮，显示栅格。用鼠标右键单击该按钮，在弹出的快捷菜单中选择【设置】命令，打开【草图设置】对话框，取消勾选【显示超出界限的栅格】复选框。

3. 单击 确定 按钮，再双击滚轮，使矩形栅格充满整个绘图窗口。

4. 单击鼠标右键，在弹出的快捷菜单中选择【缩放】命令，按住鼠标左键并向上拖动，使矩形栅格缩小。该栅格的尺寸是150×200，且左下角点的坐标为（100,80），如图1-17所示。

1.3.13 设置单位显示格式

默认情况下，中望机械 CAD 的图形单位为十进制单位，用户可以根据工作需要设置其他单位类型及显示精度。

选择菜单命令【格式】/【单位】，打开【图形单位】对话框，如图 1-18 所示。利用该对话框可以设定长度和角度的单位类型和精度。长度单位类型有【小数】【工程】【建筑】【分数】【科学】等，角度单位类型有【十进制度数】【弧度】【度/分/秒】等。

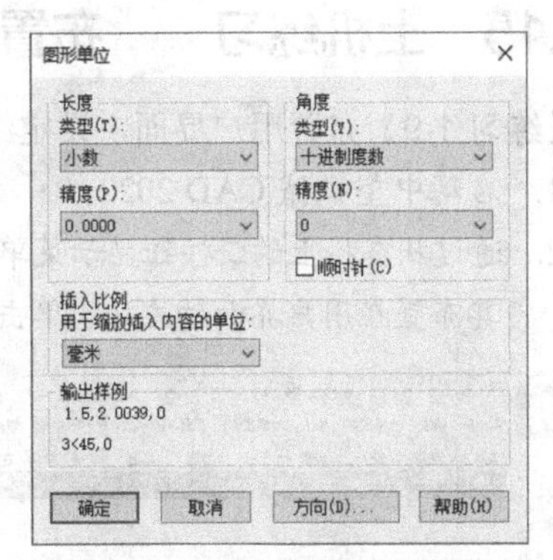

图 1-18 【图形单位】对话框

1.3.14 预览打开的文件及在文件间切换

中望机械 CAD 是多文档环境，用户可同时打开多个图形文件。要预览打开的文件及在文件间切换，可采用以下方法。

将鼠标指针悬停在 Windows 桌面任务栏的中望机械 CAD 程序图标上，将显示出所有已打开文件的预览图片，如图 1-19 所示。将鼠标指针移动到某一预览图片上，预览图片将自动放大，单击它，即可切换到该图形文件。

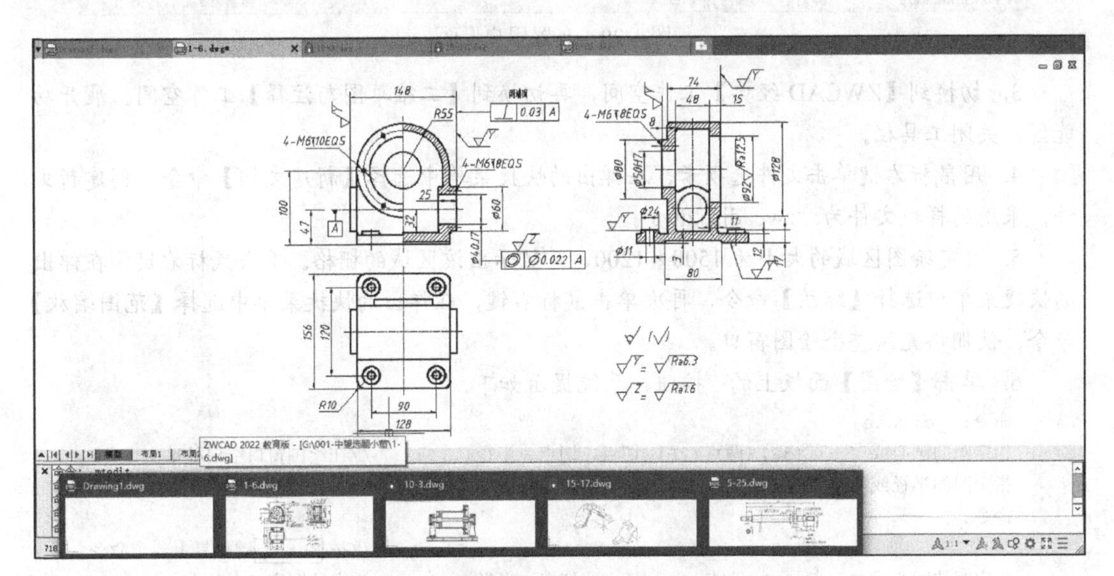

图 1-19 预览文件及在文件间切换

打开多个图形文件后，可利用【视图】选项卡中【窗口】面板上的相关按钮控制多个文件的显示方式。例如，可将它们以层叠、水平或竖直排列等形式布置在用户界面中。

中望机械 CAD 的多文档设计环境具有 Windows 窗口的剪切、复制和粘贴等功能，因而可以快捷地在各个图形文件间复制、移动对象。如果复制的对象需要在其他的图形中准确定位，那么还可在复制对象的同时指定基准点，这样在执行粘贴操作时就可以根据基准点将对象复制到正确的位置。

1.3.15 上机练习——布置用户界面及设定绘图区域的大小

【练习 1-9】布置用户界面，设定绘图区域的大小。

1. 启动中望机械 CAD 2022。

2. 通过状态栏上的按钮显示菜单栏并打开【绘图】和【修改】工具栏。拖动工具栏的头部边缘，将其布置在用户界面的左边，单击功能区顶部右边的按钮，收拢功能区。如图 1-20 所示。

图 1-20 布置用户界面

3. 切换到【ZWCAD 经典】工作空间，再切换到【二维草图与注释】工作空间。展开功能区，关闭工具栏。

4. 用鼠标右键单击文件选项卡，在弹出的快捷菜单中选择【新建文档】命令，创建新文件，采用的样板文件为“zwcadiso.dwt”。

5. 设定绘图区域的大小为 1500 × 1200，并显示出该区域的栅格。单击鼠标右键，在弹出的快捷菜单中选择【缩放】命令，再次单击鼠标右键，在弹出的快捷菜单中选择【范围缩放】命令，使栅格充满整个绘图窗口。

6. 单击【绘图】面板上的按钮，系统提示如下。

```
命令: _circle
指定圆的圆心或 [三点(3P)/两点(2P)/切点、切点、半径(T)]:    //在绘图窗口空白处单击
指定圆的半径或 [直径(D)] <30.0000>: 1                    //输入圆的半径
命令:
CIRCLE                                                  //按Enter键重复上一个命令
指定圆的圆心或 [三点(3P)/两点(2P)/切点、切点、半径(T)]:    //在绘图窗口中单击
指定圆的半径或 [直径(D)] <1.0000>: 5                     //输入圆的半径
命令:
CIRCLE                                                  //按Enter键重复上一个命令
指定圆的圆心或 [三点(3P)/两点(2P)/切点、切点、半径(T)]: *取消*
                                                        //按Esc键取消命令
```

7. 双击滚轮，使圆充满整个绘图窗口。

8. 单击鼠标右键，在弹出的快捷菜单中选择【选项】命令，打开【选项】对话框，在【显示】选项卡的【圆弧和圆的平滑度】文本框中输入“10000”，然后关闭对话框。

9. 单击鼠标右键，利用快捷菜单上的相关命令平移、缩放图形，并使图形充满绘图窗口。

10. 以“User.dwg”为文件名保存图形文件。

1.4 模型空间和图纸空间

中望机械 CAD 提供了模型空间和图纸空间两种绘图空间。

一、模型空间

默认情况下，中望机械 CAD 的绘图空间是模型空间。新建或打开图形文件后，绘图窗口中显示模型空间中的图形。此时，可以在绘图窗口左下角看到世界坐标系的图标，该图标只显示了 x 轴、y 轴。实际上，模型空间是一个三维空间，可以设置不同的观察方向，以便查看不同方向的视图。默认情况下，绘图窗口的视图为“俯视”，表明当前绘图窗口对应的是 xy 平面，因而坐标系图标中只有 x 轴、y 轴。若在【视图】选项卡中将当前视图设定为【西南等轴测】，则绘图窗口中就会显示 3 个坐标轴。

在模型空间中作图时，一般按 1∶1 的比例绘制图形，绘制完成后，再把图形以放大或缩小的比例打印出来。

二、图纸空间

图纸空间是二维绘图空间。通过选择绘图窗口下边的【模型】【布局 1】【布局 2】选项卡，可在图纸空间与模型空间之间切换。

如果处于图纸空间，绘图窗口左下角的图标将变为，如图 1-21 所示。可以将图纸空间看作一张“虚拟图纸”，当在模型空间中按 1∶1 的比例绘制图形后，就可切换到图纸空间，把模型空间中的图形按所需的比例布置在“虚拟图纸”上，最后从图纸空间中以 1∶1 的出图比例将图纸打印出来。

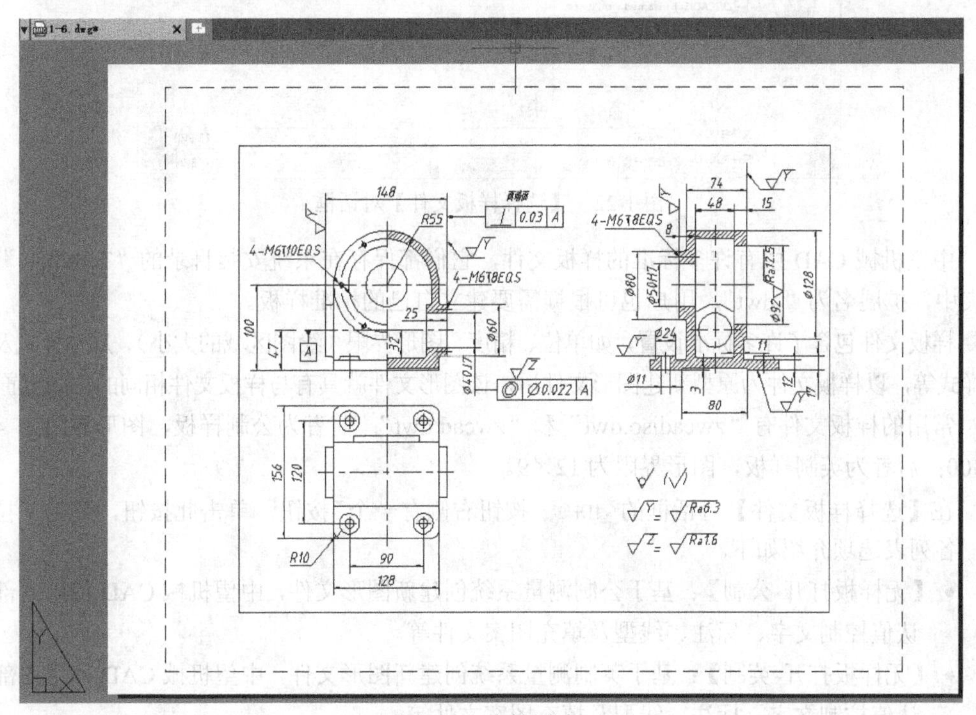

图 1-21 图纸空间

1.5　图形文件管理

图形文件管理一般包括新建文件，打开已有的图形文件，保存文件，以及浏览、搜索图形文件，输入及输出其他格式的文件等。下面分别进行介绍。

1.5.1　新建、打开及保存图形文件

一、新建图形文件

命令启动方法

- 菜单命令：【文件】/【新建】。
- 工具栏：快速访问工具栏上的按钮。
- 菜单浏览器按钮：【新建】。
- 命令：NEW。

启动新建图形命令后，系统打开【选择样板文件】对话框，如图 1-22 所示。在该对话框中，用户可选择样板文件或基于公制、英制测量系统创建新图形文件。

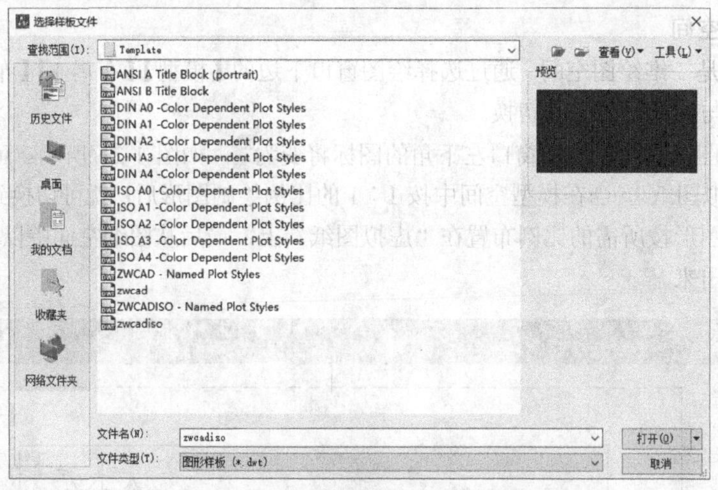

图 1-22　【选择样板文件】对话框

中望机械 CAD 中有许多标准的样板文件，它们都保存在系统安装目录的“Template”文件夹中，扩展名为“.dwt”，用户也可根据需要建立自己的标准样板。

样板文件包含了许多标准设置，如单位、精度、图形界限（绘图区域的大小）、尺寸样式及文字样式等，以样板文件为原型新建图形文件后，该图形文件就具有与样板文件相同的作图设置。

常用的样板文件有“zwcadiso.dwt”和“zwcad.dwt”：前者为公制样板，图形界限为 420×300；后者为英制样板，图形界限为 12×9。

在【选择样板文件】对话框的 打开(O) 按钮右侧有一个按钮，单击此按钮，弹出下拉列表，各列表选项介绍如下。

- 【无样板打开-公制】：基于公制测量系统创建新图形文件，中望机械 CAD 使用内部默认值控制文字、标注、线型及填充图案文件等。
- 【无样板打开-英制】：基于英制测量系统创建新图形文件，中望机械 CAD 使用内部默认值控制文字、标注、线型及填充图案文件等。

二、打开图形文件

命令启动方法

- 菜单命令：【文件】/【打开】。
- 工具栏：快速访问工具栏上的按钮。
- 菜单浏览器按钮：【打开】。
- 命令：OPEN。

启动打开图形文件命令后，系统打开【选择文件】对话框，如图 1-23 所示。该对话框与微软公司 Office 软件中相应对话框的样式及操作方式类似，用户可直接在对话框中选择要打开的文件，或者在【文件名】文本框中输入要打开文件的名称（可以包含路径）。此外，还可在文件列表中双击文件名打开文件。该对话框顶部有【查找范围】下拉列表框，左边有文件位置列表，用户可利用它们确定要打开文件的位置并打开文件。

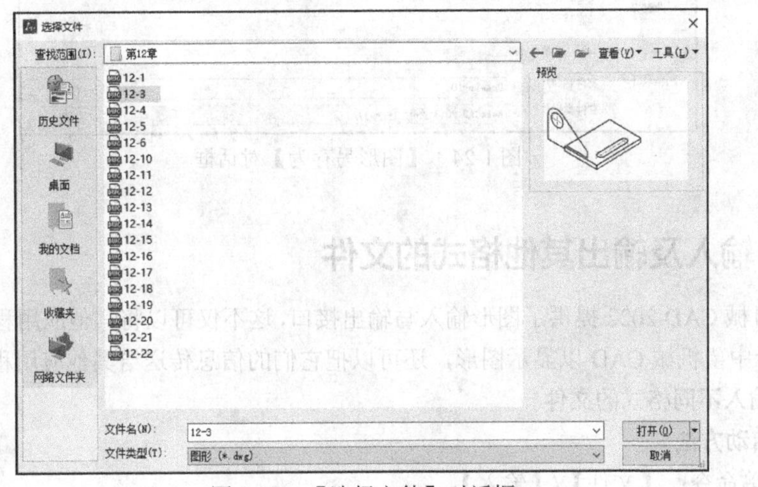

图 1-23 【选择文件】对话框

三、保存图形文件

将图形文件存入磁盘时一般采取两种方式：一种是以当前文件名快速保存图形文件，另一种是指定新文件名换名并存储图形文件。

（1）快速保存图形文件。

命令启动方法

- 菜单命令：【文件】/【保存】。
- 工具栏：快速访问工具栏上的按钮。
- 命令：QSAVE。

启动快速保存图形文件命令后，系统将当前图形文件以原文件名直接存入磁盘，而不会给用户任何提示。若当前图形文件名是默认名且是第 1 次存储文件，则系统弹出【图形另存为】对话框，如图 1-24 所示，在该对话框中用户可指定文件的存储位置、文件类型及输入新文件名。

（2）换名存储图形文件。

命令启动方法

- 菜单命令：【文件】/【另存为】。
- 工具栏：快速访问工具栏上的按钮。
- 命令：SAVEAS。

启动换名保存图形文件命令后，系统打开【图形另存为】对话框，如图 1-24 所示。用户在该对话框的【文件名】文本框中输入新文件名，并可在【保存于】和【文件类型】下拉列表中分别设定文件的存储目录和类型。

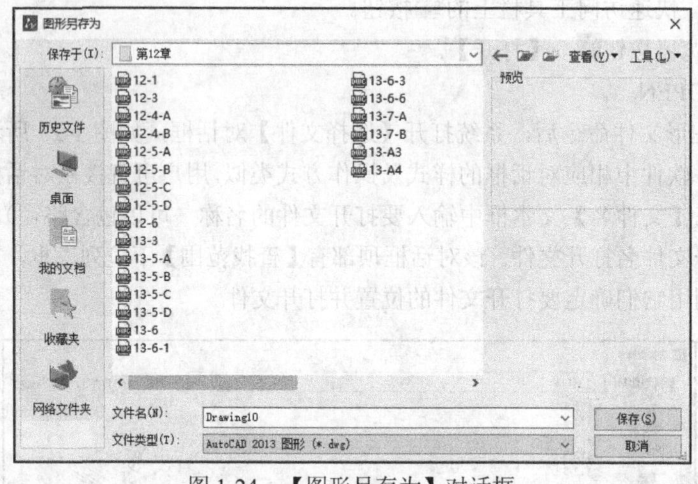

图 1-24　【图形另存为】对话框

1.5.2　输入及输出其他格式的文件

中望机械 CAD 2022 提供了图形输入与输出接口，这不仅可以将其他应用程序中处理好的数据传送给中望机械 CAD 以显示图形，还可以把它们的信息传送给其他应用程序。

一、输入不同格式的文件

命令启动方法

- 菜单命令：【文件】/【输入】。
- 面板：【插入】选项卡中【输入】面板上的按钮。
- 命令：IMPORT。

启动输入命令后，系统打开【输入文件】对话框，如图 1-25 所示，在【文件类型】下拉列表中可以看到，系统允许输入“.wmf”“.sat”“.dgn”等格式的图形文件。

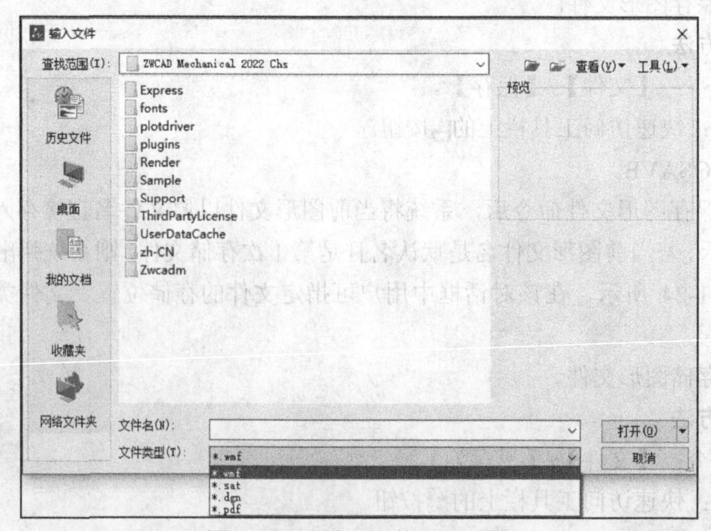

图 1-25　【输入文件】对话框

二、输出不同格式的文件

命令启动方法

- 菜单命令：【文件】/【输出】。
- 面板：【输出】选项卡中【输出】面板上的按钮。
- 命令：EXPORT。

启动输出命令后，系统打开【输出数据】对话框，如图 1-26 所示。用户可以在【保存于】下拉列表中设置文件输出的路径，在【文件名】文本框中输入文件名称，在【文件类型】下拉列表中选择文件的输出类型，如“.wmf”“.sat”“.bmp”“.jpg”“.dgn”等。

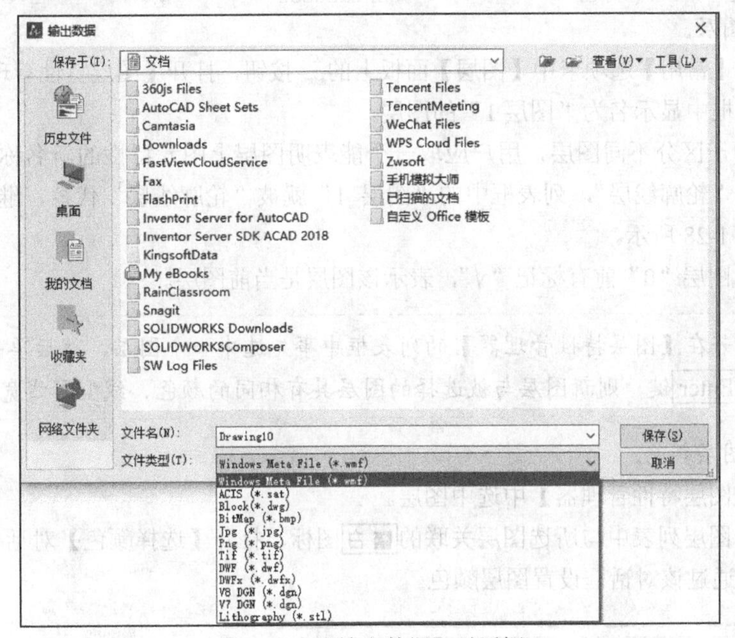

图 1-26 【输出数据】对话框

1.6 设置图层、线型、线宽及颜色

可以将中望机械 CAD 中的图层想象成透明胶片，用户把各种类型的图形元素画在这些胶片上，系统将这些胶片叠加在一起显示出来。如图 1-27 所示，在图层 *A* 上绘制了挡板，图层 *B* 上绘制了支架，图层 *C* 上绘制了螺钉，最终的显示结果是各层内容叠加后的效果。

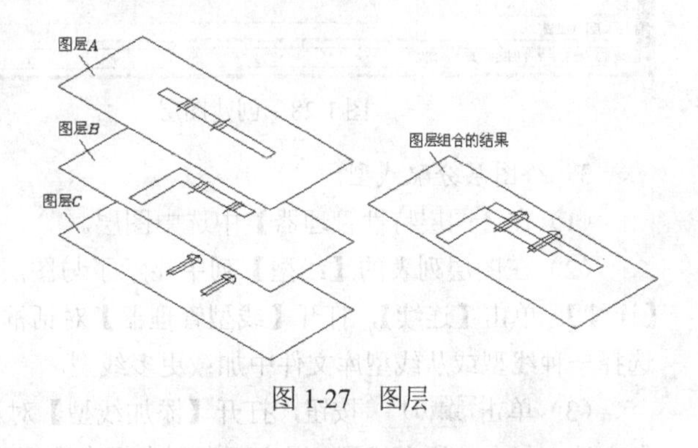

图 1-27 图层

1.6.1 创建及设置图层

用中望机械 CAD 绘图时，图形元素处于某个图层上。默认情况下，当前图层是“0”图层，若没有切换至其他图层，则所绘图形在“0”图层上。每个图层都有与其相关联的颜色、线型和线宽等属性信息，用户可以对这些信息进行设定或修改。当在某一图层上作图时，生成的图形元素的颜色、线型和线宽就与当前图层的设置完全相同（默认情况下）。对象的颜色将有助于用户辨别图样中的相似实体，而线型、线宽等特性将有助于表示出不同类型的图形元素。

【练习 1-10】创建及设置图层。

名称	颜色	线型	线宽
轮廓线层	白色	Continuous	0.5
中心线层	红色	CENTER	默认
虚线层	黄色	DASHED	默认
剖面线层	绿色	Continuous	默认
尺寸标注层	绿色	Continuous	默认
文字说明层	绿色	Continuous	默认

1. 创建图层。

（1）单击【常用】选项卡中【图层】面板上的图层特性按钮，打开【图层特性管理器】，单击按钮，在列表框中显示名为“图层 1”的图层。

（2）为便于区分不同图层，用户应取一个能表明图层上图元特性的新名称来取代该默认名。直接输入“轮廓线层”，列表框中的“图层 1”就被“轮廓线层”代替，继续创建其他图层，结果如图 1-28 所示。

请注意，图层“0”前有标记“√”，表示该图层是当前图层。

要点提示　*若在【图层特性管理器】的列表框中事先选中一个图层，然后单击图层特性按钮或按 Enter 键，则新图层与被选择的图层具有相同的颜色、线型和线宽等属性。*

2. 指定图层颜色。

（1）在【图层特性管理器】中选中图层。

（2）单击图层列表中与所选图层关联的■白图标，打开【选择颜色】对话框，如图 1-29 所示。用户可通过该对话框设置图层颜色。

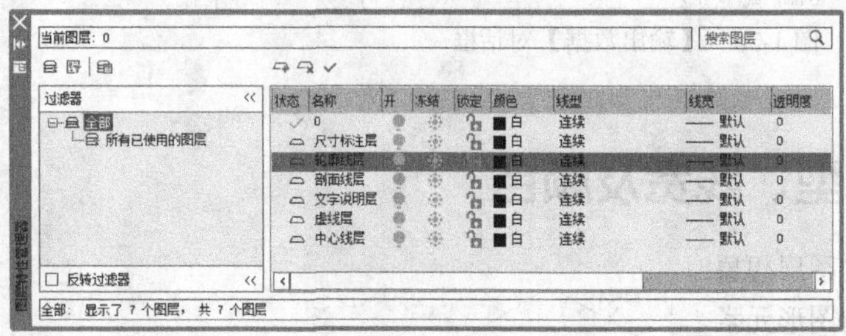
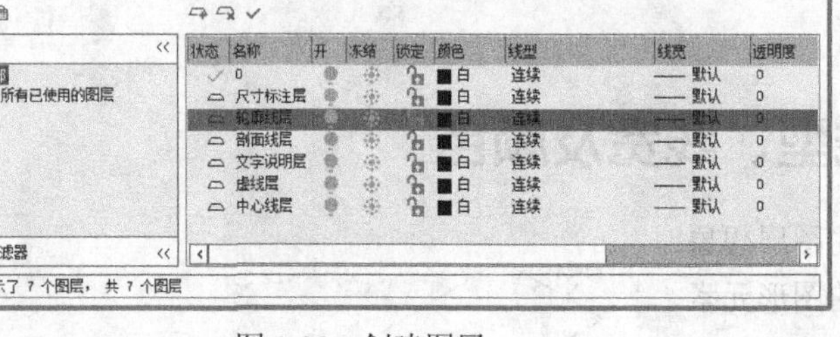

图 1-28　创建图层

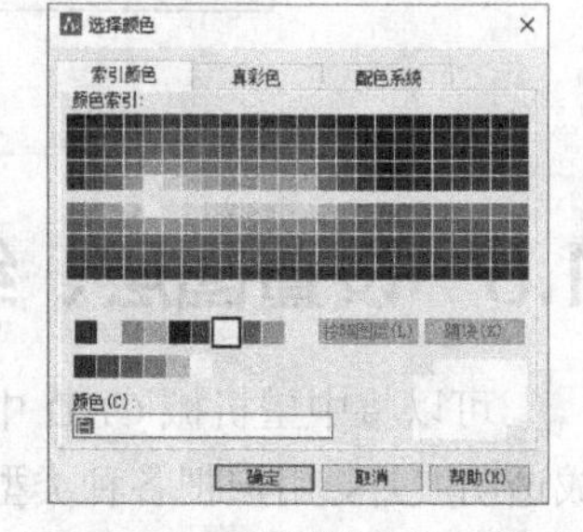

图 1-29　【选择颜色】对话框

3. 给图层分配线型。

（1）在【图层特性管理器】中选中图层。

（2）在图层列表的【线型】列中显示了与图层相关联的线型。默认情况下，图层线型是【连续】。单击【连续】，打开【线型管理器】对话框，如图 1-30 所示。用户可以通过该对话框选择一种线型或从线型库文件中加载更多线型。

（3）单击 加载(L)... 按钮，打开【添加线型】对话框，如图 1-31 所示。该对话框列出了线型文件中包含的所有线型，用户可在列表框中选择一种或几种所需的线型，再单击 确定 按钮，这些线型就被加载到系统中。当前线型文件是“zwcadiso.lin”，单击 浏览(B)... 按钮，可选择其他的线型文件。

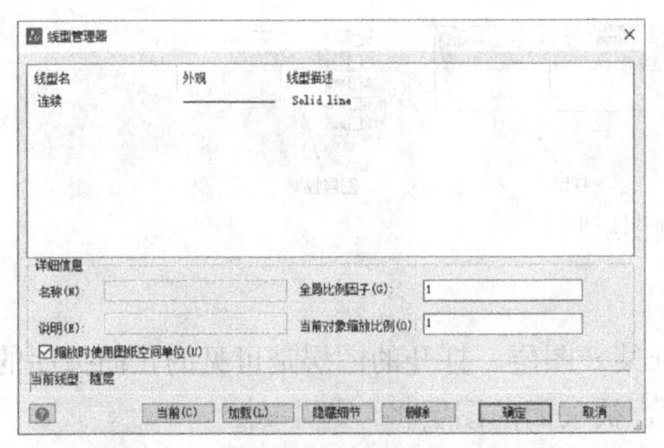

图 1-30 【线型管理器】对话框

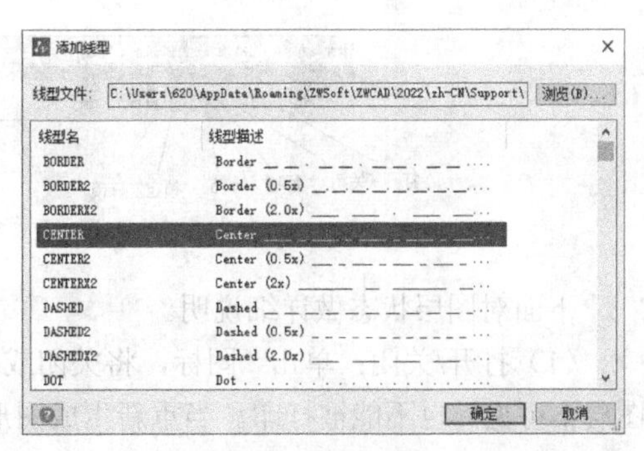

图 1-31 【添加线型】对话框

4. 设定线宽。

（1）在【图层特性管理器】中选中图层。

（2）单击图层列表中【线宽】列的 —— 默认，打开【线宽】对话框，如图 1-32 所示，通过该对话框可设置线宽。

如果要使图形对象的线宽在模型空间中显示得更宽或更窄，可以调整线宽比例。在状态栏的按钮上单击鼠标右键，在弹出的快捷菜单中选择【设置】命令，打开【线宽设置】对话框，如图 1-33 所示，在该对话框的【调整显示比例】分组框中移动滑块就可改变显示比例。

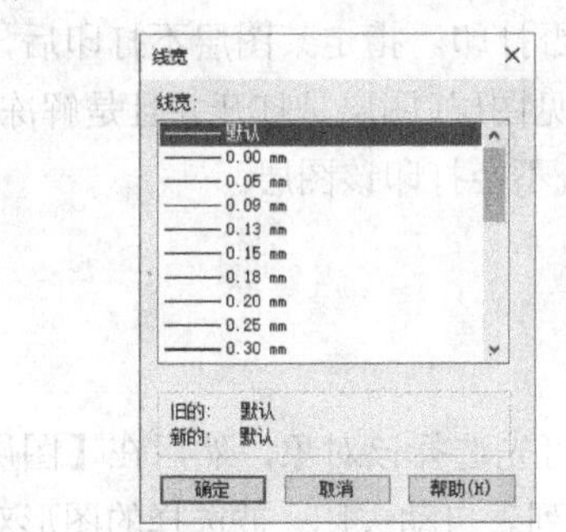

图 1-32 【线宽】对话框

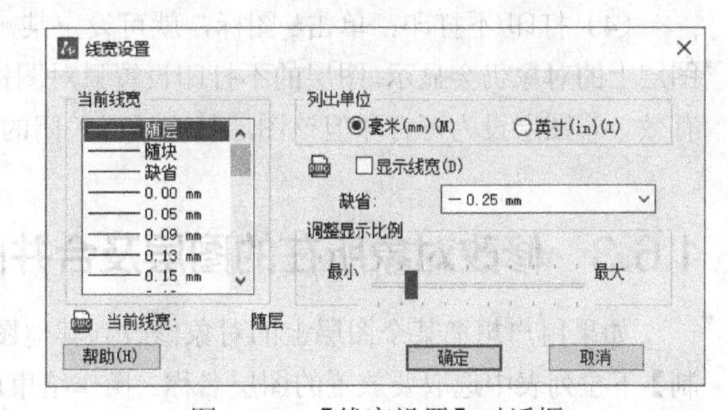

图 1-33 【线宽设置】对话框

5. 在不同的图层上绘图。

（1）指定当前图层。在【图层特性管理器】中选中“轮廓线层”，单击按钮，该图层前出现“√”标记，说明“轮廓线层”成为当前图层。

（2）关闭【图层特性管理器】，单击【绘图】面板上的直线按钮，绘制任意几条线段，这些线段的颜色为白色，线宽为 0.5 毫米。单击状态栏上的按钮，这些线段便显示出线宽。

（3）设定“中心线层”或“虚线层”为当前图层，绘制线段，观察效果。

要点提示 中心线及虚线中的短画线及空格大小可通过线型全局比例因子（LTSCALE）调整，详见 1.6.5 小节。

1.6.2 控制图层状态

图层状态主要包括打开与关闭、冻结与解冻、锁定与解锁、打印与不打印等，中望机械 CAD 用不同形式的图标表示这些状态。用户可通过【图层特性管理器】或【图层】面板上的【图层控制】下拉列表对图层状态进行控制，如图 1-34 所示。

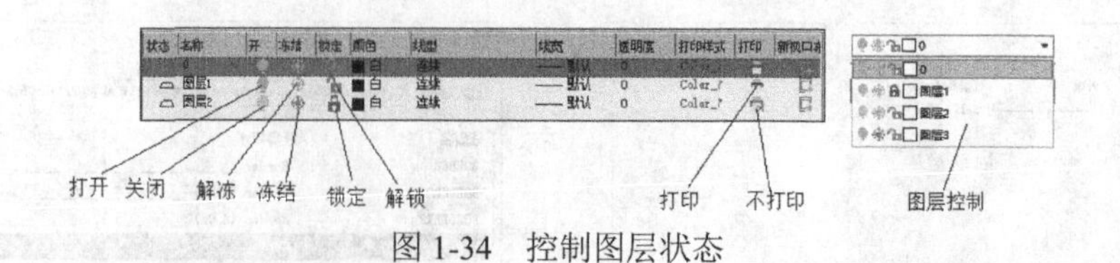

图 1-34　控制图层状态

下面对图层状态做详细说明。

（1）打开/关闭：单击图标，将关闭或打开某一图层。打开的图层是可见的，而关闭的图层不可见，也不能被打印。当重新生成图形时，被关闭的图层将一起生成。

（2）解冻/冻结：单击图标，将冻结或解冻某一图层。解冻的图层是可见的，若冻结某个图层，则该图层变为不可见，也不能被打印。当重新生成图形时，系统不再重新生成该图层上的对象，因而冻结一些图层后，可以加快 ZOOM、PAN 等命令和许多其他操作的运行速度。

要点提示　解冻一个图层将引起整个图形重新生成，而打开一个图层则不会导致这种现象发生（只是重画这个图层上的对象），因此如果需要频繁地改变图层的可见性，应关闭而不应冻结该图层。

（3）解锁/锁定：单击图标，将锁定或解锁某一图层。被锁定的图层是可见的，但图层上的对象不能被编辑。用户可以将锁定的图层设置为当前图层，并能向它添加图形对象。

（4）打印/不打印：单击图标，就可设定某一图层是否打印。指定某图层不打印后，该图层上的对象仍会显示。图层的不打印设置只对图样中的可见图层（图层是打开并且是解冻的）有效。若图层设为可打印但该图层是冻结或关闭的，则系统不会打印该图层。

1.6.3　修改对象所在的图层及合并图层

如果用户想把某个图层上的对象修改到其他图层上，可先选择该对象，然后在【图层控制】下拉列表中选取要放置的图层名称。操作结束后，下拉列表自动关闭，被选择的图形对象转移到新的图层上。

单击【图层】面板上的按钮，打开【图层特性管理器】，选择要合并的一个或多个图层，单击鼠标右键，在弹出的快捷菜单中选择【将选定图层合并到】命令，打开【合并到图层】对话框，将其指定到【目标层】列表框，则所选图层转化为目标图层。

1.6.4　修改对象的颜色、线型和线宽

用户通过【属性】面板上的【颜色控制】【线型控制】【线宽控制】下拉列表可以方便地设置对象的颜色、线型和线宽等属性，如图 1-35 所示。默认情况下，这 3 个下拉列表中显示【随层】。“随层”的意思是所绘对象的颜色、线型、线宽等属性与当前图层所设定的完全相同。

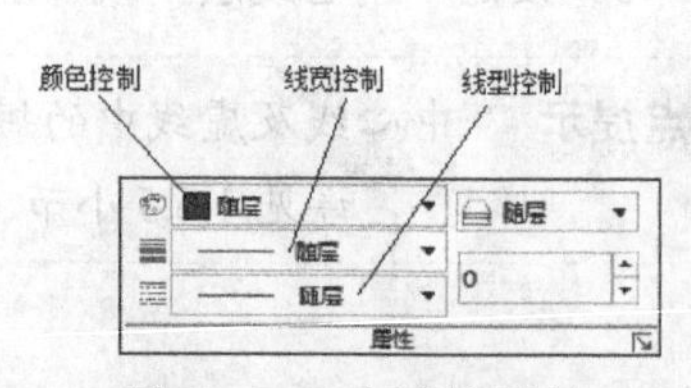

图 1-35　3 个下拉列表

当设置将要绘制的对象的颜色、线型、线宽等属性时，用户可直接在【颜色控制】【线型控制】【线宽控制】下拉列表中选择相应的选项。

若要修改已有对象的颜色、线型、线宽等属性，可先选择对象，然后在【颜色控制】【线

型控制】【线宽控制】下拉列表中选择新的颜色、线型及线宽。

【练习 1-11】控制图层状态、切换图层、修改对象所在的图层并改变对象的线型和线宽。

1. 打开素材文件"dwg\第 1 章\1-11.dwg"。

2. 打开【图层】面板上的【图层控制】下拉列表，选择【文字层】，则该图层成为当前图层。

3. 打开【图层控制】下拉列表，单击【尺寸标注】图层前面的图标，然后将鼠标指针移出下拉列表并单击，关闭该图层，则图层上的对象变为不可见。

4. 打开【图层控制】下拉列表，单击【轮廓线】图层及【剖面线】图层前面的图标，然后将鼠标指针移出下拉列表并单击，冻结这两个图层，则图层上的对象变为不可见。

5. 选中所有的黄色线条，则【图层控制】下拉列表显示这些线条所在的图层——【虚线】图层。在该列表中选择【中心线】图层，操作结束后，列表框自动关闭，被选对象转移到【中心线】图层上。

6. 展开【图层控制】下拉列表，单击【尺寸标注】图层前面的图标，再单击【轮廓线】图层及【剖面线】图层前面的图标，打开尺寸标注图层及解冻轮廓线图层和剖面线图层，则这 3 个图层上的对象变为可见。

7. 选中所有的图形对象，打开【属性】面板上的【颜色控制】下拉列表，从列表中选择【蓝】色，则所有对象变为蓝色。修改对象线型及线宽的方法与修改对象颜色类似。

1.6.5 修改非连续线的外观

非连续线是由短横线、空格等构成的重复图案，图案中的短线长度、空格大小由线型比例控制。用户绘图时常会遇到这样一种情况：本来想画虚线或点画线，但最终绘制出的线型看上去却和连续线一样，出现这种现象的原因是线型比例设置得太大或太小。

LTSCALE 是控制线型外观的全局比例因子，它将影响图样中所有非连续线型的外观，其值增加时，非连续线中的短横线及空格加长，否则会缩短。图 1-36 所示显示了使用不同全局线型比例因子时虚线及点画线的外观。

【练习 1-12】改变线型全局比例因子。

1. 打开【属性】面板上的【线型控制】下拉列表，选择【其他】选项，打开【线型管理器】对话框，单击显示细节(S)按钮，该对话框底部会出现【详细信息】分组框，如图 1-37 所示。

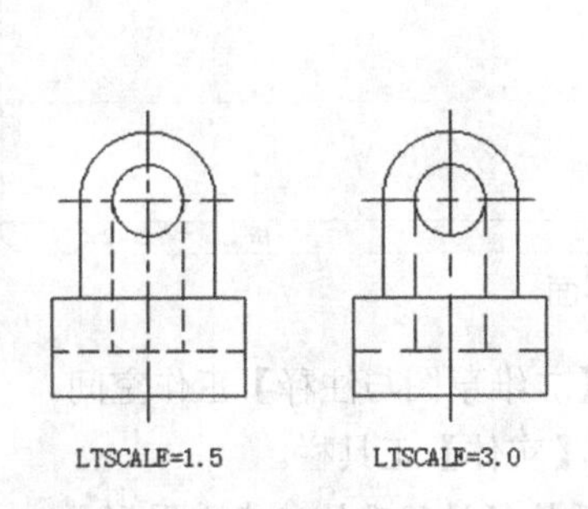

图 1-36 全局线型比例因子对非连续线外观的影响

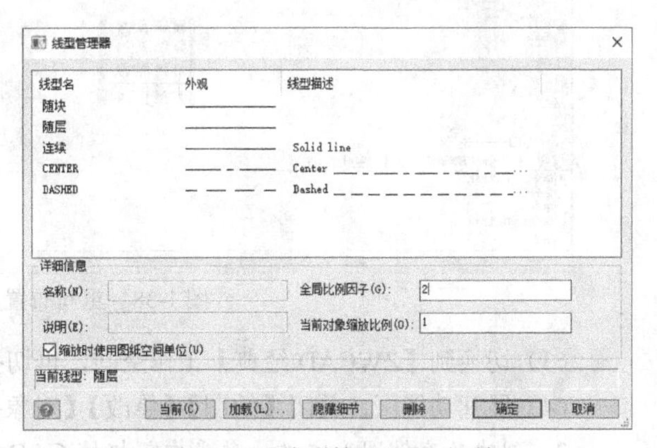

图 1-37 【线型管理器】对话框

2. 在【详细信息】分组框的【全局比例因子】文本框中输入新的比例值。

1.6.6　上机练习——使用图层及修改线型比例

【练习 1-13】创建图层、改变图层状态、将图形对象修改到其他图层上、修改线型比例等。

1. 打开素材文件“dwg\第 1 章\1-13.dwg”。

2. 创建以下图层。

名称	颜色	线型	线宽
尺寸标注	绿色	Continuous	默认
文字说明	绿色	Continuous	默认

3. 关闭轮廓线图层、剖面线图层及中心线图层，将尺寸标注及文字说明分别修改到尺寸标注图层及文字说明图层上。

4. 修改全局比例因子为 0.5，然后打开轮廓线图层、剖面线图层及中心线图层。

5. 将轮廓线的线宽修改为 0.7。

1.7　习题

1. 重新布置用户界面、恢复用户界面及切换工作空间等。

（1）以“zwcadiso.dwt”为样板文件创建新图形文件。

（2）收拢功能区，打开【绘图】【修改】【对象捕捉】【实体】工具栏，移动所有工具栏的位置，并调整【实体】工具栏的形状，如图 1-38 所示。将鼠标指针放置在工具栏的边缘，当其变成双向箭头时，按住鼠标左键并拖动，工具栏的形状就发生变化。

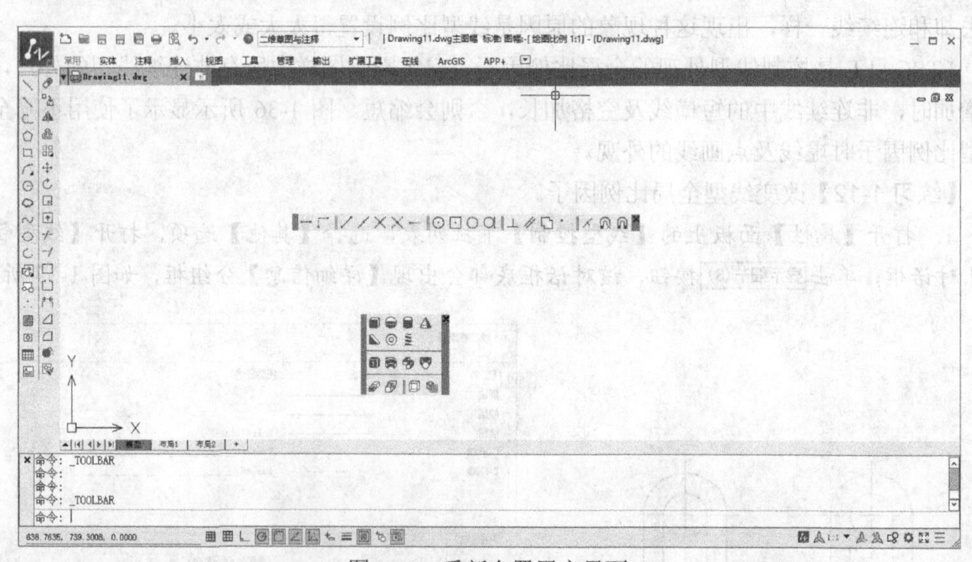

图 1-38　重新布置用户界面

（3）切换到【ZWCAD 经典】工作空间，再切换到【二维草图与注释】工作空间。

（4）展开功能区，关闭【绘图】【修改】【对象捕捉】【实体】工具栏。

2. 创建及存储图形文件、熟悉中望机械 CAD 命令的执行过程及快速查看图形等。

（1）利用中望机械 CAD 提供的样板文件“zwcadiso.dwt”创建新文件。

（2）用 LIMITS 命令设定绘图区域的大小为 1000×1000。

（3）仅显示绘图区域范围内的栅格，并使栅格充满整个绘图窗口显示出来。

（4）单击【绘图】面板上的按钮，系统提示如下。

```
命令: _circle
指定圆的圆心或 [三点(3P)/两点(2P)/切点、切点、半径(T)]:        //在绘图区中单击
指定圆的半径或 [直径(D)] <30.0000>: 50                        //输入圆的半径
命令:
_CIRCLE                                                     //按Enter键重复上一个命令
指定圆的圆心或 [三点(3P)/两点(2P)/切点、切点、半径(T)]:        //在屏幕上单击
指定圆的半径或 [直径(D)] <50.0000>: 100                       //输入圆的半径
命令:
CIRCLE                                                      //按Enter键重复上一个命令
指定圆的圆心或 [三点(3P)/两点(2P)/切点、切点、半径(T)]: *取消*
                                                            //按Esc键取消命令
```

（5）单击鼠标右键，利用快捷菜单上的相关命令平移、缩放图形。

（6）双击滚轮，使图形充满整个绘图窗口。

（7）以文件名“User.dwg”保存图形文件。

3. 创建图层、控制图层状态、将图形对象修改到其他图层上、改变对象的颜色及线型等。

（1）打开素材文件“dwg\第 1 章\1-14.dwg”。

（2）创建以下图层。

名称	颜色	线型	线宽
轮廓线	白色	Continuous	0.70
中心线	红色	Center	0.35
尺寸线	绿色	Continuous	0.35
剖面线	绿色	Continuous	0.35
文本	绿色	Continuous	0.35

（3）将图形的轮廓线、对称轴线、尺寸标注、剖面线及文字等分别修改到轮廓线图层、中心线图层、尺寸线图层、剖面线图层及文本图层上。

（4）通过【属性】面板上的【颜色控制】下拉列表把尺寸标注及对称轴线修改为【蓝】色。

（5）通过【属性】面板上的【线型控制】下拉列表将轮廓线的线型修改为【DASHED】。

（6）将轮廓线的线宽修改为 0.5。

第2章

绘制和编辑平面图形（一）

主要内容

- 输入点的绝对坐标或相对坐标绘制线段。
- 结合对象捕捉、极轴追踪及对象捕捉追踪功能绘制线段。
- 绘制平行线及任意角度斜线。
- 修剪、打断线条及调整线段长度。
- 绘制圆、圆弧连接及切线。
- 移动及复制对象。
- 倒圆角及倒角。

2.1 绘制线段的方法（一）

本节主要内容包括输入点的坐标绘制线段、捕捉几何点、修剪线条及延伸线条等。

2.1.1 输入点的坐标绘制线段

LINE 命令可用于在二维空间或三维空间中创建线段。启动该命令后，用户指定线段的端点或利用键盘输入端点坐标，系统就将这些点连接成线段。

常用的点坐标形式如下。

- 绝对直角坐标或相对直角坐标。绝对直角坐标的输入格式为“*X*,*Y*”，相对直角坐标的输入格式为“@*X*,*Y*”。*X* 表示点的 *x* 坐标值，*Y* 表示点的 *y* 坐标值，两坐标值之间用“,”分隔。例如，（–60,30）、（40,70）分别表示图 2-1 中的 *A*、*B* 点。
- 绝对极坐标或相对极坐标。绝对极坐标的输入格式为“*R*<α”，相对极坐标的输入格式为“@*R*<α”。*R* 表示点到原点的距离，α表示极轴方向与 *x* 轴正向间的夹角。若从 *x* 轴正向逆时针旋转到极轴方向，则α为正，否则α为负。例如，（70<120）、（50<–30）分别表示图 2-1 中的 *C*、*D* 点。

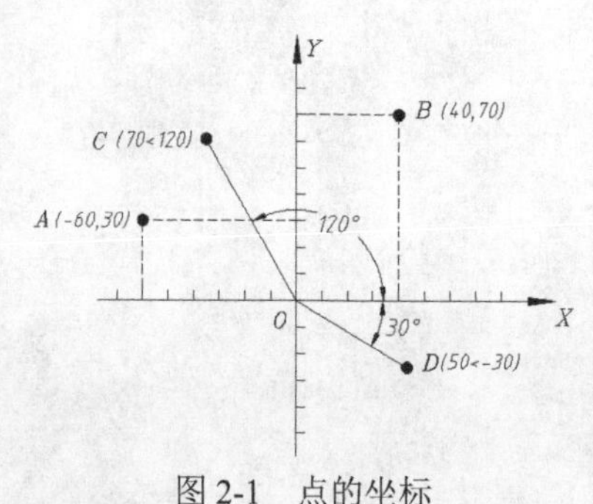

图 2-1　点的坐标

绘制线段时若只输入“<α”，而不输入“*R*”，则表

示沿α角度方向绘制任意长度的线段，这种方式称为角度覆盖方式。

一、命令启动方法

- 菜单命令：【绘图】/【直线】。
- 面板：【常用】选项卡中【绘图】面板上的╲按钮。
- 命令：LINE 或简写 L。

【练习 2-1】图形左下角点的绝对坐标及图形尺寸如图 2-2 所示，下面用 LINE 命令绘制此图形。

1. 设定绘图区域大小为 100×100，该区域左下角点的坐标为（200,150），右上角点的相对坐标为（@100,100）。双击滚轮，使绘图区域充满整个绘图窗口。

2. 单击【绘图】面板上的╲按钮或输入命令 LINE，启动绘制线段命令。

```
命令: _line
指定第一个点: 200,160                                  //输入 A 点的绝对直角坐标
指定下一点或 [角度(A)/长度(L)/放弃(U)]: @66,0            //输入 B 点的相对直角坐标
指定下一点或 [角度(A)/长度(L)/放弃(U)]: @0,48            //输入 C 点的相对直角坐标
指定下一点或 [角度(A)/长度(L)/闭合(C)/放弃(U)]: @-40,0
                                                       //输入 D 点的相对直角坐标
指定下一点或 [角度(A)/长度(L)/闭合(C)/放弃(U)]: @0,-8
                                                       //输入 E 点的相对直角坐标
指定下一点或 [角度(A)/长度(L)/闭合(C)/放弃(U)]: @-17,0
                                                       //输入 F 点的相对直角坐标
指定下一点或 [角度(A)/长度(L)/闭合(C)/放弃(U)]: @26<-110
                                                       //输入 G 点的相对极坐标
指定下一点或 [角度(A)/长度(L)/闭合(C)/放弃(U)]: c       //使线框闭合
```

结果如图 2-3 所示。

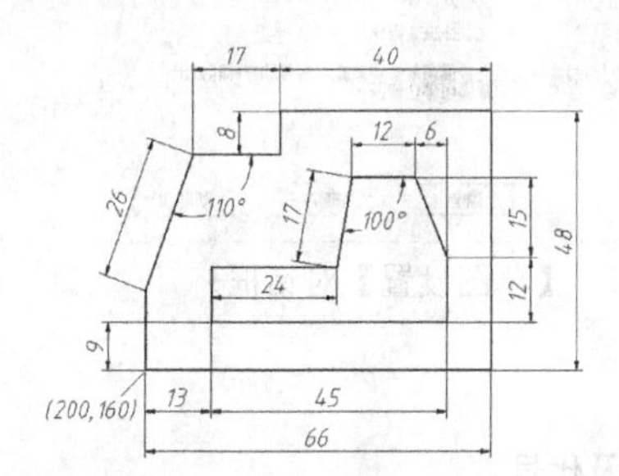

图 2-2　输入点的坐标绘制线段

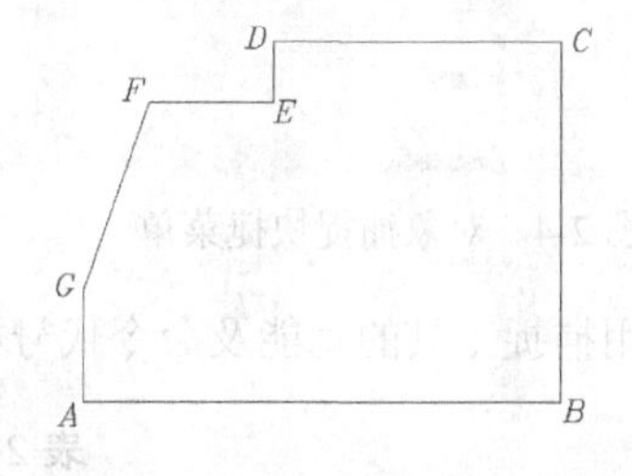

图 2-3　绘制线段 *AB*、*BC* 等

3. 绘制图形的其余部分。

二、命令选项

- 指定第一个点：在此提示下，用户需指定线段的起始点，若此时按 Enter 键，则系统将以上一次所绘制线段或圆弧的终点作为新线段的起点。
- 指定下一点：在此提示下，输入线段的端点，按 Enter 键后，系统继续提示"指定下一点"，用户可输入下一个端点，也可按 Enter 键结束命令。
- 角度(A)：绘制线段时，先指定线段的角度，再输入线段的长度。
- 长度(L)：绘制线段时，先指定线段的长度，再输入线段的角度。
- 放弃(U)：在"指定下一点"提示下，输入字母"U"，将删除上一条线段，多次输入"U"，则会删除多条线段。该选项可以及时纠正绘图过程中的错误。
- 闭合(C)：在"指定下一点"提示下，输入字母"C"，系统将使连续折线自动封闭。

2.1.2 使用对象捕捉功能精确绘制线段

在用 LINE 命令绘制线段的过程中，可启动对象捕捉功能，以拾取一些特殊的几何点，如端点、圆心、切点等。调用对象捕捉功能有以下 3 种方法。

（1）绘图过程中，当系统提示输入一个点时，可输入捕捉命令代号或单击捕捉按钮来启动对象捕捉，然后将光标移动到要捕捉的特征点附近，系统就对象捕捉该点。

（2）利用快捷菜单。在绘图窗口中按住 Ctrl 或 Shift 键并单击鼠标右键，在弹出的快捷菜单中选择捕捉何种类型的点，如图 2-4 所示。也可直接单击鼠标右键，利用快捷菜单上的【捕捉替代】命令启动对象捕捉功能。

（3）前面两种捕捉方法仅对当前操作有效，命令结束后对象捕捉功能自动关闭，这种捕捉方法称为覆盖捕捉方法。除此之外，用户还可以采用对象捕捉方法来定位点，按下状态栏上的□按钮，就可以打开对象捕捉。在此按钮上单击鼠标右键，弹出快捷菜单，选择【设置】命令，打开【草图设置】对话框，在该对话框的【对象捕捉】选项卡中设置对象捕捉点的类型，如图 2-5 所示。

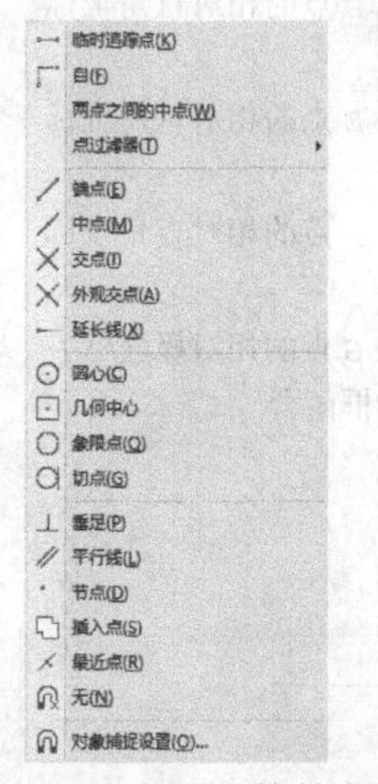

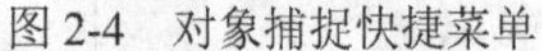

图 2-4　对象捕捉快捷菜单

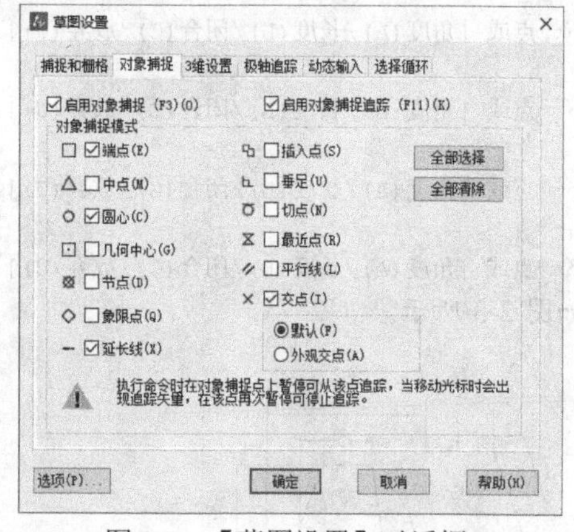

图 2-5　【草图设置】对话框

常用捕捉工具的功能及命令代号如表 2-1 所示。

表 2-1　对象捕捉工具及代号

捕捉名称	代号	功能
端点	END	捕捉端点
中点	MID	捕捉中点
交点	INT	捕捉交点
延长线	EXT	捕捉延伸点。从线段端点开始沿线段方向捕捉一点。沿几何对象端点开始移动光标，此时系统沿该对象显示出捕捉辅助线及捕捉点的相对极坐标，如图 2-6 所示。输入捕捉距离后，系统定位一个新点
圆心	CEN	捕捉圆、圆弧及椭圆的中心
几何中心	GCEN	捕捉封闭多段线、多边形等的形心
节点	NOD	捕捉 POINT 命令创建的点对象
插入点	INS	捕捉图块、文字等对象的插入点
象限点	QUA	捕捉圆、椭圆的 0°、90°、180° 或 270° 处的点——象限点

续表

捕捉名称	代号	功能
切点	TAN	捕捉切点
垂足	PER	捕捉垂足
平行线	PAR	平行捕捉。先指定线段起点，再利用平行捕捉绘制平行线，如图 2-7 所示。用 LINE 命令绘制线段 *AB* 的平行线 *CD*。发出 LINE 命令后，首先指定线段起点 *C*，然后选择平行捕捉，移动光标到线段 *AB* 上，此时该线段上出现小的平行线符号，表示线段 *AB* 已被选定，再移动光标到即将创建平行线的位置，此时系统显示出平行线，输入该线的长度，即绘制出平行线
自（正交偏移捕捉）	FROM	先指定基点，再输入相对坐标来确定新点。该捕捉方式可以相对于一个已知点定位另一点。如图 2-8 所示，已知 *B* 点相对于与 *A* 点的坐标，现在想从 *B* 点开始绘制线段，此时可用正交偏移捕捉确定 *B* 点
最近点	NEA	捕捉距离十字光标中心最近的几何对象上的点
两点之间的中点	M2P	捕捉两点间连线的中点
临时追踪点	TT	打开对象捕捉追踪功能后，利用捕捉代号 TT 创建临时参考点，该点作为追踪的起始点

要点提示　捕捉圆心时，只有当十字光标与圆、圆弧相交时才有效。

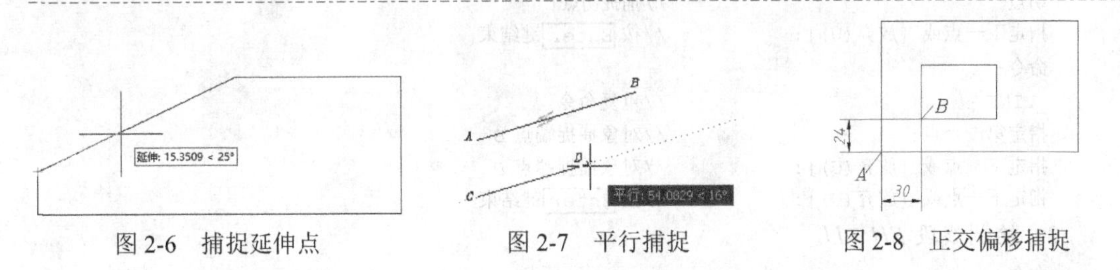

图 2-6　捕捉延伸点　　　图 2-7　平行捕捉　　　图 2-8　正交偏移捕捉

【练习 2-2】打开素材文件“dwg\第 2 章\2-2.dwg”，如图 2-9 左图所示，使用 LINE 命令将左图修改为右图。为简化命令序列的显示，这里只将必要的命令选项列出来，后续讲解也将采用这种方式。

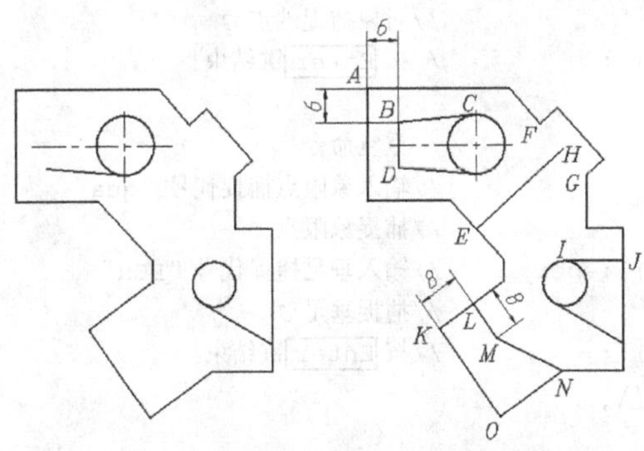

图 2-9　捕捉几何点

1. 单击状态栏上的□按钮，打开对象捕捉功能，在此按钮上单击鼠标右键，弹出快捷菜单，选择【设置】命令，打开【草图设置】对话框，在该对话框的【对象捕捉】选项卡中设置对象捕捉类型为【端点】【中点】【延长线】【平行线】【交点】，如图 2-10 所示。

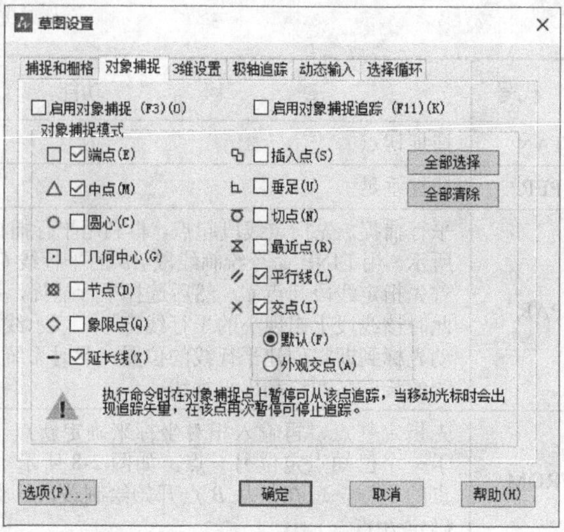

图 2-10 【草图设置】对话框

2. 绘制线段 *BC*、*BD*。*B* 点的位置用正交偏移捕捉确定。

```
命令: _line
指定第一个点: from                    //输入正交偏移捕捉代号“from”，按 Enter 键
基点:                                 //将光标移动到 A 点处，系统对象捕捉该点，单击确认
<偏移>: @6,-6                         //输入 B 点的相对坐标
指定下一点或 [放弃(U)]: tan           //输入切点捕捉代号“tan”并按 Enter 键
切点                                  //捕捉切点 C
指定下一点或 [放弃(U)]:               //按 Enter 键结束
命令:
_LINE                                 //重复命令
指定第一个点:                         //对象捕捉端点 B
指定下一点或 [放弃(U)]:               //对象捕捉端点 D
指定下一点或 [放弃(U)]:               //按 Enter 键结束
```

3. 绘制线段 *EH*、*IJ*。

```
命令: _line
指定第一个点:                         //对象捕捉中点 E
指定下一点或 [放弃(U)]: m2p           //输入捕捉代号“m2p”，按 Enter 键
中点的第一点:                         //对象捕捉端点 F
中点的第二点:                         //对象捕捉端点 G
指定下一点或 [放弃(U)]:               //按 Enter 键结束
命令:
_LINE                                 //重复命令
指定第一点: qua                       //输入象限点捕捉代号“qua”
象限点                                //捕捉象限点 I
指定下一点或 [放弃(U)]: per           //输入垂足捕捉代号“PER”
垂足                                  //捕捉垂足 J
指定下一点或 [放弃(U)]:               //按 Enter 键结束
```

4. 绘制线段 *LM*、*MN*。

```
命令: _line
指定第一个点: 8                       //从 K 点开始沿线段进行追踪，输入 L 点与 K 点的距离
指定下一点: 8                         //将光标从线段 KO 处移动到 LM 处，显示平行线，输入线段长度
指定下一点或 [放弃(U)]:               //对象捕捉端点 N
指定下一点或 [放弃(U)]:               //按 Enter 键结束
```

结果如图 2-9 右图所示。

2.1.3　结合对象捕捉、极轴追踪及对象捕捉追踪功能绘制线段

首先简要说明中望机械CAD中的极轴追踪及对象捕捉追踪功能，然后通过练习掌握它们。

一、极轴追踪

打开极轴追踪功能并启动LINE命令后，沿用户设定的极轴方向移动光标，系统在该方向上显示一条追踪辅助线及光标的极坐标值，如图2-11所示。输入线段的长度后，按Enter键，就绘制出指定长度的线段。

二、对象捕捉追踪

对象捕捉追踪是指系统从一点开始自动沿某一方向进行追踪，追踪方向上将显示一条追踪辅助线及光标的极坐标值。输入追踪距离，按Enter键，就确定新的点。在使用对象捕捉追踪功能时，必须打开对象捕捉。系统首先捕捉一个几何点作为追踪参考点，然后沿水平方向、竖直方向或设定的极轴方向进行追踪，如图2-12所示。

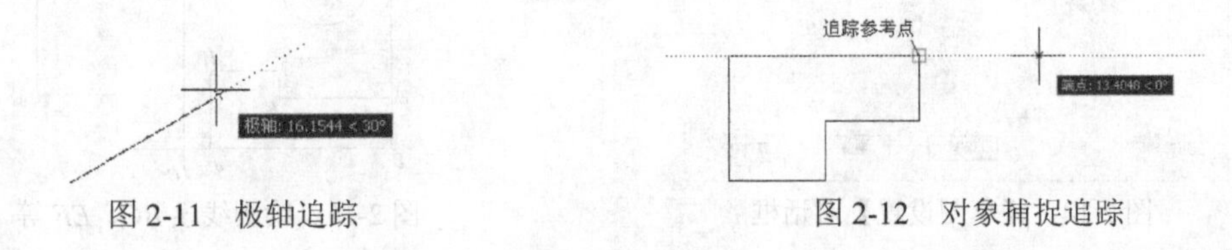

图2-11　极轴追踪　　　　图2-12　对象捕捉追踪

【练习2-3】打开素材文件"dwg\第2章\2-3.dwg"，如图2-13左图所示，用LINE命令并结合极轴追踪、对象捕捉及对象捕捉追踪功能将左图修改为右图。

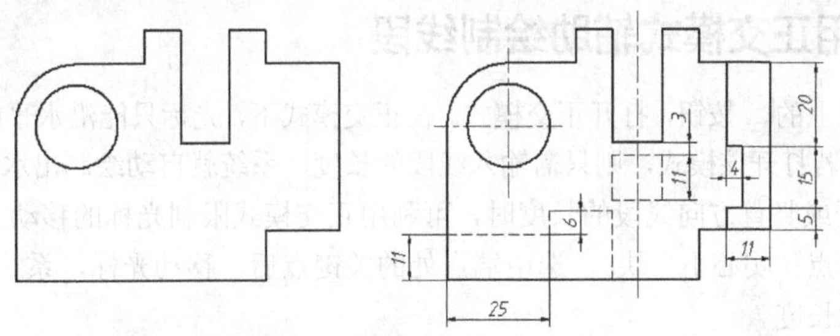

图2-13　利用极轴追踪、对象捕捉及对象捕捉追踪功能画线

1. 打开对象捕捉，设置对象捕捉类型为【端点】【中点】【圆心】【交点】，再设定线型的全局比例因子为"0.2"。

2. 在状态栏的按钮上单击鼠标右键，在弹出的快捷菜单中选择【设置】命令，打开【草图设置】对话框，进入【极轴追踪】选项卡，在【增量角度】下拉列表中设定极轴角增量为"90"，如图2-14所示。此后，若用户打开极轴追踪功能绘制线段，则光标将自动沿0°、90°、180°及270°方向进行追踪；再输入线段长度值，系统就在该方向上绘制出线段。单击 确定 按钮，关闭【草图设置】对话框。

3. 单击状态栏上的、及按钮，打开极轴追踪、对象捕捉及对象捕捉追踪功能。

4. 切换到轮廓线层，绘制线段*BC*、*EF*等。

```
命令: _line
指定第一个点:                        //从中点A向上追踪到B点
指定下一点或 [放弃(U)]:              //从B点向下追踪到C点
指定下一点或 [放弃(U)]:              //按Enter键结束
命令:
_LINE                                //重复命令
```

```
指定第一个点: 11                              //从 D 点向上追踪并输入追踪距离
指定下一点或 [放弃(U)]: 25                    //从 E 点向右追踪并输入追踪距离
指定下一点或 [放弃(U)]: 6                     //从 F 点向上追踪并输入追踪距离
指定下一点或 [闭合(C)/放弃(U)]:               //从 G 点向右追踪并以 I 点为追踪参考点确定 H 点
指定下一点或 [闭合(C)/放弃(U)]:               //从 H 点向下追踪并捕捉交点 J
指定下一点或 [闭合(C)/放弃(U)]:               //按 Enter 键结束
```

结果如图 2-15 所示。

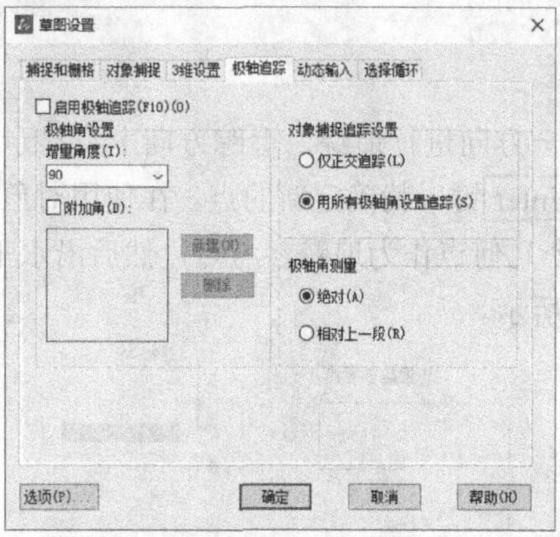

图 2-14　【草图设置】对话框

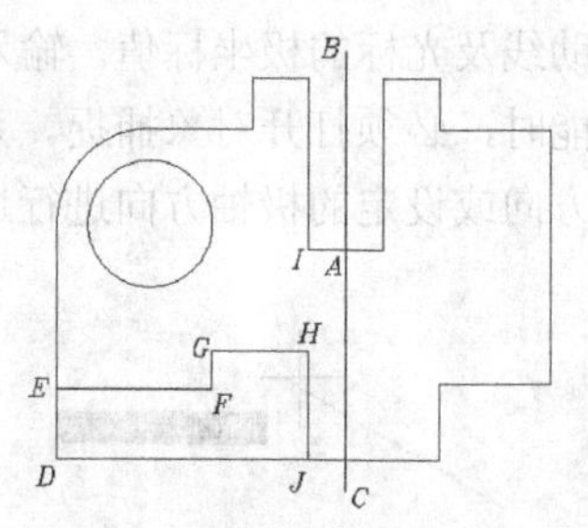

图 2-15　绘制线段 BC、EF 等

5. 绘制图形的其余部分，然后修改某些对象所在的图层。

2.1.4　利用正交模式辅助绘制线段

单击状态栏上的∟按钮，打开正交模式。在正交模式下，光标只能沿水平或竖直方向移动。绘制线段的同时若打开该模式，则只需输入线段的长度，系统就自动绘制出水平或竖直线段。

当调整水平或竖直方向线段的长度时，可利用正交模式限制光标的移动方向。选择线段，线段上出现关键点（实心小方块），选中端点处的关键点后，移动光标，系统就沿水平或竖直方向改变线段的长度。

2.1.5　修剪线条

使用 TRIM 命令可将多余线条修剪掉。启动该命令后，用户首先指定一个或几个对象作为剪切边（可以想象为剪刀），然后选择被修剪的部分。剪切边可以是线段、圆弧、样条曲线等对象，剪切边本身也可作为被修剪的对象。

除修剪功能外，TRIM 命令也可用于延伸所选剪切边，操作时按住 Shift 键即可。使用 TRIM 命令的一个技巧是：一次选择多个对象，然后在这些对象间进行修剪或延伸操作。

一、命令启动方法

- 菜单命令：【修改】/【修剪】。
- 面板：【常用】选项卡中【修改】面板上的-/--按钮。
- 命令：TRIM 或简写 TR。

【练习 2-4】练习 TRIM 命令。

1. 打开素材文件“dwg\第 2 章\2-4.dwg”，如图 2-16 左图所示，用 TRIM 命令将左图修改为右图。

2. 单击【修改】面板上的按钮或输入命令 TRIM，启动修剪命令。

```
命令: _trim
选取对象来剪切边界 <全选>:
找到 1 个                                          //选择剪切边 A，如图 2-17 左图所示
选取对象来剪切边界 <全选>:                          //按 Enter 键
选择要修剪的实体，或按住 Shift 键选择要延伸的实体，或 [边缘模式(E)/围栏(F)/窗交(C)/投影(P)/
删除(R)/放弃(U)]:                                  //在 B 点处选择要修剪的多余线条
选择要修剪的实体:                                  //按 Enter 键结束
命令: _TRIM                                        //重复命令
选取对象来剪切边界 <全选>:总计 2 个                 //选择剪切边 C、D
选取对象来剪切边界 <全选>:                          //按 Enter 键
选择要修剪的实体，或按住 Shift 键选择要延伸的实体，或 [边缘模式(E)/围栏(F)/窗交(C)/投影(P)/
删除(R)/放弃(U)]: e                                //选择"边缘模式(E)"选项
输入选项 [延伸(E)/不延伸(N)] <不延伸(N)>: e         //选择"延伸(E)"选项
选择要修剪的实体:                                  //在 E、F 及 G 点处选择要修剪的部分
选择要修剪的实体:                                  //按 Enter 键结束
```

结果如图 2-17 右图所示。

要点提示 为简化说明，仅将第 2 个 TRIM 命令与当前操作相关的提示信息罗列出来，而将其他信息省略，这种讲解方式在后续的练习中也将采用。

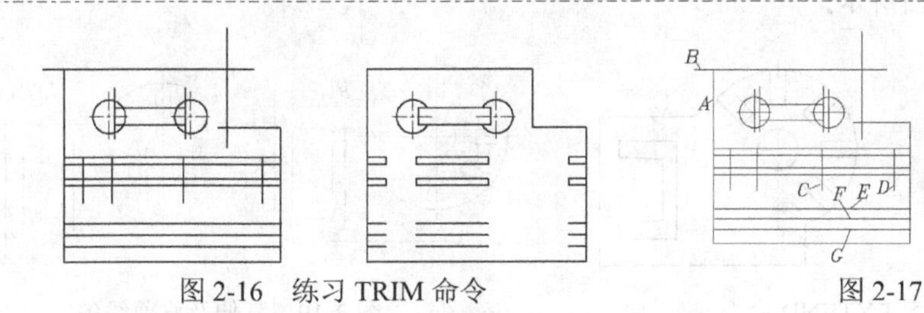

图 2-16 练习 TRIM 命令　　　　图 2-17 修剪对象

3. 利用 TRIM 命令修剪图中的其他多余线条。

二、命令选项

- 按住 Shift 键选择要延伸的实体：将选定的对象延伸至剪切边。
- 边缘模式(E)：如果剪切边太短，没有与被修剪对象相交，就利用此选项假想将剪切边延长，然后执行修剪操作。
- 围栏(F)：用户绘制连续折线，与折线相交的对象被修剪。
- 窗交(C)：利用交叉窗口选择对象。
- 投影(P)：该选项可以使用户指定执行修剪的空间。例如，三维空间中的两条线段呈交叉关系，用户可利用该选项假想将其投影到某一平面上，然后执行修剪操作。
- 删除(R)：不退出 TRIM 命令直接删除选定的对象。
- 放弃(U)：若修剪有误，可输入字母"U"，按 Enter 键，撤销上一次的修剪。

2.1.6 延伸对象

利用 EXTEND 命令可以将线段、曲线等对象延伸到边界对象，使其与边界对象相交。启动该命令后，用户首先选择一个或几个对象作为边界对象，然后选择要延伸的对象。有时对象延伸后并不与边界对象直接相交，而是与边界对象的延长线相交。

除延伸功能外，EXTEND 命令也可对已选的边界对象进行修剪，操作时按住 Shift 键即可。

使用该命令的一个技巧是：一次选择多个对象，然后在这些对象间进行延伸或修剪操作。

一、命令启动方法

- 菜单命令：【修改】/【延伸】。
- 面板：【常用】选项卡中【修改】面板上的按钮。
- 命令：EXTEND 或简写 EX。

【练习 2-5】练习 EXTEND 命令。

1. 打开素材文件"dwg\第 2 章\2-5.dwg"，如图 2-18 左图所示，用 EXTEND 及 TRIM 命令将左图修改为右图。

2. 单击【修改】面板上的按钮或输入命令 EXTEND，启动延伸命令。

```
命令: _extend
选取边界对象作延伸<回车全选>:总计 3 个                    //选择边界线段A、B、C，如图2-19左图所示
选取边界对象作延伸<回车全选>:                             //按Enter键
选择要延伸的实体，或按住Shift键选择要修剪的实体，或 [边缘模式(E)/围栏(F)/窗交(C)/投影(P)/
放弃(U)]: e                                               //选择"边(E)"选项
输入选项 [延伸(E)/不延伸(N)] <不延伸(N)>: e               //选择"延伸(E)"选项
选择要延伸的实体:                                         //选择要延伸的线段A、B、C
选择要延伸的实体:                                         //按住Shift键选择线段A要修剪的部分
选择要延伸的实体:                                         //按Enter键结束
```

结果如图 2-19 右图所示。

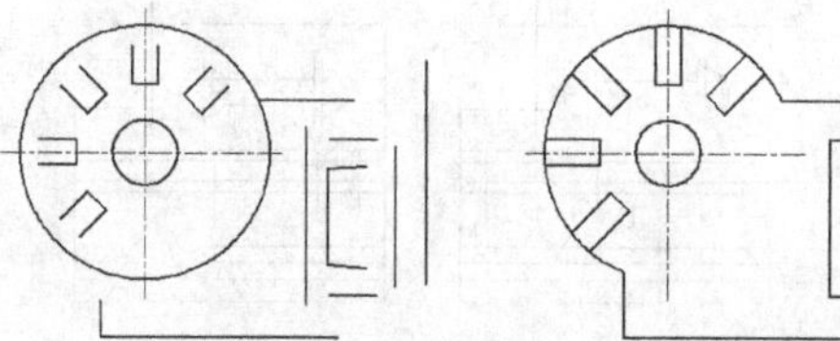

图 2-18　练习 EXTEND 命令

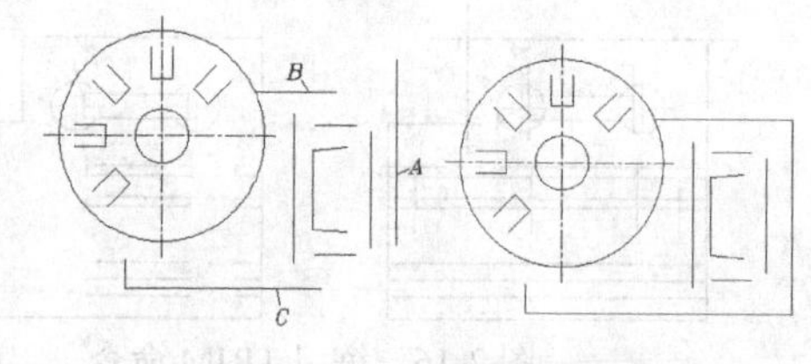

图 2-19　延伸及修剪线条

3. 利用 EXTEND 及 TRIM 命令继续修改图形中的其他部分。

二、命令选项

- 按住 Shift 键选择要修剪的实体：将选择的边界对象修剪到边界而不是将其延伸。
- 边缘模式(E)：当边界太短且延伸对象后不能与边界直接相交时，就打开该选项，此时系统假想将边界延长，然后延伸线条到边界。
- 围栏(F)：用户绘制连续折线，与折线相交的对象被延伸。
- 窗交(C)：利用交叉窗口选择要延伸的对象。
- 投影(P)：该选项使用户可以指定延伸操作的空间。对二维绘图来说，延伸操作是在当前用户坐标平面（*xy* 平面）内进行的。在三维空间绘图时，用户可通过该选项将两个交叉对象投影到 *xy* 平面或当前视图平面内，然后执行延伸操作。
- 放弃(U)：取消上一次的操作。

2.1.7 直接拖曳改变线条长度

可以用直接拖曳的方式改变线条长度，具体方法如下。

（1）打开极轴追踪或正交模式，选择线段，线段上出现关键点，选中端点处的关键点后，移动光标，系统就沿水平或竖直方向改变线段的长度，如图 2-20 左图所示。

（2）打开对象捕捉功能并设置捕捉类型为【延长线】。选择线段，线段上出现关键点，选中端点处的关键点，沿线段移动光标，调整线段长度，如图 2-20 右图所示。操作时，也可输入数值来改变线段长度。

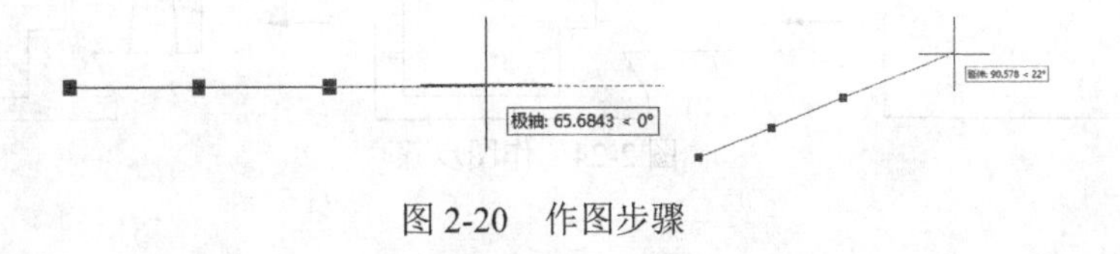

图 2-20　作图步骤

2.1.8　上机练习——绘制线段的方法

【练习 2-6】输入坐标及利用对象捕捉绘制线段，如图 2-21 所示。

【练习 2-7】用 LINE 命令并结合极轴追踪、对象捕捉及对象捕捉追踪功能绘制平面图形，如图 2-22 所示。

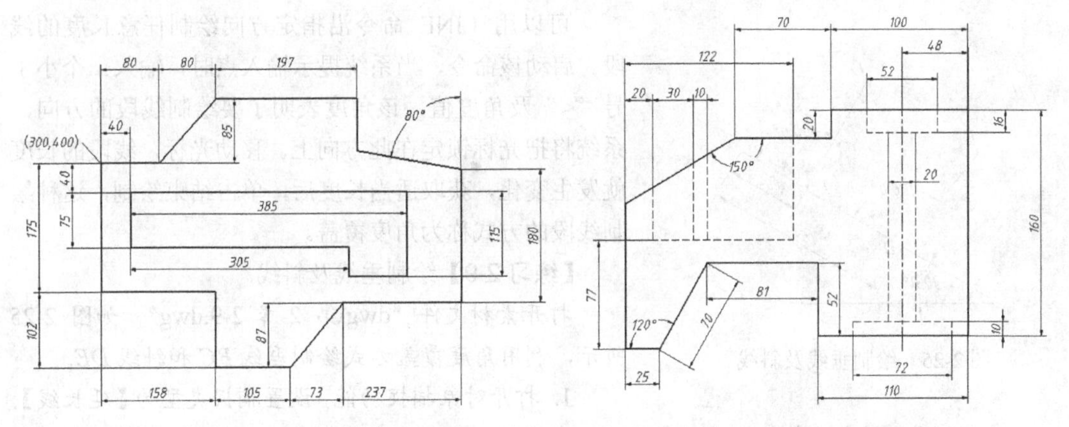

图 2-21　输入坐标及利用对象捕捉绘制线段　图 2-22　利用极轴追踪、对象捕捉追踪等功能绘图（1）

【练习 2-8】用 LINE 命令并结合极轴追踪、对象捕捉及对象捕捉追踪功能绘制平面图形，如图 2-23 所示。

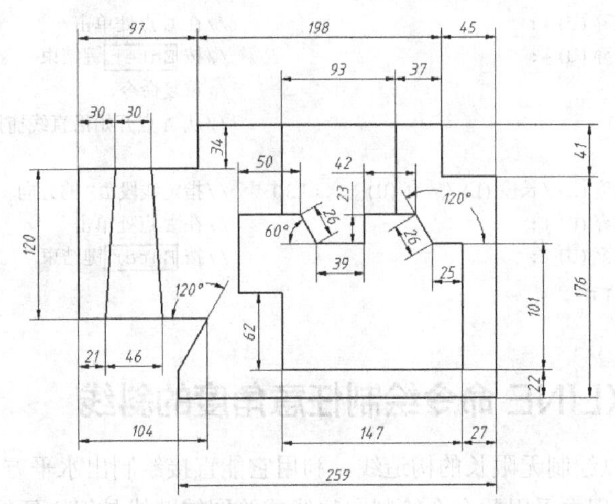

图 2-23　利用极轴追踪、对象捕捉追踪等功能绘图（2）

主要作图步骤如图 2-24 所示。

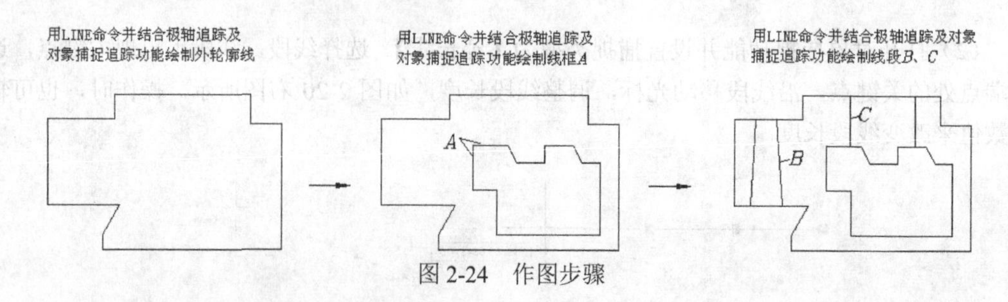

图2-24 作图步骤

2.2 绘制线段的方法（二）

工程设计中经常要绘制垂线、斜线平行线。下面介绍垂线、斜线及平行线的绘制方法。

2.2.1 利用角度覆盖方式绘制垂线及倾斜线段

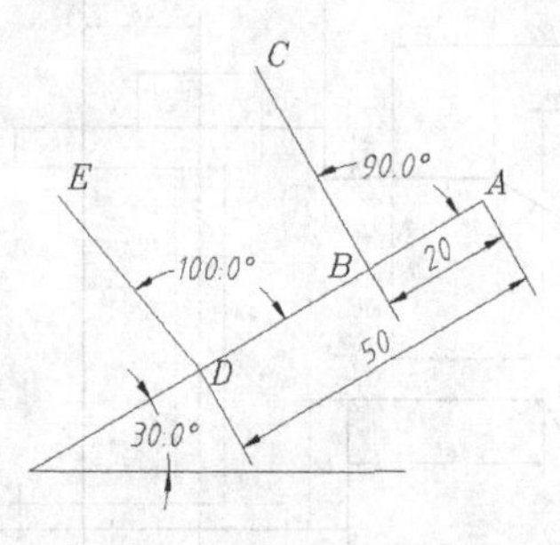

图2-25 绘制垂线及斜线

可以用 LINE 命令沿指定方向绘制任意长度的线段。启动该命令，当系统提示输入点时，输入一个小于号“<”及角度值，该角度表明了要绘制线段的方向，系统将把光标锁定在此方向上。移动光标，线段的长度就发生变化，获取适当长度后，单击结束绘制，这种绘制线段的方式称为角度覆盖。

【练习 2-9】绘制垂线及斜线。

打开素材文件“dwg\第 2 章\2-9.dwg”，如图 2-25 所示，利用角度覆盖方式绘制垂线 *BC* 和斜线 *DE*。

1. 打开对象捕捉功能，设置捕捉类型为【延长线】。

2. 启动绘制线段命令，从 *A* 点开始沿直线捕捉，确定线段起点，如图 2-25 所示。

```
命令： _line                                    //从 A 点开始沿直线捕捉
指定第一个点： 20                               //输入 B 点与 A 点之间的距离
指定下一点或 [角度(A)/长度(L)/放弃(U)]： <120   //指定线段 BC 的方向
指定下一点或 [放弃(U)]：                        //在 C 点处单击
指定下一点或 [放弃(U)]：                        //按 Enter 键结束
命令： _LINE                                    //重复命令
指定第一个点： 50                               //从 A 点开始沿直线捕捉，输入 D 点与 A 点之间的距离
指定下一点或 [角度(A)/长度(L)/放弃(U)]： <130   //指定线段 DE 的方向
指定下一点或 [放弃(U)]：                        //在 E 点处单击
指定下一点或 [放弃(U)]：                        //按 Enter 键结束
```

结果如图 2-25 所示。

2.2.2 利用 XLINE 命令绘制任意角度的斜线

XLINE 命令可以绘制无限长的构造线，利用它能直接绘制出水平方向、竖直方向及倾斜方向的直线。作图过程中采用此命令绘制定位线或绘图辅助线是很方便的。

一、命令启动方法

- 菜单命令：【绘图】/【构造线】。

- 面板：【常用】选项卡中【绘图】面板上的按钮。
- 命令：XLINE 或简写 XL。

【练习 2-10】打开素材文件“dwg\第 2 章\2-10.dwg”，如图 2-26 左图所示，用 LINE、XLINE、TRIM 等命令将左图修改为右图。

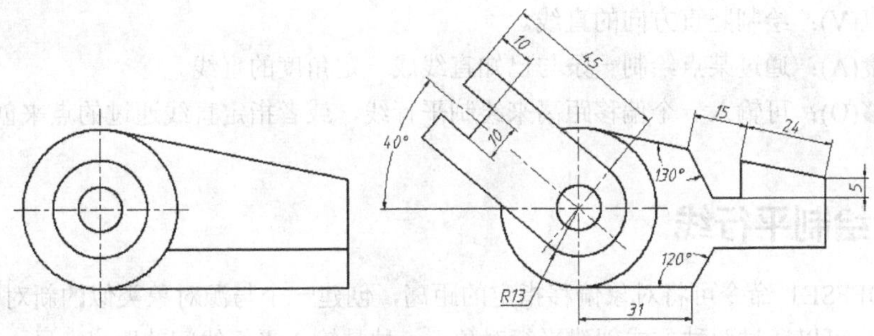

图 2-26 绘制任意角度的斜线

1. 打开对象捕捉功能，设置对象捕捉类型为【端点】【延长线】【交点】。
2. 用 XLINE 命令绘制直线 *G*、*H*、*I*，用 LINE 命令绘制斜线 *J*，如图 2-27 左图所示。

```
命令：_xline
指定构造线位置或 [等分(B)/水平(H)/竖直(V)/角度(A)/偏移(O)]：v
                                    //使用“垂直(V)”选项
定位：24                            //从 A 点开始沿直线捕捉，输入 B 点与 A 点之间的距离
定位：                              //按 Enter 键结束
命令：_XLINE                        //重复命令
指定构造线位置或 [等分(B)/水平(H)/竖直(V)/角度(A)/偏移(O)]：h
                                    //使用“水平(H)”选项
定位：5                             //从 A 点开始沿直线捕捉，输入 C 点与 A 点之间的距离
定位：                              //按 Enter 键结束
命令：_XLINE                        //重复命令
指定构造线位置或 [等分(B)/水平(H)/竖直(V)/角度(A)/偏移(O)]：a
                                    //使用“角度(A)”选项
输入角度值或 [参照值(R)] <0>：r     //使用“参照(R)”选项
选取参照对象：                      //选择线段 AB
输入角度值 <0>：130                 //输入构造线与线段 AB 的夹角
定位：39                            //从 A 点开始沿直线捕捉，输入 D 点与 A 点之间的距离
定位：                              //按 Enter 键结束
命令：_line                         //启动绘制线段命令
指定第一个点：31                    //从 E 点开始沿直线捕捉，输入 F 点与 E 点之间的距离
指定下一点或 [角度(A)/长度(L)/放弃(U)]：a      //使用“角度(A)”选项
指定角度：60                                   //设定斜线的角度
指定长度：                                     //沿 60° 方向移动光标，单击
指定下一点或 [角度(A)/长度(L)/放弃(U)]：       //按 Enter 键结束
```

结果如图 2-27 左图所示。修剪多余线条，结果如图 2-27 右图所示。

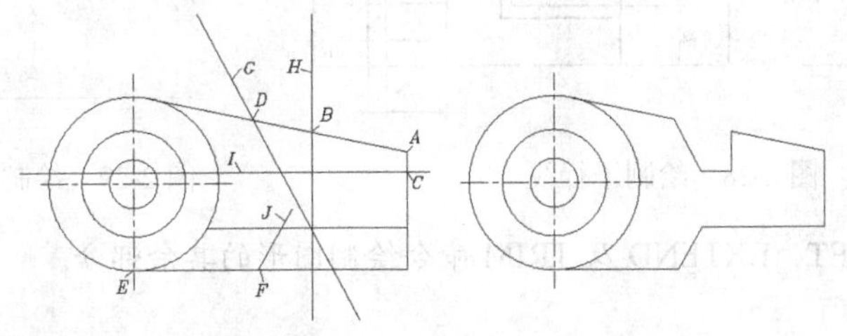

图 2-27 绘制斜线及修剪线条

3. 用 XLINE、OFFSET、TRIM 等命令绘制图形的其余部分。

二、命令选项

- 等分(B)：绘制一条平分已知角度的直线。
- 水平(H)：绘制水平方向的直线。
- 垂直(V)：绘制竖直方向的直线。
- 角度(A)：通过某点绘制一条与已知直线成一定角度的直线。
- 偏移(O)：可输入一个偏移距离来绘制平行线，或者指定直线通过的点来创建平行线。

2.2.3 绘制平行线

使用 OFFSET 命令可将对象偏移指定的距离，创建一个与源对象类似的新对象。使用该命令时，用户可以通过两种方式创建平行对象：一种是输入平行线间的距离，另一种是指定新平行线通过的点。

一、命令启动方法

- 菜单命令：【修改】/【偏移】。
- 面板：【常用】选项卡中【修改】面板上的按钮。
- 命令：OFFSET 或简写 O。

【练习 2-11】打开素材文件“dwg\第 2 章\2-11.dwg”，如图 2-28 左图所示，用 OFFSET、EXTEND、TRIM 等命令将左图修改为右图。

1. 用 OFFSET 命令偏移线段 A、B，得到平行线 C、D，如图 2-29 左图所示。

```
命令: _offset
指定偏移距离或 [通过(T)/擦除(E)/图层(L)] <通过>: 70  //输入偏移距离
选择要偏移的对象或 [放弃(U)/退出(E)] <退出>:          //选择线段 A
指定目标点或 [退出(E)/多个(M)/放弃(U)] <退出>:        //在线段 A 的右边单击
选择要偏移的对象或 [放弃(U)/退出(E)] <退出>:          //按 Enter 键结束
命令: _OFFSET                                          //重复命令
指定偏移距离或 [通过(T)/擦除(E)/图层(L)] <70.0000>: 74 //输入偏移距离
选择要偏移的对象或 [放弃(U)/退出(E)] <退出>:          //选择线段 B
指定目标点或 [退出(E)/多个(M)/放弃(U)] <退出>:        //在线段 B 的上边单击
选择要偏移的对象或 [放弃(U)/退出(E)] <退出>:          //按 Enter 键结束
```

用 TRIM 命令修剪多余线条，结果如图 2-29 右图所示。

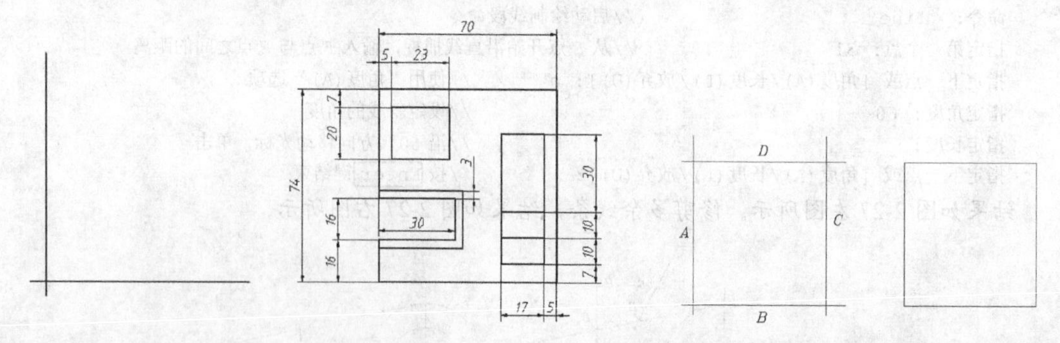

图 2-28 绘制平行线　　　　图 2-29 绘制平行线及修剪多余线条

2. 用 OFFSET、EXTEND 及 TRIM 命令绘制图形的其余部分。

二、命令选项

- 通过(T)：通过指定点创建新的偏移对象。

- 擦除(E)：偏移源对象后将其删除。
- 图层(L)：指定将偏移后的新对象放置在当前图层或源对象所在的图层上。
- 多个(M)：在要偏移的一侧单击多次，可创建多个等距对象。

2.2.4 打断对象

使用 BREAK 命令可以删除对象的一部分，常用于打断线段、圆、圆弧及椭圆等。该命令既可以在某一点打断对象，也可以在指定的两点间打断对象。

一、命令启动方法

- 菜单命令：【修改】/【打断】。
- 面板：【常用】选项卡中【修改】面板上的按钮。
- 命令：BREAK 或简写 BR。

【练习 2-12】打开素材文件“dwg\第 2 章\2-12.dwg”，如图 2-30 左图所示，用 BREAK 等命令将左图修改为右图。

1. 用 BREAK 命令打断线条，如图 2-31 所示。

```
命令: _break
选取切断对象:                              //在 A 点处选择对象，如图 2-31 左图所示
指定第二切断点或 [第一切断点(F)]:          //在 B 点处选择对象
命令: _BREAK                               //重复命令
选取切断对象:                              //在 C 点处选择对象
指定第二切断点或 [第一切断点(F)]:          //在 D 点处选择对象
命令: _BREAK                               //重复命令
选取切断对象:                              //选择线段 E
指定第二切断点或 [第一切断点(F)]: f        //使用“第一切断点(F)”选项
指定第一切断点: int 交点                   //捕捉交点 F
指定第二切断点: @                          //输入相对坐标符号，按Enter键，在同一点打断对象
```

将线段 *E* 修改到虚线层上，结果如图 2-31 右图所示。

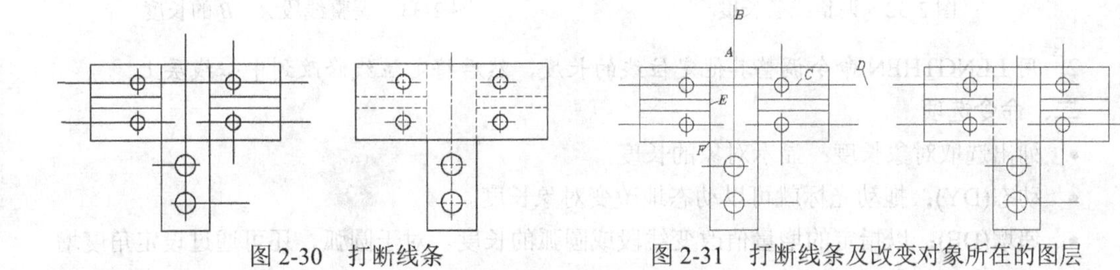

图 2-30 打断线条　　　　图 2-31 打断线条及改变对象所在的图层

2. 用 BREAK 等命令修改图形的其他部分。

二、命令选项

- 指定第二切断点：在图形对象上选取第二点后，系统将第一切断点与第二切断点间的部分删除。
- 第一切断点(F)：该选项使用户可以重新指定第一切断点。设定第一切断点后，再输入“@”符号表明第二切断点与第一切断点重合。

2.2.5 动态调整线条长度

LENGTHEN 命令可用于测量对象的尺寸，也可用于一次性改变线段、圆弧、椭圆弧等多个对象的长度。使用此命令时，经常采用的选项是“动态(DY)”，即直观地拖动对象来改变其长度。此外，也可利用“递增(DE)”选项按指定值编辑线段长度，或者通过“总计(T)”选项设定对象的总长度。

一、命令启动方法

- 菜单命令：【修改】/【拉长】。
- 面板：【常用】选项卡中【修改】面板上的 ╲ 按钮。
- 命令：LENGTHEN 或简写 LEN。

【练习 2-13】打开素材文件“dwg\第 2 章\2-13.dwg”，如图 2-32 左图所示，用 LENGTHEN 命令将左图修改为右图。

1. 用 LENGTHEN 命令调整线段 *A*、*B* 的长度，如图 2-33 所示。

```
命令: _lengthen
列出选取对象长度或 [动态(DY)/递增(DE)/百分比(P)/全部(T)]: dy
                                          //使用“动态(DY)”选项
选取变化对象或 [方式(M)/撤消(U)]:           //在线段 A 的上端选中对象
指定新端点:                                //向下移动光标，单击
选取变化对象或 [方式(M)/撤消(U)]:           //在线段 B 的上端选中对象
指定新端点:                                //向下移动光标，单击
选取变化对象或 [方式(M)/撤消(U)]:           //按 Enter 键结束
```

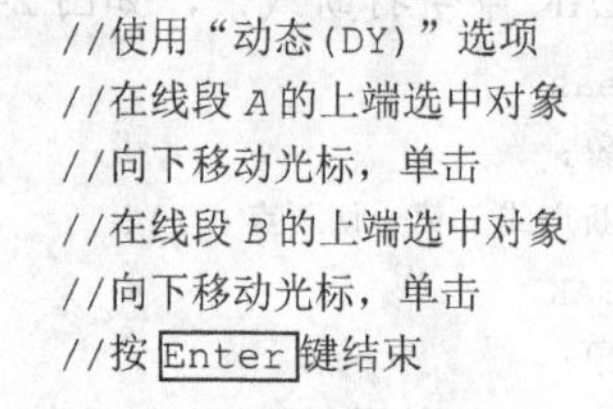

结果如图 2-33 右图所示。

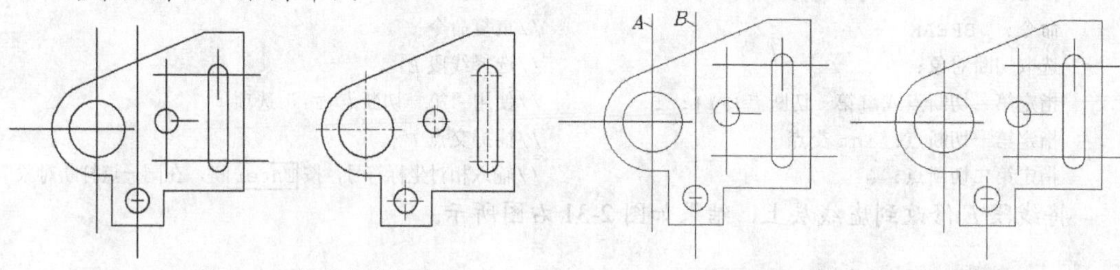

图 2-32 调整线条长度　　　　图 2-33 调整线段 *A*、*B* 的长度

2. 用 LENGTHEN 命令调整其他定位线的长度，然后将定位线修改到中心线层上。

二、命令选项

- 列出选取对象长度：显示对象的长度。
- 动态(DY)：拖动光标就可以动态地改变对象长度。
- 递增(DE)：以指定的增量值改变线段或圆弧的长度。对于圆弧，还可通过设定角度增量改变其长度。
- 百分比(P)：以对象总长度的百分比形式改变对象长度。
- 全部(T)：通过指定线段或圆弧的新长度来改变对象的总长度。

2.2.6 上机练习——绘制斜线及垂线

【练习 2-14】打开素材文件“dwg\第 2 章\2-14.dwg”，如图 2-34 左图所示，下面将左图修改为右图。图中的斜线用 XLINE 命令绘制。

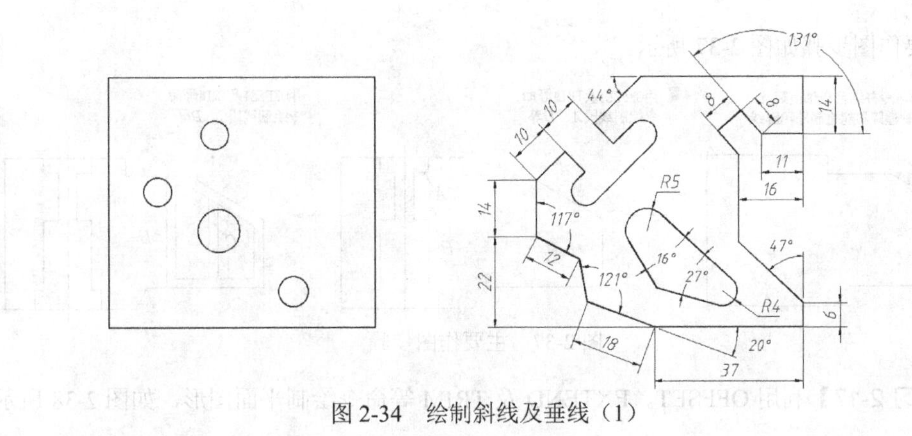

图 2-34　绘制斜线及垂线（1）

【练习 2-15】利用 LINE、XLINE、OFFSET 及 TRIM 等命令绘制平面图形，如图 2-35 所示。

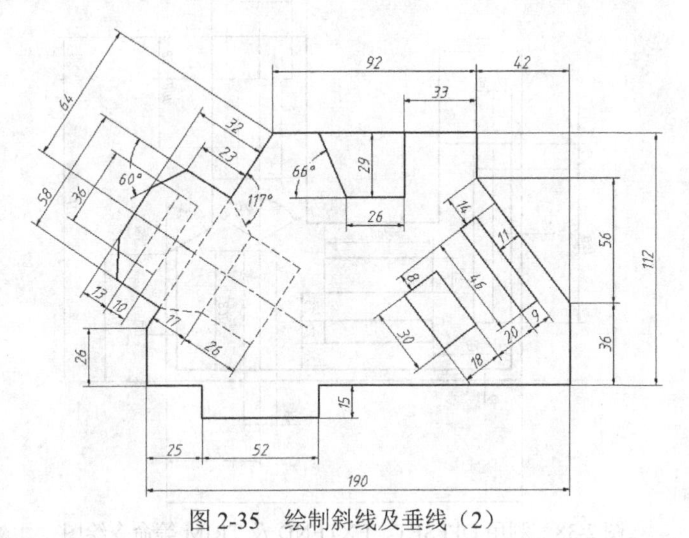

图 2-35　绘制斜线及垂线（2）

2.2.7　上机练习——利用 OFFSET 和 TRIM 等命令绘图

【练习 2-16】利用 LINE、OFFSET 及 TRIM 等命令绘制平面图形，如图 2-36 所示。

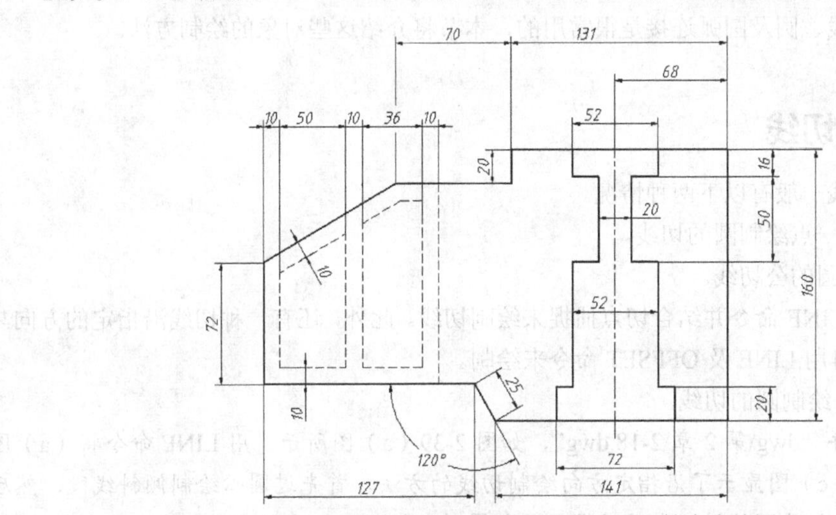

图 2-36　利用 LINE、OFFSET 及 TRIM 等命令绘图

主要作图步骤如图 2-37 所示。

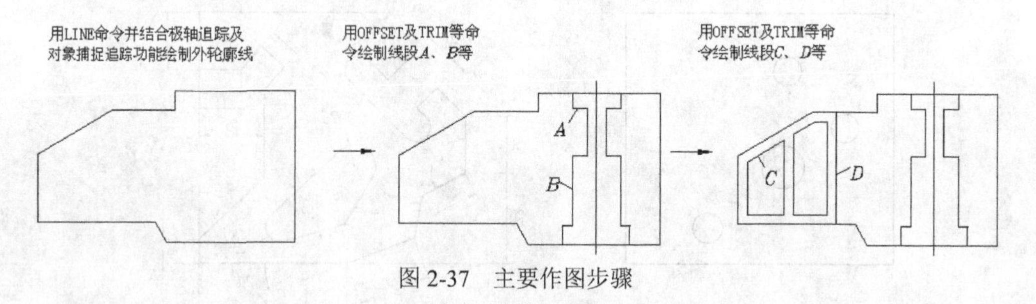

图 2-37 主要作图步骤

【练习 2-17】利用 OFFSET、EXTEND 及 TRIM 等命令绘制平面图形，如图 2-38 所示。

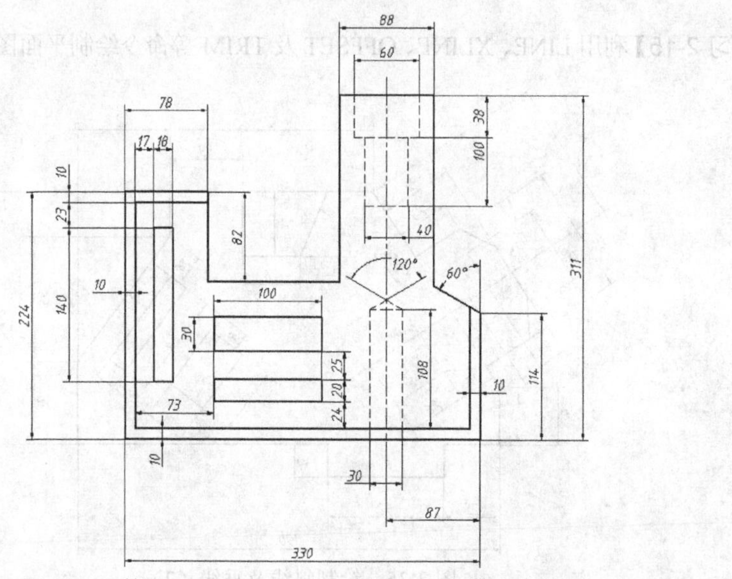

图 2-38 利用 OFFSET、EXTEND 及 TRIM 等命令绘图

2.3 切线、圆及圆弧连接

工程图中切线、圆及圆弧连接是很常用的，本节将介绍这些对象的绘制方法。

2.3.1 绘制切线

绘制圆的切线一般有以下两种情况。

- 过圆外的一点绘制圆的切线。
- 绘制两个圆的公切线。

用户可利用 LINE 命令并结合切点捕捉来绘制切线。此外，还有一种切线沿指定的方向与圆或圆弧相切，可用 LINE 及 OFFSET 命令来绘制。

【练习 2-18】绘制圆的切线。

打开素材文件"dwg\第 2 章\2-18.dwg"，如图 2-39（a）图所示。用 LINE 命令将（a）图修改为（b）图。（c）图显示了沿指定方向绘制切线的方法，首先过圆心绘制倾斜线段，然后偏移线段得到圆的切线，偏移距离通过指定两点得到。

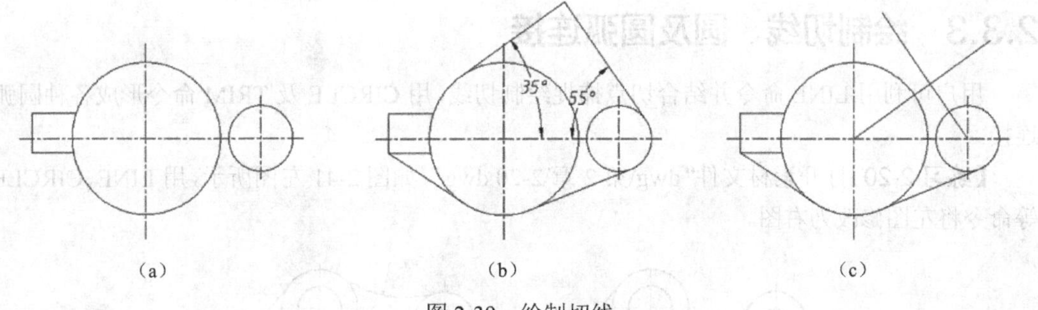

图 2-39 绘制切线

2.3.2 绘制圆

用 CIRCLE 命令绘制圆时，默认的方法是指定圆心和半径，此外还可通过指定两点或三点的方式来绘制圆。

一、命令启动方法

- 菜单命令：【绘图】/【圆】。
- 面板：【常用】选项卡中【绘图】面板上的按钮。
- 命令：CIRCLE 或简写 C。

【练习 2-19】打开素材文件“dwg\第 2 章\2-19.dwg”，如图 2-40 左图所示，用 CIRCLE 等命令将左图修改为右图。

```
命令: _circle
指定圆的圆心或 [三点(3P)/两点(2P)/切点、切点、半径(T)]: fro
                                             //使用正交偏移捕捉确定圆心
基点: _int                                   //使用交点捕捉
交点                                         //捕捉图形左下角点
<偏移>: @22,12                               //输入圆心相对坐标
指定圆的半径或 [直径(D)] <9.6835>:8          //输入圆的半径
```

利用“三点(3P)”“两点(2P)”选项绘制其余两个圆，结果如图 2-40 右图所示。

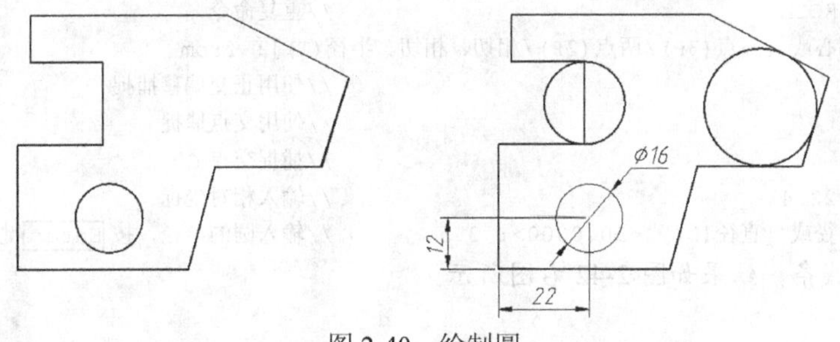

图 2-40 绘制圆

二、命令选项

- 指定圆的圆心：默认选项。输入圆心坐标或拾取圆心后，系统提示输入圆的半径或直径。
- 三点(3P)：输入 3 个点绘制圆。
- 两点(2P)：指定直径的两个端点绘制圆。
- 切点、切点、半径(T)：选取与圆相切的两个对象，然后输入圆的半径。

2.3.3 绘制切线、圆及圆弧连接

用户可利用 LINE 命令并结合切点捕捉绘制切线，用 CIRCLE 及 TRIM 命令形成各种圆弧连接。

【练习 2-20】打开素材文件"dwg\第 2 章\2-20.dwg"，如图 2-41 左图所示，用 LINE、CIRCLE 等命令将左图修改为右图。

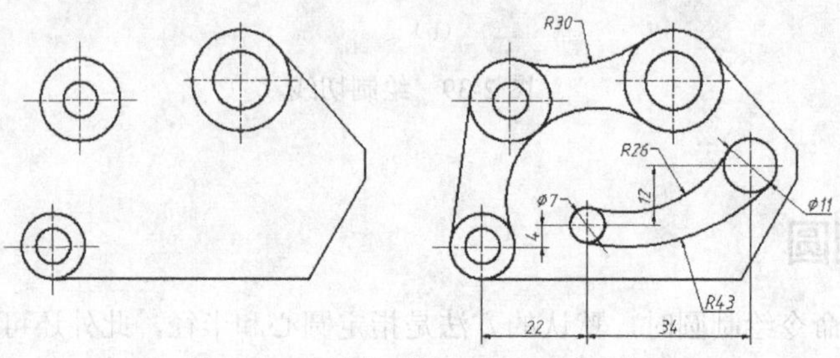

图 2-41　绘制切线、圆及圆弧连接

1. 绘制切线 *AB* 及圆弧连接，如图 2-42 所示。

```
命令: _circle
指定圆的圆心或 [三点(3P)/两点(2P)/相切、相切、半径(T)]: 3p
                                                    //使用"三点(3P)"选项
指定圆上的第一点: _tan                              //使用切点捕捉
切点                                                //捕捉切点 D
指定圆上的第二点: _tan                              //使用切点捕捉
切点                                                //捕捉切点 E
指定圆上的第三点: _tan                              //使用切点捕捉
切点                                                //捕捉切点 F
命令: _CIRCLE                                       //重复命令
指定圆的圆心或 [三点(3P)/两点(2P)/相切、相切、半径(T)]: t
                                                    //利用"相切、相切、半径(T)"选项
指定对象与圆的第一个切点:                           //捕捉切点 G
指定对象与圆的第二个切点:                           //捕捉切点 H
指定圆的半径 <10.8258>:30                           //输入圆的半径
命令: _CIRCLE                                       //重复命令
指定圆的圆心或 [三点(3P)/两点(2P)/相切、相切、半径(T)]: from
                                                    //使用正交偏移捕捉
基点: _int                                          //使用交点捕捉
交点                                                //捕捉交点 C
<偏移>: @22,4                                       //输入相对坐标
指定圆的半径或 [直径(D)] <30.0000>: 3.5             //输入圆的半径，按 Enter 键
```

修剪多余线条，结果如图 2-42 右图所示。

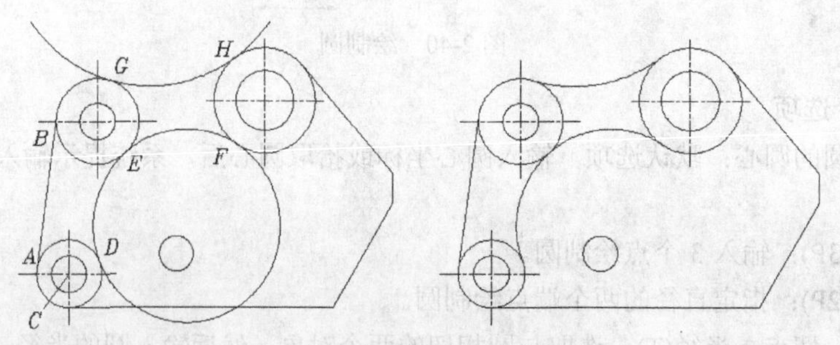

图 2-42　绘制切线及过渡圆弧

2. 用 LINE、CIRCLE、TRIM 等命令绘制图形的其余部分。

2.3.4 上机练习——绘制圆弧连接

【练习 2-21】用 LINE、CIRCLE、OFFSET、TRIM 等命令绘制图 2-43 所示的图形。

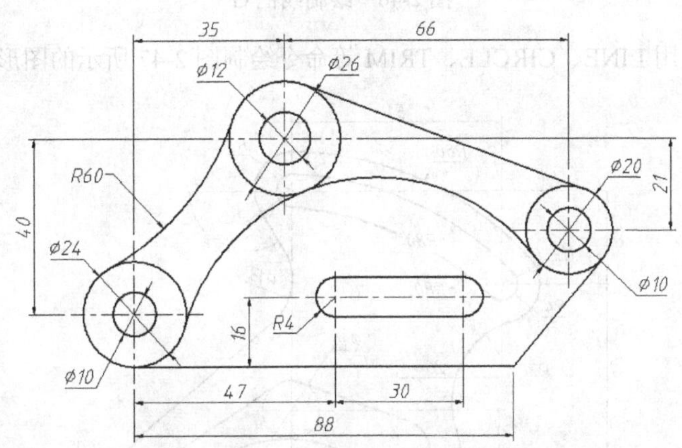

图 2-43 用 LINE、CIRCLE 等命令绘图（1）

1. 创建两个图层。

名称	颜色	线型	线宽
轮廓线层	白色	Continuous	0.5
中心线层	红色	Center	默认

2. 通过线型控制下拉列表打开【线型管理器】对话框，在此对话框中设定线型的【全局比例因子】为“0.2”。

3. 打开极轴追踪、对象捕捉及对象捕捉追踪功能。指定极轴追踪的增量角度为“90”，设定对象捕捉方式为“端点”“交点”。

4. 设定绘图窗口的高度。绘制一条竖直线段，线段长度为 100。双击滚轮，使线段充满整个绘图窗口。

5. 切换到中心线层，用 LINE 命令绘制圆的定位线 *A*、*B*，其长度约为 35，再用 OFFSET、LENGTHEN 命令绘制其他定位线，结果如图 2-44 所示。

6. 切换到轮廓线层，绘制圆、圆弧连接及切线，结果如图 2-45 所示。

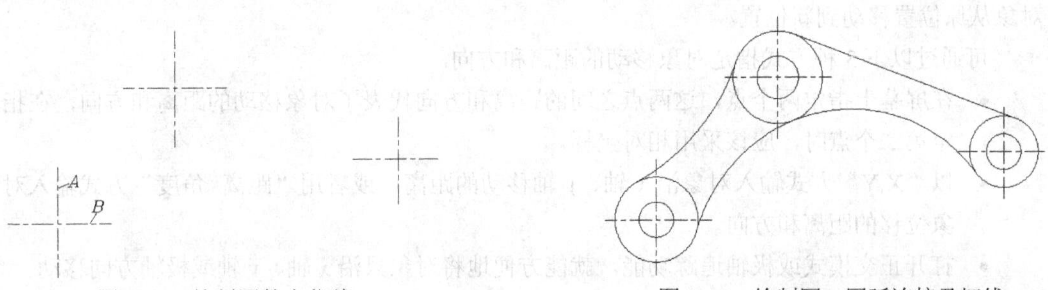

图 2-44 绘制圆的定位线

图 2-45 绘制圆、圆弧连接及切线

7. 用 LINE 命令绘制线段 *C*、*D*，再用 OFFSET、LENGTHEN 命令绘制定位线 *E*、*F* 等，结果如图 2-46 左图所示。绘制线框 *G*，结果如图 2-46 右图所示。

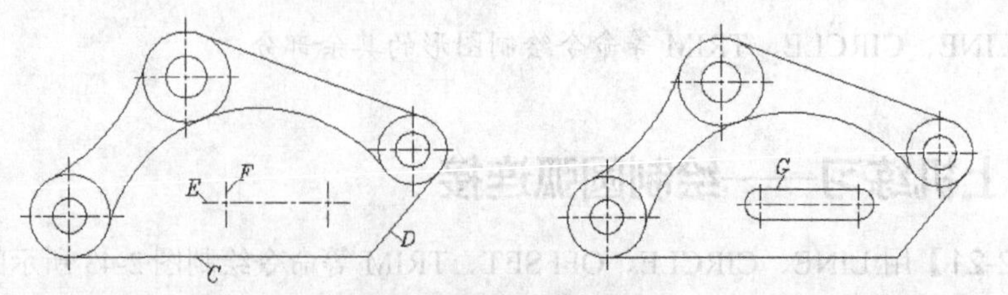

图 2-46 绘制线框 G

【练习 2-22】用 LINE、CIRCLE、TRIM 等命令绘制图 2-47 所示的图形。

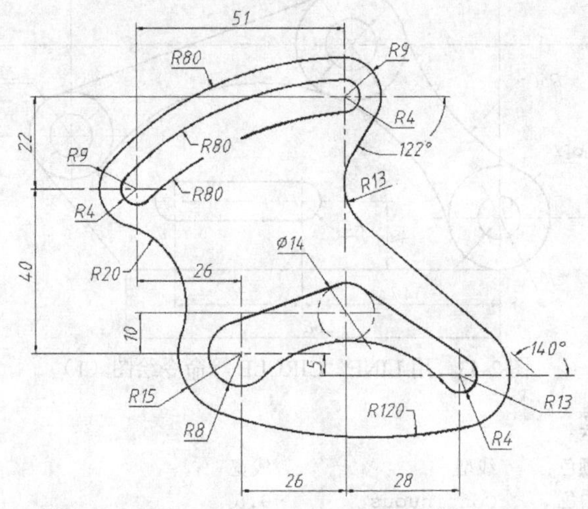

图 2-47 用 LINE、CIRCLE 等命令绘图（2）

2.4 移动及复制对象

移动对象的命令是 MOVE，复制对象的命令是 COPY，这两个命令都可以在二维空间、三维空间中使用，它们的使用方法相似。

2.4.1 移动对象

启动 MOVE 命令后，先选择要移动的对象，然后指定对象移动的距离和方向，系统就将对象从原位置移动到新位置。

可通过以下 3 种方式指定对象移动的距离和方向。

- 在屏幕上指定两个点，这两点之间的距离和方向代表了对象移动的距离和方向，在指定第二个点时，应该采用相对坐标。
- 以“X,Y”方式输入对象沿 x 轴、y 轴移动的距离，或者用“距离<角度”方式输入对象位移的距离和方向。
- 打开正交模式或极轴追踪功能，就能方便地将对象只沿 x 轴、y 轴或极轴方向移动。

命令启动方法

- 菜单命令：【修改】/【移动】。
- 面板：【常用】选项卡中【修改】面板上的✥按钮。
- 命令：MOVE 或简写 M。

【练习 2-23】练习 MOVE 命令。

打开素材文件“dwg\第 2 章\2-23.dwg”，如图 2-48 左图所示，用 MOVE 命令将左图修改为右图。

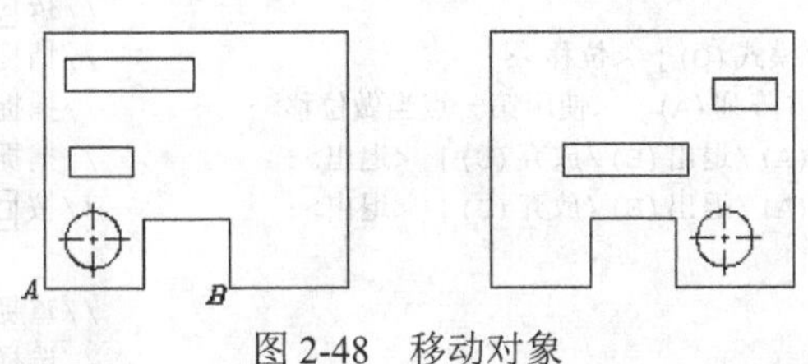

图 2-48 移动对象

```
命令: _move
选择对象: 指定对角点: 找到 3 个                          //选择圆
选择对象:                                               //按 Enter 键确认
指定基点或 [位移(D)] <位移>:                              //捕捉交点 A
指定第二点的位移或者 <使用第一点当做位移>:                    //捕捉交点 B
命令:
_MOVE                                                  //重复命令
选择对象: 指定对角点: 找到 1 个                          //选择小矩形
选择对象:                                               //按 Enter 键确认
指定基点或 [位移(D)] <位移>: 90,30                        //输入沿 x 轴、y 轴移动的距离
指定第二点的位移或者 <使用第一点当做位移>:                    //按 Enter 键结束
命令:
_MOVE                                                  //重复命令
选择对象: 找到 1 个                                      //选择大矩形
选择对象:                                               //按 Enter 键确认
指定基点或 [位移(D)] <位移>: 45<-60                       //输入移动的距离和方向
指定第二点的位移或者 <使用第一点当做位移>:                    //按 Enter 键结束
```

结果如图 2-48 右图所示。

2.4.2 复制对象

启动 COPY 命令后，先选择要复制的对象，然后指定对象复制的距离和方向，系统就将对象从原位置复制到新位置。

可通过以下 3 种方式指定对象复制的距离和方向。

- 在屏幕上指定两个点，这两点之间的距离和方向代表了对象复制的距离和方向，在指定第二个点时，应该采用相对坐标。
- 以“X,Y”方式输入对象沿 x 轴、y 轴复制的距离，或者用“距离<角度”方式输入对象复制的距离和方向。
- 打开正交模式或极轴追踪功能，就能方便地将对象只沿 x 轴、y 轴或极轴方向复制。

一、命令启动方法

- 菜单命令：【修改】/【复制】。
- 面板：【常用】选项卡中【修改】面板上的按钮。
- 命令：COPY 或简写 CO。

【练习 2-24】练习 COPY 命令。

打开素材文件“dwg\第 2 章\2-24.dwg”，如图 2-49 左图所示，用 COPY 命令将左图修改为右图。

```
命令: _copy
选择对象: 指定对角点: 找到 3 个                                   //选择圆
选择对象:                                                         //按Enter键确认
指定基点或 [位移(D)/模式(O)] <位移>:                              //捕捉交点 A
指定第二点的位移或者 [阵列(A)] <使用第一点当做位移>:              //捕捉交点 B
指定第二个点或 [阵列(A)/退出(E)/放弃(U)] <退出>:                  //捕捉交点 C
指定第二个点或 [阵列(A)/退出(E)/放弃(U)] <退出>:                  //按Enter键结束
命令:
_COPY                                                             //重复命令
选择对象: 找到 1 个                                               //选择矩形
选择对象:                                                         //按Enter键确认
指定基点或 [位移(D)/模式(O)] <位移>:-90,-20                       //输入沿 x 轴、y 轴复制的距离
指定第二点的位移或 [阵列(A)] <使用第一个点当做位移>:              //按Enter键结束
```

结果如图 2-49 右图所示。

二、命令选项

- 模式(O)：设定复制时采用单个或多个模式。
- 阵列(A)：可在复制对象的同时阵列对象。选择该选项，指定复制的距离、方向及沿复制方向上的阵列数目，即可创建线性阵列，如图 2-50 所示。操作时，可设定两个对象之间的距离，也可设定阵列的总距离。

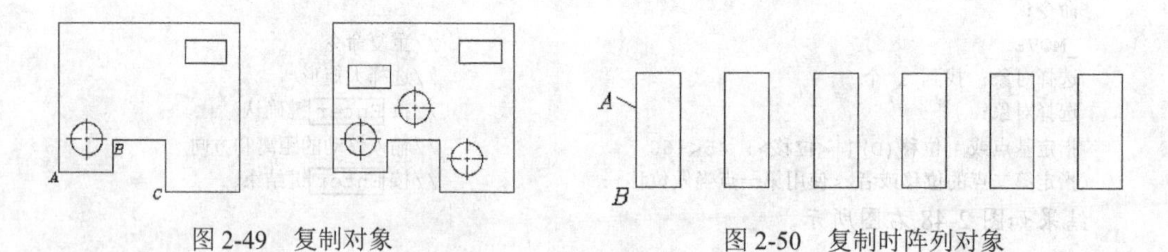

图 2-49　复制对象　　　　图 2-50　复制时阵列对象

2.4.3 上机练习——利用 MOVE 和 COPY 命令绘图

【练习 2-25】打开素材文件“dwg\第 2 章\2-25.dwg”，如图 2-51 左图所示，利用 MOVE、COPY 等命令将左图修改为右图。

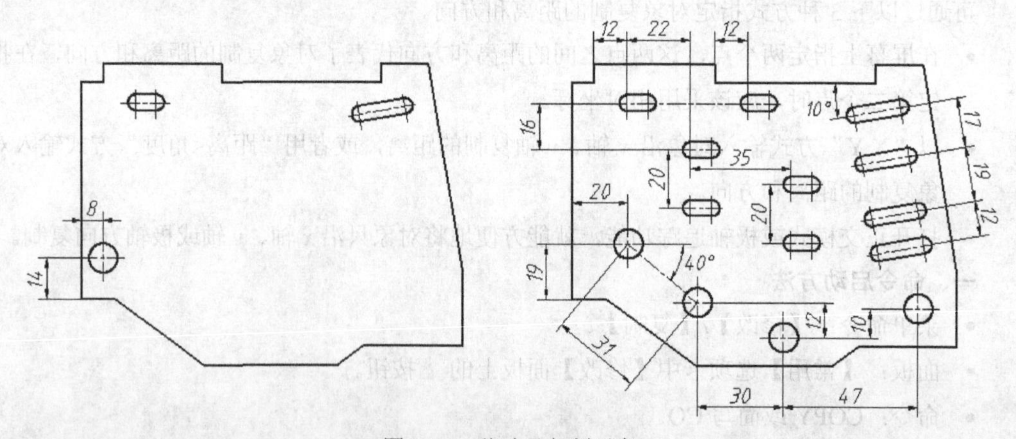

图 2-51　移动及复制对象

【练习 2-26】利用 LINE、CIRCLE、COPY 等命令绘制平面图形，如图 2-52 所示。

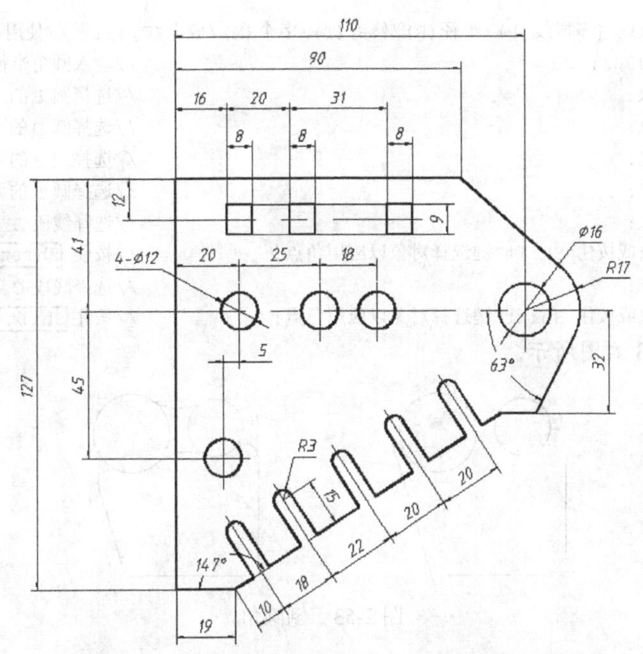

图 2-52 利用 LINE、CIRCLE、COPY 等命令绘图

2.5 倒圆角和倒角

在绘制工程图时，经常要进行倒圆角和倒角操作。用户可分别利用 FILLET 和 CHAMFER 命令完成这两个操作，下面介绍这两个命令的用法。

2.5.1 倒圆角

倒圆角是利用指定半径的圆弧光滑地连接两个对象。操作的对象包括直线、多段线、样条曲线、圆及圆弧等。

一、命令启动方法

- 菜单命令：【修改】/【圆角】。
- 面板：【常用】选项卡中【修改】面板上的按钮。
- 命令：FILLET 或简写 F。

【练习 2-27】练习 FILLET 命令。

打开素材文件“dwg\第 2 章\2-27.dwg”，如图 2-53 左图所示，下面用 FILLET 命令将左图修改为右图。

```
命令: _fillet
选取第一个对象或 [多段线(P)/半径(R)/修剪(T)/多个(M)/放弃(U)]:m
                                                          //使用“多个(M)”选项
选取第一个对象或 [多段线(P)/半径(R)/修剪(T)/多个(M)/放弃(U)]:r  //使用“半径(R)”选项
圆角半径<0.0000>: 5                                        //输入圆角半径
选取第一个对象:                                            //选择线段 A
选择第二个对象:                                            //选择圆 B
选取第一个对象:                                            //选择线段 C
选择第二个对象:                                            //选择圆 D
```

```
选取第一个对象或 [多段线(P)/半径(R)/修剪(T)/多个(M)/放弃(U)]:r  //使用“半径(R)”选项
圆角半径<5.0000>: 20                                          //输入圆角半径值
选取第一个对象:                                               //选择圆 B 的上部
选择第二个对象:                                               //选择圆 D 的上部
选取第一个对象:                                               //选择圆 B 的下部
选择第二个对象:                                               //选择圆 D 的下部
选取第一个对象:                                               //选择线段 A
选择第二个对象或按住 Shift 键选择对象以应用角点:              //按住 Shift 键选择线段 E
选取第一个对象:                                               //选择线段 C
选择第二个对象或按住 Shift 键选择对象以应用角点:              //按住 Shift 键选择线段 E
```

结果如图 2-53 右图所示。

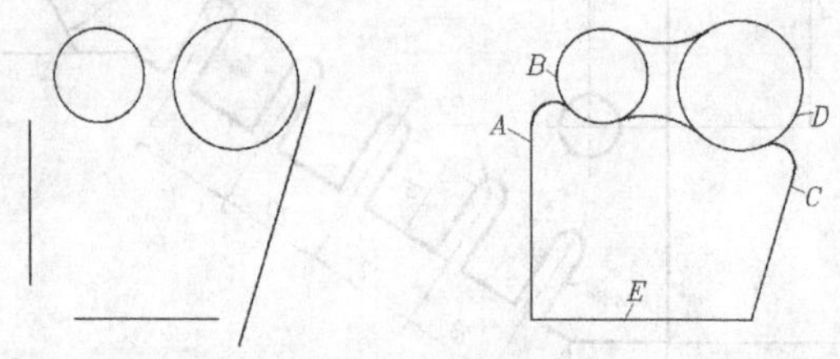

图 2-53　倒圆角

二、命令选项

- 多段线(P)：选择多段线后，系统对多段线的每个顶点进行倒圆角操作。
- 半径(R)：设定圆角半径。若圆角半径为 0，则系统将使被修剪的两个对象交于一点。
- 修剪(T)：指定倒圆角时是否修剪对象。
- 多个(M)：可一次性创建多个圆角。系统将重复提示“选择第一个对象”和“选择第二个对象”，直到用户按 Enter 键结束命令为止。
- 按住 Shift 键选择对象以应用角点：若按住 Shift 键选择第二个圆角对象，则以 0 替代当前的圆角半径。

2.5.2 倒角

倒角是用一条斜线连接两个对象的操作。操作时用户可以输入每条边的倒角距离，也可以指定某条边上倒角的长度及与此边的夹角。

一、命令启动方法

- 菜单命令：【修改】/【倒角】。
- 面板：【常用】选项卡中【修改】面板上的◿按钮。
- 命令：CHAMFER 或简写 CHA。

【练习 2-28】练习 CHAMFER 命令。

打开素材文件“dwg\第 2 章\2-28.dwg”，如图 2-54 左图所示，下面用 CHAMFER 命令将左图修改为右图。

```
命令: _chamfer
选择第一条直线或 [多段线(P)/距离(D)/角度(A)/方式(E)/修剪(T)/多个(M)/放弃(U)]: m
                                                        //选择“多个(M)”选项
选择第一条直线或 [多段线(P)/距离(D)/角度(A)/方式(E)/修剪(T)/多个(M)/放弃(U)]: d
                                                        //设置倒角距离
指定基准对象的倒角距离 <30.0000>: 15                    //输入第一条边的倒角距离
指定另一个对象的倒角距离 <15.0000>: 20                  //输入第二条边的倒角距离
```

```
选择第一条直线:                                              //选择线段 A
选择第二个对象或按住 Shift 键选择对象以应用角点:              //选择线段 B
选择第一条直线或 [多段线(P)/距离(D)/角度(A)/方式(E)/修剪(T)/多个(M)/放弃(U)]: d
                                                              //设置倒角距离
指定基准对象的倒角距离 <15.0000>: 30                          //输入第一条边的倒角距离
指定另一个对象的倒角距离 <30.0000>: 15                        //输入第二条边的倒角距离
选择第一条直线:                                              //选择线段 C
选择第二个对象或按住 Shift 键选择对象以应用角点:              //选择线段 B
选择第一条直线:                                              //选择线段 A
选择第二个对象或按住 Shift 键选择对象以应用角点:              //按住 Shift 键选择线段 D
选择第一条直线:                                              //选择线段 C
选择第二个对象或按住 Shift 键选择对象以应用角点:              //按住 Shift 键选择线段 D
```

结果如图 2-54 右图所示。

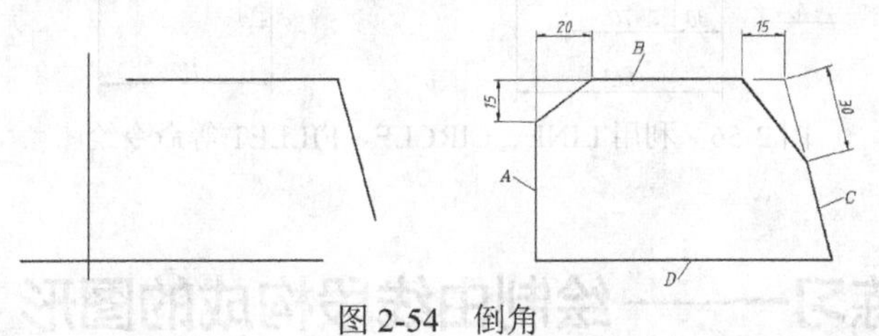

图 2-54 倒角

二、命令选项

- 多段线(P)：选择多段线后，系统将对多段线的每个顶点执行倒角操作。
- 距离(D)：设定倒角距离。若倒角距离为 0，则系统将被倒角的两个对象交于一点。
- 角度(A)：指定倒角角度。
- 方式(E)：设置使用两个倒角距离还是一个距离与一个角度来创建倒角。
- 修剪(T)：设置倒角时是否修剪对象。该选项与 FILLET 命令的“修剪(T)”选项相同。
- 多个(M)：可一次性创建多个倒角。系统将重复提示“选择第一条直线”和“选择第二条对象”，直到用户按 Enter 键结束命令。
- 按住 Shift 键选择对象以应用角点：若按住 Shift 键选择第二个倒角对象，则以 0 替代当前的倒角距离。

2.5.3 上机练习——倒圆角及倒角

【练习 2-29】打开素材文件“dwg\第 2 章\2-29.dwg”，如图 2-55 左图所示，利用 FILLET、CHAMFER 命令将左图修改为右图。

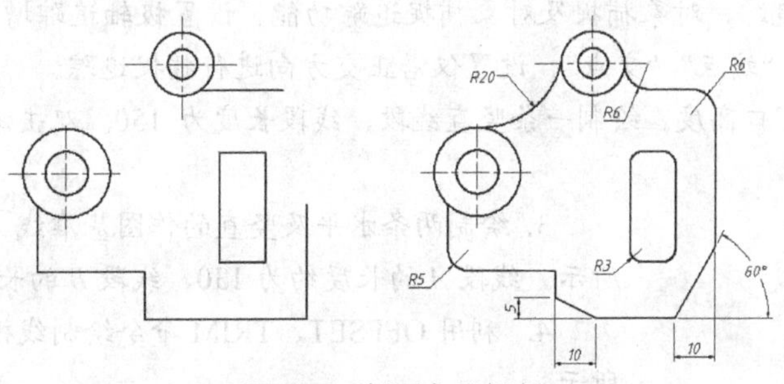

图 2-55 倒圆角及倒角

【练习 2-30】利用 LINE、CIRCLE、FILLET 及 CHAMFER 等命令绘制平面图形，如图 2-56 所示。

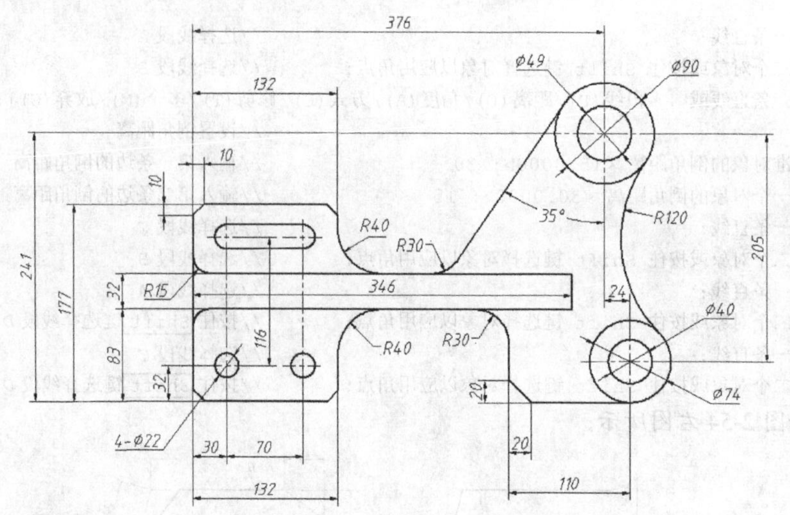

图 2-56 利用 LINE、CIRCLE、FILLET 等命令绘图

2.6 综合练习一——绘制由线段构成的图形

【练习 2-31】利用 LINE、OFFSET、TRIM 等命令绘制图 2-57 所示的图形。

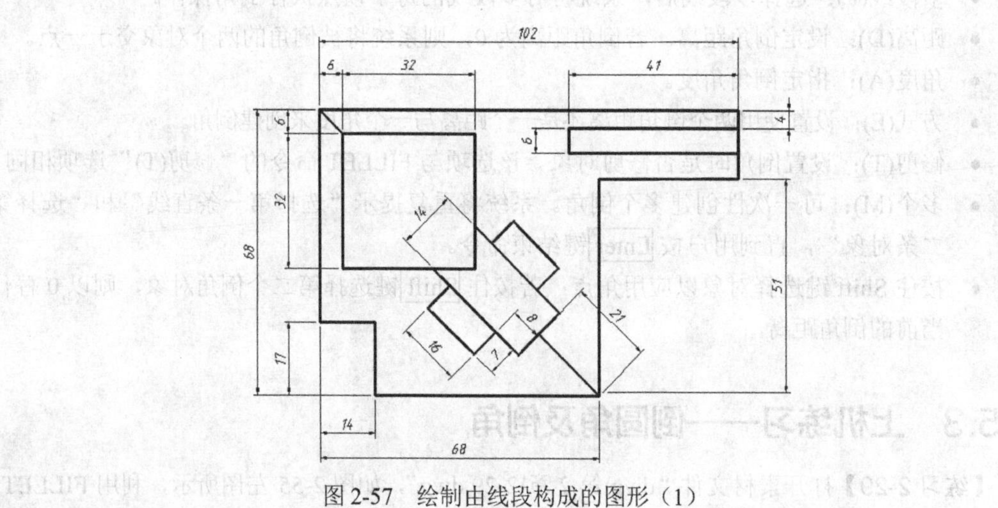

图 2-57 绘制由线段构成的图形（1）

1. 打开极轴追踪、对象捕捉及对象捕捉追踪功能。设置极轴追踪增量角度为“90”，设定对象捕捉方式为“端点”“交点”，设置仅沿正交方向进行捕捉追踪。

2. 设定绘图窗口高度。绘制一条竖直线段，线段长度为 150。双击滚轮，使线段充满整个绘图窗口。

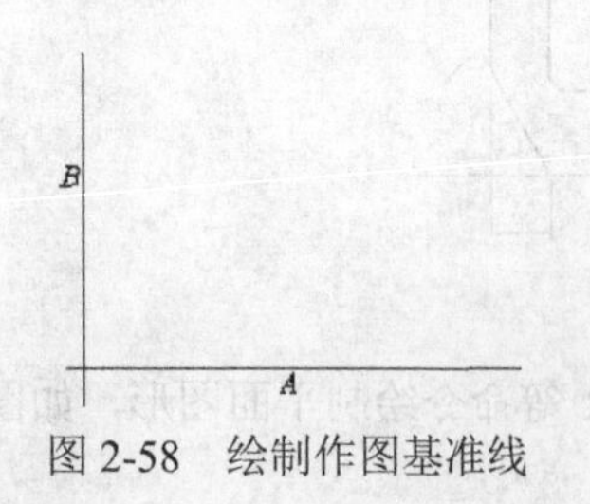

图 2-58 绘制作图基准线

3. 绘制两条水平及竖直的作图基准线 *A*、*B*，结果如图 2-58 所示。线段 *A* 的长度约为 130，线段 *B* 的长度约为 80。

4. 利用 OFFSET、TRIM 命令绘制线框 *C*，结果如图 2-59 所示。

5. 绘制连线 *EF*，再用 OFFSET、TRIM 命令绘制线框 *G*，结果如图 2-60 所示。

6. 利用 XLINE、OFFSET、TRIM 命令绘制线段 *A*、*B*、*C* 等，结果如图 2-61 所示。

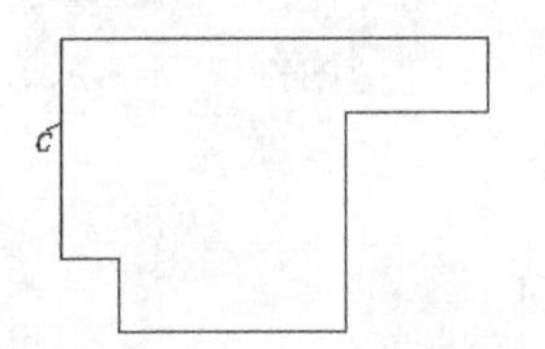

图 2-59　绘制线框 *C*

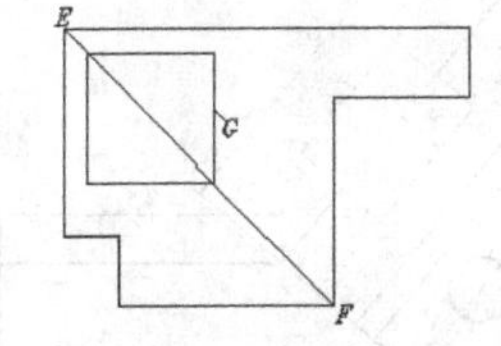

图 2-60　绘制线框 *G*

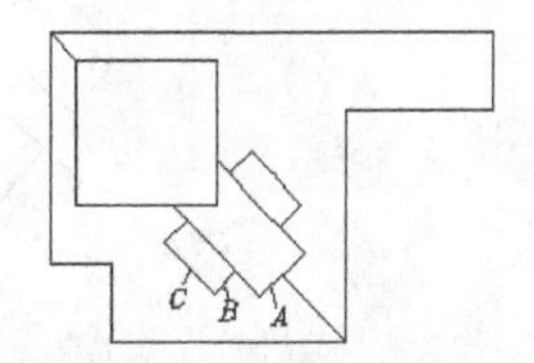

图 2-61　绘制线段 *A*、*B*、*C* 等

7. 利用 LINE 命令绘制线框 *H*，结果如图 2-62 所示。

【练习 2-32】利用 LINE、OFFSET、EXTEND 及 TRIM 等命令绘制图 2-63 所示的图形。

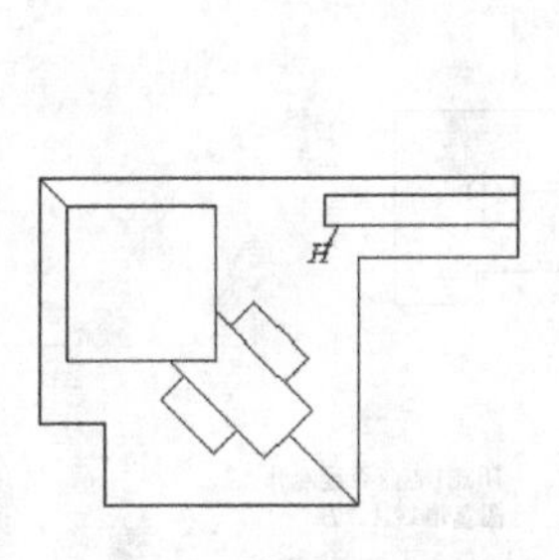

图 2-62　绘制线框 *H*

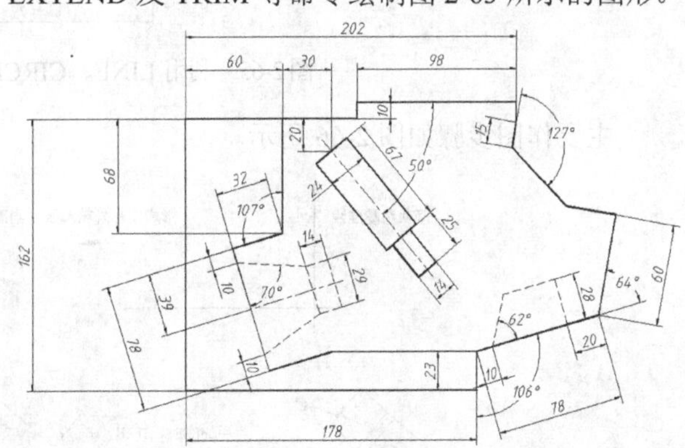

图 2-63　绘制由线段构成的图形（2）

2.7　综合练习二——利用 OFFSET 和 TRIM 等命令绘图

【练习 2-33】利用 LINE、OFFSET、TRIM 等命令绘制图 2-64 所示的图形。

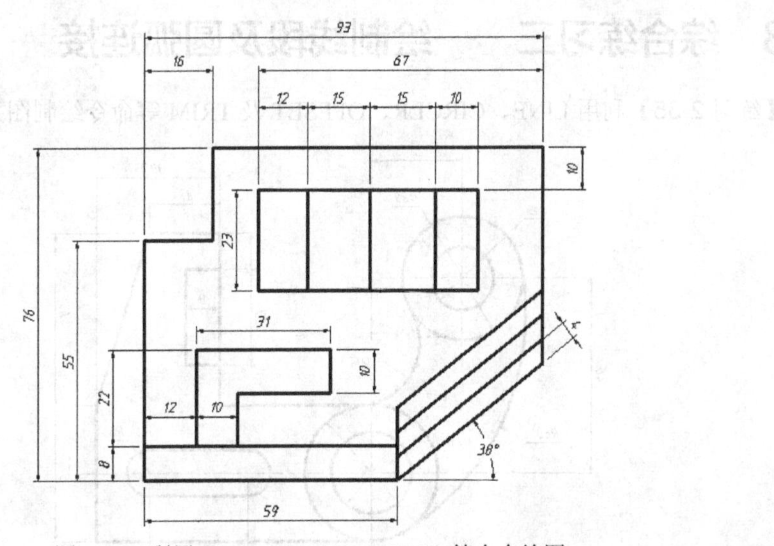

图 2-64　利用 LINE、OFFSET、TRIM 等命令绘图

【练习 2-34】利用 LINE、CIRCLE、XLINE、OFFSET 及 TRIM 等命令绘制图 2-65 所示的图形。

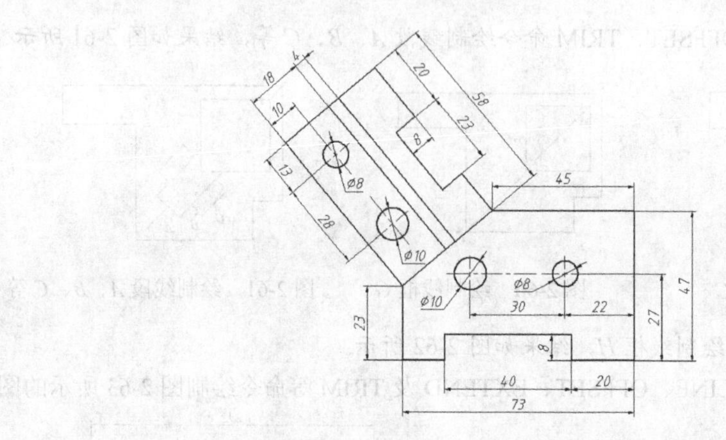

图 2-65　利用 LINE、CIRCLE 等命令绘图

主要作图步骤如图 2-66 所示。

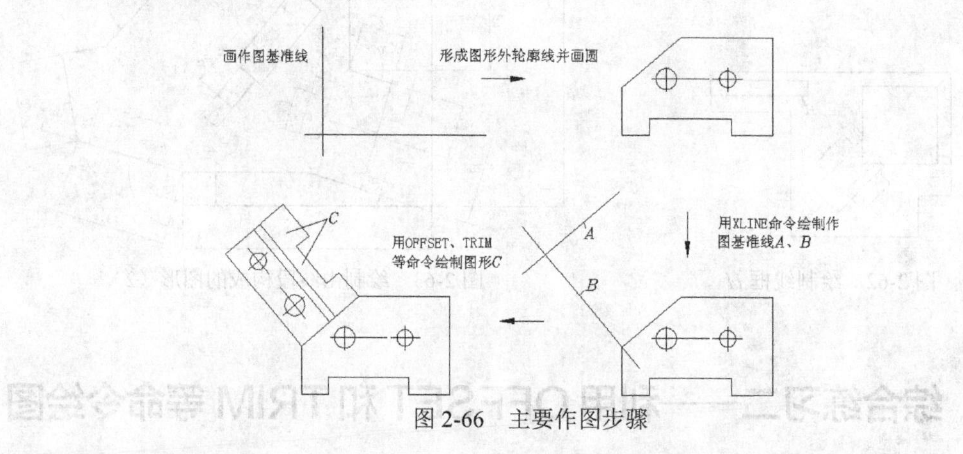

图 2-66　主要作图步骤

2.8　综合练习三——绘制线段及圆弧连接

【练习 2-35】利用 LINE、CIRCLR、OFFSET 及 TRIM 等命令绘制图 2-67 所示的图形。

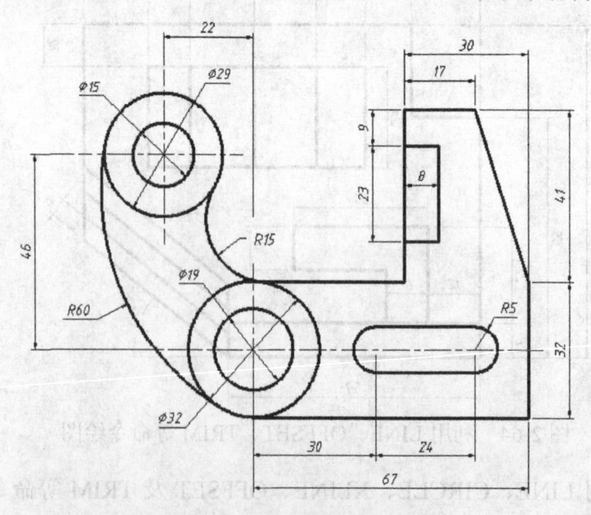

图 2-67　绘制线段及圆弧连接（1）

【练习 2-36】利用 LINE、CIRCLR、OFFSET 及 TRIM 等命令绘制图 2-68 所示的图形。

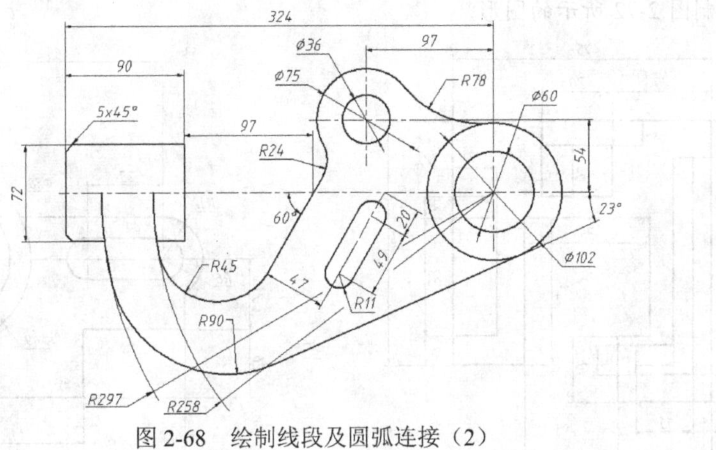

图 2-68 绘制线段及圆弧连接（2）

2.9 习题

1. 输入相对坐标及利用对象捕捉绘制图形，如图 2-69 所示。

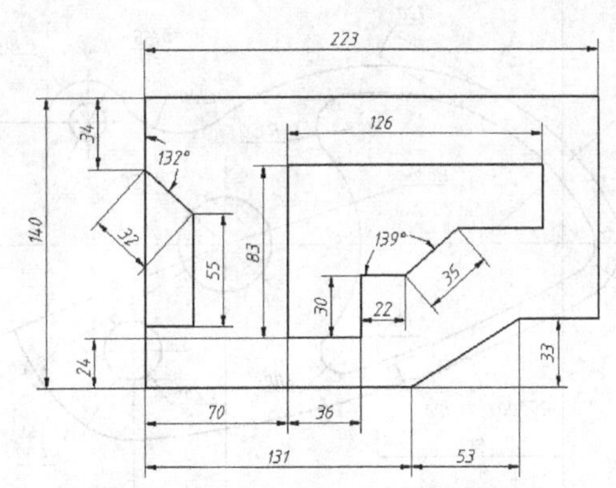

图 2-69 利用点的相对坐标绘制图形

2. 打开极轴追踪、对象捕捉及对象捕捉追踪功能画线，如图 2-70 所示。

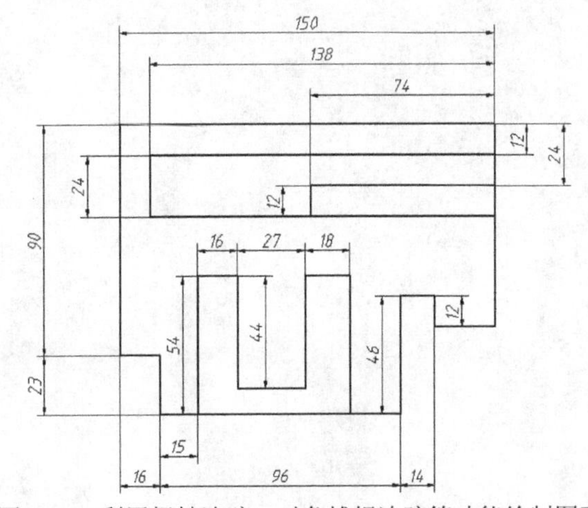

图 2-70 利用极轴追踪、对象捕捉追踪等功能绘制图形

3. 利用 OFFSET、TRIM 命令绘图，如图 2-71 所示。

4. 绘制图 2-72 所示的图形。

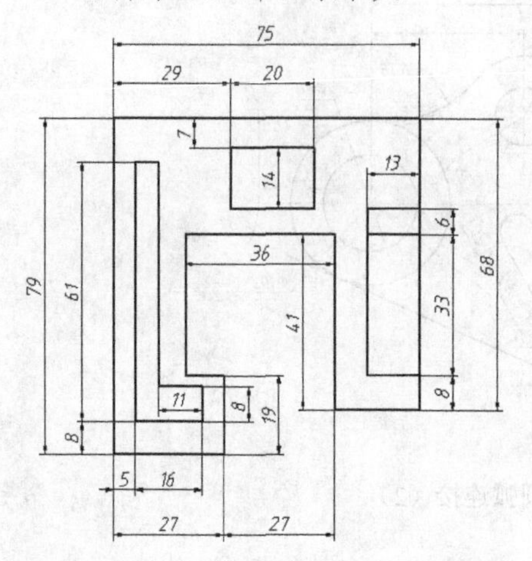

图 2-71 利用 OFFSET、TRIM 命令绘图

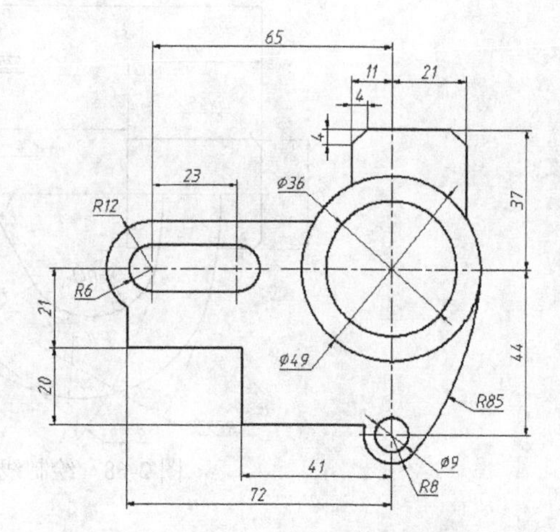

图 2-72 绘制圆、切线及圆弧连接等（1）

5. 绘制图 2-73 所示的图形。

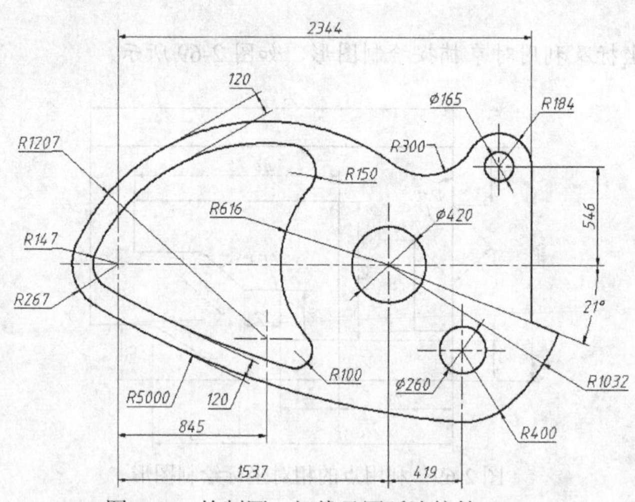

图 2-73 绘制圆、切线及圆弧连接等（2）

第3章 绘制和编辑平面图形（二）

主要内容

- 绘制矩形、正多边形及椭圆。
- 创建矩形阵列及环形阵列，沿路径阵列对象。
- 旋转、镜像、对齐及拉伸图形。
- 按比例缩放图形。
- 关键点编辑方式。
- 绘制断裂线及填充剖面图案。
- 编辑对象属性。

3.1 绘制矩形、正多边形及椭圆

本节主要介绍矩形、正多边形及椭圆等的绘制方法。

3.1.1 绘制矩形

RECTANG 命令用于绘制矩形，用户只需指定矩形对角线的两个端点就能绘制矩形。绘制时，可指定顶点处的倒角距离及圆角半径。

一、命令启动方法

- 菜单命令：【绘图】/【矩形】。
- 面板：【常用】选项卡中【绘图】面板上的□按钮。
- 命令：RECTANG 或简写 REC。

【练习 3-1】打开素材文件“\dwg\第 3 章\3-1.dwg”，如图 3-1 左图所示，利用 RECTANG 和 OFFSET 命令将左图修改为右图。

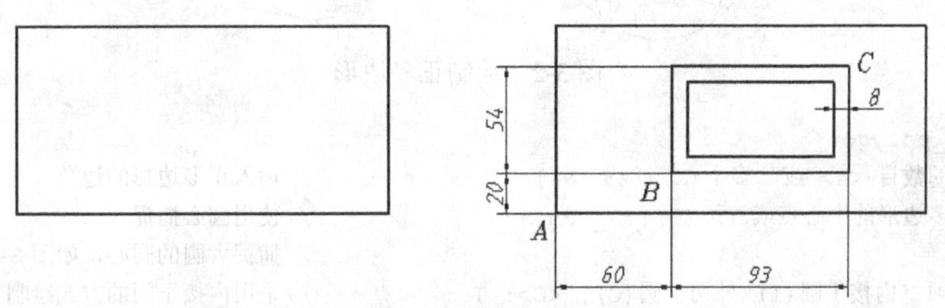

图 3-1 绘制矩形

```
命令: _rectang
指定第一个角点或 [倒角(C)/标高(E)/圆角(F)/正方形(S)/厚度(T)/宽度(W)]: fro
                                                        //使用正交偏移捕捉
基点: _int                                              //使用交点捕捉
交点                                                    //捕捉 A 点
<偏移>: @60,20                                          //输入 B 点的相对坐标
指定其他的角点或 [面积(A)/尺寸(D)/旋转(R)]: @93,54      //输入 C 点的相对坐标
```

用 OFFSET 命令将矩形向内偏移，偏移距离为 8，结果如图 3-1 右图所示。

二、命令选项

- 倒角(C)：指定矩形各顶点倒角的大小。
- 标高(E)：确定矩形所在的平面高度。默认情况下，矩形在 *xy* 平面（*z* 坐标值为 0）内。
- 圆角(F)：指定矩形各顶点的圆角半径。
- 正方形(S)：指定正方形一条边的两个端点创建正方形。
- 厚度(T)：设置矩形的厚度，在三维绘图时常使用该选项。
- 宽度(W)：设置矩形边的宽度。
- 面积(A)：先输入矩形面积，再输入矩形长度或宽度创建矩形。
- 尺寸(D)：输入矩形的长度、宽度创建矩形。
- 旋转(R)：设定矩形的旋转角度。

3.1.2 绘制正多边形

在中望机械 CAD 中可以创建 3～1024 条边的正多边形。绘制正多边形时一般有以下两种方法。

（1）根据外接圆或内切圆生成正多边形。

（2）指定正多边形边数及某一边的两个端点生成正多边形。

一、命令启动方法

- 菜单命令：【绘图】/【正多边形】。
- 面板：【常用】选项卡中【绘图】面板上的⬠按钮。
- 命令：POLYGON 或简写 POL。

【练习 3-2】打开素材文件“\dwg\第 3 章\3-2.dwg”，该文件包含一个大圆和一个小圆，下面用 POLYGON 命令绘制圆的内接正多边形和外切正多边形，如图 3-2 所示。

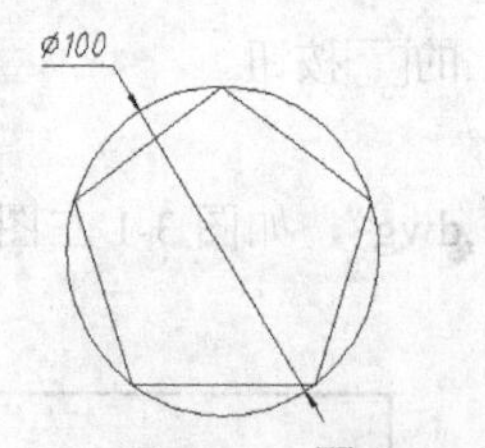

图 3-2 绘制正多边形

```
命令: _polygon
输入边的数目 <4> 或 [多个(M)/线宽(W)]: 5               //输入正多边形的边数
指定正多边形的中心点或 [边(E)]: _cen                   //使用圆心捕捉
圆心                                                   //捕捉大圆的圆心，如图 3-2 左图所示
输入选项 [内接于圆(I)/外切于圆(C)] <C>: I              //采用内接于圆的方式绘制正多边形
指定圆的半径: 50                                       //输入半径
```

```
命令:
_POLYGON                                          //重复命令
输入边的数目 <5> 或 [多个(M)/线宽(W)]:              //按Enter键接受默认值
指定正多边形的中心点或 [边(E)]: _cen                //使用圆心捕捉
圆心                                              //捕捉小圆的圆心，如图 3-2 右图所示
输入选项 [内接于圆(I)/外切于圆(C)] <C>: c           //采用外切于圆的方式绘制正多边形
指定圆的半径: @40<65                               //输入 A 点的相对坐标，按Enter键
```

结果如图 3-2 所示。

二、命令选项

- 多个(M)：可以一次创建多个正多边形。
- 线宽(W)：设置正多边形的线宽。
- 内接于圆(I)：根据外接圆生成正多边形。
- 外切于圆(C)：根据内切圆生成正多边形。
- 边(E)：输入正多边形的边数后，再指定某条边的两个端点即可绘制出正多边形。

3.1.3 绘制椭圆

椭圆包含椭圆中心、长轴及短轴等几何特征。绘制椭圆有以下两种方法。

（1）利用椭圆中心绘制椭圆。指定椭圆中心及第一轴的一个端点，再输入另一轴的半轴长度。

（2）利用轴的端点绘制椭圆。指定椭圆第一轴的两个端点，再输入另一轴的半轴长度。

一、命令启动方法

- 菜单命令：【绘图】/【椭圆】。
- 面板：【常用】选项卡中【绘图】面板上的⊙、◯按钮。
- 命令：ELLIPSE 或简写 EL。

【练习 3-3】打开素材文件“\dwg\第 3 章\3-3.dwg”，如图 3-3 左图所示，利用 ELLIPSE 和 LINE 等命令将左图修改为右图。

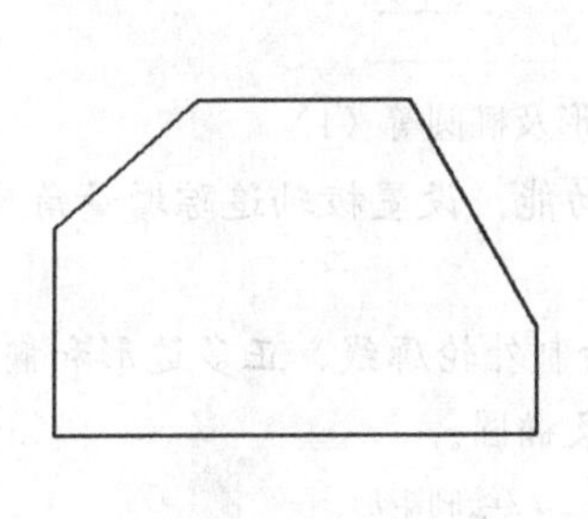

图 3-3 绘制椭圆

```
命令: _ellipse                                    //利用轴的端点绘制椭圆
指定椭圆的第一个端点或 [弧(A)/中心(C)]:from          //使用正交偏移捕捉
基点: _int                                        //使用交点捕捉
交点                                              //指定基点 A
<偏移>: @10,18                                    //输入椭圆轴端点的相对坐标
指定轴向第二端点: @40<41                            //输入椭圆轴另一端点 B 的相对坐标
指定其他轴或 [旋转(R)]: 9                           //输入另一轴的半轴长度
命令:
_ELLIPSE                                          //重复命令
指定椭圆的第一个端点或 [弧(A)/中心(C)]:c             //使用“中心(C)”选项
```

```
指定椭圆的中心: from                          //使用正交偏移捕捉
基点: _int                                   //使用交点捕捉
交点                                          //指定基点C
<偏移>: @-20,10                              //输入椭圆中心的相对坐标
指定轴向第二端点: @13<120                     //输入椭圆轴端点D的相对坐标
指定其他轴或 [旋转(R)]: 6                     //输入另一轴的半轴长度，按Enter键
```

结果如图 3-3 右图所示。

二、命令选项

- 弧(A)：用于绘制一段椭圆弧。过程是先绘制一个完整的椭圆，随后系统提示用户指定椭圆弧的起始角度及终止角度。
- 中心(C)：通过椭圆中心点、长轴及短轴来绘制椭圆。
- 旋转(R)：按旋转方式绘制椭圆，即将圆绕直径转动一定角度后，再投影到平面上形成椭圆。

3.1.4 上机练习——绘制由矩形、正多边形及椭圆等构成的图形

【练习 3-4】利用 LINE、RECTANG、POLYGON 及 ELLIPSE 等命令绘制平面图形，如图 3-4 所示。

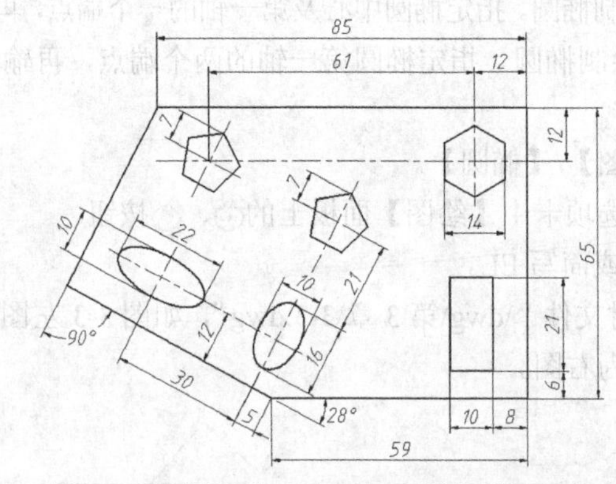

图 3-4 绘制矩形、正多边形及椭圆等（1）

1. 打开极轴追踪、对象捕捉及对象捕捉追踪功能。设置极轴追踪增量角度为“90”，设置对象捕捉方式为“端点”“交点”。

2. 用 LINE、OFFSET、LENGTHEN 等命令绘制外轮廓线、正多边形和椭圆的定位线，结果如图 3-5 左图所示，然后绘制矩形、正五边形及椭圆。

```
命令: _rectang                                //绘制矩形
指定第一个角点: from                           //使用正交偏移捕捉
基点:                                         //捕捉交点A
<偏移>: @-8,6                                 //输入B点的相对坐标
指定其他的角点或 [旋转(R)]: @-10,21             //输入C点的相对坐标
命令: _polygon                                //绘制正多边形
输入边的数目 <4>: 5                            //输入正多边形的边数
指定正多边形的中心点或 [边(E)]:                  //捕捉交点D
输入选项 [内接于圆(I)/外切于圆(C)] <I>: I        //按内接于圆的方式绘制正多边形
指定圆的半径: @7<62                            //输入E点的相对坐标
命令: _ellipse                                //绘制椭圆
指定椭圆的第一个端点或 [弧(A)/中心(C)]:_c        //使用“中心点(C)”选项
指定椭圆的中心:                                //捕捉F点
```

```
指定轴向第二端点: @8<62                    //输入G点的相对坐标
指定其他轴或 [旋转(R)]: 5                  //输入另一半轴长度，按 Enter 键
```

结果如图 3-5 右图所示。

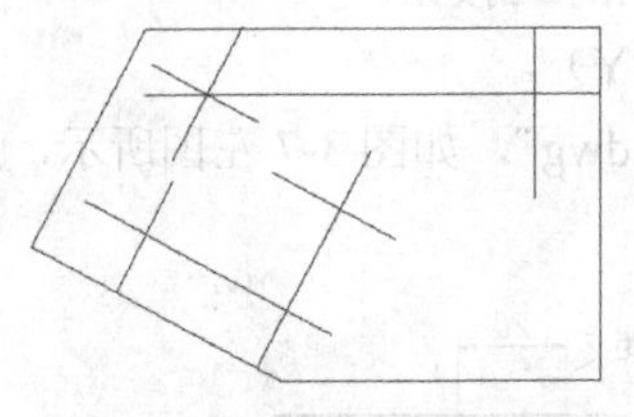
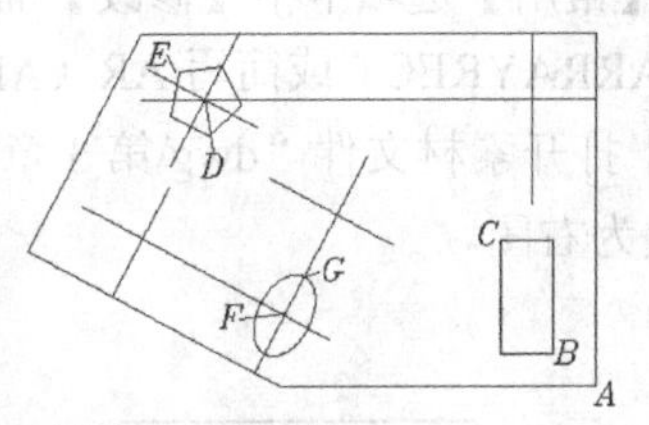

图 3-5 绘制矩形、正五边形及椭圆等

3. 绘制图形的其余部分，然后修改定位线所在的图层。

【练习 3-5】利用 RECTANG、POLYGON、ELLIPSE 等命令绘图，如图 3-6 所示。

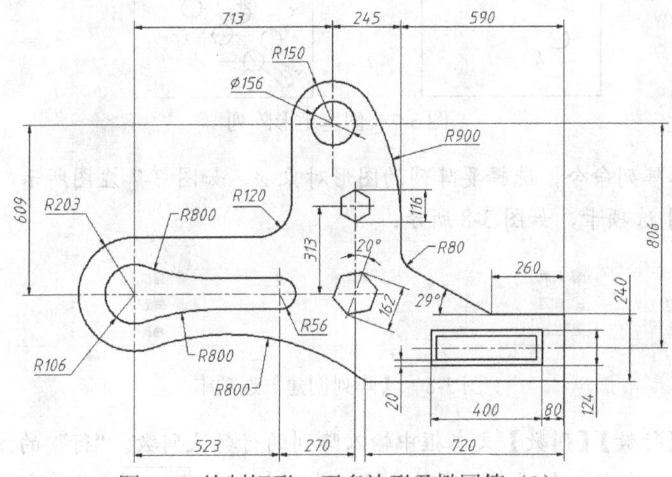

图 3-6 绘制矩形、正多边形及椭圆等（2）

3.2 绘制具有均布及对称几何特征的图形

几何元素的均布特征及图形的对称关系在作图中经常用到。绘制具有均布特征的图形时使用 ARRAY 命令，该命令可用于指定以矩形阵列、环形阵列或路径阵列的方式来阵列对象。图形中的对称关系可用 MIRROR 命令创建，操作时可选择删除或保留原来的对象。

下面介绍绘制具有均布及对称几何特征的图形的方法。

3.2.1 矩形阵列对象

ARRAYRECT 命令用于创建矩形阵列。矩形阵列是指将对象按行、列方式进行排列。操作时，用户一般应提供阵列的行数、列数、行间距及列间距等。对于已生成的矩形阵列，可利用旋转命令或通过关键点编辑方式改变阵列方向，形成倾斜的阵列。

除可在 xy 平面阵列对象外，还可沿 z 轴方向均布对象，用户只需设定阵列的层数及层间距即可。默认层数为 1。

创建的阵列分为关联阵列及非关联阵列，前者包含的所有对象构成一个对象，后者中的每个对象都是独立的。

命令启动方法

- 菜单命令：【修改】/【阵列】/【矩形阵列】。
- 面板：【常用】选项卡中【修改】面板上的按钮。
- 命令：ARRAYRECT 或简写 AR（ARRAY）。

【练习 3-6】打开素材文件"dwg\第 3 章\3-6.dwg"，如图 3-7 左图所示，用 ARRAYRECT 命令将左图修改为右图。

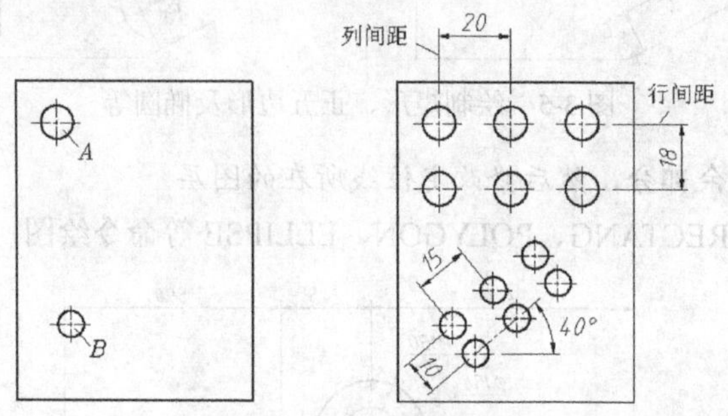

图 3-7 创建矩形阵列

1. 启动矩形阵列命令，选择要阵列的图形对象 A，如图 3-7 左图所示，按 Enter 键后，弹出【阵列创建】选项卡，如图 3-8 所示。

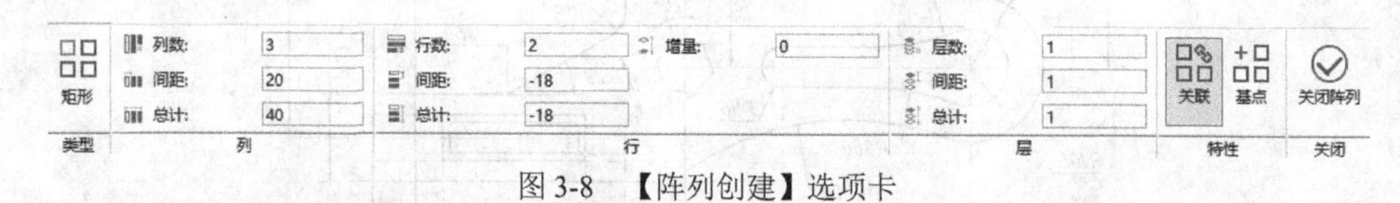

图 3-8 【阵列创建】选项卡

2. 分别在【行数】【列数】文本框中输入阵列的行数及列数。"行"的方向与坐标系的 x 轴平行，"列"的方向与 y 轴平行。每输入完一个数值，按 Enter 键或单击其他文本框，系统将显示预览效果。

3. 分别在【列】【行】面板的【间距】文本框中输入列间距及行间距。行间距、列间距的数值可为正或负。若是正值，则系统沿 x 轴、y 轴的正方向形成阵列，否则沿反方向形成阵列。

4. 【层】面板中的参数用于设定阵列的层数及层高，"层"的方向沿着 z 轴方向。默认情况下，按钮是按下的，表明创建的矩形阵列是一个整体对象，否则表示每个对象都是独立的。

5. 阵列对象时，系统显示阵列关键点，如图 3-9 所示。单击关键点并拖动它，就能动态调整行列数及相应间距，还能设定行列方向间的夹角。具体说明如下。

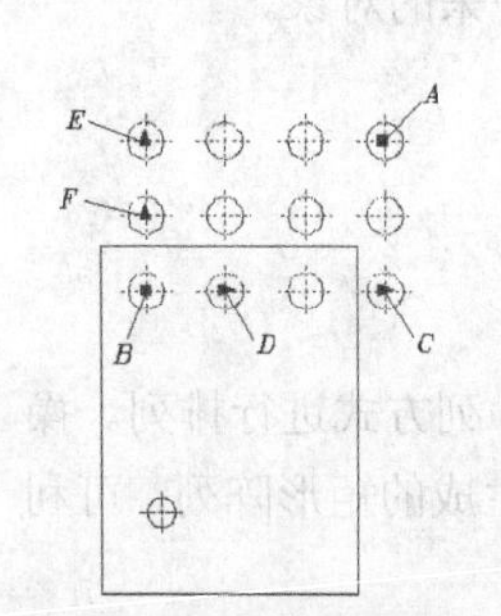

图 3-9 阵列关键点

- A 点动态调整行列数，B 点调整所有对象的位置。
- C 点调整列数，D 点调整列间距，可输入数值。
- E 点调整行数，F 点调整行间距，可输入数值。
- 将光标移动到 C 点或 E 点处并悬停，在弹出的菜单中选择【轴角度】命令，利用该命令设定阵列方向与另一阵列方向正向间的夹角。

6. 创建圆的矩形阵列后，再选中它，弹出【阵列】选项卡，如图 3-10 所示。在此选项卡可编辑阵列参数，还可重新设定阵列基点，以及通过修改阵列中的某个图形对象使所有阵列对象发生变化。

类型	列		行			层		特性	选项	关闭
矩形	列数:	3	行数:	2	增量: 0	层数:	1	基点	编辑来源 替换项目 重置阵列	关闭阵列
	间距:	20	间距:	-18		间距:	1			
	总计:	40	总计:	-18		总计:	1			

图 3-10 【阵列】选项卡

【阵列】选项卡中一些选项的功能介绍如下。

- 【基点】：设定阵列的基点。
- 【编辑来源】：选择阵列中的一个对象进行修改，完成后将更新所有对象。
- 【替换项目】：用新对象替换阵列中的多个对象。操作时，先选择新对象，并指定基点，再选择阵列中要替换的对象。若想一次性替换所有对象，可选择命令行中的“源对象(S)”选项。
- 【重置矩阵】：对阵列中的部分对象进行替换操作时，若有错误，则按Esc键，再单击重置阵列按钮进行恢复。

7. 创建图形对象 *B* 的矩形阵列（见图 3-7）。其阵列参数为：行数为“2”、列数为“3”、行间距为“－10”、列间距为“15”。创建完成后，使用 ROTATE 命令将该阵列旋转到指定的倾斜方向。

8. 利用关键点改变两个阵列方向。沿水平及竖直方向阵列完成后，选中阵列对象，将光标移动到箭头形状的关键点处，出现快捷菜单，如图 3-11 右图所示。利用【轴角度】命令可以设定行、列两个方向间的夹角。输入角度值后，光标所在处的阵列方向将变动，而另一阵列方向不变。要注意，输入负角度值，阵列会反向。对于图 3-11 中的情形，先设定水平阵列方向的轴角度为“50”，则新方向与 y 轴正方向的夹角为 50°，再设定竖直阵列方向的轴角度为“－90”。

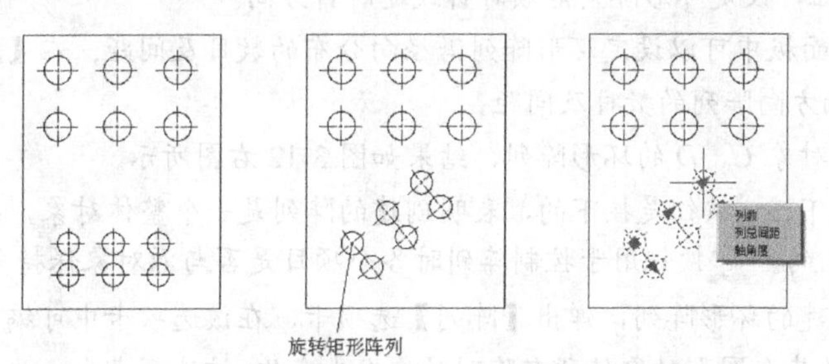

图 3-11 创建倾斜方向的矩形阵列

9. 对于阵列方向的调整，建议先绘制两条代表行、列方向的辅助线，然后利用【轴角度】命令将行、列方向调整到与辅助线一致。

3.2.2 环形阵列对象

ARRAYPOLAR 命令用于创建环形阵列。环形阵列是指把对象绕阵列中心等角度均匀分布。决定环形阵列的主要参数有阵列中心、阵列总角度及阵列数，此外用户也可通过输入阵列总数及每个对象间的夹角来生成环形阵列。

如果要沿径向或 z 轴方向分布对象，还可设定环形阵列的行数（同心分布的圈数）及层数。

命令启动方法

- 菜单命令：【修改】/【阵列】/【环形阵列】。

- 面板：【常用】选项卡中【修改】面板上的按钮。
- 命令：ARRAYPOLAR 或简写 AR。

【练习 3-7】打开素材文件“dwg\第 3 章\3-7.dwg”，如图 3-12 左图所示，用 ARRAYPOLAR 命令将左图修改为右图。

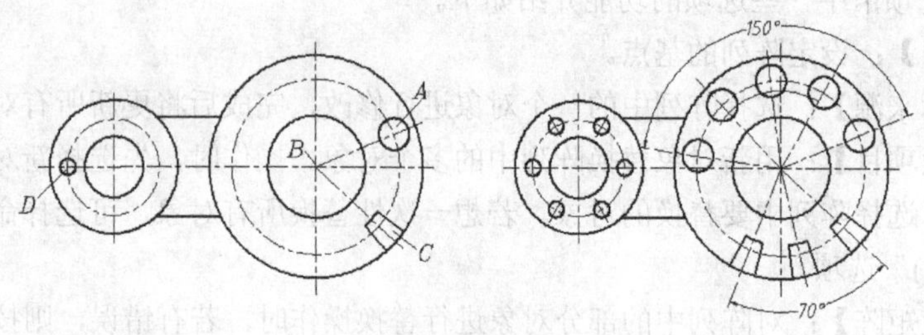

图 3-12 创建环形阵列

1. 启动环形阵列命令，选择要阵列的图形对象 A，再指定阵列中心点 B，弹出【阵列创建】选项卡，如图 3-13 所示。

类型	项目		行			层		特性	关闭
环形	项目数:	5	行数:	1	增量: 0	层数:	1	关联	关闭阵列
	角度	38	间距:	18.362		间距:	1	基点	
	填充:	150	总计:	18.362		总计:	1	旋转项目 方向	

图 3-13 【阵列创建】选项卡

2. 在【项目数】及【填充】文本框中输入阵列数及阵列分布的总角度，也可在【角度】文本框中输入阵列项目间的夹角。

3. 单击按钮，设定环形阵列沿顺时针或逆时针方向。

4. 在【行】面板中可以设定环形阵列沿径向分布的数目及间距；在【层】面板中可以设定环形阵列沿 z 轴方向阵列的数目及间距。

5. 继续创建对象 C、D 的环形阵列，结果如图 3-12 右图所示。

6. 默认情况下，按钮是按下的，表明创建的阵列是一个整体对象，否则表明阵列中的每个对象都是独立的。按钮用于控制阵列时各个项目是否与源对象保持平行。

7. 选中已创建的环形阵列，弹出【阵列】选项卡，在该选项卡中可编辑阵列参数，还可通过修改阵列中的某个图形对象使所有阵列对象发生变化。该选项卡中一些按钮的功能可参见 3.2.1 小节。

3.2.3 沿路径阵列对象

ARRAYPATH 命令用于沿路径阵列对象。沿路径阵列是指将对象沿路径均匀分布或按指定的距离进行分布。路径对象可以是直线、多段线、样条曲线、圆弧及圆等。创建路径阵列时可指定阵列对象和路径是否关联，还可设置对象在阵列时的方向，以及是否与路径对齐。

命令启动方法

- 菜单命令：【修改】/【阵列】/【路径阵列】。
- 面板：【常用】选项卡中【修改】面板上的按钮。
- 命令：ARRAYPATH 或简写 AR。

【练习 3-8】绘制圆、矩形及用作阵列路径的直线和圆弧，将圆和矩形分别沿直线和圆弧阵列，如图 3-14 所示。

图 3-14 沿路径阵列对象

1. 启动路径阵列命令，选择阵列对象“圆”，按 Enter 键，再选择阵列路径“直线”，弹出【阵列创建】选项卡，如图 3-15 所示。

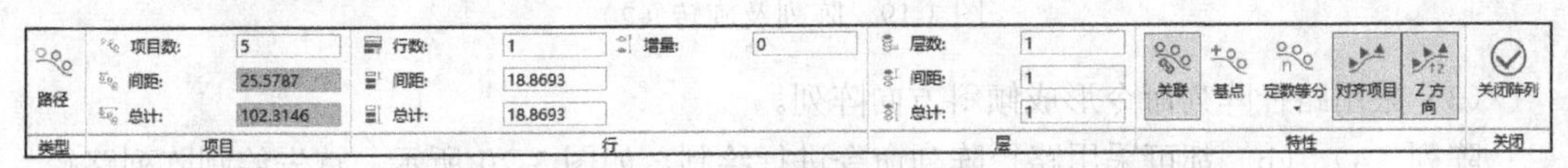

图 3-15 【阵列创建】选项卡

2. 单击按钮，设定圆心为阵列基点。

3. 单击（定数等分）按钮，在【项目数】文本框中输入阵列数，按 Enter 键预览阵列效果。也可单击按钮，然后输入项目间距形成阵列。

4. 用同样的方法将矩形沿圆弧均布阵列，阵列数为“7”。

5. 按钮用于观察阵列时对齐的效果。若单击该按钮，则每个矩形与圆弧的夹角保持一致，否则每个矩形都与第一个起始矩形保持平行。

3.2.4 沿倾斜方向阵列对象

沿倾斜方向阵列对象的情况如图 3-16 所示，此类形式的阵列可采取以下方法。

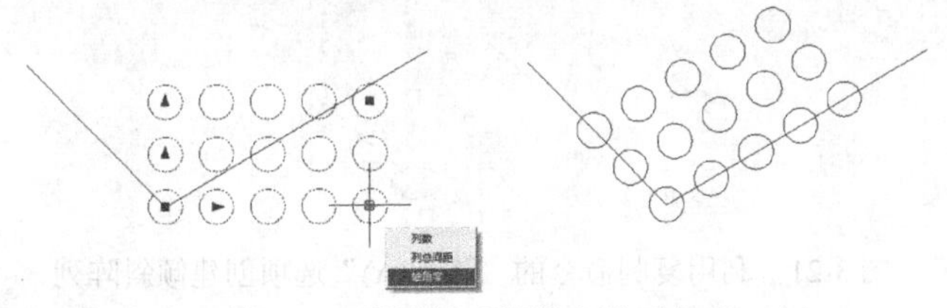

图 3-16 利用辅助线指定阵列角度

（1）利用辅助线指定阵列角度。

沿倾斜方向阵列对象时，可采用辅助线调整阵列的方向，如图 3-16 所示。首先沿水平方向、竖直方向阵列对象，然后选中阵列，将光标移动到箭头形状的关键点处，出现快捷菜单，选择【轴角度】命令，捕捉辅助线上的点改变阵列角度。

（2）将阵列对象旋转到指定方向。

图 3-17 中阵列（a）的绘制过程如图 3-18 所示。先沿水平方向、竖直方向阵列对象，然后利用旋转命令将阵列旋转到倾斜位置。

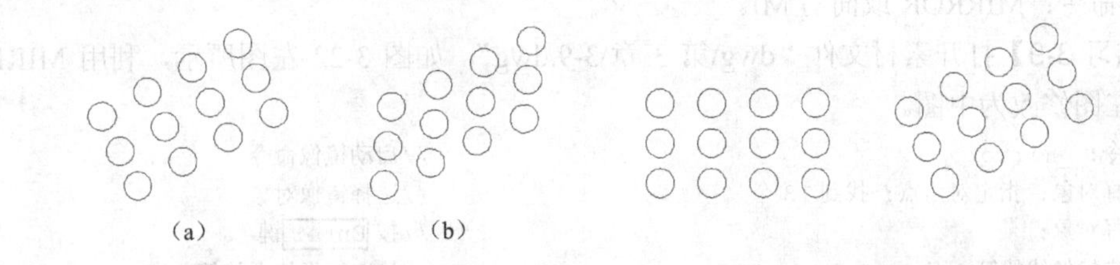

图 3-17 沿倾斜方向阵列

图 3-18 阵列及旋转（1）

图 3-17 中阵列（b）的绘图过程如图 3-19 所示。沿水平方向、竖直方向阵列对象，然后选中阵列，将光标移动到箭头形状的关键点处，出现快捷菜单，利用【轴角度】命令设定行、列两个方向间的夹角。设置完成后，利用旋转命令将阵列旋转到倾斜位置。

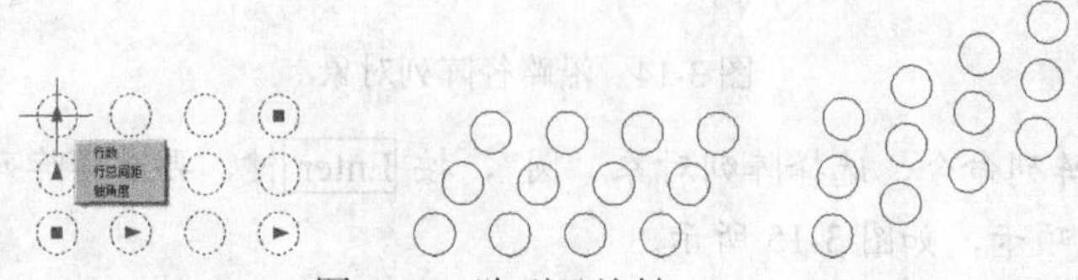

图 3-19　阵列及旋转（2）

（3）采用路径阵列命令形成倾斜方向阵列。

阵列（a）、（b）都可采用路径阵列命令进行绘制，如图 3-20 所示。首先绘制阵列路径，然后沿路径阵列对象。路径长度等于行、列的总间距，阵列完成后删除路径线段。

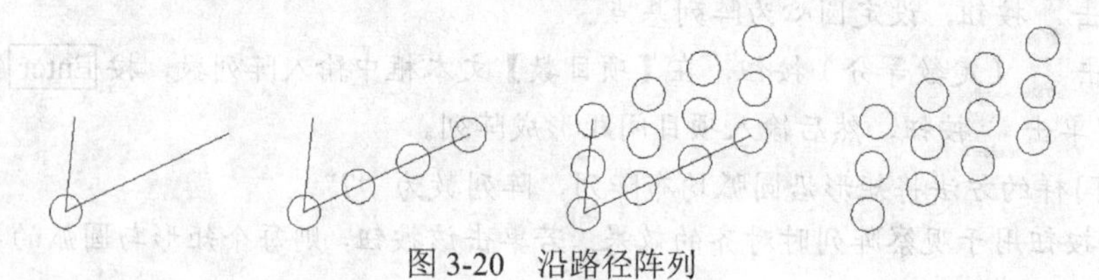

图 3-20　沿路径阵列

（4）利用复制命令的“阵列(A)”选项创建倾斜阵列。

利用复制命令的“阵列(A)”选项创建倾斜阵列，如图 3-21 所示。启动复制命令，指定复制基点，选择“阵列(A)”选项，然后输入相对坐标设置阵列距离及角度，就生成倾斜方向的阵列。

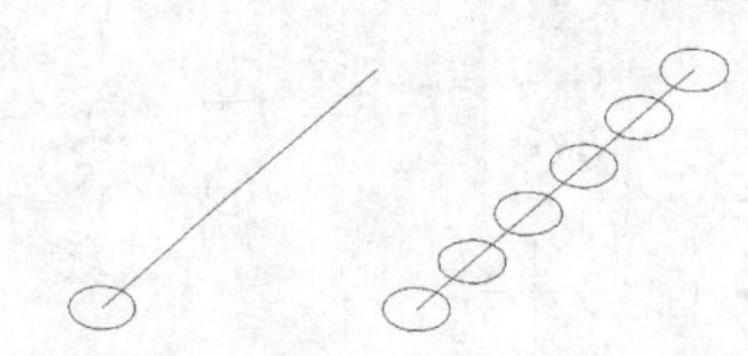

图 3-21　利用复制命令的“阵列(A)”选项创建倾斜阵列

3.2.5 镜像对象

要绘制对称图形，用户只需绘制该图形的一半，另一半可由 MIRROR 命令镜像出来。操作时，用户需先指定要镜像的对象，再指定镜像线的位置。

命令启动方法

- 菜单命令：【修改】/【镜像】。
- 面板：【常用】选项卡中【修改】面板上的按钮。
- 命令：MIRROR 或简写 MI。

【练习 3-9】打开素材文件“dwg\第 3 章\3-9.dwg”，如图 3-22 左图所示，利用 MIRROR 命令将左图修改为中图。

```
命令： _mirror                                //启动镜像命令
选择对象：指定对角点：找到 13 个               //选择镜像对象
选择对象：                                    //按 Enter 键
指定镜像线的第一点：                          //拾取镜像线上的第一点
```

```
指定镜像线的第二点:                        //拾取镜像线上的第二点
要删除源对象吗? [是(Y)/否(N)] <N>:         //按 Enter 键, 默认镜像时不删除源对象
```

结果如图 3-22 中图所示。如果删除源对象，则结果如图 3-22 右图所示。

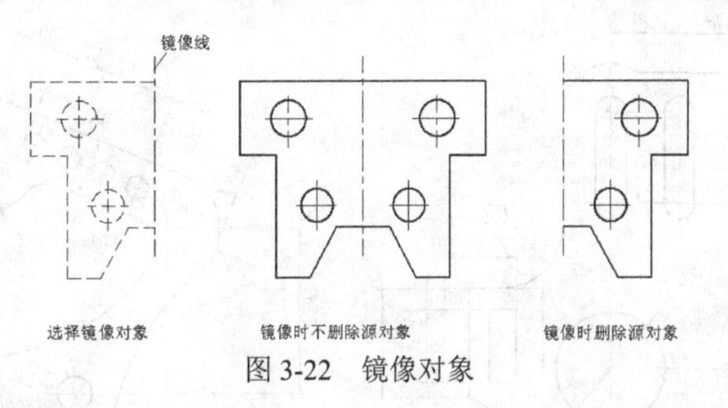

图 3-22 镜像对象

要点提示 当对文字及属性进行镜像操作时，会出现文字及属性倒置的情况。为避免这一点，用户需将 MIRRTEXT 系统变量设置为 “0”。

3.2.6 上机练习——练习阵列及镜像命令

【练习 3-10】利用 LINE、OFFSET、ARRAY、MIRROR 等命令绘制平面图形，如图 3-23 所示。

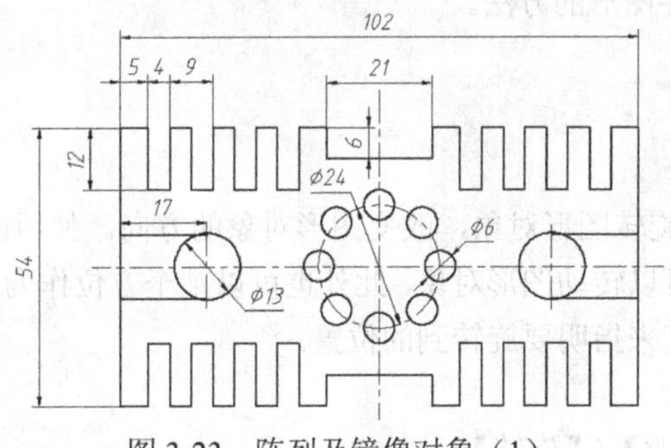

图 3-23 阵列及镜像对象（1）

主要作图步骤如图 3-24 所示。

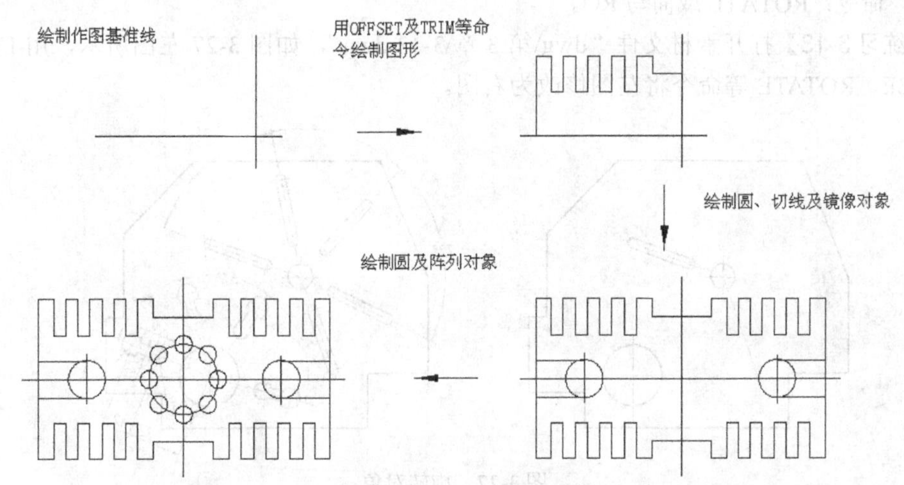

图 3-24 主要作图步骤

【练习 3-11】利用 LINE、CIRCLE、OFFSET、ARRAY 等命令绘制平面图形，如图 3-25 所示。

【练习 3-12】利用 LINE、OFFSET、ARRAY、MIRROR 等命令绘制平面图形，如图 3-26 所示。

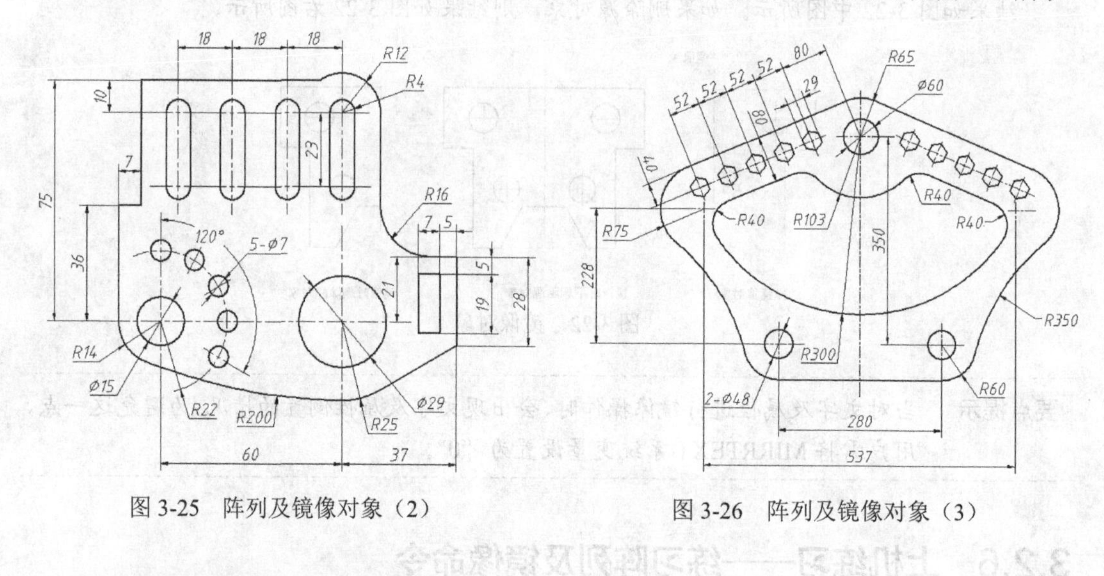

图 3-25　阵列及镜像对象（2）　　　　图 3-26　阵列及镜像对象（3）

3.3 旋转及对齐图形

下面介绍旋转及对齐图形的方法。

3.3.1 旋转对象

ROTATE 命令用于旋转图形对象，改变图形对象的方向。使用此命令时，用户指定旋转基点并输入旋转角度就可以转动图形对象，此外也可以某个方位作为参照位置，然后选择一个新对象或输入一个新角度来指明要旋转到的位置。

一、命令启动方法

- 菜单命令：【修改】/【旋转】。
- 面板：【常用】选项卡中【修改】面板上的按钮。
- 命令：ROTATE 或简写 RO。

【练习 3-13】打开素材文件“dwg\第 3 章\3-13.dwg”，如图 3-27 左图所示，用 LINE、CIRCLE、ROTATE 等命令将左图修改为右图。

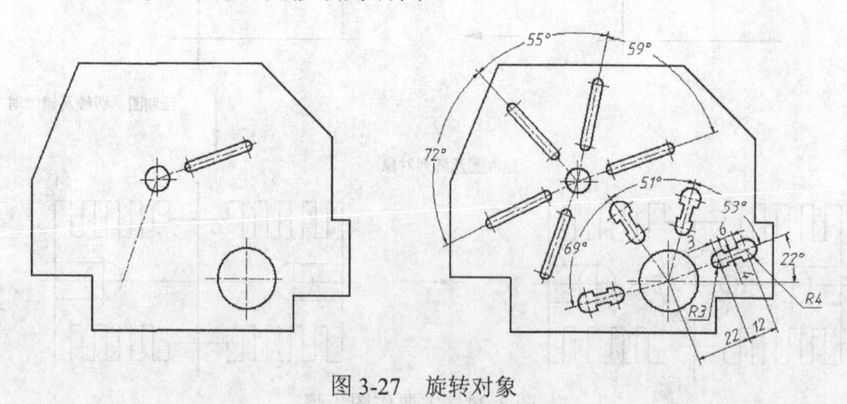

图 3-27　旋转对象

1. 用 ROTATE 命令旋转对象 *A*，如图 3-28 所示。

```
命令: _rotate
选择对象: 指定对角点: 找到 7 个                    //选择图形对象 A，如图 3-28 左图所示
选择对象:                                         //按 Enter 键
指定基点:                                         //捕捉圆心 B
指定旋转角度或 [复制(C)/参照(R)] <70>: c           //使用"复制(C)"选项
指定旋转角度或 [复制(C)/参照(R)] <70>: 59          //输入旋转角度
命令:
_ROTATE                                           //重复命令
选择对象: 指定对角点: 找到 7 个                    //选择图形对象 A
选择对象:                                         //按 Enter 键
指定基点:                                         //捕捉圆心 B
指定旋转角度或 [复制(C)/参照(R)] <59>: c           //使用"复制(C)"选项
指定旋转角度或 [复制(C)/参照(R)] <59>: r           //使用"参照(R)"选项
指定参照角 <0>:                                    //捕捉 B 点
请指定第二点获取角度:                              //捕捉 C 点
指定新角度或 [点(P)] <0>:                          //捕捉 D 点
```

结果如图 3-28 右图所示。

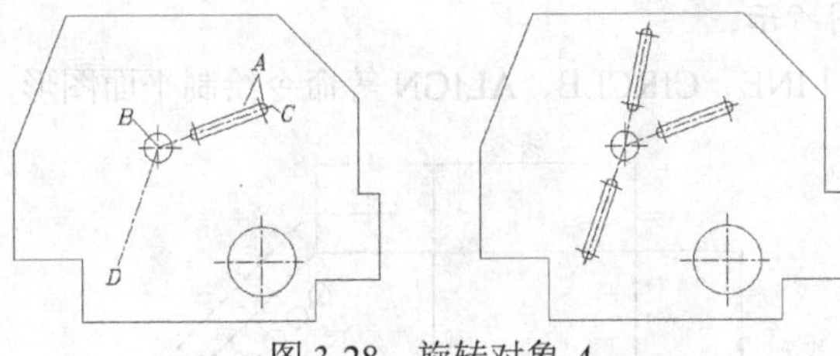

图 3-28 旋转对象 *A*

2. 绘制图形的其余部分。

二、命令选项

- 指定旋转角度：指定旋转基点并输入绝对旋转角度来旋转对象。旋转角度是基于当前用户坐标系测量的。如果输入负的旋转角度，则选定的对象顺时针旋转，否则将逆时针旋转。
- 复制(C)：旋转对象的同时复制对象。
- 参照(R)：指定某个方向作为起始参照角，然后拾取一个点或两个点来指定原对象要旋转到的位置，也可以输入新角度来指定要旋转到的位置。

3.3.2 对齐对象

使用 ALIGN 命令可以同时移动、旋转一个对象，使之与另一对象对齐。例如，用户可以使用 ALIGN 命令将对象中的某一点、某一条直线或某一个面（三维实体）与另一对象的点、线或面对齐。操作过程中，用户只需按照系统提示指定源对象与目标对象的一点、两点或三点对齐就可以了。

命令启动方法

- 菜单命令：【修改】/【三维操作】/【对齐】。
- 面板：【常用】选项卡中【修改】面板上的按钮。
- 命令：ALIGN 或简写 AI。

【练习 3-14】打开素材文件“dwg\第 3 章\3-14.dwg”，如图 3-29 左图所示，用 ALIGN 命令将左图修改为中图。

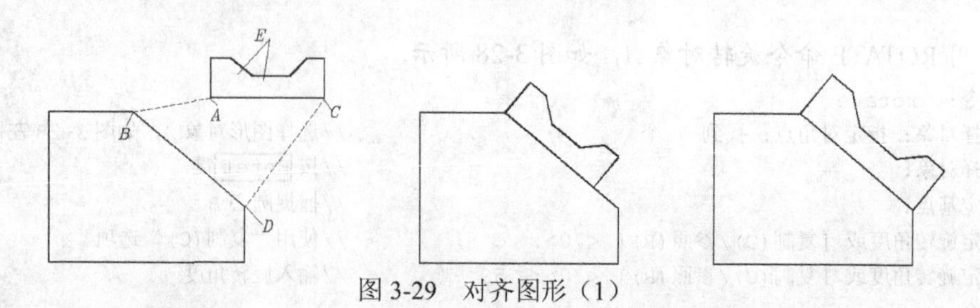

图 3-29 对齐图形（1）

```
命令: _align
选择对象: 找到 9 个                                      //选择图形 E
选择对象:                                                //按 Enter 键
指定第一个源点:                                          //捕捉第一个源点 A
指定第一个目标点:                                        //捕捉第一个目标点 B
指定第二个源点:                                          //捕捉第二个源点 C
指定第二个目标点:                                        //捕捉第二个目标点 D
指定第三个源点或 <继续>:                                 //按 Enter 键
是否基于对齐点缩放对象? [是(Y)/否(N)] <否>:              //按 Enter 键不缩放源对象
```

结果如图 3-29 中图所示。若选择“是(Y)”选项，则系统将线段 *AC* 缩放到与线段 *BD* 等长，结果如图 3-29 右图所示。

【练习 3-15】利用 LINE、CIRCLE、ALIGN 等命令绘制平面图形，如图 3-30 所示。

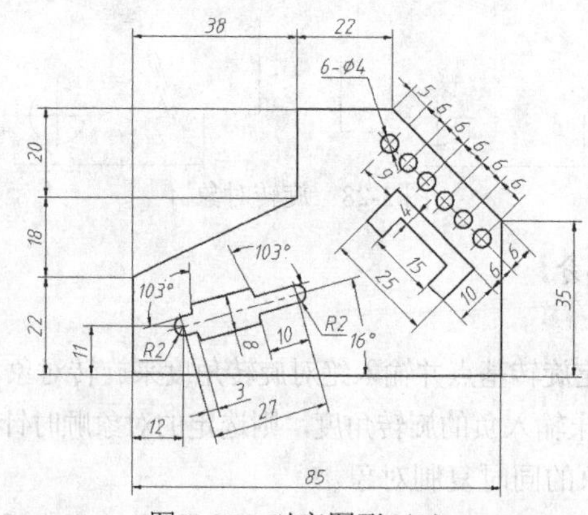

图 3-30 对齐图形（2）

主要作图步骤如图 3-31 所示。

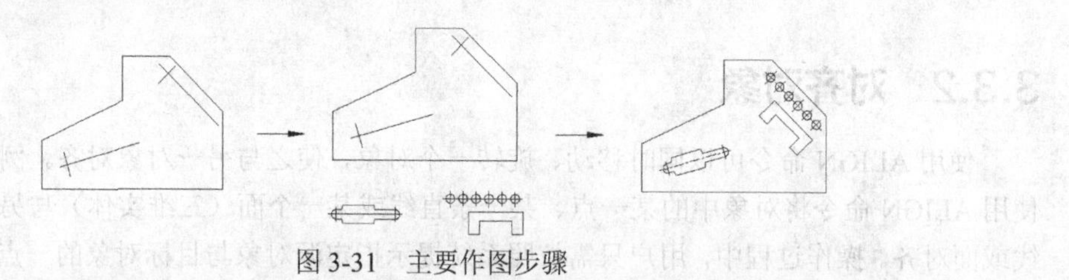

图 3-31 主要作图步骤

3.3.3 上机练习——用旋转和对齐命令绘图

图样中的图形一般位于水平或竖直方向，如果利用正交或极轴追踪功能辅助绘制这类图形就非常方便。另一类图形处于倾斜方向，这给作图带来了许多不便。绘制这类图形时，可先在水平或竖直方向作图，然后利用 ROTATE 或 ALIGN 命令将图形定位到倾斜方向。

【练习 3-16】利用 LINE、CIRCLE、COPY、ROTATE 及 ALIGN 等命令绘制平面图形，

如图 3-32 所示。

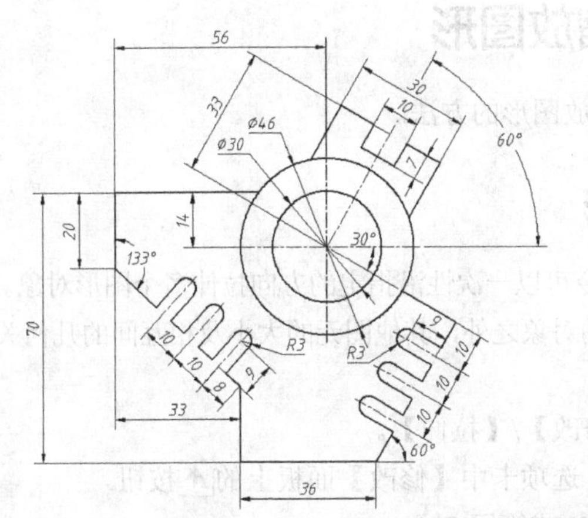

图 3-32 利用 COPY、ROTATE、ALIGN 等命令绘图

主要作图步骤如图 3-33 所示。

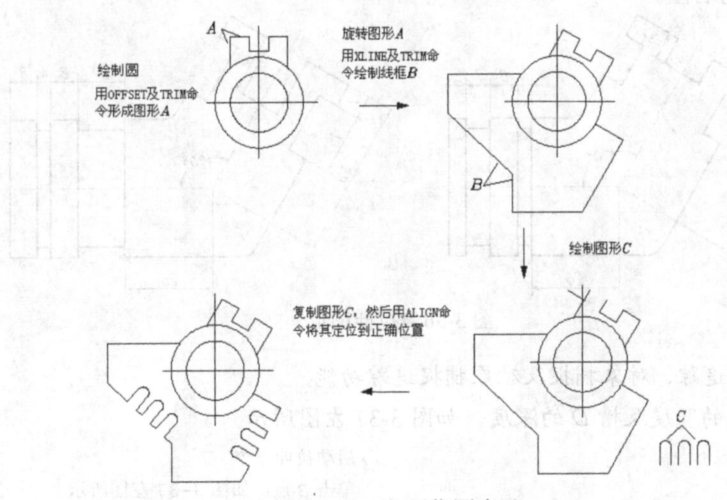

图 3-33 主要作图步骤

【练习 3-17】利用 LINE、ROTATE、ALIGN 等命令绘制图 3-34 所示的图形。

【练习 3-18】利用 LINE、OFFSET、COPY、ROTATE 及 ALIGN 等命令绘制平面图形，如图 3-35 所示。

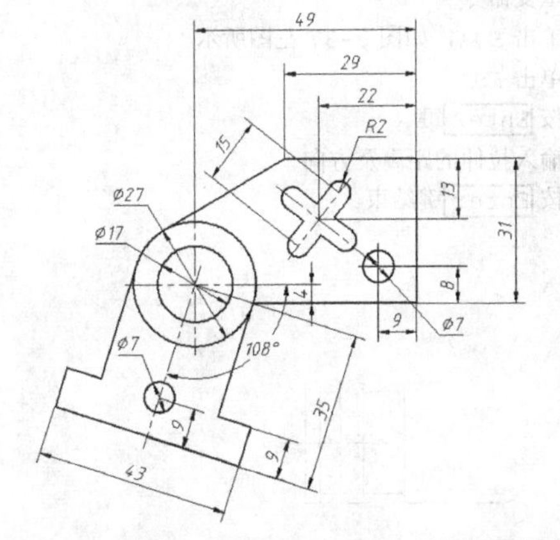

图 3-34 利用 ROTATE、ALIGN 等命令绘图

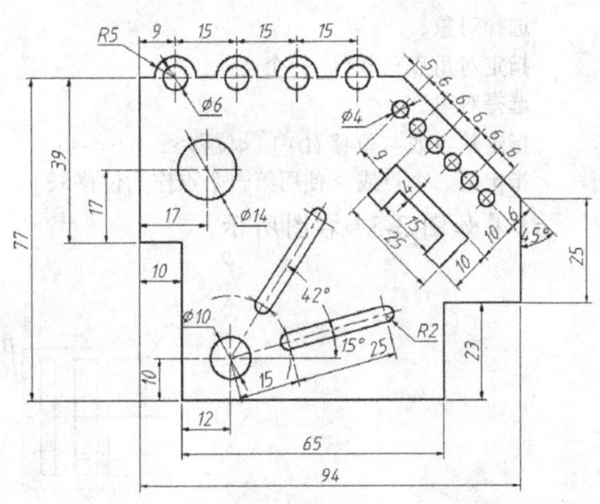

图 3-35 利用 LINE、ROTATE、ALIGN 命令绘图

3.4　拉伸及缩放图形

下面介绍拉伸及缩放图形的方法。

3.4.1　拉伸图形

利用 STRETCH 命令可以一次性沿指定的方向拉伸多个图形对象。编辑过程中必须用虚线矩形选择对象，除被选中的对象之外，其他图元的大小及相互间的几何关系将保持不变。

命令启动方法

- 菜单命令：【修改】/【拉伸】。
- 面板：【常用】选项卡中【修改】面板上的↑按钮。
- 命令：STRETCH 或简写 S。

【练习 3-19】打开素材文件“dwg\第 3 章\3-19.dwg”，如图 3-36 左图所示，用 STRETCH 命令将左图修改为右图。

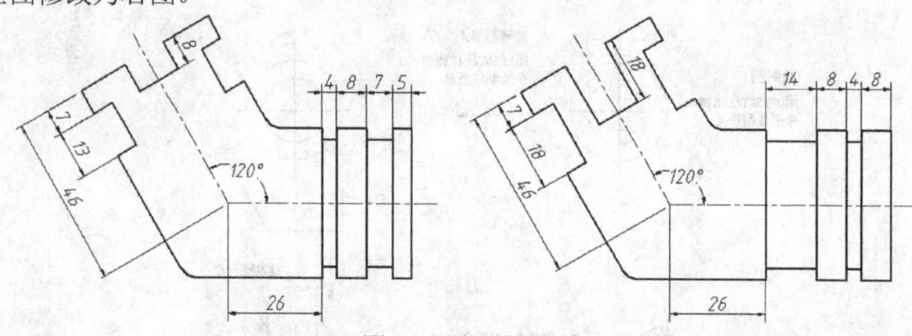

图 3-36　拉伸图形

1. 打开极轴追踪、对象捕捉及对象捕捉追踪功能。
2. 调整槽 *A* 的宽度及槽 *D* 的深度，如图 3-37 左图所示。

```
命令: _stretch                               //启动拉伸命令
选择对象:                                     //单击 B 点，如图 3-37 左图所示
指定对角点: 找到 17 个                         //单击 C 点
选择对象:                                     //按 Enter 键
指定基点或 [位移(D)] <位移>:                    //单击
指定第二个点或 <使用第一个点作为位移>: 10         //向右追踪并输入追踪距离
命令:
_STRETCH                                      //重复命令
选择对象:                                     //单击 E 点，如图 3-37 左图所示
指定对角点: 找到 5 个                          //单击 F 点
选择对象:                                     //按 Enter 键
指定基点或 [位移(D)] <位移>: 10<-60             //输入拉伸的距离及方向
指定第二个点或 <使用第一个点作为位移>:            //按 Enter 键结束
```

结果如图 3-37 右图所示。

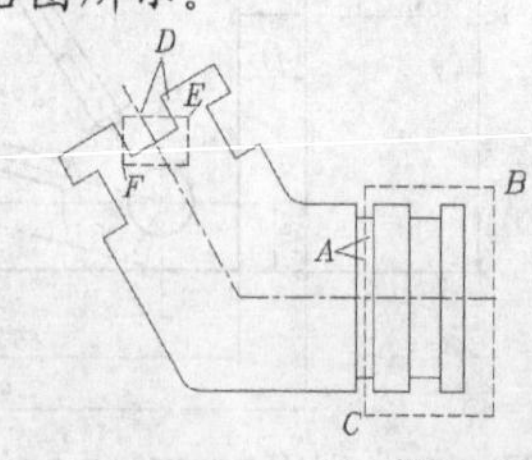

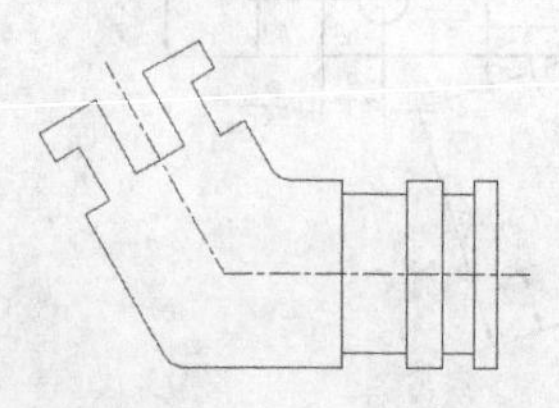

图 3-37　拉伸对象

3. 用 STRETCH 命令修改图形的其余部分。

使用 STRETCH 命令时，首先应利用虚线矩形选择对象，然后指定对象拉伸的距离和方向。凡在虚线矩形中的对象顶点都被移动，而与虚线矩形相交的对象将被延伸或缩短。

设定拉伸距离和方向的方式如下。

- 在绘图窗口中指定两个点，这两点之间的距离和方向代表了拉伸实体的距离和方向。
- 当系统提示“指定基点”时，指定拉伸的基准点。当系统提示“指定第二个点”时，捕捉第二个点或输入第二个点相对于基准点的相对直角坐标或极坐标。
- 以“*X*，*Y*”方式输入对象沿 *x* 轴、*y* 轴拉伸的距离，或者以“距离<角度”方式输入拉伸的距离和方向。

当系统提示“指定基点”时，输入拉伸值。在系统提示“指定第二个点”时，按 Enter 键确认，这样系统就以输入的拉伸值来拉伸对象。

- 打开正交或极轴追踪功能，就能方便地将实体只沿 *x* 轴或 *y* 轴方向拉伸。

当系统提示“指定基点”时，单击一点并把实体向水平或竖直方向拉伸，然后输入拉伸值。

- 使用“位移（D）”选项。选择该选项后，系统提示“指定位移”，此时以“*X*，*Y*”方式输入沿 *x* 轴、*y* 轴拉伸的距离，或者以“距离<角度”方式输入拉伸的距离和方向。

3.4.2　按比例缩放图形

利用 SCALE 命令可将对象按指定的比例相对于基点放大或缩小，也可把对象缩放到指定的尺寸。

一、命令启动方法

- 菜单命令：【修改】/【缩放】。
- 面板：【常用】选项卡中【修改】面板上的按钮。
- 命令：SCALE 或简写 SC。

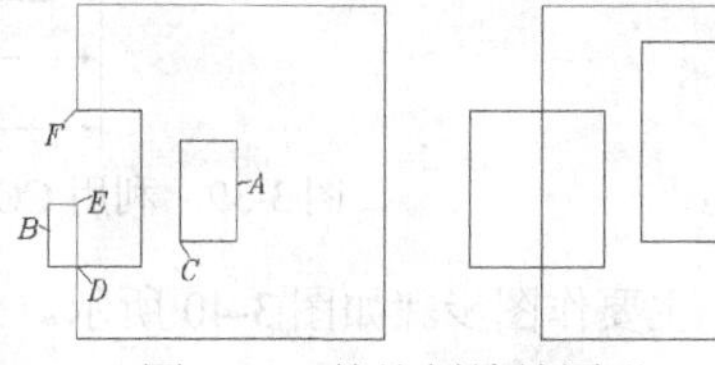

图 3-38　按比例缩放图形

【练习 3-20】打开素材文件“dwg\第 3 章\3-20.dwg”，如图 3-38 左图所示，用 SCALE 命令将左图修改为右图。

```
命令: _scale                                          //启动缩放命令
选择对象: 找到 1 个                                     //选择矩形 A，如图 3-38 左图所示
选择对象:                                              //按 Enter 键
指定基点:                                              //捕捉交点 C
指定缩放比例或[复制(C)/参照(R)] <1.0000>: 2              //输入缩放比例
命令:
_SCALE                                                //重复命令
选择对象: 找到 4 个                                     //选择线框 B
选择对象:                                              //按 Enter 键
指定基点:                                              //捕捉交点 D
指定缩放比例或 [复制(C)/参照(R)] <2.0000>: r             //使用“参照(R)”选项
指定参照长度 <1.0000>:                                  //捕捉交点 D
请指定第二点获取距离:                                    //捕捉交点 E
指定新长度或 [点(P)] <1.0000>:                          //捕捉交点 F
```

结果如图 3-38 右图所示。

二、命令选项

- 指定缩放比例：直接输入缩放比例，系统根据此比例缩放图形。若比例小于 1，则缩小对象，否则放大对象。
- 复制(C)：缩放对象的同时复制对象。
- 参照(R)：以参照方式缩放对象。用户输入参考长度及新长度，系统把新长度与参考长度的比值作为缩放比例进行缩放。
- 点(P)：使用两点来定义新的长度。

3.4.3 上机练习——利用已有对象生成新图形

【练习 3-21】利用 LINE、OFFSET、COPY、ROTATE 及 STRETCH 等命令绘制平面图形，如图 3-39 所示。

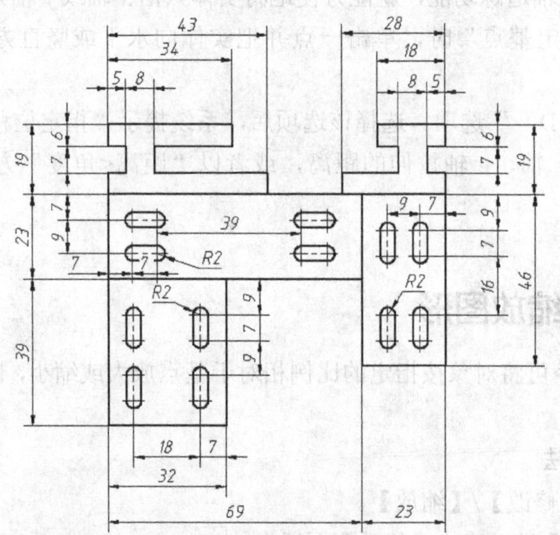

图 3-39 利用 COPY、ROTATE 及 STRETCH 等命令绘图

主要作图步骤如图 3-40 所示。

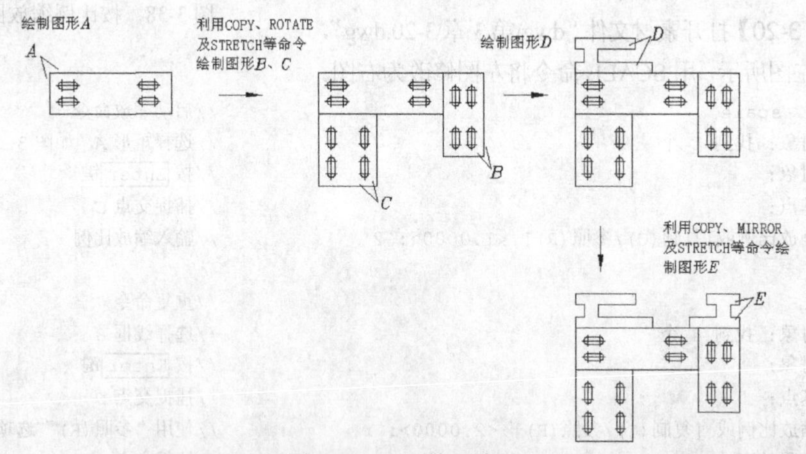

图 3-40 主要作图步骤

【练习 3-22】利用 LINE、OFFSET、COPY 及 STRETCH 等命令绘制平面图形，如图 3-41 所示。

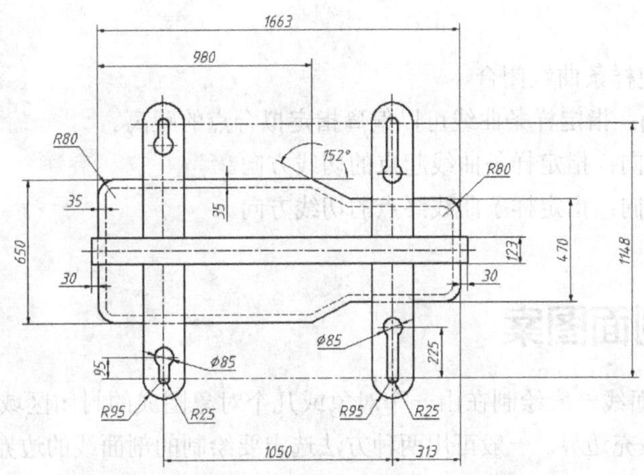

图 3-41　利用 COPY、OFFSET 及 STRETCH 等命令绘图

3.5　绘制样条曲线和断裂线

可用SPLINE命令绘制光滑的曲线，即样条曲线。系统通过拟合给定的一系列数据点形成样条曲线。绘制工程图时，可利用 SPLINE 命令绘制断裂线。

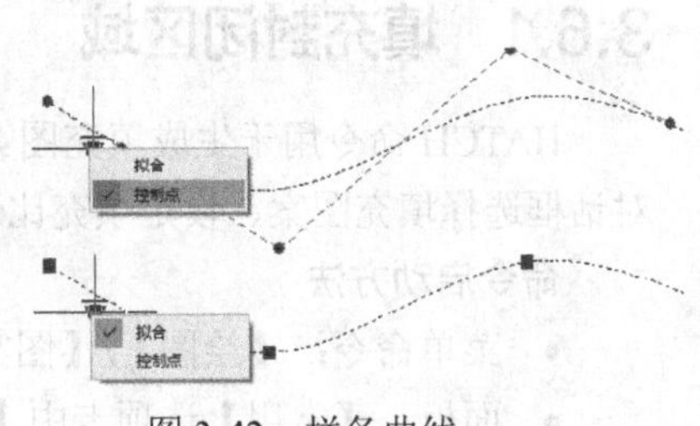

图 3-42　样条曲线

样条曲线的形状可通过调整拟合点或控制点的位置来控制，如图 3-42 所示。选中样条曲线，单击箭头形式的关键点，利用快捷菜单上的相关命令切换拟合点或关键点。默认情况下，拟合点与样条曲线重合，而控制点定义多边形，利用多边形控制框可以很方便地调整样条曲线的形状。

可以通过拟合公差来设定样条曲线的精度。拟合公差越小，样条曲线与拟合点越接近，样条曲线精度越高。

一、命令启动方法

- 菜单命令：【绘图】/【样条曲线】。
- 面板：【常用】选项卡中【绘图】面板上的~按钮。
- 命令：SPLINE 或简写 SPL。

【练习 3-23】 练习 SPLINE 命令。

```
命令: _spline
指定第一个点或 [对象(O)]:                                    //拾取A点，如图3-43所示
指定下一点:                                                  //拾取B点
指定下一点或 [闭合(C)/拟合公差(F)/放弃(U)] <起点切向>:      //拾取C点
指定下一点或 [闭合(C)/拟合公差(F)/放弃(U)] <起点切向>:      //拾取D点
指定下一点或 [闭合(C)/拟合公差(F)/放弃(U)] <起点切向>:      //按Enter键
指定起点切向:                                //移动光标调整起点切线方向，按Enter键
指定端点切向:                                //移动光标调整终点切线方向，按Enter键
```

结果如图 3-43 所示。

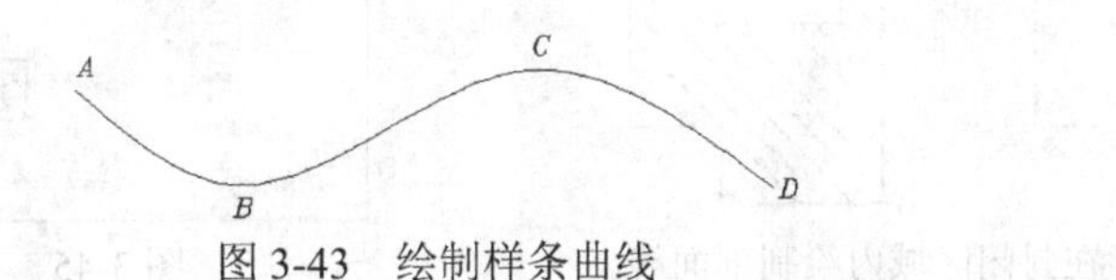

图 3-43　绘制样条曲线

二、命令选项

- 闭合(C)：使样条曲线闭合。
- 拟合公差(F)：指定样条曲线可以偏离指定拟合点的距离。
- 指定起点切向：指定样条曲线起点的切线方向。
- 指定端点切向：指定样条曲线终点的切线方向。

3.6 填充剖面图案

工程图中的剖面线一般绘制在由一个对象或几个对象围成的封闭区域中。在绘制剖面线时，用户先要指定填充边界。一般可用两种方法选定要绘制的剖面线的边界：一种方法是在闭合的区域中选一点，系统自动搜索闭合的边界；另一种方法是通过选择对象来定义边界。

中望机械 CAD 为用户提供了许多标准填充图案，用户也可自定义填充图案，此外，用户还能控制剖面图案的疏密及剖面线的倾角。

3.6.1 填充封闭区域

HATCH 命令用于生成填充图案。启动该命令后，系统打开【填充】对话框，用户通过该对话框选择填充图案、设定填充比例和角度、指定填充区域后，就可以创建图案填充了。

命令启动方法

- 菜单命令：【绘图】/【图案填充】。
- 面板：【常用】选项卡中【绘图】面板上的按钮。
- 命令：HATCH 或简写 H。

【练习 3-24】打开素材文件“dwg\第 3 章\3-24.dwg”，如图 3-44 左图所示，下面用 HATCH 命令将左图修改为右图。

1. 单击【绘图】面板上的按钮，打开【填充】对话框，进入【图案填充】选项卡，如图 3-45 所示。单击按钮，在想要填充的区域中选定点 *A*，此时系统会自动寻找一个闭合的边界，如图 3-44 左图所示。

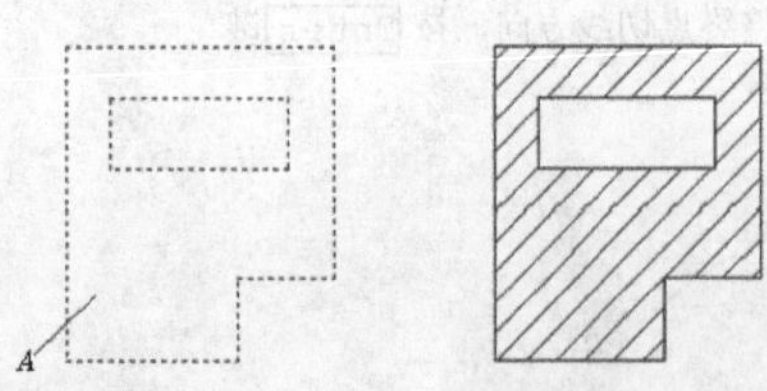

图 3-44 在封闭区域内绘制剖面线

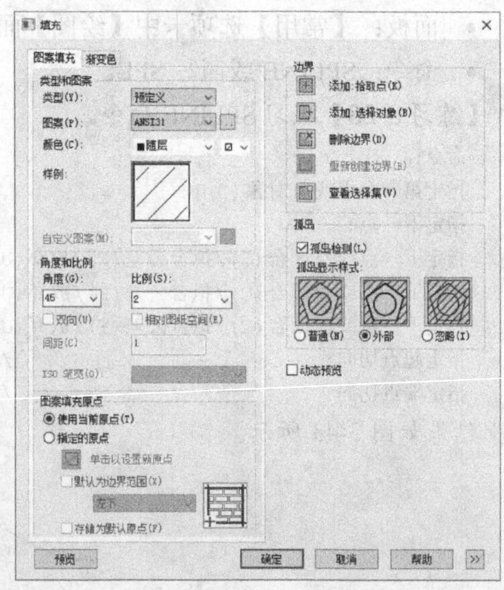

图 3-45 【填充】对话框

2. 按 Enter 键，返回【填充】对话框。单击【图案】下拉列表右边的 ... 按钮，打开【填充图案选项板】对话框，进入【ANSI】选项卡，选择剖面图案【ANSI31】，如图 3-46 所示。

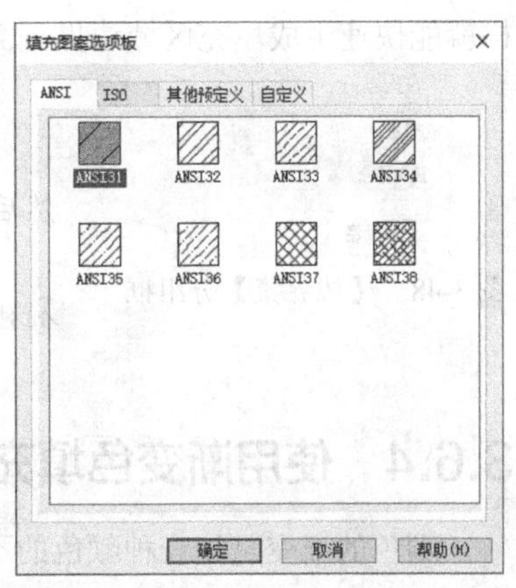

图 3-46 【填充图案选项板】对话框

3. 在【填充】对话框的【角度】和【比例】文本框中分别输入数值“45”和“2”，单击 预览 按钮，观察填充效果。

4. 按 Esc 键，返回【填充】对话框，重新设定有关参数。将【角度】和【比例】值分别改为“0”和“1.5”，单击 预览 按钮，观察填充效果。按 Enter 键，完成剖面图案的绘制，结果如图 3-44 右图所示。

【填充】对话框中常用选项的功能介绍如下。

(1)【类型】下拉列表：设置填充图案类型，共有以下 3 个选项。

- 【预定义】：使用系统预定义图案进行图案填充。
- 【用户定义】：利用当前线型定义一种新的简单图案。
- 【自定义】：采用用户定制的图案进行图案填充，这个图案保存在“.pat”类型文件中。

(2)【图案】下拉列表：通过该下拉列表或右边的 ... 按钮选择所需的填充图案。

(3) 按钮：单击此按钮，然后在填充区域中拾取一点，系统将自动分析边界集，并从中确定包围该点的闭合边界。

(4) 按钮：单击此按钮，然后选择一些对象作为填充边界，此时无须使对象构成闭合的边界。

(5) 按钮：单击此按钮，删除填充边界。在填充区域中常常包含一些闭合边界，这些边界称为孤岛。若希望在孤岛中也填充图案，则单击此按钮，选择要删除的孤岛。

(6) 按钮：编辑填充图案时，可利用此按钮生成与图案边界相同的多段线或面域，并指定新对象与图案填充是否关联。

3.6.2 填充不封闭区域

中望机械 CAD 允许用户填充不封闭的区域，如图 3-47 左图所示，直线和圆弧的端点不重合，存在间隙。若该间隙小于或等于设定的允许的间隙，则系统将忽略此间隙，认为边界是闭合的，从而生成填充图案。填充边界两端点间的最大间隙可在【填充】对话框的【允许的间隙】分组框中设定，如图 3-47 右图所示。此外，该值也可通过系统变量 HPGAPTOL 设定。

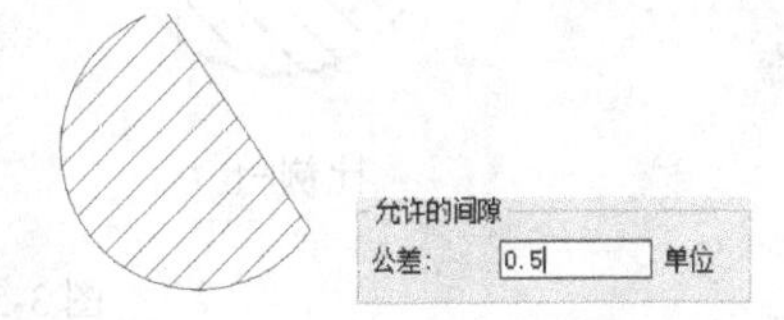

图 3-47 填充不封闭的区域

3.6.3 填充复杂图形的方法

在图形不复杂的情况下，常通过在填充区域内指定一点的方法来定义边界。但若图形很复杂，使用这种方法就会浪费许多时间，因为系统要在当前视口中搜寻所有可见的对象。为避免这种情况，用户可在【填充】对话框的【边界集】分组框中为系统定义要搜索的边界集，这样就能快速生成填充区域边界。

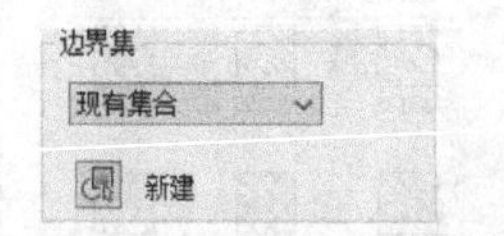

图 3-48 【边界集】分组框

定义系统搜索边界集的方法如下。

1. 单击【边界集】分组框中的 新建按钮，如图 3-48 所示，然后选择要搜索的对象。

2. 在填充区域内拾取一点，此时系统仅分析选定的对象来创建填充区域边界。

3.6.4 使用渐变色填充图形

颜色的渐变是指一种颜色的不同灰度之间或两种颜色之间的平滑过渡。在中望机械 CAD 中，用户可以使用渐变色填充图形，填充后的区域将呈现类似光照后的反射效应，因而可大大增强图形的演示效果。

进入【填充】对话框的【渐变色】选项卡，该选项卡中显示了 9 种渐变色图案，如图 3-49 所示。用户可在【颜色】分组框中指定一种或两种颜色形成渐变色，然后填充图形。

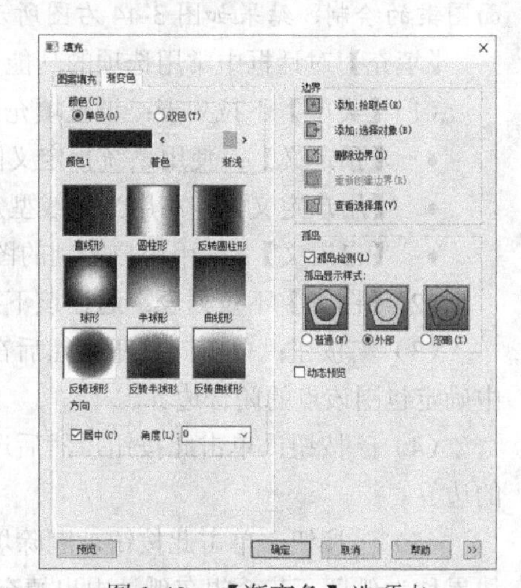

图 3-49 【渐变色】选项卡

3.6.5 剖面线的比例

在中望机械 CAD 中，预定义剖面线图案的默认缩放比例是 1.0。用户可在【图案填充】选项卡的【比例】文本框中设定其他比例值。绘制剖面线时，若没有指定特殊比例值，则系统按默认值绘制剖面线。当输入一个不同于默认值的图案比例时，可以增加或减小剖面线的间距。图 3-50 所示的分别是剖面线比例为 1、2 和 0.5 时的情况。

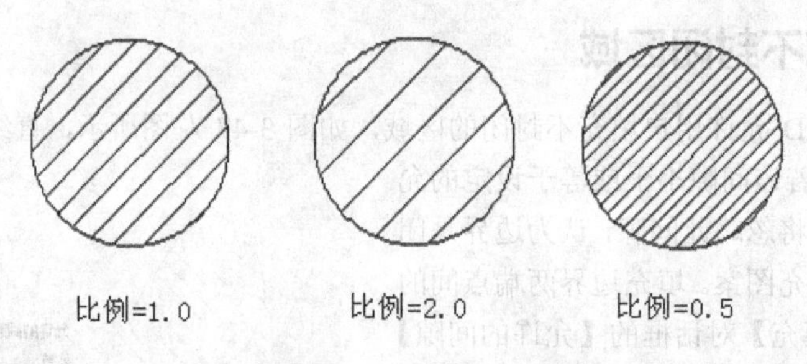

图 3-50 不同比例的剖面线

3.6.6 剖面线的角度

除剖面线的间距可以控制外，剖面线的倾斜角度也可以控制。用户可在【图案填充】选项卡的【角度】文本框中设定图案填充的角度。当【角度】是“0”时，剖面线（ANSI31）与 x 轴的夹角是 45°，【角度】文本框中显示的值并不是剖面线与 x 轴的夹角，而是剖面线的旋转角度。

当【角度】分别为“45”“90”和“15”时，剖面线将逆时针旋转到新的位置，它们与 x 轴的夹角分别是 90°、135°和 60°，如图 3-51 所示。

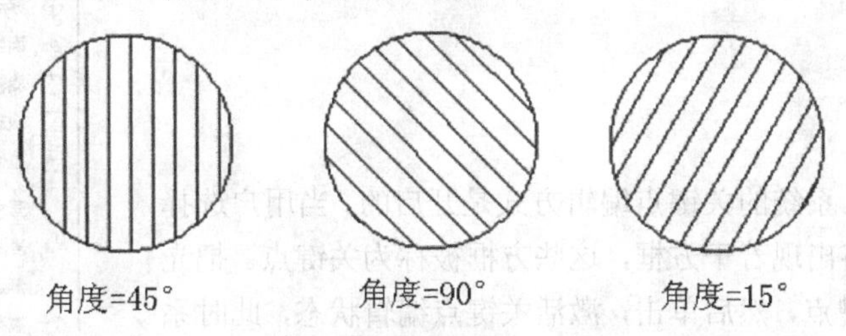

图 3-51 不同角度的剖面线

3.6.7 创建注释性填充图案

在工程图中填充图案时，要考虑打印比例对最终图案疏密程度的影响。一般应设定图案填充比例为打印比例的倒数，这样打印后，图纸上图案的间距与最初系统的定义值一致。为实现这一目标，也可以采用另外一种方式，即创建注释性图案。

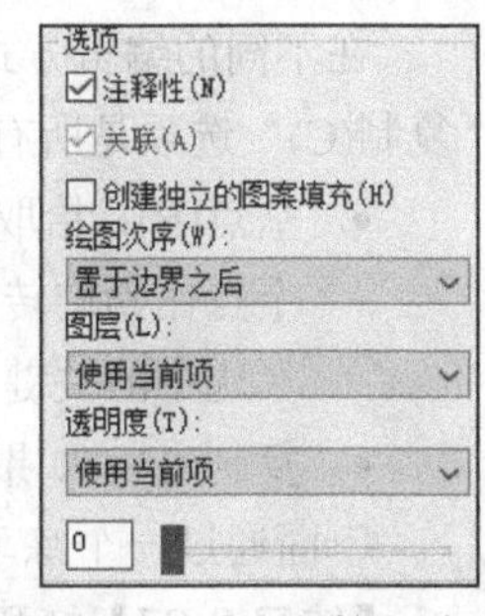

图 3-52 【注释性】选项

创建填充图案时，在【填充】对话框中勾选【注释性】选项，就生成注释性填充图案，如图 3-52 所示。

默认情况下，注释性图案的比例值为当前系统设置值，单击状态栏上的 1:1 ▼按钮，可以设定当前注释比例。选择注释对象，通过右键快捷菜单上的【特性】命令可添加或去除注释对象的注释比例。

3.6.8 上机练习——绘制断裂线及填充剖面图案

【练习 3-25】打开素材文件“dwg\第 3 章\3-25.dwg”，如图 3-53 左图所示，用 SPLINE 命令绘制断裂线，然后用 BHATCH 等命令将左图修改为右图。

【练习 3-26】打开素材文件“dwg\第 3 章\3-26.dwg”，如图 3-54 左图所示，利用 SPLINE、BHATCH 等命令将左图修改为右图。

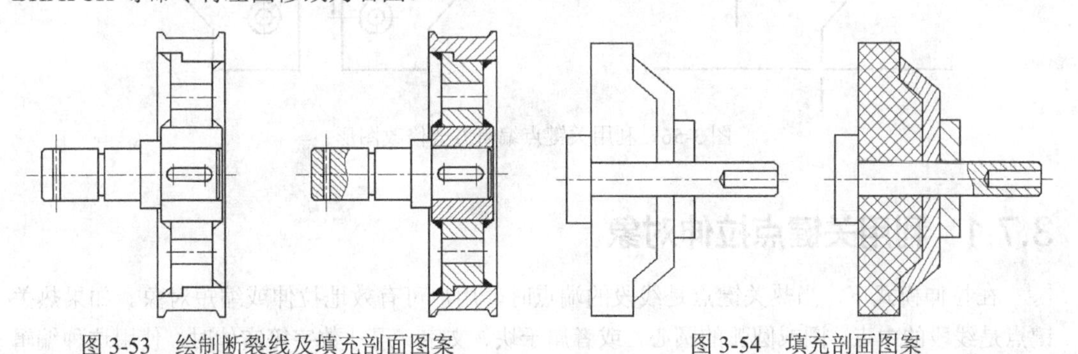

图 3-53 绘制断裂线及填充剖面图案　　图 3-54 填充剖面图案

3.7 关键点编辑方式

关键点编辑方式是一种集成的编辑模式，该模式包含了以下 5 种编辑方式。

- 拉伸。
- 移动。
- 旋转。
- 比例缩放。
- 镜像。

默认情况下，系统的关键点编辑方式是开启的。当用户选择实体后，实体上将出现若干方框，这些方框被称为关键点。把光标靠近并捕捉关键点，然后单击，激活关键点编辑状态，此时系统自动进入拉伸编辑方式，连续按 Enter 键，就可以在所有的编辑方式间切换。此外，用户也可在激活关键点后，单击鼠标右键，弹出快捷菜单，如图 3-55 所示，通过此快捷菜单选择某种编辑方式。

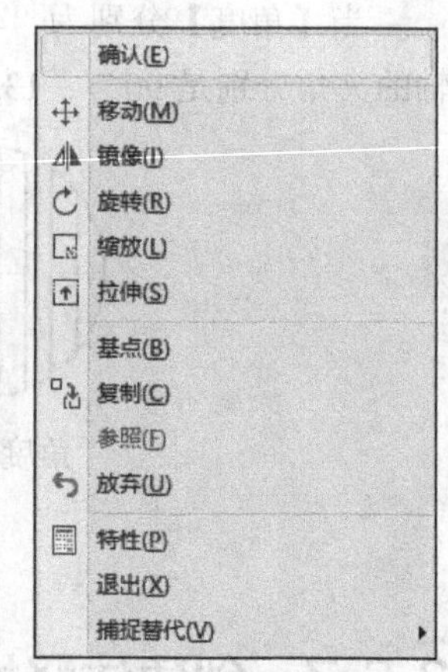

图 3-55　快捷菜单

在不同的编辑方式间切换时，系统为每种编辑方式提供的选项基本相同，其中“基点(B)”“复制(C)”选项是所有编辑方式都有的。

- 基点(B)：拾取某一个点作为编辑过程的基点。例如，当进入了旋转编辑模式要指定一个点作为旋转中心时，就使用“基点(B)”选项。默认情况下，编辑的基点是热关键点（选中的关键点）。
- 复制(C)：如果用户在编辑的同时还需复制对象，就选择此选项。

下面通过一个练习来熟悉关键点的各种编辑方式。

【练习 3-27】打开素材文件“dwg\第 3 章\3-27.dwg”，如图 3-56 左图所示，利用关键点编辑方式将左图修改为右图。

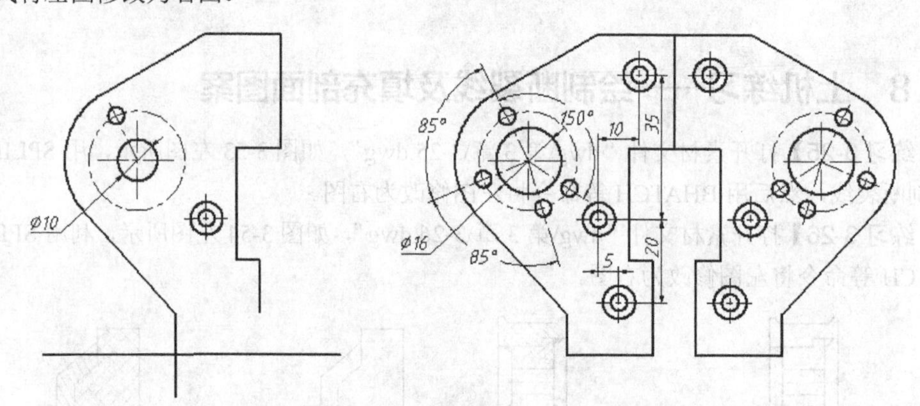

图 3-56　利用关键点编辑方式修改图形

3.7.1　利用关键点拉伸对象

在拉伸模式下，当热关键点是线段的端点时，用户可有效地拉伸或缩短对象。如果热关键点是线段的中点、圆或圆弧的圆心，或者属于块、文字、尺寸数字等实体时，使用这种编辑方式就只移动对象。

利用关键点拉伸线段的操作如下。

打开极轴追踪、对象捕捉及对象捕捉追踪功能。设置极轴追踪增量角度为“90”，设置对象捕捉方式为“端点”“圆心”及“交点”。

```
命令:                                   //选择线段 A，如图 3-57 左图所示
```

```
命令:                                              //选中关键点 B
** 拉伸 **                                         //进入拉伸模式
指定拉伸点或 [基点(B)/复制(C)/放弃(U)/退出(X)]:     //向下移动光标并捕捉 C 点
```

继续调整其他线段的长度，结果如图 3-57 右图所示。

要点提示 打开正交模式后，用户就可利用关键点拉伸编辑方式很方便地改变水平线段或竖直线段的长度。

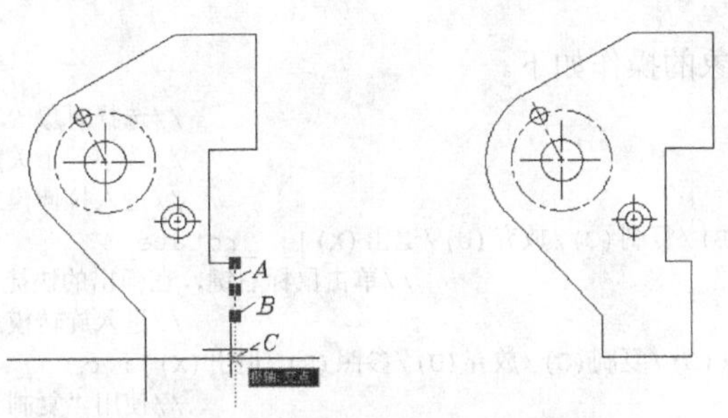

图 3-57 利用关键点拉伸对象

3.7.2 利用关键点移动及复制对象

在移动模式下，用户可以编辑单一对象或一组对象，使用"复制(C)"选项就能在移动对象的同时进行复制，这种编辑方式的使用方法与普通的 MOVE 命令相似。

利用关键点移动及复制对象的操作如下。

```
命令:                                              //选择对象 D，如图 3-58 左图所示
命令:                                              //选中一个关键点
** 拉伸 **
指定拉伸点或 [基点(B)/复制(C)/放弃(U)/退出(X)]:     //进入拉伸模式
** 移动 **                                         //按 Enter 键进入移动模式
指定移动点或 [基点(B)/复制(C)/放弃(U)/退出(X)]: c
                                                   //利用"复制(C)"选项进行复制
** 移动 (多重) **
指定移动点或 [基点(B)/复制(C)/放弃(U)/退出(X)]: b   //使用"基点(B)"选项
请指定基点:                                        //捕捉对象 D 的圆心
** 移动 (多重) **
指定移动点或 [基点(B)/复制(C)/放弃(U)/退出(X)]: @10,35    //输入相对坐标
** 移动 (多重) **
指定移动点或 [基点(B)/复制(C)/放弃(U)/退出(X)]: @5,-20    //输入相对坐标
指定移动点或 [基点(B)/复制(C)/放弃(U)/退出(X)]:     //按 Enter 键结束
```

结果如图 3-58 右图所示。

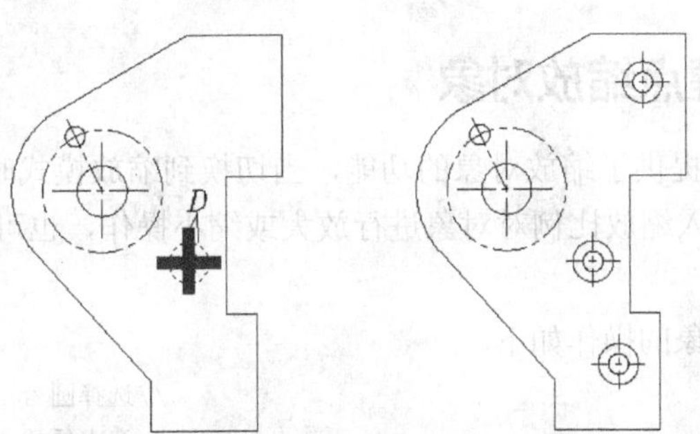

图 3-58 利用关键点移动及复制对象

3.7.3 利用关键点旋转对象

旋转对象是绕旋转中心进行的，在旋转模式下，热关键点就是旋转中心，但用户也可以指定其他点作为旋转中心。这种编辑方式与 ROTATE 命令相似，它的优点在于可一次性将对象旋转且复制到多个位置。

旋转模式中的“参照(R)”选项有时非常有用，使用该选项用户可以旋转图形使其与某个新位置对齐。

利用关键点旋转对象的操作如下。

```
命令:                                                   //选择对象 E，如图 3-59 左图所示
命令:                                                   //选中一个关键点
** 拉伸 **                                              //进入拉伸模式
指定拉伸点或 [基点(B)/复制(C)/放弃(U)/退出(X)]: _rotate
                                        //单击鼠标右键，在弹出的快捷菜单中选择【旋转】命令
** 旋转 **                                              //进入旋转模式
指定旋转角度或 [基点(B)/复制(C)/放弃(U)/参照(R)/退出(X)]: c
                                                        //使用“复制(C)”选项进行复制
** 旋转 (多重) **
指定旋转角度或 [基点(B)/复制(C)/放弃(U)/参照(R)/退出(X)]: b
                                                        //使用“基点(B)”选项
请指定基点:                                             //捕捉圆心 F
** 旋转 (多重) **
指定旋转角度或 [基点(B)/复制(C)/放弃(U)/参照(R)/退出(X)]: 85     //输入旋转角度
** 旋转 (多重) **
指定旋转角度或 [基点(B)/复制(C)/放弃(U)/参照(R)/退出(X)]: 170    //输入旋转角度
** 旋转 (多重) **
指定旋转角度或 [基点(B)/复制(C)/放弃(U)/参照(R)/退出(X)]: -150   //输入旋转角度
** 旋转 (多重) **
指定旋转角度或 [基点(B)/复制(C)/放弃(U)/参照(R)/退出(X)]:        //按Enter键结束
```

结果如图 3-59 右图所示。

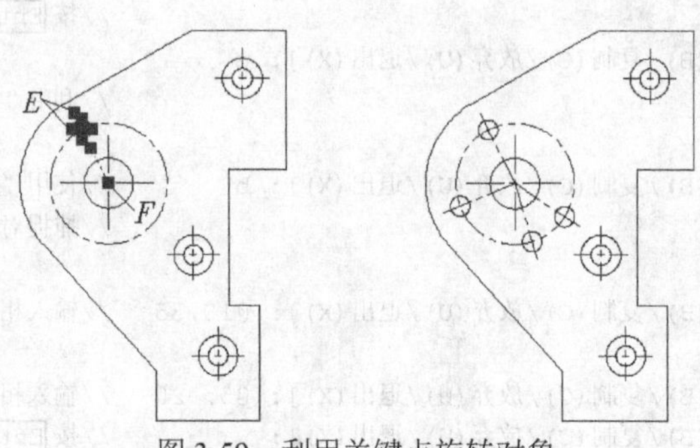

图 3-59 利用关键点旋转对象

3.7.4 利用关键点缩放对象

关键点编辑方式也提供了缩放对象的功能，当切换到缩放模式时，当前热关键点就是缩放的基点。用户可以输入缩放比例对对象进行放大或缩小操作，也可利用“参照(R)”选项将对象缩放到某一尺寸。

利用关键点缩放对象的操作如下。

```
命令:                                                   //选择圆 G，如图 3-60 左图所示
命令:                                                   //选中任意一个关键点
** 拉伸 **                                              //进入拉伸模式
```

```
指定拉伸点或 [基点(B)/复制(C)/放弃(U)/退出(X)]: _scale
                              //单击鼠标右键，在弹出的快捷菜单中选择【缩放】命令
** 比例缩放 **                                 //进入缩放模式
指定比例因子或 [基点(B)/复制(C)/放弃(U)/参照(R)/退出(X)]: b
                                              //使用"基点(B)"选项
请指定基点:                                    //捕捉圆 G 的圆心
** 比例缩放 **
指定比例因子或 [基点(B)/复制(C)/放弃(U)/参照(R)/退出(X)]: 1.6
                                              //输入缩放比例
```

结果如图 3-60 右图所示。

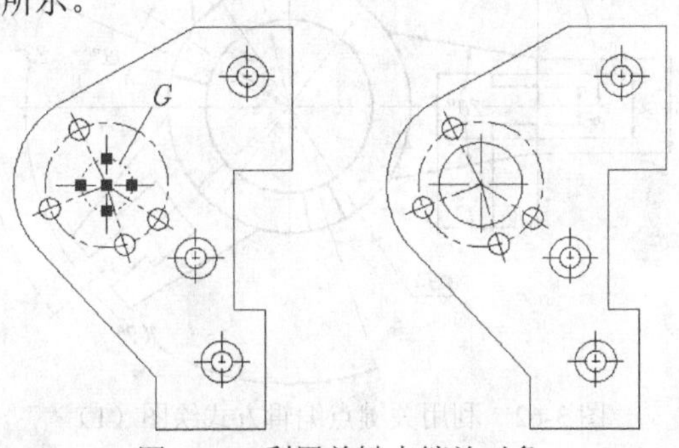

图 3-60　利用关键点缩放对象

3.7.5　利用关键点镜像对象

进入镜像模式后，系统会直接提示“指定第二点”。默认情况下，热关键点是镜像线的第一点，在拾取第二点后，此点便与第一点连接形成镜像线。如果用户要重新设定镜像线的第一点，就要利用“基点(B)”选项。

利用关键点镜像对象的操作如下。

```
命令:                                          //选择要镜像的对象，如图 3-61 左图所示
命令:                                          //选中关键点 H
** 拉伸 **                                     //进入拉伸模式
指定拉伸点或 [基点(B)/复制(C)/放弃(U)/退出(X)]: _mirror
                              //单击鼠标右键，在弹出的快捷菜单中选择【镜像】命令
** 镜像 **                                     //进入镜像模式
指定第二点或 [基点(B)/复制(C)/放弃(U)/退出(X)]: c    //镜像并复制
** 镜像 (多重) **
指定第二点或 [基点(B)/复制(C)/放弃(U)/退出(X)]:      //捕捉 I 点
** 镜像 (多重) **
指定第二点或 [基点(B)/复制(C)/放弃(U)/退出(X)]:      //按 Enter 键结束
```

结果如图 3-61 右图所示。

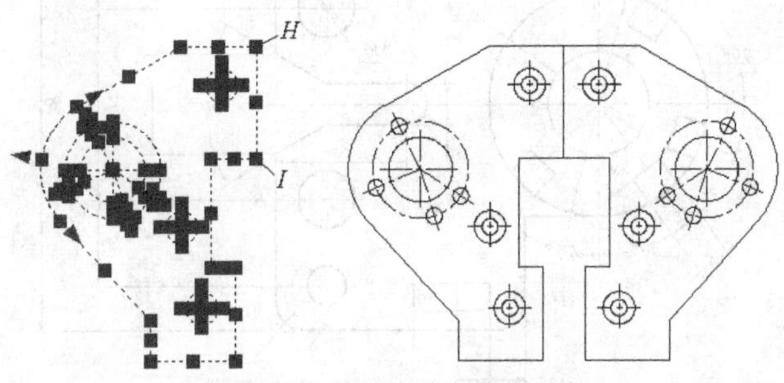

图 3-61　利用关键点镜像对象

3.7.6 上机练习——利用关键点编辑方式绘图

【练习 3-28】利用关键点编辑方式绘图，如图 3-62 所示。

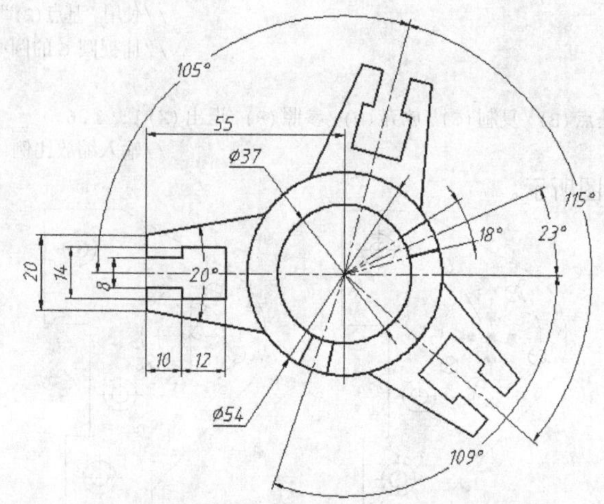

图 3-62 利用关键点编辑方式绘图（1）

主要作图步骤如图 3-63 所示。

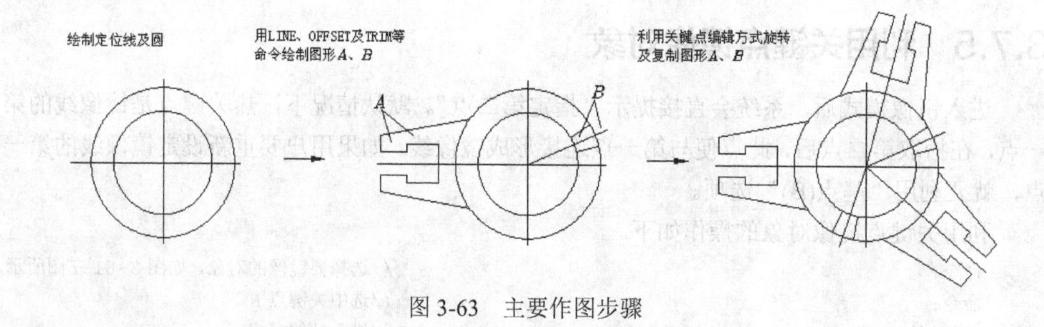

图 3-63 主要作图步骤

【练习 3-29】利用关键点编辑方式的旋转及镜像等功能绘图，如图 3-64 所示。

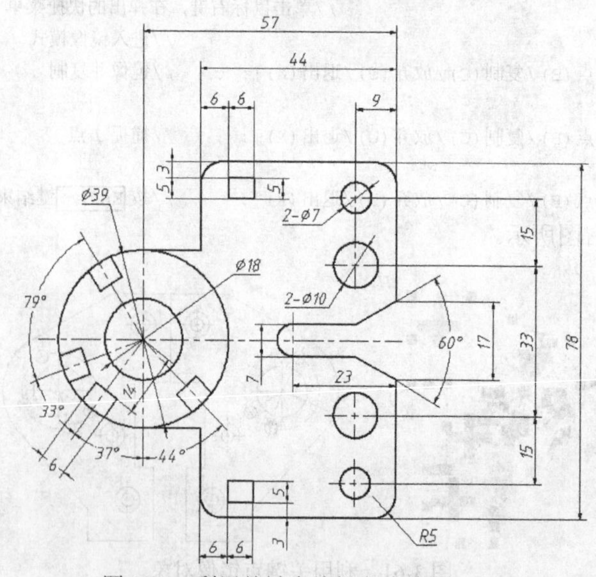

图 3-64 利用关键点编辑方式绘图（2）

3.8 编辑对象特性

在中望机械CAD中，对象特性是指系统赋予对象的颜色、线型、图层、高度及文字样式等特性，如直线和曲线包含图层、线型及颜色等特性，而文本则具有图层、颜色、字体及字高等特性。改变对象特性，一般可通过PROPERTIES命令，使用该命令时，系统打开【特性】选项板，该选项板中列出了所选对象的所有特性，用户通过此选项板就可以很方便地进行修改。

改变对象特性的另一种方法是采用MATCHPROP命令，该命令可以使被编辑对象的特性与指定的源对象的特性完全相同，即把源对象的特性传递给目标对象。

3.8.1 用PROPERTIES命令改变对象特性

命令启动方法

- 菜单命令：【修改】/【特性】。
- 命令：PROPERTIES或简写PR。

下面通过修改非连续线当前线型比例因子的练习来说明PR命令的用法。

【练习3-30】打开素材文件“dwg\第3章\3-30.dwg”，如图3-65左图所示，用PR命令将左图修改为右图。

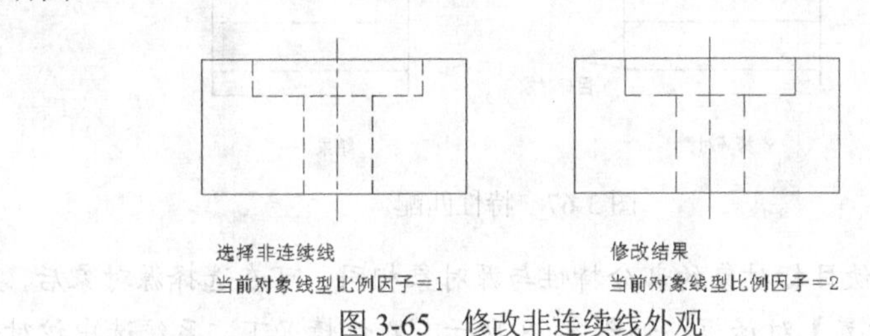

图3-65 修改非连续线外观

1. 选择要编辑的非连续线，如图3-65左图所示。

2. 单击鼠标右键，在弹出的菜单中选择【特性】命令，或者输入“PR”命令，系统打开【特性】选项板，如图3-66所示。根据所选对象不同，【特性】选项板中显示的特性也不同，但有一些特性几乎是所有对象都拥有的，如颜色、图层、线型等。当在绘图区中选择单个对象时，【特性】选项板就显示此对象的特性。若选择多个对象，则【特性】选项板显示它们所共有的特性。

3. 【线型比例】的默认值是“1”，输入新线型比例因子“2”后，按 Enter 键，绘图窗口中的非连续线立即更新，显示修改后的结果，如图3-65右图所示。

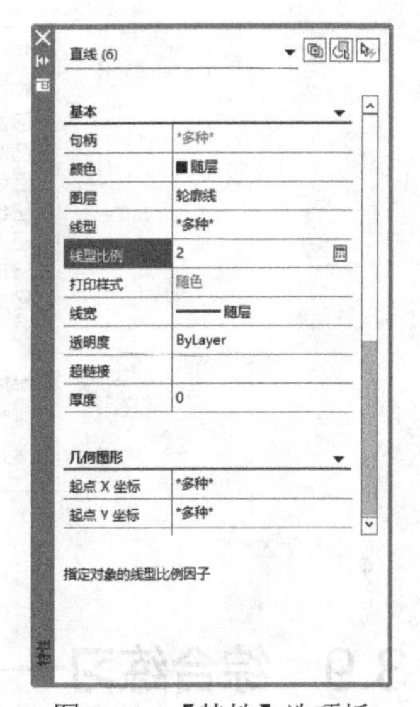

图3-66 【特性】选项板

3.8.2 对象特性匹配

MATCHROP命令非常有用。用户可使用此命令将源对象的特性（如颜色、线型、图层和线型比例等）传递给目标对象。操作时，用户要选择两个对象，第一个为源对象，第二个为目标对象。

命令启动方法

- 菜单命令：【修改】/【特性匹配】。
- 面板：【常用】选项卡中【剪贴板】面板上的按钮。
- 命令：MATCHPROP 或简写 MA。

【练习 3-31】打开素材文件"dwg\第 3 章\3-31.dwg"，如图 3-67 左图所示，用 MATCHPROP 命令将左图修改为右图。

1. 键入"MA"命令，系统提示如下。

```
命令: MA
MATCHPROP
选择源对象:                                  //选择源对象，如图 3-67 左图所示
选择目标对象或 [设置(S)]:                    //选择第 1 个目标对象
选择目标对象或 [设置(S)]:                    //选择第 2 个目标对象
选择目标对象或 [设置(S)]:                    //按 Enter 键结束
```

选择源对象后，光标变成类似"刷子"的形状，用此"刷子"来选取接受特性匹配的目标对象，结果如图 3-67 右图所示。

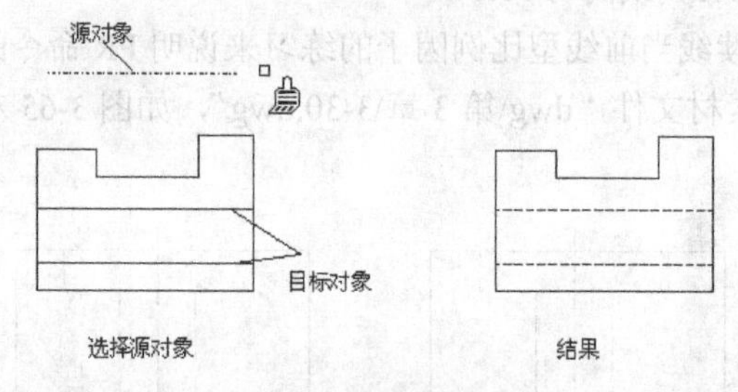

图 3-67 特性匹配

2. 如果用户仅想使目标对象的部分特性与源对象相同，可在选择源对象后，键入"S"，此时系统打开【特性设置】对话框，如图 3-68 所示。默认情况下，系统选中该对话框中所有源对象的特性进行复制，但用户也可指定仅将其中的部分特性传递给目标对象。

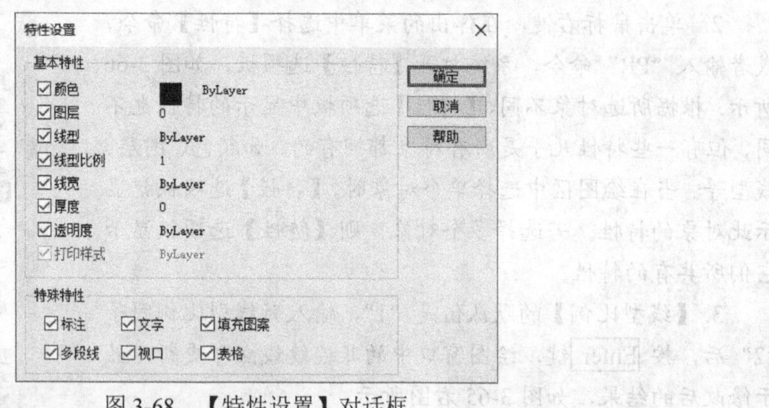

图 3-68 【特性设置】对话框

3.9 综合练习——绘制具有均布特征的图形

【练习 3-32】利用 LINE、OFFSET、ARRAY、MIRROR 等命令绘制平面图形，如图 3-69 所示。

【练习 3-33】利用 LINE、OFFSET、ARRAY、MIRROR 等命令绘制平面图形，如图 3-70 所示。

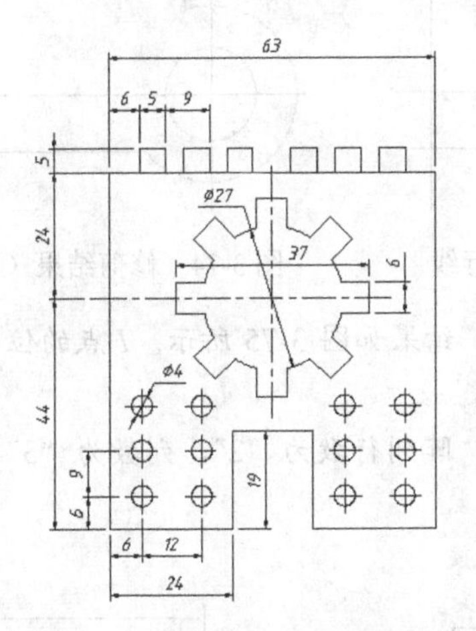

图 3-69 绘制具有均布特征的图形

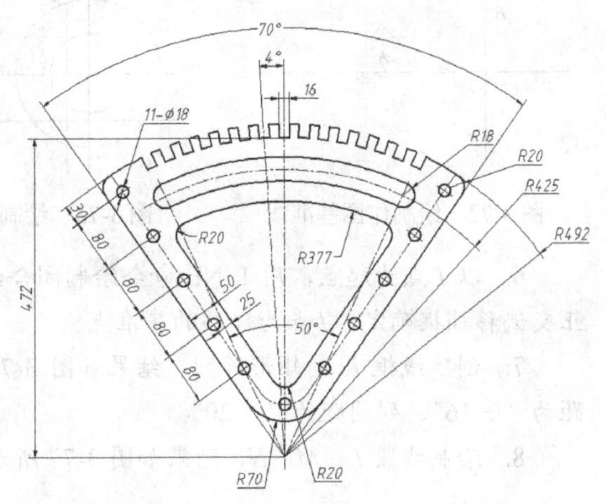

图 3-70 绘制对称图形

3.10 综合练习二——创建矩形阵列及环形阵列

【练习 3-34】利用 LINE、CIRCLE、ARRAY 等命令绘制平面图形，如图 3-71 所示。

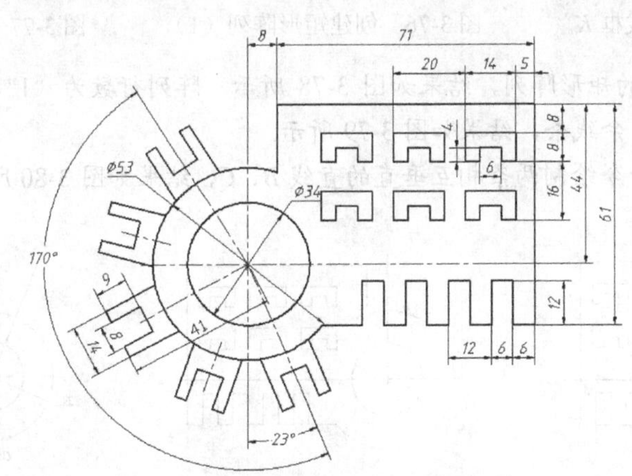

图 3-71 创建矩形阵列及环形阵列

1. 创建以下两个图层。

名称	颜色	线型	线宽
轮廓线层	白色	Continuous	0.5
中心线层	红色	Center	默认

2. 打开极轴追踪、对象捕捉及对象捕捉追踪功能。设置极轴追踪增量角度为“90”，设定对象捕捉方式为“端点”“交点”，设置仅沿正交方向进行捕捉追踪。

3. 设定绘图窗口的高度。绘制一条竖直线段，线段长度为 150。双击滚轮，使线段充满整个绘图窗口。

4. 绘制水平及竖直的作图基准线 *A*、*B*，结果如图 3-72 所示。线段 *A* 的长度约为 120，线段 *B* 的长度约为 80。

5. 以线段 *A*、*B* 的交点为圆心分别绘制圆 *C*、*D*，再绘制平行线 *E*、*F*、*G*、*H*，结果如图 3-73 所示。修剪多余线条，结果如图 3-74 所示。

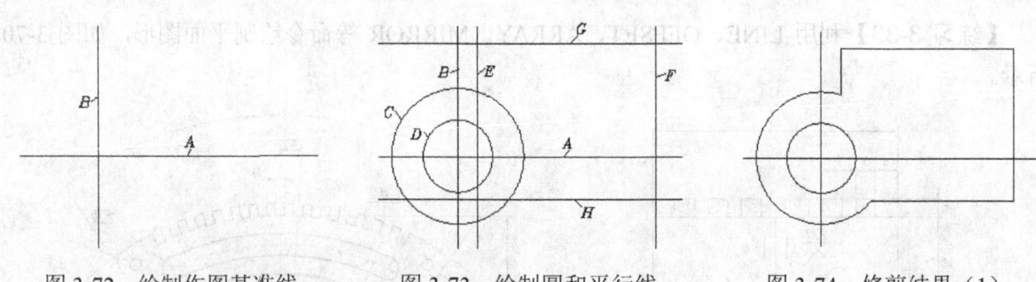

图 3-72 绘制作图基准线　　图 3-73 绘制圆和平行线　　图 3-74 修剪结果（1）

6. 以 *I* 点为起点，用 LINE 命令绘制闭合线框 *K*，结果如图 3-75 所示。*I* 点的位置可用正交偏移捕捉确定，*J* 点为偏移的基准点。

7. 创建线框 *K* 的矩形阵列，结果如图 3-76 所示。阵列行数为“2”、列数为“3”、行间距为“－16”、列间距为“－20”。

8. 绘制线段 *L*、*M*、*N*，结果如图 3-77 所示。

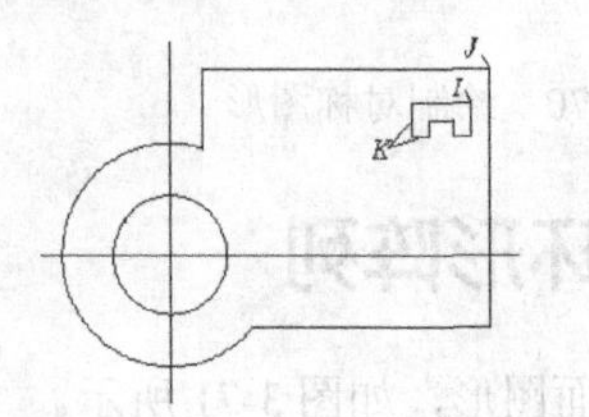

图 3-75 绘制闭合线框 *K*

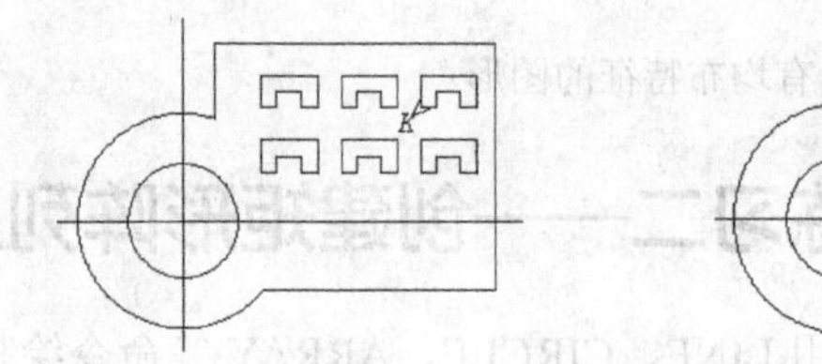

图 3-76 创建矩形阵列（1）

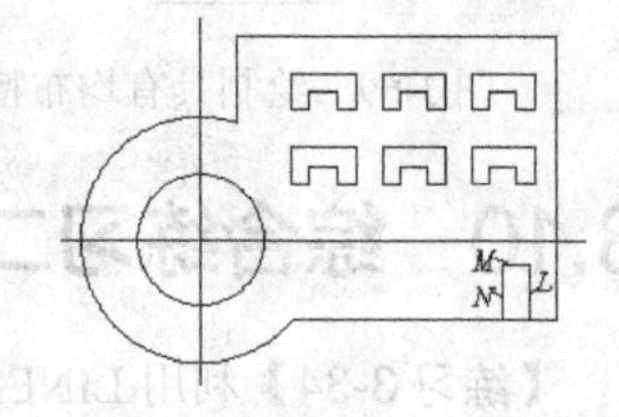

图 3-77 绘制线段 *L*、*M*、*N*

9. 创建线框 *A* 的矩形阵列，结果如图 3-78 所示。阵列行数为“1”、列数为“4”、列间距为“－12”。修剪多余线条，结果如图 3-79 所示。

10. 用 XLINE 命令绘制两条相互垂直的直线 *B*、*C*，结果如图 3-80 所示，直线 C 与 *D* 的夹角为 23°。

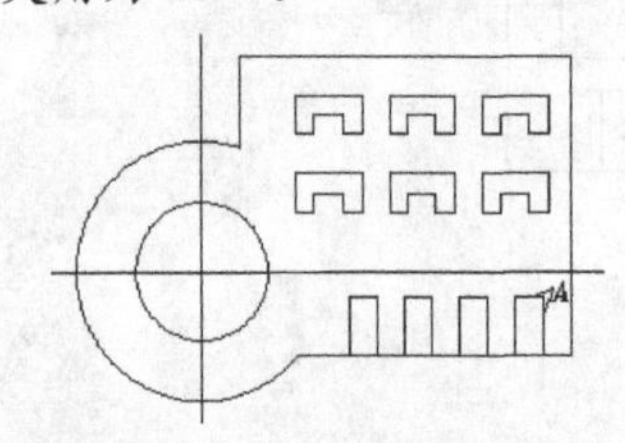

图 3-78 创建矩形阵列（2）

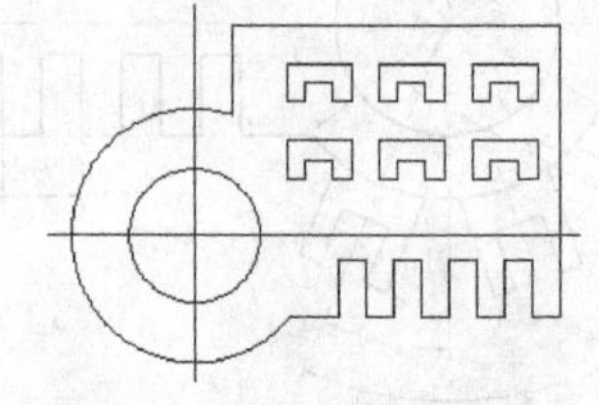

图 3-79 修剪结果（2）

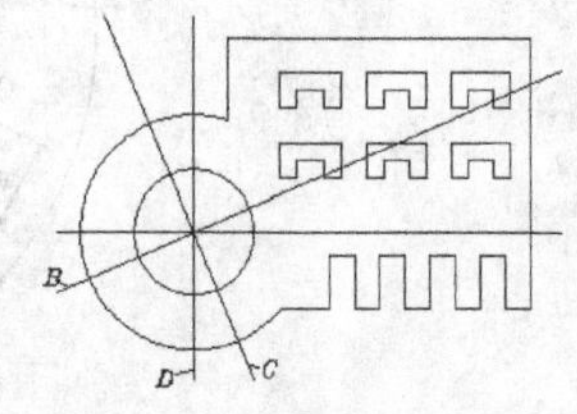

图 3-80 绘制直线 *B*、*C*

11. 以直线 *B*、*C* 为基准线，用 OFFSET 命令绘制平行线 *E*、*F*、*G* 等，结果如图 3-81 所示。修剪及删除多余线条，结果如图 3-82 所示。

12. 创建线框 *H* 的环形阵列，阵列数目为“5”、总角度为“170”，结果如图 3-83 所示。

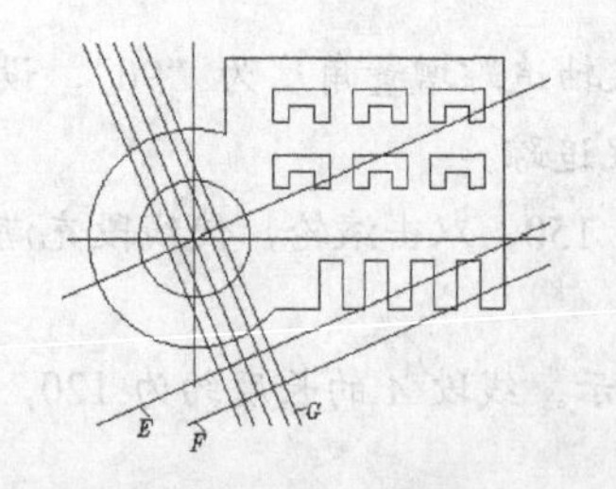

图 3-81 绘制平行线 *E*、*F*、*G* 等

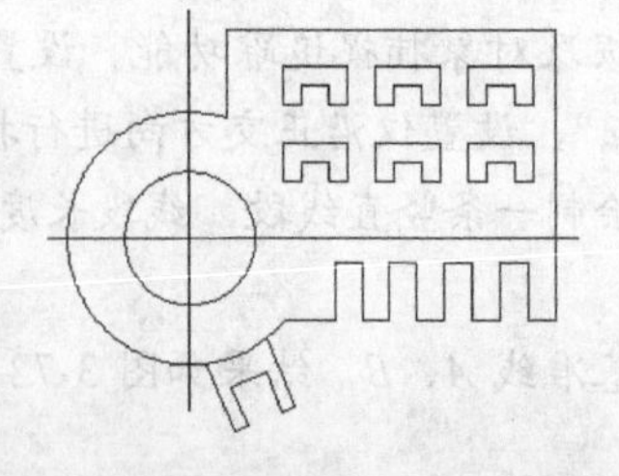

图 3-82 修剪结果（3）

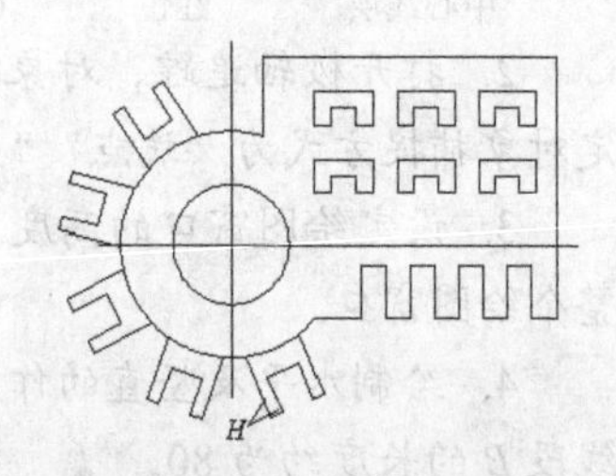

图 3-83 创建环形阵列

【练习 3-35】利用 LINE、CIRCLE、ARRAY 等命令绘制平面图形，如图 3-84 所示。

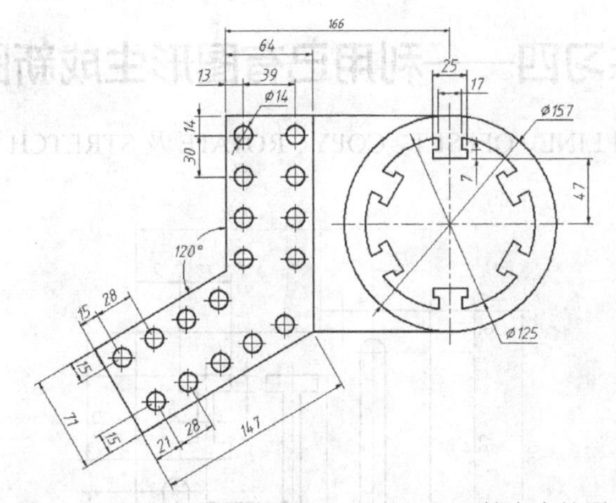

图 3-84 利用 LINE、CIRCLE、ARRAY 等命令绘图

3.11 综合练习三——绘制由多边形、椭圆等对象组成的图形

【练习 3-36】利用 RECTANG、POLYGON、ELLIPSE 等命令绘图，如图 3-85 所示。

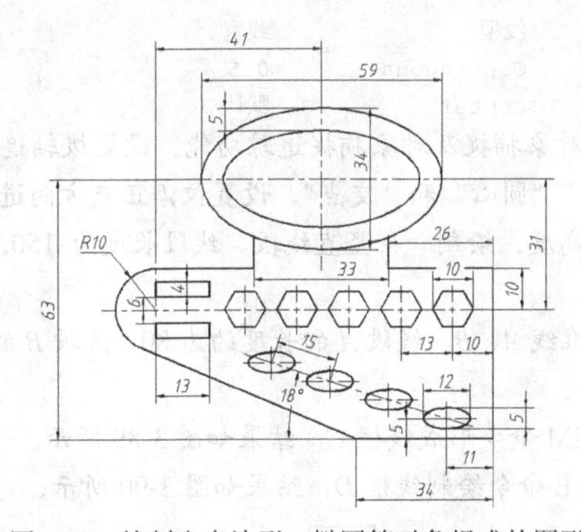

图 3-85 绘制由多边形、椭圆等对象组成的图形

【练习 3-37】利用 RECTANG、POLYGON、ELLIPSE 等命令绘图，如图 3-86 所示。

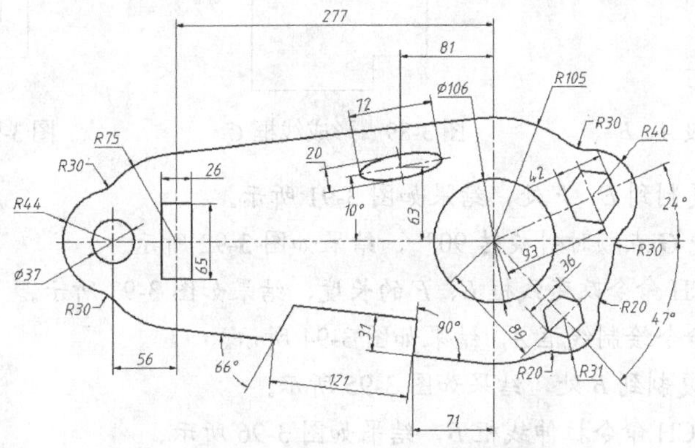

图 3-86 绘制矩形、正多边形及椭圆等

3.12 综合练习四——利用已有图形生成新图形

【练习 3-38】利用 LINE、OFFSET、COPY、ROTATE 及 STRETCH 等命令绘制平面图形，如图 3-87 所示。

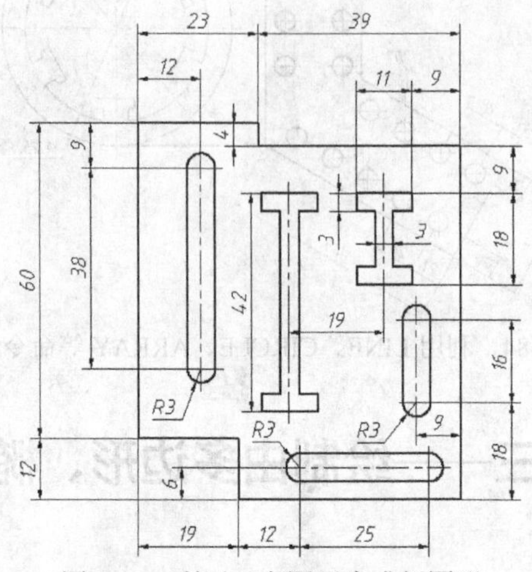

图 3-87　利用已有图形生成新图形

1. 创建以下两个图层。

名称	颜色	线型	线宽
轮廓线层	白色	Continuous	0.5
中心线层	红色	Center	默认

2. 打开极轴追踪、对象捕捉及对象捕捉追踪功能。设置极轴追踪增量角度为“90”，设定对象捕捉方式为“端点”“圆心”和“交点”，设置仅沿正交方向进行捕捉追踪。

3. 设定绘图窗口的高度。绘制一条竖直线段，线段长度为 150。双击滚轮，使线段充满整个绘图窗口。

4. 绘制两条作图基准线 *A*、*B*，线段 *A* 的长度约为 80，线段 *B* 的长度约为 90，结果如图 3-88 所示。

5. 用 OFFSET、TRIM 命令形成线框 *C*，结果如图 3-89 所示。

6. 用 LINE、CIRCLE 命令绘制线框 *D*，结果如图 3-90 所示。

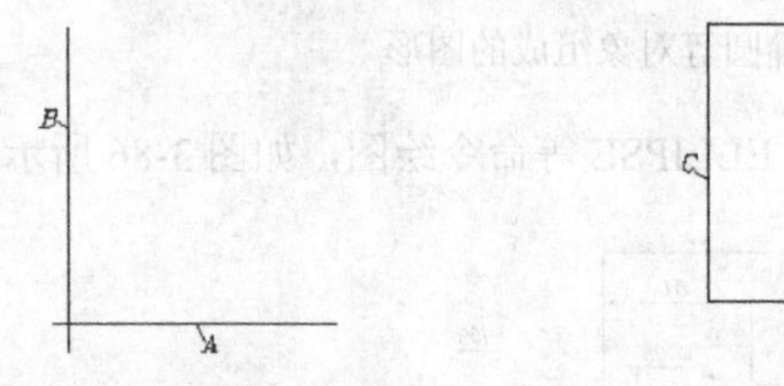

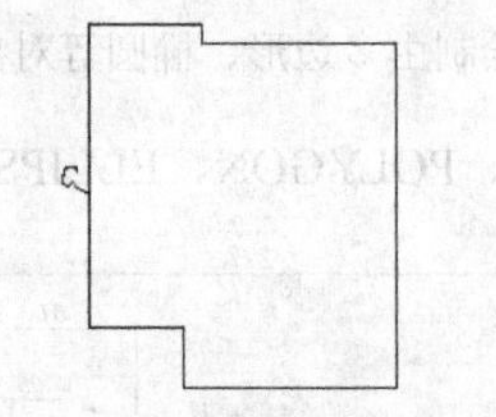

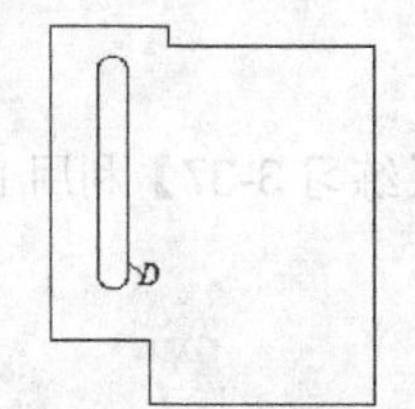

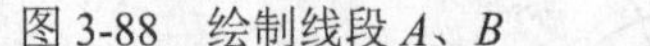

图 3-88　绘制线段 *A*、*B*　　图 3-89　形成线框 *C*　　图 3-90　绘制线框 *D*

7. 把线框 *D* 复制到 *E*、*F* 处，结果如图 3-91 所示。

8. 把线框 *E* 绕 *G* 点顺时针旋转 90°，结果如图 3-92 所示。

9. 用 STRETCH 命令改变线框 *E*、*F* 的长度，结果如图 3-93 所示。

10. 用 LINE 命令绘制线框 *A*，结果如图 3-94 所示。

11. 把线框 *A* 复制到 *B* 处，结果如图 3-95 所示。

12. 用 STRETCH 命令拉伸线框 *B*，结果如图 3-96 所示。

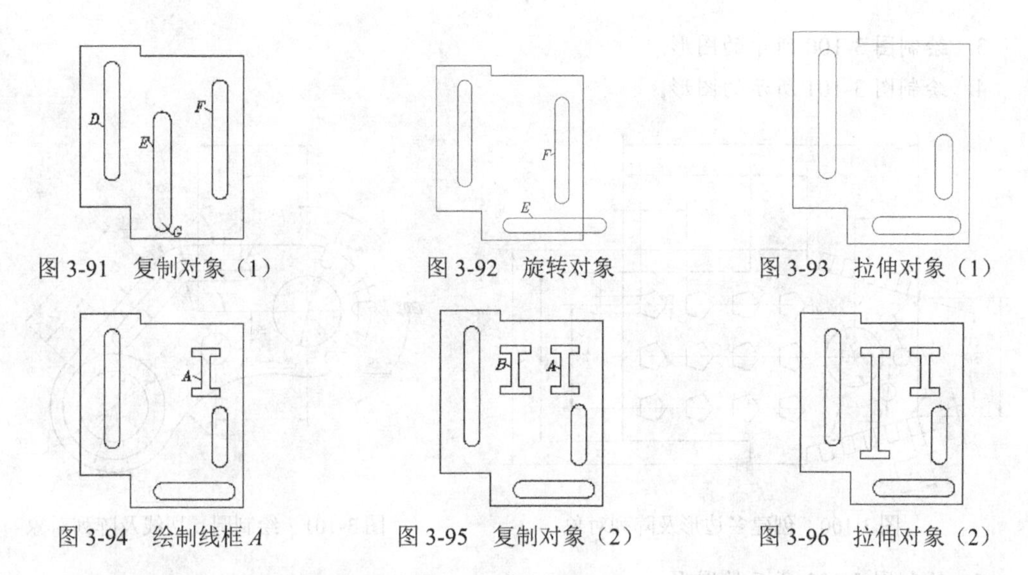

图 3-91 复制对象（1） 图 3-92 旋转对象 图 3-93 拉伸对象（1）

图 3-94 绘制线框 *A* 图 3-95 复制对象（2） 图 3-96 拉伸对象（2）

【练习 3-39】利用 LINE、OFFSET、COPY、ROTATE 及 ALIGN 等命令绘制平面图形，如图 3-97 所示。

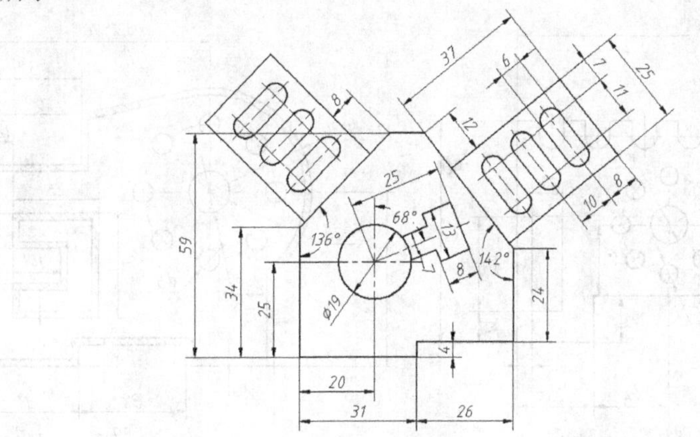

图 3-97 利用 COPY、ROTATE 及 ALIGN 等命令绘图

3.13 习题

1. 绘制图 3-98 所示的图形。
2. 绘制图 3-99 所示的图形。

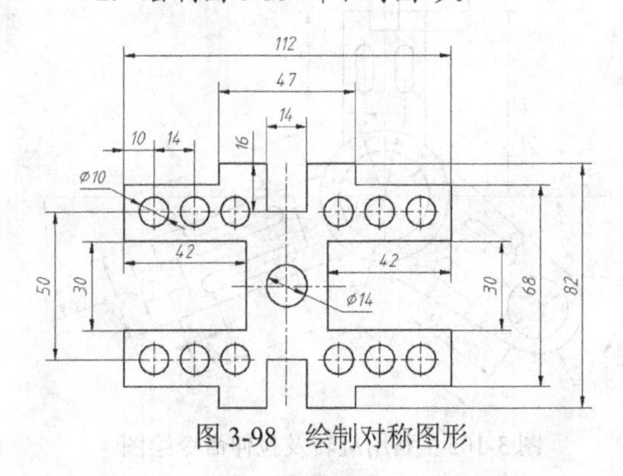

图 3-98 绘制对称图形

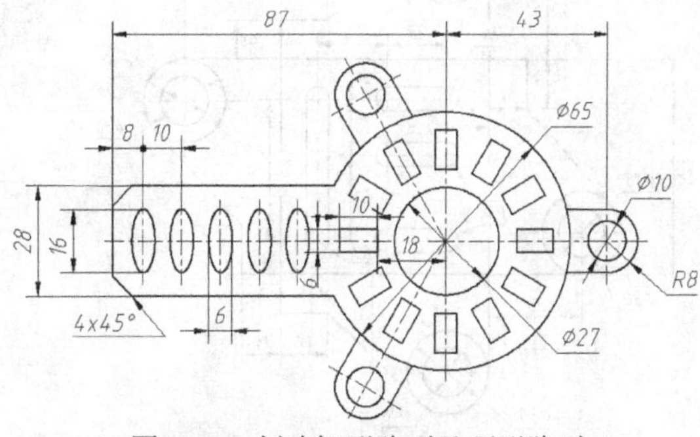

图 3-99 创建矩形阵列及环形阵列

3. 绘制图 3-100 所示的图形。
4. 绘制图 3-101 所示的图形。

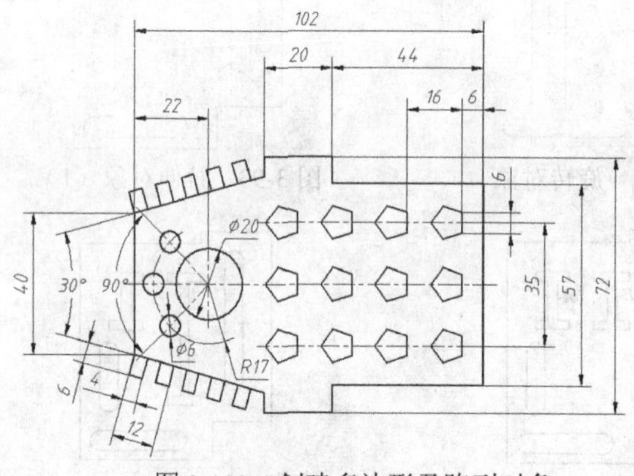

图 3-100 创建多边形及阵列对象

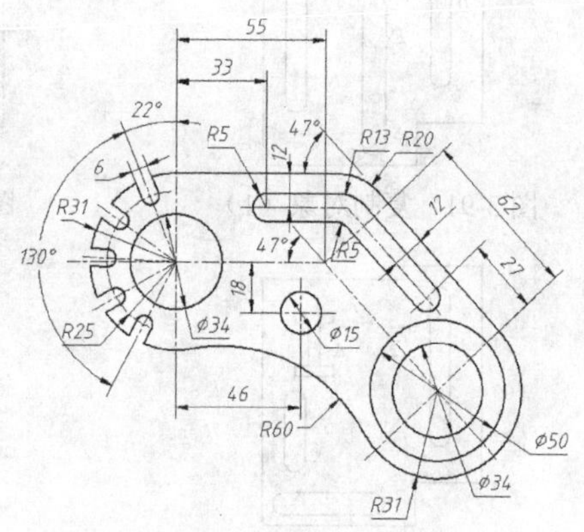

图 3-101 绘制圆、切线及阵列对象

5. 绘制图 3-102 所示的图形。
6. 绘制图 3-103 所示的图形。

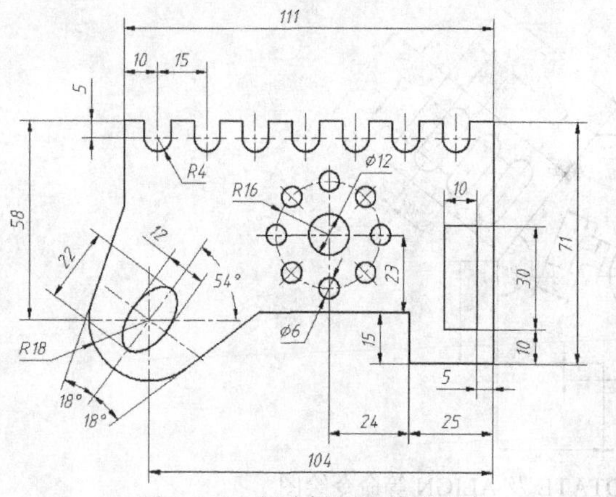

图 3-102 创建椭圆及阵列对象

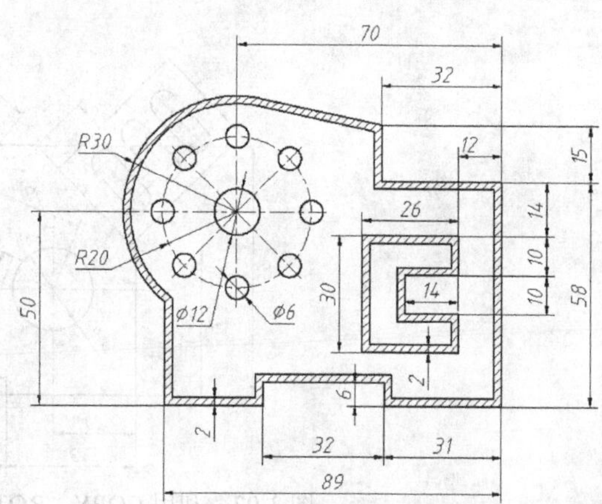

图 3-103 填充剖面图案及阵列对象

7. 绘制图 3-104 所示的图形。
8. 绘制图 3-105 所示的图形。

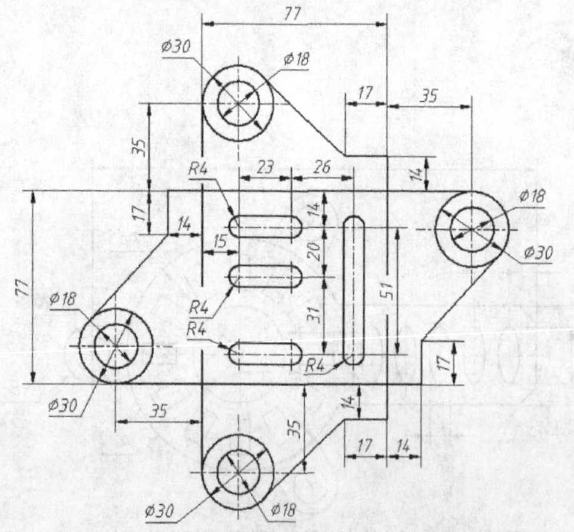

图 3-104 利用镜像、旋转及拉伸命令绘图

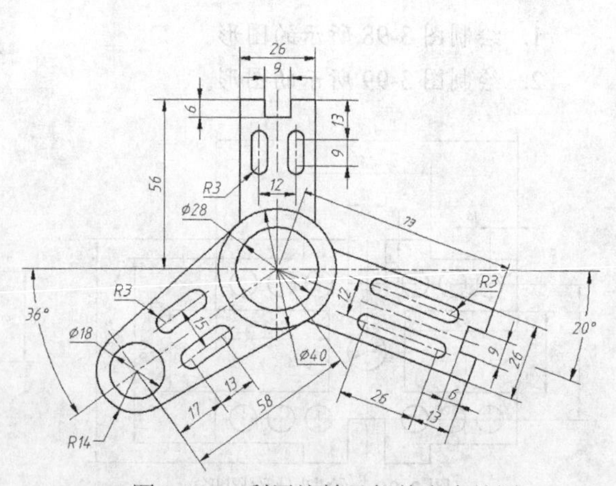

图 3-105 利用旋转及拉伸命令绘图

第 4 章

组合体三视图及剖视图

主要内容

- 绘制组合体三视图。
- 利用全剖或半剖方式表达组合体的内部结构。
- 绘制阶梯剖及旋转剖等。
- 绘制断面图。

4.1 绘制组合体三视图

【练习 4-1】根据轴测图及视图轮廓绘制组合体三视图，如图 4-1 所示。

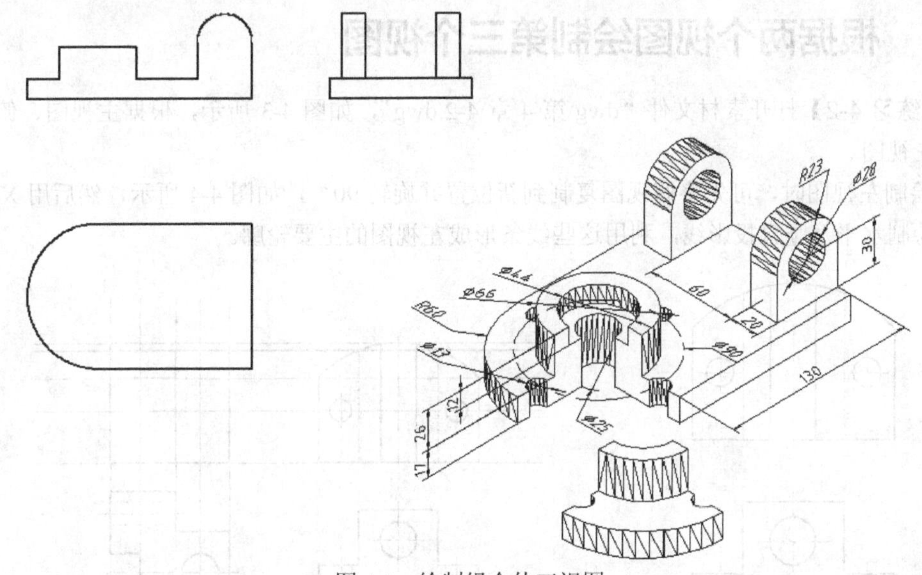

图 4-1 绘制组合体三视图

主要绘图过程如图 4-2 所示。

（1）首先绘制主视图的作图基准线，利用基准线通过 OFFSET、TRIM 等命令形成主视图的大致轮廓，然后绘制主视图的细节。

（2）用 XLINE 命令绘制竖直投影线向俯视图投影，再绘制对称线，形成俯视图的大致轮廓并绘制细节。

（3）将俯视图复制到新位置并旋转 90°，然后分别从主视图和俯视图绘制水平及竖直投影线向左视图投影，形成左视图的大致轮廓并绘制细节。

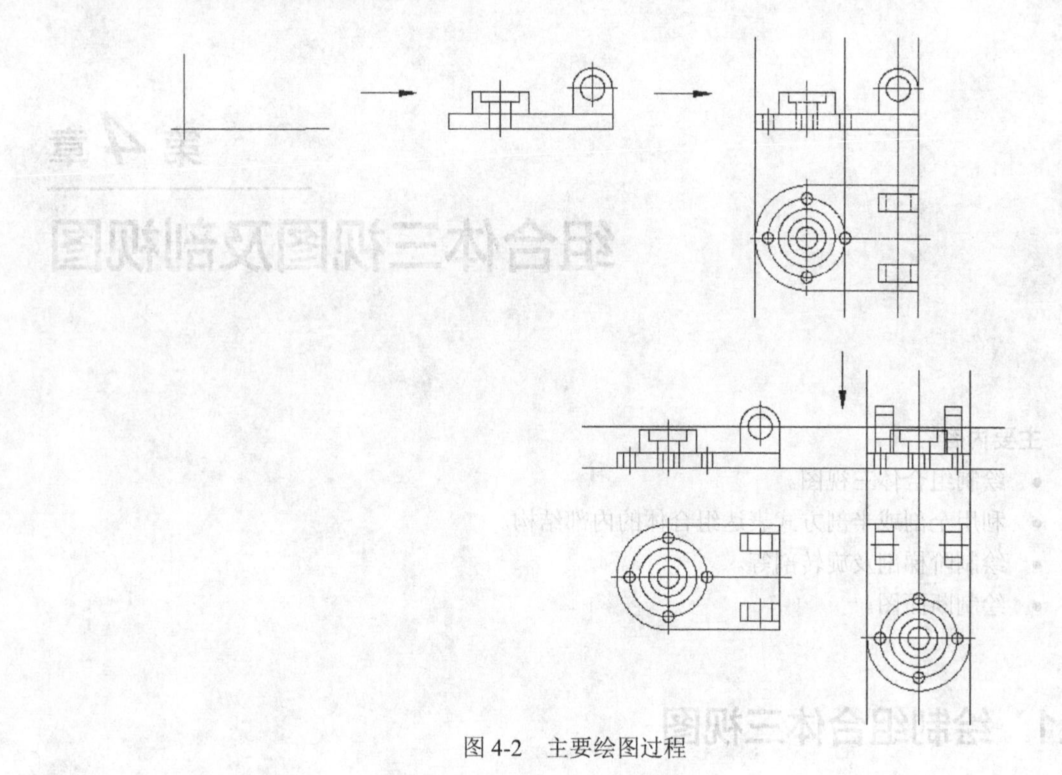

图 4-2　主要绘图过程

4.2　根据两个视图绘制第三个视图

【练习 4-2】打开素材文件"dwg\第 4 章\4-2.dwg"，如图 4-3 所示，根据主视图、俯视图绘制左视图。

绘制左视图时，可先将俯视图复制到新位置并旋转 90°，如图 4-4 所示，然后用 XLINE 命令绘制水平及竖直投影线，利用这些线条形成左视图的主要轮廓。

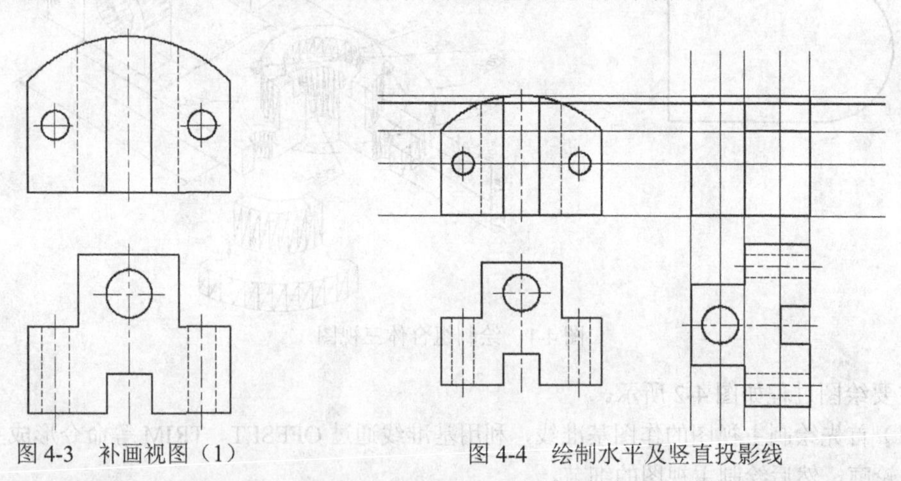

图 4-3　补画视图（1）　　　　图 4-4　绘制水平及竖直投影线

【练习 4-3】打开素材文件"dwg\第 4 章\4-3.dwg"，如图 4-5 所示，根据主视图、俯视图绘制左视图。

【练习 4-4】打开素材文件"dwg\第 4 章\4-4.dwg"，如图 4-6 所示，根据主视图、俯视图绘制左视图。

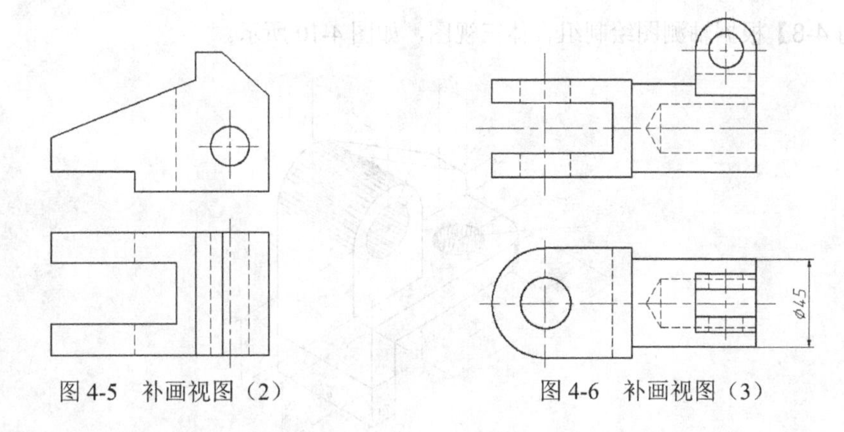

图 4-5　补画视图（2）　　　　图 4-6　补画视图（3）

4.3　根据轴测图绘制组合体三视图

【练习 4-5】根据轴测图绘制组合体三视图，如图 4-7 所示。

【练习 4-6】根据轴测图绘制组合体三视图，如图 4-8 所示。

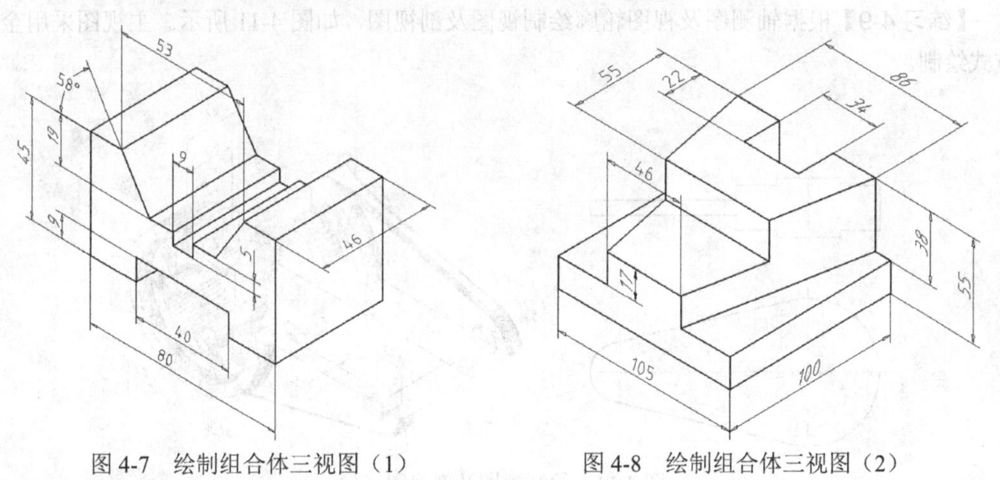

图 4-7　绘制组合体三视图（1）　　　　图 4-8　绘制组合体三视图（2）

【练习 4-7】根据轴测图绘制组合体三视图，如图 4-9 所示。

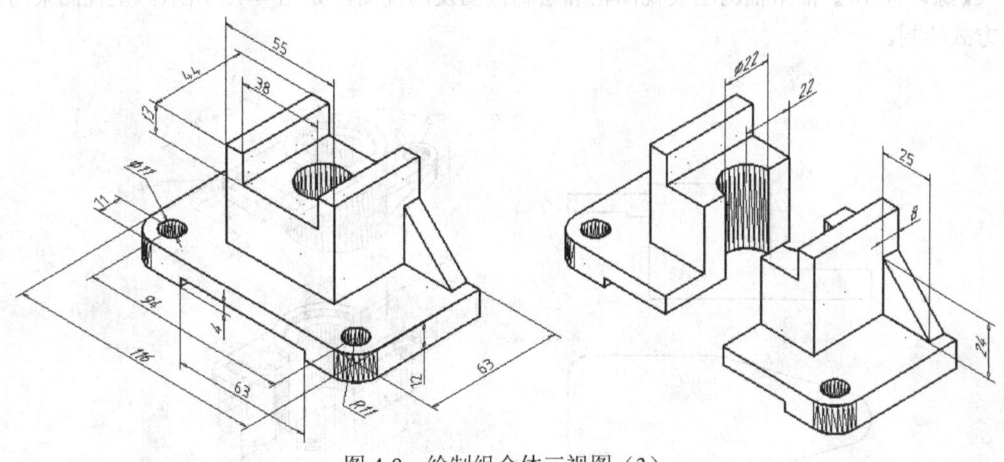

图 4-9　绘制组合体三视图（3）

【练习 4-8】根据轴测图绘制组合体三视图，如图 4-10 所示。

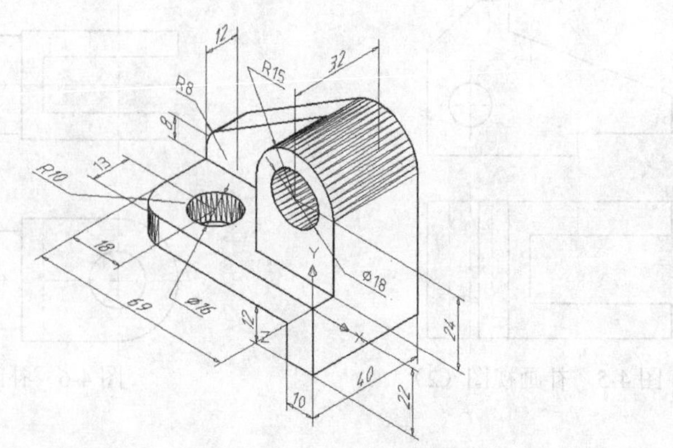

图 4-10 绘制组合体三视图（4）

4.4 全剖及半剖视图

【练习 4-9】根据轴测图及视图轮廓绘制视图及剖视图，如图 4-11 所示。主视图采用全剖方式绘制。

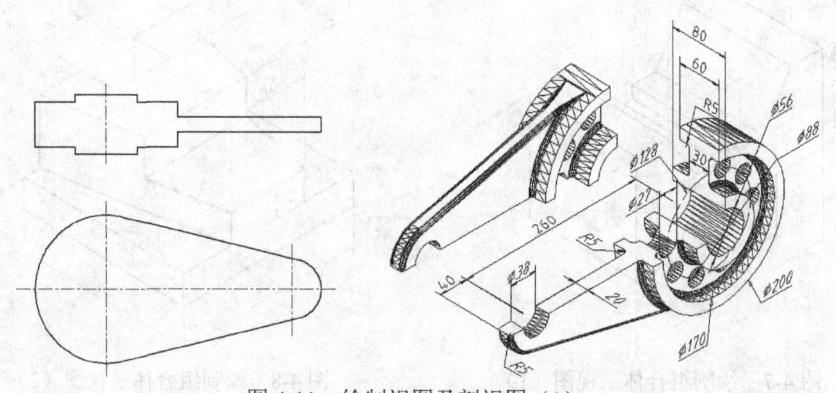

图 4-11 绘制视图及剖视图（1）

【练习 4-10】根据轴测图及视图轮廓绘制视图及剖视图，如图 4-12 所示。主视图采用全剖方式绘制。

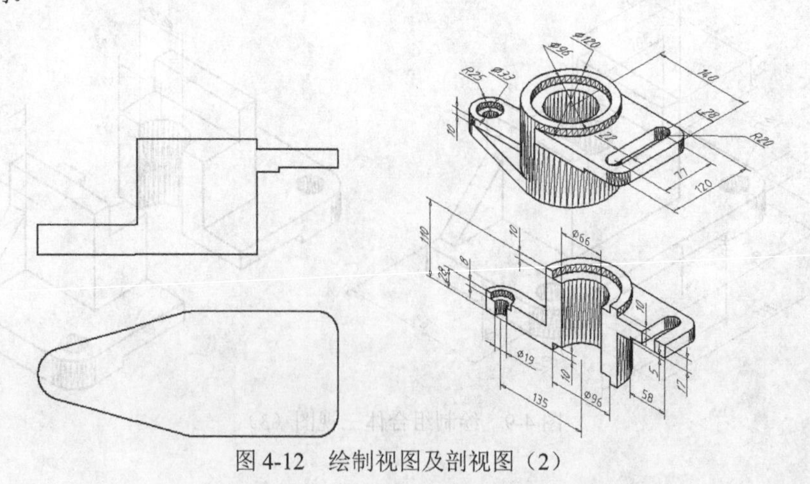

图 4-12 绘制视图及剖视图（2）

【练习 4-11】根据轴测图绘制视图及剖视图，如图 4-13 所示。主视图采用半剖方式绘制。

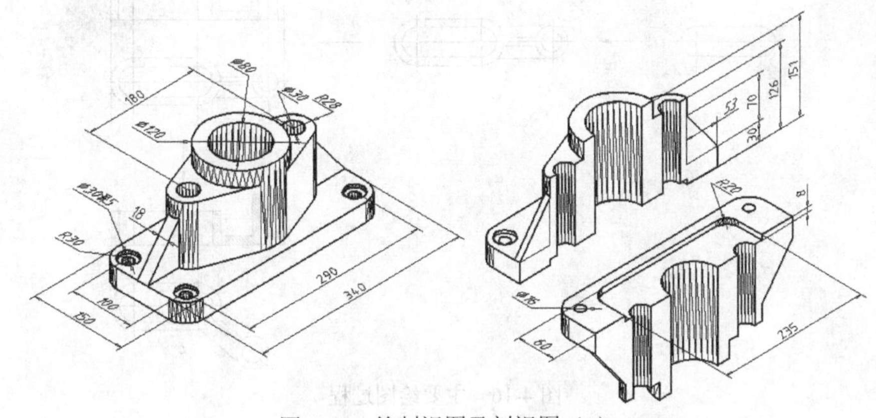

图 4-13 绘制视图及剖视图（3）

4.5 阶梯剖及旋转剖

【练习 4-12】根据轴测图及视图轮廓绘制视图及剖视图，如图 4-14 所示。主视图采用阶梯剖方式绘制。

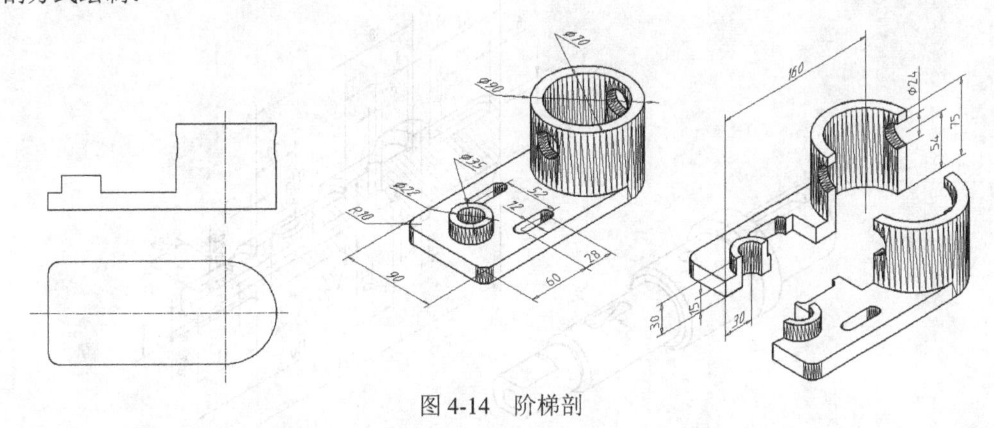

图 4-14 阶梯剖

【练习 4-13】根据轴测图及视图轮廓绘制视图及剖视图，如图 4-15 所示。主视图采用旋转剖方式绘制。

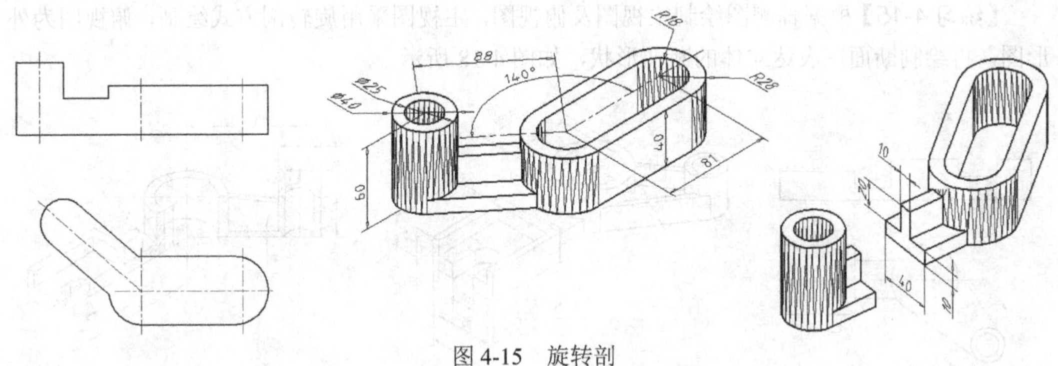

图 4-15 旋转剖

主要绘图过程如图 4-16 所示。

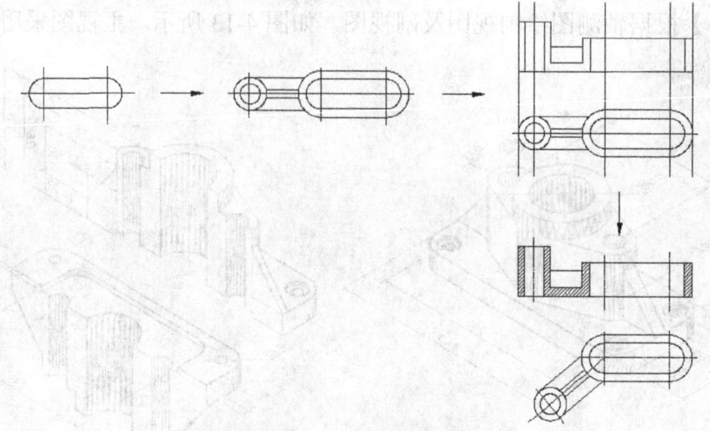

图4-16 主要绘图过程

4.6 断面图

【练习 4-14】根据轴测图绘制轴的主视图，再绘制断面图表达轴各处的断面形状，如图4-17所示。

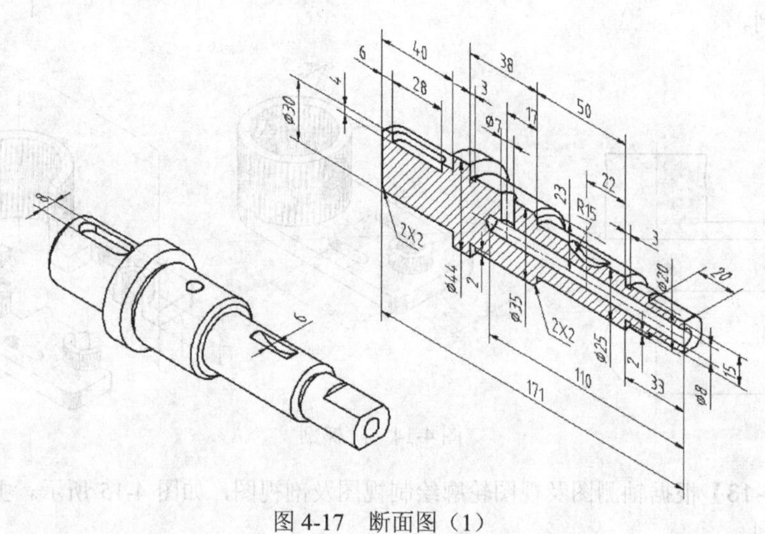

图4-17 断面图（1）

【练习 4-15】根据轴测图绘制主视图及俯视图，主视图采用旋转剖方式绘制，俯视图为外形图，再绘制断面图表达立体的断面形状，如图4-18所示。

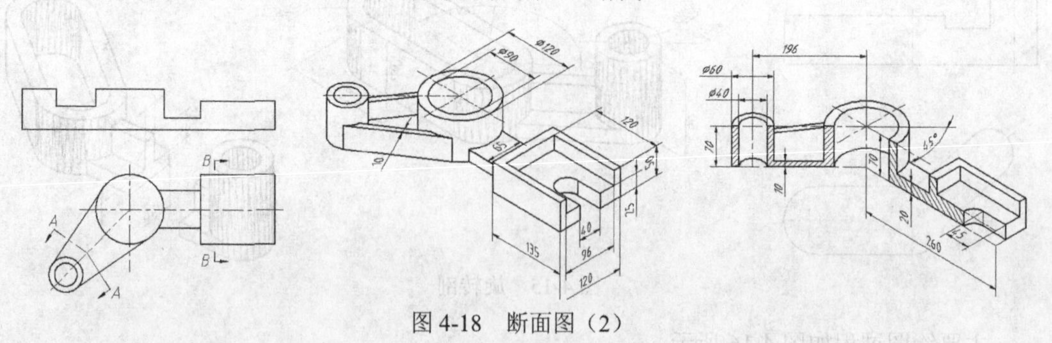

图4-18 断面图（2）

4.7 习题

1. 根据轴测图绘制组合体三视图，如图 4-19 所示。

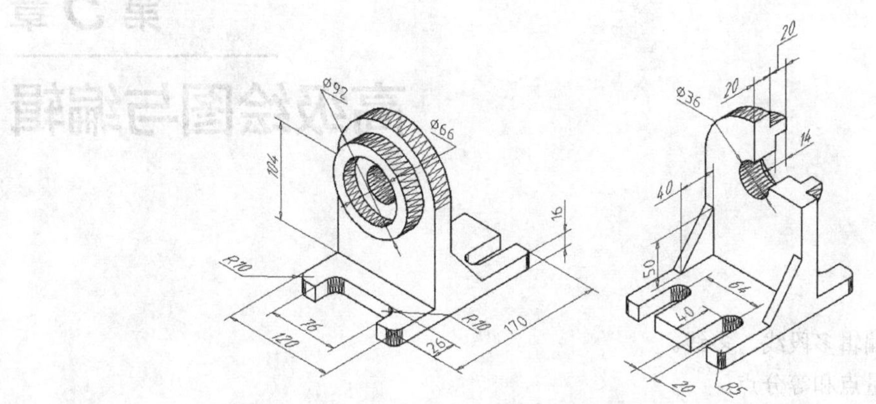

图 4-19　绘制组合体三视图（1）

2. 根据轴测图绘制组合体三视图，如图 4-20 所示。

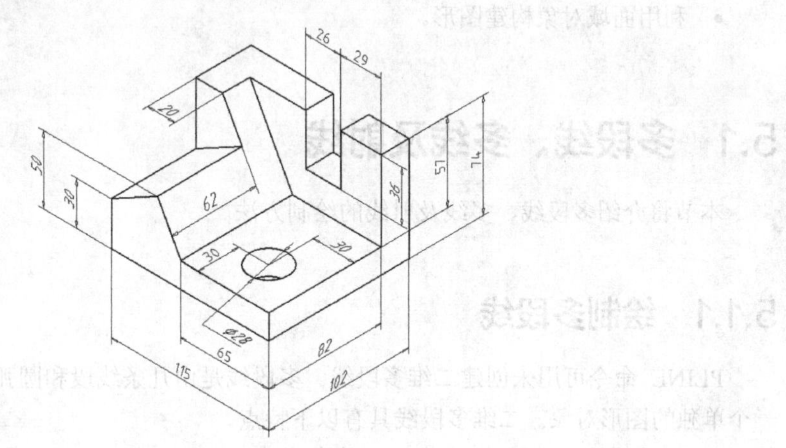

图 4-20　绘制组合体三视图（2）

第 5 章

高级绘图与编辑

主要内容

- 创建及编辑多段线、多线。
- 创建测量点和等分点。
- 创建圆环及圆点。
- 分解、合并及清理对象。
- 利用面域对象构建图形。

5.1 多段线、多线及射线

本节将介绍多段线、多线及射线的绘制方法。

5.1.1 绘制多段线

PLINE 命令可用来创建二维多段线。多段线是由几条线段和圆弧构成的连续线条，它是一个单独的图形对象。二维多段线具有以下特点。

（1）能够设定多段线中线段及圆弧的宽度。

（2）可以利用有宽度的多段线形成实心圆、圆环和带锥度的粗线等。

（3）能在指定的线段交点处或对整个多段线进行倒圆角或倒角操作。

（4）可以使用线段、圆弧构成闭合的多段线。

一、命令启动方法

- 菜单命令：【绘图】/【多段线】。
- 面板：【常用】选项卡中【绘图】面板上的按钮。
- 命令：PLINE 或简写 PL。

【练习 5-1】练习 PLINE 命令。

```
命令: _pline
指定多段线的起点:                                        //单击 A 点，如图 5-1 所示
指定下一点或 [圆弧(A)/半宽(H)/长度(L)/撤消(U)/宽度(W)]: 100
                                                         //从 A 点向右追踪并输入追踪距离
指定下一点或 [圆弧(A)/闭合(C)/半宽(H)/长度(L)/撤消(U)/宽度(W)]: a
                                                         //使用“圆弧(A)”选项绘制圆弧
```

```
指定圆弧的端点(按住 Ctrl 键以切换方向)或 [角度(A)/圆心(CE)/闭合(CL)/方向(D)/半宽(H)/直线(L)/半径(R)/第二个点(S)/宽度(W)/撤消(U)]: 30
                                                  //从 B 点向下追踪并输入追踪距离
指定圆弧的端点(按住 Ctrl 键以切换方向)或 [角度(A)/圆心(CE)/闭合(CL)/方向(D)/半宽(H)/直线(L)/半径(R)/第二个点(S)/宽度(W)/撤消(U)]: l
                                                  //使用"直线(L)"选项切换到绘制直线模式
指定下一点或 [圆弧(A)/闭合(C)/半宽(H)/长度(L)/撤消(U)/宽度(W)]:
                                      //从 C 点向左追踪，再从 A 点向下追踪，在交点 D 处单击一点
指定下一点或 [圆弧(A)/闭合(C)/半宽(H)/长度(L)/撤消(U)/宽度(W)]: a
                                                  //使用"圆弧(A)"选项绘制圆弧
指定圆弧的端点(按住 Ctrl 键以切换方向)或 [角度(A)/圆心(CE)/闭合(CL)/方向(D)/半宽(H)/直线(L)/半径(R)/第二个点(S)/宽度(W)/撤消(U)]:      //捕捉端点 A
指定圆弧的端点:                                   //按 Enter 键结束
```

结果如图 5-1 所示。

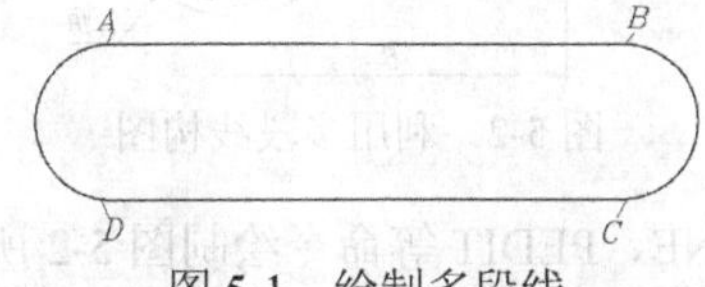

图 5-1 绘制多段线

二、命令选项

- 圆弧(A)：绘制圆弧。
- 闭合(C)：使多段线闭合，它与 LINE 命令的"闭合(C)"选项作用相同。
- 半宽(H)：指定当前多段线的半宽度，即线宽的一半。
- 长度(L)：指定当前多段线的长度，其方向与上一线段相同或沿上一段圆弧的切线方向。
- 撤销(U)：删除多段线中最后一次绘制的线段或圆弧。
- 宽度(W)：设置多段线的宽度，此时系统将提示"指定起始宽度"和"指定终止宽度"，用户可输入不同的起始宽度和终止宽度以绘制一条宽度逐渐变化的多段线。

5.1.2 编辑多段线

编辑多段线的命令是 PEDIT，该命令主要有以下功能。

（1）将线段与圆弧构成的连续线修改为多段线。

（2）移动、增加或打断多段线的顶点。

（3）为整个多段线设定统一的宽度或分别控制各段的宽度。

（4）用样条曲线或双圆弧曲线拟合多段线。

（5）将开式多段线闭合或使闭合多段线变为开式多段线。

此外，利用关键点编辑方式也能修改多段线，还可以移动、删除及添加多段线的顶点，或者使其中的线段与圆弧互换。选中多段线，将光标悬停在关键点处，弹出的菜单中包含编辑多段线顶点的命令。

一、命令启动方法

- 菜单命令：【修改】/【对象】/【多段线】。
- 面板：【常用】选项卡中【修改】面板上的按钮。
- 命令：PEDIT 或简写 PE。

在绘制图 5-2 所示图形的图形时，可利用多段线构图。用户首先用 LINE、CIRCLE 等命令

绘制外轮廓线框，然后用 PEDIT 命令将此线框编辑成一条多段线，最后用 OFFSET 命令偏移多段线来形成内轮廓线框。图中的长槽或箭头可使用 PLINE 命令绘制。

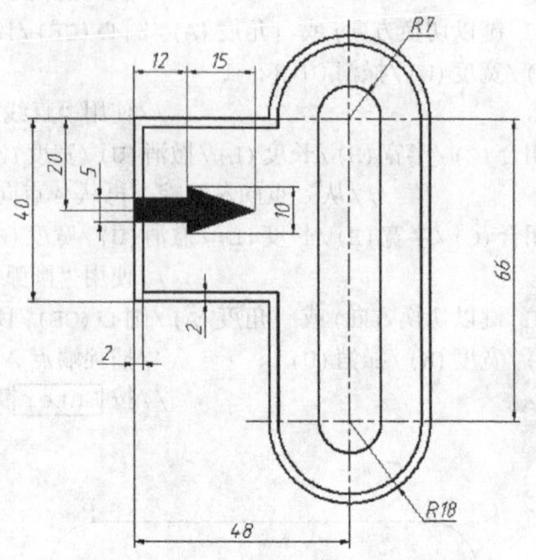

图 5-2 利用多段线构图

【练习 5-2】用 LINE、PLINE、PEDIT 等命令绘制图 5-2 所示的图形。

1. 创建两个图层。

名称	颜色	线型	线宽
轮廓线层	白色	Continuous	0.5
中心线层	红色	Center	默认

2. 设定线型的全局比例因子为“0.2”，设定绘图区域大小为 100×100，并使该区域充满整个绘图窗口。

3. 打开极轴追踪、对象捕捉及对象捕捉追踪功能。设置极轴追踪增量角度为“90”，设置对象捕捉方式为“端点”“交点”。

4. 用 LINE、CIRCLE、TRIM 等命令绘制定位中心线及闭合线框 *A*，结果如图 5-3 所示。

5. 用 PEDIT 命令将线框 *A* 编辑成一条多段线。

```
命令: _pedit                                          //启动编辑多段线命令
选择要编辑的多段线或 [多个(M)]:                        //选择线框 A 中的一条线段
选择的对象不是多段线. 将它转化吗? <Y>                  //按 Enter 键
输入选项 [编辑顶点(E)/闭合(C)/非曲线化(D)/拟合(F)/连接(J)/线型模式(L)/反向(R)/样条曲线
(S)/锥形(T)/宽度(W)/撤消(U)] <退出(X)>: j              //使用“合并(J)”选项
选择对象:总计 11 个                                    //选择线框 A 中的其余线条
选择对象:                                              //按 Enter 键
输入选项 [编辑顶点(E)/闭合(C)/非曲线化(D)/拟合(F)/连接(J)/线型模式(L)/反向(R)/样条曲线
(S)/锥形(T)/宽度(W)/撤消(U)] <退出(X)>:                 //按 Enter 键结束
```

6. 用 OFFSET 命令向内偏移线框 *A*，偏移距离为 2，结果如图 5-4 所示。

7. 用 PLINE 命令绘制长槽及箭头，结果如图 5-5 所示。

```
命令: _pline                                           //启动绘制多段线命令
指定多段线的起点或 <最后点>:7                            //从 B 点向右追踪并输入追踪距离
指定下一个点或 [圆弧(A)/撤消(U)/宽度(W)]:                //从 C 点向上追踪并捕捉交点 D
指定下一点或 [圆弧(A)/ 撤消(U)/宽度(W)]: a               //使用“圆弧(A)”选项
指定圆弧的端点: 14                                      //从 D 点向左追踪并输入追踪距离
指定圆弧的端点或[直线(L)/宽度(W)/撤消(U)]: l             //使用“直线(L)”选项
指定下一点:                                             //从 E 点向下追踪并捕捉交点 F
指定下一点或 [圆弧(A)/撤消(U)/宽度(W)]: a                //使用“圆弧(A)”选项
指定圆弧的端点:                                         //从 F 点向右追踪并捕捉端点 C
指定圆弧的端点:                                         //按 Enter 键结束
```

```
命令:
_PLINE                                          //重复命令
指定多段线的起点或 <最后点>: 20                  //从 G 点向下追踪并输入追踪距离
指定下一个点或 [圆弧(A)/撤消(U)/宽度(W)]: w      //使用"宽度(W)"选项
指定起始宽度 <0.0000>: 5                         //输入多段线起点宽度
指定终止宽度 <5.0000>:                           //按 Enter 键
指定下一个点: 12                                 //向右追踪并输入追踪距离
指定下一点或 [圆弧(A)/撤消(U)/宽度(W)]: w        //使用"宽度(W)"选项
指定起始宽度 <5.0000>: 10                        //输入多段线起点宽度
指定终止宽度 <10.0000>: 0                        //输入多段线终点宽度
指定下一点: 15                                   //向右追踪并输入追踪距离
指定下一点:                                      //按 Enter 键结束
```

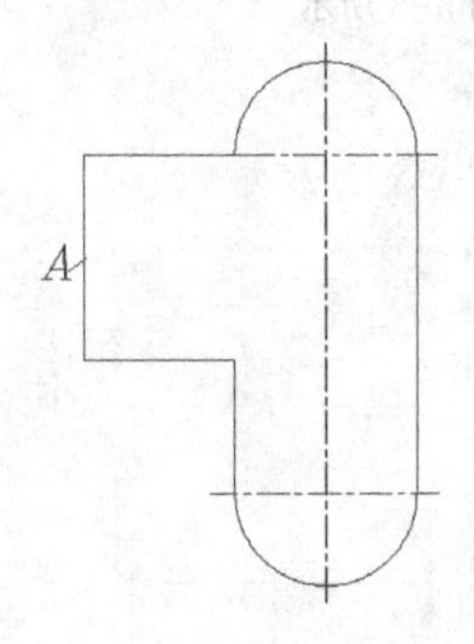

图 5-3 绘制定位中心线及闭合线框 *A*

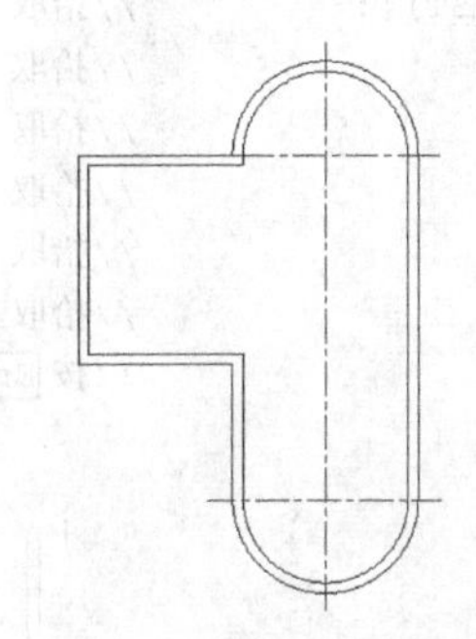

图 5-4 偏移线框

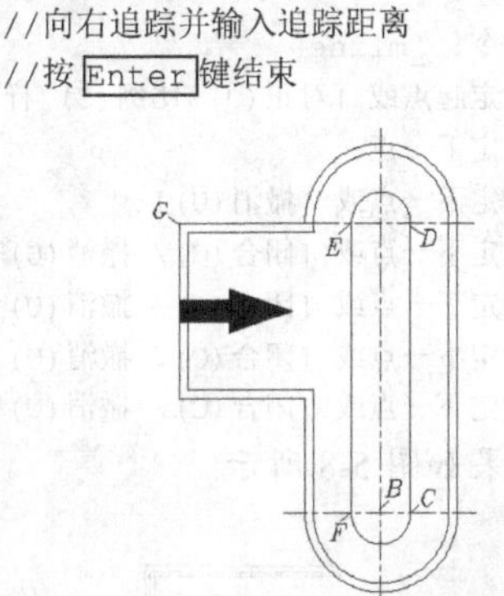

图 5-5 绘制长槽及箭头

二、命令选项

- 编辑顶点(E)：增加、移动或删除多段线的顶点。
- 闭合(C)：使多段线闭合。若被编辑的多段线是闭合状态，则此选项变为"打开(O)"，其功能与"闭合(C)"恰好相反。
- 非曲线化(D)：取消"拟合(F)"或"样条曲线(S)"的拟合效果。
- 拟合(F)：采用双圆弧曲线拟合图 5-6 上图所示的多段线，结果如图 5-6 中图所示。
- 连接(J)：将线段、圆弧或多段线与所编辑的多段线连接，形成一条新的多段线。
- 线型模式(L)：该选项对非连续线型起作用。当线型模式为"开"时，系统将多段线作为整体应用线型，否则对多段线的每一段分别应用线型。
- 反向(R)：反转多段线顶点的顺序。可反转使用包含文字线型的对象的方向。例如，根据多段线的创建方向，线型中的文字可能会倒置显示。
- 样条曲线(S)：用样条曲线拟合图 5-6 上图所示的多段线，结果如图 5-6 下图所示。
- 锥形(T)：指定多段线的起始宽度和终止宽度，使其变为锥状多段线。
- 宽度(W)：修改整条多段线的宽度。
- 撤销(U)：取消上一次的编辑操作，可连续使用该选项。

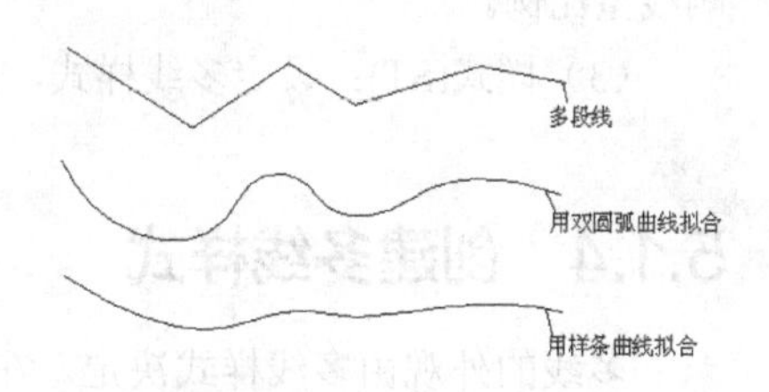

图 5-6 用光滑曲线拟合多段线

5.1.3 创建多线

在中望机械 CAD 中，用户可以创建多线，如图 5-7 所示。多线是由多条平行直线组成的对象，线间的距离、线的数量、线条颜色及线型等都可以调整。多线常用于绘制墙体、公路或管道等。

MLINE 命令用于创建多线。绘制时，用户可通过选择多线样式来控制多线外观。多线样式中规定了各平行线的特性，如线型、线间距离和颜色等。

一、命令启动方法

- 菜单命令：【绘图】/【多线】。
- 命令：MLINE 或简写 ML。

【练习 5-3】 练习 MLINE 命令。

```
命令: _mline
指定起点或 [对正(J)/比例(S)/样式(ST)]:              //拾取 A 点，如图 5-8 所示
指定下一点:                                         //拾取 B 点
指定下一点或 [撤消(U)]:                             //拾取 C 点
指定下一点或 [闭合(C)/ 撤消(U)]:                    //拾取 D 点
指定下一点或 [闭合(C)/ 撤消(U)]:                    //拾取 E 点
指定下一点或 [闭合(C)/ 撤消(U)]:                    //拾取 F 点
指定下一点或 [闭合(C)/ 撤消(U)]:                    //按 Enter 键结束
```

结果如图 5-8 所示。

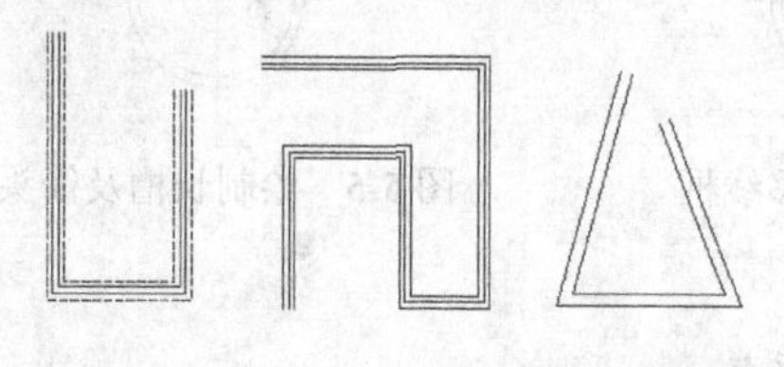

图 5-7　多线

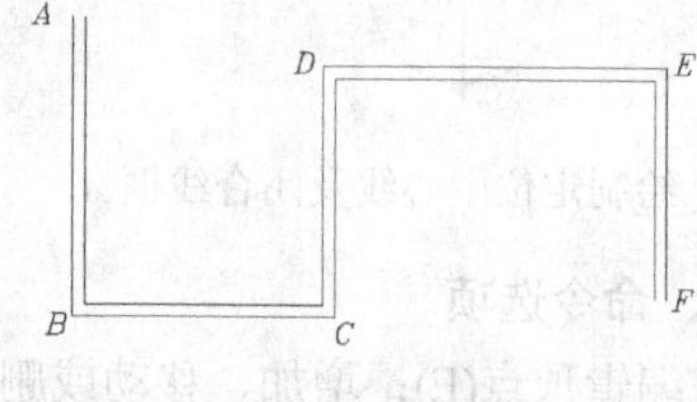

图 5-8　绘制多线

二、命令选项

（1）对正(J)：设定多线的对正方式，即多线中哪条线段的端点与光标重合并随之移动。该选项有以下 3 个子选项。

- 上(T)：若从左往右绘制多线，则对正点将在最顶端线段的端点处。
- 无(Z)：对正点位于多线中偏移量为“0”的位置。多线中线条的偏移量可在多线样式中设定。
- 下(B)：若从左往右绘制多线，则对正点将在最底端线段的端点处。

（2）比例(S)：指定多线宽度相对于定义宽度（在多线样式中定义）的比例，该比例不影响线型比例。

（3）样式(ST)：设定多线样式，默认样式是“STANDARD”。

5.1.4　创建多线样式

多线的外观由多线样式决定。在多线样式中，用户不仅可以设定多线中线条的数量、每条线的颜色、线型和线间距离，还可以指定多线两个端头的形式，如弧形端头、平直端头等。

命令启动方法

- 菜单命令：【格式】/【多线样式】。
- 命令：MLSTYLE。

【练习 5-4】 创建多线样式及多线。

1. 打开素材文件“dwg\第 5 章\5-4.dwg”。
2. 启动 MLSTYLE 命令，弹出【多线样式】对话框，如图 5-9 所示。
3. 单击 添加(N)... 按钮，弹出【创建新多线样式】对话框，如图 5-10 所示。在【新样式名称】文本框中输入新样式的名称“样式-240”，在【继承于】下拉列表中选择样板样式，默认的样板样式是【Standard】。

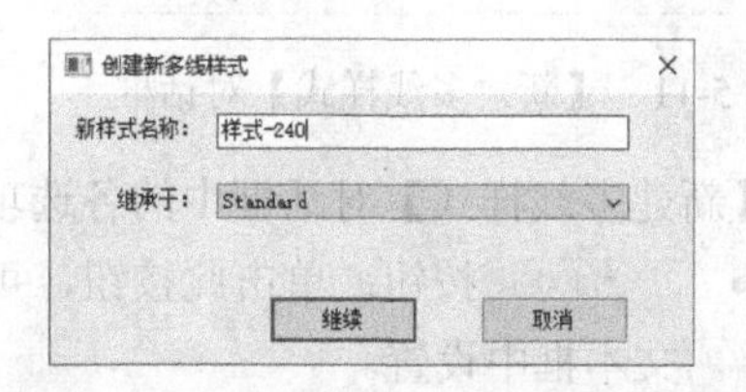

图 5-9 【多线样式】对话框　　图 5-10 【创建新多线样式】对话框

4. 单击 继续 按钮，弹出【新建多线样式】对话框，如图 5-11 所示。在该对话框中完成以下设置。
   - 在【说明】文本框中输入关于多线样式的说明文字。
   - 在【元素】列表框中选中“0.5”，然后在【偏移】文本框中输入数值“120”。
   - 在【元素】列表框中选中“−0.5”，然后在【偏移】文本框中输入数值“−120”。
5. 单击 确定 按钮，返回【多线样式】对话框，然后单击 设为当前(U) 按钮，使新样式成为当前样式。
6. 前面创建了多线样式，下面用 MLINE 命令创建多线。

```
命令: _mline
指定起点或 [对正(J)/比例(S)/样式(ST)]: s          //使用“比例(S)”选项
输入多线比例 <20.00>: 1                           //输入缩放比例
指定起点或 [对正(J)/比例(S)/样式(ST)]: j          //使用“对正(J)”选项
输入对正类型 [上(T)/无(Z)/下(B)] <无>: z          //设定对正方式为“无”
指定起点或 [对正(J)/比例(S)/样式(ST)]:            //捕捉 A 点，如图 5-12 右图所示
指定下一点:                                       //捕捉 B 点
指定下一点或 [撤消(U)]:                           //捕捉 C 点
指定下一点或 [闭合(C)/ 撤消(U)]:                  //捕捉 D 点
指定下一点或 [闭合(C)/ 撤消(U)]:                  //捕捉 E 点
指定下一点或 [闭合(C)/ 撤消(U)]:                  //捕捉 F 点
指定下一点或 [闭合(C)/ 撤消(U)]: c                //使多线闭合
命令:
_MLINE                                            //重复命令
指定起点或 [对正(J)/比例(S)/样式(ST)]:            //捕捉 G 点
指定下一点:                                       //捕捉 H 点
指定下一点或 [撤消(U)]:                           //按 Enter 键结束
命令:
_MLINE                                            //重复命令
指定起点或 [对正(J)/比例(S)/样式(ST)]:            //捕捉 I 点
```

```
指定下一点:                                //捕捉 J 点
指定下一点或 [撤消(U)]:                     //按 Enter 键结束
```

结果如图 5-12 右图所示。

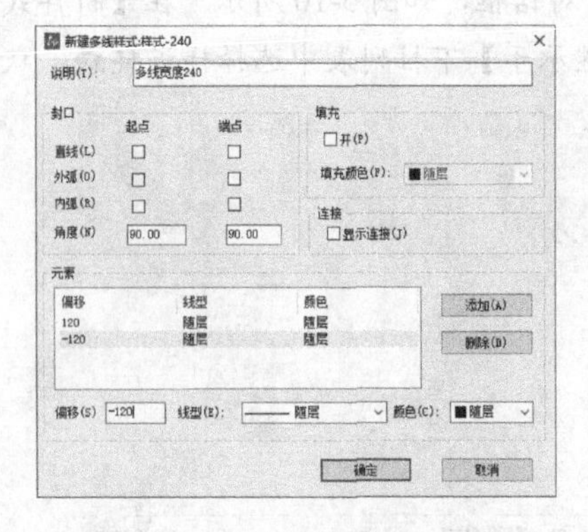

图 5-11 【新建多线样式】对话框

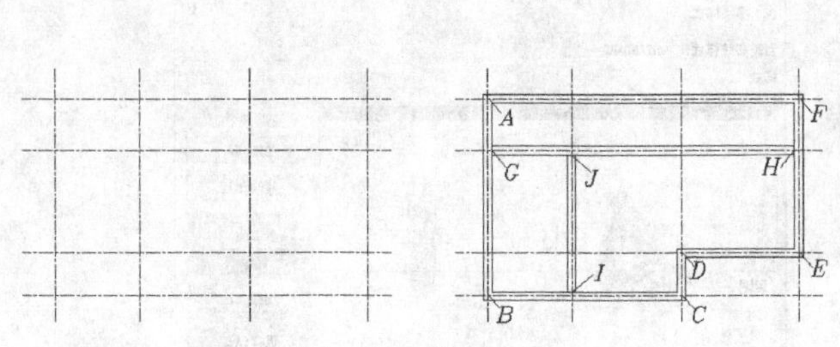

图 5-12 绘制多线

【新建多线样式】对话框中的各选项介绍如下。

- 添加(A) 按钮：单击此按钮，可在多线中添加一条新线，该线的偏移量可在【偏移】文本框中设置。
- 删除(D) 按钮：删除【元素】列表框中选定的线元素。
- 【颜色】下拉列表：修改【元素】列表框中选定的线元素的颜色。
- 【线型】下拉列表：指定【元素】列表框中选定的线元素的线型。
- 【显示连接】：勾选该复选框，则多线拐角处将显示连接线，如图 5-13 左图所示。
- 【直线】：在多线的两端产生直线封口，如图 5-13 右图所示。
- 【外弧】：在多线的两端产生外圆弧封口，如图 5-13 右图所示。
- 【内弧】：在多线的两端产生内圆弧封口，如图 5-13 右图所示。
- 【角度】：设置多线某一端的端口连线与多线的夹角，如图 5-13 右图所示。
- 【填充颜色】下拉列表：设置多线的填充色。

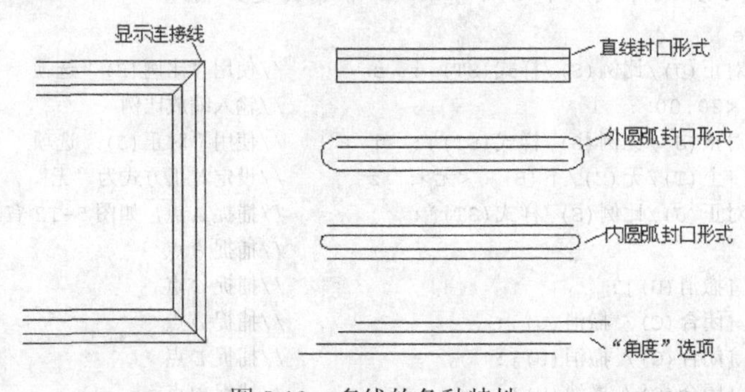

图 5-13 多线的各种特性

5.1.5 编辑多线

MLEDIT 命令用于编辑多线，其主要功能如下。

- 改变两条多线的相交形式。例如，使它们相交成"十"字形或"T"字形。
- 在多线中加入控制顶点或删除顶点。
- 将多线中的线条切断或接合。

命令启动方法

- 菜单命令：【修改】/【对象】/【多线】。
- 命令：MLEDIT。

【练习 5-5】练习 MLEDIT 命令。

1. 打开素材文件"dwg\第 5 章\5-5.dwg"，如图 5-14 左图所示。

2. 启动 MLEDIT 命令，打开【多线编辑工具】对话框，如图 5-15 所示。该对话框中的小图标形象地说明了各项编辑功能。

3. 选择【T 形合并】选项，系统提示如下。

```
命令: _mledit
选择第一条多线:                          //在 A 点处选择多线，如图 5-14 左图所示
选择第二条多线:                          //在 B 点处选择多线
选择第一条多线 或 [放弃(U)]:              //在 C 点处选择多线
选择第二条多线:                          //在 D 点处选择多线
选择第一条多线 或 [放弃(U)]:              //在 E 点处选择多线
选择第二条多线:                          //在 F 点处选择多线
选择第一条多线 或 [放弃(U)]:              //在 G 点处选择多线
选择第二条多线:                          //在 H 点处选择多线
选择第一条多线 或 [放弃(U)]:              //按 Enter 键结束
```

结果如图 5-14 右图所示。

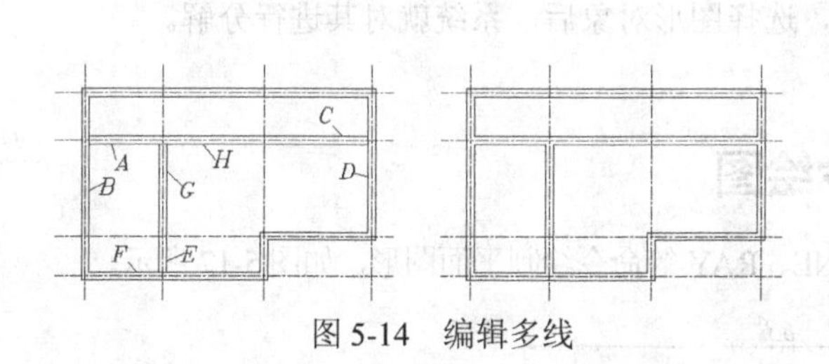

图 5-14 编辑多线

图 5-15 【多线编辑工具】对话框

5.1.6 绘制射线

RAY 命令用于创建无限延伸的单向线。操作时，用户只需指定射线的起点及另一通过点。使用该命令可一次性创建多条射线。

一、命令启动方法

- 菜单命令：【绘图】/【射线】。
- 面板：【常用】选项卡中【绘图】面板上的╲按钮。
- 命令：RAY。

【练习 5-6】根据两个圆及定位线，用 RAY 命令绘制射线，如图 5-16 所示。

```
命令: _ray
指定射线起点或 [等分(B)/水平(H)/竖直(V)/角度(A)/偏移(O)]:      //捕捉圆心
指定通过点: <20                            //设定射线的角度
```

```
指定通过点:                         //单击 A 点
指定通过点: <110                    //设定射线的角度
指定通过点:                         //单击 B 点
指定通过点: <130                    //设定射线的角度
指定通过点:                         //单击 C 点
指定通过点: <-100                   //设定射线的角度
指定通过点:                         //单击 D 点
指定通过点:                         //按 Enter 键结束
```

结果如图5-16所示。

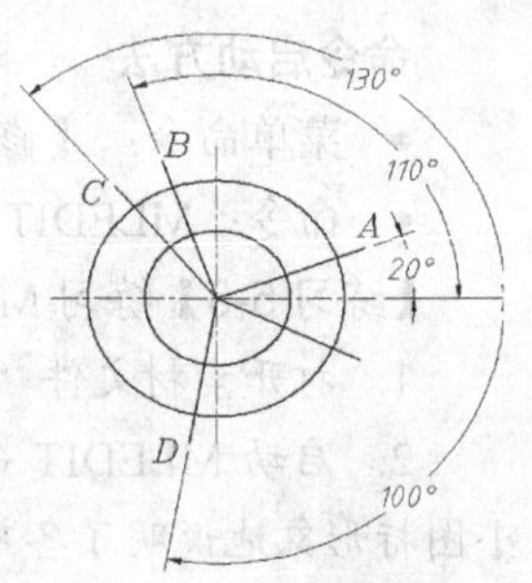

图5-16 绘制射线

二、命令选项

- 等分(B)：创建垂直平分线或角平分线。
- 水平(H)/竖直(V)：创建水平或竖直射线。
- 角度(A)：以指定的角度或输入与参照对象之间的夹角绘制射线。
- 偏移(O)：以输入偏移距离或指定通过点的方式绘制与已知对象平行的射线。

5.1.7 分解多线及多段线

使用 EXPLODE 命令（简写 X）可将多线、多段线、块、标注及面域等复杂对象分解成中望机械 CAD 中的基本图形对象。例如，连续的多段线是一个单独对象，用 EXPLODE 命令“炸开”后，多段线的每一段都是独立对象。

命令启动方法

- 菜单命令：【修改】/【分解】。
- 面板：【常用】选项卡中【修改】面板上的按钮。
- 命令：EXPLODE 或简写 X。

启动该命令，系统提示“选择对象:”，选择图形对象后，系统就对其进行分解。

5.1.8 利用多段线及多线命令绘图

【练习5-7】利用 LINE、CIRCLE、PLINE、RAY 等命令绘制平面图形，如图5-17所示。

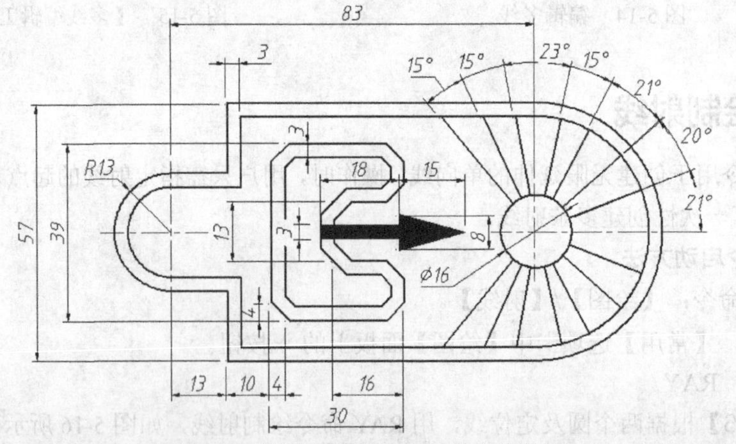

图5-17 利用 PLINE、RAY 等命令绘图

【练习5-8】利用 LINE、CIRCLE、PEDIT 等命令绘制平面图形，如图5-18所示。

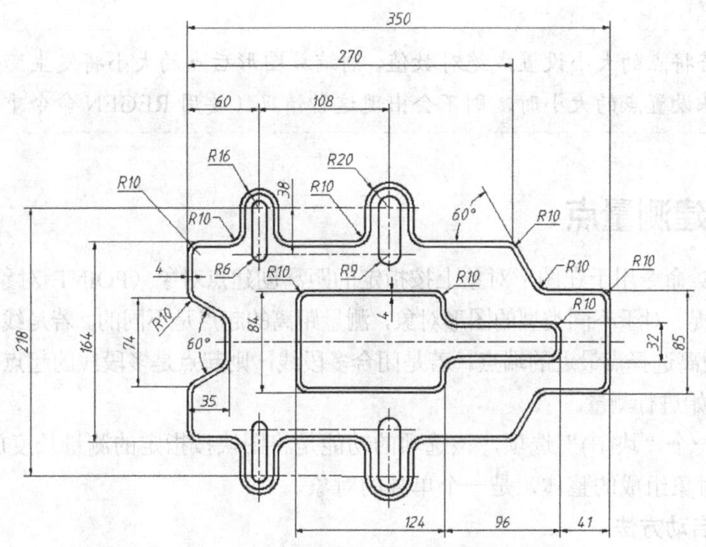

图 5-18 利用 LINE、PEDIT 等命令绘图

5.2 点对象

在中望机械 CAD 中可创建单独的点对象，点的外观由点样式控制。一般在创建点之前要先设置点的样式，但也可先绘制点，再设置点样式。

5.2.1 设置点样式

选择菜单命令【格式】/【点样式】，打开【点样式】对话框，如图 5-19 所示。该对话框提供了多种样式的点，用户可根据需要进行选择，此外，还能通过【点大小】文本框指定点的大小。点的大小既可相对于屏幕大小来设置，也可直接输入点的绝对尺寸。

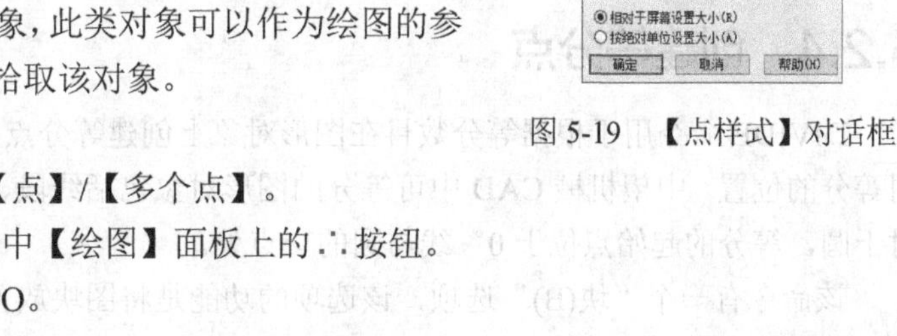

图 5-19 【点样式】对话框

5.2.2 创建点

POINT 命令用于创建点对象，此类对象可以作为绘图的参考点。节点捕捉“NOD”可以拾取该对象。

命令启动方法

- 菜单命令：【绘图】/【点】/【多个点】。
- 面板：【常用】选项卡中【绘图】面板上的∴按钮。
- 命令：POINT 或简写 PO。

【练习 5-9】练习 POINT 命令。

```
命令: _point
指定点定位或 [设置(S)/多次(M)]: s          //使用“设置(S)”选项设置点的样式
指定点定位或 [设置(S)/多次(M)]:             //输入点的坐标或在绘图窗口中拾取点，系统在指定位置创建点对象，如图 5-20 所示，按 Esc 键结束
```

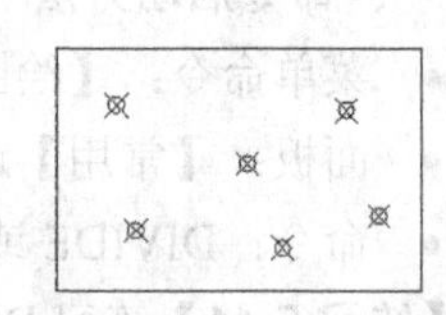

图 5-20 创建点对象

要点提示 若将点的大小设置成绝对数值，则缩放图形后点的大小将发生变化。而相对于屏幕设置点的大小时，则不会出现这种情况（要用 REGEN 命令重新生成图形）。

5.2.3 创建测量点

MEASURE 命令用于在图形对象上按指定的距离创建点对象（POINT 对象），这些点可用“NOD”进行捕捉。对于不同类型的图形对象，测量距离的起点是不同的。若是线段或非闭合的多段线，则起点是离选择点最近的端点。若是闭合多段线，则起点是多段线的起点。如果是圆，则一般从 0° 角开始进行测量。

该命令有一个“块(B)”选项，该选项的功能是将图块按指定的测量长度放置在对象上。图块是由多个对象组成的整体，是一个单独的对象。

一、命令启动方法

- 菜单命令：【绘图】/【点】/【定距等分】。
- 面板：【常用】选项卡中【绘图】面板上的按钮。
- 命令：MEASURE 或简写 ME。

【练习 5-10】练习 MEASURE 命令。

打开素材文件“dwg\第 5 章\5-10.dwg”，如图 5-21 所示，用 MEASURE 命令创建两个测量点 *C*、*D*。

```
命令: _measure
选取量测对象:                          //在 A 端附近选择对象，如图 5-21 所示
指定分段长度或 [块(B)]: 160            //输入测量长度
命令:
_MEASURE                               //重复命令
选取量测对象:                          //在 B 端处选择对象
指定分段长度或 [块(B)]: 160            //输入测量长度
```

结果如图 5-21 所示。

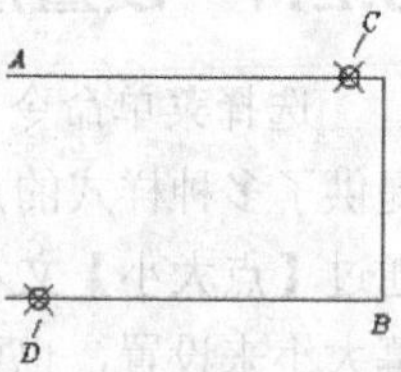

A C D B

图 5-21 测量对象

二、命令选项

块(B)：按指定的测量长度在对象上插入图块（第 8 章将介绍图块对象）。

5.2.4 创建等分点

DIVIDE 命令用于根据等分数目在图形对象上创建等分点，这些点并不分割对象，只是标明等分的位置。中望机械 CAD 中可等分的图形对象包括线段、圆、圆弧、样条线和多段线等。对于圆，等分的起始点位于 0° 线与圆的交点处。

该命令有一个“块(B)”选项，该选项的功能是将图块放置在对象的等分点处。

一、命令启动方法

- 菜单命令：【绘图】/【点】/【定数等分】。
- 面板：【常用】选项卡中【绘图】面板上的按钮。
- 命令：DIVIDE 或简写 DIV。

【练习 5-11】练习 DIVIDE 命令。

打开素材文件“dwg\第 5 章\5-11.dwg”，如图 5-22 所示，用 DIVIDE 命令创建等分点。

```
命令: _divide
选取分割对象:                              //选择线段，如图 5-22 上图所示
输入分段数或 [块(B)]: 4                    //输入等分数目
命令:
_DIVIDE                                    //重复命令
选取分割对象:                              //选择圆弧，如图 5-22 下图所示
输入分段数或 [块(B)]: 5                    //输入等分数目
```

结果如图 5-22 所示。

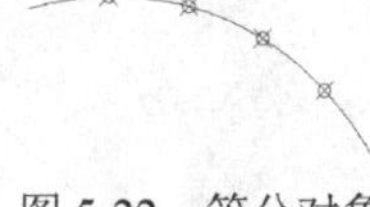

图 5-22 等分对象

二、命令选项

块(B)：系统在等分点处插入图块。

5.3 绘制圆环及圆点

DONUT 命令用于创建填充圆环或实心圆。启动该命令后，用户依次输入圆环内径、外径及圆心，系统就生成圆环。若要绘制实心圆，则指定内径为“0”即可。

命令启动方法

- 菜单命令：【绘图】/【圆环】。
- 面板：【常用】选项卡中【绘图】面板上的按钮。
- 命令：DONUT。

【练习 5-12】练习 DONUT 命令。

```
命令: _donut
指定圆环的内径 <2.0000>: 3                 //输入圆环内径
指定圆环的外径 <5.0000>: 6                 //输入圆环外径
指定圆环的中心点或<退出>:                  //指定圆心
指定圆环的中心点或<退出>:                  //按 Enter 键结束
```

结果如图 5-23 所示。

图 5-23 绘制圆环

利用 DONUT 命令生成的圆环实际上是具有宽度的多段线，用户可用 PEDIT 命令编辑该对象。此外，还可以设定是否对圆环进行填充，当把变量 FILLMODE 设置为“1”时，系统将填充圆环，否则不填充。

5.4 合并及清理对象

下面介绍合并及清理对象的方法。

5.4.1 合并对象

JOIN 命令具有以下功能。

（1）把相连的线段及圆弧等对象合并为一条多段线。

（2）将共线的、断开的线段连接为一条线段。

（3）把重叠的直线或圆弧合并为单一对象。

命令启动方法

- 菜单命令：【修改】/【合并】。
- 面板：【常用】选项卡中【修改】面板上的按钮。
- 命令：JOIN。

启动 JOIN 命令，选择首尾相连的线段和曲线对象，或者是断开的共线对象，系统就将这些对象创建成多段线和线段，如图 5-24 所示。

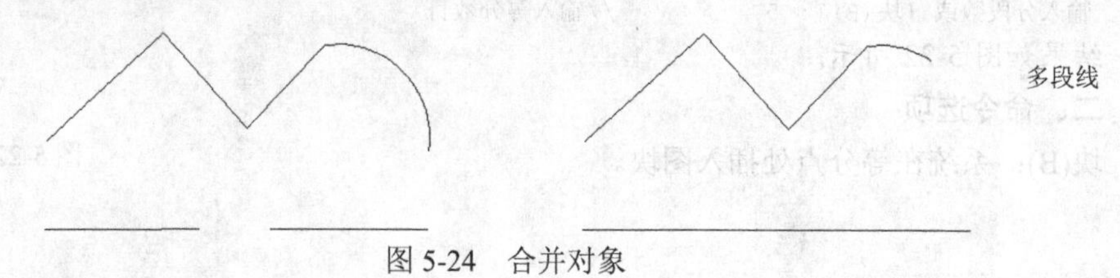

图 5-24 合并对象

5.4.2 清理已命名对象

PURGE 命令用于清理图形中没有使用的已命名对象。

命令启动方法

- 菜单命令：【文件】（或菜单浏览器）/【图形实用工具】/【清理】。
- 命令：PURGE。

启动 PURGE 命令，打开【清理】对话框，如图 5-25 所示。选择【查看能清理的项目】单选项，则【图形中未使用的项目】列表框中将显示当前图形中所有未使用的已命名项目。

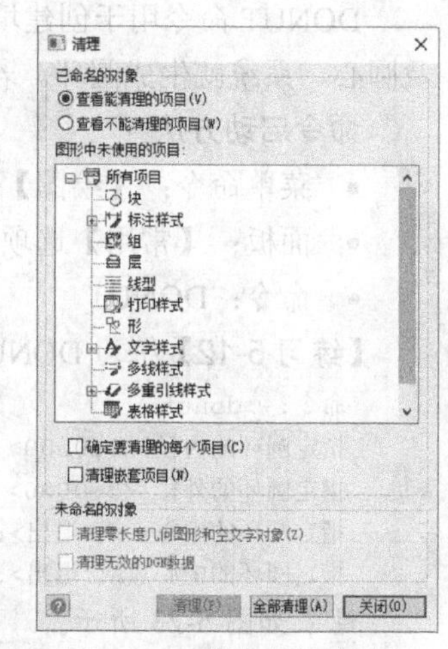

图 5-25 【清理】对话框

单击项目左边的加号以展开它，选择未使用的已命名对象，单击 清理(P) 按钮进行清除。若单击 全部清理(A) 按钮，则图形中所有未使用的已命名对象将全部被清除。

5.5 面域造型

面域（REGION）是指二维的封闭图形，它可由线段、多段线、圆、圆弧和样条曲线等对象围成，创建面域时应保证相邻对象间共享连接的端点，否则将不能创建域。面域是一个单独的实体，具有面积、周长、形心等几何特征。使用面域作图与传统的作图方法是截然不同的，此时可采用“并”“交”“差”等布尔运算来构造不同形状的图形，图 5-26 所示为面域的 3 种布尔运算的结果。

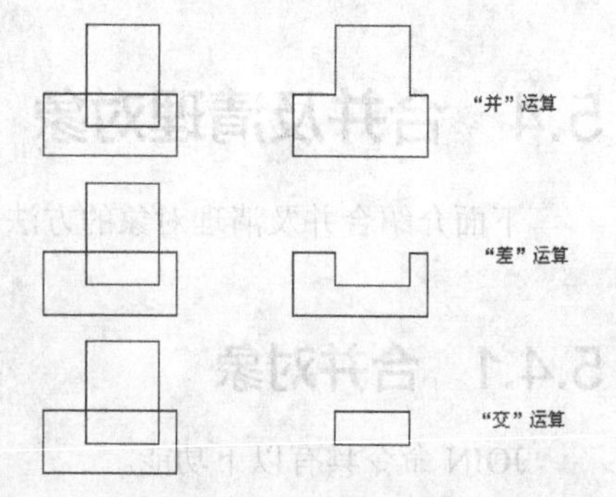

图 5-26 布尔运算

5.5.1 创建面域

REGION 命令用于创建面域。启动该命令后，用户选择一个或多个封闭图形，就能创建面域。

命令启动方法

- 菜单命令：【绘图】/【面域】。
- 面板：【常用】选项卡中【绘图】面板上的回按钮。
- 命令：REGION 或简写 REG。

【练习 5-13】练习 REGION 命令。

打开素材文件“dwg\第 5 章\5-13.dwg”，如图 5-27 所示，用 REGION 命令将该图创建成面域。

```
命令: _region
选择对象:
指定对角点:
找到 7 个                //用虚线矩形选择矩形及两个圆，如图 5-27 所示
选择对象:                //按Enter键结束
```

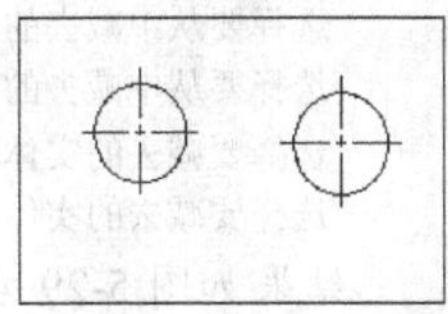

图 5-27 创建面域

图 5-27 中包含了 3 个闭合区域，因而可创建 3 个面域。

面域以线框的形式显示。用户可以对面域进行移动、复制等操作，还可用 EXPLODE 命令分解面域，将其还原为原始图形对象。

要点提示 默认情况下，使用 REGION 命令创建面域的同时将删除原对象。如果用户希望保留原始对象，需设置系统变量 DELOBJ 为“0”。

5.5.2 并运算

使用并运算可将所有参与运算的面域合并为一个新面域。

命令启动方法

- 菜单命令：【修改】/【实体编辑】/【并集】。
- 命令：UNION 或简写 UNI。

【练习 5-14】练习 UNION 命令。

打开素材文件“dwg\第 5 章\5-14.dwg”，如图 5-28 左图所示，用 UNION 命令将左图修改为右图。

```
命令: union
选择对象求和: 找到 7 个          //用虚线矩形选择 5 个面域，如图 5-28 左图所示
选择对象求和:                    //按Enter键结束
```

结果如图 5-28 右图所示。

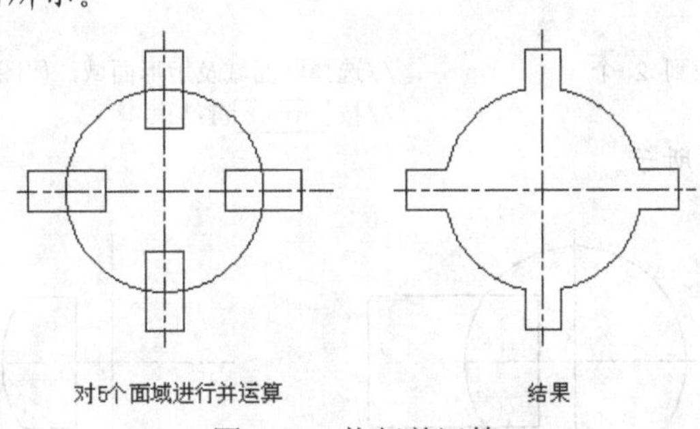

图 5-28 执行并运算

5.5.3 差运算

使用差运算可从一个面域中去掉一个或多个面域，从而形成一个新面域。

命令启动方法

- 菜单命令：【修改】/【实体编辑】/【差集】。
- 命令：SUBTRACT 或简写 SU。

【练习 5-15】练习 SUBTRACT 命令。

打开素材文件“dwg\第 5 章\5-15.dwg”，如图 5-29 左图所示，用 SUBTRACT 命令将左图修改为右图。

```
命令: _subtract
选择要从中减去的实体,曲面和面域: 找到 1 个          //选择大圆面域，如图 5-29 左图所示
选择要从中减去的实体,曲面和面域:                    //按 Enter 键
选择要减去的实体,曲面和面域:总计 4 个               //选择 4 个小矩形面域
选择要减去的实体,曲面和面域:                        //按 Enter 键结束
```

结果如图 5-29 右图所示。

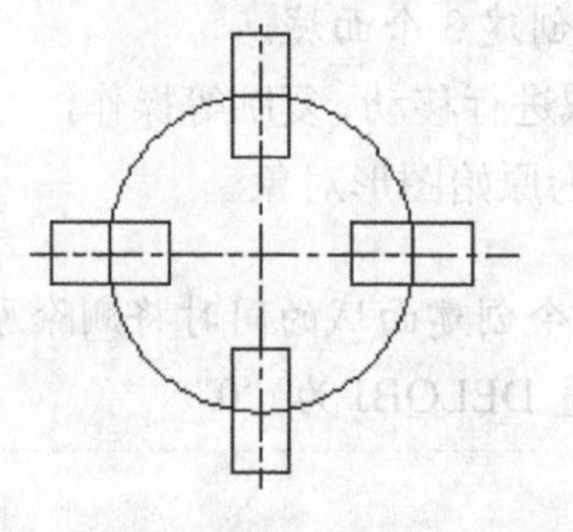
用大圆面域减去4个小矩形面域

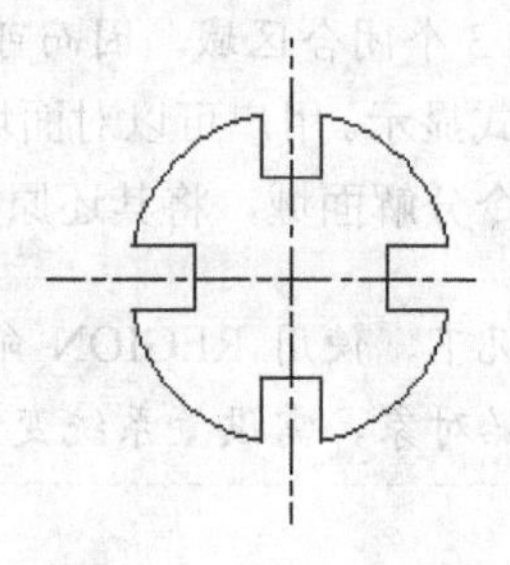
结果

图 5-29 执行差运算

5.5.4 交运算

使用交运算可以求出各个相交面域的公共部分。

命令启动方法

- 菜单命令：【修改】/【实体编辑】/【交集】。
- 命令：INTERSECT 或简写 IN。

【练习 5-16】练习 INTERSECT 命令。

打开素材文件“dwg\第 5 章\5-16.dwg”，如图 5-30 左图所示，用 INTERSECT 命令将左图修改为右图。

```
命令: _intersect
选取要相交的对象: 找到 2 个          //选择圆面域及矩形面域，如图 5-30 左图所示
选取要相交的对象:                    //按 Enter 键结束
```

结果如图 5-30 右图所示。

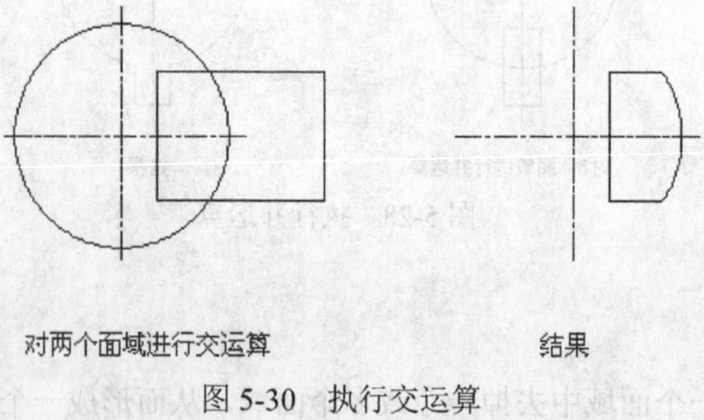

对两个面域进行交运算

结果

图 5-30 执行交运算

5.5.5 面域造型应用实例

面域造型法是通过面域对象的并预算、交运算或差运算来创建图形，当图形边界比较复杂时，使用这种方法的作图效率是很高的。要采用这种方法作图，首先必须对图形进行分析，以确定应生成哪些面域对象，然后考虑如何进行布尔运算，以形成最终的图形。

【练习 5-17】利用面域造型法绘制图 5-31 所示的图形。对于该图，可以认为该图是由矩形面域组成的，对这些面域进行并运算即可形成所需的图形。

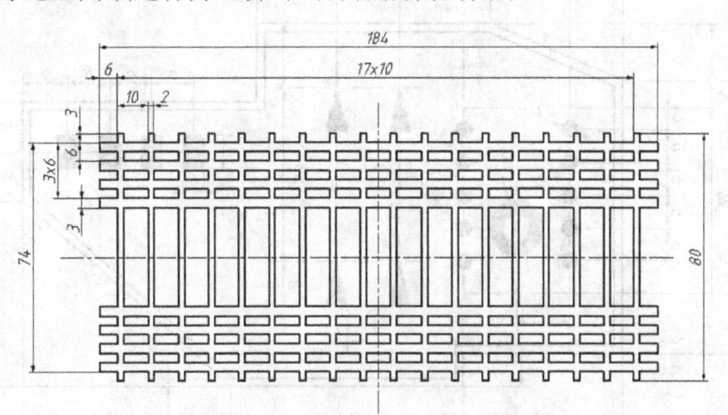

图 5-31　用面域造型法绘图

1. 绘制两个矩形并将它们创建成面域，结果如图 5-32 所示。

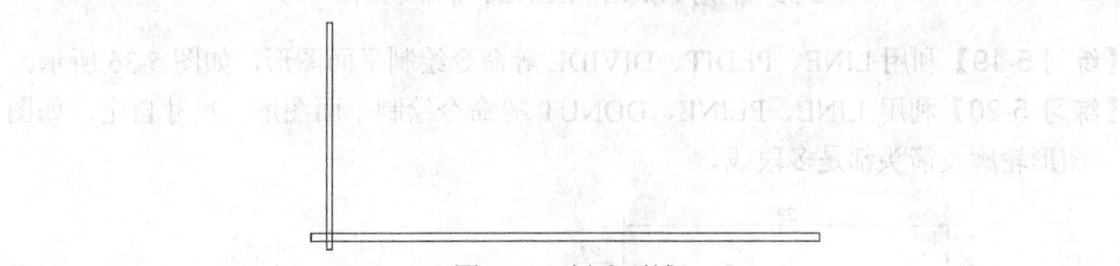

图 5-32　创建面域

2. 阵列矩形，再进行镜像操作，结果如图 5-33 所示。

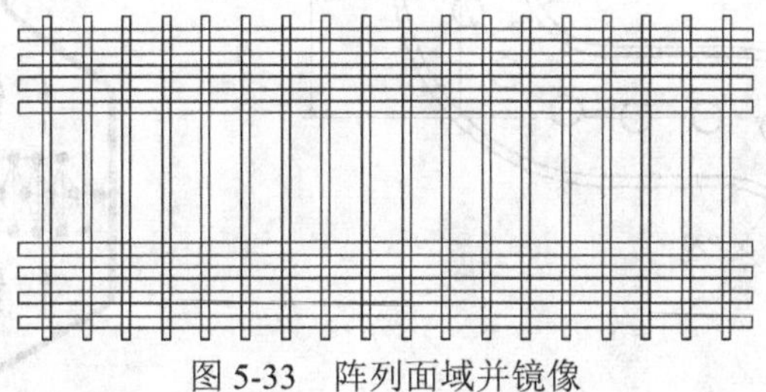

图 5-33　阵列面域并镜像

3. 对所有矩形面域执行并运算，结果如图 5-34 所示。

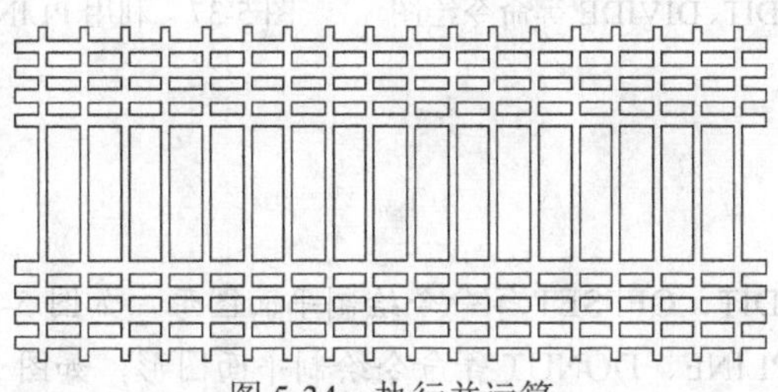

图 5-34　执行并运算

5.6 综合练习——创建多段线、圆点及面域

【练习 5-18】利用 LINE、PLINE、DONUT 等命令绘制平面图形，如图 5-35 所示。图中箭头及实心矩形用 PLINE 命令绘制。

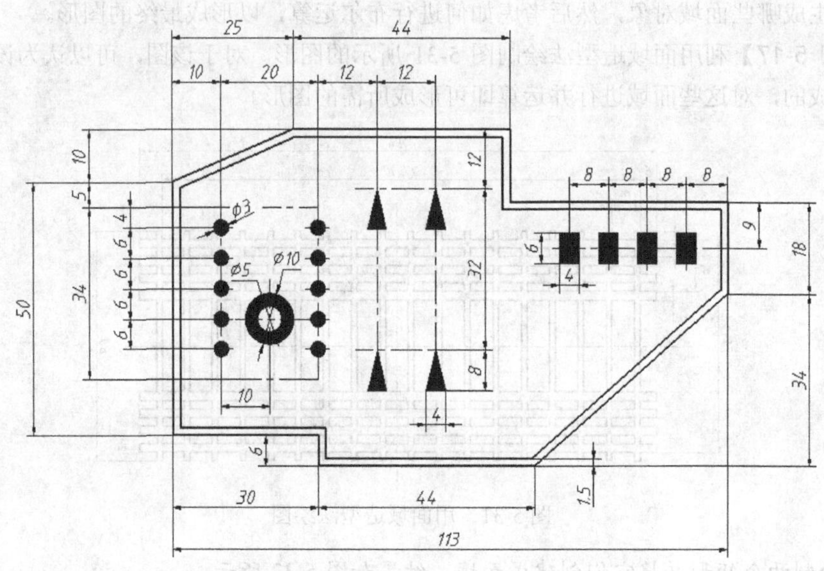

图 5-35 利用 PLINE、DONUT 等命令绘图（1）

【练习 5-19】利用 LINE、PEDIT、DIVIDE 等命令绘制平面图形，如图 5-36 所示。

【练习 5-20】利用 LINE、PLINE、DONUT 等命令绘制平面图形，尺寸自定，如图 5-37 所示。图形轮廓及箭头都是多段线。

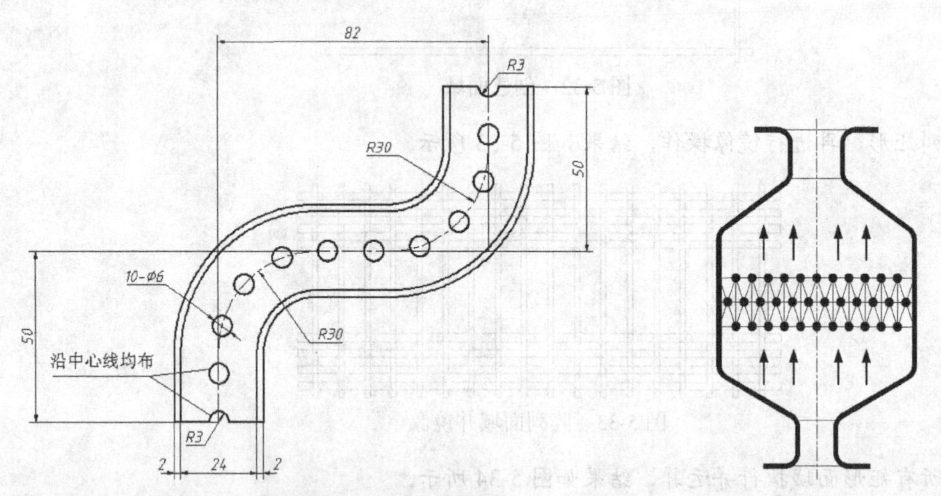

图 5-36 利用 PEDIT、DIVIDE 等命令绘图　　图 5-37 利用 PLINE、DONUT 等命令绘图（2）

5.7 习题

1. 利用 LINE、PEDIT、OFFSET 等命令绘制平面图形，如图 5-38 所示。
2. 利用 MLINE、PLINE、DONUT 等命令绘制平面图形，如图 5-39 所示。

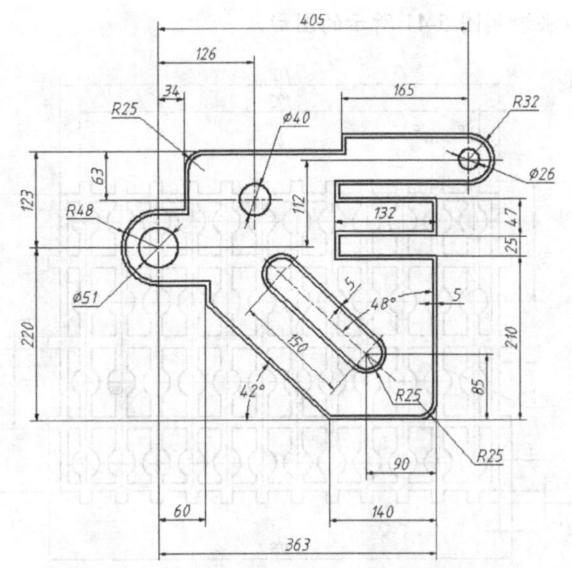

图 5-38　利用 LINE、PEDIT、OFFSET 等命令绘图

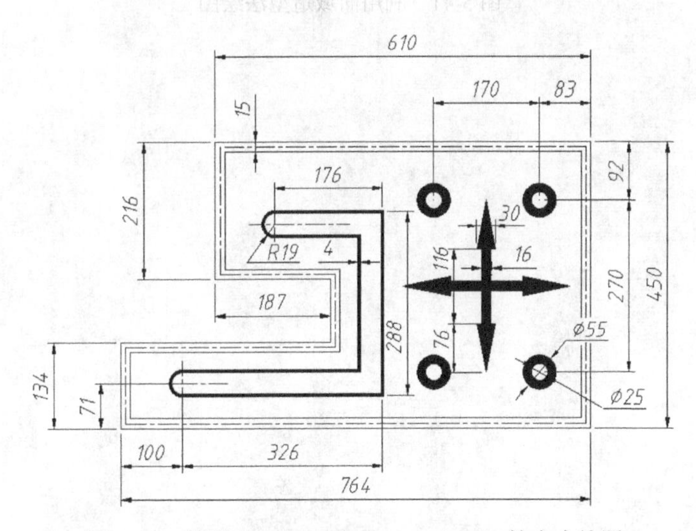

图 5-39　利用 MLINE、PLINE、DONUT 等命令绘图

3．利用 DIVIDE、DONUT、REGION、UNION 等命令绘制平面图形，如图 5-40 所示。

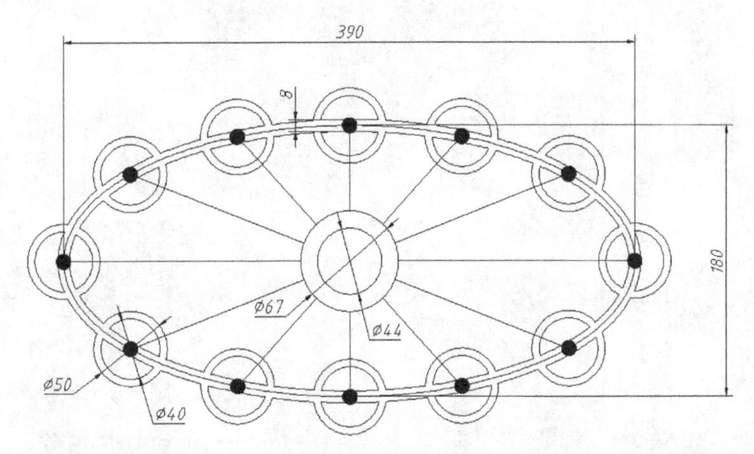

图 5-40　利用 DIVIDE、DONUT、REGION、UNION 等命令绘图

4. 利用面域造型法绘制图 5-41 所示的图形。

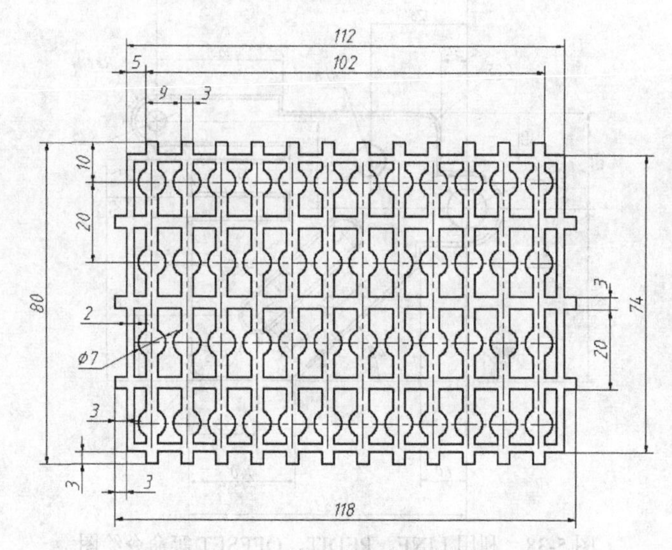

图 5-41 利用面域造型法绘图

第6章 书写文字

主要内容

- 创建及修改文字样式。
- 创建单行文字及多行文字。
- 添加特殊符号。
- 使用注释性文字。
- 编辑文字内容及格式。
- 表格样式及表格对象。

6.1 书写文字的方法

在中望机械 CAD 中有单行文字和多行文字两类文字对象，分别用 TEXT 和 MTEXT 命令来创建。一般来讲，比较简短的文字项目（如标题栏信息、尺寸标注说明等）常采用单行文字，而带有段落格式的信息（如工艺流程、技术条件等）常采用多行文字。

本节主要内容包括创建文字样式，创建单行文字及多行文字等。

6.1.1 创建及修改文字样式

在中望机械 CAD 中创建文字对象时，它们的外观都由与其关联的文字样式决定。默认情况下，Standard 文字样式是当前样式，用户也可根据需要创建新的文字样式。

文字样式主要用于控制与文本连接的字体文件、字符宽度、文字倾斜角度及高度等属性，另外，还可通过它设计出相反的、颠倒的及竖直方向的文本。

命令启动方法

- 菜单命令：【格式】/【文字样式】。
- 面板：【注释】选项卡中【文字】面板上的↘按钮。
- 命令：STYLE 或简写 ST。

下面在图形文件中创建新的文字样式。

【练习 6-1】创建文字样式。

1. 单击【文字】面板上的↘按钮，打开【文字样式管理器】对话框，如图 6-1 所示。

2. 单击 新建(N) 按钮，打开【新文字样式】对话框，在【样式名称】文本框中输入文字样式的名称“工程文字”，如图 6-2 所示。

3. 单击 确定 按钮，返回【文字样式管理器】对话框，在【文本字体】分组框的【名称】下拉表中选择【isocp.shx】(或【IC-isocp.shx】)选项，再在【大字体】下拉列表中选择【GBCBIG.SHX】选项，如图 6-1 所示。

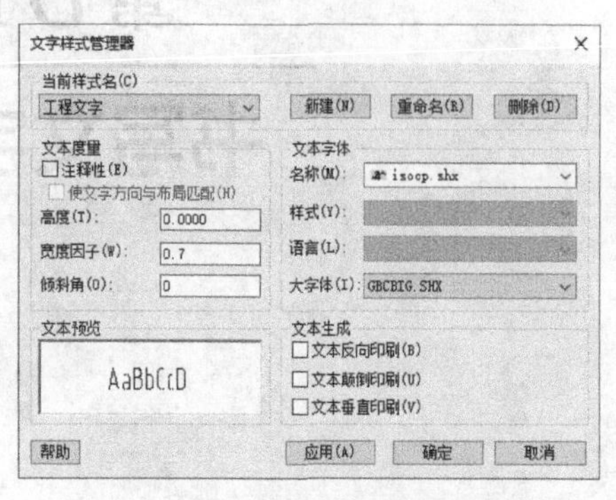

图 6-1 【文字样式管理器】对话框

图 6-2 【新文字样式】对话框

4. 工程文字为长仿宋字，字体高宽比为 0.7。在【文本度量】分组框的【宽度因子】文本框中输入数值“0.7”。

5. 单击 应用(A) 按钮完成。

设置字体、字高和特殊效果等外部特征，以及修改、删除文字样式等操作都是在【文字样式管理器】对话框中进行的。该对话框中的常用选项介绍如下。

- 【当前样式名】：该下拉列表中列出了所有文字样式的名称，用户可从中选择一个，使其成为当前样式。
- 【名称】：在此下拉列表中列出了所有的字体。带有双“T”标志的字体是 Windows 系统提供的“TrueType”字体，其他字体是中望机械 CAD 自己的字体（*.shx），其中“gbenor.shx”和“gbeitc.shx”（斜体西文）字体是符合国标的工程字体。也可选用近似字体，如“isocp.shx”或“IC-isocp.shx”。
- 【大字体】：大字体是指专为双字节的文字设计的字体。其中“gbcbig.shx”字体是符合国标的工程汉字字体，该字体文件还包含一些常用的特殊符号。由于“gbcbig.shx”中不包含西文字体定义，所以可将其与“gbenor.shx”“gbeitc.shx”“isocp.shx”字体配合使用。
- 【高度】：输入文本的高度。如果用户在该文本框中指定了文本高度，则当使用 TEXT（单行文字）命令时，系统将不再提示“指定高度”。
- 【宽度因子】：默认的宽度因子为 1。若输入小于 1 的数值，则文本变窄，否则文本变宽，如图 6-3 所示。

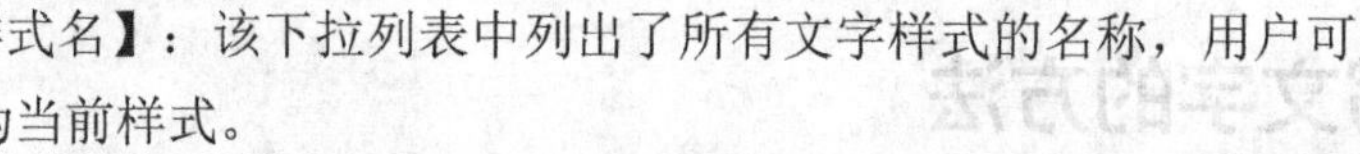

中望机械CAD2022　　中望机械CAD2022

宽度比例因子为 1.0　　宽度比例因子为 0.7

图 6-3 调整宽度比例因子

- 【倾斜角】：该文本框用于指定文本的倾斜角度。角度为正时，文本向右倾斜；角度为负时，文本向左倾斜，如图 6-4 所示。

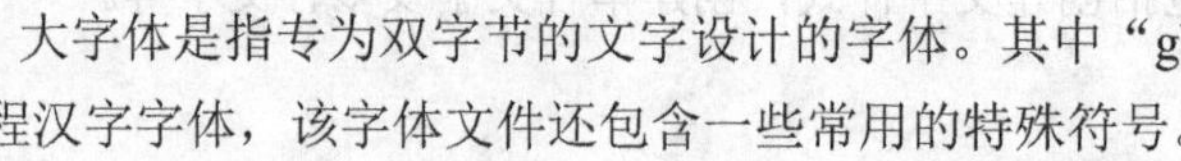

中望机械CAD2022　　中望机械CAD2022

倾斜角度为 30º　　倾斜角度为−30º

图 6-4 设置文字倾斜角度

修改文字样式的操作也是在【文字样式管理器】对话框中进行的，其过程与创建文字样式相似，这里不再赘述。

修改文字样式时，用户应注意以下几点。

（1）修改完成后，单击【文字样式】对话框的 应用(A) 按钮则修改生效，系统立即更新图样中与此文字样式关联的文字。

（2）当修改文字样式连接的字体文件时，系统将改变所有文字的外观。

（3）当修改文字的颠倒、反向和垂直特性时，系统将改变单行文字的外观；而修改文字高度、宽度因子及倾斜角度时，则不会改变已有单行文字的外观，但将影响此后创建的文字的外观。

（4）对于多行文字，只有【宽度因子】【倾斜角】选项才影响已有多行文字的外观。

6.1.2 创建单行文字

TEXT 命令用于创建单行文字。单行文字是指比较简短的文字信息，每一行都是独立的对象，可以灵活地移动、复制及旋转。

发出 TEXT 命令后，用户不仅可以设定文本的对齐方式和文字的倾斜角度，还能用光标在不同的地方选取点以确定文本的位置。用户只发出一次 TEXT 命令就能在图形的多个区域放置文本。

默认情况下，与新建文字关联的文字样式是“Standard”。如果要输入中文，应使当前文字样式与中文字体相关联，此外也可创建一个采用中文字体的新文字样式。

一、命令启动方法

- 菜单命令：【绘图】/【文字】/【单行文字】。
- 面板：【常用】选项卡中【注释】面板上的 单行文字 按钮。
- 命令：TEXT 或简写 DT。

【练习 6-2】 用 TEXT 命令在图形中放置一些单行文字。

1. 打开素材文件“dwg\第 6 章\6-2.dwg”。
2. 创建新文字样式并使其为当前样式。样式名为“工程文字”，与该样式相连的字体文件是“gbenor.shx”和“gbcbig.shx”。
3. 启动 TEXT 命令书写单行文字，如图 6-5 所示。

```
命令: _text
指定文字的起点或 [对正(J)/样式(S)]:                //单击 A 点，如图 6-5 所示
指定文字高度 <3.0000>: 5                          //输入文字高度
指定文字的旋转角度 <0>:                            //按 Enter 键
横臂升降机构                                      //输入文字
行走轮                                            //在 B 点处单击并输入文字
行走轨道                                          //在 C 点处单击并输入文字
行走台车                                          //在 D 点处单击，输入文字并按 Enter 键
台车行走速度 5.72m/min                            //输入文字并按 Enter 键
台车行走电机功率 3kW                              //输入文字
立架                                              //在 E 点处单击并输入文字
配重系统                                          //在 F 点处单击，输入文字并按 Enter 键
                                                  //按 Enter 键结束
命令:
_TEXT                                             //重复命令
```

```
指定文字的起点或 [对正(J)/样式(S)]:          //单击G点
指定文字高度 <5.0000>:                        //按Enter键
指定文字的旋转角度 <0>: 90                    //输入文字旋转角度
设备总高 5500                                 //输入文字并按Enter键
                                              //按Enter键结束
```

再在 *H* 点处输入“横臂升降行程 1500”，结果如图 6-5 所示。

要点提示 若图形中的文本没有正确地显示出来，则多数情况是由于文字样式所连接的字体不合适。

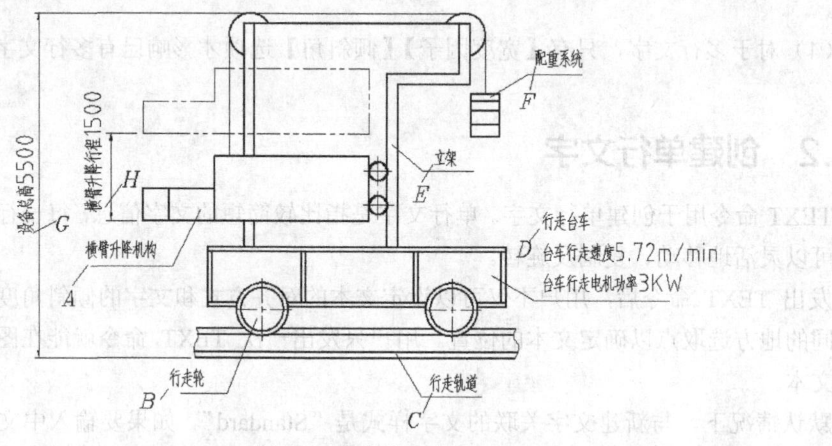

图 6-5 创建单行文字

二、命令选项

- 对正(J)：设定文字的对齐方式，详见 6.1.3 小节。
- 样式(S)：指定当前文字样式。

6.1.3 单行文字的对齐方式

发出 TEXT 命令后，系统提示用户“指定文字的起点”，此点和实际字符的位置关系由对齐方式“对正(J)”决定。对于单行文字，系统提供了 10 多种对正选项。默认情况下，文本是左对齐的，即指定的起点是文字的左基线点，如图 6-6 所示。

如果要改变单行文字的对齐方式，就使用“对正(J)”选项。在“指定文字的起点或[对正(J)/样式(S)]:”提示下，输入“j”，则系统提示如下。

```
输入选项 [对齐(A)/布满(F)/居中(C)/中间(M)/左对齐(L)/右对齐(R)/左上(TL)/中上(TC)/右上(TR)/左中(ML)/正中(MC)/右中(MR)/左下(BL)/中下(BC)/右下(BR)]
```

下面对以上选项进行详细说明。

- 对齐(A)：使用此选项时，系统提示指定文字分布的起点和终点。当用户选定两点并输入文字后，系统会将文字压缩或扩展，使其充满指定的宽度范围，而文字的高度则按适当比例变化，不会扭曲。
- 布满(F)：使用此选项时，系统会增加“指定高度”的提示。使用此选项也将压缩或扩展文字，使其充满指定的宽度范围，但文字的高度值等于指定的数值。

分别利用“对齐(A)”和“布满(F)”选项在矩形框中输入文字，结果如图 6-7 所示。

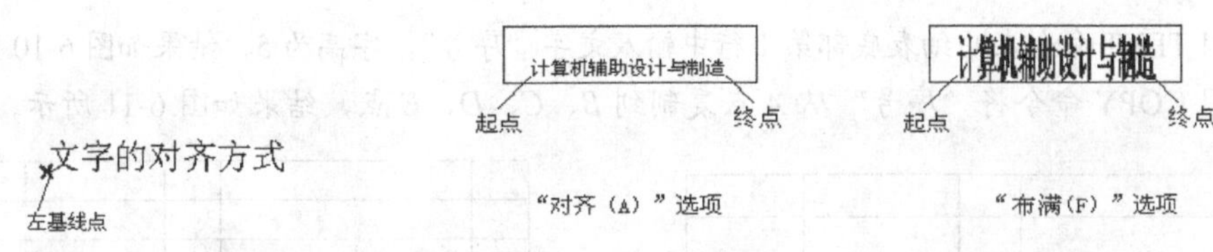

图 6-6　左对齐方式　　　　图 6-7　利用“对齐(A)”和“调整(F)”选项输入文字

- [居中(C)/中间(M)/左对齐(L)/右对齐(R)/左上(TL)/中上(TC)/右上(TR)/左中(ML)/正中(MC)/右中(MR)/左下(BL)/中下(BC)/右下(BR)]：通过这些选项设置文字的起点，各起点的位置如图 6-8 所示。

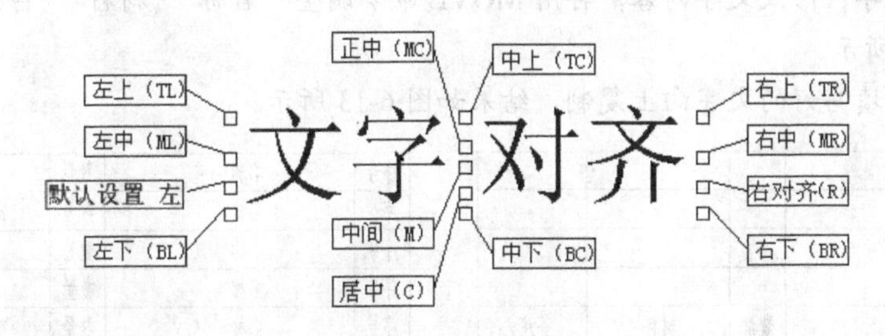

图 6-8　设置起点

6.1.4　在单行文字中加入特殊符号

工程图中用到的许多符号都不能通过标准键盘直接输入，如文字的下划线、直径代号等。当用户利用 TEXT 命令创建文字注释时，可以通过输入代码来产生特殊字符，这些代码及对应的特殊字符如表 6-1 所示。

表 6-1　特殊字符的代码

代码	字符	代码	字符
%%o	文字的上划线	%%p	表示“±”
%%u	文字的下划线	%%c	直径代号
%%d	角度的度符号		

使用表中代码生成特殊字符的样例如图 6-9 所示。

添加%%u特殊%%u字符　　添加特殊字符

%%c100　　φ100

%%p0.010　　±0.010

图 6-9　创建特殊字符

6.1.5　用 TEXT 命令填写明细表

【练习 6-3】在表格中添加文字。

1. 打开素材文件“dwg\第 6 章\6-3.dwg”。

2. 创建新文字样式，并使其成为当前样式。新样式名称为“工程文字”，与其相连的字体文件是“gbenor.shx”和“gbcbig.shx”。

3. 用 TEXT 命令在明细表底部第 1 行中输入文字“序号”，字高为 5，结果如图 6-10 所示。

4. 用 COPY 命令将“序号”从 *A* 点复制到 *B*、*C*、*D*、*E* 点，结果如图 6-11 所示。

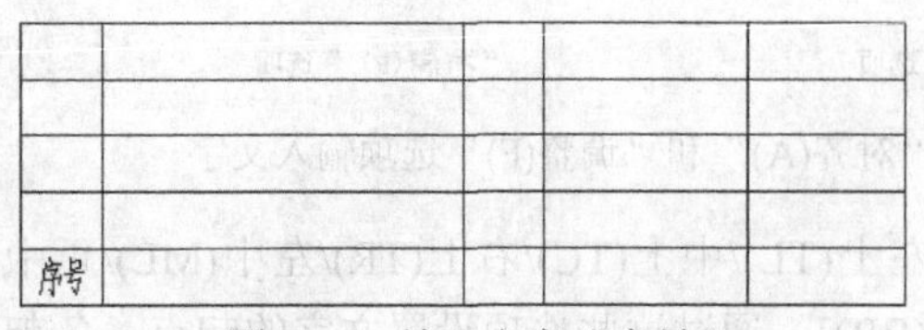

图 6-10 输入文字“序号”

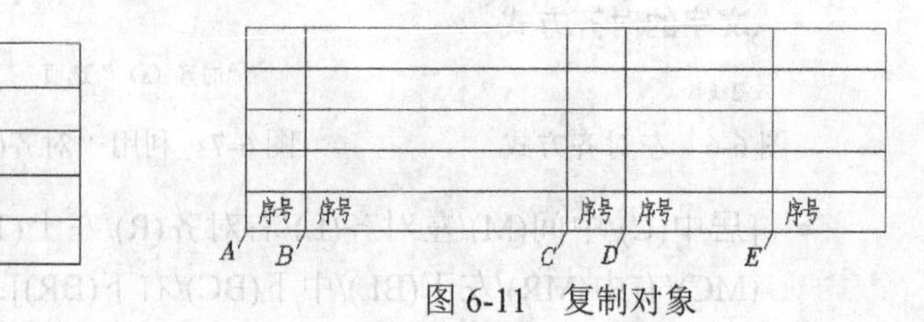

图 6-11 复制对象

5. 双击文字，修改文字内容，再用 MOVE 命令调整“名称”“材料”“备注”等的位置，结果如图 6-12 所示。

6. 把已经填写好的文字向上复制，结果如图 6-13 所示。

序号	名称	数量	材料	备注

图 6-12 修改文字内容并调整位置

序号	名称	数量	材料	备注
序号	名称	数量	材料	备注
序号	名称	数量	材料	备注
序号	名称	数量	材料	备注
序号	名称	数量	材料	备注

图 6-13 复制文字

7. 双击文字，修改文字内容，结果如图 6-14 所示。

8. 把序号及数量数字移动到表格的中间位置，结果如图 6-15 所示。

4	转轴	1	45	
3	定位板	2	Q235	
2	轴承盖	1	HT200	
1	轴承座	1	HT200	
序号	名称	数量	材料	备注

图 6-14 修改文字内容

4	转轴	1	45	
3	定位板	2	Q235	
2	轴承盖	1	HT200	
1	轴承座	1	HT200	
序号	名称	数量	材料	备注

图 6-15 移动文字

6.1.6 用 TEXT 命令标注机械图

【练习 6-4】打开素材文件“dwg\第 6 章\6-4.dwg”，在图中添加单行文字，如图 6-16 所示。文字字高为 3.5，字体采用“楷体”。

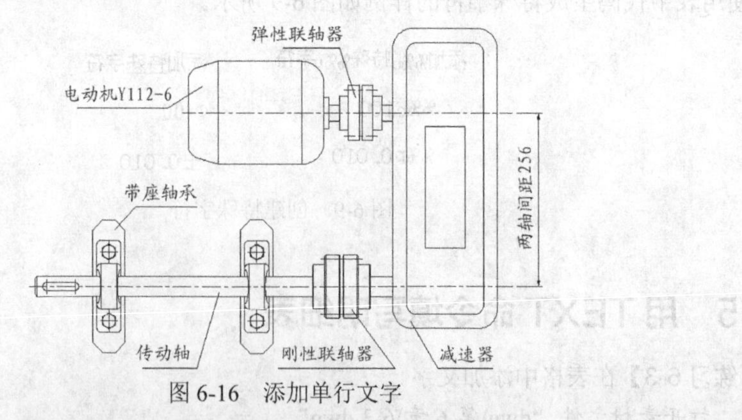

图 6-16 添加单行文字

【练习 6-5】打开素材文件“dwg\第 6 章\6-5.dwg”，在图中添加单行文字，如图 6-17 所示。文字字高为 5，中文字体采用“gbcbig.shx”，西文字体采用“gbenor.shx”。

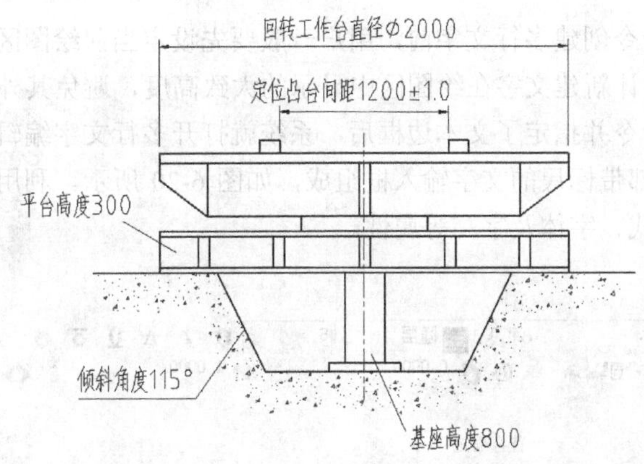

图 6-17　在单行文字中加入特殊符号

6.1.7　创建多行文字

使用 MTEXT 命令可以创建复杂的文字说明。用 MTEXT 命令生成的文字段落称为多行文字，它可由任意数目的文字行组成，所有的文字构成一个单独的实体。使用 MTEXT 命令时，用户可以指定文本分布的宽度，但文字沿竖直方向可无限延伸。另外，用户还能设置多行文字中单个字符或某一部分文字的属性（包括文本的字体、倾斜角度和高度等）。

要创建多行文字，首先要了解文字编辑器，下面将详细介绍文字编辑器的使用方法及常用选项的功能。

命令启动方法

- 菜单命令：【绘图】/【文字】/【多行文字】。
- 面板：【常用】选项卡中【注释】面板上的多行文字按钮。
- 命令：MTEXT 或简写 T。

【练习 6-6】利用 MTEXT 命令创建多行文字，文字内容如图 6-18 所示。

1. 设定绘图窗口的高度为 80。

2. 创建新文字样式，并使该样式成为当前样式。新样式名称为“文字样式-1”，与其相连的字体文件是“gbenor.shx”和“gbcbig.shx”。

3. 键入 T 命令，系统提示如下。

```
指定第一个角点：                    //在 A 点处单击，如图 6-18 所示
指定对角点：                        //在 B 点处单击
```

4. 系统打开多行文字编辑器，在【文字高度】文本框中输入数值“3.5”，然后输入文字。

5. 选中文字“技术要求”，然后在【文字高度】文本框中输入数值“5”，按 Enter 键，结果如图 6-19 所示。

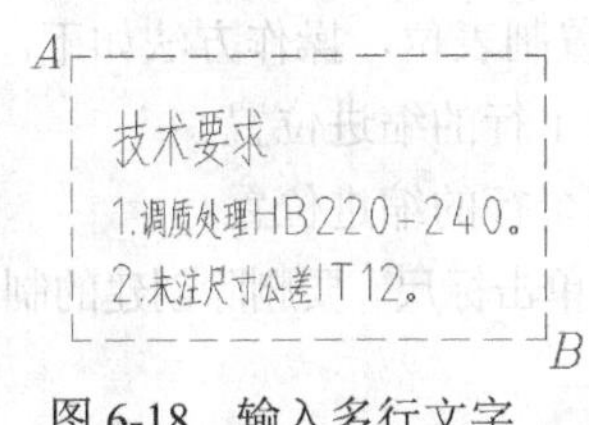

图 6-18　输入多行文字

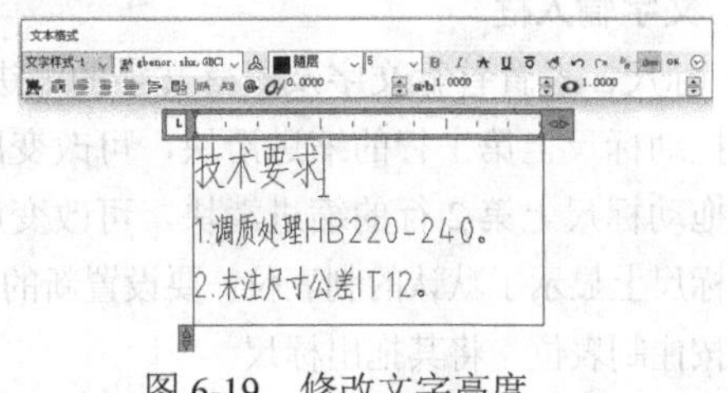

图 6-19　修改文字高度

6. 单击 OK 按钮结束操作。

使用 MTEXT 命令创建多行文字前，用户一般要先设定当前绘图区域的大小（或绘图窗口高度），这样便于估计新建文字在绘图区中显示的大致高度，避免其外观过大或过小。

启动 MTEXT 命令并指定了文本边框后，系统就打开多行文字编辑器，该编辑器由【文本格式】工具栏及顶部带标尺的文字输入框组成，如图 6-20 所示。利用它们可创建文字并设置文字样式、对齐方式、字体及字高等属性。

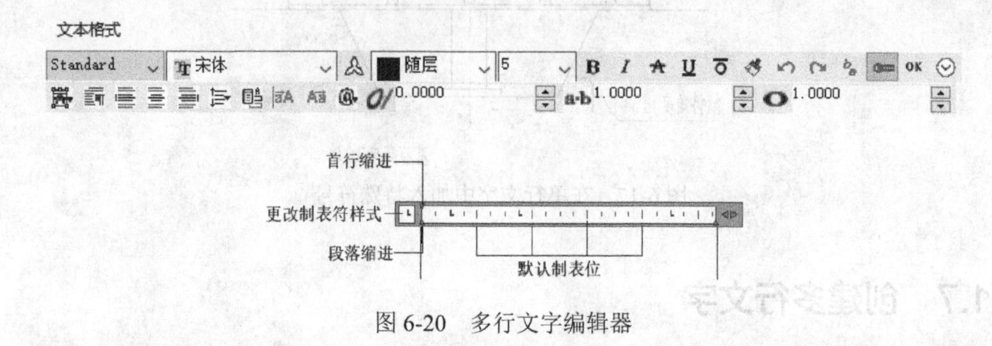

图 6-20 多行文字编辑器

用户在文字输入框中输入中文，当文本到达定义边框的右边界时，自动换行。若输入英文或数字，则按 Shift+Enter 组合键换行。

下面对多行文字编辑器的主要功能进行说明。

一、【文本格式】工具栏

- 【样式】：从此下拉列表中选择与多行文字关联的文字样式，新样式将影响所有相关文字，也影响文字的某些特殊格式，如粗体、斜体、堆叠等。
- 【字体】：从此下拉列表中选择需要的字体。多行文字对象中可以包含不同字体的字符。
- 【文字高度】：从此下拉列表中选择或直接输入文字高度。多行文字对象中可以包含不同高度的字符。
- 按钮：将选定文字的格式传递给目标文字。
- 按钮：当左、右文字间有堆叠字符（^、/、#）时，将使左边的文字堆叠在右边文字的上方。其中“/”转化为水平分数线，“#”转化为倾斜分数线。
- 按钮：打开或关闭文字输入框上部的标尺。
- 0.0000【倾斜角度】：设定文字的倾斜角度。
- a·b 1.0000 【追踪因子】：控制字符间的距离。如果输入大于 1 的数值，将增大字符间距；如果输入小于 1 的数值，则缩小字符间距。
- 1.0000【宽度因子】：设定文字的宽度因子。如果输入小于 1 的数值，文本将变窄；如果输入大于 1 的数值，则文本变宽。

二、文字输入框

（1）标尺：设置首行文字及段落文字的缩进，还可设置制表位，操作方法如下。

- 拖动标尺上第 1 行的缩进滑块，可改变所选段落第 1 行的缩进位置。
- 拖动标尺上第 2 行的缩进滑块，可改变所选段落其余行的缩进位置。
- 标尺上显示了默认的制表位。要设置新的制表位，可单击标尺。要删除创建的制表位，可按住制表位，将其拖出标尺。

（2）快捷菜单：在文本输入框中单击鼠标右键，弹出快捷菜单，该菜单中包含了一些标准编辑命令和多行文字特有的命令，如图 6-21 所示（只显示了部分命令）。

- 【符号】：该命令包含以下常用符号。

【度数】：在光标定位处插入特殊字符“%%d”，它表示度数符号“°”。

【正/负】：在光标定位处插入特殊字符“%%p”，它表示加减符号“±”。

【直径】：在光标定位处插入特殊字符“%%c”，它表示直径符号“φ”。

【几乎相等】：在光标定位处插入符号“≈”。

【角度】：在光标定位处插入符号“∠”。

【不相等】：在光标定位处插入符号“≠”。

【下标 2】：在光标定位处插入下标“2”。

【平方】：在光标定位处插入上标“2”。

【立方】：在光标定位处插入上标“3”。

【其他】：选择该命令，打开【字符映射表】对话框，在该对话框的【字体】下拉列表中选择字体，则对话框显示所选字体包含的各种字符，如图 6-22 所示。若要插入一个字符，先选择它并单击 选择(S) 按钮，此时系统将选择的字符放在【复制字符】文本框中，依次选择所有要插入的字符，然后单击 复制(C) 按钮，关闭【字符映射表】对话框，返回多行文字编辑器，在要插入字符的位置单击，再单击鼠标右键，从弹出的快捷菜单中选择【粘贴】命令，这样就将字符插入多行文字中了。

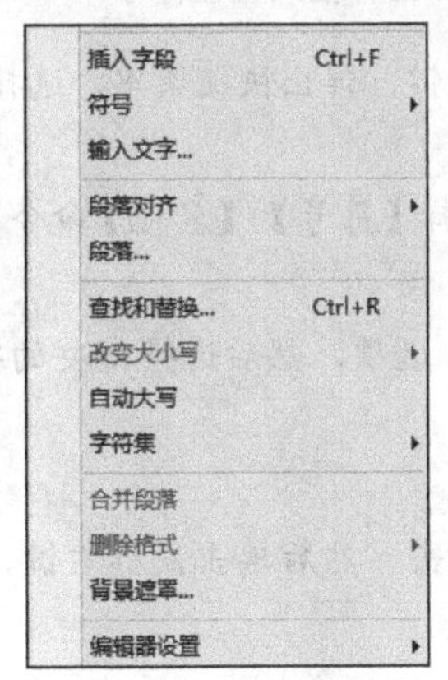

图 6-21　快捷菜单

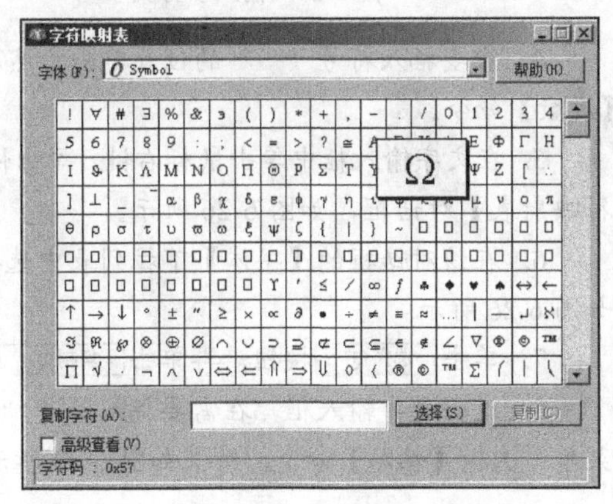

图 6-22　【字符映射表】对话框

- 【输入文字】：选择该命令，系统打开【打开】对话框，用户可通过该对话框将其他文字处理器创建的文本文件输入当前图形中。
- 【段落对齐】：设置多行文字的对齐方式。
- 【段落】：设定制表位和缩进，控制段落的对齐方式、段落间距、行间距。
- 【背景遮罩】：在文字后设置背景。
- 【堆叠】：利用此命令可使选择的文字堆叠起来，如图 6-23 所示，这对创建分数及公差形式的文字很有用。系统通过特殊字符“/”“^”“#”表明多行文字是可堆叠的。输入堆叠文字的方式为“左边文字+特殊字符+右边文字”，堆叠后，左边文字被放在右边文字的上面。

输入可堆叠的文字	堆叠结果
1/3	$\frac{1}{3}$
100+0.021^-0.008	$100^{+0.021}_{-0.008}$
1#12	$^{1}/_{12}$

图 6-23　堆叠文字

6.1.8 添加特殊字符

以下过程演示了如何在多行文字中添加特殊字符，文字内容如下。

蜗轮分度圆直径= ϕ100

齿形角α=20°

导程角γ=14°

【练习 6-7】添加特殊字符。

1. 设定绘图窗口的高度为 50。

2. 启动 MTEXT 命令，再指定文字分布宽度，系统打开多行文字编辑器，在【字体】下拉列表中选择【宋体】选项，在【文字高度】文本框中输入数值“3.5”，然后键入文字，如图 6-24 所示。

3. 在要插入直径符号的位置单击，然后单击鼠标右键，弹出快捷菜单，选择【符号】/【直径】命令，结果如图 6-25 所示。

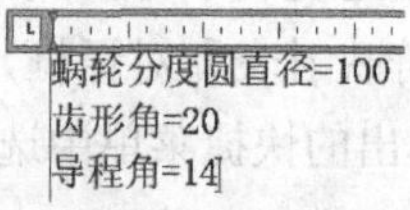

蜗轮分度圆直径=100
齿形角=20
导程角=14

图 6-24 输入多行文字

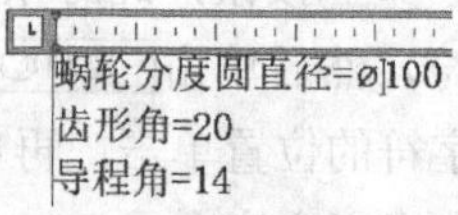

蜗轮分度圆直径=ø100
齿形角=20
导程角=14

图 6-25 插入直径符号

4. 在要插入符号“° ”的位置单击，然后单击鼠标右键，弹出快捷菜单，选择【符号】/【度数】命令。

5. 在文字输入框中单击鼠标右键，弹出快捷菜单，选择【符号】/【其他】命令，打开【字符映射表】对话框，如图 6-26 所示。

6. 在该对话框的【字体】下拉列表中选择【Symbol】选项，然后选择需要的字符“α”，如图 6-26 所示。

7. 单击 选择(S) 按钮，再单击 复制(C) 按钮。

8. 返回文字输入框，在需要插入符号“α”的地方单击，然后单击鼠标右键，弹出快捷菜单，选择【粘贴】命令，结果如图 6-27 所示。

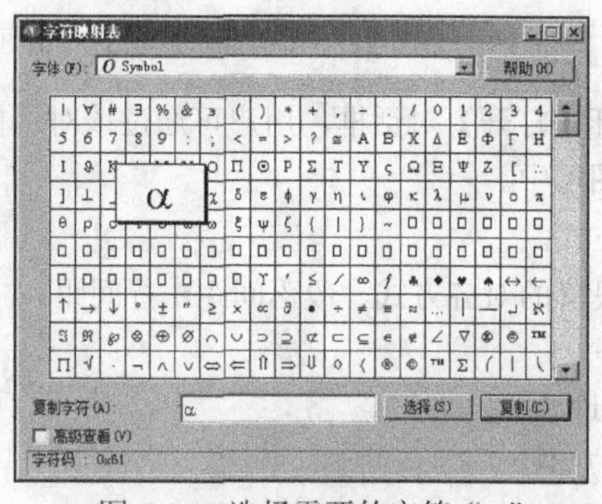

图 6-26 选择需要的字符“α”

蜗轮分度圆直径=ø100
齿形角α
=20°
导程角=14°

图 6-27 插入符号“α”

要点提示 粘贴符号“α”后，系统将自动回车。

9. 把符号“α”的高度修改为 3，再将光标放置在此符号的后面，按 Delete 键，结果如图 6-28 所示。

10. 用同样的方法插入字符“γ”，结果如图 6-29 所示。

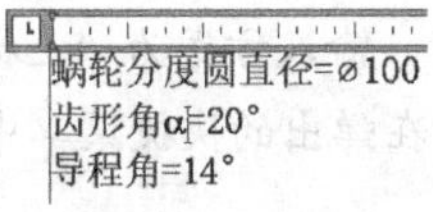

图 6-28 修改文字高度及调整文字位置

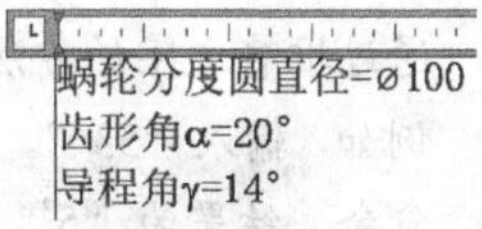

图 6-29 插入符号“γ”

11. 单击 OK 按钮完成操作。

6.1.9 在多行文字中设置不同字体及字高

输入多行文字时，用户可随时选择不同字体及指定不同字高。

【练习 6-8】在多行文字中设置不同字体及字高。

1. 设定绘图窗口的高度为 100。

2. 启动 MTEXT 命令，再指定文字分布宽度，系统打开多行文字编辑器，在【字体】下拉列表中选择【黑体】选项，在【文字高度】文本框中输入数值“5”，然后输入文字，如图 6-30 所示。

3. 在【字体】下拉列表中选择【汉仪长仿宋】选项，在【文字高度】文本框中输入数值“3.5”，然后输入文字，如图 6-31 所示。

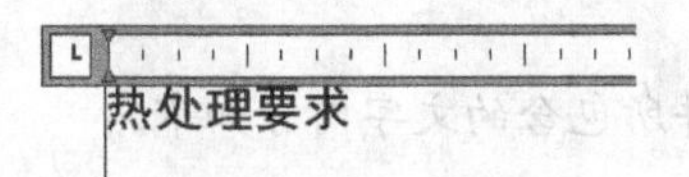

图 6-30 使多行文字连接黑体

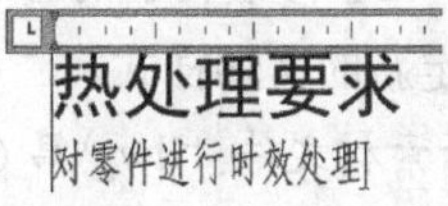

图 6-31 使多行文字连接汉仪长仿宋

4. 单击 OK 按钮完成操作。

6.1.10 创建分数及公差形式的文字

下面使用多行文字编辑器创建分数及公差形式的文字，文字内容如下。

$$ø100\frac{H7}{m6}$$

$$200^{+0.020}_{-0.016}$$

【练习 6-9】创建分数及公差形式的文字。

1. 打开多行文字编辑器，输入多行文字，如图 6-32 所示。

2. 选择文字“H7/m6”，然后单击鼠标右键，在弹出的快捷菜单中选择【堆叠】命令，结果如图 6-33 所示。

3. 选择文字“+0.020^-0.016”，然后单击鼠标右键，在弹出的快捷菜单中选择【堆叠】命令，结果如图 6-34 所示。

图 6-32 输入多行文字

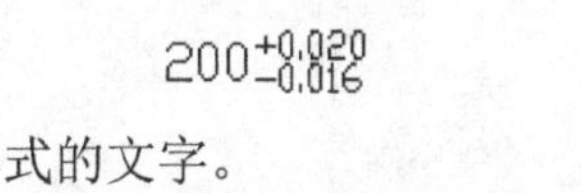

图 6-33 创建分数形式文字

图 6-34 创建公差形式文字

4. 单击 OK 按钮完成操作。

要点提示 通过堆叠文字的方法也可创建文字的上标或下标，输入方式为“上标^”“^下标”。例如，输入“53^”，选中“3^”，单击鼠标右键，在弹出的快捷菜单中选择【堆叠】命令，结果为“5^3”。

6.1.11 编辑文字

编辑文字的常用方法有以下 3 种。

（1）双击单行文字，系统启动 ZWMSUPEREDIT 命令（超级编辑命令 V），该命令可对单行文字及多行文字进行连续编辑。双击多行文字，系统启动 MTEDIT 命令，该命令只能编辑多行文字，且不能连续操作。

（2）启动 DDEDIT 命令连续编辑单行文字或多行文字。选择的对象不同，打开的对话框也不同。对于单行文字，打开文本编辑框；对于多行文字，则打开多行文字编辑器。

（3）用 PROPERTIES 命令修改文本。选择要修改的文字后，单击鼠标右键，弹出快捷菜单，选择【特性】命令，打开【特性】对话框。在此对话框中用户不仅能修改文本的内容，还能编辑文本的其他许多属性，如倾斜角度、对齐方式、文字高度及文字样式等。

【练习 6-10】修改文字内容、改变多行文字的字体及字高、调整多行文字的边界宽度，以及为文字指定新的文字样式。

1. 打开素材文件“dwg\第 6 章\6-10.dwg”，该文件所包含的文字内容如下。

   减速机机箱盖

   技术要求

   1. 铸件进行清砂、时效处理，不允许有砂眼。

   2. 未注圆角半径 *R*3-5。

2. 双击第 1 行文字，系统打开文本编辑框，输入文字“减速机机箱盖零件图”，如图 6-35 所示，单击 确认 按钮退出编辑状态。

3. 选择第 2 行文字，系统打开多行文字编辑器，选中文字“时效”，将其修改为“退火”，如图 6-36 所示。单击OK按钮完成操作。

减速机机箱盖零件图

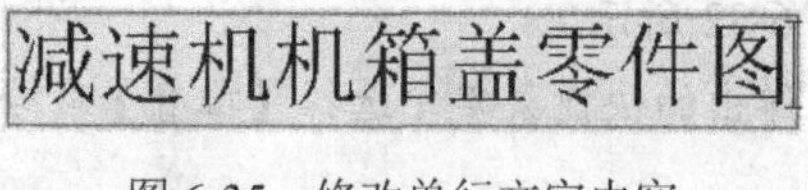

图 6-35 修改单行文字内容

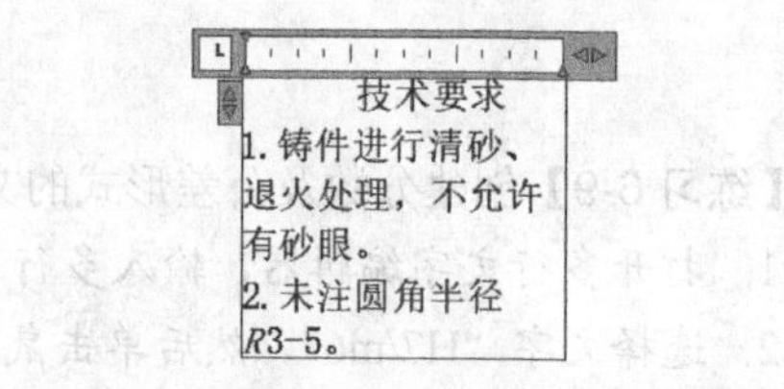

图 6-36 修改多行文字内容

4. 双击第 2 行文字，系统打开多行文字编辑器。

5. 选中文字“技术要求”，然后在【字体】下拉列表中选择【黑体】选项，在【文字高度】文本框中输入数值“5”，按 Enter 键，结果如图 6-37 所示。单击OK按钮完成操作。

6. 选择多行文字，系统显示对象关键点，如图 6-38 左图所示，激活右边的一个关键点，进入拉伸编辑模式。

7. 向右移动光标，拉伸多行文字边界，结果如图 6-38 右图所示。

技术要
求
1. 铸件进行清砂、
退火处理，不允许
有砂眼。
2. 未注圆角半径
R3-5。

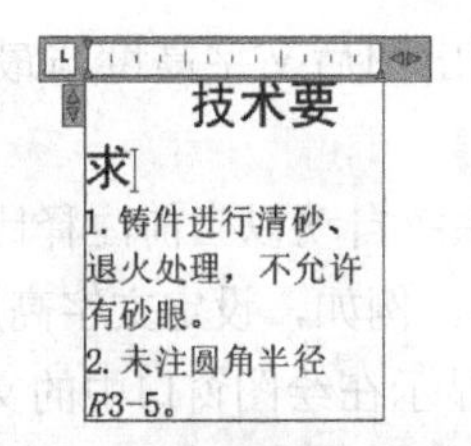

图 6-37 修改字体及字高

技术要
求
1. 铸件进行清砂、
退火处理，不允许
有砂眼。
2. 未注圆角半径
R3-5。
技术要求
1. 铸件进行清砂、退火处
理，不允许有砂眼。
2. 未注圆角半径R3-5。

图 6-38 拉伸多行文字边界

8. 单击【注释】选项卡中【文字】面板上的↘按钮，打开【文字样式管理器】选项板，利用该选项板创建新文字样式，样式名为“样式-1”，使该文字样式连接中文字体【楷体】，如图 6-39 所示。

9. 选择所有文字，选择右键快捷菜单中的【特性】命令，打开【特性】选项板，在该选项板上面的下拉列表中选择【文字（1)】，在【样式】下拉列表中选择【样式-1】，如图 6-40 所示。

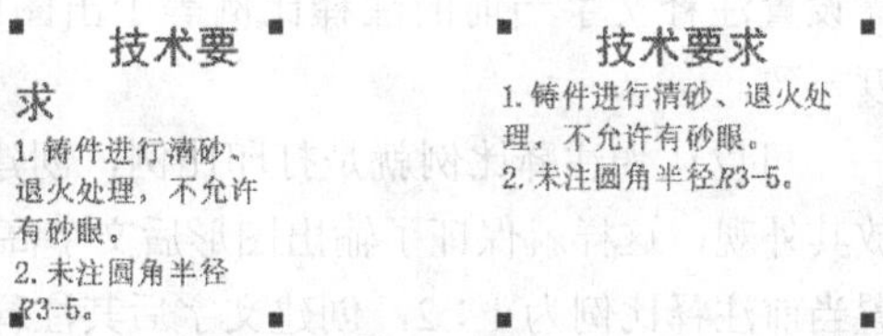

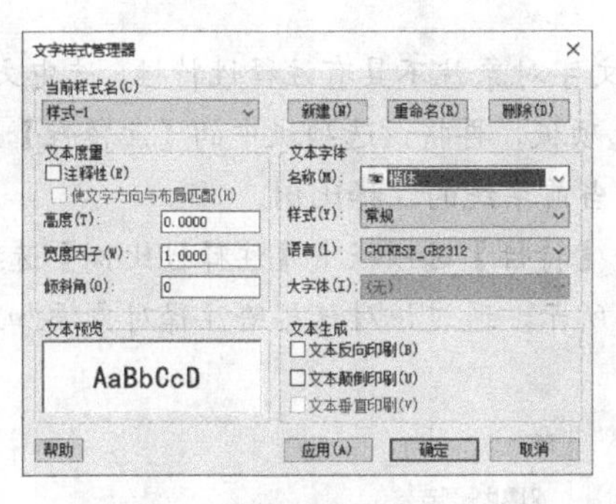

文字样式管理器
当前样式名(C)
样式-1
新建(N)
重命名(R)
删除(D)
文本度量
注释性(E)
使文字方向与布局匹配(H)
高度(T):
0.0000
宽度因子(W):
1.0000
倾斜角(O):
0
文本字体
名称(M):
楷体
样式(Y):
常规
语言(L):
CHINESE_GB2312
大字体(I):
(无)
文本预览
AaBbCcD
文本生成
文本反向印刷(B)
文本颠倒印刷(U)
文本垂直印刷(V)
帮助
应用(A)
确定
取消

图 6-39 创建新文字样式

减速机机箱盖零件图
技术要求
1. 铸件进行清砂、退火处
理，不允许有砂眼。
2. 未注圆角半径R3-5。
文字 (1)
文字
内容
减速机机箱盖零件图
样式
样式-1
注释性
否
对正
左对齐
高度
3.5

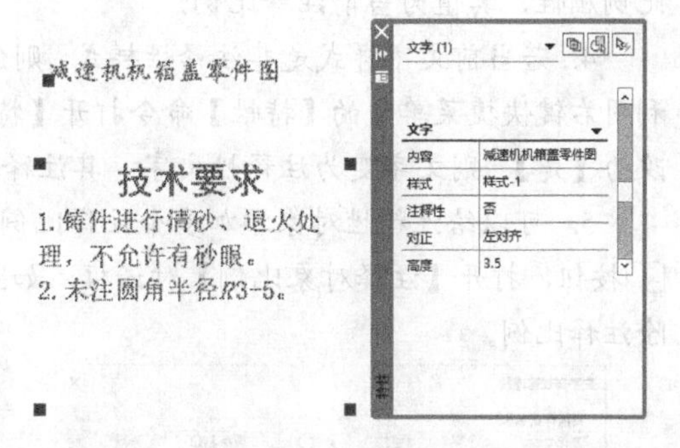

图 6-40 指定单行文字的新文字样式

10. 在【特性】选项板上面的下拉列表中选择【多行文字（1)】，在【样式】下拉列表中选择【样式-1】，如图 6-41 所示。

文字采用新样式后的外观如图 6-42 所示。

减速机机箱盖零件图
技术要求
1. 铸件进行清砂、退火处
理，不允许有砂眼。
2. 未注圆角半径R3-5。
多行文字 (1)
内容
样式
样式-1
注释性
否
对正
左上
方向
随文字样式
定义的宽度
60.0207
文字高度
3.5
指定多行文字的样式名

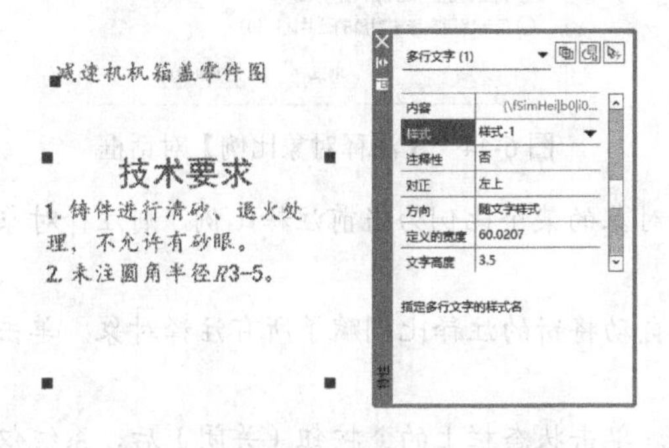

图 6-41 指定多行文字的新文字样式

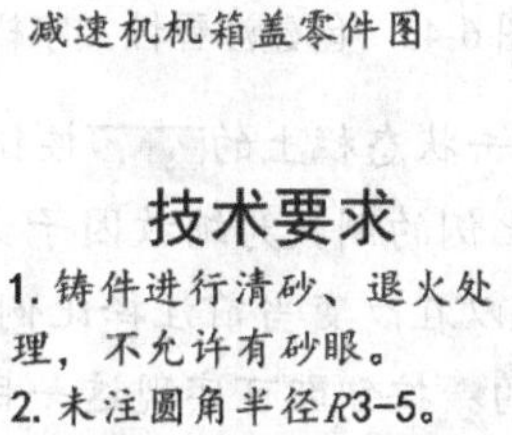

减速机机箱盖零件图
技术要求
1. 铸件进行清砂、退火处
理，不允许有砂眼。
2. 未注圆角半径R3-5。

图 6-42 使文字采用新样式

6.1.12 在零件图中使用注释性文字

在零件图中创建说明文字时，需要注意的一个问题是：文字高度应设置为图纸上的实际高度与打印比例倒数的乘积。例如，文字在图纸上的高度为 3.5，打印比例为 1∶2，则输入文字时应将文字高度设为 7。

在零件图中创建说明文字时，也可采用注释性文字，此类文字具有注释比例属性，只需设置注释文字当前的注释比例等于出图比例，就能保证出图后文字高度与最初设定的高度一致。

可以认为注释比例就是打印比例，创建注释文字后，系统自动以当前注释比例的倒数缩放其外观，这样就保证了输出图形后文字高度值等于设定值。例如，设定文字高度为3.5，设置当前注释比例为1∶2，创建文字后其注释比例为1∶2，显示在绘图窗口中的文字外观将放大一倍，文字高度变为7。这样当以1∶2比例出图后，文字高度变为3.5。

创建注释性文字的操作步骤如下。

1. 创建注释性文字样式。若文字样式是注释性的，则与其关联的文字就是注释性的。在【文字样式管理器】对话框中勾选【注释性】复选框，即可将文字样式修改为注释性文字样式，如图6-43所示。

2. 单击状态栏上的1:1▾按钮，设定当前注释比例，该值等于打印比例。

3. 创建文字，文字高度设定为图纸上的实际高度。该文字对象是注释性文字，具有注释比例属性，其值为当前注释比例。

4. 若当前文字样式是非注释性样式，则创建的文字对象就不具有注释性特性。选中文字，利用右键快捷菜单中的【特性】命令打开【特性】选项板，再将该选项板中的【注释性】选项改为【是】，则文字变为注释性文字。其注释比例为当前系统的注释比例。

5. 可以给注释性对象添加多个注释比例。单击【特性】选项板中【注释性比例】选项的...按钮，打开【注释对象比例】对话框，如图6-44所示，通过该对话框给注释对象添加或删除注释比例。

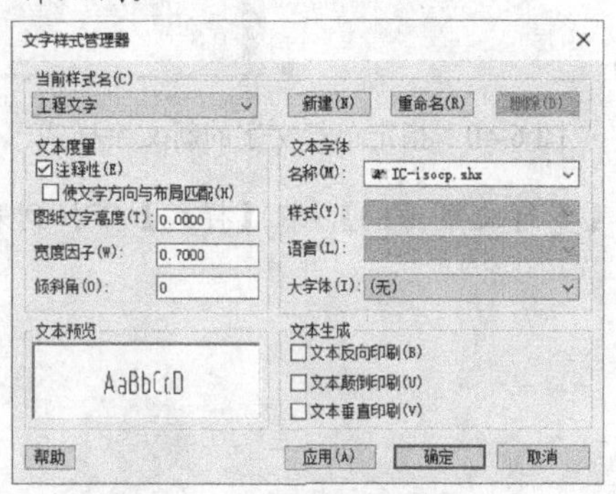

图6-43 创建注释性文字样式

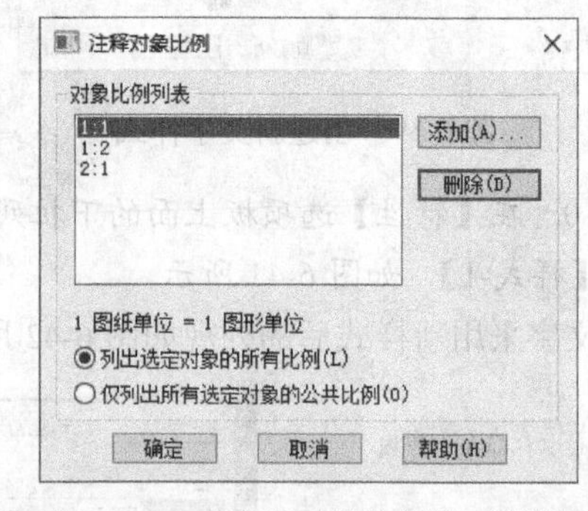

图6-44 【注释对象比例】对话框

6. 单击状态栏上的1:1▾按钮，可指定注释对象的某个比例为当前注释比例，则注释对象外观以该比例的倒数为缩放因子变大或变小。

7. 可以在改变当前注释比例的同时让系统自动将新的注释比例赋予所有注释对象。单击状态栏上的按钮即可实现这一目标。

8. 默认情况下，系统始终显示注释性对象。单击状态栏上的按钮（关闭）后，系统仅显示注释比例等于系统当前注释比例的对象。改变系统当前注释比例，则与该比例不同的注释性对象将隐藏。

6.1.13 上机练习——创建单行及多行文字

【练习6-11】打开素材文件"dwg\第6章\6-11.dwg"，在图中添加多行文字，如图6-45所示。图中文字的特性如下。

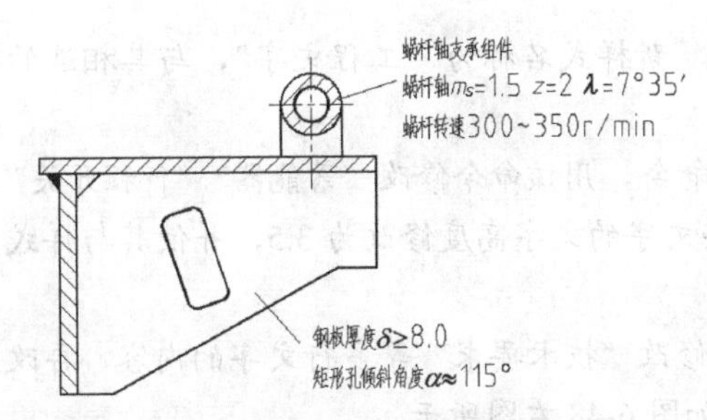

图 6-45　在多行文字中添加特殊符号

- “α、λ、δ、≈、≥”：文字高度为 4，字体为“symbol”。
- 其余文字：文字高度为 5，中文字体采用“gbcbig.shx”，西文字体采用“gbenor.shx”。

【练习 6-12】打开素材文件“dwg\第 6 章\6-12.dwg”，在图中添加单行文字及多行文字，如图 6-46 所示。图中文字的特性如下。

- 单行文字的字体为“宋体”，文字高度为 10，其中部分文字沿 60° 方向创建，字体倾斜角度为 30°。
- 多行文字的文字高度为 12，字体为“黑体”和“宋体”。

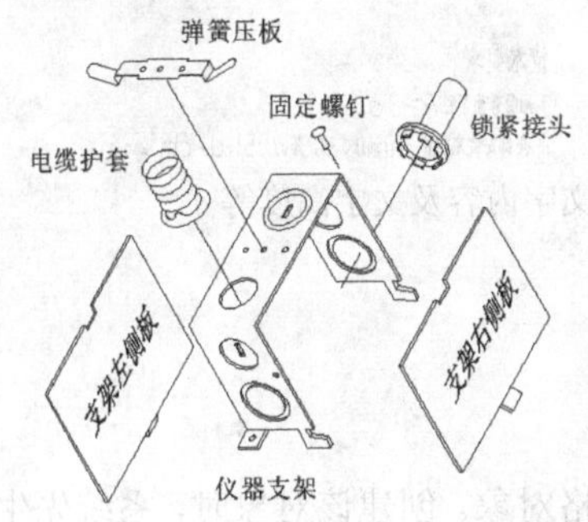

图 6-46　创建单行及多行文字

【练习 6-13】打开素材文件“dwg\第 6 章\6-13.dwg”，如图 6-47 左图所示，修改文字内容、字体及文字高度，结果如图 6-47 右图所示。右图中的文字特性如下。

- “技术要求”：文字高度为 5，字体为“gbenor.shx”“gbcbig.shx”。
- 其余文字：文字高度为 3.5，字体为“gbenor.shx”“gbcbig.shx”。

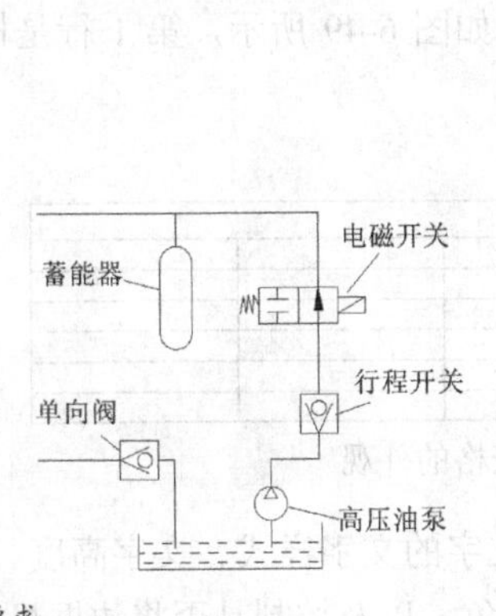

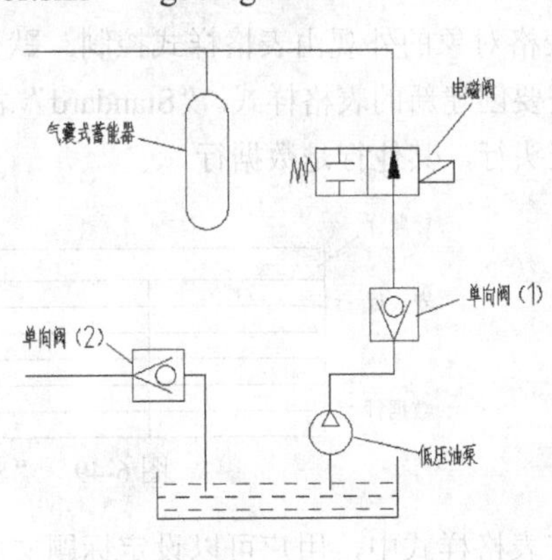

图 6-47　编辑文字

1. 创建新文字样式，新样式名称为“工程文字”，与其相连的字体文件是“gbenor.shx”“gbcbig.shx”。

2. 启动 DDEDIT 命令，用该命令修改“蓄能器”“行程开关”等单行文字的内容，再用 PROPERTIES 命令将这些文字的文字高度修改为 3.5，并使其与样式“工程文字”相连，结果如图 6-48 左图所示。

3. 用 DDEDIT 命令修改“技术要求”等多行文字的内容，再改变文字高度，并使其采用样式“工程文字”，结果如图 6-48 右图所示。

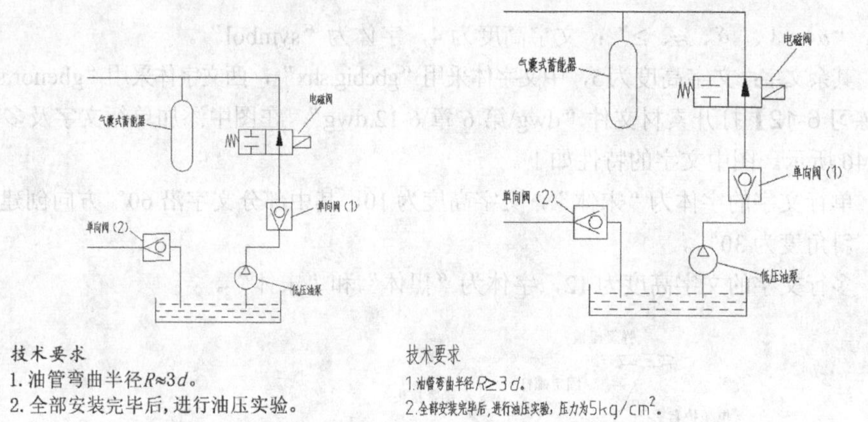

图 6-48 修改文字内容及文字高度等

6.2 创建表格对象

在中望机械 CAD 中，用户可以创建表格对象。创建该对象时，系统先生成一个空白表格，随后用户可在该表中输入文字信息，并可以很方便地修改表格的宽度、高度及表中文字，还可按行、列方式删除表格单元或合并表中的相邻单元。

6.2.1 表格样式

表格对象的外观由表格样式控制。默认情况下，表格样式是“Standard”，但用户也可以根据需要创建新的表格样式。“Standard”表格的外观如图 6-49 所示，第 1 行是标题行，第 2 行是表头行，其他行是数据行。

图 6-49 “Standard”表格的外观

在表格样式中，用户可以设定标题文字和数据文字的文字样式、文字高度、对齐方式及表格单元的填充颜色，还可设定单元边框的线宽和颜色，以及控制是否将边框显示出来。

命令启动方法

- 菜单命令：【格式】/【表格样式】。

- 面板：【注释】选项卡中【表格】面板上的↘按钮。
- 命令：TABLESTYLE。

【练习 6-14】创建新的表格样式。

1. 创建新文字样式，新样式名称为“工程文字”，与其相连的字体文件是“gbenor.shx”和“gbcbig.shx”。

2. 启动 TABLESTYLE 命令，打开【表格样式管理器】对话框，如图 6-50 所示，利用该对话框可以新建、修改及删除表格样式。

3. 单击 新建(N)... 按钮，打开【创建新的表格样式】对话框，在【基础样式】下拉列表中选择新样式的原始样式【Standard】，该原始样式为新样式提供默认设置。在【新样式名】文本框中输入新样式的名称“表格样式-1”，如图 6-51 所示。

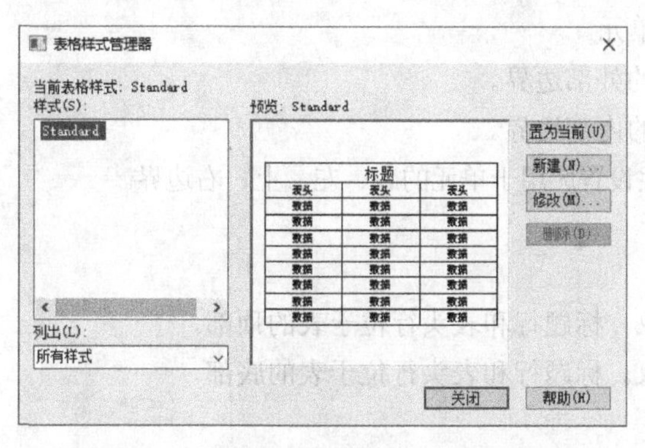

图 6-50　【表格样式管理器】对话框

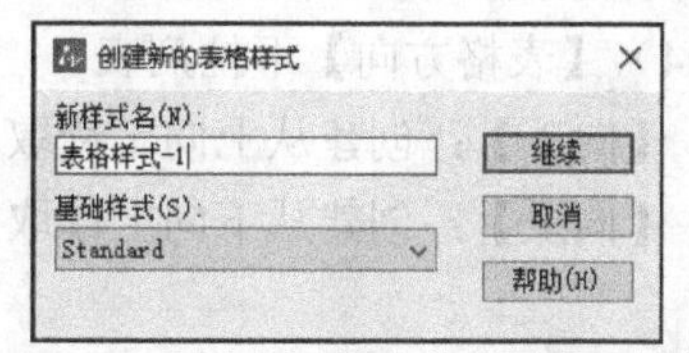

图 6-51　【创建新的表格样式】对话框

4. 单击 继续 按钮，打开【新建表格样式】对话框，如图 6-52 所示。在【单元样式】下拉列表中分别选择【数据】【标题】【表头】选项，同时在【文字】选项卡中指定【文字样式】为【工程文字】，【文字高度】为“3.5”，在【基本】选项卡中指定文字对齐方式为【正中】。

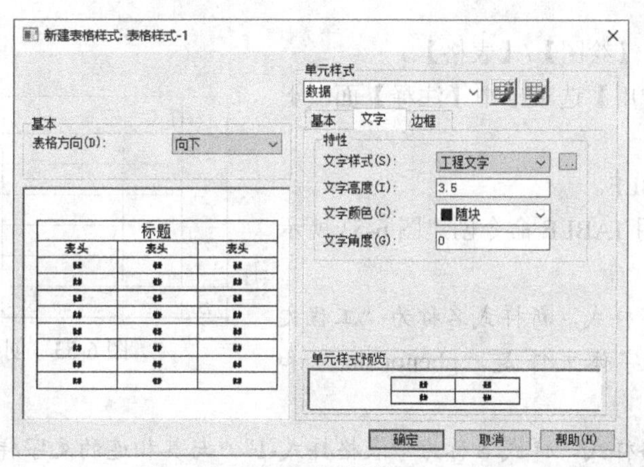

图 6-52　【新建表格样式】对话框

5. 单击 确定 按钮，返回【表格样式】对话框，再单击 置为当前(U) 按钮，使新的表格样式成为当前样式。

【新建表格样式】对话框中常用选项的功能介绍如下。

（1）【基本】选项卡。

- 【填充颜色】：指定表格单元的背景颜色，默认值为【无】。
- 【对齐】：设置表格单元中文字的对齐方式。

- 【水平】：设置单元文字与左右单元边界之间的距离。
- 【垂直】：设置单元文字与上下单元边界之间的距离。

（2）【文字】选项卡。

- 【文字样式】：选择文字样式。单击按钮，打开【文字样式管理器】对话框，利用该对话框可创建新的文字样式。
- 【文字高度】：输入文字的高度。
- 【文字角度】：设定文字的倾斜角度。逆时针为正，顺时针为负。

（3）【边框】选项卡。

- 【线宽】：指定表格单元的边界线宽。
- 【颜色】：指定表格单元的边界颜色。
- 按钮：将边界特性设置应用于所有单元。
- 按钮：将边界特性设置应用于单元的外部边界。
- 按钮：将边界特性设置应用于单元的内部边界。
- 、、、按钮：将边界特性设置应用于单元的底、左、上、右边界。
- 按钮：隐藏单元的边界。

（4）【表格方向】下拉列表。

- 【向下】：创建从上向下读取的表对象。标题行和表头行位于表的顶部。
- 【向上】：创建从下向上读取的表对象。标题行和表头行位于表的底部。

6.2.2 创建及修改空白表格

用 TABLE 命令创建空白表格，空白表格的外观由当前表格样式决定。使用该命令时，用户要输入的主要参数有“行数”“列数”“行高”“列宽”等。

命令启动方法

- 菜单命令：【绘图】/【表格】。
- 面板：【常用】选项卡中【注释】面板上的按钮。
- 命令：TABLE。

【练习 6-15】用 TABLE 命令创建图 6-53 所示的空白表格。

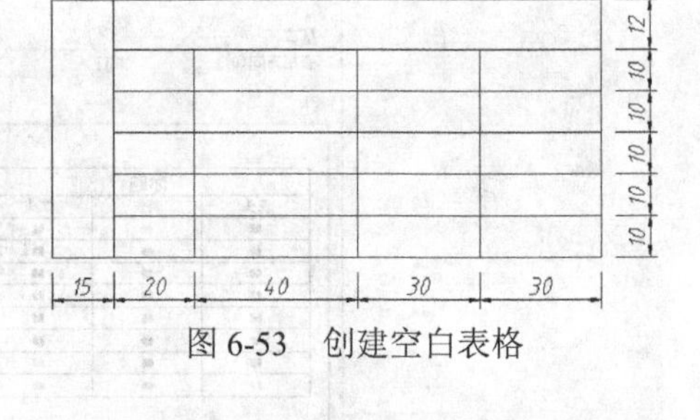

图 6-53 创建空白表格

1. 创建新文字样式，新样式名称为“工程文字”，与其相连的字体文件是“gbenor.shx”和“gbcbig.shx”。

2. 创建新表格样式，样式名称为“表格样式-1”，与其相连的文字样式为“工程文字”，文字高度设定为 3.5。

3. 单击【注释】面板上的按钮，打开【插入表格】对话框，如图 6-54 所示。在该对话框中，用户可通过选择表格样式，并指定表的行数、列数及相关尺寸来创建表格。

4. 单击 确定 按钮，指定表格插入点，再关闭多行文字编辑器，创建图 6-55 所示的空白表格。

5. 在表格内按住鼠标左键并拖动，选中第 1 行和第 2 行，弹出【表格】工具栏，单击工具栏中的按钮，删除选中的两行，结果如图 6-56 所示。

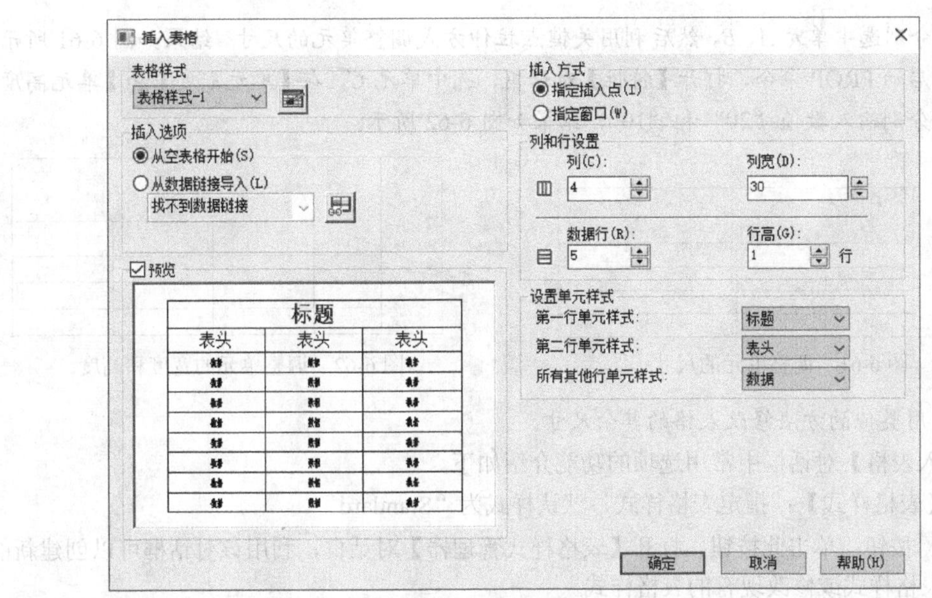

图 6-54 【插入表格】对话框

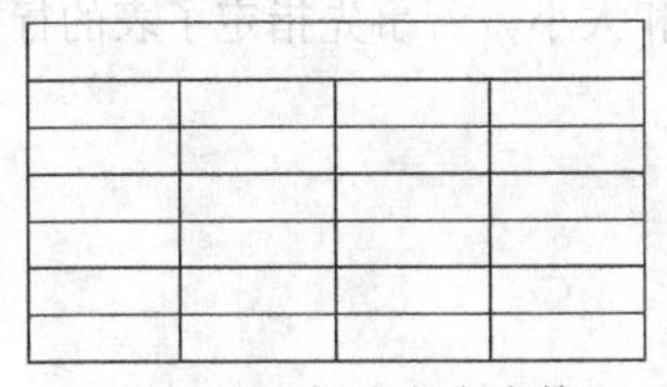

图 6-55 创建空白表格

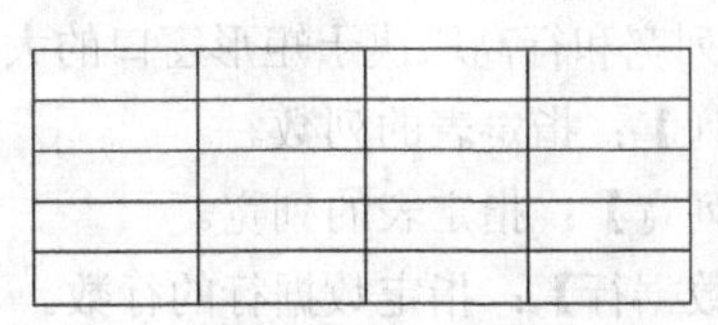

图 6-56 删除第 1 行和第 2 行

6. 选中第 1 列的任一单元，单击鼠标右键，弹出快捷菜单，选择【列】/【在左侧插入】命令，插入新的一列，结果如图 6-57 所示。

7. 选中第 1 行的任一单元，单击鼠标右键，弹出快捷菜单，选择【行】/【在上方插入】命令，插入新的一行，结果如图 6-58 所示。

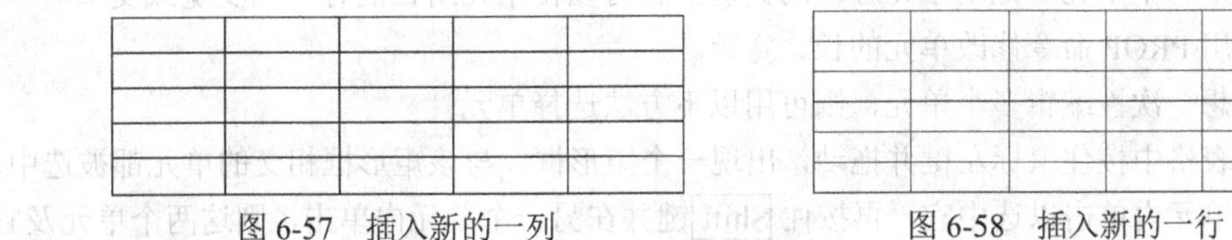

图 6-57 插入新的一列

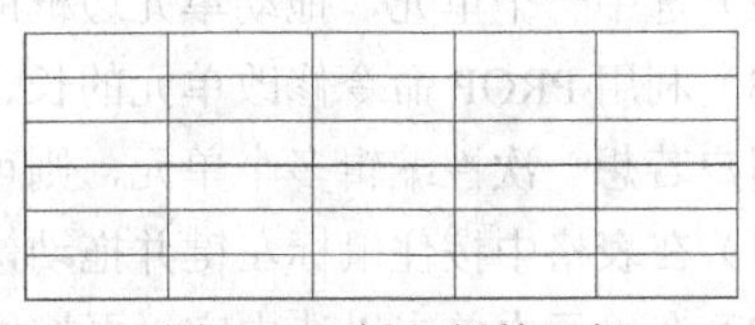

图 6-58 插入新的一行

8. 按住鼠标左键并拖动，选中第 1 列的所有单元，然后单击鼠标右键，弹出快捷菜单，选择【合并】/【全部】命令，结果如图 6-59 所示。

9. 按住鼠标左键并拖动，选中第 1 行的所有单元，然后单击鼠标右键，弹出快捷菜单，选择【合并】/【全部】命令，结果如图 6-60 所示。

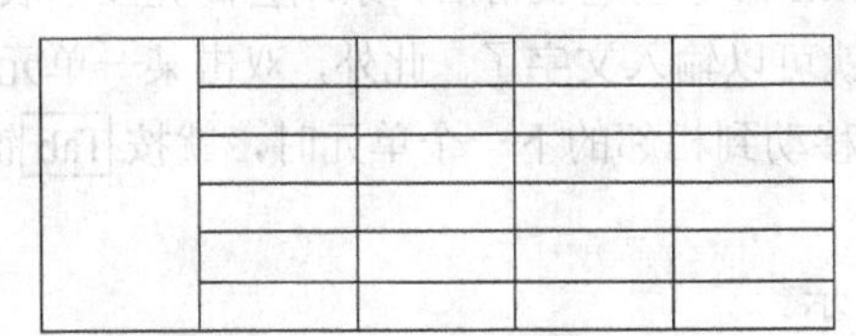

图 6-59 合并第 1 列的所有单元

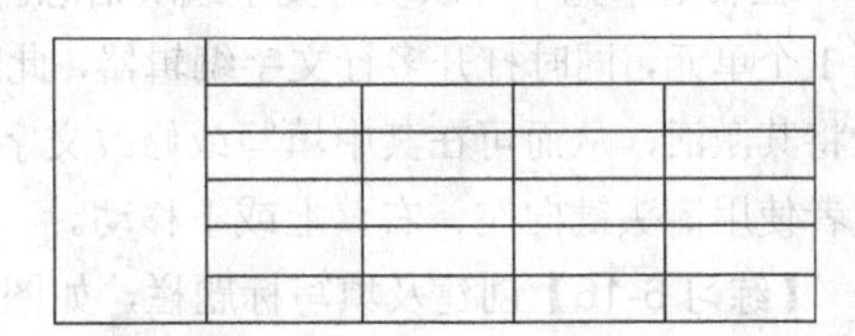

图 6-60 合并第 1 行的所有单元

10. 分别选中单元 *A*、*B*，然后利用关键点拉伸方式调整单元的尺寸，结果如图 6-61 所示。

11. 启动 PROP 命令，打开【特性】对话框，选中单元 *C*，在【单元宽度】和【单元高度】文本框中分别输入数值“20”和“10”，结果如图 6-62 所示。

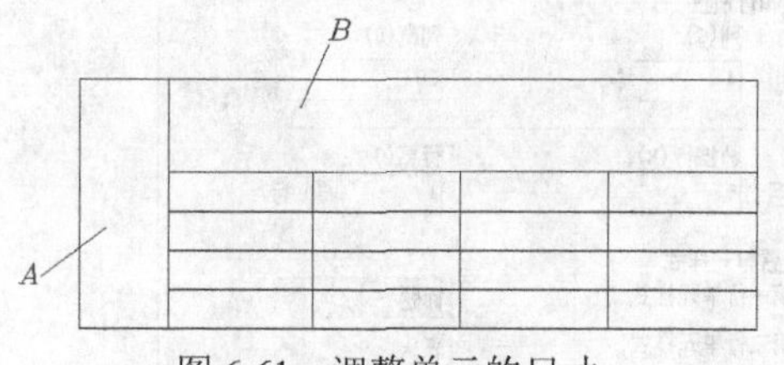

图 6-61 调整单元的尺寸

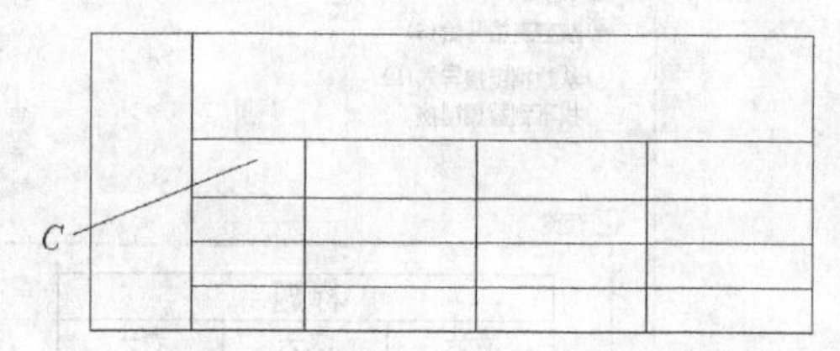

图 6-62 调整单元的宽度和高度

12. 用类似的方法修改表格的其余尺寸。

【插入表格】对话框中常用选项的功能介绍如下。

- 【表格样式】：指定表格样式，默认样式为“Standard”。
- 按钮：单击此按钮，打开【表格样式管理器】对话框，利用该对话框可以创建新的表格样式或修改现有的表格样式。
- 【指定插入点】：指定表格左上角的位置。
- 【指定窗口】：利用矩形窗口指定表的位置和大小。若事先指定了表的行数、列数，则列宽和行高取决于矩形窗口的大小。
- 【列】：指定表的列数。
- 【列宽】：指定表的列宽。
- 【数据行】：指定数据行的行数。
- 【行高】：设定行的高度。“行高”是系统根据表格样式中的文字高度及单元边距确定出来的。

对于已创建的表格，用户可用以下方法修改表格单元的长、宽及表格对象的行数、列数。

（1）选中表格单元，打开【表格】工具栏，利用此工具栏可插入及删除行、列，合并单元，修改文字对齐方式等。

（2）选中一个单元，拖动单元边框的关键点就可以使单元所在的行、列变宽或变窄。

（3）利用 PROP 命令修改单元的长、宽等。

用户若想一次性编辑多个单元，则可用以下方法选择单元。

（1）在表格中按住鼠标左键并拖动，出现一个矩形框，与该矩形框相交的单元都被选中。

（2）在单元内单击以选中它，再按住 Shift 键并在另一个单元内单击，则这两个单元及它们之间的所有单元都被选中。

6.2.3 在表格对象中填写文字

在表格单元中可以填写文字或块信息。用 TABLE 命令创建表格后，系统会高亮显示表的第 1 个单元，同时打开多行文字编辑器，此时用户就可以输入文字了。此外，双击某一单元也能将其激活，从而可在其中填写或修改文字。当要移动到相邻的下一个单元时，就按 Tab 键，或者使用箭头键向左、右、上或下移动。

【练习 6-16】 创建及填写标题栏，如图 6-63 所示。

10 10 16 16 12 16
材料标记
12 12
单位名称
18
8×7=56
标记 处数 更改文件号 年月日
设计 签名 年月日 标准化 签名 年月日
阶段标记 重量 比例
10
图样名称
20
9
审核
9
图样代号
18
工艺 批准
共 张 第 张
12 12 16 12 12 16 50 50

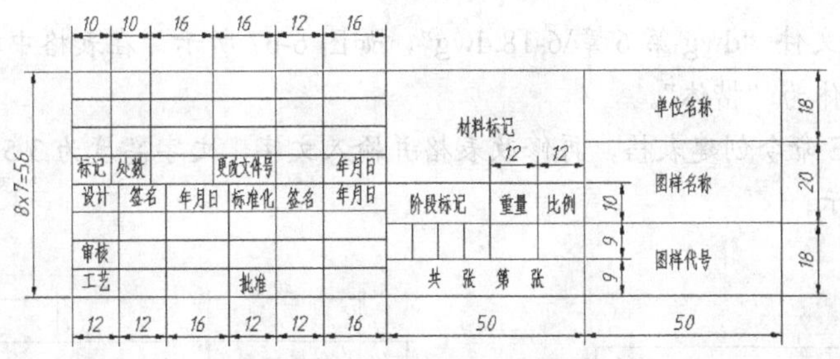

图 6-63 创建及填写标题栏

1. 创建新的表格样式，样式名为“工程表格”。设定表格单元中的文字采用字体“gbenor.shx”和“gbcbig.shx”，文字高度为 5，对齐方式为“正中”，文字与单元边框的距离为 0.1。

2. 指定“工程表格”为当前样式，用 TABLE 命令创建 4 个表格，如图 6-64 左图所示。用 MOVE 命令将这些表格组合成标题栏，结果如图 6-64 右图所示。

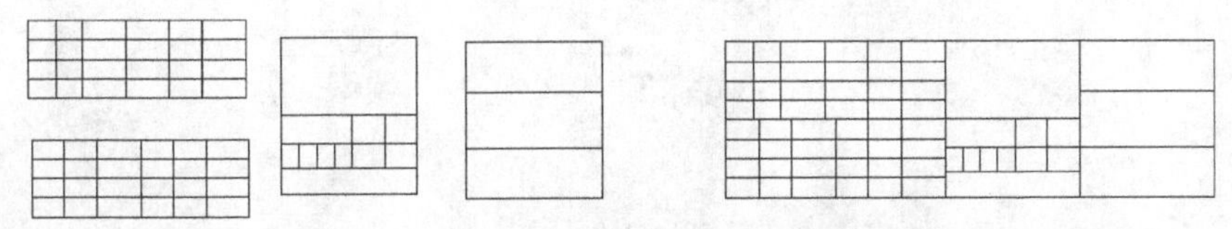

图 6-64 创建 4 个表格并将其组合成标题栏

3. 双击表格的某一单元以激活它，在其中输入文字，按箭头键移动到其他单元继续填写文字，结果如图 6-65 所示。

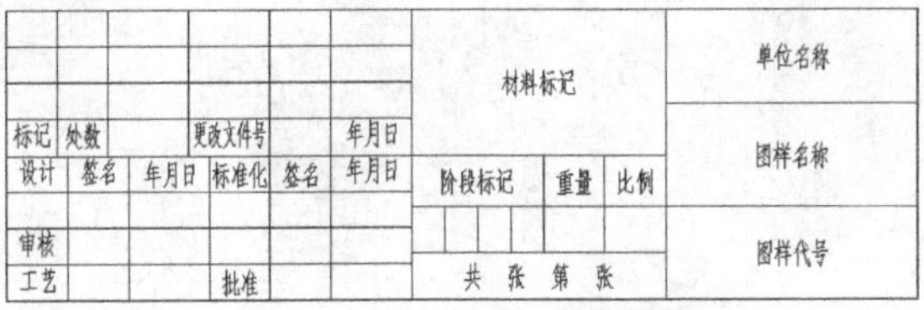

材料标记
单位名称
标记 处数 更改文件号 年月日
设计 签名 年月日 标准化 签名 年月日
阶段标记 重量 比例
图样名称
审核
图样代号
工艺 批准
共 张 第 张

图 6-65 在表格中填写文字

要点提示 双击“更改文件号”单元，选择所有文字，然后在【文本格式】工具栏的【宽度因子】文本框中输入文字的宽度比例因子为“0.8”，这样表格单元就有足够的宽度来容纳文字了。

6.3 习题

1. 打开素材文件“dwg\第 6 章\6-17.dwg”，如图 6-66 所示。在图中加入段落文字，文字高度分别为 5 和 3.5，字体分别为“黑体”和“宋体”。

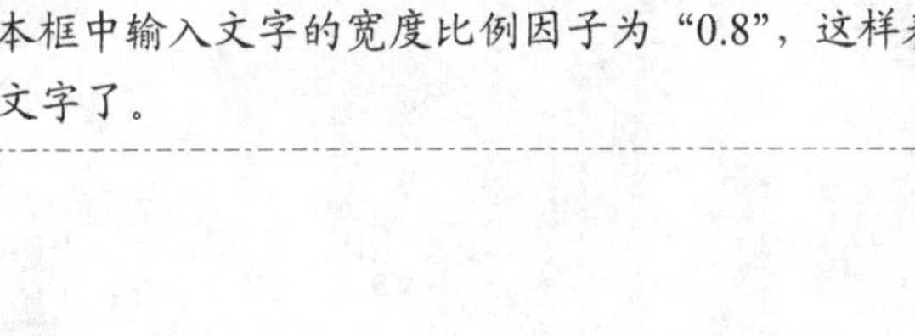

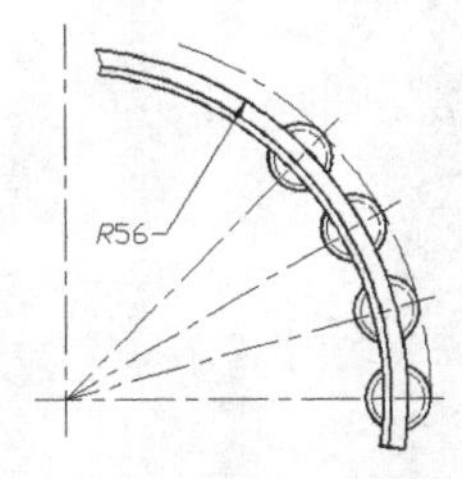

R56
技术要求
1. 本滚轮组是推车机链条在端头的转向设备，
适用的轮距为600mm和500mm两种。
2. 考虑到设备在运输中的变形等情况，承梁
上的安装孔应由施工现场配作。

图 6-66 书写段落文字

2. 打开素材文件“dwg\第6章\6-18.dwg”，如图6-67所示，在表格中输入单行文字，文字高度为3.5，字体为“楷体”。

3. 用TABLE命令创建表格，再修改表格并输入文字，文字高度为3.5，字体为“仿宋”，结果如图6-68所示。

法向模数	*Mn*	2
齿数	*Z*	80
径向变位系数	*X*	0.06
精度等级		8-Dc
公法线长度	*F*	43.872±0.168

图6-67 在表格中输入单行文字

30	30	30
金属材料		
工程塑料		
胶合板		
木材		
混凝土		

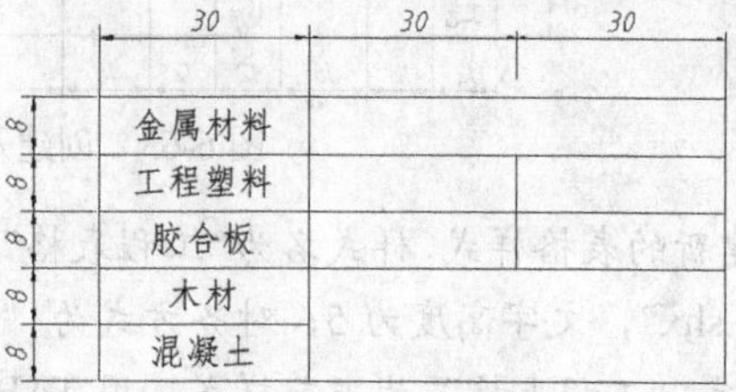

图6-68 创建表格对象

第7章 标注尺寸

主要内容

- 创建标注样式。
- 标注直线型、角度型、直径型及半径型尺寸等。
- 编辑尺寸文字和调整标注位置。
- 标注平面图形的一般方法。

7.1 标注尺寸的方法

中望机械CAD的尺寸标注命令很丰富，利用它可以轻松地创建出各种类型的尺寸。所有尺寸标注与标注样式关联，通过调整标注样式，就能控制与该标注样式关联的尺寸标注的外观。下面通过一个实例介绍创建标注样式的方法和中望机械CAD中的尺寸标注命令。

【练习7-1】打开素材文件“dwg\第7章\7-1.dwg”，创建标注样式并标注尺寸，如图7-1所示。

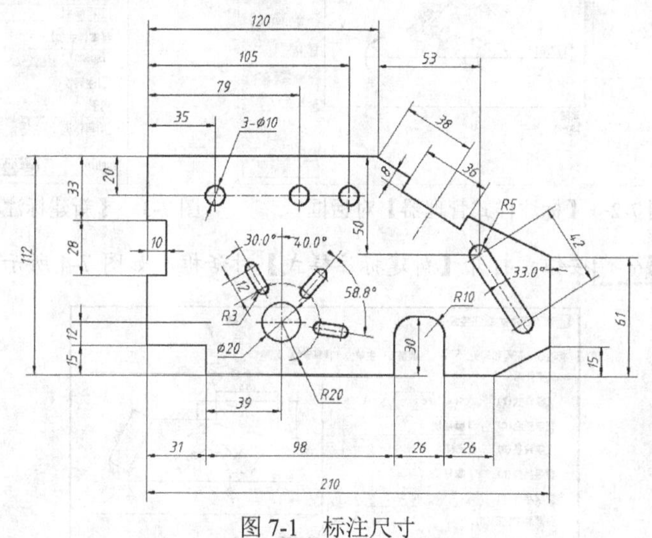

图7-1　标注尺寸

7.1.1 创建国标规定的标注样式

尺寸标注是一个复合体，它以图块的形式存储在图形中（第9章将讲解图块的概念），其组成部分包括尺寸线、尺寸线两端起止符号（箭头或斜线等）、尺寸界线及标注文字等，这些组成部分的格式都由标注样式来控制。

在标注尺寸前，用户一般都要创建标注样式，否则系统将使用默认样式ISO-25来生成尺寸标注。在中望机械CAD中可以定义多种不同的标注样式并为之命名，标注时，用户只需指定某个样式为当前样式，就能创建相应的标注形式。

一、命令启动方法

- 菜单命令：【格式】/【标注样式】。
- 面板：【注释】选项卡中【标注】面板上的↘按钮。
- 命令：DIMSTYLE或简写D。

二、建立符合国标规定的标注样式

1. 建立新文字样式，样式名为“工程文字”，与该样式相连的字体文件是“gbeitc.shx”和“gbcbig.shx”。

2. 单击【标注】面板上的↘按钮，打开【标注样式管理器】对话框，如图7-2所示。通过该对话框可以命名新的标注样式或修改样式中的尺寸变量。

3. 单击 新建(N)... 按钮，打开【新建标注样式】对话框，如图7-3所示。在该对话框的【新样式名】文本框中输入新的样式名称“工程标注”，在【基本样式】下拉列表中指定某个标注样式作为新样式的基础样式，则新样式将包含基础样式的所有设置。此外，用户还可在【用于】下拉列表中设定新样式对某一类型尺寸的特殊控制。默认情况下，【用于】下拉列表中的选项是【所有标注】，是指新样式将控制所有类型的尺寸。

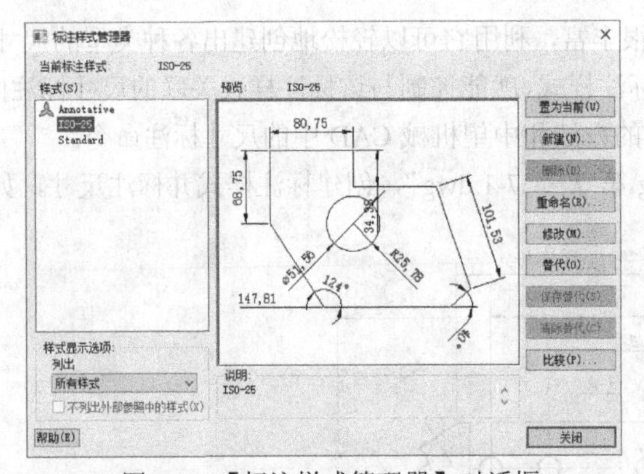

图7-2 【标注样式管理器】对话框

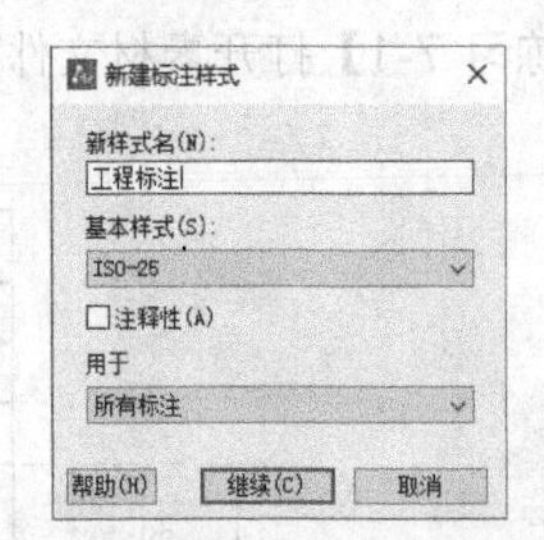

图7-3 【新建标注样式】对话框（1）

4. 单击 继续(C) 按钮，打开【新建标注样式】对话框，如图7-4所示。

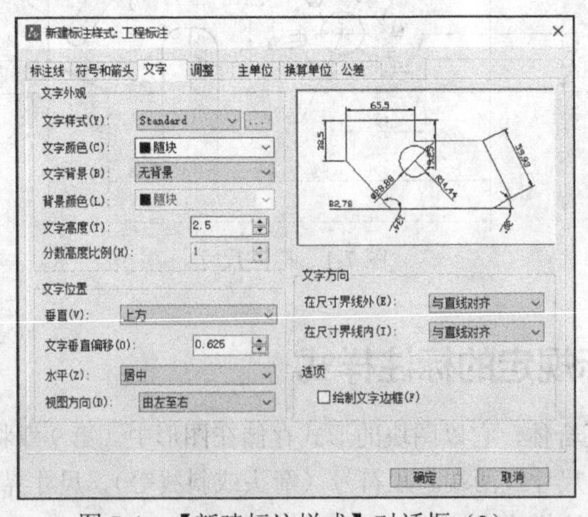

图7-4 【新建标注样式】对话框（2）

5. 在【标注线】选项卡的【基线间距】【原点】【尺寸线】文本框中分别输入“7”“0”“2”。

- 【基线间距】：设定平行尺寸线间的距离。例如，当创建基线型尺寸标注时，相邻尺寸线间的距离由该选项控制，如图 7-5 所示。

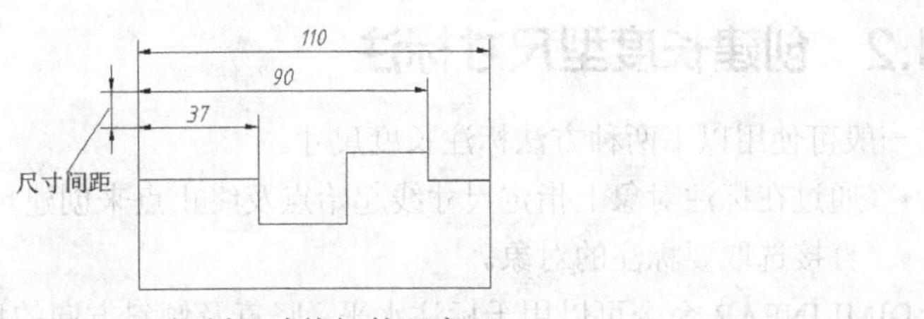

图 7-5　控制尺寸线间的距离

- 【原点】：控制尺寸界线起点与标注对象端点间的距离，如图 7-6 所示。
- 【尺寸线】：控制尺寸界线超出尺寸线的长度，如图 7-7 所示。国标中规定，尺寸界线一般超出尺寸线 2～3mm。

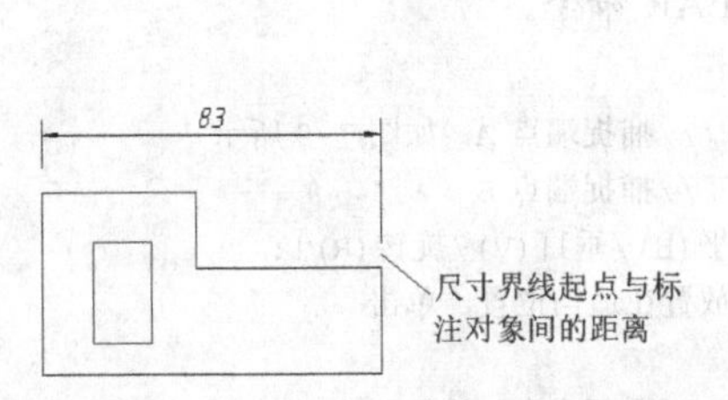

图 7-6　控制尺寸界线起点与标注对象间的距离

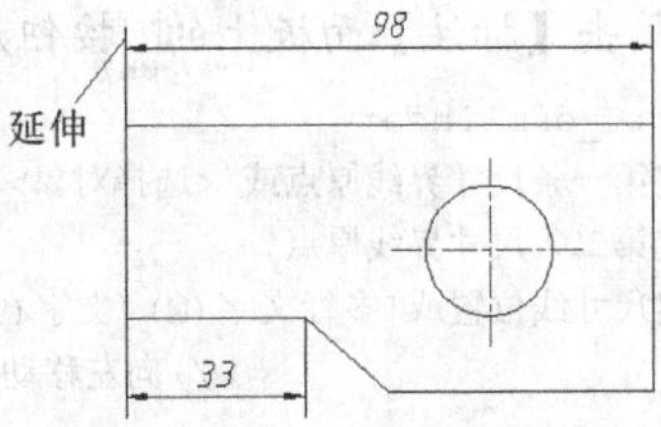

图 7-7　设定尺寸界线超出尺寸线的长度

6. 在【符号和箭头】选项卡的【起始箭头】下拉列表中选择【实心闭合】选项，在【箭头大小】文本框中输入“2”，该值用于设定箭头的长度。

7. 在【文字】选项卡的【文字样式】下拉列表中选择【工程文字】，在【文字高度】【文字垂直偏移】文本框中分别输入“2.5”和“0.8”，在【文字方向】分组框中，【在尺寸界线外】和【在尺寸界线内】均选择【与直线对齐】选项。

- 【文字样式】：选择文字样式或单击其右边的▢按钮，打开【文字样式管理器】对话框，利用该对话框创建新的文字样式。
- 【文字垂直偏移】：设定标注文字与尺寸线间的距离。
- 【与直线对齐】：使标注文本与尺寸线对齐。若要创建国标标注，应选择此选项。

8. 在【调整】选项卡的【使用全局比例】文本框中输入“2”，该比例将影响尺寸标注所有组成元素的大小，如标注文字和尺寸箭头等，如图 7-8 所示。当用户欲以 1∶2 的比例将图样打印在标准幅面的图纸上时，为保证尺寸外观合适，应设定标注的全局比例为打印比例的倒数，即 2。

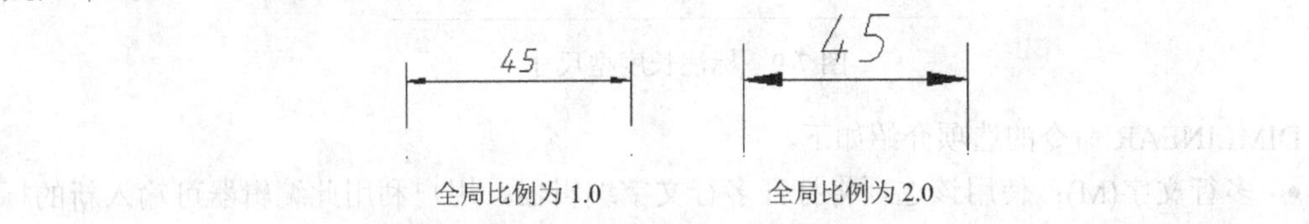

图 7-8　全局比例对尺寸标注的影响

9. 进入【主单位】选项卡，在【线性标注】分组框的【单位格式】【精度】【小数分隔符】下拉列表中分别选择【小数】【0.00】【“.”(句点)】，在【角度标注】分组框的【单位格式】【精度】下拉列表中分别选择【十进制度数】【0.0】选项。

10. 单击 确定 按钮，得到一个新的标注样式，再单击 置为当前(U) 按钮，使新样式成为当前样式。

7.1.2 创建长度型尺寸标注

一般可使用以下两种方法标注长度尺寸。

- 通过在标注对象上指定尺寸线起始点及终止点来创建尺寸标注。
- 直接选取要标注的对象。

DIMLINEAR 命令可以用于标注水平、竖直及倾斜方向的尺寸。标注时，若要使尺寸线倾斜，则输入“R”，然后输入尺寸线倾角即可。

标注水平、竖直及倾斜方向的尺寸

1. 创建一个名为“尺寸标注”的图层，并使该图层成为当前图层。
2. 打开对象捕捉功能，设置捕捉类型为“端点”“圆心”“交点”。
3. 单击【标注】面板上的 线性 按钮启动 DIMLINEAR 命令。

```
命令: _dimlinear
指定第一条尺寸界线原点或 <选择对象>:                    //捕捉端点 A，如图 7-9 所示
指定第二条尺寸界线原点:                                 //捕捉端点 B
指定尺寸线位置或[多行文字(M)/文字(T)/角度(A)/水平(H)/垂直(V)/旋转(R)]:
                                    //向左移动光标，将尺寸线放置在适当位置，单击
命令:
_DIMLINEAR                                             //重复命令
指定第一条尺寸界线原点或 <选择对象>:                    //按 Enter 键
选取标注对象:                                           //选择线段 C
指定尺寸线位置或[多行文字(M)/文字(T)/角度(A)/水平(H)/垂直(V)/旋转(R)]:
//向上移动光标，将尺寸线放置在适当位置，单击
```

继续标注尺寸“210”和“61”，结果如图 7-9 所示。

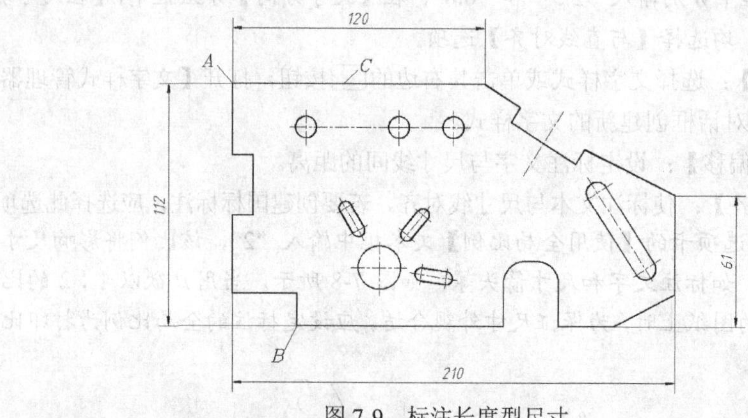

图 7-9 标注长度型尺寸

DIMLINEAR 命令的选项介绍如下。

- 多行文字(M)：使用该选项将打开多行文字编辑器，用户利用此编辑器可输入新的标注文字。

要点提示 若用户修改了系统自动标注的文字，则会失去尺寸标注的关联性，即尺寸数字不随标注对象的改变而改变。

- 文字(T)：在命令行中输入新的尺寸文字。
- 角度(A)：设置文字的放置角度。
- 水平(H)/垂直(V)：创建水平或垂直尺寸。用户也可通过移动光标来指定创建何种类型的尺寸。若左右移动光标，则生成垂直尺寸；若上下移动光标，则生成水平尺寸。
- 旋转(R)：使用 DIMLINEAR 命令时，系统自动将尺寸线调整成水平或竖直方向的。使用“旋转(R)”选项可使尺寸线倾斜一定角度，因此可利用此选项标注倾斜的对象，如图 7-10 所示。

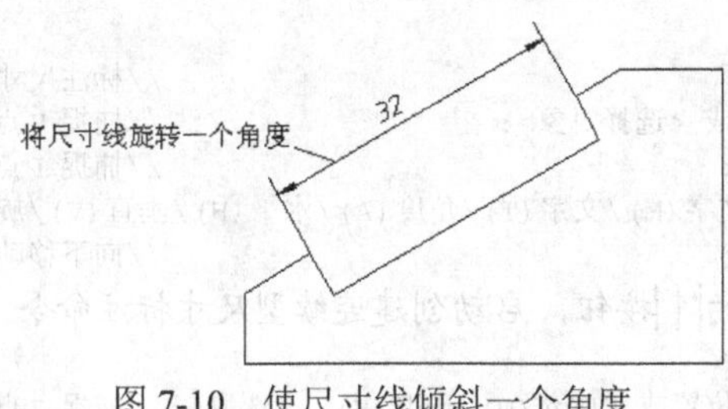

图 7-10 使尺寸线倾斜一个角度

7.1.3 创建对齐尺寸标注

可使用对齐尺寸标注倾斜对象的真实长度，对齐尺寸的尺寸线平行于倾斜的标注对象。如果用户选择两个点来创建对齐尺寸标注，则尺寸线与两点的连线平行。

创建对齐尺寸

1. 单击【标注】面板上的按钮，启动 DIMALIGNED 命令。

```
命令: _dimaligned
指定第一条尺寸界线原点或 <选择对象>:                    //捕捉 D 点，如图 7-11 左图所示
指定第二条尺寸界线原点: _per                          //使用垂足捕捉
垂足                                                  //捕捉垂足 E
指定尺寸线位置或 [角度(A)/多行文字(M)/文字(T)]:        //移动光标，指定尺寸线的位置
命令:
_DIMALIGNED                                           //重复命令
指定第一条尺寸界线原点或 <选择对象>:                    //捕捉 F 点
指定第二条尺寸界线原点:                                //捕捉 G 点
指定尺寸线位置或 [角度(A)/多行文字(M)/文字(T)]:        //移动光标，指定尺寸线的位置
```

结果如图 7-11 左图所示。

2. 选择尺寸“36”或“38”，再选中文字处的关键点，移动光标，调整文字及尺寸线的位置，最后标注尺寸“8”，结果如图 7-11 右图所示。

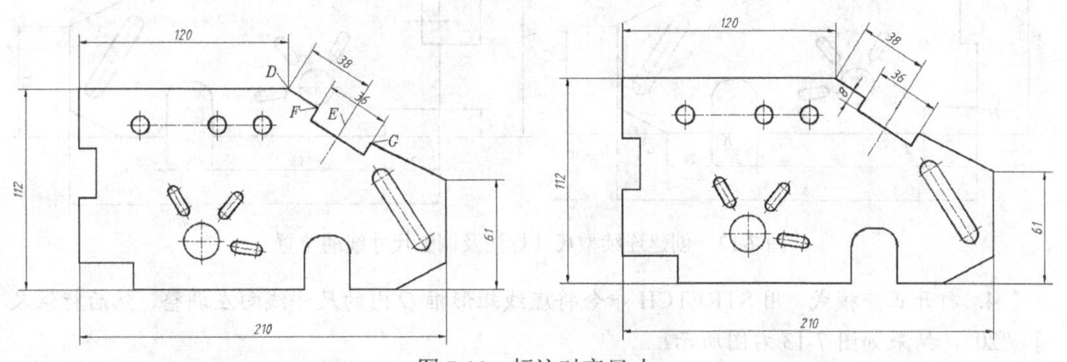

图 7-11 标注对齐尺寸

7.1.4 创建连续型和基线型尺寸标注

连续型尺寸标注是一系列首尾相连的标注形式，而基线型尺寸标注是指所有的尺寸都从同一点开始标注，即共用一条尺寸界线。在创建这两种形式的尺寸标注时，应先建立一个尺寸标注，然后发出标注命令。

创建连续型和基线型尺寸标注

1. 利用关键点编辑方式向下调整尺寸“210”的尺寸线位置，然后标注连续尺寸，如图7-12所示。

```
命令: _dimlinear                                            //标注尺寸“31”，如图7-12左图所示
指定第一条尺寸界线原点或 <选择对象>:                          //捕捉H点
指定第二条尺寸界线原点:                                       //捕捉I点
指定尺寸线位置或[多行文字(M)/文字(T)/角度(A)/水平(H)/垂直(V)/旋转(R)]:
                                                            //向下移动光标，指定尺寸线的位置
```

单击【标注】面板上的按钮，启动创建连续型尺寸标注命令。

```
命令: _dimcontinue
指定下一条延伸线的起始位置或 [放弃(U)/选取(S)] <选取>://捕捉J点
指定下一条延伸线的起始位置或 [放弃(U)/选取(S)] <选取>://捕捉K点
指定下一条延伸线的起始位置或 [放弃(U)/选取(S)] <选取>://捕捉L点
指定下一条延伸线的起始位置或 [放弃(U)/选取(S)] <选取>://按Enter键
```

结果如图7-12左图所示。

2. 标注尺寸“15”“33”“28”等，结果如图7-12右图所示。

3. 利用关键点编辑方式向上调整尺寸“120”的尺寸线位置，然后创建基线型尺寸标注，如图7-13所示。

```
命令: _dimlinear                                            //标注尺寸“35”，如图7-13左图所示
指定第一条尺寸界线原点或 <选择对象>:                          //捕捉M点
指定第二条尺寸界线原点:                                       //捕捉N点
指定尺寸线位置或[多行文字(M)/文字(T)/角度(A)/水平(H)/垂直(V)/旋转(R)]:
                                                            //向上移动光标，指定尺寸线的位置
```

单击【标注】面板上的按钮，启动创建基线型尺寸标注命令。

```
命令: _dimbaseline
指定下一条延伸线的起始位置或 [放弃(U)/选取(S)] <选取>://捕捉O点
指定下一条延伸线的起始位置或 [放弃(U)/选取(S)] <选取>://捕捉P点
指定下一条延伸线的起始位置或 [放弃(U)/选取(S)] <选取>://按Enter键
```

结果如图7-13左图所示。

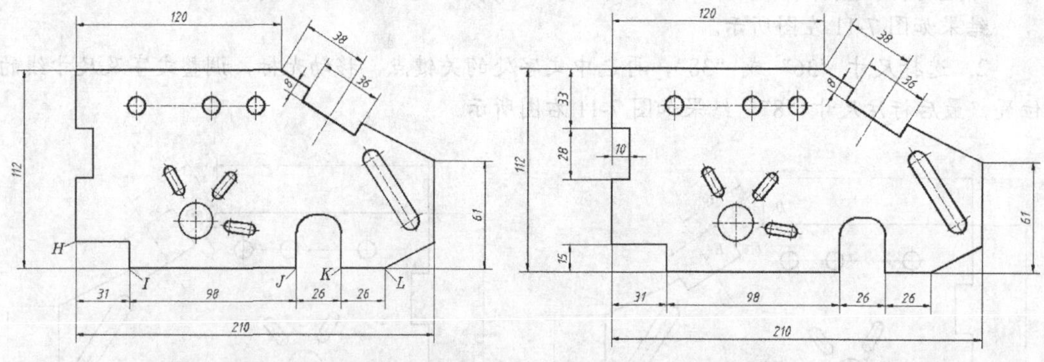

图7-12 创建连续型尺寸标注及调整尺寸线的位置

4. 打开正交模式，用STRETCH命令将虚线矩形框Q内的尺寸线向左调整，然后标注尺寸“20”，结果如图7-13右图所示。

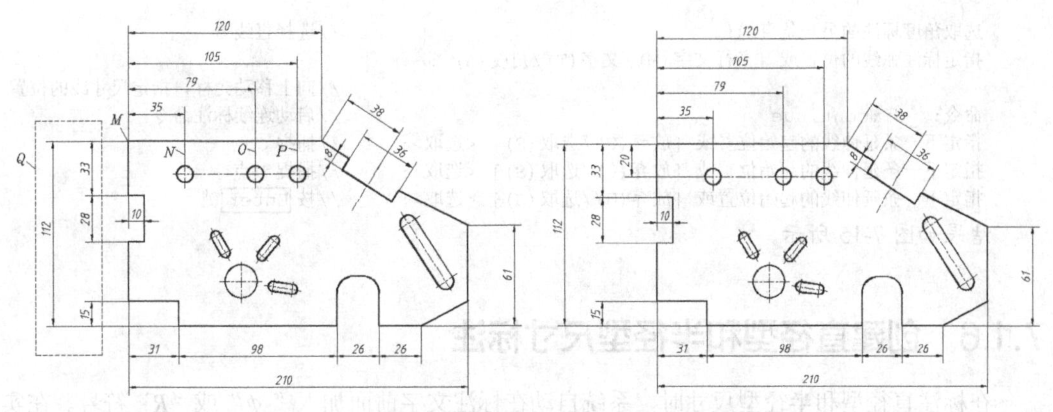

图 7-13　创建基线型尺寸标注及调整尺寸线的位置

当用户创建一个尺寸标注后，紧接着启动基线或连续标注命令，系统就将以该尺寸的第一条尺寸界线为基准线生成基线型尺寸标注，或者以该尺寸的第二条尺寸界线为基准线建立连续型尺寸标注。若不想在前一个尺寸的基础上生成连续型或基线型尺寸标注，就按 Enter 键，系统提示“选择连续标注”或“选择基准标注”，此时选择某条尺寸界线作为建立新尺寸标注的基准线。

7.1.5　创建角度型尺寸标注

国标规定角度数字一律水平标注，一般标注在尺寸线的中断处，必要时可标注在尺寸线的上方或外面，也可画引线标注。

为使角度数字的放置形式符合国标要求，用户可采用当前标注样式的覆盖方式标注角度。

利用当前标注样式的覆盖方式标注角度

1. 单击【标注】面板上的 按钮，打开【标注样式管理器】对话框。

2. 单击 替代(O)... 按钮（注意不要单击 修改(M)... 按钮），打开【替代当前标注样式】对话框，进入【文字】选项卡，在【文字方向】分组框的两个下拉列表中均选择【水平】选项，如图 7-14 所示。

3. 返回绘图窗口，标注角度尺寸，角度数字将水平放置，如图 7-15 所示。

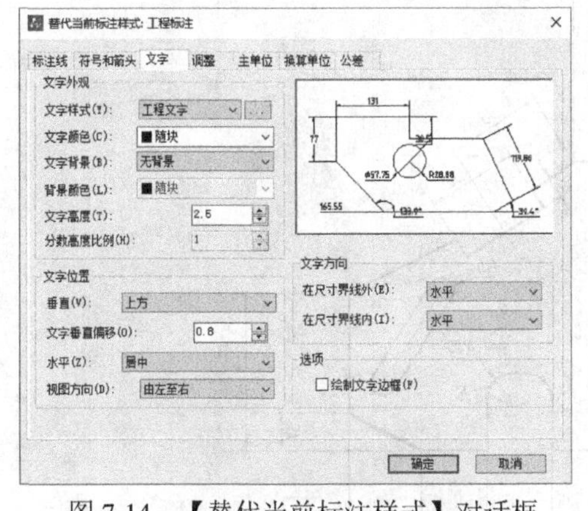

图 7-14　【替代当前标注样式】对话框

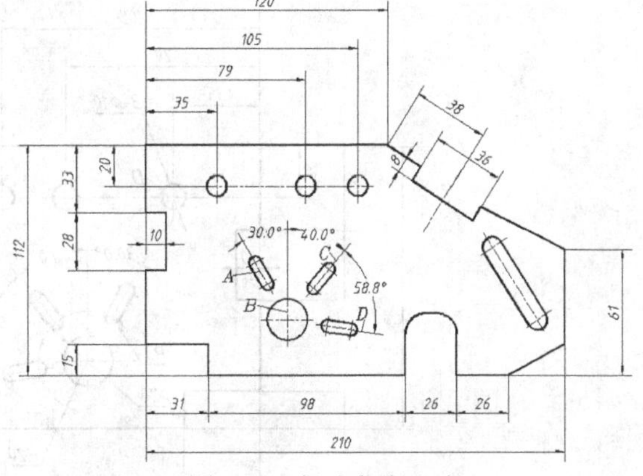

图 7-15　标注角度尺寸

单击【标注】面板上的 按钮，启动标注角度命令。

```
命令: _dimangular
选择直线、圆弧、圆或 <指定顶点>:                    //选择直线 A
```

```
选取角度标注的另一条直线:                                    //选择直线 B
指定标注弧线的位置或 [多行文字(M)/文字(T)/角度(A)]:
                                                            //向上移动光标，指定尺寸线的位置
命令: _dimcontinue                                          //启动连续标注命令
指定下一条延伸线的起始位置或 [放弃(U)/选取(S)] <选取>:       //捕捉 C 点
指定下一条延伸线的起始位置或 [放弃(U)/选取(S)] <选取>:       //捕捉 D 点
指定下一条延伸线的起始位置或 [放弃(U)/选取(S)] <选取>:       //按 Enter 键
```

结果如图 7-15 所示。

7.1.6 创建直径型和半径型尺寸标注

在标注直径型和半径型尺寸时，系统自动在标注文字前面加入“ ϕ ”或“R”符号。在实际标注中，直径型和半径型尺寸的标注形式多种多样，若通过当前标注样式的覆盖方式进行标注就非常方便。

7.1.5 小节已设定标注样式的覆盖方式，使尺寸数字水平放置，下面继续标注直径型和半径型尺寸，这些尺寸的标注文字也将处于水平方向。

利用当前标注样式的覆盖方式标注直径和半径尺寸

1. 创建直径型和半径型尺寸，如图 7-16 所示。

单击【标注】面板上的⃠按钮，启动标注直径命令。

```
命令: _dimdiameter
选取弧或圆:                                          //选择圆 D
指定尺寸线位置或 [角度(A)/多行文字(M)/文字(T)]: T     //使用“文字(T)”选项
输入标注文字 <10>: 3-%%C10                           //输入标注文字，按 Enter 键
指定尺寸线位置或 [角度(A)/多行文字(M)/文字(T)]:       //移动光标，指定标注文字的位置
```

单击【标注】面板上的⃠按钮，启动半径标注命令。

```
命令: _dimradius
选择圆弧或圆:                                        //选择圆弧 E
指定尺寸线位置或 [多行文字(M)/文字(T)/角度(A)]:
                                                     //移动光标，指定标注文字的位置
```

继续标注直径尺寸“ϕ20”和半径尺寸“R3”“R5”等，结果如图 7-16 所示。

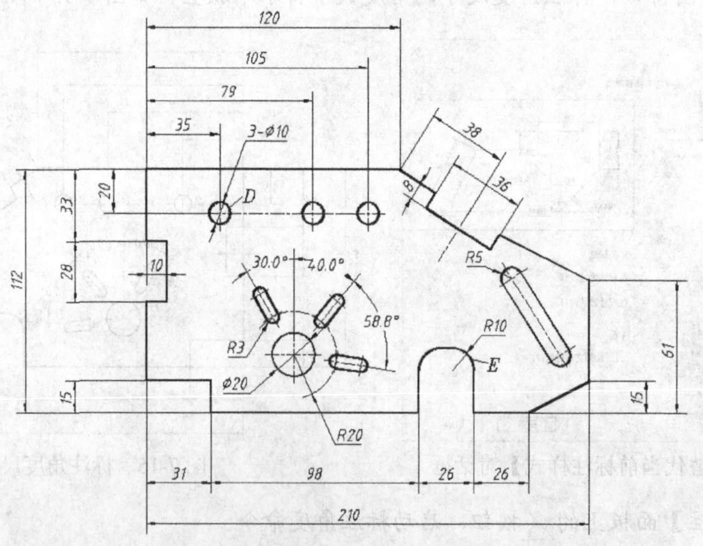

图 7-16 创建直径型和半径型尺寸标注

2. 取消当前样式的覆盖方式，恢复原来的样式。单击【标注】面板上的↘按钮，打开【标注样式管理器】对话框，在该对话框的【样式】列表框中选择【工程标注】，然后单击 置为当前(U) 按钮，此时系统打开一个提示性对话框，单击 确定 按钮完成。

3. 标注其余尺寸，然后利用关键点编辑方式调整尺寸线的位置，最终结果如图 7-16 所示。

7.2 利用角度标注样式簇标注角度

前面标注角度时采用了标注样式的覆盖方式，使标注数字水平放置。除采用此种方法外，用户还可利用角度标注样式簇标注角度。样式簇是已有标注样式（父样式）的子样式，该子样式用于控制某种特定类型尺寸的外观。

【练习 7-2】打开素材文件“dwg\第 7 章\7-2.dwg”，利用角度标注样式簇标注角度，如图 7-17 所示。

1. 单击【标注】面板上的↘按钮，打开【标注样式管理器】对话框，再单击 新建(N)... 按钮，打开【新建标注样式】对话框，在【用于】下拉列表中选择【角度标注】选项，如图 7-18 所示。

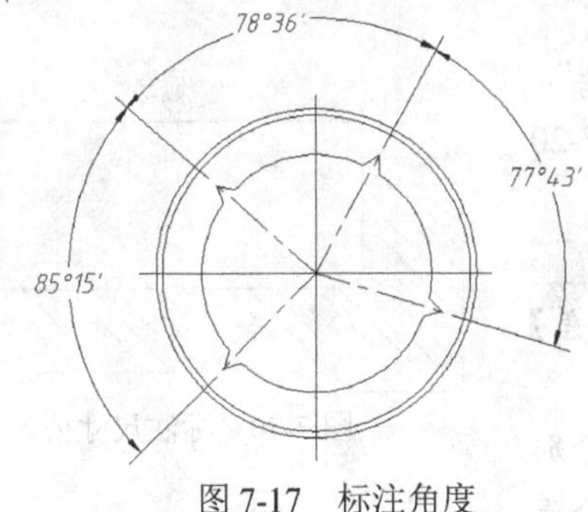

图 7-17 标注角度

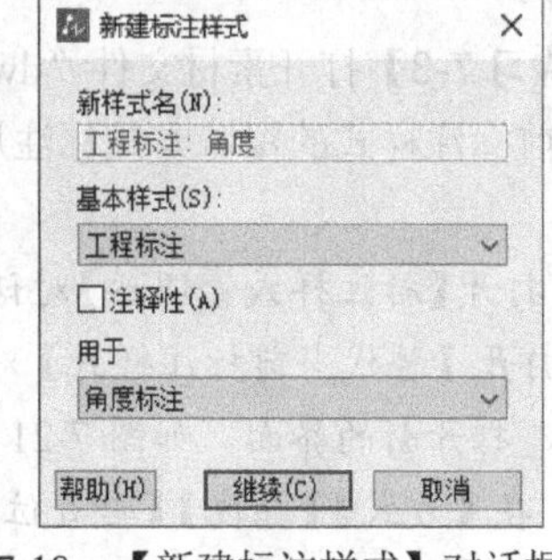

图 7-18 【新建标注样式】对话框（1）

2. 单击 继续(C) 按钮，打开【新建标注样式】对话框，进入【文字】选项卡，在该选项卡的【文字方向】分组框的两个下拉列表中均选择【水平】选项，如图 7-19 所示。

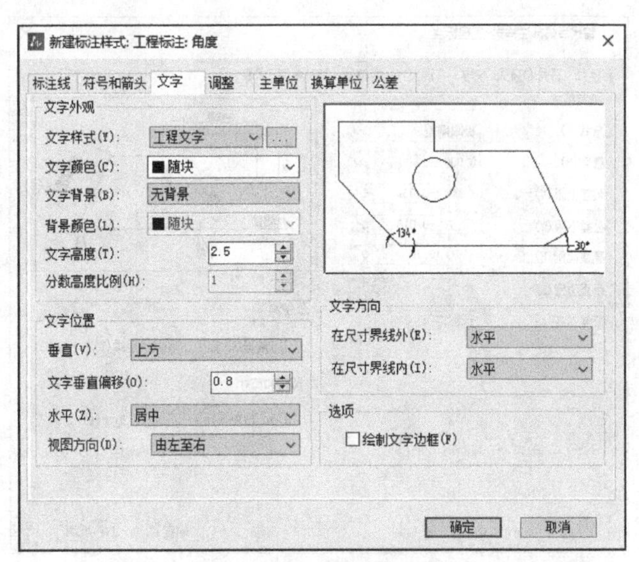

图 7-19 【新建标注样式】对话框（2）

3. 选择【主单位】选项卡，在【角度标注】分组框中设置单位格式为【度/分/秒】、精度为【0d00′】，然后单击 确定 按钮。

4. 返回绘图窗口，单击按钮，创建角度尺寸标注“85° 15′”，然后单击按钮，创建连续标注，结果如图 7-17 所示。所有这些角度尺寸标注的外观由样式簇控制。

7.3 标注尺寸公差及形位公差

下面介绍标注尺寸公差及形位公差的方法。

7.3.1 标注尺寸公差

标注尺寸公差有以下两种方法。

（1）利用当前标注样式的覆盖方式标注尺寸公差，公差的上、下偏差值可在【替代当前标注样式】对话框的【公差】选项卡中设置。

（2）标注时，利用“多行文字(M)”选项打开多行文字编辑器，然后采用堆叠文字方式标注公差。

【练习 7-3】打开素材文件“dwg\第 7 章\7-3.dwg”，利用当前标注样式的覆盖方式标注尺寸公差，如图 7-20 所示。

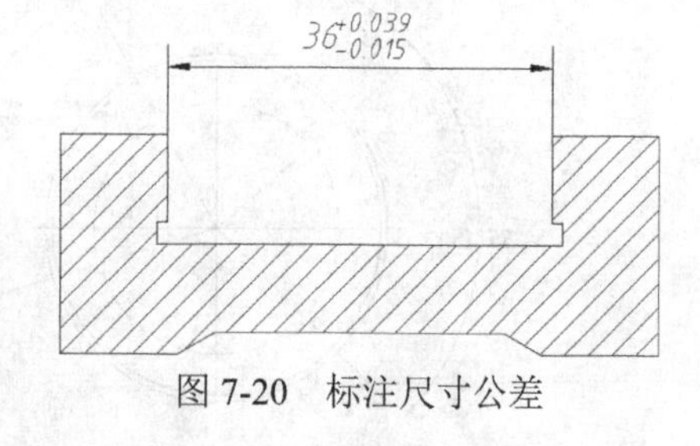

图 7-20 标注尺寸公差

1. 打开【标注样式管理器】对话框，单击 替代(O)... 按钮，打开【替代当前标注样式】对话框，进入【公差】选项卡，打开新的界面，如图 7-21 所示。

2. 在【方式】【精度】【垂直位置】下拉列表中分别选择【极限偏差】【0.000】【中】，在【公差上限】【公差下限】【高度比例】文本框中分别输入“0.039”“0.015”“0.75”，如图 7-21 所示。生成尺寸标注时，系统将自动在下偏差值前添加负号。

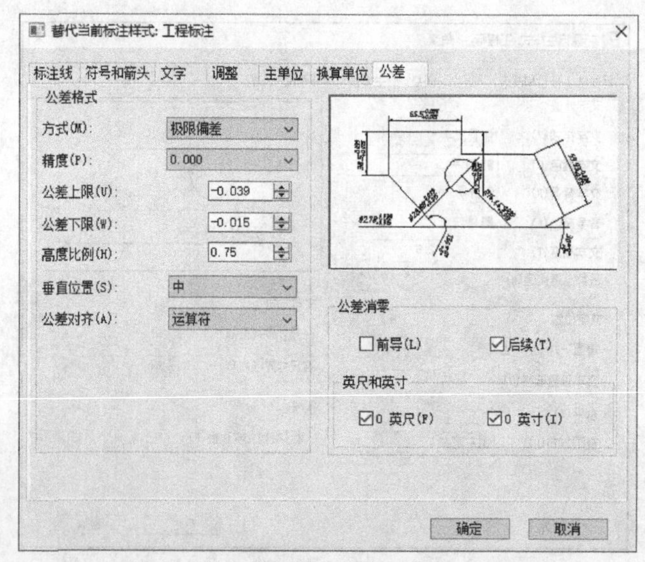

图 7-21 【替代当前标注样式】对话框

3. 返回绘图窗口，标注线性尺寸，结果如图 7-20 所示。

7.3.2 标注形位公差

标注形位公差可使用 TOL 和 LE 命令，前者只能产生公差框格，后者既能产生公差框格又能产生标注指引线。

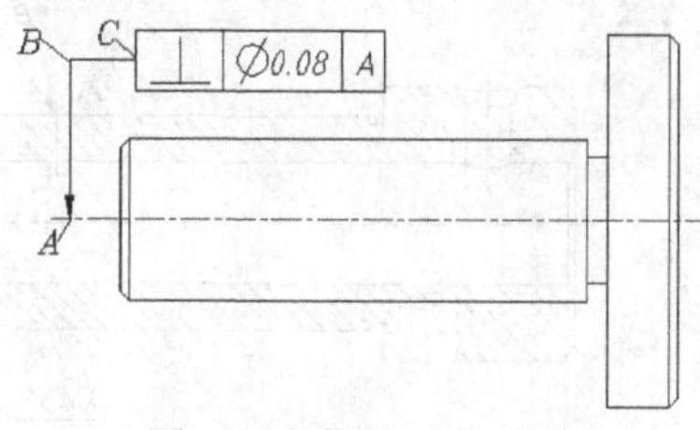

图 7-22 标注形位公差

【练习 7-4】打开素材文件 "dwg\第 7 章\7-4.dwg"，用 LE 命令标注形位公差，如图 7-22 所示。

1. 输入 LE 命令，系统提示 "指定第一个引线点或[设置(S)]<设置>:"，直接按 Enter 键，打开【引线设置】对话框，在【注释】选项卡中选择【公差】单选项，如图 7-23 所示。

2. 单击 确定 按钮，系统提示如下。

```
指定第一个引线点或 [设置(S)]<设置>: _nea
最近点                              //在轴线上捕捉点 A，如图 7-22 所示
指定下一点: <正交 开>               //打开正交模式并在 B 点处单击
指定下一点:                         //在 C 点处单击
```

系统打开【几何公差】对话框，在此对话框中输入公差值，如图 7-24 所示。

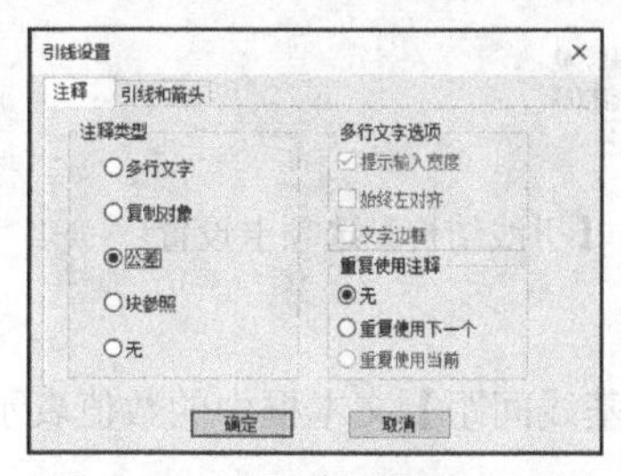

图 7-23 【引线设置】对话框

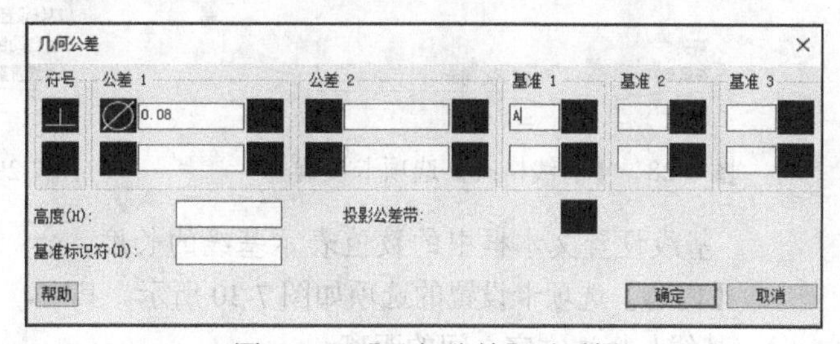

图 7-24 【几何公差】对话框

3. 单击 确定 按钮，结果如图 7-22 所示。

7.4 引线标注

MLEADER 命令用于创建引线标注，引线标注由箭头、引线、基线（引线与标注文字之间的线）、多行文字或图块组成，如图 7-25 所示。其中，箭头的形式、引线外观、文字属性及图块形状等由引线样式控制。

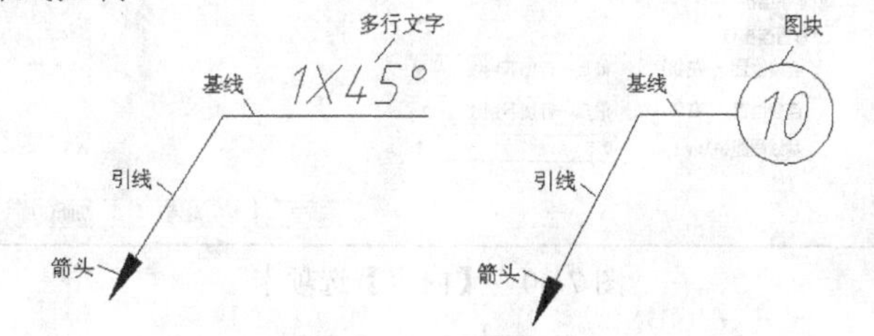

图 7-25 引线标注

选中引线标注对象，利用关键点移动基线，则引线、文字和图块随之移动。若利用关键点移动箭头，则只有引线跟随移动，基线、文字和图块不动。

【练习 7-5】打开素材文件“dwg\第 7 章\7-5.dwg”，用 MLEADER 命令创建引线标注，如图 7-26 所示。

1. 单击【注释】选项卡中【引线】面板上的 按钮，打开【多重引线样式管理器】对话框，如图 7-27 所示，利用该对话框可新建、修改、重命名或删除引线样式。

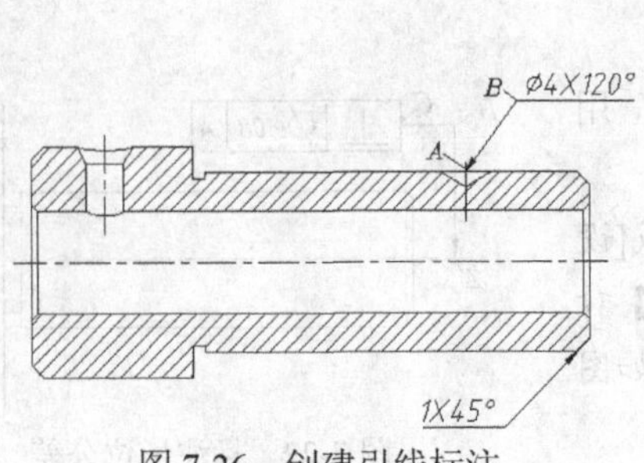

图 7-26 创建引线标注

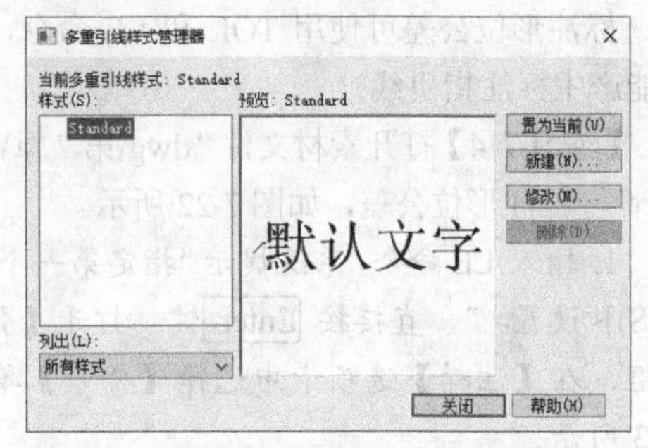

图 7-27 【多重引线样式管理器】对话框

2. 单击 修改(M)... 按钮，打开【修改多重引线样式】对话框，该对话框包含 3 个选项卡，切换选项卡完成以下设置。

- 【引线格式】选项卡设置的选项如图 7-28 所示。
- 【引线结构】选项卡设置的选项如图 7-29 所示。

图 7-28 【引线格式】选项卡设置

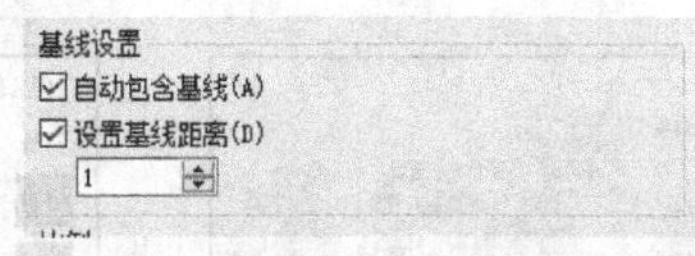

图 7-29 【引线结构】选项卡设置

基线设置文本框中的数值表示基线的长度。

- 【内容】选项卡设置的选项如图 7-30 所示。其中，【基线间距】文本框中的数值表示基线与标注文字之间的距离。

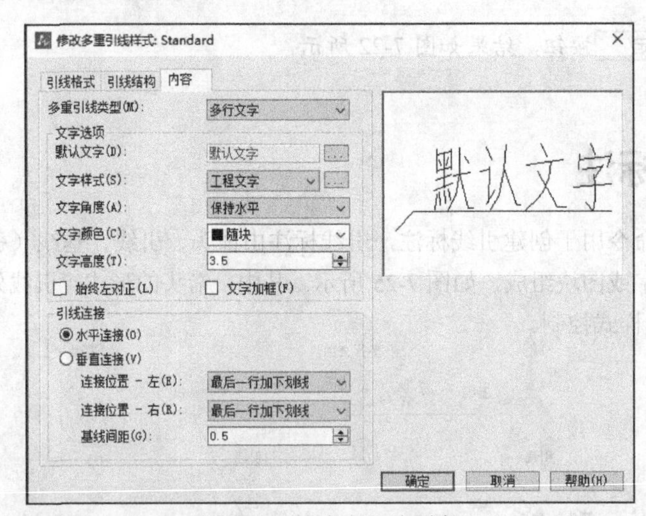

图 7-30 【内容】选项卡

3. 单击【引线】面板上的 按钮，启动创建引线标注命令。

```
命令: _mleader
指定引线箭头的位置或 [内容优先(C)/引线基线优先(L)/选项(O)] <引线箭头优先>:
                                          //指定引线起始点 A，如图 7-26 所示
```

```
指定引线基线的位置:                    //指定引线下一个点 B
                                      //打开多行文字编辑器，输入标注文字“ϕ4×120°”
```

重复 MLEADER 命令，创建另一个引线标注，结果如图 7-26 所示。

要点提示 创建引线标注时，若文本或指引线的位置不合适，则可利用关键点编辑方式进行调整。

7.5 编辑尺寸标注

尺寸标注的各个组成部分（如文字的大小、箭头的形式等）都可以通过调整标注样式进行修改，但当变动标注样式后，所有与此样式关联的尺寸标注都将发生变化。如果仅想改变个别尺寸标注的外观或文本的内容该怎么办？本节将通过实例说明编辑个别尺寸标注的一些方法。

【练习 7-6】打开素材文件“dwg\第 7 章\7-6.dwg”，如图 7-31 左图所示。修改标注文字的内容及调整标注位置等，结果如图 7-31 右图所示。

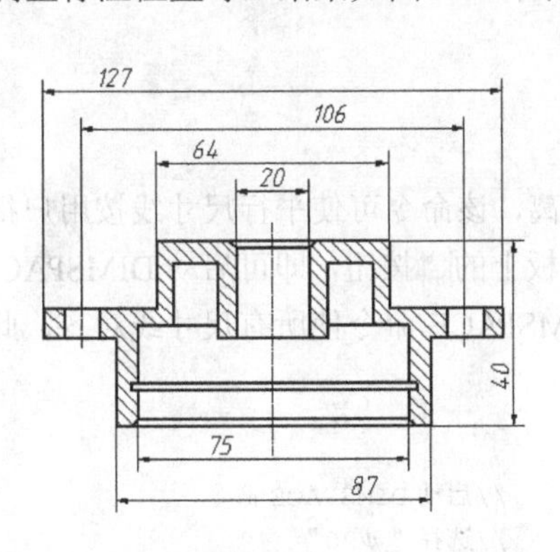

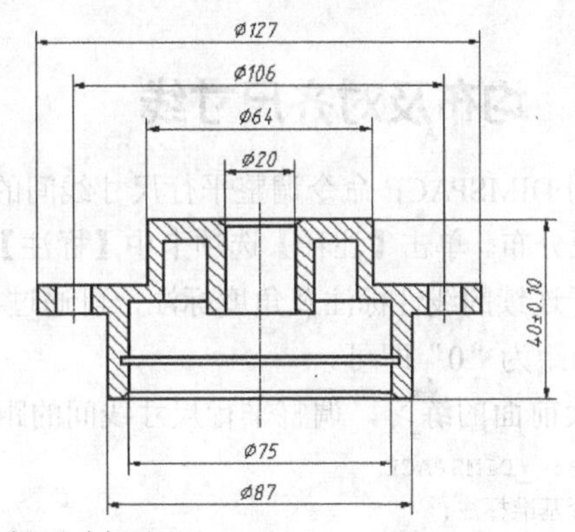

图 7-31 编辑尺寸标注

7.5.1 修改尺寸标注的内容及位置

修改标注文字内容的方法如下。

- 使用 DDEDIT 命令。启动该命令，可连续地修改想要编辑的尺寸。
- 双击文字，打开【增强尺寸标注】对话框，利用此对话框可修改文字内容、添加特殊符号及尺寸公差等，详见 9.2.7 小节和 9.3.2 小节。

关键点编辑方式非常适合用于移动尺寸线和标注文字，进入这种编辑方式后，一般利用尺寸线两端或标注文字所在处的关键点来调整尺寸标注位置。

1. 双击尺寸“40”，将其修改为“40±0.10”。

2. 选择尺寸“40±0.10”，并激活文本所在处的关键点，系统自动进入拉伸编辑模式，向右移动光标，调整文本的位置，结果如图 7-32 所示。

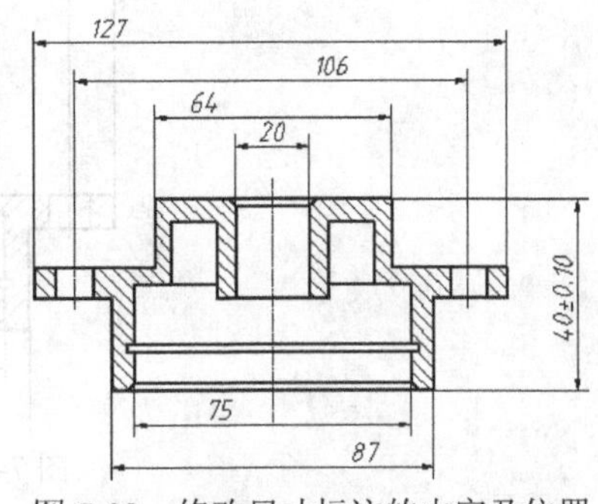

图 7-32 修改尺寸标注的内容及位置

7.5.2　改变尺寸标注外观——更新尺寸标注

如果发现尺寸标注的外观不合适，可以使用“更新标注”命令进行修改。过程是：先以当前标注样式的覆盖方式改变标注样式，然后通过“更新标注”命令使要修改的尺寸按新的标注样式进行更新。使用此命令时，用户可以连续地对多个尺寸标注进行更新。

继续前面的练习，在尺寸标注文本左边添加直径代号。

1. 单击【标注】面板上的↘按钮，打开【标注样式管理器】对话框，再单击 替代(O)... 按钮，打开【替代当前标注样式】对话框，进入【主单位】选项卡，在【前缀】文本框中输入直径代号“%%C”。

2. 返回绘图窗口，单击【标注】面板上的按钮，然后选择尺寸“127”及“106”等，按 Enter 键，结果如图 7-33 所示。

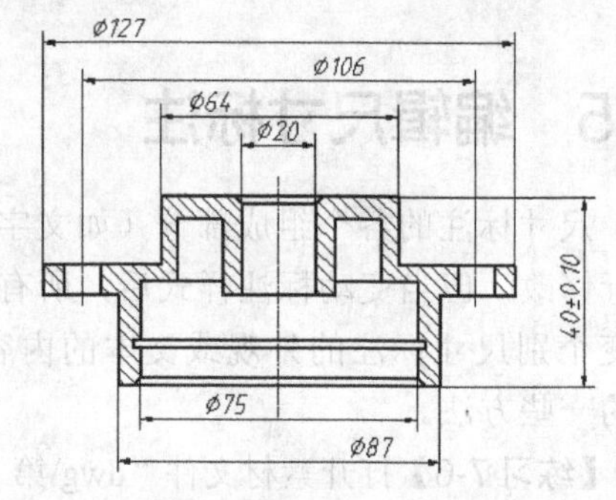

图 7-33　更新尺寸标注

7.5.3　均布及对齐尺寸线

可用 DIMSPACE 命令调整平行尺寸线间的距离，该命令可使平行尺寸线按用户指定的数值等间距分布。单击【注释】选项卡中【标注】面板上的按钮，即可启动 DIMSPACE 命令。

对于连续的线性标注及角度标注，可通过 DIMSPACE 命令使所有尺寸线对齐，此时设定尺寸线间距为“0”即可。

继续前面的练习，调整平行尺寸线间的距离。

```
命令: _DIMSPACE                                  //启动 DIMSPACE 命令
选择基准标注:                                     //选择“ϕ20”
选择要产生间距的标注:找到 1 个                      //选择“ϕ64”
选择要产生间距的标注:找到 1 个, 总计 2 个            //选择“ϕ106”
选择要产生间距的标注:找到 1 个, 总计 3 个            //选择“ϕ127”
选择要产生间距的标注:                              //按 Enter 键
输入值或 [自动(A)] <自动>: 12                       //输入间距值并按 Enter 键
```

结果如图 7-34 所示。

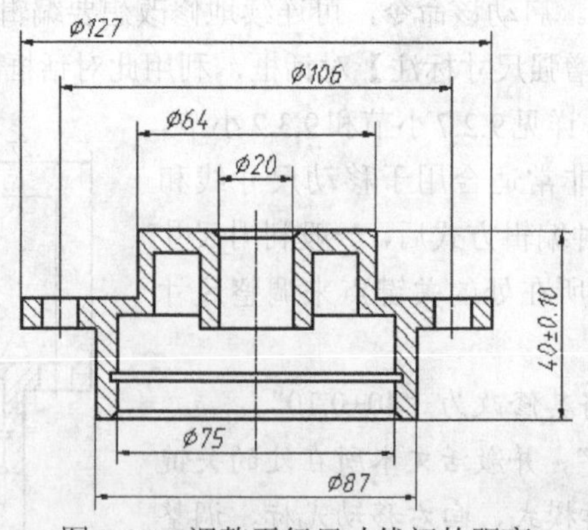

图 7-34　调整平行尺寸线间的距离

7.5.4 编辑尺寸标注属性

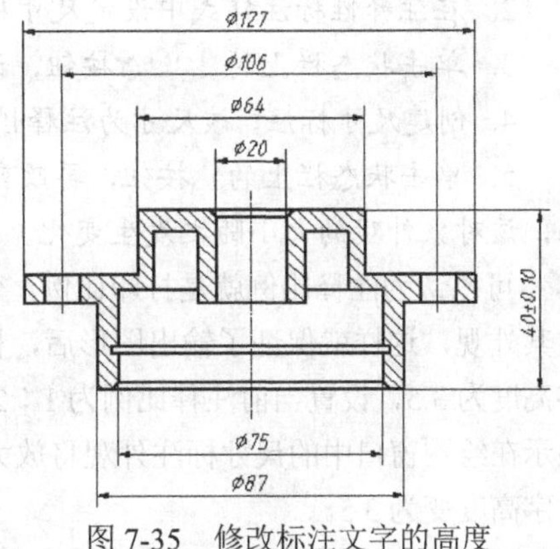

图 7-35 修改标注文字的高度

使用 PROPERTIES 命令（简写 PR）可以非常方便地编辑尺寸标注属性。用户一次性选取多个尺寸标注后，启动该命令，系统打开【特性】选项板，在此选项板中可修改尺寸标注的文字高度、文字样式及全局比例等属性。

继续前面的练习。用 PROPERTIES 命令将所有尺寸标注文字的文字高度改为 3.5，然后利用关键点编辑方式调整部分标注文字的位置，结果如图 7-35 所示。

7.6 在工程图中标注注释性尺寸

在工程图中创建尺寸标注时，需要注意的一个问题是：尺寸标注文本的高度及箭头大小应如何设置。若设置不当，则打印出图后，由于打印比例的影响，尺寸标注外观往往不合适。要解决这个问题，可以采用下面的方法。

（1）在标注样式中将标注的文本高度及箭头大小等设置成与图纸上的真实大小一致，再设定标注全局比例因子为打印比例的倒数。例如，打印比例为 1∶2，标注全局比例因子就为 2。标注时标注外观放大一倍，打印时缩小一倍。

（2）另一个方法是创建注释性尺寸标注，此类尺寸标注具有注释比例属性，系统会根据注释比例自动缩放尺寸外观，缩放比例因子为注释比例的倒数。因此，若在工程图中标注注释性尺寸，只需设置注释对象当前注释比例等于打印比例，就能保证打印后尺寸标注外观与最初标注样式中设定的一致。

创建注释性尺寸标注的步骤如下。

1. 创建新的标注样式并使其成为当前样式。在【新建标注样式】对话框中勾选【注释性】复选框，设定新样式为注释性样式，如图 7-36 左图所示。也可在【修改标注样式】对话框中修改已有样式为注释性样式，如图 7-36 右图所示。

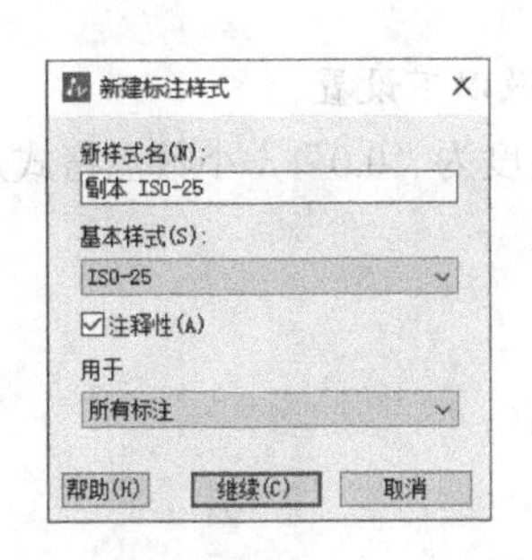

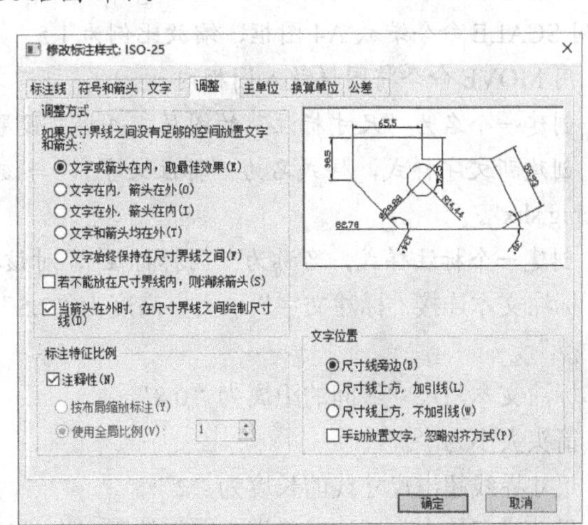

图 7-36 创建注释性标注样式

2. 在注释性标注样式中设定尺寸标注的文本高度、箭头外观大小与图纸上的一致。

3. 单击状态栏上的 1:1 ▾按钮，设定当前注释比例等于打印比例。

4. 创建尺寸标注，该尺寸为注释性尺寸，具有注释比例属性，其注释比例为当前设置值。

5. 单击状态栏上的按钮，再改变当前注释比例，系统将自动把新的比例赋予注释性对象，该对象外观的大小随之发生变化。

可以认为注释比例就是打印比例，创建注释性尺寸后，系统自动以当前注释比例的倒数缩放其外观，这样就保证了输出图形后，标注尺寸外观与设定的一样。例如，设定尺寸标注的文字高度为3.5，设置当前注释比例为1∶2，创建尺寸标注后，该尺寸标注的注释比例就为1∶2，显示在绘图窗口中的尺寸标注外观将放大一倍，文字高度变为7。这样当以1∶2比例打印后，文字高度变为3.5。

注释对象可以具有一个或多个注释比例，设定其中之一为当前注释比例，则注释对象外观以该比例的倒数为缩放因子变大或变小。选择注释对象，通过右键快捷菜单上的【注释性比例】命令可添加或删除注释比例。单击状态栏上的 1:1 ▾按钮，可指定注释对象的某个比例为当前注释比例。

7.7 上机练习——尺寸标注综合训练

下面是为平面图形、组合体及零件图等图样添加尺寸标注的综合练习题，内容包括选用图幅、标注尺寸、创建尺寸公差和形位公差等。

中望机械CAD提供了标注机械图的专用工具，如插入图框、智能标注、尺寸公差、形位公差、基准代号及表面结构代号等。采用这些工具能快速地标注图样（详见9.2节）。下面介绍标注图样的一般方法及原理，并未采用这些专用工具。

7.7.1 采用普通尺寸或注释性尺寸标注平面图形

【练习7-7】打开素材文件“dwg\第7章\7-7.dwg”，采用普通尺寸标注该图形，如图7-37所示。图幅选用A4幅面，绘图比例为1∶1.5，尺寸标注的文字高度为2.5，字体为“IC-isocp.shx”。

1. 打开包含标准图框的图形文件“dwg\第7章\A4.dwg”，把A4图框复制到要标注的图形中，用SCALE命令缩放A4图框，缩放比例为1.5。

2. 用MOVE命令将图样放入图框内。

3. 创建一个名为“尺寸标注”的图层，并将其设置为当前图层。

4. 创建新文字样式，样式名为“标注文字”，与该样式相连的字体文件是“gbeitc.shx”和“gbcbig.shx”。

5. 创建一个标注样式，名称为“国标标注”，对该样式做以下设置。

- 标注文本连接“标注文字”，文字高度为“2.5”，精度为“0.0”，小数点格式是“句点”。
- 标注文本与尺寸线间的距离为“0.8”。
- 箭头大小为“2”。
- 尺寸界线超出尺寸线的长度为“2”。
- 尺寸线起始点与标注对象端点之间的距离为“0”。

- 标注基线尺寸时，平行尺寸线之间的距离为“7”。
- 标注的全局比例因子为“1.5”。
- 使“国标标注”样式成为当前样式。

6. 打开对象捕捉，设置捕捉类型为“端点”和“交点”，标注尺寸，结果如图 7-37 所示。

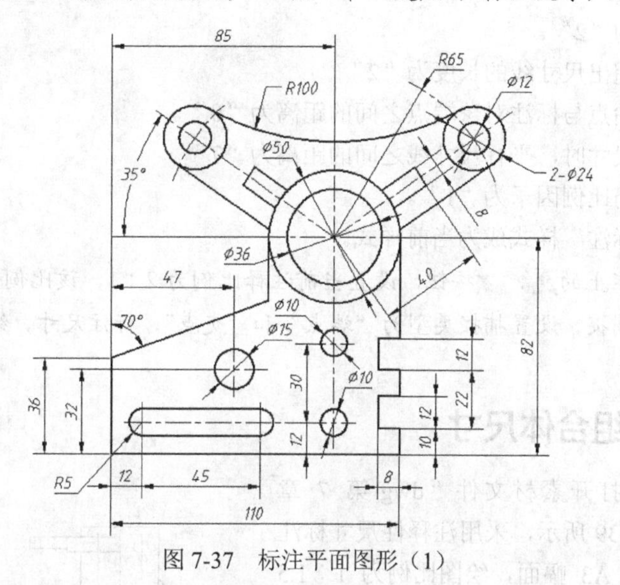

图 7-37 标注平面图形（1）

【练习 7-8】打开素材文件“dwg\第 7 章\7-8.dwg”，采用注释性尺寸标注该图形，结果如图 7-38 所示。图幅选用 A3 幅面，绘图比例为 2∶1，尺寸标注的文字高度为 2.5，字体为“gbeitc.shx”。

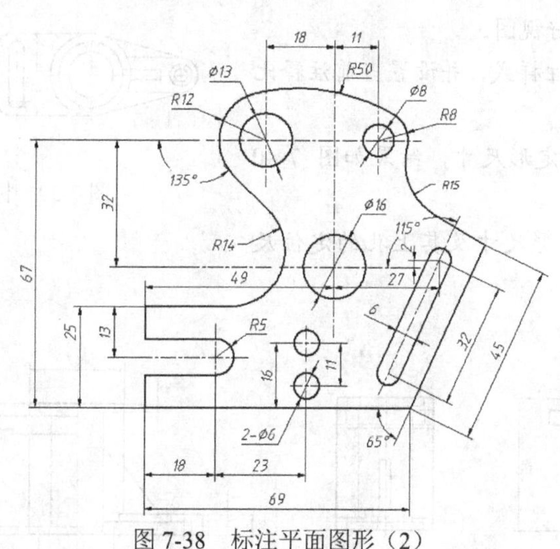

图 7-38 标注平面图形（2）

1. 打开包含标准图框的图形文件“dwg\第 7 章\A3.dwg”，把 A3 图框复制到要标注的图形中，用 SCALE 命令缩放 A3 图框，缩放比例为 0.5。

2. 用 MOVE 命令将图样放入图框内。

3. 创建一个名为“尺寸标注”的图层，并将其设置为当前图层。

4. 创建新文字样式，样式名为“标注文字”，与该样式相连的字体文件是“gbeitc.shx”和“gbcbig.shx”。

5. 创建一个注释性标注样式，名称为“国标标注”，对该样式做以下设置。
- 标注文本连接“标注文字”，文字高度为“2.5”，精度为“0.0”，小数点格式是“句点”。
- 标注文本与尺寸线之间的距离为“0.8”。
- 箭头大小为“2”。
- 尺寸界线超出尺寸线的长度为“2”。
- 尺寸线起始点与标注对象端点之间的距离为“0”。
- 标注基线尺寸时，平行尺寸线之间的距离为“7”。
- 标注的全局比例因子为“1”。
- 使“国标标注”样式成为当前样式。

6. 单击状态栏上的 1:1 ▾按钮，设置当前注释比例为 2∶1，该比例等于打印比例。
7. 打开对象捕捉，设置捕捉类型为“端点”和“交点”，标注尺寸，结果如图 7-38 所示。

7.7.2 标注组合体尺寸

【练习 7-9】打开素材文件“dwg\第 7 章\7-9.dwg”，如图 7-39 所示，采用注释性尺寸标注组合体。图幅选用 A3 幅面，绘图比例为 1∶1.5（注释比例），尺寸标注的文字高度为 2.5，字体为“gbeitc.shx”。

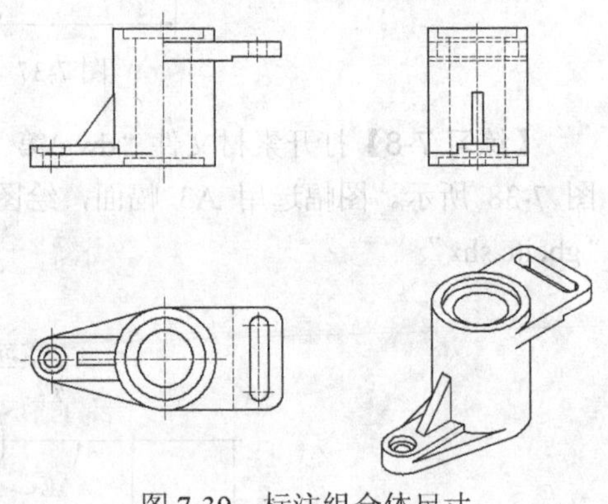
图 7-39　标注组合体尺寸

1. 插入 A3 幅面图框，并将图框放大 1.5 倍。利用 MOVE 命令布置好视图。
2. 创建注释性标注样式，并设置当前注释比例为 1∶1.5。
3. 标注圆柱体的定形尺寸，结果如图 7-40 所示。
4. 标注底板的定形尺寸及其上孔的定位尺寸，结果如图 7-41 所示。

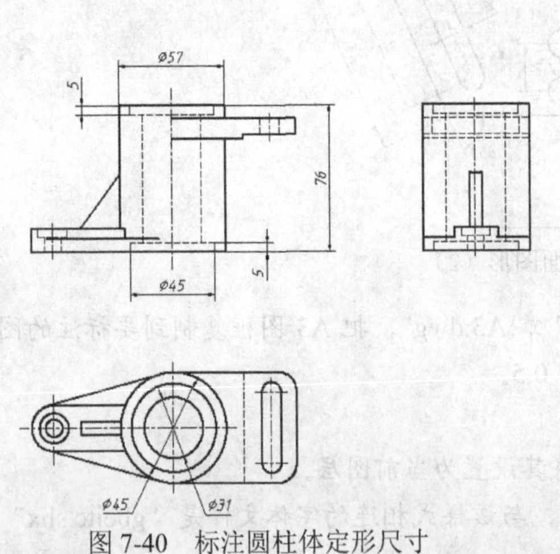

图 7-40　标注圆柱体定形尺寸

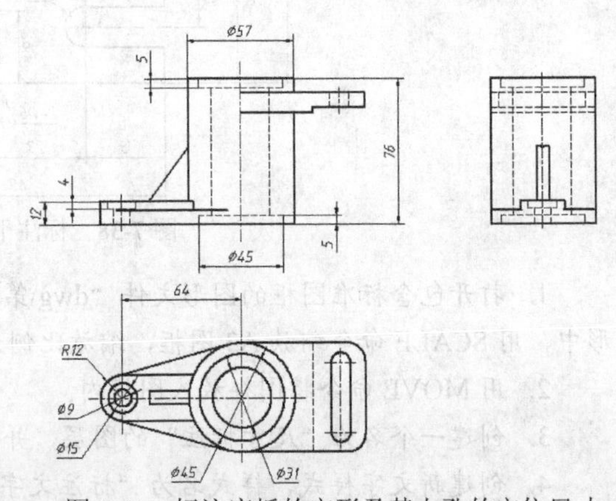

图 7-41　标注底板的定形及其上孔的定位尺寸

5. 标注三角形肋板及右顶板的定形及定位尺寸，结果如图 7-42 所示。

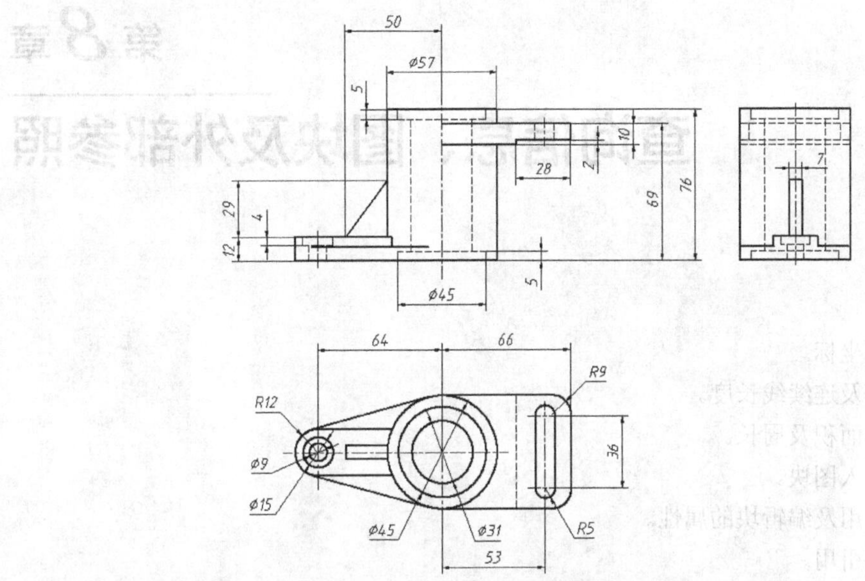

图 7-42 标注肋板及右顶板的定形及定位尺寸

7.8 习题

1. 打开素材文件 “dwg\第 7 章\7-10.dwg”，标注该图形，结果如图 7-43 所示。

2. 打开素材文件 “dwg\第 7 章\7-11.dwg”，如图 7-44 所示，采用注释性尺寸标注组合体。图幅选用 A3 幅面，绘图比例为 1∶1.5（注释比例），尺寸标注的文字高度为 2.5，字体为 “gbeitc.shx”。

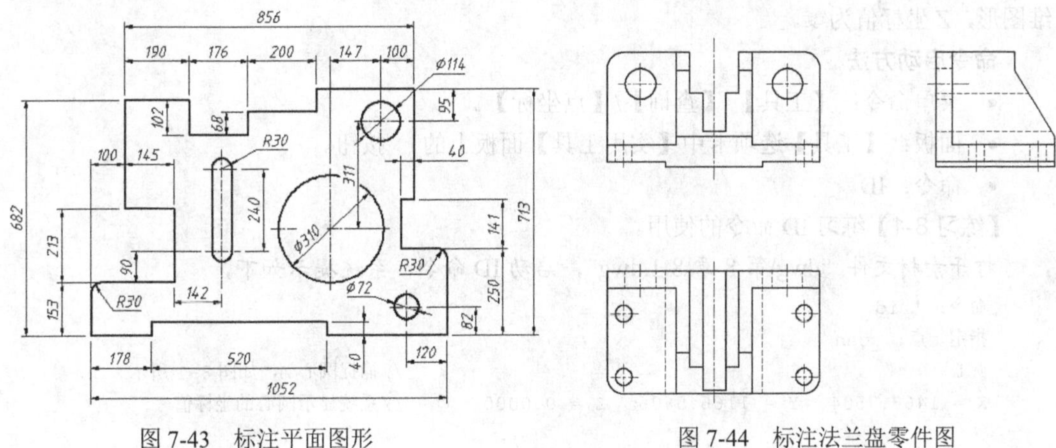

图 7-43 标注平面图形

图 7-44 标注法兰盘零件图

第 8 章

查询信息、图块及外部参照

主要内容

- 获取点的坐标。
- 测量距离及连续线长度。
- 计算图形面积及周长。
- 创建及插入图块。
- 创建、使用及编辑块的属性。
- 使用外部引用。

8.1 获取图形几何信息的方法

本节介绍获取图形几何信息的一些命令。

8.1.1 获取点的坐标

ID 命令用于查询图形对象上某点的绝对坐标，坐标值以“*X,Y,Z*”形式显示出来。对于二维图形，*Z* 坐标值为零。

命令启动方法

- 菜单命令：【工具】/【查询】/【点坐标】。
- 面板：【工具】选项卡中【实用工具】面板上的按钮。
- 命令：ID。

【练习 8-1】练习 ID 命令的使用。

打开素材文件“dwg\第 8 章\8-1.dwg”，启动 ID 命令，系统提示如下。

```
命令: '_id
指定一点: _cen
圆心                                            //捕捉圆心 A，如图 8-1 所示
X = 1463.7504   Y = 1166.5606   Z = 0.0000       //系统显示圆心的坐标值
```

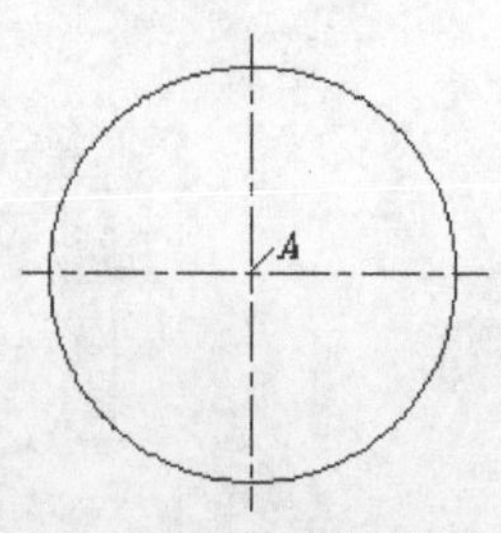

图 8-1 查询点的坐标

要点提示 使用 ID 命令查询的坐标值与当前坐标系的位置有关。如果用户创建新坐标系，则 ID 命令查询的同一点坐标值也将发生变化。

8.1.2 测量距离及连续线长度

使用 DIST 命令可测量图形对象上两点之间的距离，同时，还可计算两点的连线与 *xy* 平面的夹角，以及在 *xy* 平面内的投影与 *x* 轴的夹角。此外，还能测出连续线的长度。

命令启动方法

- 菜单命令：【工具】/【查询】/【距离】。
- 面板：【工具】选项卡中【实用工具】面板上的按钮。
- 命令：DIST 或简写 DI。

【练习 8-2】练习 DIST 命令的使用。

打开素材文件"dwg\第 8 章\8-2.dwg"，启动 DIST 命令，系统提示如下。

```
命令: '_dist
指定第一个点:                                    //捕捉端点 A，如图 8-2 所示
指定第二个点或 [多个点(M)]:                       //捕捉端点 B
距离等于 = 206.9383,  XY 面上角 = 106,  与 XY 面夹角 = 0
X 增量= -57.4979,  Y 增量 = 198.7900,  Z 增量 = 0.0000
```

DIST 命令显示的测量值的意义如下。

- 距离：两点间的距离。
- XY 面上角：两点的连线在 *xy* 平面上的投影与 *x* 轴间的夹角，如图 8-3 左图所示。
- 与 XY 面夹角：两点的连线与 *xy* 平面间的夹角。
- X 增量：两点的 *x* 坐标差值。
- Y 增量：两点的 *y* 坐标差值。
- Z 增量：两点的 *z* 坐标差值。

要点提示 使用 DIST 命令时，两点的选择顺序不会影响距离值，但影响该命令的其他测量值。

（1）测量由线段构成的连续线长度。

启动 DIST 命令，指定第一个点，选择"多个点(M)"选项，然后指定连续线的端点就能测量出连续线的长度，如图 8-3 右图所示。

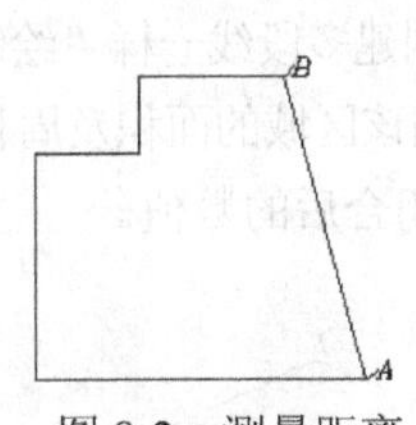

图 8-2　测量距离

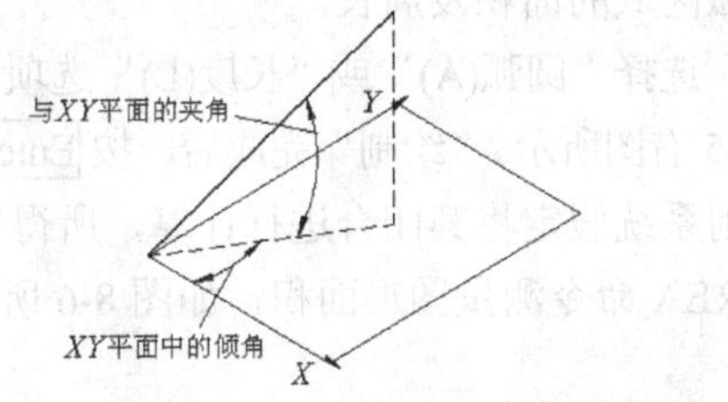

图 8-3　测量距离及长度

（2）测量包含圆弧的连续线长度。

启动 DIST 命令，选择"多个点(M)"/"圆弧(A)""长度(L)"选项，就可以像绘制多段线一样测量含圆弧的连续线的长度，如图 8-4 所示。

【练习 8-3】用 DIST 命令测量包含圆弧的连续线长度，如图 8-4 所示。

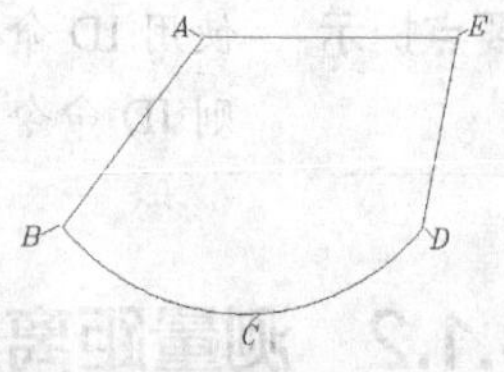

打开素材文件“dwg\第 8 章\8-3.dwg”，启动 DIST 命令，系统提示如下。

图 8-4 测量连续线长度

```
命令: '_dist
指定第一个点:
    //捕捉端点 A，如图 8-4 所示
指定第二个点或 [多个点(M)]: M                                 //使用“多个点(M)”选项
指定下一个点或 [圆弧(A)/长度(L)/总计(T)] <总计>:               //捕捉 B 点
距离等于 = 49.8316
指定下一个点或 [圆弧(A)/闭合(C)/长度(L)/放弃(U)/总计(T)] <总计>: A
                                                              //使用“圆弧(A)”选项
指定圆弧的端点或 [角度(A)/圆心(CE)/闭合(CL)/方向(D)/直线(L)/半径(R)/第二个点(S)/放弃
(U)]: S                                                       //使用“第二个点(S)”选项
指定第二点: nea
最近点                                                        //输入最近点捕捉代号捕捉 C 点
指定圆弧的端点:                                               //捕捉 D 点
距离等于 = 137.9312
指定圆弧的端点或 [角度(A)/圆心(CE)/闭合(CL)/方向(D)/直线(L)/半径(R)/第二个点(S)/放弃
(U)]: L                                                       //使用“直线(L)”选项
指定下一个点或 [圆弧(A)/闭合(C)/长度(L)/放弃(U)/总计(T)] <总计>:   //捕捉 E 点
距离等于 = 178.5451
指定下一个点或 [圆弧(A)/闭合(C)/长度(L)/放弃(U)/总计(T)] <总计>: //捕捉 A 点
距离等于 = 234.1862
指定下一个点或 [圆弧(A)/闭合(C)/长度(L)/放弃(U)/总计(T)] <总计>:
距离等于 = 234.1862                                           //按 Enter 键结束
```

8.1.3 计算图形面积及周长

使用 AREA 命令可测量图形面积及周长。

一、命令启动方法

- 菜单命令：【工具】/【查询】/【面积】。
- 面板：【工具】选项卡中【实用工具】面板上的按钮。

（1）测量多边形区域的面积及周长。

启动 AREA 命令，然后指定折线的端点就能计算出折线包围区域的面积及周长，如图 8-5 左图所示。若折线不闭合，则系统假定将其闭合进行计算，所得周长是折线闭合后的数值。

（2）测量包含圆弧区域的面积及周长。

启动 AREA 命令，选择“圆弧(A)”或“长度(L)”选项，就可以像创建多段线一样“绘制”图形的外轮廓，如图 8-5 右图所示。“绘制”完成后，按 Enter 键即可得到该区域的面积及周长。

若轮廓不闭合，则系统假定将其闭合进行计算，所得周长是轮廓闭合后的数值。

【练习 8-4】用 AREA 命令测量图形面积，如图 8-6 所示。

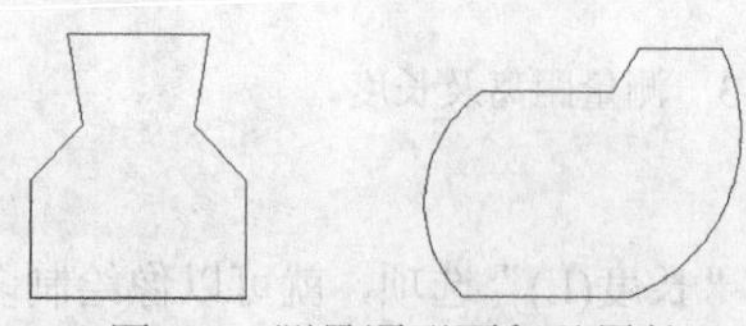

图 8-5 测量图形面积及周长

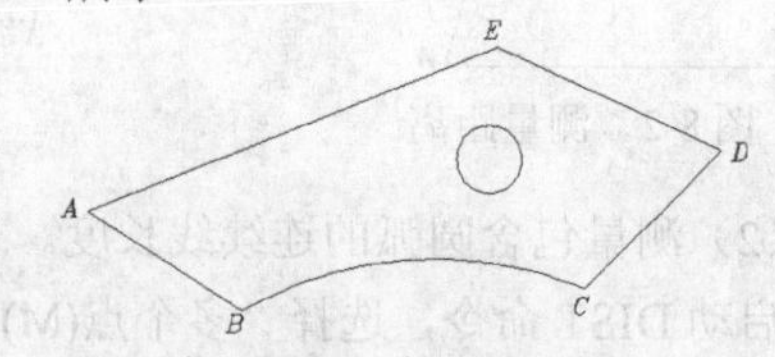

图 8-6 计算图形面积

打开素材文件“dwg\第 8 章\8-4.dwg”，启动 AREA 命令，系统提示如下。

```
指定第一点或 [对象(O)/添加(A)/减去(S)]<对象(O)>: a          //使用“添加(A)”选项
指定第一点或 [对象(O)/减去(S)]:                              //捕捉 A 点
("加"模式) 指定下一个点或 [圆弧(A)/长度(L)/放弃(U)]:          //捕捉 B 点
("加"模式) 指定下一个点或 [圆弧(A)/长度(L)/放弃(U)]: a        //使用 “圆弧(A)” 选项
指定圆弧的端点(按住 Ctrl 键以切换方向)或
 [角度(A)/圆心(CE)/闭合(CL)/方向(D)/直线(L)/半径(R)/第二个点(S)/放弃(U)]:s
                                                             //使用“第二个点(S)”选项
指定圆弧上的第二个点: _nea                                   //使用最近点捕捉
最近点                                                       //捕捉圆弧上的一点
指定圆弧的端点:                                              //捕捉 C 点
指定圆弧的端点(按住 Ctrl 键以切换方向)或
 [角度(A)/圆心(CE)/闭合(CL)/方向(D)/直线(L)/半径(R)/第二个点(S)/放弃(U)]:l
                                                             //使用“直线(L)”选项
("加"模式) 指定下一个点或 [圆弧(A)/长度(L)/放弃(U)/总计(T)] <总计>:
                                                             //捕捉 D 点
("加"模式) 指定下一个点或 [圆弧(A)/长度(L)/放弃(U)/总计(T)] <总计>:
                                                             //捕捉 E 点
("加"模式) 指定下一个点或 [圆弧(A)/长度(L)/放弃(U)/总计(T)] <总计>:
                                                             //按 Enter 键
面积 = 933629.2416, 周长 = 4652.8657
总面积 = 933629.2416
总长度 = 4652.8657
指定第一点或 [对象(O)/减去(S)]: s                            //使用“减少面积(S)”选项
指定第一点或 [对象(O)/添加(A)]: o                            //使用“对象(O)”选项
选取减去面积的对象:                                          //选择圆
面积 = 36252.3386, 圆周 = 674.9521
总面积 = 897376.9029
总长度 = 3977.9136
选取减去面积的对象:                                          //按 Enter 键结束
```

二、命令选项

（1）对象(O)：测量所选对象的面积，有以下两种情况。

- 用户选择的对象是圆、椭圆、面域、正多边形及矩形等闭合图形。
- 对于非封闭的多段线及样条曲线，系统将假定有一条连线使其闭合，然后计算出闭合区域的面积，而所计算出的周长却是多段线或样条曲线的实际长度。

（2）添加(A)：进入“加”模式。该选项使用户可以将新测量的面积加入总面积中。

（3）减去(S)：可把新测量的面积从总面积中减去。

要点提示 用户可以将复杂的图形创建成面域，然后利用“对象(O)”选项测量图形的面积及周长。

8.1.4 列出对象的图形信息

LIST 命令用于获取对象的图形信息，这些信息以列表的形式显示，并且随对象类型的不同而不同，一般包括以下内容。

- 对象类型、图层及颜色等。
- 对象的一些几何特性，如线段的长度、端点坐标、圆心位置、半径、圆的面积及周长等。

命令启动方法

- 菜单命令：【工具】/【查询】/【列表】。
- 面板：【工具】选项卡中【实用工具】面板上的列表按钮。
- 命令：LIST 或简写 LI。

【练习 8-5】练习 LIST 命令的使用。

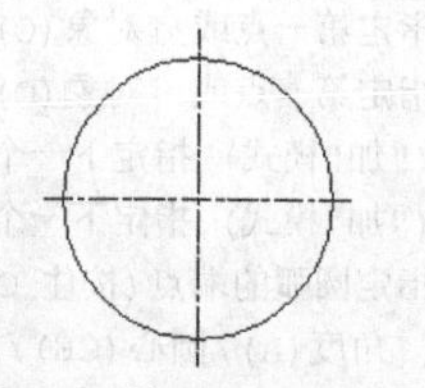

图 8-7　练习 LIST 命令

打开素材文件“dwg\第 8 章\8-5.dwg”，启动 LIST 命令，系统提示如下。

```
命令: _list
列出选取对象:                        //选择圆，如图 8-7 所示
找到 1 个                            //按Enter键结束，系统打开文本窗口
列出选取对象:
------------------------------- CIRCLE -------------------------------
                    句柄: 1E9
                当前空间: 模型空间
                      层: 0
                  中间点: X= 1643.5122  Y= 1348.1237  Z= 0.0000
                    半径: 59.1262
                    圆周: 371.5006
                    面积: 10982.7031
```

要点提示　用户可以将复杂的图形创建成面域，然后用 LIST 命令获取图形的面积及周长等信息。

8.1.5　查询图形信息综合练习

【练习 8-6】打开素材文件“dwg\第 8 章\8-6.dwg”，如图 8-8 所示，试查询以下内容。

（1）图形外轮廓线的长度。

（2）图形面积。

（3）圆心 *A* 到中心线 *B* 的距离。

（4）中心线 *B* 的倾斜角度。

1. 用 REGION 命令将图形外轮廓线框 *C*（见图 8-9）创建成面域，然后用 LIST 命令获取此线框的周长，数值为 1766.97。

2. 将线框 *D*、*E* 及 4 个圆创建成面域，用面域 *C*“减去”面域 *D*、*E* 及 4 个圆面域，如图 8-9 所示。

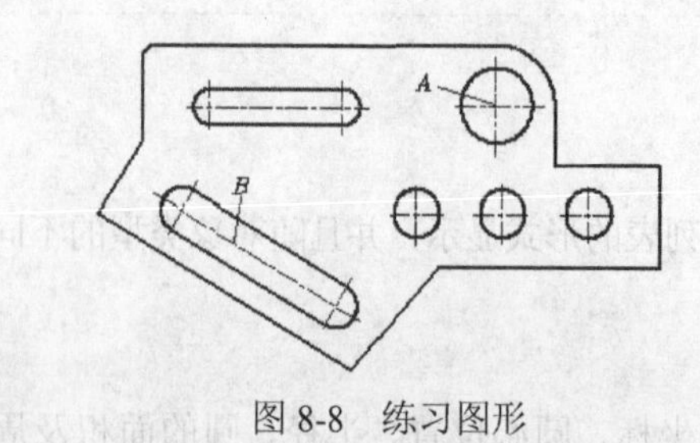

图 8-8　练习图形

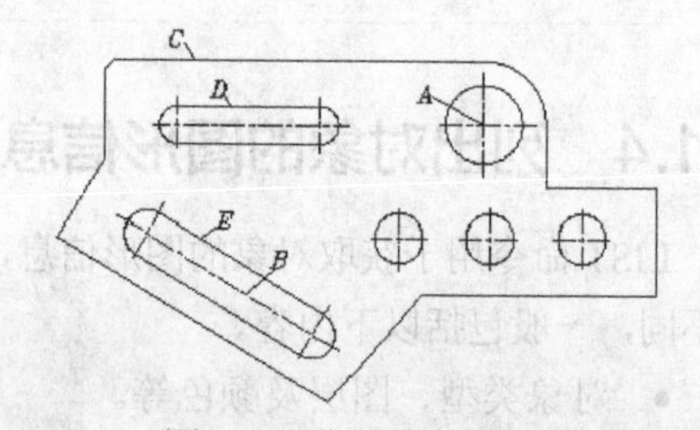

图 8-9　进行差运算

3. 用 LIST 命令查询面域的面积，数值为 117908.46。
4. 用 DIST 命令测量圆心 *A* 到中心线 *B* 的距离，数值为 284.95。
5. 用 LIST 命令获取中心线 *B* 的倾斜角度，数值为 150° 。

8.2 图块

工程图中常有大量反复使用的图形对象，如机械图中的螺栓、螺钉和垫圈等，建筑图中的门、窗等。由于这些图形对象的结构、形状相同，只是尺寸有所不同，因而作图时常常将它们创建为图块，以便以后作图时调用，这样做的好处如下。

（1）减少重复性操作并实现“积木式”绘图。

将常用件、标准件定制成标准库，作图时在某一位置插入已定义的图块就可以了，无须反复绘制相同的图形，这样就实现了“积木式”绘图。

（2）节省存储空间。

每当在图形中增加一个图元，系统就必须记录此图元的信息，从而增大了图形所需的存储空间。对于反复使用的图块，系统仅对其信息做一次记录。当用户插入图块时，系统只是对已定义的图块进行引用，这样就可以节省大量的存储空间。

（3）方便编辑。

在中望机械 CAD 中，图块是作为单一对象来处理的。常用的编辑命令（如 MOVE、COPY 和 ARRAY 等）都适用于图块，图块还可以嵌套，即在一个图块中包含一些其他的图块。此外，如果对某一图块进行重新定义，则图样中所有引用的该图块都将自动更新。

8.2.1 创建图块

使用 BLOCK 命令可以将图形的一部分或整个图形创建成图块，用户可以给图块命名，并可定义插入基点。

命令启动方法

- 菜单命令：【绘图】/【块】/【创建】。
- 面板：【常用】选项卡中【块】面板上的按钮。
- 命令：BLOCK 或简写 B。

【练习 8-7】创建图块。

1. 打开素材文件“dwg\第 8 章\8-7.dwg”。
2. 单击【块】面板上的按钮，打开【块定义】对话框，在【名称】下拉列表中输入新建图块的名称“block-1”，如图 8-10 所示。
3. 选择构成图块的图形元素。单击按钮，返回绘图窗口，系统提示“选择对象”，选择线框 *A*，如图 8-11 所示。
4. 指定图块的插入基点。单击按钮，返回绘图窗口，系统提示“指定基点”，拾取点 *B*，如图 8-11 所示。
5. 单击 确定 按钮，系统生成图块。

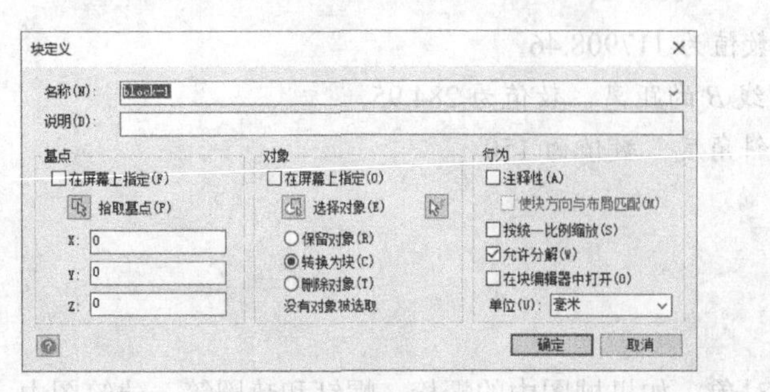

图 8-10　【块定义】对话框

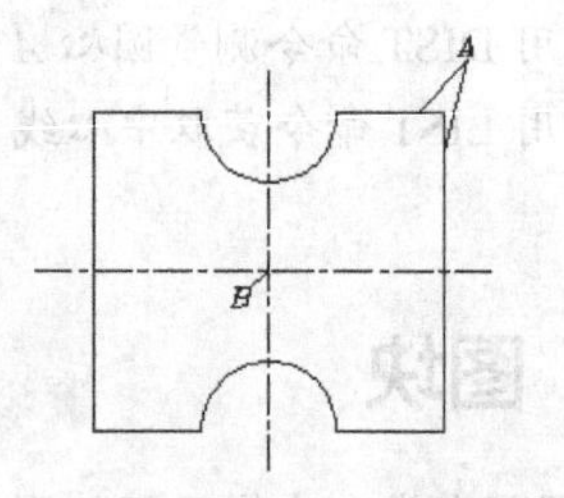

图 8-11　创建图块

要点提示　在定制符号块时，一般将块图形画在尺寸为 1×1 的正方形中，这样就便于在插入图块时确定图块沿 x、y 方向的缩放比例因子。

【块定义】对话框中常用选项的功能介绍如下。

- 【名称】：设定新建图块的名称，最多可使用 255 个字符。单击右边的 按钮，打开下拉列表，该列表中显示了当前图形的所有图块。
- 按钮：单击此按钮，切换到绘图窗口，用户可直接在图形中拾取某点作为图块的插入基点。
- 【X】【Y】【Z】文本框：在这 3 个文本框中分别输入插入基点的 x、y、z 坐标值。
- 按钮：单击此按钮，切换到绘图窗口，用户可在绘图区中选择构成图块的图形对象。
- 【保留对象】：选择此单选项，则系统生成图块后，还保留构成图块的源对象。
- 【转换为块】：选择此该单选项，则系统生成图块后，把构成图块的源对象也转化为块。
- 【删除对象】：选择此单选项，则创建图块后删除构成块的源对象。
- 【注释性】：勾选此复选框，创建注释性图快。
- 【按统一比例缩放】：勾选此复选框，设定图块沿各坐标轴的缩放比例一致。

8.2.2　插入图块或外部文件

用户可以使用 INSERT 命令在当前图形中插入图块或其他图形文件，无论图块或被插入的图形多么复杂，系统都将它们作为一个单独的对象。如果用户需编辑其中的单个图形对象，就必须用 EXPLODE 命令分解图块或文件块。

命令启动方法

- 菜单命令：【插入】/【块】。
- 面板：【常用】选项卡中【块】面板上的 按钮。
- 命令：INSERT 或简写 I。

启动 INSERT 命令，打开【插入图块】对话框，如图 8-12 所示。通过该对话框，用户可以将图形文件中的图块插入图形中，也可将另一图形文件插入图形中。

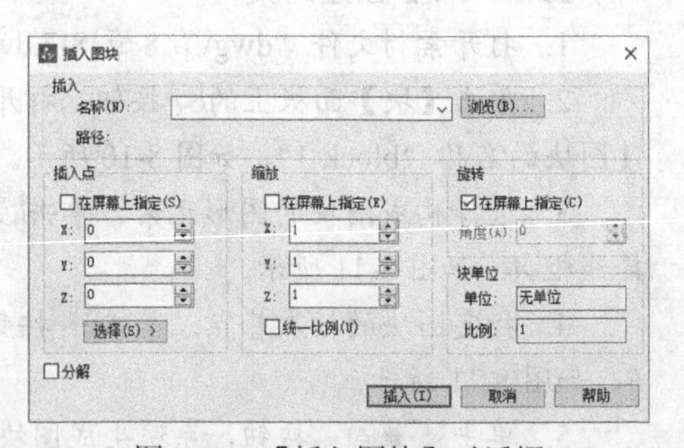

图 8-12　【插入图块】对话框

要点提示 当把一个图形文件插入当前图形中时，被插入图样的图层、线型、图块和字体样式等也将加入当前图形中。如果两者中有重名的同类对象，那么当前图形中的定义优先于被插入的图样。

【插入图块】对话框中常用选项的功能介绍如下。

- 【名称】：此下拉列表中罗列了图样中的所有图块，用户可在此下拉列表中选择要插入的图块。如果要将".dwg"文件插入当前图形中，就单击 浏览(B)... 按钮，然后选择要插入的文件。
- 【插入点】：确定图块的插入点。可直接在【X】【Y】【Z】文本框中输入插入点的绝对坐标值，或者先勾选【在屏幕上指定】复选框，然后在屏幕上指定插入点。
- 【缩放】：确定图块的缩放比例。可直接在【X】【Y】【Z】文本框中输入沿这 3 个方向的缩放比例，也可先勾选【在屏幕上指定】复选框，然后在屏幕上指定缩放比例。

要点提示 用户可以指定 x、y 方向的负比例因子，此时插入的图块将做镜像变换。

- 【统一比例】：勾选此复选框，使图块沿 x、y、z 方向的缩放比例都相同。
- 【旋转】：指定插入图块时的旋转角度。可在【角度】文本框中直接输入旋转角度值，也可勾选【在屏幕上指定】复选框，然后在屏幕上指定角度。
- 【分解】：若勾选此复选框，则系统在插入图块的同时分解图块对象。

8.2.3 定义图形文件的插入基点

用户可以在当前文件中以图块的形式插入其他图形文件，当插入文件时，默认的插入基点是坐标原点，这可能给用户的作图带来麻烦。由于当前图形的原点可能在屏幕的任意位置，这样就常常造成在插入图形后图形没有显示在屏幕上，好像并无任何图形插入当前图样中似的。为了便于控制被插入的图形文件，使其显示在屏幕的适当位置，用户可以使用 BASE 命令定义图形文件的插入基点，这样就可通过这个基点来确定图形的插入位置。

启动 BASE 命令，系统提示"指定基点"，此时用户在当前图形中拾取某个点作为图形的插入基点。

8.2.4 在工程图中使用注释性图块

如果在工程图中插入注释性图块，且使注释比例等于打印比例，就能保证打印后图块的外观与设定的一样。

使用注释性图块的步骤如下。

（1）按实际尺寸绘制图块图形。

（2）设定当前注释比例为 1∶1，创建注释图块（在【块定义】对话框勾选【注释性】复选框），则图块的注释比例为 1∶1。

（3）设置当前注释比例等于打印比例，然后插入图块，图块外观自动缩放，缩放比例为当前注释比例的倒数。

（4）对于已有的注释性图块，需添加新的注释比例，该值等于打印比例。选择图块，利用右键快捷菜单中的【注释性比例】命令添加新的注释比例，或者单击状态栏上的按钮，启动“注释比例更改时自动将比例添加至注释对象”功能。

8.2.5 创建及使用块属性

在中望机械CAD中，用户可以创建和使用块属性。属性类似于商品的标签，包含了图块所不能表达的其他各种文字信息，如材料、型号和制造者等。存储在属性中的信息一般称为属性值。当用BLOCK命令创建图块时，将已定义的属性与图形一起生成图块，这样图块中就包含属性了。当然，用户也能仅将属性本身创建成一个图块。

属性有助于用户快速产生关于设计项目的信息报表，或者作为一些符号块的可变文字对象。其次，属性也常用来预定义文本位置、内容或提供文本默认值等。例如，把标题栏中的一些文字项目定制成属性对象，就能方便地进行填写或修改。

ATTDEF 命令用于定义属性，例如，定义文字高度、关联的文字样式、外观标记、默认值及提示信息等项目。

命令启动方法

- 菜单命令：【绘图】/【块】/【定义属性】。
- 面板：【常用】选项卡中【块】面板上的按钮。
- 命令：ATTDEF 或简写 ATT。

启动ATTDEF命令，打开【定义属性】对话框，如图8-13示，利用该对话框创建块属性。

【练习8-8】定义属性及使用属性。

1. 打开素材文件“dwg\第8章\8-8.dwg”。

2. 启动ATTDEF命令，打开【定义属性】对话框，如图8-13所示。在【属性】分组框中输入下列内容。

名称：　　姓名及号码
提示：　　请输入您的姓名及电话号码
缺省文本：　李燕　2660732

3. 在【文字样式】下拉列表中选择【样式-1】选项，在【文字高度】文本框中输入数值“3”，单击 定义并退出(E) 按钮，系统提示“指定插入点”，在电话机的下边拾取 A 点，结果如图8-14所示。

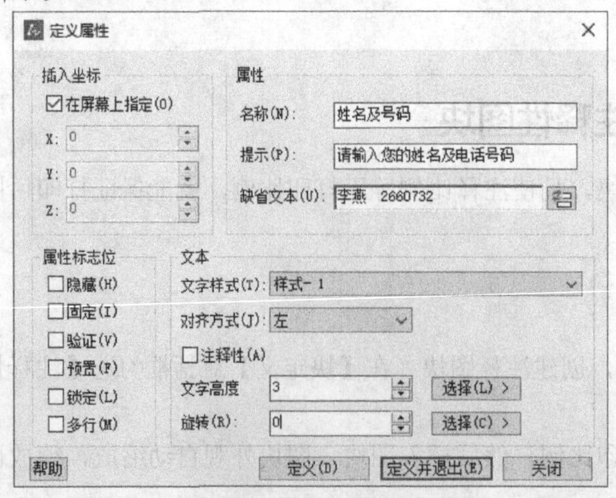

图8-13 【定义属性】对话框

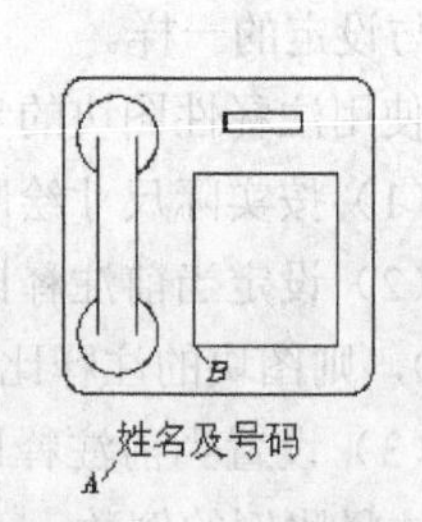

图8-14 定义属性

4. 将属性与图形一起创建成图块。单击【块】面板上的按钮，打开【块定义】对话框，如图 8-15 所示。

5. 在【名称】下拉列表中输入新建图块的名称“电话机”，在【对象】分组框中选择【保留对象】单选项，如图 8-15 所示。

6. 单击按钮，返回绘图窗口，系统提示“选择对象”，选择电话机及属性，如图 8-14 所示。

7. 指定块的插入基点。单击按钮，返回绘图窗口，系统提示“指定基点”，拾取点 B，如图 8-14 所示。

8. 单击 确定 按钮，系统生成图块。

9. 插入带属性的图块。单击【块】面板上的按钮，选择“电话机”图块，指定插入点，系统打开【编辑图块属性】对话框，输入新的属性值，如图 8-16 所示。

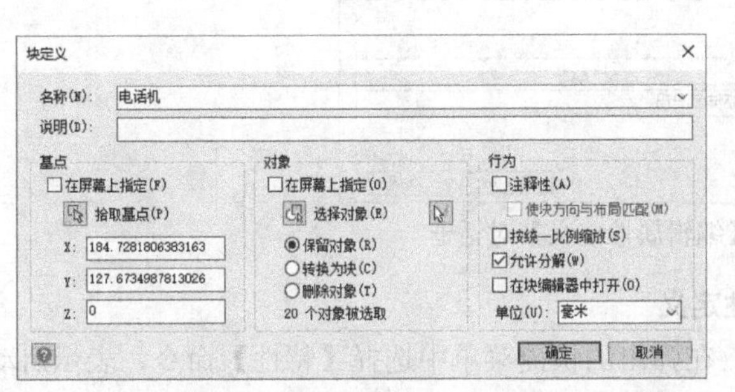

图 8-15 【块定义】对话框

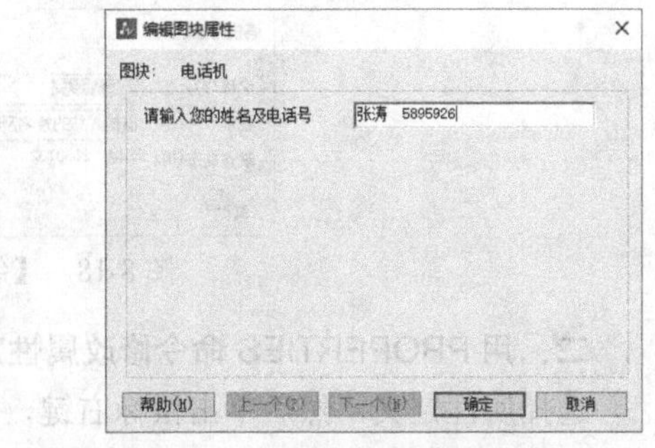

图 8-16 【编辑图块属性】对话框

10. 单击 确定 按钮，结果如图 8-17 所示。选中图块，利用右键快捷菜单上的【特性】命令可修改图块沿坐标轴的缩放比例。

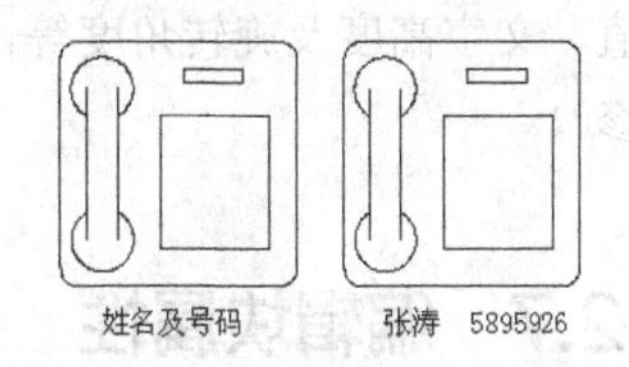

图 8-17 插入附带属性的图块

【定义属性】对话框中常用选项的功能介绍如下。

- 【隐藏】：控制属性值在图形中的可见性。如果想使图形中包含属性信息，但又不想使其在图形中显示出来，就勾选该复选框。例如，有一些文字信息（如零部件的成本、产地和存放仓库等）不必在图样中显示出来，就可将其隐藏。
- 【固定】：勾选该复选框，属性值将为常量。
- 【预置】：设定是否将实际属性值设置成默认值。若勾选该复选框，则插入块时，系统将不再提示用户输入新属性值，实际属性值等于【属性】分组框中的默认值。
- 【名称】：标识图形中每次出现的属性。使用任何字符组合（空格除外）输入属性标记。小写字母会自动转换为大写字母。
- 【提示】：指定在插入包含该属性定义的图块时显示的提示。如果不输入提示，属性标记将被用作提示。如果在【属性标志位】分组框中勾选【固定】复选框，那么【属性】分组框中的【提示】选项将不可用。
- 【缺省文本】：指定默认的属性值。
- 【文字样式】：设定文字样式。
- 【对齐方式】：该下拉列表中包含 10 多种属性文字的对齐方式，如布满、左和对齐等。这些选项的功能与 TEXT 命令对应的选项功能相同，参见 6.1.3 小节。
- 【注释性】：创建注释性属性。

- 【文字高度】：用户可直接在文本框中输入属性的文字高度，或者单击右侧的 选择(L) > 按钮切换到绘图窗口，在绘图区域中拾取两点以指定文字高度。
- 【旋转】：设定属性文字的旋转角度。

8.2.6 编辑属性定义

创建属性后，用户可对其进行编辑，常用的命令是 DDEDIT 和 PROPERTIES。使用前者可修改属性标记、提示及默认值，使用后者能修改属性定义的更多项目。

一、用 DDEDIT 命令修改属性定义

双击属性定义标记，即可启动 DDEDIT 命令，打开【编辑属性定义】对话框，如图 8-18 所示。在该对话框中，用户可修改属性定义的标记、提示及默认值。

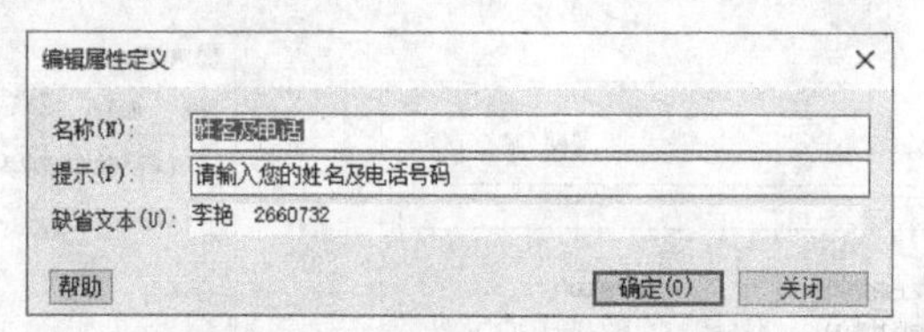

图 8-18 【编辑属性定义】对话框

二、用 PROPERTIES 命令修改属性定义

选择属性定义，然后单击鼠标右键，在弹出的快捷菜单中选择【特性】命令，表示启动 PROPERTIES 命令，打开【特性】选项板，如图 8-19 所示。该选项板的【文字】区域列出了属性定义的标记、提示、默认值、文字高度及旋转角度等，用户可在该选项板中对其进行修改。

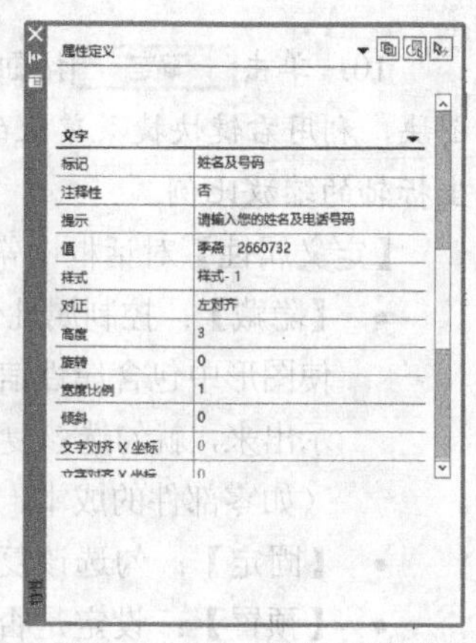

图 8-19 【特性】对话框

8.2.7 编辑块属性

若属性已被创建为图块，则用户可用 EATTEDIT（或 DDEDIT）命令来编辑属性值及属性的其他特性。

命令启动方法

- 菜单命令：【修改】/【对象】/【属性】/【单个】。
- 面板：【插入】选项卡中【属性】面板上的 单个 按钮。
- 命令：EATTEDIT。

【练习 8-9】练习 EATTEDIT 命令。

启动 EATTEDIT 命令，打开【增强属性编辑器】对话框，如图 8-20 所示。在该对话框中，用户可对块属性进行编辑。

【增强属性编辑器】对话框中有【属性】【文字选项】【特性】3 个选项卡，它们的功能介绍如下。

- 【属性】：该选项卡中列出了当前块对象中各个属性的标记、提示及值，如图 8-20 所示。选中某一属性，用户就可以在【值】文本框中修改属性的值。
- 【文字选项】：该选项卡用于修改属性文字的一些特性，如文字样式、文字高度等，如图 8-21 所示。选项卡中各选项的含义与【文字样式】对话框中同名选项的含义相同。

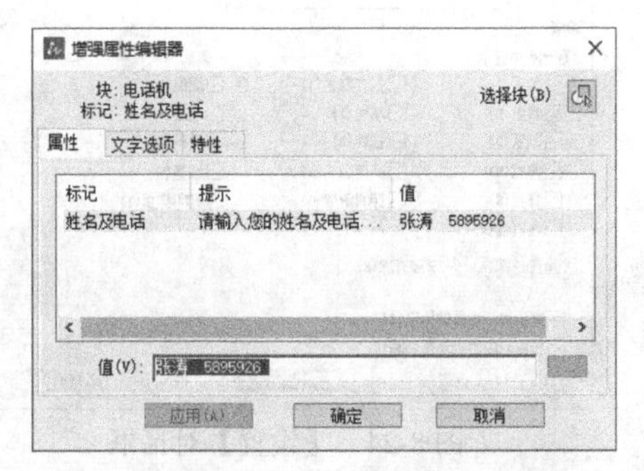

图 8-20 【增强属性编辑器】对话框

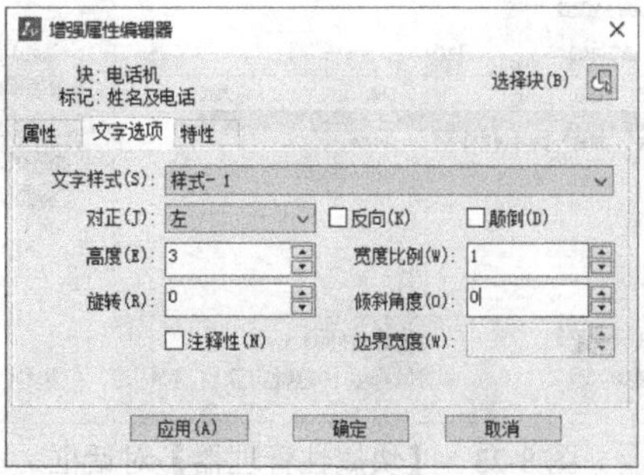

图 8-21 【文字选项】选项卡

- 【特性】：在该选项卡中，用户可以修改属性文字的图层、线型、颜色等，如图 8-22 所示。

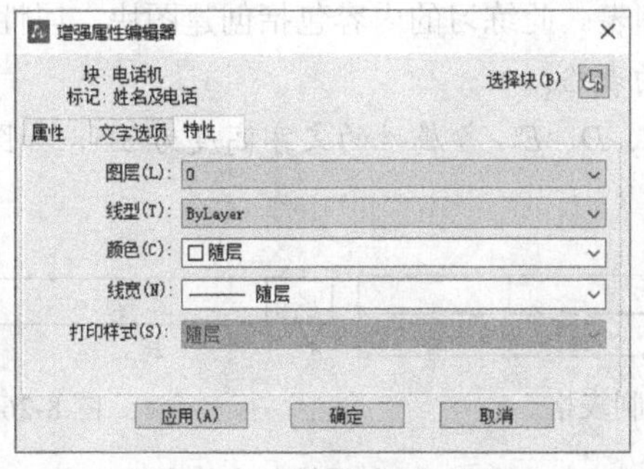

图 8-22 【特性】选项卡

8.2.8 块属性管理器

【块属性管理器】用于管理当前图形中所有图块的属性定义，通过它能够修改属性定义，以及改变插入图块时系统提示用户输入属性值的顺序。

命令启动方法

- 菜单命令：【修改】/【对象】/【属性】/【块属性管理器】。
- 面板：【插入】选项卡中【属性】面板上的 块属性管理器 按钮。
- 命令：BATTMAN。

启动 BATTMAN 命令，打开【块属性管理器】对话框，如图 8-23 所示。

【块属性管理器】对话框中常用选项的功能介绍如下。

- 【块】：用户可在此下拉列表选择要操作的图块。此列表显示当前图形中所有具有属性的图块名称。
- 同步(Y)：用户修改某一属性定义后，单击此按钮，将更新所有图块对象中的属性定义。
- 上移(U)：在属性列表中选中一属性行，单击此按钮，则该属性行向上移动一行。
- 下移(D)：在属性列表中选中一属性行，单击此按钮，则该属性行向下移动一行。
- 编辑(E)...：单击此按钮，打开【编辑属性】对话框。该对话框有【属性】【文字选项】【特性】3 个选项卡，这些选项卡的功能与【增强属性管理器】对话框中同名选项卡的功能类似，这里不再介绍。
- 设置(S)...：单击此按钮，打开【设置】对话框，如图 8-24 所示。在该对话框中，用户可以设置在【块属性管理器】对话框的属性列表中显示哪些内容。

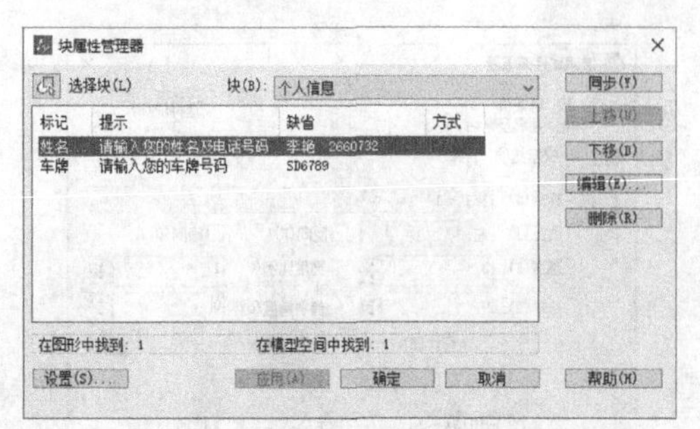

图 8-23 【块属性管理器】对话框

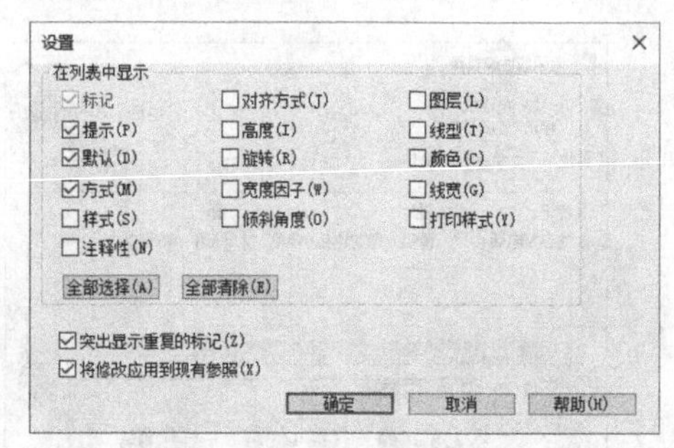

图 8-24 【设置】对话框

8.2.9 图块及属性综合练习——创建明细表图块

【练习 8-10】设计明细表。此练习的内容包括创建图块、属性及插入带属性的图块。

1. 绘制图 8-25 所示的表格。

2. 创建属性 *A*、*B*、*C*、*D*、*E*，各属性的文字高度为 3.5，如图 8-26 所示，包含的内容如表 8-1 所示。

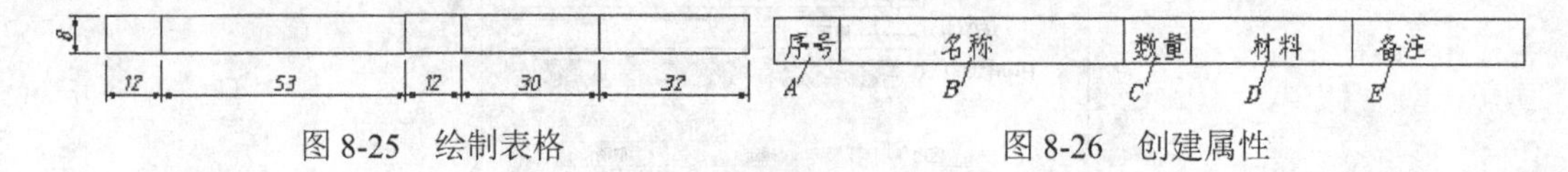

图 8-25 绘制表格　　　图 8-26 创建属性

表 8-1 各属性包含的内容

项目	名称	提示	缺省值
属性 *A*	序号	请输入序号	1
属性 *B*	名称	请输入名称	
属性 *C*	数量	请输入数量	1
属性 *D*	材料	请输入材料	
属性 *E*	备注	请输入备注	

3. 用 BLOCK 命令将属性与图形一起定制成图块，图块名为“明细表”，插入点设定在表格的左下角点。

4. 单击【插入】选项卡中【属性】面板上的 块属性管理器 按钮，打开【块属性管理器】对话框，利用 上移(U) 或 下移(D) 按钮调整各属性的排列顺序，如图 8-27 所示。

5. 用 INSERT 命令插入图块“明细表”，并输入属性值，结果如图 8-28 所示。

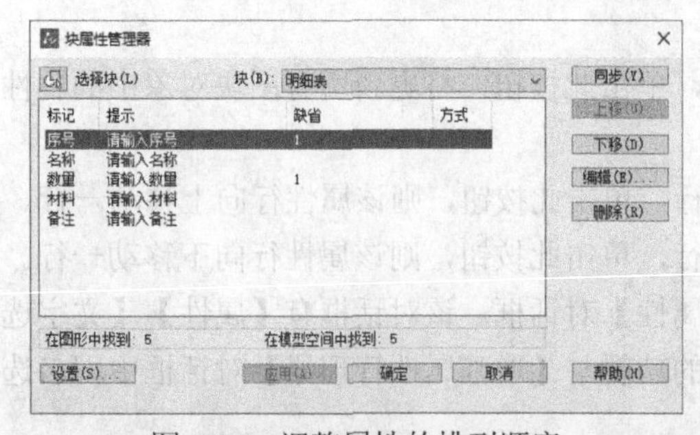

图 8-27 调整属性的排列顺序

5	垫圈12	12		GB97-86
4	螺栓M10x50	12		GB5786-89
3	皮带轮	2	HT200	
2	蜗杆	1	45	
1	套筒	1	Q235-A	
序号	名称	数量	材料	备注

图 8-28 插入图块

8.3 使用外部引用

当用户将其他图形以图块的形式插入当前图样中时，该图形就成为当前图样的一部分，但用户可能并不想如此，而只想把该图形作为当前图样的一个样例，或者想观察一下正在设计的模型与相关的其他模型是否匹配，此时就可通过外部引用（也称为 Xref）将其他图形文件放置到当前图样中。

Xref 使用户能方便地在自己的图形中以引用的方式查看其他图样，被引用的图形并不成为当前图样的一部分，当前图样中仅记录了外部引用文件的位置和名称。虽然如此，用户仍然可以控制被引用图形层的可见性，并能进行对象捕捉。

利用 Xref 获得其他图形文件比插入文件块有更多的优点。

（1）由于外部引用的图形并不是当前图样的一部分，因而利用 Xref 组合的图样比通过文件块构成的图样要小。

（2）每当系统装载图样时，都将加载最新版本的 Xref 文件，若外部图形文件有所改动，则引用图形也将随之变动。

（3）利用外部引用将有利于多人共同完成一个设计项目，因为 Xref 使设计人员可以很方便地查看对方的设计图样，从而协调设计内容。另外，Xref 也可使设计人员同时使用相同的图形文件进行分工设计。例如，一个建筑设计小组的所有成员通过外部引用就能同时参照建筑物的结构平面图，然后分别开展电路、管道等方面的设计工作。

8.3.1 引用外部图形

XATTACH 命令用于引用外部图形，可设定引用图形沿坐标轴的缩放比例及引用的方式。

命令启动方法

- 菜单命令：【插入】/【ΔΩΓ参照】。
- 面板：【插入】选项卡中【参照】面板上的 DWG参照 按钮。
- 命令：XATTACH 或简写 XA。

【练习 8-11】练习 XATTACH 命令的使用。

1. 创建一个新的图形文件。

2. 单击【插入】选项卡中【参照】面板上的 DWG参照 按钮，即可启动 XATTACH 命令，打开【选取附加文件】对话框，选择文件“dwg\第 8 章\8-11-A.dwg”，再单击 打开(O) 按钮，弹出【附着外部参照】对话框，如图 8-29 所示。

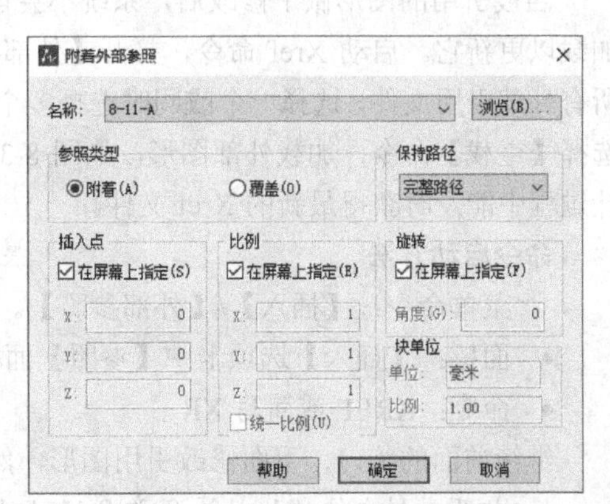

图 8-29 【附着外部参照】对话框

3. 单击 确定 按钮，按照系统提示指定文件的插入点，移动及缩放视图，结果如图 8-30 所示。

4. 用相同的方法引用图形文件“dwg\第 8 章\8-11-B.dwg”，再用 MOVE 命令把两个图形组合在一起，结果如图 8-31 所示。

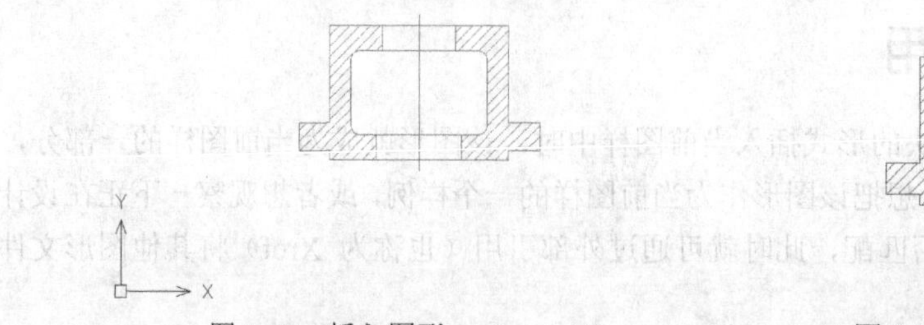

图 8-30　插入图形

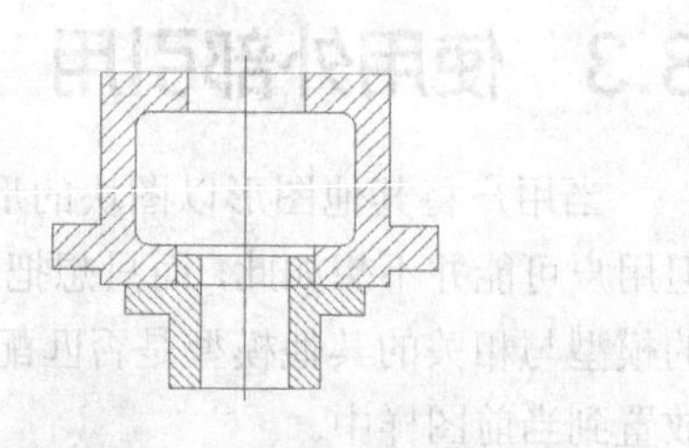

图 8-31　插入并组合图形

【附着外部参照】对话框中常用选项的功能介绍如下。

- 【名称】：该下拉列表显示了当前图形中包含的外部参照文件的名称。用户可在下拉列表中直接选取文件，也可以单击右侧的 浏览(B)... 按钮，查找其他的参照文件。
- 【附着】：如果图形文件 *A* 嵌套了其他的 Xref，而这些文件是以“附着”方式被引用的，则当新文件引用图形 *A* 时，用户不仅可以看到图形 *A* 本身，还能看到图形 *A* 中嵌套的 Xref。附着方式的 Xref 不能循环嵌套，即如果图形 *A* 引用了图形 *B*，而图形 *B* 又引用了图形 *C*，则图形 *C* 不能再引用图形 *A*。
- 【覆盖】：如果图形 *A* 中有多层嵌套的 Xref，但它们均以“覆盖”方式被引用，则当其他图形引用图形 *A* 时，就只能看到图形 *A* 本身，而其包含的任何 Xref 都不会显示出来。使用覆盖方式的 Xref 可以循环引用，这使设计人员可以灵活地查看其他任何图形文件，而无须考虑图形之间的嵌套关系。
- 【插入点】：在此分组框中指定外部参照文件的插入基点，可直接在【X】【Y】【Z】文本框中输入插入点的坐标，也可以勾选【在屏幕上指定】复选框，然后在屏幕上指定插入点。
- 【比例】：在此分组框中指定外部参照文件的缩放比例，可直接在【X】【Y】【Z】文本框中输入沿这 3 个方向的缩放比例，也可以勾选【在屏幕上指定】复选框，然后在屏幕上指定缩放比例。
- 【旋转】：确定外部参照文件的旋转角度，可直接在【角度】文本框中输入旋转角度，也可以勾选【在屏幕上指定】复选框，然后在屏幕上指定旋转角度。

8.3.2　管理及更新外部引用文件

当被引用的图形做了修改后，系统不会自动更新当前图样中的 Xref 图形，用户必须重新加载以更新它。启动 Xref 命令，打开【外部参照】选项板，该选项板显示了当前图样包含的所有外部引用文件，选择一个或同时选择多个文件，然后单击鼠标右键，在弹出的快捷菜单中选择【重载】命令，加载外部图形，如图 8-32 所示。由于可以随时进行更新，因此用户在设计过程中能及时获得最新的 Xref 文件。

命令启动方法

菜单命令：【插入】/【外部参照】。

- 面板：【插入】选项卡中【参照】面板右下角的 ↘ 按钮。
- 命令：XREF 或简写 XR。

继续前面的练习，下面修改引用图形，然后在当前图形文件中更新它。

1. 打开素材文件“dwg\第 8 章\8-11-A.dwg”，用 STRETCH 命令将零件下部配合孔的直径尺寸增加 4，保存文件。

2. 切换到新图形文件。单击【参照】面板右下角的↘按钮，打开【外部参照】选项板，如图 8-32 所示。在该选项板的文件列表框中选中“8-11-A.dwg”文件，单击鼠标右键，弹出快捷菜单，选择【重载】命令以加载外部图形。

3. 重新加载外部图形后，结果如图 8-33 左图所示。

4. 在新图形文件中直接编辑外部参照文件。单击【参照】面板上的在位编辑参照按钮，对图形文件“8-11-B.dwg”进行编辑，调整与文件“8-11-A.dwg”配合的圆柱体尺寸，将其直径增加 4。单击【插入】选项卡中【编辑参照】面板上的保存参照编辑按钮，结果如图 8-33 右图所示。

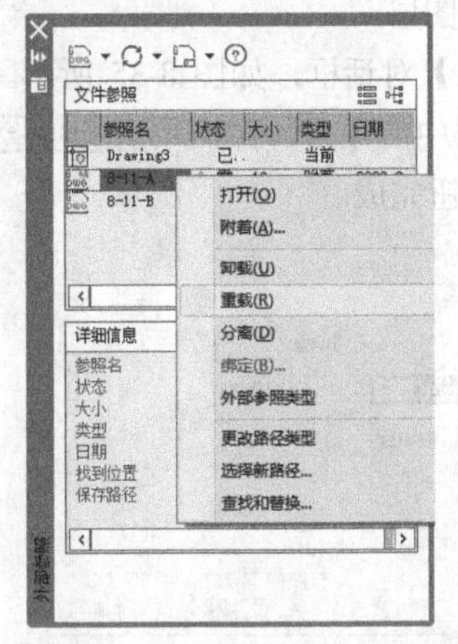

图 8-32 【外部参照】选项板

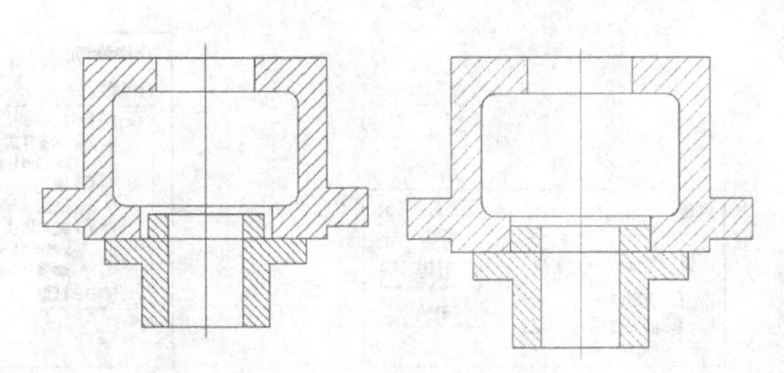

图 8-33 重新加载图形

【外部参照】选项板中常用选项的功能介绍如下。

- DWG：单击此按钮，打开【选取附加文件】对话框，可通过该对话框选择要插入的图形文件。
- 【附着】（快捷菜单中的命令，以下都是）：选择此命令，打开【附着外部参照】对话框，可通过该对话框选择要插入的图形文件。
- 【卸载】：暂时移走当前图形中的某个外部参照文件，但在列表框中仍保留该文件的路径。
- 【重载】：在不退出当前图形文件的情况下更新外部引用文件。
- 【分离】：将某个外部参照文件去除。
- 【绑定】：将外部参照文件永久地插入当前图形文件中，使之成为当前文件的一部分，详细内容见 8.3.3 小节。

8.3.3 转换外部引用文件的内容为当前图样的一部分

由于被引用的图形本身并不是当前图样的内容，因此引用图形的命名项目（如图层、文本样式、标注样式等）都以特有的格式表示。Xref 的命名项目表示形式为“Xref 名称|命名项目”，系统通过这种方式将引用文件的命名项目与当前图样的命名项目区分开。

用户可以把外部引用文件转换为当前图样的内容，转换后 Xref 就变为图样中的一个图块，另外也能把引用图形的命名项目（如图层、文字样式等）转换为当前图样的一部分。通过这种方法，用户可以轻易地使所有图形的图层、文字样式等命名项目保持一致。

在【外部参照】选项板中，选择要转换的图形文件，然后单击鼠标右键，弹出快捷菜单，选择【绑定】命令，打开【绑定】对话框，如图 8-34 所示。

【绑定】对话框中有两个选项，它们的功能介绍如下。

- 【绑定】：选择该单选项时，引用图形的所有命名项目的名称由“Xref 名称|命名项目”变为“Xref 名称N命名项目”。其中，字母“N”是可自动增加的整数，以避免与当前图样中的项目名称重复。
- 【插入】：选择该单选项类似于先分离引用文件，然后再以图块的形式插入外部文件。当合并外部图形后，命名项目的名称不加任何前缀。例如，外部引用文件中有图层 WALL，当选择【插入】单选项转换外部图形时，若当前图样中无 WALL 图层，那么系统就创建 WALL 图层，否则继续使用原来的 WALL 图层。

在命令行中输入 XBIND 命令，系统打开【外部参照绑定】对话框，如图 8-35 所示。在该对话框左边的【外部参照】列表框中选择要添加到当前图样中的项目，然后单击 添加(A) -> 按钮，把命名项加入【绑定定义】列表框中，再单击 确定 按钮完成。

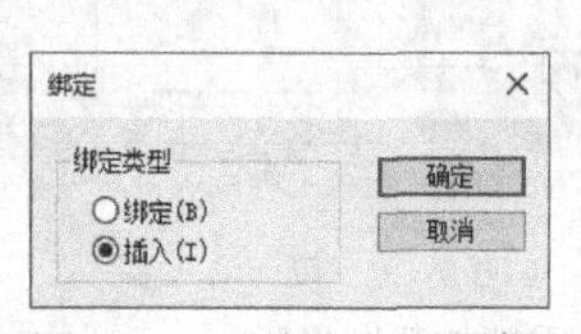

图 8-34　【绑定】对话框

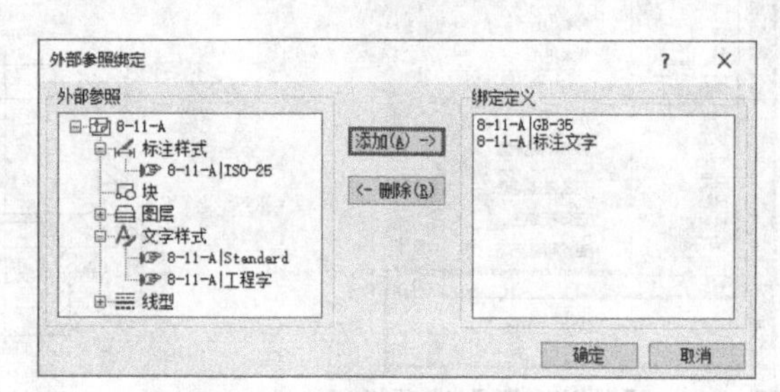

图 8-35　【外部参照绑定】对话框

要点提示　用户可以通过 Xref 连接一系列库文件，如果想要使用库文件中的内容，就用 XBIND 命令将库文件中的有关项目（如标注样式、图块等）转换成当前图样的一部分。

8.4　习题

1. 打开素材文件“dwg\第 8 章\8-12.dwg”，如图 8-36 所示，测量该图形的面积及周长。
2. 打开素材文件“dwg\第 8 章\8-13.dwg”，如图 8-37 所示，试获取以下内容。

（1）图形外轮廓线的长度。

（2）线框 *A* 的周长及围成的面积。

（3）3 个圆弧槽的总面积。

（4）去除圆弧槽及内部异形孔后的图形总面积。

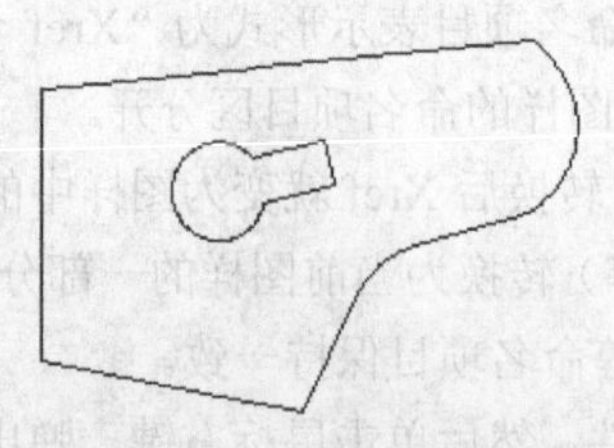

图 8-36　测量图形面积及周长

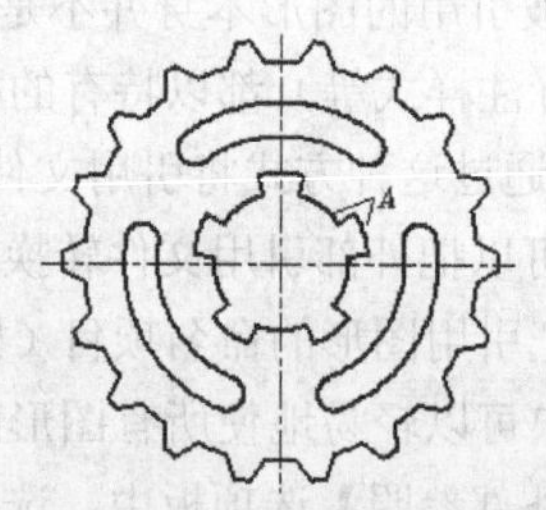

图 8-37　获取面积、周长等信息

3. 创建及插入图块。

（1）打开素材文件“dwg\第 8 章\8-14.dwg”。

（2）将图中的“沙发”创建成图块，设定 *A* 点为插入点，如图 8-38 所示。

（3）在图中插入“沙发”块，结果如图 8-39 所示。

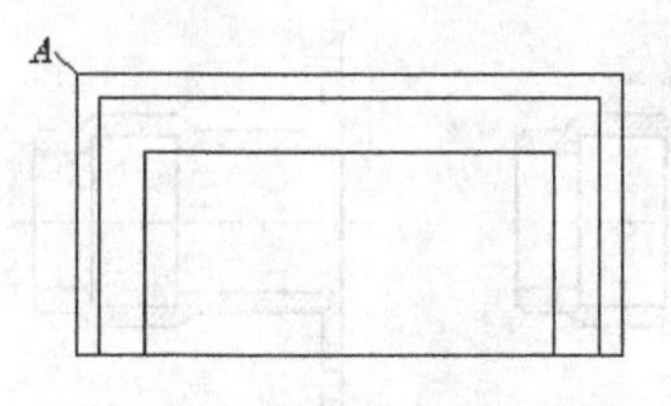

图 8-38 创建“沙发”图块

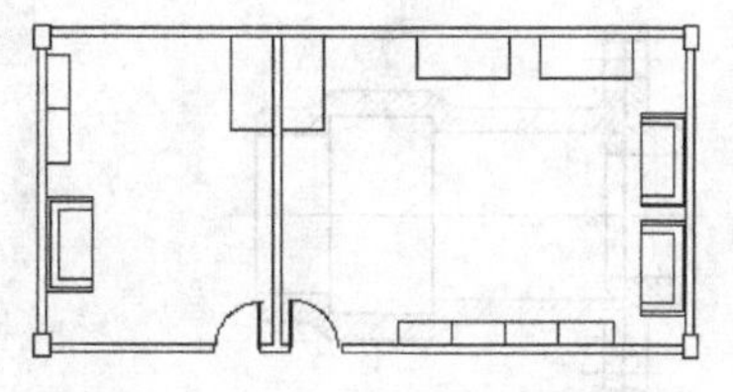

图 8-39 插入“沙发”图块

（4）将图中的“转椅”创建成图块，设定中点 *B* 为插入点，如图 8-40 所示。

（5）在图中插入“转椅”图块，结果如图 8-41 所示。

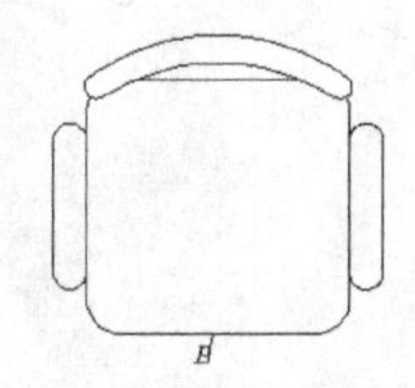

图 8-40 创建“转椅”图块

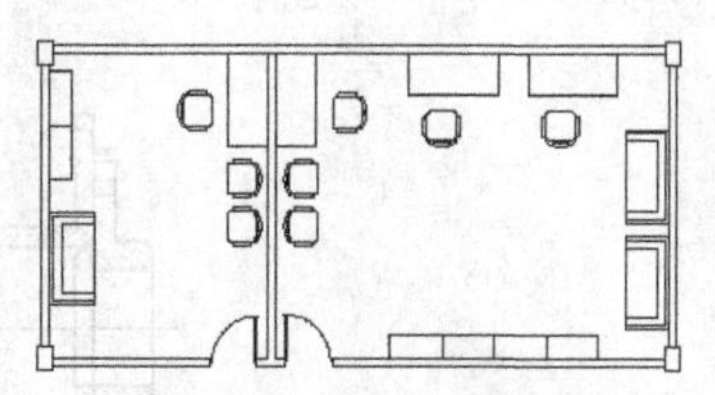

图 8-41 插入“转椅”图块

（6）将图中的“计算机”创建成图块，设定 *C* 点为插入点，如图 8-42 所示。

（7）在图中插入“计算机”图块，结果如图 8-43 所示。

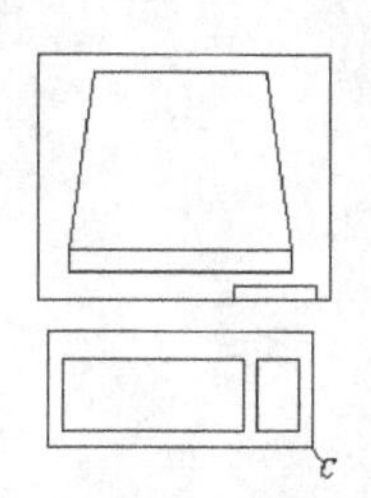

图 8-42 创建“计算机”图块

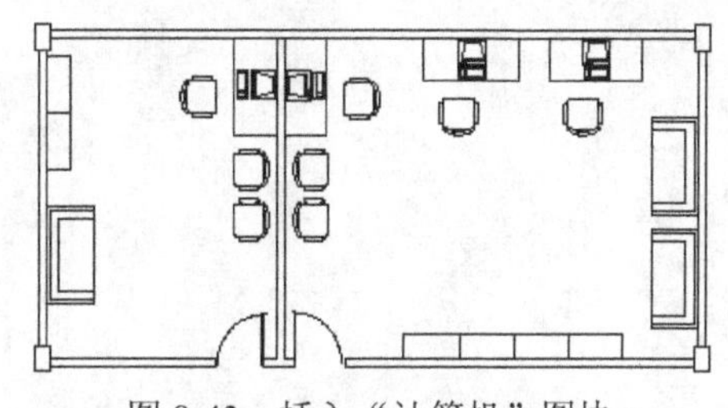

图 8-43 插入“计算机”图块

4. 创建图块、插入图块和外部引用。

（1）打开素材文件“dwg\第 8 章\8-15.dwg”，如图 8-44 所示，将图形定义为图块，图块名为“Block”，插入点为 *A* 点。

（2）引用素材文件“dwg\第 8 章\8-16.dwg”，然后插入图块，结果如图 8-45 所示。

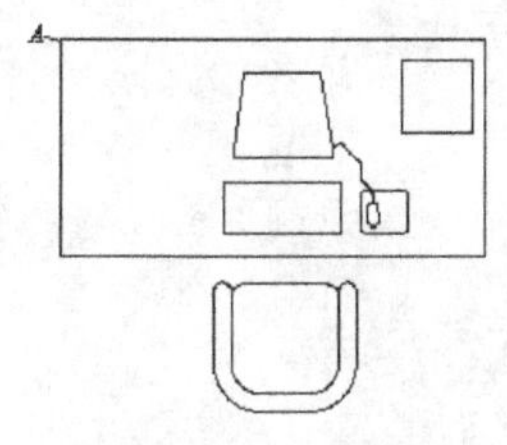

图 8-44 创建图块

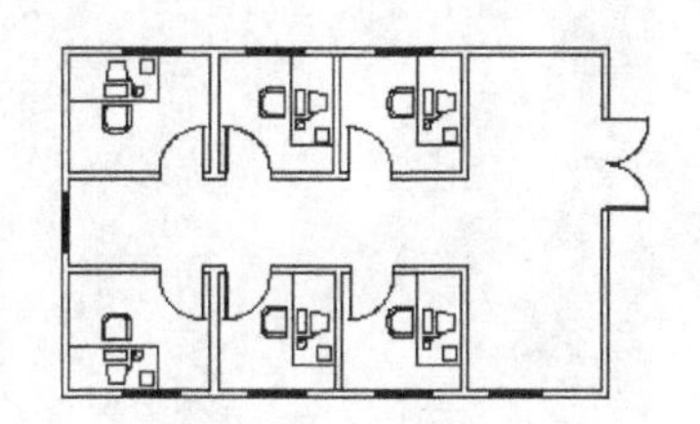

图 8-45 插入图块

5. 引用外部图形、修改及保存图形、重新加载图形。

（1）打开素材文件“dwg\第 8 章\8-17-1.dwg”“dwg\第 8 章\8-17-2.dwg”。

（2）激活文件“8-17-1.dwg”，用 XATTACH 命令插入文件“8-17-2.dwg”，再用 MOVE 命令移动图形，使两个图形“装配”在一起，结果如图 8-46 所示。

（3）激活文件“8-17-2.dwg”，如图 8-47 左图所示。用 STRETCH 命令调整上、下两孔的位置，使两孔间的距离增加 40，结果如图 8-47 右图所示。

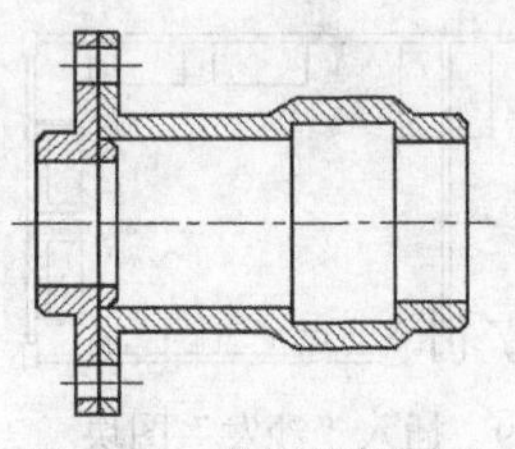

图 8-46　引用外部图形

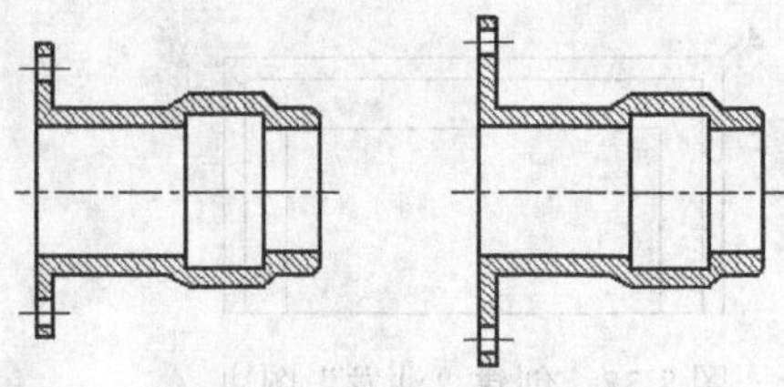

图 8-47　调整孔的位置

（4）保存文件“8-17-2.dwg”。

（5）激活文件“8-17-1.dwg”，用 XREF 命令重新加载文件“8-17-2.dwg”，结果如图 8-48 所示。

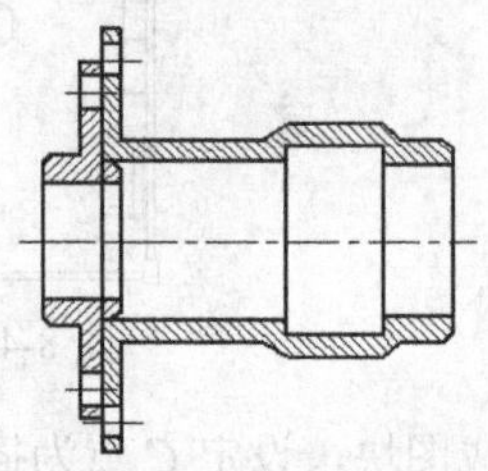

图 8-48　重新加载外部文件

第 9 章

中望 CAD 机械绘图工具

主要内容

- 智能画线及对称画线。
- 绘制中心线、垂直平分线、角等分线及角度线。
- 绘制光孔及螺纹孔，创建孔阵列及工艺槽。
- 孔轴设计及投影，调用图库中的图形。
- 插入图框，标注尺寸、尺寸公差及形位公差，书写技术要求。
- 标注倒角及板厚，生成焊接符号、剖切及视图方向符号。
- 标注零件序号，插入、合并及对齐序号。
- 生成明细表，编辑明细表。

9.1 绘图及编辑工具

中望机械 CAD 提供了许多与机械绘图密切相关的各类专用绘图工具及标注工具，如绘制中心线、垂分线、角度线等，生成螺纹孔、退刀槽及砂轮越程槽等，插入标准图框、标注尺寸及零件序号、生成明细表等。

9.1.1 智能画线

智能画线命令是 SS，该命令的用法与普通画线命令 LINE 的用法类似。利用该命令可输入绝对坐标或相对坐标画线，也可利用捕捉及追踪等辅助功能画线。智能画线最具特色的功能是具有特定选项，可方便地绘制已有线段的垂线和夹角线。

【练习 9-1】利用智能画线命令 SS 绘制图形，如图 9-1 所示。图中倾斜线的垂线及夹角线可用智能画线命令一次绘制出来。

1. 打开极轴追踪、对象捕捉及对象捕捉追踪功能。设置极轴追踪增量角度为“90”，设定对象捕捉方式为“端点”“延长线”“平行线”“交点”，设置仅沿正交方向进行捕捉追踪。

2. 设定绘图窗口的高度。绘制一条竖直线段，线段长度为 300。双击滚轮，使线段充满整

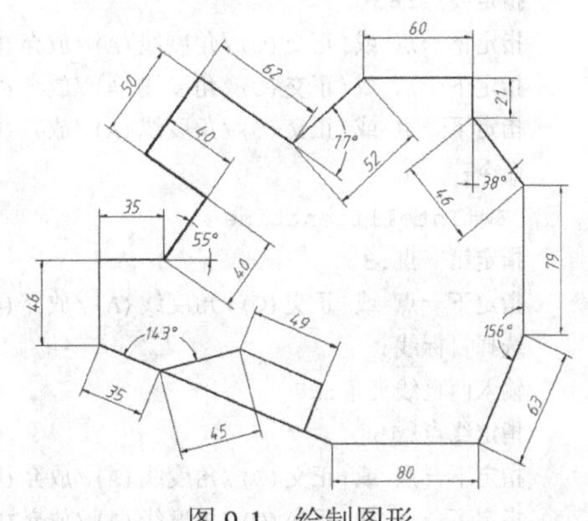

图 9-1 绘制图形

个绘图窗口。

3. 单击【机械】选项卡中【绘图工具】面板上的按钮，启动SS命令，绘制线段*AB*、*BC*等，如图9-2所示。

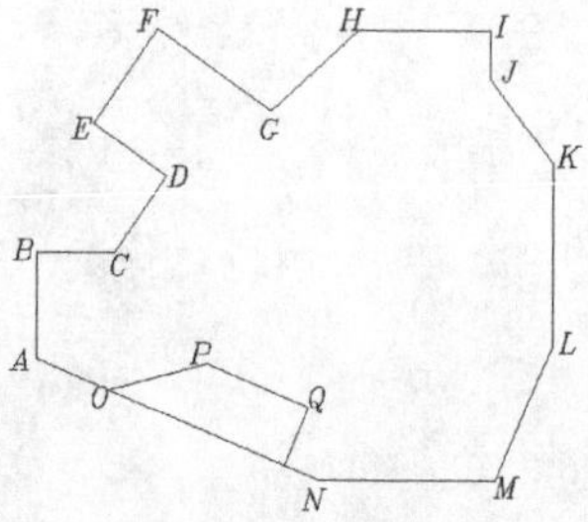

图9-2 绘制线段

```
命令: _ZWMINTELLIGENTLINE
指定第一点:
    //单击A点
指定下一点 或[正交(O)/角度线(A)/放弃(U)]:46
    //从A点向上追踪并输入追踪距离
指定下一点 或[正交(O)/角度线(A)/放弃(U)]:35
    //从B点向右追踪并输入追踪距离
指定下一点 或[正交(O)/角度线(A)/放弃(U)]:@40<55 //输入D点的相对坐标
指定下一点 或[正交(O)/角度线(A)/放弃(U)]:O      //使用“正交(O)”选项
选择目标线:                                     //选择线段CD
指定终点:40                                     //输入垂线DE的长度
指定下一点 或[正交(O)/角度线(A)/放弃(U)]:O      //使用“正交(O)”选项
选择目标线:                                     //选择线段DE
指定终点:50                                     //输入垂线EF的长度
指定下一点 或[正交(O)/角度线(A)/放弃(U)]:O      //使用“正交(O)”选项
选择目标线:                                     //选择线段EF
指定终点:62                                     //输入垂线FG的长度
指定下一点 或[正交(O)/角度线(A)/放弃(U)]:A      //使用“角度线(A)”选项
选择目标线:                                     //选择线段FG
输入两直线夹角:77                               //输入新线段与目标线的夹角
                              //该夹角是指目标线逆时针旋转到新线的角度
指定终点:52                                     //输入线段GH的长度
指定下一点 或[正交(O)/角度线(A)/放弃(U)]:60     //从H点向右追踪并输入追踪距离
指定下一点 或[正交(O)/角度线(A)/放弃(U)]:21     //从I点向下追踪并输入追踪距离
指定下一点 或[正交(O)/角度线(A)/放弃(U)]:A      //使用“角度线(A)”选项
选择目标线:                                     //选择线段IJ
输入两直线夹角:38                               //输入新线段与目标线的夹角
指定终点:46                                     //输入线段JK的长度
指定下一点 或[正交(O)/角度线(A)/放弃(U)]:79     //从K点向下追踪并输入追踪距离
指定下一点 或[正交(O)/角度线(A)/放弃(U)]:A      //使用“角度线(A)”选项
选择目标线:                                     //选择线段KL
输入两直线夹角:156                              //输入新线段与目标线的夹角
指定终点:63                                     //输入线段LM的长度
指定下一点 或[正交(O)/角度线(A)/放弃(U)]:80     //从M点向左追踪并输入追踪距离
指定下一点 或[正交(O)/角度线(A)/放弃(U)]:       //捕捉A点
指定下一点 或[正交(O)/角度线(A)/放弃(U)]:       //按Enter键结束
命令:
_ZwmIntelligentLine                             //重复命令
指定第一点:35                                   //从A点开始捕捉延伸点O
指定下一点 或[正交(O)/角度线(A)/放弃(U)]:A      //使用“角度线(A)”选项
选择目标线:                                     //选择线段AN
输入两直线夹角:37                               //输入新线段与目标线的夹角
指定终点:45                                     //输入线段OP的长度
指定下一点 或[正交(O)/角度线(A)/放弃(U)]:49     //利用平行捕捉绘制平行线PQ
指定下一点 或[正交(O)/角度线(A)/放弃(U)]:O      //使用“正交(O)”选项
选择目标线:                                     //选择线段AN
```

指定终点: //捕捉 N 点
指定下一点 或[正交(O)/角度线(A)/放弃(U)]: //按Enter键结束

结果如图 9-2 所示。

9.1.2 中心线

利用中心线命令 ZX 可以根据所选对象生成中心线，如图 9-3 所示。也可直接创建单条中心线，系统将所生成的中心线自动放置在中心线层上。

【练习 9-2】打开素材文件"dwg\第 9 章\9-2.dwg"，利用中心线命令 ZX 给图中的对象添加中心线，结果如图 9-3 所示。

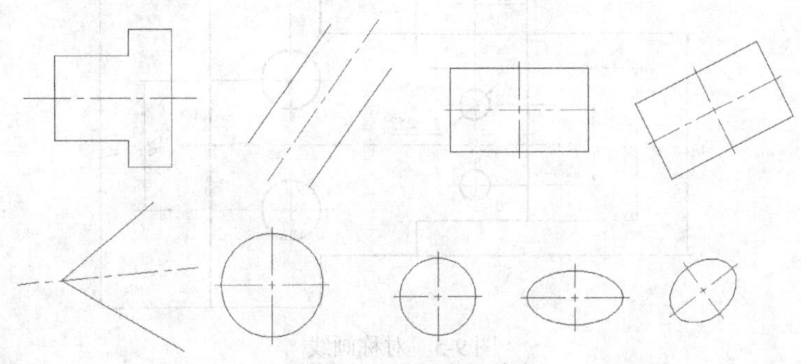

图 9-3 绘制中心线

1. 单击【机械】选项卡中【绘图工具】面板上的 中心线 按钮，启动 ZX 命令。

命令: _ZWMCENTERLINE
选择线、圆、弧、椭圆、多段线或[中心点(C)/单条中心线(S)/批量增加中心线选择圆、弧、椭圆(B)/同排(R)/设置出头长度(E)]<批量增加(B)>: //选择第一条轮廓线
选择另一条直线: //选择平行的第二条轮廓线
确定起点位置: //指定中心线的起始点
确定终止点: //指定中心线的终止点

2. 选择两条相交的轮廓线，然后指定中心线的起始点及终止点。该中心线是相交轮廓线的角平分线。

3. 选择多个圆、椭圆及矩形，或者捕捉多边形的中心点生成中心线。

常用命令选项

- 中心点(X)：捕捉多边形的中心点生成中心线。
- 单条中心线(S)：指定两点绘制中心线。
- 批量增加中心线选择圆、弧、椭圆(B)：一次性选择多个圆、圆弧及椭圆添加中心线。
- 同排(R)：按行、列形式添加中心线，效果如图 9-4 所示。

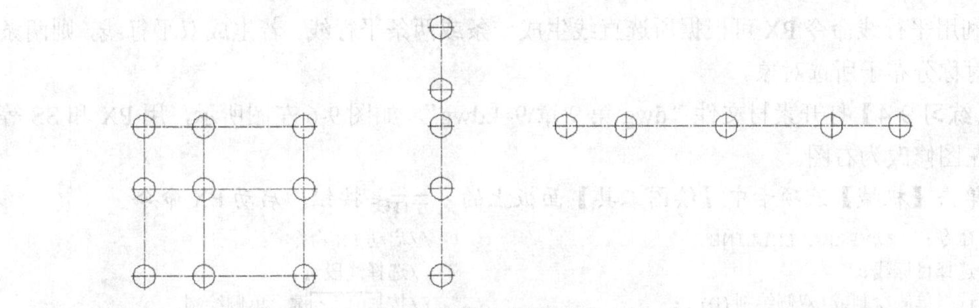

图 9-4 行、列形式中心线

9.1.3 对称画线

利用对称画线命令 DC 可以沿对称轴绘制对称的直线、圆及圆弧等对象，当在对称线的一边生成对象时，另一边出现对称的对象。

【练习 9-3】利用 DC 命令绘制对称图形，如图 9-5 所示。图中的中心线可用 ZX 命令的“单条中心线(S)”选项绘制。

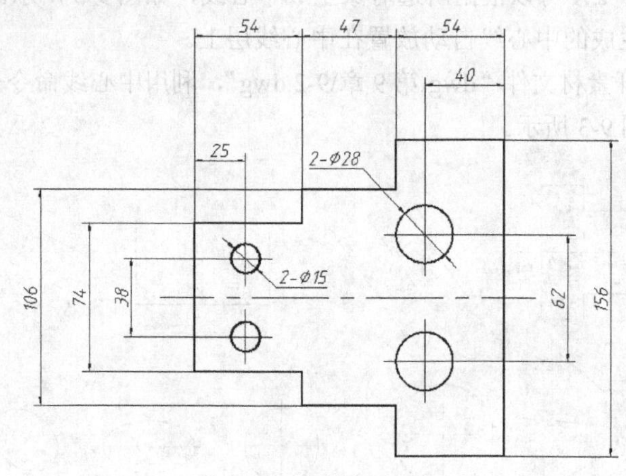

图 9-5 对称画线

1. 打开极轴追踪、对象捕捉及对象捕捉追踪功能。用 ZX 命令绘制一条长度适当的中心线。

2. 选择菜单命令【机械】/【绘图工具】/【对称画线】，启动 DC 命令。

```
命令: _ZWMMIRRORLINE
请选择对称轴                                                    //选择中心线
直线 或[与对称线距离(D)/圆弧(A)/圆(C)/退出(X)]<X>:d
                                                                //使用“与对称线距离(D)”选项
与对称线距离<37.000000>:0                                       //输入线段起点与中心线的距离
直线 或[与对称线距离(D)/圆弧(A)/圆(C)/退出(X)]<X>:              //沿中心线追踪并单击
下一点 或[与对称线距离(D)]:37                                    //向上追踪并输入追踪距离
下一点 或[与对称线距离(D)]:54                                    //向右追踪并输入追踪距离
下一点 或[与对称线距离(D)]:                                      //用同样方法绘制其余线段
直线 或[与对称线距离(D)/圆弧(A)/圆(C)/退出(X)]<X>:              //按 Enter 键结束
```

3. 在对称线的一边绘制圆或圆弧，对称线的另一边出现对称的对象。

9.1.4 平行线

利用平行线命令 PX 可根据所选直线生成一条或两条平行线。若生成双平行线，则两条平行线对称分布于所选对象。

【练习 9-4】打开素材文件“dwg\第 9 章\9-4.dwg”，如图 9-6 左图所示，用 PX 和 SS 等命令将左图修改为右图。

单击【机械】选项卡中【绘图工具】面板上的 平行线 按钮，启动 PX 命令。

```
命令: _ZWMPARALLELLINE                          //启动 PX 命令
选择目标线:                                     //选择线段 A
选择单侧绘制或[双侧绘制(D)]:                    //按 Enter 键，单侧绘制
```

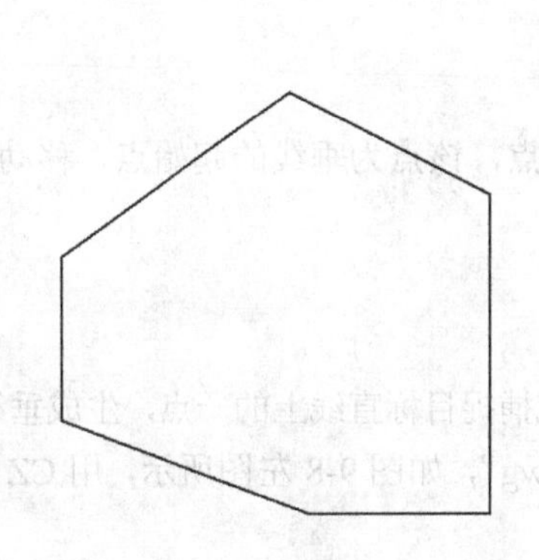

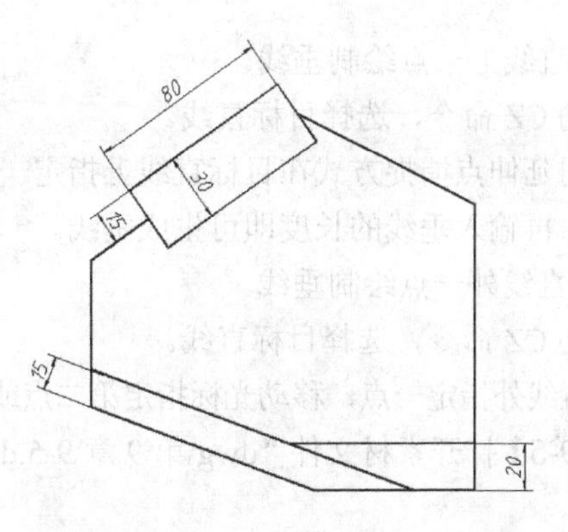

图 9-6 绘制平行线

```
指定起点 或<回车输入平行线间距>:                    //按Enter键，设定平行线间距
距离:15                                          //输入间距值
指定起点:                                        //在 B 点处单击
指定终点 或<选择相交实体>:                         //按Enter键
选择相交实体:                                     //选择线段 C
命令:
_ZwmParallelLine                                 //按Enter键，重复命令
选择目标线:                                       //选择线段 C
选择单侧绘制或[双侧绘制(D)]:                        //按Enter键，单侧绘制
指定起点 或<回车输入平行线间距>:                    //按Enter键，设定平行线间距
距离:20                                          //输入间距值
指定起点:                                        //捕捉 D 点
指定终点 或<选择相交实体>:                         //按Enter键
选择相交实体:                                     //选择线段 E
命令:
_ZwmParallelLine                                 //按Enter键，重复命令
选择目标线:                                       //选择线段 F
选择单侧绘制或[双侧绘制(D)]:d                       //使用"双侧绘制(D)"选项
指定起点 或<回车输入平行线间距>:                    //按Enter键，设定平行线间距
距离:15                                          //输入间距值
指定起点:                                        //捕捉 G 点
指定终点 或<选择相交实体>:80                       //输入平行线的长度
```

结果如图 9-7 左图所示。连线并编辑图形，结果如图 9-7 右图所示。

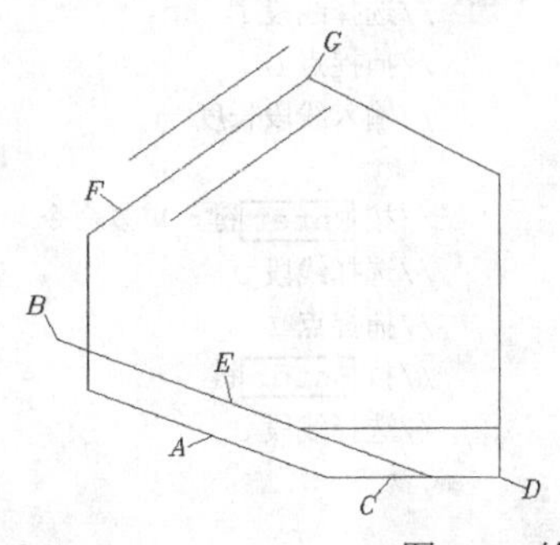

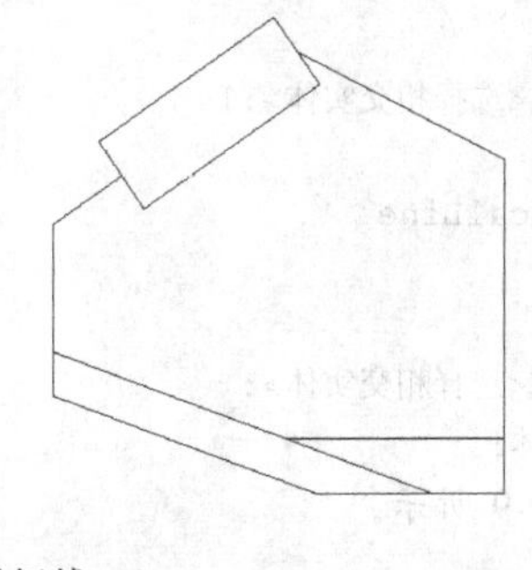

图 9-7 绘制平行线

9.1.5 垂线

利用垂线命令 CZ 可以过直线外一点或直线上一点创建该线的垂线。该命令用法如下。

（1）过直线上一点绘制垂线。

- 启动 CZ 命令，选择目标直线。
- 利用延伸点捕捉方式在目标直线上指定一点，该点为垂线的起始点，移动光标出现垂线，再输入垂线的长度即可生成垂线。

（2）过直线外一点绘制垂线。

- 启动 CZ 命令，选择目标直线。
- 在直线外指定一点，移动光标指定第二点或捕捉目标直线上的一点，生成垂线。

【练习 9-5】打开素材文件“dwg\第 9 章\9-5.dwg”，如图 9-8 左图所示，用 CZ 命令将左图修改为右图。

1. 打开对象捕捉，设定对象捕捉方式为“端点”“延长线”“交点”。

2. 单击【机械】选项卡中【绘图工具】面板上的 垂直线 按钮，启动 CZ 命令。使用该命令绘制线段 *CE*、*EG* 等，如图 9-9 所示。

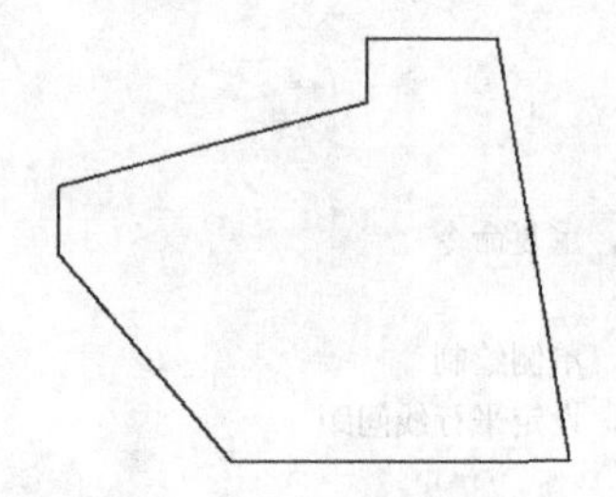

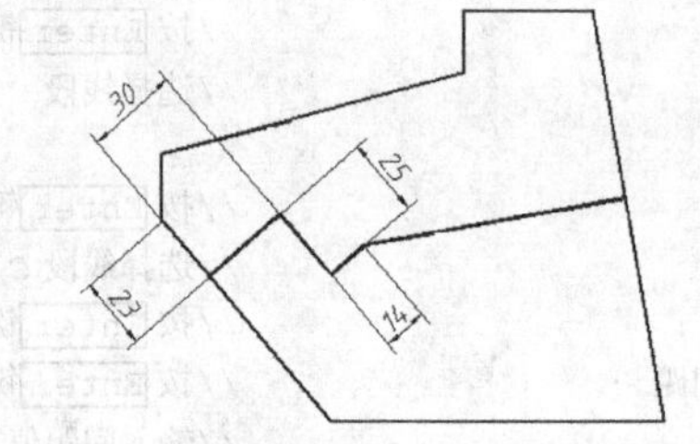

图 9-8　绘制垂线

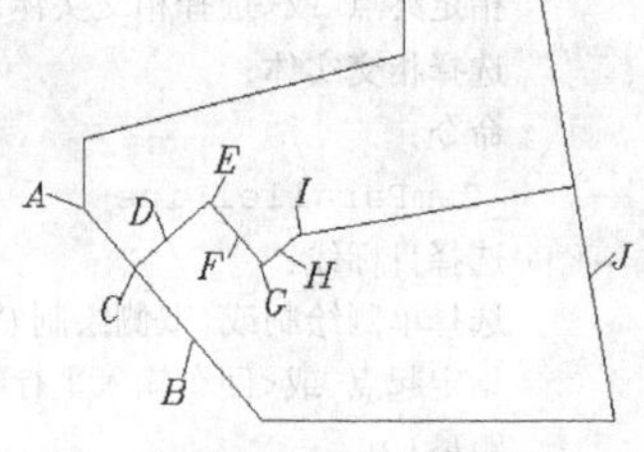

图 9-9　绘制垂线

```
命令: _ZWMVERTICALLINE                        //启动 CZ 命令
选择目标线:                                   //选择线段 B
指定起点:23                                   //从 A 点开始捕捉延伸点 C
指定终点 或<选择相交实体>:30                  //输入捕捉长度
命令:
_ZwmVerticalLine                              //按 Enter 键，重复命令
选择目标线:                                   //选择线段 D
指定起点:                                     //捕捉点 E
指定终点 或<选择相交实体>:25                  //输入线段长度
命令:
_ZwmVerticalLine                              //按 Enter 键，重复命令
选择目标线:                                   //选择线段 F
指定起点:                                     //捕捉点 G
指定终点 或<选择相交实体>:14                  //输入线段长度
命令:
_ZwmVerticalLine                              //按 Enter 键，重复命令
选择目标线:                                   //选择线段 J
指定起点:                                     //捕捉点 I
指定终点 或<选择相交实体>:                    //按 Enter 键
选择相交实体:                                 //选择线段 J
```

结果如图 9-9 所示。

9.1.6 垂分线

利用垂分线命令 CF 可生成已有直线的垂分线（垂直平分线），该命令的使用方法如下。

（1）启动 CF 命令，选择目标线段 *A*，如图 9-10 右图所示。

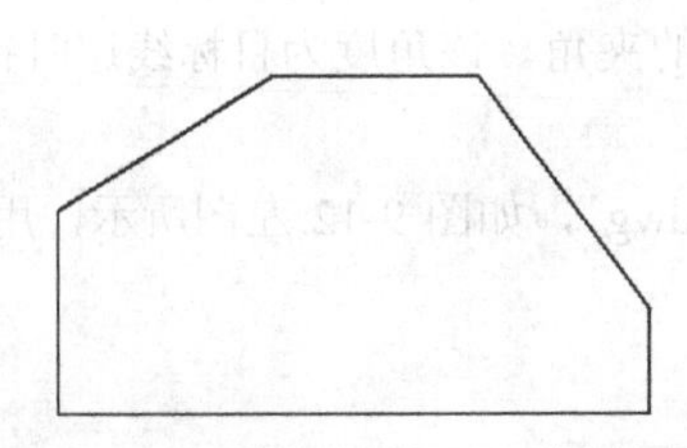
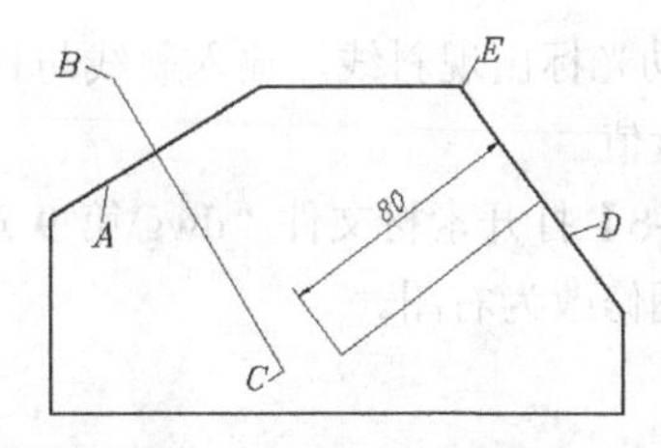

图 9-10 绘制垂分线

（2）在线段外点 *B* 处单击，再移动光标在点 *C* 处单击，生成垂分线。也可捕捉直线上的一点生成垂分线。

【练习 9-6】打开素材文件“dwg\第 9 章\9-6.dwg”，如图 9-10 左图所示，用 CF 命令将左图修改为右图。

单击【机械】选项卡中【绘图工具】面板上的 垂分线 按钮，启动 CF 命令。

```
命令: _ZWMPERPBISECTOR                    //启动 CF 命令
选择目标线:                               //选择目标线段 A
指定起点:                                 //在 B 点处单击
指定终点 或<选择相交实体>:                //在 C 点处单击
命令:
_ZwmPerpBisector                          //按 Enter 键，重复命令
选择目标线:                               //选择目标线段 D
指定起点:                                 //捕捉 E 点
指定终点 或<选择相交实体>:80              //输入线段长度
```

结果如图 9-10 右图所示。

9.1.7 角等分线

利用角等分线命令 PF 可生成两条相交直线夹角的角等分线，角等分数可以设定。

【练习 9-7】打开素材文件“dwg\第 9 章\9-7.dwg”，如图 9-11 左图所示，用 PF 命令将左图修改为右图。

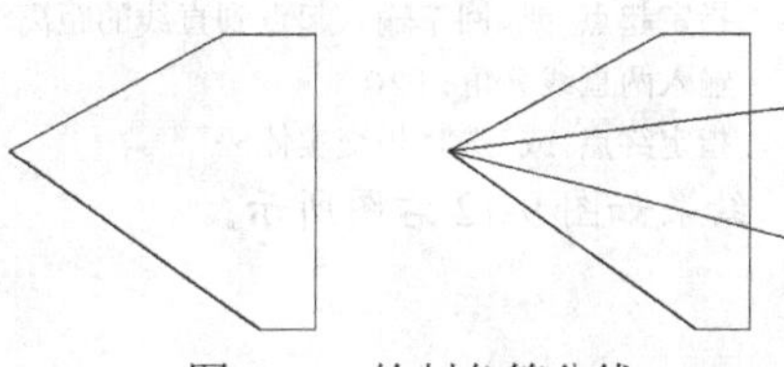
图 9-11 绘制角等分线

单击【机械】选项卡中【绘图工具】面板上的 角平分线 按钮，启动 PF 命令。

```
命令: _ZWMANGLEBISECTOR        //启动 PF 命令
选择第一条边:                  //选择角的第一条边
选择第二条边:                  //选择角的第二条边
输入等份数目<0>:3              //输入角等分数
长度:                          //移动光标，显示角等分线，单击结束
```

结果如图 9-11 右图所示。

9.1.8 角度线

利用角度线命令 JD 可生成与已知直线成指定夹角的线段，该命令的用法如下。

（1）启动 JD 命令，选择目标线段 *C*，如图 9-12 右图所示。

（2）利用延伸点捕捉方式在目标线段上捕捉点 *B*。

（3）移动光标出现斜线，输入斜线与目标线的夹角。该角度为目标线逆时针旋转到斜线位置时的角度值。

【练习 9-8】打开素材文件“dwg\第 9 章\9-8.dwg”，如图 9-12 左图所示，用 JD 和 LINE 等命令将左图修改为右图。

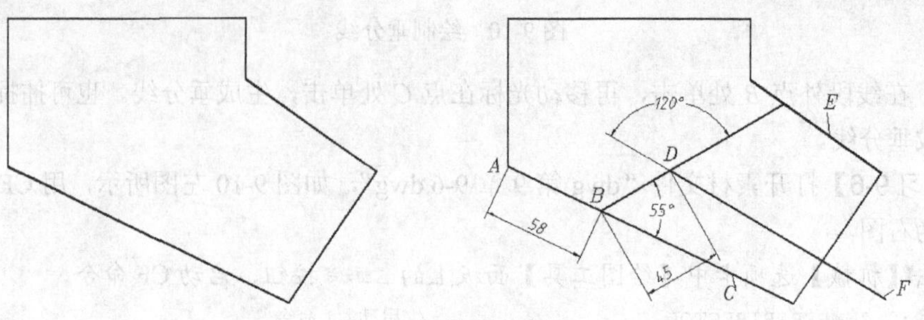

图 9-12 绘制角度线

1. 打开对象捕捉，设定对象捕捉方式为“端点”“延长线”“交点”。

2. 单击【机械】选项卡【绘图工具】面板上的 角度线 按钮，启动 JD 命令。使用该命令绘制线段 *BD*、*DF* 等，如图 9-12 所示。

```
命令: _ZWMANGLELINER                                //启动 JD 命令
选择目标线:                                         //选择线段 C
指定起点 或<回车输入起点到直线的距离>:58            //从 A 点开始捕捉延伸点 B
输入两直线夹角:55                                   //输入新线与目标线的夹角
指定终点 或<选择相交实体>:                          //按 Enter 键
选择相交实体:                                       //选择线段 E
命令:
_ZwmAngleLiner                                      //按 Enter 键，重复命令
选择目标线:                                         //选择线段 BD
指定起点 或<回车输入起点到直线的距离>:45            //从 B 点开始捕捉延伸点 D
输入两直线夹角:120                                  //输入新线与目标线的夹角
指定终点 或<选择相交实体>:                          //单击点 F
```

结果如图 9-12 右图所示。

9.1.9 切线及公切线

利用切线命令 QX 可过圆上或椭圆上的一点生成切线；还能生成与切线成一定夹角的线段，夹角的值应为正值，是指切线逆时针旋转到线段的角度值。该命令的使用方法如下。

（1）启动 QX 命令，在圆或椭圆上捕捉一点。

（2）移动光标单击一点生成切线，或者输入切线长度生成切线。

利用公切线命令 GQ 可生成圆或椭圆的公切线，该命令的使用方法如下。

（1）启动 GQ 命令，在圆或椭圆上捕捉一点，系统显示出切线。若要改变切线的位置，就输入选项“R”。

（2）在第二个圆或椭圆上选择切点，创建公切线。

【练习 9-9】打开素材文件“dwg\第 9 章\9-9.dwg”，如图 9-13 左图所示，用 QX 和 GQ 等命令将左图修改为右图。

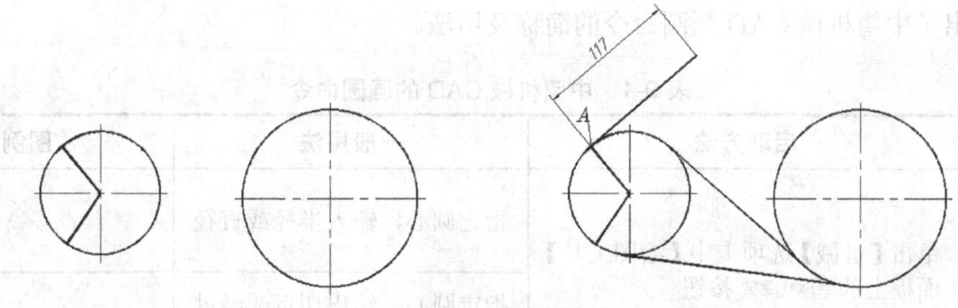

图 9-13 绘制公切线

1. 单击【机械】选项卡中【绘图工具】面板上的 切线 按钮，启动 QX 命令。

```
命令: _ZWMTANGENTLINE                                    //启动 QX 命令
选择圆(弧,椭圆)上的点: _endp                              //捕捉端点 A
端点
请指定切线的终点 或 [输入角度(A)]<终点>: 117              //输入切线长度
```

2. 单击【机械】选项卡中【绘图工具】面板上的 公切线 按钮，启动 GQ 命令。

```
命令: _ZWMCOMMONTANGENT                                  //启动 GQ 命令
选择第一个圆(弧)或椭圆(弧):                               //在小圆的下部捕捉一点
指定第二个圆(弧)或椭圆(弧)上的切点位置 或[指定任意点(F)/切线反向(R)]<R>:
                                                         //在大圆的下部捕捉切点
命令:
_ZwmCommonTangent                                        //重复命令
选择第一个圆(弧)或椭圆(弧):                               //在小圆的上部捕捉一点
指定第二个圆(弧)或椭圆(弧)上的切点位置 或[指定任意点(F)/切线反向(R)]<R>:r
                                                         //使用“切线反向(R)”选项
指定第二个圆(弧)或椭圆(弧)上的切点位置 或[指定任意点(F)/切线反向(R)]<R>:
                                                         //在大圆的下部捕捉切点
```

结果如图 9-13 右图所示。

9.1.10 波浪线

利用 BL 命令可生成波浪线，绘制出的波浪线是多段线。启动该命令，指定波浪线的起点和终点，设定波浪线的段数和“波浪”高度即可生成波浪线。

A B

图 9-14 绘制波浪线

【练习 9-10】使用 BL 命令绘制波浪线，如图 9-14 所示。

单击【机械】选项卡中【绘图工具】面板上的 波浪线 按钮，启动 BL 命令。

```
命令: _ZWMWAVILNESSLINE
指定起点:                                                //指定波浪线的起点 A
指定终点:                                                //指定波浪线的终点 B
输入波段数目<3>:5                                        //输入波浪线的段数
输入波浪线高度<默认高度为单个波浪线长度 1 / 5>:           //按 Enter 键
```

结果如图 9-14 所示。

9.1.11 绘制圆

中望机械 CAD 的画圆命令主要分为两类：一类是指定圆心画圆，另一类是指定圆通过的点画圆。其用法与普通画圆命令类似，只是中望机械 CAD 画圆命令可以一次性绘制多个圆。

表 9-1 列出了中望机械 CAD 画圆命令的简称及用法。

表 9-1 中望机械 CAD 的画圆命令

简称	启动方法	一般用法	图例
中心画圆 HY	单击【机械】选项卡中【绘图工具】面板上的 中心画圆 按钮	指定圆心，输入半径或直径	R34
		指定圆心，给出切点或经过的点	
端点画圆 HYD	单击【机械】选项卡中【绘图工具】面板上的 端点画圆 按钮	指定圆上的 3 个点	
		指定圆上的两个点，输入半径及直径	R35 R45

【练习 9-11】使用 HY 和 HYD 等命令绘制图 9-15 所示的图形，其中圆弧 $R210$ 利用 CIRCLE 命令绘制。

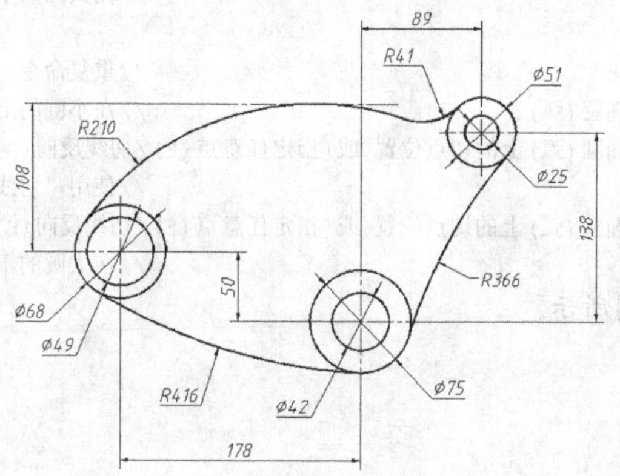

图 9-15 绘制圆及相切圆弧

9.1.12 绘制矩形

中望机械 CAD 中绘制矩形的命令是 JX，该命令的用法与普通矩形命令的用法类似，但 JX 命令可生成带中心线的矩形，还能通过中心点、边线中点生成矩形。

【练习 9-12】打开素材文件“dwg\第 9 章\9-12.dwg”，如图 9-16 左图所示，用 JX 等命令将左图修改为右图。

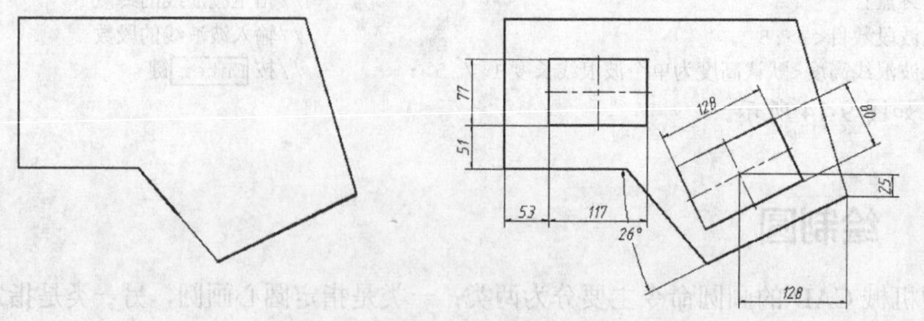

图 9-16 绘制矩形

选择菜单命令【机械】/【绘图工具】/【矩形】，启动 JX 命令。

```
命令: _ZWMRECTANGLE
指定第一个角点或 [角点(R)/基础(B)/高度(H)/中心点(C)/倒角(M)/圆角(F)/中心线(L)/对话框
(D)]:l                                                  //使用“中心线(L)”选项
放置中心线使其平行于 [基础(B)/高度(H)/两者(T)] <基础(B)>:t
                                                        //使用“两者(T)”选项
指定第一个角点或 [角点(R)/基础(B)/高度(H)/中心点(C)/倒角(M)/圆角(F)/中心线(L)/对话框
(D)]:from                                               //输入正交偏移捕捉代号
基点:                                                   //捕捉 A 点，如图 9-17 左图所示
<偏移>: @53,51                                          //输入 B 点的相对坐标
指定另外的角点或 [面积(A)/旋转(R)]:@117,77              //输入对角点的相对坐标
命令:
_ZwmRectangle                                           //重复命令
** 角点 **
指定第一个角点或 [角点(R)/基础(B)/高度(H)/中心点(C)/倒角(M)/圆角(F)/中心线(L)/对话框
(D)]:l                                                  //使用“中心线(L)”选项
放置中心线使其平行于 [基础(B)/高度(H)/两者(T)] <基础(B)>:t
                                                        //使用“两者(T)”选项
指定第一个角点或 [角点(R)/基础(B)/高度(H)/中心点(C)/倒角(M)/圆角(F)/中心线(L)/对话框
(D)]:c                                                  //使用“中心点(C)”选项
指定中点或 [角点(R)/基础(B)/高度(H)/中心点(C)/倒角(M)/圆角(F)/中心线(L)/对话框(D)]:from
                                                        //输入正交偏移捕捉代号
基点:                                                   //捕捉 C 点
<偏移>: @-128,25                                        //输入 D 点的相对坐标
指定另外的角点或 [面积(A)/旋转(R)]:@64,40               //输入对角点的相对坐标
```

结果如图 9-17 左图所示。再用 ROTATE 命令旋转右下角的矩形，结果如图 9-17 右图所示。最后进行尺寸标注。

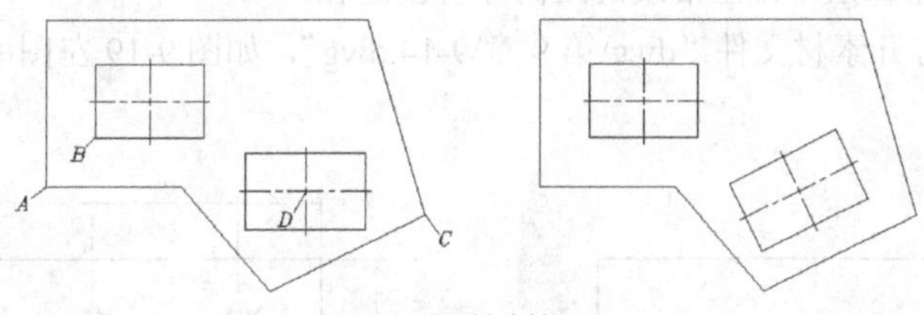

图 9-17 绘制矩形

常用命令选项

- 基础(B)：利用矩形长度方向的中点及对角点绘制矩形。
- 高度(H)：利用矩形宽度方向的中点及对角点绘制矩形。
- 中心点(C)：通过矩形中心点及对角点绘制矩形。
- 倒角(M)/圆角(F)：绘制带倒角或圆角的矩形。
- 中心线(L)：给矩形添加一条或两条中心线。
- 对话框(D)：显示矩形及正方形的绘制形式。

9.1.13 指定点打断

利用指定点打断命令 DAD 可以将选取的对象在指定的点处打断，也可选取其他对象进行打断。启动该命令，选取要打断的对象，然后指定打断点打断所选对象，或者选取直线打断对象。

【练习 9-13】打开素材文件“dwg\第 9 章\9-13.dwg”，如图 9-18 左图所示，用 DAD 等命令将左图修改为右图。

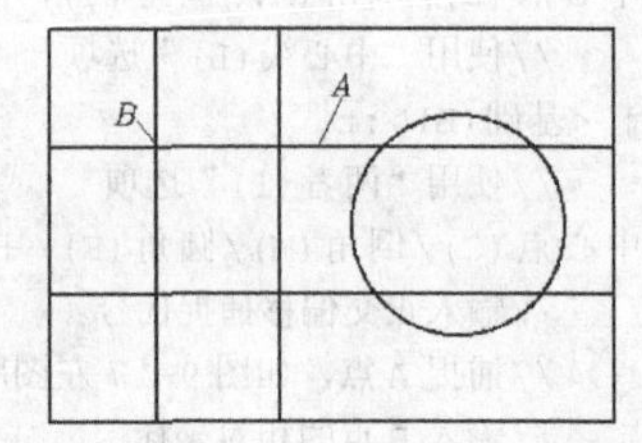

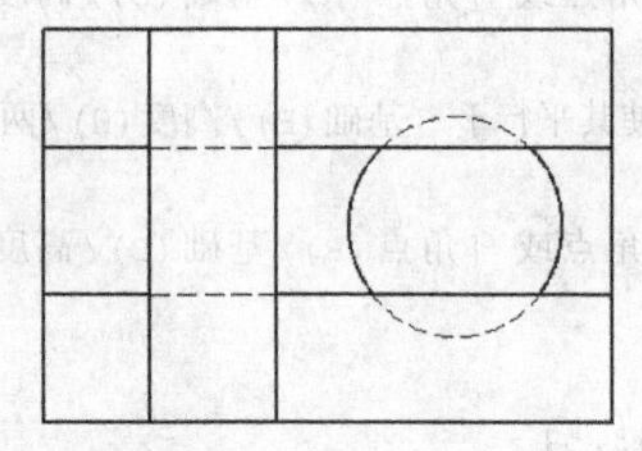

图 9-18 打断图形

单击【机械】选项卡中【构造工具】面板上的 打断 按钮，启动 DAD 命令。

```
命令: _ZWMBREAKENTITY
选择要打断的线/圆/弧:                        //选择线段 A，如图 9-18 左图所示
请输入打断点（S-用其他实体打断）:            //捕捉点 B
命令:
_ZwmBreakEntity                              //重复命令
选择要打断的线/圆/弧:                        //选择圆
请输入打断点（S-用其他实体打断）: s          //采用实体进行打断
选择用来打断的线/圆/弧:                      //选择线段 A
```

继续打断其他对象，然后将部分对象修改到虚线层上，结果如图 9-18 右图所示。

9.1.14 光孔及螺纹孔

利用 DK 命令可以创建多个光孔及螺纹孔。启动该命令，设定孔的尺寸，再输入孔与第一条定位基准线和第二条定位基准线的距离即可创建孔。

【练习 9-14】打开素材文件“dwg\第 9 章\9-14.dwg”，如图 9-19 左图所示，用 DK 命令将左图修改为右图。

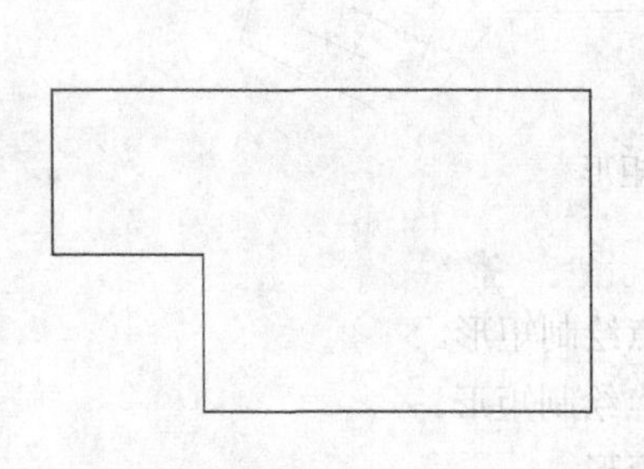
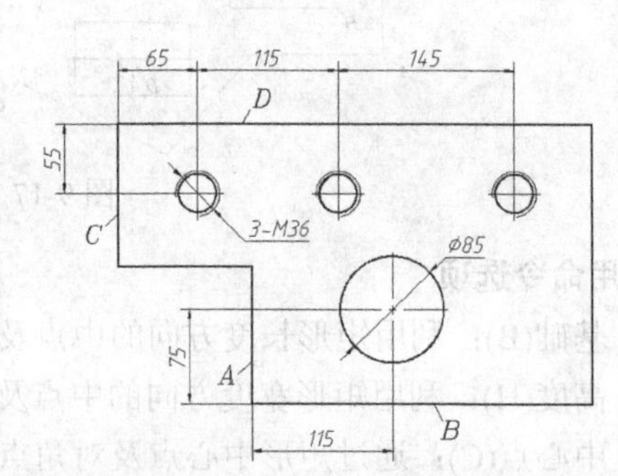

图 9-19 创建光孔及螺纹孔

单击【机械】选项卡中【构造工具】面板上的 单孔 按钮，启动 DK 命令。

```
命令: _ZwmSingleHole
请输入插入点或 [基准线(L)] 或设置 [圆孔(S)/双圆孔(D)/内螺纹孔(T)/外螺纹孔(H)]: <当前:圆孔
[直径(I):35]>:I                              //使用“直径(I)”选项
请输入圆孔直径:<35>85                        //输入孔直径
请输入插入点或 [基准线(L)] 或设置 [圆孔(S)/双圆孔(D)/内螺纹孔(T)/外螺纹孔(H)]: <当前:圆孔
[直径(I):85]>:l                              //使用“基准线(L)”选项
请选择第一基准线:                            //选择线段 A
请输入距离:115                               //输入孔与基准线的距离
请选择第二基准线:                            //选择线段 B
```

```
请输入距离:75                                                  //输入孔与基准线的距离
                                                              //在孔的附近单击
请输入插入点或 [基准线(L)] 或设置 [圆孔(S)/双圆孔(D)/内螺纹孔(T)/外螺纹孔(H)]: <当前:圆孔
[直径(I):85]>:t                                                //使用“内螺纹孔(T)”选项
请输入螺纹孔直径:<36>36
请输入插入点或 [基准线(L)] 或设置 [圆孔(S)/双圆孔(D)/内螺纹孔(T)/外螺纹孔(H)]: <当前:内螺
纹孔 [直径(I):36]>:l                                           //使用“基准线(L)”选项
请选择第一基准线:                                              //选择线段 C
请输入距离:65                                                  //输入孔与基准线的距离
请选择第二基准线:                                              //选择线段 D
请输入距离:55                                                  //输入孔与基准线的距离
                                                              //在孔的附近单击
请输入插入点或 [基准线(L)] 或设置 [圆孔(S)/双圆孔(D)/内螺纹孔(T)/外螺纹孔(H)]: <当前:内螺
纹孔 [直径(I):36]>: *取消                                      //按 Esc 键退出
```

继续创建其他螺纹孔，结果如图 9-19 右图所示。

常用命令选项

- 基准线(A)：选择孔或螺纹孔的定位基准线。
- 圆孔(S)/双圆孔(D)：创建圆孔或双圆孔。
- 内螺纹孔(T)/外螺纹孔(H)：创建内螺纹孔或外螺纹孔。

9.1.15 孔阵列

利用孔阵列命令 KZ 可以生成光孔、螺纹孔，或者所选对象的直线阵列、圆周阵列、矩形阵列、周边阵列及曲线阵列等均匀分布特征。用户也可输入自定义的线性尺寸及角度尺寸形成非均匀分布的直线阵列、圆周阵列和曲线阵列。

【练习 9-15】打开素材文件“dwg\第 9 章\9-15.dwg”，利用 KZ 命令创建孔的直线阵列、矩形阵列及圆周阵列，如图 9-20 所示。

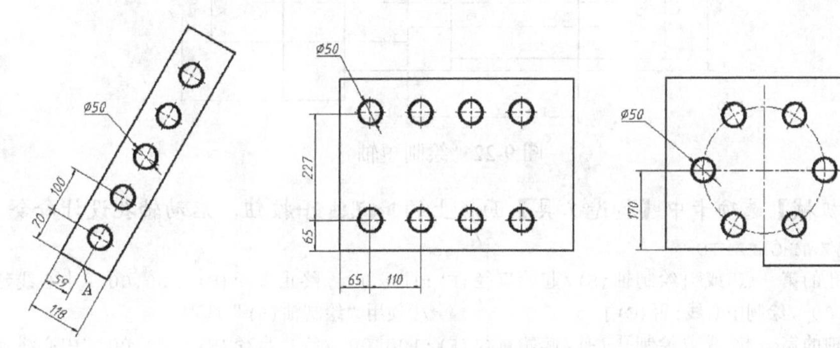

图 9-20 创建孔的阵列

1. 单击【机械】选项卡中【构造工具】面板上的孔阵按钮，打开【阵列设计】对话框，如图 9-21 所示，在此对话框中输入直线阵列的参数。

2. 单击 确定 按钮，系统提示如下。

```
命令: _ZWMARRAYHOLE
指定阵列基点: from                                //输入正交偏移捕捉代号
基点: _mid                                        //捕捉中点 A，如图 9-20 左图所示
中点
<偏移>: @70<60                                    //输入相对坐标
```

结果如图 9-20 左图所示。

3. 继续创建孔的矩形阵列及圆周阵列，结果如图 9-20 中图和右图所示。

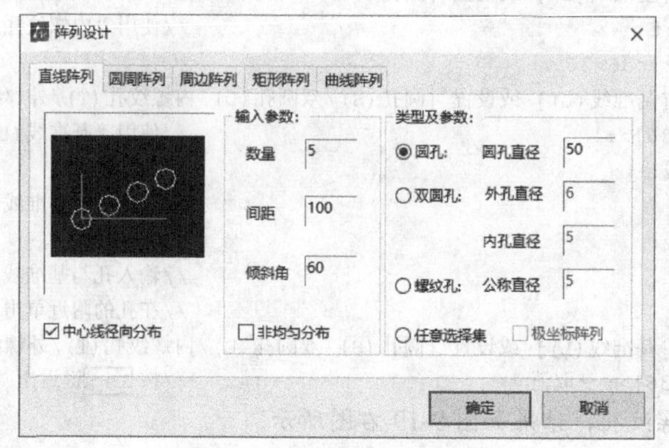

图 9-21 【阵列设计】对话框

9.1.16 孔轴设计

利用孔轴设计命令可以快速生成阶梯轴和直孔，还可以给轴和孔添加中心线。启动该命令，设定轴或孔的直径，再输入轴或孔的长度即可。

【练习 9-16】使用孔轴设计命令绘制带孔的短轴，如图 9-22 所示。

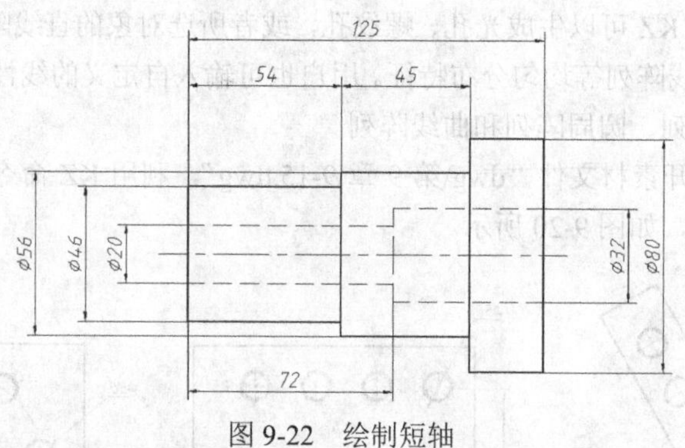

图 9-22 绘制短轴

单击【机械】选项卡中【构造工具】面板上的 孔轴设计按钮，启动轴孔设计命令。

```
命令: _ZWMHOLEAXIS
请输入孔的第一点 或 [绘制轴(S)/起始直径(F):100.00 /终止直径(E):100.00 /中心线延伸长度
(L):3.00 /绘制中心线:否(C)]:s                    //使用“绘制轴(S)”选项
请输入轴的第一点 或 [绘制孔(H)/起始直径(F):100.00 /终止直径(E):100.00 /中心线延伸长度
(L):3.00 /绘制中心线:否(C)]:c                    //使用“绘制中心线:否(C)”选项
请输入轴的第一点 或 [绘制孔(H)/起始直径(F):100.00 /终止直径(E):100.00 /中心线延伸长度
(L):3.00 /绘制中心线:是(C)]:f                    //使用“起始直径(F)”选项
请输入起始直径:<100>46                           //输入轴段的直径
请输入轴的第一点 或 [绘制孔(H)/起始直径(F):46.00 /终止直径(E):46.00 /中心线延伸长度
(L):3.00 /绘制中心线:是(C)]:                     //单击点 A，如图 9-23 左图所示
指定下一点 或 [绘制孔(H)/输入角度(A)/起始直径(F):46.00 /终止直径(E):46.00 /中心线延伸长度
(L):3.00 /绘制中心线:是(C)]:54                   //输入轴段的长度
指定下一点 或 [绘制孔(H)/起始直径(F):46.00 /终止直径(E):46.00 /中心线延伸长度(L):3.00 /
绘制中心线:是(C)]:f                              //使用“起始直径(F)”选项
请输入起始直径:<46>56                            //输入轴段的直径
```

```
指定下一点 或 [绘制孔(H)/起始直径(F):56.00 /终止直径(E):56.00 /中心线延伸长度(L):3.00 /
绘制中心线:是(C)]:45                                    //输入轴段的长度
指定下一点 或 [绘制孔(H)/起始直径(F):56.00 /终止直径(E):56.00 /中心线延伸长度(L):3.00 /
绘制中心线:是(C)]:f                                     //使用"起始直径(F)"选项
请输入起始直径:<56>80                                   //输入轴段的直径
指定下一点 或 [绘制孔(H)/起始直径(F):80.00 /终止直径(E):80.00 /中心线延伸长度(L):3.00 /
绘制中心线:是(C)]:26                                    //输入轴段的长度
指定下一点 或 [绘制孔(H)/起始直径(F):80.00 /终止直径(E):80.00 /中心线延伸长度(L):3.00 /
绘制中心线:是(C)]:h                                     //使用"绘制孔(H)"选项
请输入孔的第一点 或 [绘制轴(S)/起始直径(F):80.00 /终止直径(E):80.00 /中心线延伸长度
(L):3.00 /绘制中心线:是(C)]:f                           //使用"起始直径(F)"选项
请输入起始直径:<80>20                                   //输入孔的直径
请输入孔的第一点 或 [绘制轴(S)/起始直径(F):20.00 /终止直径(E):20.00 /中心线延伸长度
(L):3.00 /绘制中心线:是(C)]:                            //捕捉A点
指定下一点 或 [绘制轴(S)/起始直径(F):20.00 /终止直径(E):20.00 /中心线延伸长度(L):3.00 /
绘制中心线:是(C)]:72                                    //输入孔的长度
指定下一点 或 [绘制轴(S)/起始直径(F):20.00 /终止直径(E):20.00 /中心线延伸长度(L):3.00 /
绘制中心线:是(C)]:f                                     //使用"起始直径(F)"选项
请输入起始直径:<20>32                                   //输入孔的直径
指定下一点 或 [绘制轴(S)/起始直径(F):32.00 /终止直径(E):32.00 /中心线延伸长度(L):3.00 /
绘制中心线:是(C)]:                                      //捕捉B点
指定下一点 或 [绘制轴(S)/起始直径(F):32.00 /终止直径(E):32.00 /中心线延伸长度(L):3.00 /
绘制中心线:是(C)]:                                      //按Enter键结束
```

结果如图 9-23 左图所示。连线并将孔的轮廓线修改到虚线层上，结果如图 9-23 右图所示。

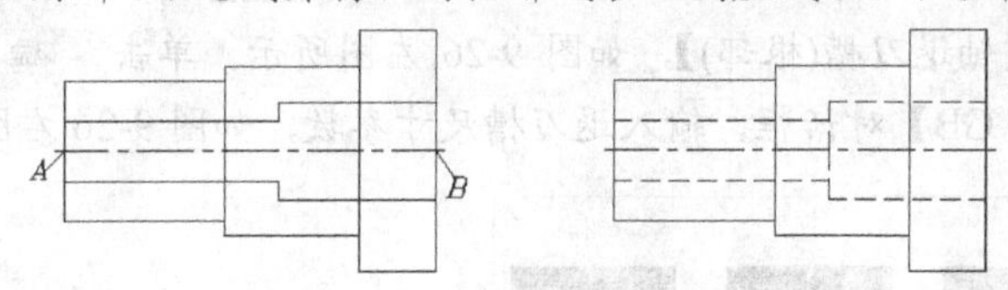

图 9-23 绘制短轴并修改线型

9.1.17 孔轴投影

利用孔轴投影命令 TY 可以根据轴或孔的主视图，投影生成左视图。启动该命令，选择轴线，然后选择主视图上的投影点就形成了左视图（投影圆），如图 9-24 所示。

【练习 9-17】打开素材文件“dwg\第 9 章\9-17.dwg”，如图 9-24 左图所示，该图是带孔短轴的主视图，下面用 TY 命令生成其左视图。

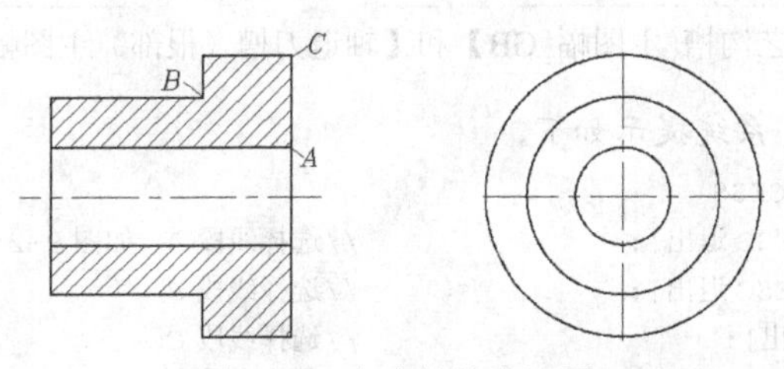

图 9-24 生成轴的左视图

单击【机械】选项卡中【构造工具】面板上的 孔轴投影 按钮，启动 TY 命令。

```
命令: _ZWMHSPROJECTOR
请选择轴线:                                             //选择轴线
请选择特征投影点:                                       //捕捉A点
```

```
请选择特征投影点:                              //捕捉 B 点
请选择特征投影点:                              //捕捉 C 点
请选择特征投影点:                              //按 Enter 键
指定投影位置:                                  //向右移动光标，单击指定左视图位置
```

结果如图 9-24 右图所示。

9.1.18 工艺槽

利用工艺槽命令 GY 可以快速生成退刀槽、砂轮越程槽等工艺槽，一般情况下用户选择轴的两条轮廓线及端面线就能生成指定参数的工艺槽。

【练习 9-18】打开素材文件“dwg\第 9 章\9-18.dwg”，如图 9-25 左图所示，用 GY 命令绘制退刀槽，结果如图 9-25 右图所示。

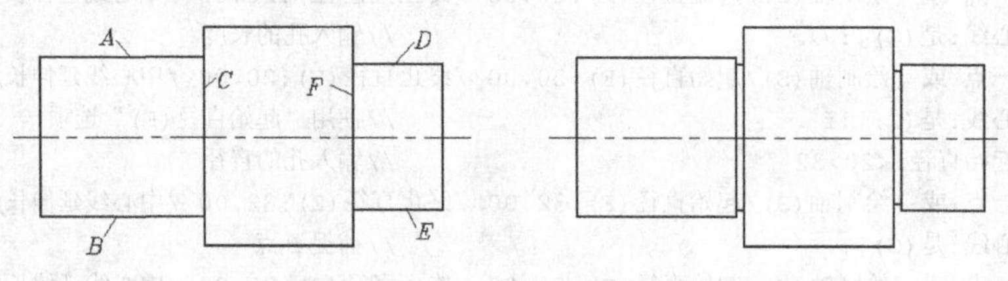

图 9-25 绘制工艺槽

1. 单击【机械】选项卡中【构造工具】面板上的 工艺槽 按钮，打开【工艺沟槽 主图幅 GB】对话框，选择【轴退刀槽(根部)】，如图 9-26 左图所示。单击 确定 按钮，弹出【轴退刀槽（根部）主图幅 GB】对话框，输入退刀槽尺寸参数，如图 9-26 右图所示。

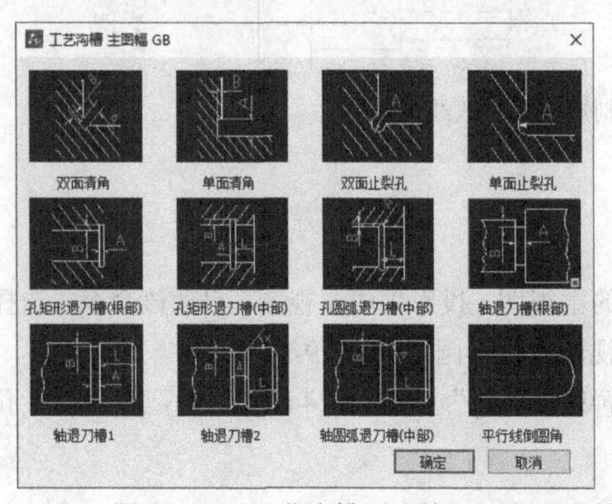

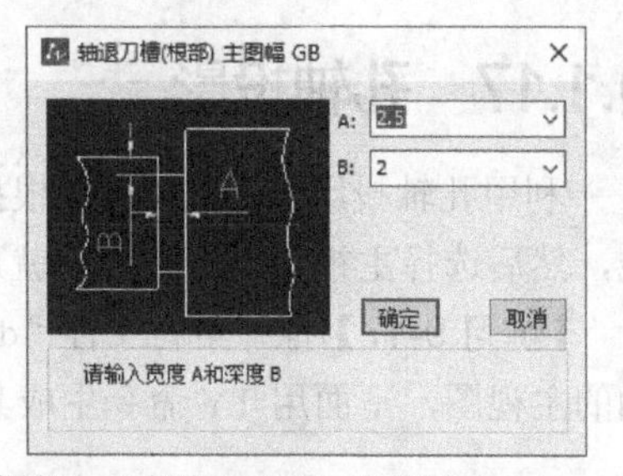

图 9-26 【工艺沟槽 主图幅 GB】和【轴退刀槽（根部）主图幅 GB】对话框

2. 单击 确定 按钮，系统提示如下。

```
命令: _ZWMCONSTRECESS
请选择第一条轮廓线[ESC 退出]:                  //选择线段 A，如图 9-25 左图所示
请选择第二条轮廓线[ESC 退出]:                  //选择线段 B
请选择端面线[ESC 退出]:                        //选择线段 C
请选择第一条轮廓线[ESC 退出]:                  //选择线段 D
请选择第二条轮廓线[ESC 退出]:                  //选择线段 E
请选择端面线[ESC 退出]:                        //选择线段 F
请选择第一条轮廓线[ESC 退出]:*取消*            //按 Esc 键
```

结果如图 9-25 右图所示。

9.1.19 倒角及倒圆角

倒角及倒圆角命令分别是 DJ 和 DY，这两个命令的用法与普通倒角和倒圆角命令的用法类似，只是提供了更多的倒角和圆角类型。

【练习 9-19】打开素材文件“dwg\第 9 章\9-19.dwg”，如图 9-27 左图所示，用 DJ 和 DY 命令创建倒角和圆角，结果如图 9-27 右图所示。

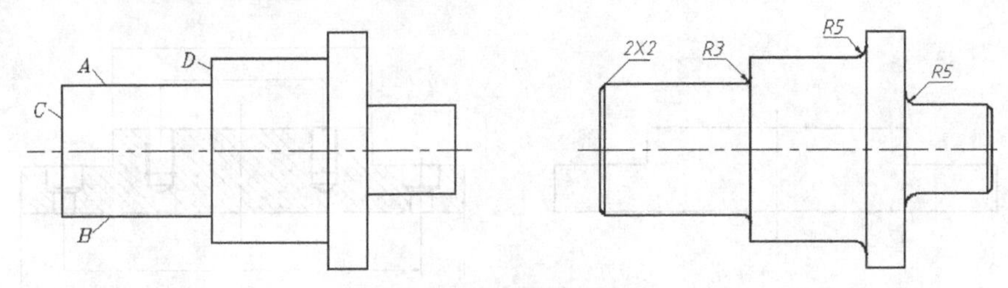

图 9-27 创建倒角和圆角

1. 单击【机械】选项卡中【构造工具】面板上的 倒角 按钮，系统提示“选择第一个对象或 [多段线(P)/设置(S)/添加标注(D)]<设置>:”，按 Enter 键，打开【倒角设置 主图幅 GB】对话框，选择倒角类型，输入倒角尺寸，如图 9-28 左图所示。

2. 单击 确定 按钮，系统提示如下。

```
选择第一个对象或 [多段线(P)/设置(S)/添加标注(D)]<设置>:
//选择线段 A，如图 9-27 左图所示
选择第二个对象或<按回车键切换到倒圆功能>:          //选择线段 B
请选择端面线[ESC 退出]:                           //选择线段 C
```

3. 单击【机械】选项卡中【构造工具】面板上的 倒圆 按钮，系统提示“选择第一个对象或 [多段线(P)/设置(S)/添加标注(D)]<设置>:”，按 Enter 键，打开【圆角设置 主图幅 GB】对话框，选择圆角类型，输入圆角半径，如图 9-28 右图所示。

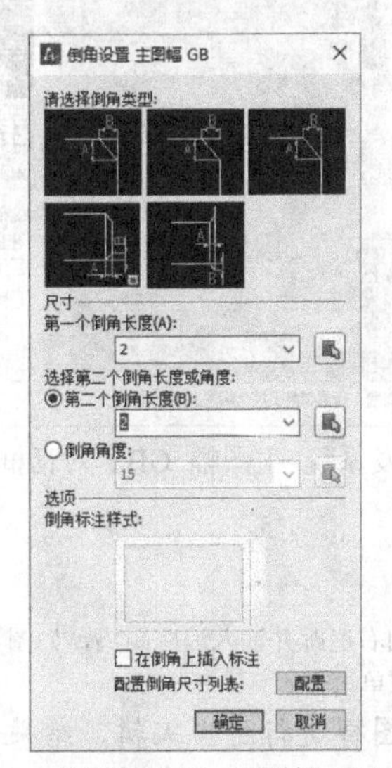

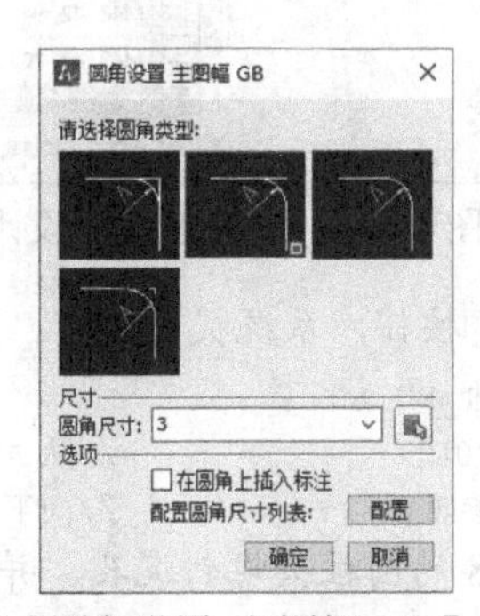

图 9-28 【倒角设置 主图幅 GB】和【圆角设置 主图幅 GB】对话框

4. 单击 确定 按钮，系统提示如下。

```
选择第一个对象或 [多段线(P)/设置(S)/添加标注(D)]<设置>:          //选择线段 A
选择第二个对象或<按回车键切换到倒角功能>:                       //选择线段 D
```

5. 继续创建其余倒角及圆角，结果如图 9-27 右图所示。

9.1.20 调用图库中的螺纹孔及沉孔

中望机械CAD提供了螺纹孔及沉孔等结构要素的图样，使用时可直接从图库中调用，这大大提高了绘图效率。启动图库的命令是XL。

【练习9-20】打开素材文件"dwg\第9章\9-20.dwg"，如图9-29左图所示，从中望机械CAD图库中调用螺纹孔及圆柱头螺钉沉孔插入图样中，并做适当编辑，结果如图9-29右图所示。

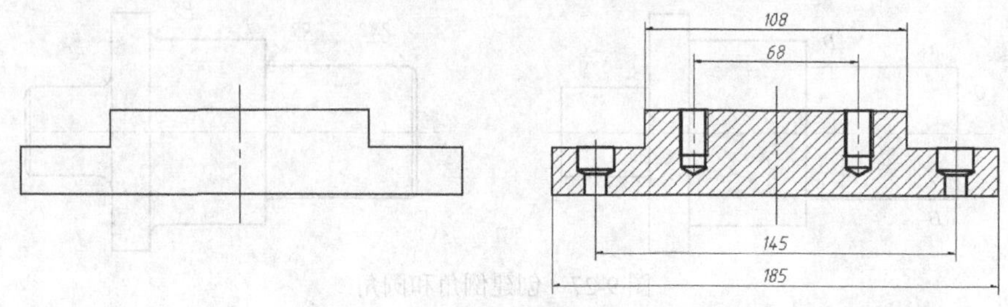

图9-29 从图库调用螺纹孔及沉孔

1. 打开极轴追踪、对象捕捉及对象捕捉追踪功能。设定对象捕捉方式为"端点""交点"。

2. 单击【图库】选项卡中【零件设计】面板上的 所有零件 按钮，打开【系列化零件设计开发系统 主图幅 GB】对话框，如图9-30所示。在此对话框中选择M12的螺纹盲孔，并修改其结构尺寸。

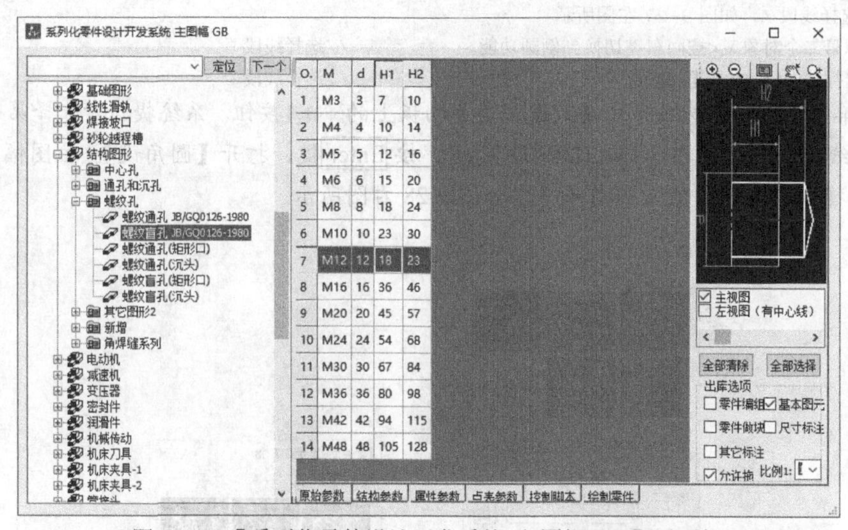

O.	M	d	H1	H2
1	M3	3	7	10
2	M4	4	10	14
3	M5	5	12	16
4	M6	6	15	20
5	M8	8	18	24
6	M10	10	23	30
7	M12	12	18	23
8	M16	16	36	46
9	M20	20	45	57
10	M24	24	54	68
11	M30	30	67	84
12	M36	36	80	98
13	M42	42	94	115
14	M48	48	105	128

图9-30 【系列化零件设计开发系统 主图幅 GB】对话框

3. 单击 绘制零件 按钮，系统提示如下。

```
命令: ZWM_SPART_BUILD
请指定目标位置:20                //从A点向右追踪并输入追踪距离，如图9-31所示
指定旋转角度或[参照(R)]:         //向下追踪单击一点
```

4. 继续插入M8的圆柱头螺钉沉孔，并对图样进行适当编辑，结果如图9-29右图所示。

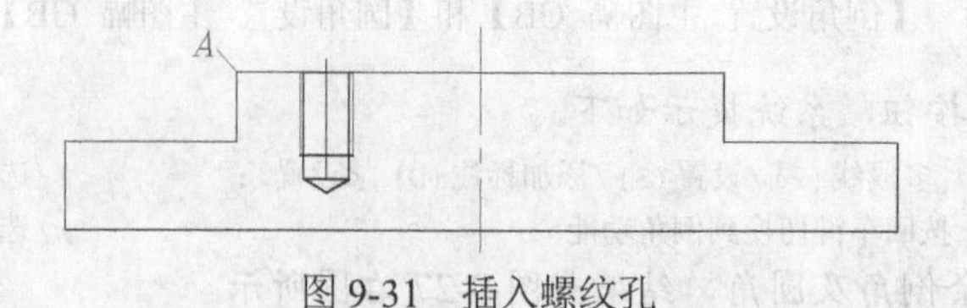

图9-31 插入螺纹孔

9.1.21 截断线

利用截断线命令 JDX 可创建多种形式的截断线。启动该命令后，选择截断线类型，设定两条截断线间的间距，在零件的第一条轮廓线上指定第一个截断点，在另一条轮廓线上指定第二个截断点，系统将在两点连线的位置处生成截断线。

【练习 9-21】打开素材文件“dwg\第 9 章\9-21.dwg”，用 JDX 命令创建截断线，结果如图 9-32 所示。

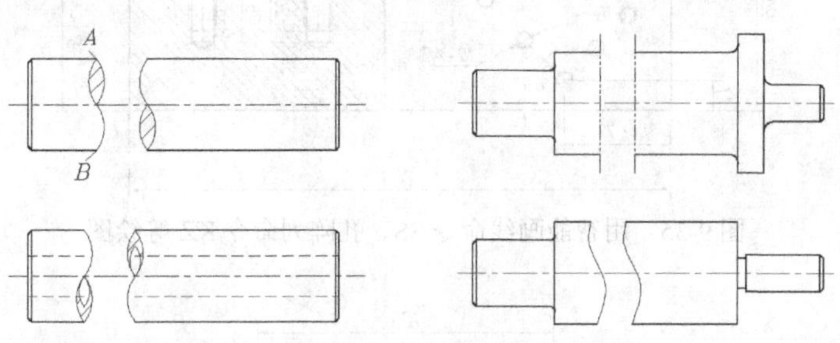

图 9-32 创建截断线

1. 单击【机械】选项卡中【构造工具】面板上的 截断线 按钮，打开【截断线】对话框，如图 9-33 所示。在此对话框中选择截断类型，输入截断线间距值。

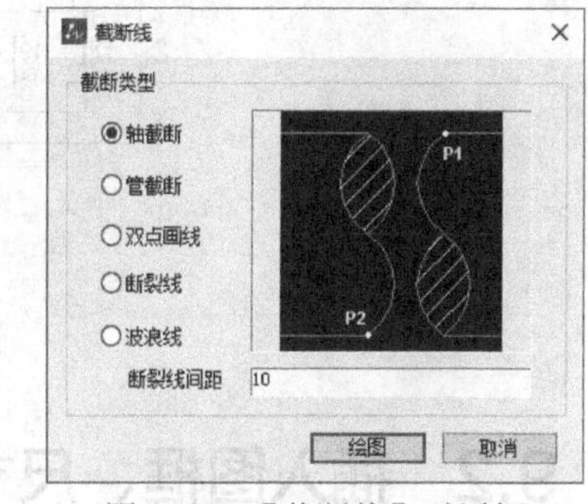

图 9-33 【截断线】对话框

2. 单击 绘图 按钮，系统提示如下。

```
命令: _ZWMSECTIONSYMBOL
指定断点 1:                        //选择 A 点,如图 9-32 左图所示
指定断点 2:                        //向下追踪单击 B 点
请选择中心线<忽略>:                 //选择零件中心线
```

3. 继续创建其他类型的截断线，并对图样进行适当编辑，结果如图 9-32 所示。

9.1.22 折断符

利用折断符命令 ZDF 可在直线中插入折断符，如图 9-34 所示。单击【机械】选项卡中【构造工具】面板上的 折断符 按钮，启动该命令，选择直线，则在选择点处插入折断符。

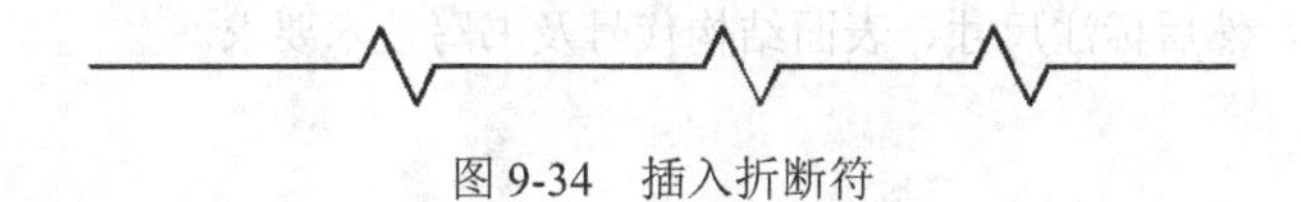

图 9-34 插入折断符

9.1.23 上机练习——机械绘图工具的应用

【练习 9-22】用智能画线命令 SS、孔阵列命令 KZ 等绘制平面图形，如图 9-35 所示。对于孔阵列的基点位置，可用 SS 命令绘制辅助线确定。

【练习 9-23】用智能画线命令 SS、工艺槽命令 GY 及倒角命令 DJ 等绘制短轴主视图，如图 9-36 所示。

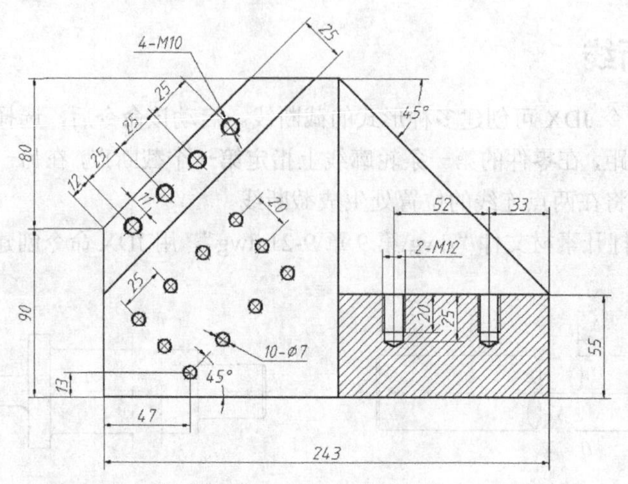

图 9-35　用智能画线命令 SS、孔阵列命令 KZ 等绘图

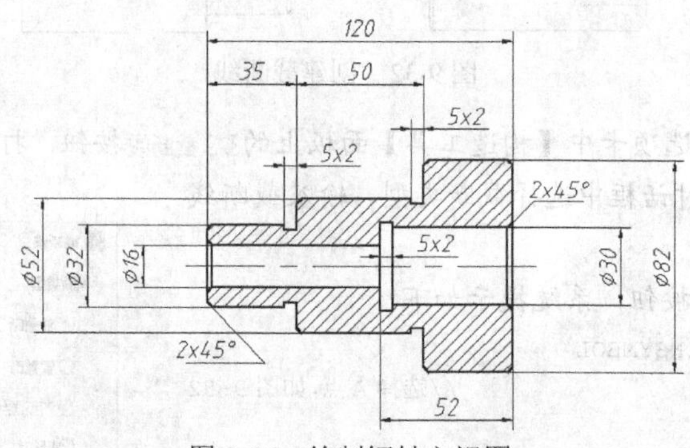

图 9-36　绘制短轴主视图

9.2　插入图框、尺寸标注及书写技术要求

绘制完零件图后，需要插入图框、标注尺寸、标注表面结构代号及书写技术要求等。当采用指定的绘图比例插入图框时，系统自动以绘图比例的倒数缩放图框，并根据用户所选视图自动将视图放置在图框的中间位置。下面通过一个练习详细介绍插入图框及标注图样的全过程。

【练习 9-24】打开素材文件“dwg\第 9 章\9-24.dwg”，该文件是支撑板零件图。在图样中插入 A3 幅面图框，然后标注尺寸、表面结构代号及书写技术要求。

9.2.1　插入图框

插入图框的过程包括选择绘图标准、图纸幅面，指定绘图比例，选择标题栏、明细表、附加栏和代号栏等。

插入图框的操作过程如下。

1. 单击【机械】选项卡中【图框】面板上的 图幅设置 按钮，打开【图幅设置】对话框，在此对话框中设定样式选择为【GB】、图幅大小为【A3】、布置方式为【横置】及绘图比例为“1∶3”等，再勾选【标题栏】【代号栏】复选框，如图 9-37 所示。

2. 单击【确定】按钮。根据系统提示选择要放入图框中的图样，系统移动图框将所选图样布置在图框的中央位置，如图 9-38 所示。

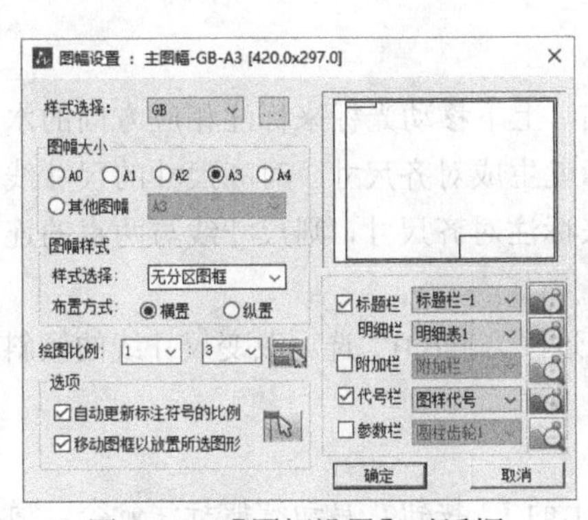

图 9-37 【图幅设置】对话框

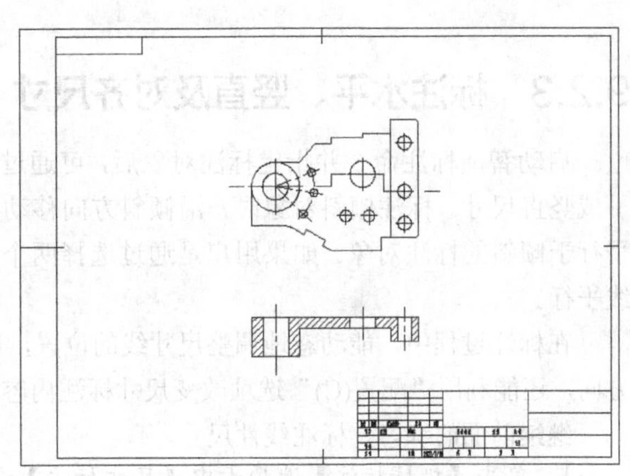

图 9-38 插入图框

插入图框时，需要注意以下几点。

（1）在【绘图比例】文本框中设定绘图比例，对于选定的图框，用户可事先估计要采用的绘图比例。单击按钮，根据系统提示，指定两个对角点，这两个对角点构成的区域相当于图框，系统根据此图框计算绘图比例，用户在此基础上进行适当的修改。

（2）在【选项】分组框中有两个选项，这两个选项的功能介绍如下。

- 【自动更新标注符号的比例】：当改变绘图比例时，系统自动以绘图比例的倒数缩放尺寸标注、标注符号等，使其在打印输出时保持预先设定的高度。
- 【移动图框以放置所选图形】：系统放置图框时，提示用户选择图样，并根据所选图样自动移动图框，使图样位于图框的中央位置。

（3）可以详细预览标题栏。单击标题栏项目右侧的按钮，打开【图块预览】对话框，在此对话框中可以对标题栏进行放大，以详细查看标题栏的内容。其他项目栏对应的按钮也具有同样的功能。

（4）若要更换图幅或改变绘图比例，可采用以下方法。

- 与插入图框的方法类似，重新插入新的图框并设定新的绘图比例。
- 双击图框，打开【图幅设置】对话框，利用该对话框进行相关的编辑。

9.2.2 标注尺寸的集成命令——智能标注

中望机械 CAD 提供了智能标注命令 D，该命令是一种集成化的标注命令，可一次性创建多种类型的尺寸，如长度、对齐、角度、直径及半径尺寸等。使用该命令标注尺寸时，一般可采用以下两种方法。

（1）在标注对象上指定尺寸线的起始点及终止点，创建尺寸标注。

（2）直接选取要标注的对象。

标注完一个对象后，不要退出命令，可继续标注新的对象。

启动智能标注命令后，系统打开对象捕捉。该命令生成的尺寸自动放置于标注层上，这些尺寸将与符合国标的标注样式关联，样式名以“GB”开头。此外，标注全局比例因子自动被设定为绘图比例的倒数，这样在标注时就不必考虑绘图比例对标注外观的影响，系统将确保打印在图纸上的尺寸标注外观大小与标注样式中的设定值相同。总之，插入图框后，直接采用中望机械CAD标注命令创建尺寸，就生成符合国标规定的尺寸标注。

9.2.3 标注水平、竖直及对齐尺寸

启动智能标注命令并指定标注对象后，可通过左右、上下移动光标来标注相应方向的水平或竖直尺寸。标注倾斜对象时，沿倾斜方向移动光标就生成对齐尺寸。对齐尺寸的尺寸线平行于倾斜的标注对象。如果用户是通过选择两个点来标注对齐尺寸，则尺寸线与两点的连线平行。

在标注过程中，能动态地调整尺寸线的位置，可通过“方向(O)”选项改变尺寸线的倾斜方向，还能利用“配置(C)”选项改变尺寸标注内容。

继续前面的练习，标注线性尺寸。

1. 单击【机械标注】选项卡中【尺寸标注】面板上的 智能标注 按钮，启动智能标注命令，通过指定两点标注水平、竖直及对齐尺寸，如图9-39所示。

```
命令: _ZWMPOWERDIM
(单个) 指定第一个尺寸界线原点或
[角度(A)/基线(B)/连续(C)/选择(S)/退出(X)] <选择(S)>:
                                        //捕捉A点，如图9-39左图所示
指定第二个尺寸界线原点:                  //捕捉B点
指定尺寸线位置 或
[拖动(D)/水平(H)/垂直(V)/对齐(A)/已旋转(R)/倾斜(Q)/拾取对象轮廓(S)/方向(O)/配置(C)] <配置(C)>:
                                        //向上移动光标将尺寸线放置在适当位置，然后单击
(单个) 指定第一个尺寸界线原点或
[角度(A)/基线(B)/连续(C)/选择(S)/退出(X)] <选择(S)>:    //捕捉C点
指定第二个尺寸界线原点:                                //捕捉D点
指定尺寸线位置 或
[拖动(D)/水平(H)/垂直(V)/对齐(A)/已旋转(R)/倾斜(Q)/拾取对象轮廓(S)/方向(O)/配置(C)] <配置(C)>:
                                        //向左下方移动光标将尺寸线放置在适当位置，然后单击
```

2. 不要退出该命令，继续以同样的方法标注其他尺寸，结果如图9-39右图所示。若标注文字的位置不合适，可激活关键点进行调整。

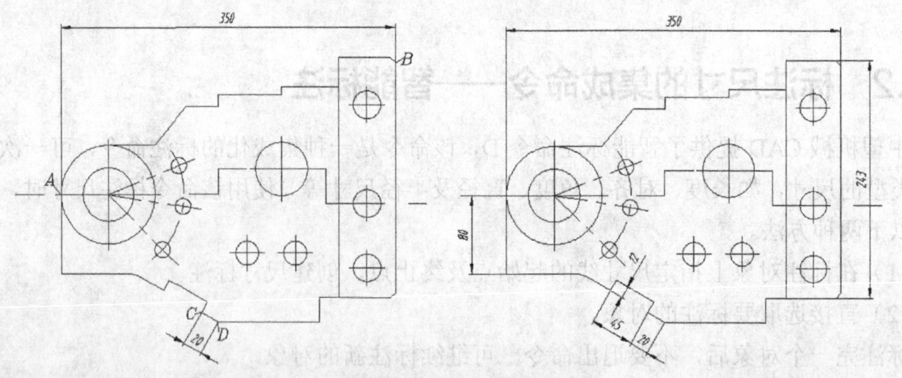

图9-39 标注水平、竖直及对齐尺寸

常用命令选项

- 角度(A)：标注角度尺寸。

- 基线(B)/连续(C)：标注基线型或连续型尺寸。
- 选择(S)：选择线段、圆弧等对象标注尺寸。
- 对齐(A)：标注对齐尺寸。
- 方向(O)：打开【选择尺寸标注方向 主图幅 GB】对话框，调整尺寸线方向。
- 配置(C)：打开【增强尺寸标注 主图幅 GB】对话框，编辑标注文字及添加各类符号。

9.2.4 标注连续型及基线型尺寸

连续型尺寸标注是一系列首尾相连的标注形式，而基线型尺寸标注是指所有的尺寸都从同一点开始标注，即它们共用一条尺寸界线。D 命令的“连续(C)”及“基线(B)”选项可用于标注这两种尺寸。

- 连续(C)：选择该选项，选择对象端点生成连续型尺寸。
- 基线(B)：选择该选项，选择对象端点生成基线型尺寸。

继续前面的练习，标注连续型及基线型尺寸。

1. 标注基线型尺寸。首先标注尺寸 58，并将尺寸线与尺寸 350 的尺寸线重合，系统弹出【尺寸重叠 主图幅 GB】对话框，选择【移开】，使两条尺寸线分离布置，如图 9-40 左图所示。选择“基线(B)”选项，选择对象端点生成基线型尺寸，如图 9-40 右图所示。

```
命令：_ZWMPOWERDIM
(单个) 指定第一个尺寸界线原点或
[角度(A)/基线(B)/连续(C)/选择(S)/退出(X)] <选择(S)>:
                                          //捕捉 E 点，如图 9-40 左图所示
指定第二个尺寸界线原点:
指定尺寸线位置 或
[拖动(D)/水平(H)/垂直(V)/对齐(A)/已旋转(R)/倾斜(Q)/拾取对象轮廓(S)/方向(O)/配置(C)] <配
置(C)>:                                    //捕捉 F 点
(单个) 指定第一个尺寸界线原点或
[角度(A)/基线(B)/连续(C)/选择(S)/退出(X)] <选择(S)>: b  //使用“基线(B)”选项
指定第二条尺寸界线原点或 [选择(S)/连续标注(C)/退出(X)]:     //捕捉 G 点
指定第二条尺寸界线原点或 [选择(S)/连续标注(C)/退出(X)]:     //捕捉 H 点
指定第二条尺寸界线原点或 [选择(S)/连续标注(C)/退出(X)]:     //按 Enter 键结束
```

结果如图 9-40 右图所示。

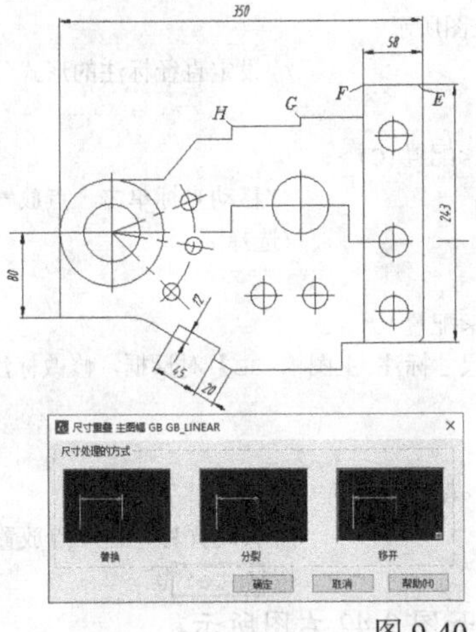

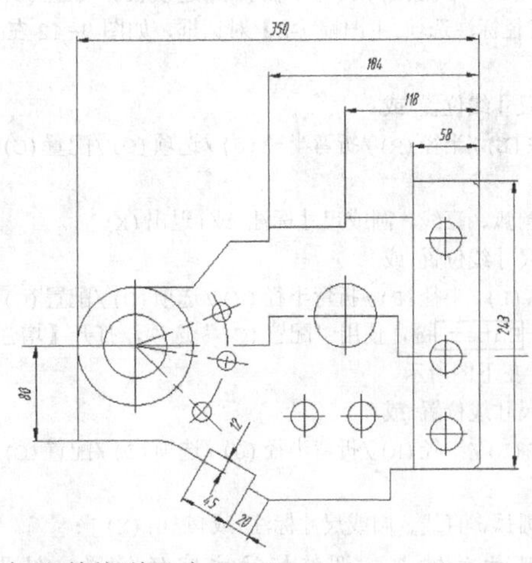

图 9-40 标注基线型尺寸

2. 标注连续型尺寸。首先标注尺寸48，如图9-41左图所示。选择“连续(C)”选项，然后选择对象端点生成连续型尺寸，结果如图9-41右图所示。

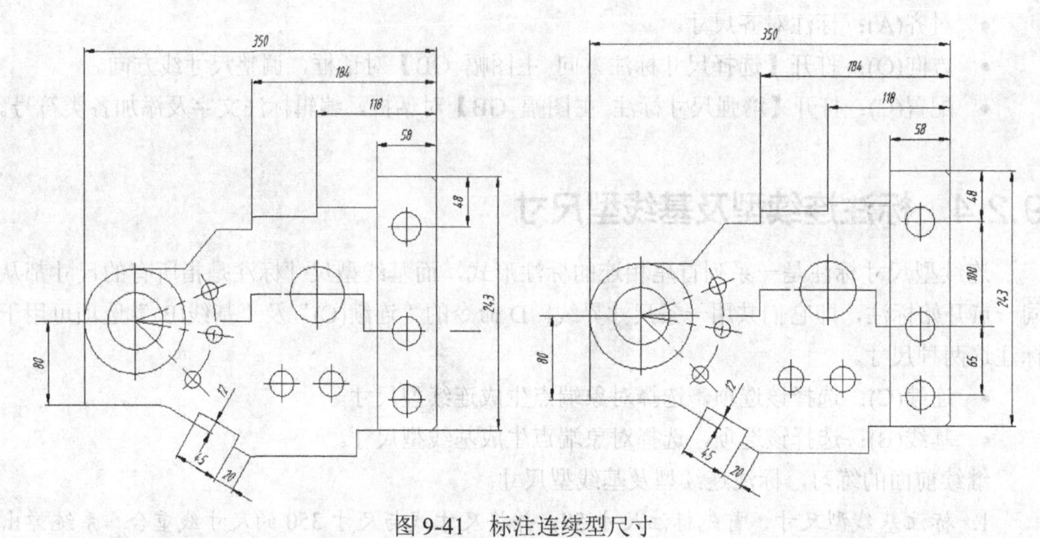

图9-41 标注连续型尺寸

9.2.5 标注直径型和半径型尺寸

启动D命令，按Enter键，选择圆或圆弧就能标注直径型或半径型尺寸。标注时，系统自动在标注文字前面加入“ϕ”或“R”符号。在实际标注中，直径型和半径型尺寸的标注形式多种多样，若通过“选项(O)”选项进行标注就非常方便，例如，使标注文字水平放置等。

继续前面的练习，标注直径型和半径型尺寸。

1. 标注直径型尺寸，并使尺寸文本水平放置，如图9-42所示。

```
命令： _ZWMPOWERDIM
(单个) 指定第一个尺寸界线原点或
[角度(A)/基线(B)/连续(C)/选择(S)/退出(X)] <选择(S)>:    //按Enter键
选择圆弧、直线、圆或尺寸标注 或[退出(X)]:               //选择圆I
指定尺寸线位置 或
[线性(L)/半径(R)/折弯半径(J)/选项(O)/配置(C)]<配置(C)>:o  //使用“选项(O)”选项，打开【半径/直径标注选项 主图幅 GB】对话框，如图9-42左上图所示
                                                      //设定直径标注的形式
指定尺寸线位置 或
[线性(L)/半径(R)/折弯半径(J)/选项(O)/配置(C)]<配置(C)>:
                                                      //移动光标单击一点放置尺寸
选择圆弧、直线、圆或尺寸标注 或[退出(X)]:               /选择圆J
指定尺寸线位置 或
[线性(L)/半径(R)/折弯半径(J)/选项(O)/配置(C)]<配置(C)>:
//按Enter键，使用“配置(C)”选项，打开【增强尺寸标注 主图幅 GB】对话框，修改标注文字，如图9-42左下图所示
指定尺寸线位置 或
[线性(L)/半径(R)/折弯半径(J)/选项(O)/配置(C)]<配置(C)>:
                                                      //移动光标单击一点放置尺寸
选择圆弧、直线、圆或尺寸标注 或[退出(X)]:               按Enter键
```

激活尺寸关键点，调整标注文字的位置，结果如图9-42右图所示。

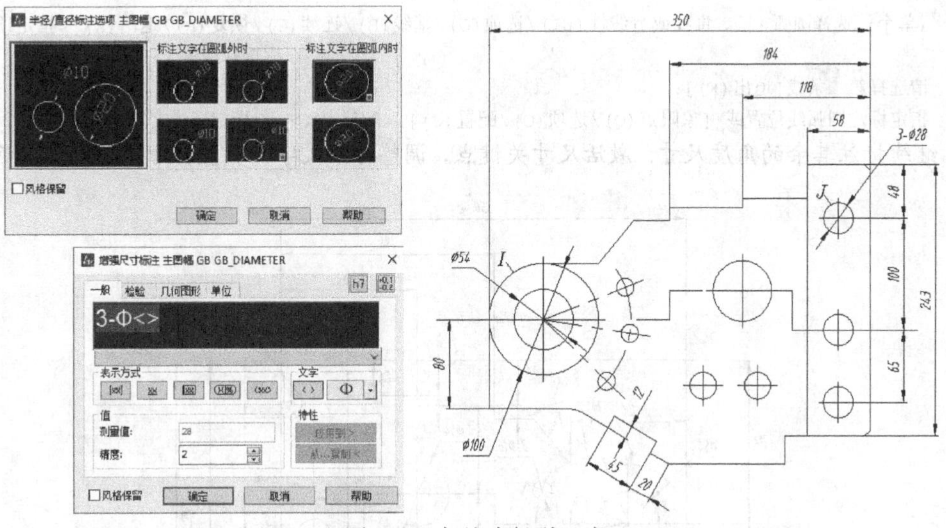

图 9-42 标注直径型尺寸

2. 标注其他尺寸，结果如图 9-43 所示。

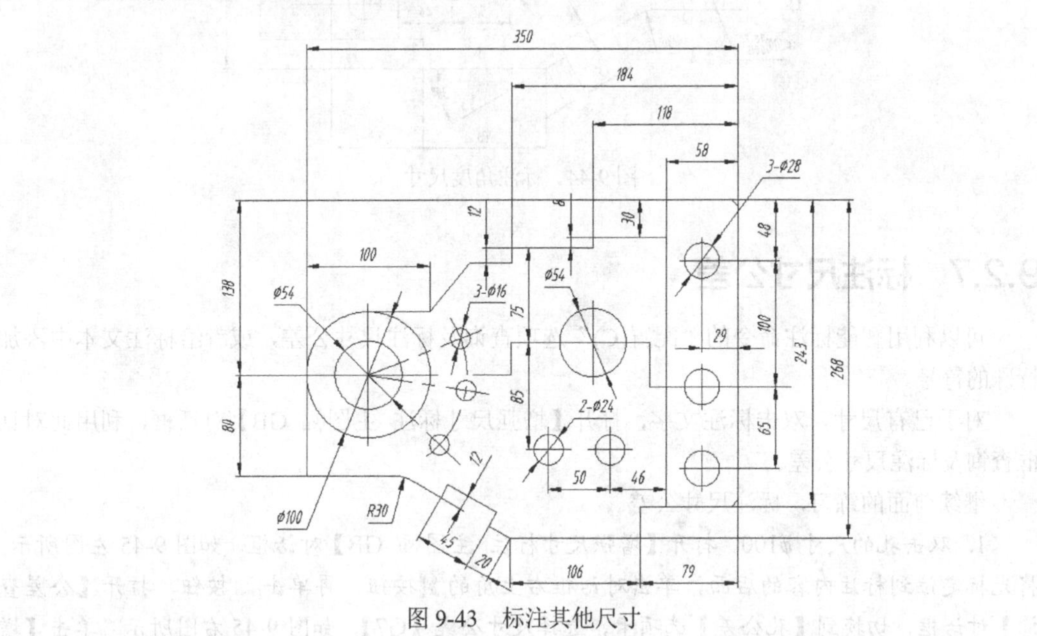

图 9-43 标注其他尺寸

9.2.6 标注角度

D 命令的“角度(A)”选项用于标注角度尺寸，选择该选项后，选择角的两边、3 个点或一段圆弧就生成角度尺寸。利用 3 点生成角度尺寸时，第一个选择点是角的顶点。

国标中对于角度标注有规定，角度数字一律水平书写，D 命令生成的角度尺寸符合国标规定。

继续前面的练习，标注角度尺寸。

```
命令: _ZWMPOWERDIM
(单个) 指定第一个尺寸界线原点或
[角度(A)/基线(B)/连续(C)/选择(S)/退出(X)] <选择(S)>: a   //使用“角度(A)”选项
```

(单个) 选择圆弧、圆、直线或 [线性(LI)/选项(O)/基线(B)/连续(C)/恢复(R)/退出(X)]<指定顶点>:
//选择线段 *K*
请选择第二条线[退出(X)]: //选择线段 *L*
指定标注圆弧线位置或 [象限点(Q)/选项(O)/配置(C)] <配置(C)>://指定标注文字的位置

继续标注其余的角度尺寸。激活尺寸关键点，调整标注文字的位置，结果如图 9-44 所示。

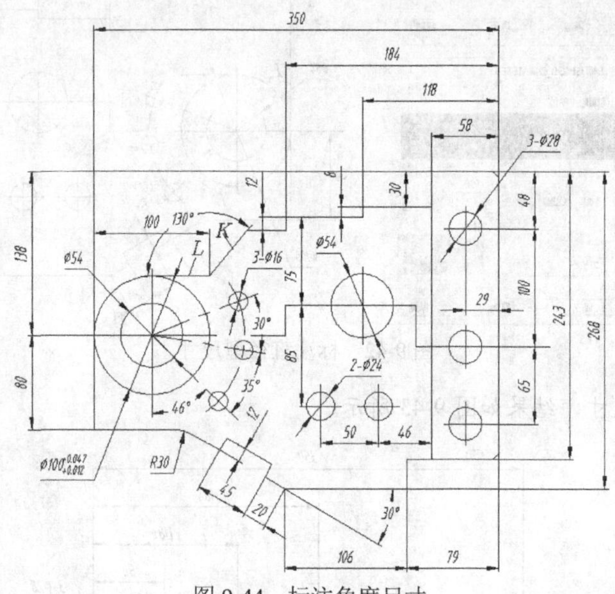

图 9-44 标注角度尺寸

9.2.7 标注尺寸公差

可以利用智能标注命令的“配置(C)”选项查询及标注尺寸公差，或者给标注文本中添加特殊的符号。

对于已有尺寸，双击标注文字，打开【增强尺寸标注 主图幅 GB】对话框，利用此对话框查询及标注尺寸公差。

继续前面的练习，标注尺寸公差。

1. 双击孔的尺寸 $\phi100$，打开【增强尺寸标注 主图幅 GB】对话框，如图 9-45 左图所示。将光标定位到标注内容的后面，单击对话框右上角的按钮，再单击按钮，打开【公差查询】对话框，切换到【孔公差】选项卡，选择尺寸公差【G7】，如图 9-45 右图所示。单击【增强尺寸标注 主图幅 GB】对话框右下角的公差标注预览图片，将显示公差标注的各种标注形式，可选择其中之一进行标注。

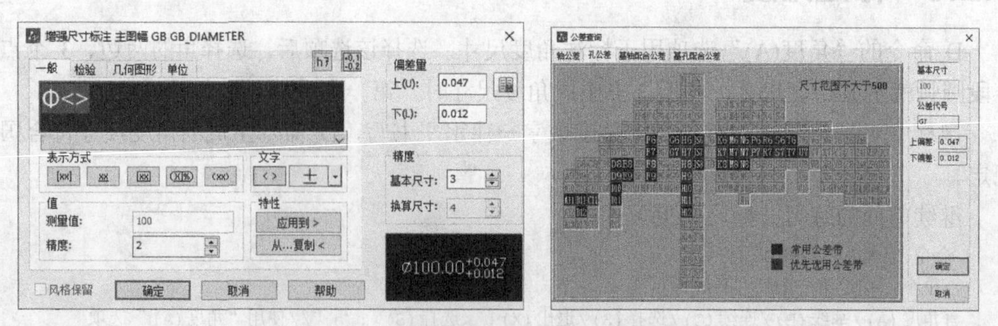

图 9-45 【增强尺寸标注 主图幅 GB】及【公差查询】对话框

2. 单击【增强尺寸标注 主图幅 GB】对话框中的 确定 按钮，修改完成。

3. 启动智能标注命令，标注俯视图中的孔间距公差及其他线性尺寸，如图 9-46 所示。标注尺寸公差时选择“配置(C)”选项，打开【增强尺寸标注 主图幅 GB】对话框，单击对话框右侧的 按钮，选择【±】符号，然后输入公差值，如图 9-46 左图所示。

4. 单击 确定 按钮，结果如图 9-46 右图所示。

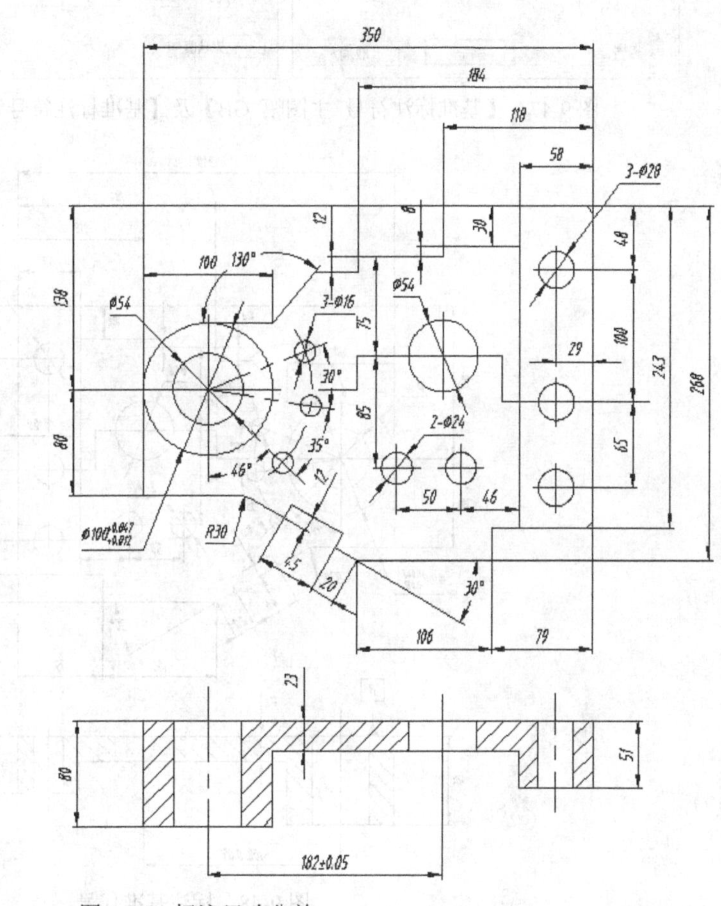

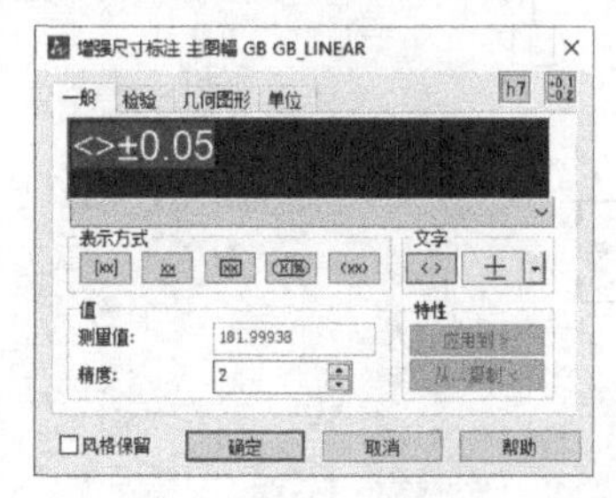

图 9-46　标注尺寸公差

9.2.8 标注基准代号

标注基准代号的命令是 JZ，利用此命令可生成两种形式的基准代号，分别属于国标 GB/T 1182—1996 和 GB/T 1182—2008。启动标注基准代号命令，选择线段、圆及尺寸界线等对象，就可生成依附这些对象的基准代号。

继续前面的练习，标注基准代号。

1. 单击【机械标注】选项卡中【符号标注】面板上的 基准符号 按钮，打开【基准标注符号 主图幅 GB】对话框，如图 9-47 左图所示。再单击 设置... 按钮，打开【基准标注符号设置(GB)】对话框，在【系列】下拉列表中选择【GB08】选项，如图 9-47 右图所示。

2. 单击【基准标注符号 主图幅 GB】对话框中的 确定 按钮，选择基准代号要附着的对象，完成基准 *A* 的标注。继续标注另一基准 *B*，结果如图 9-48 所示。

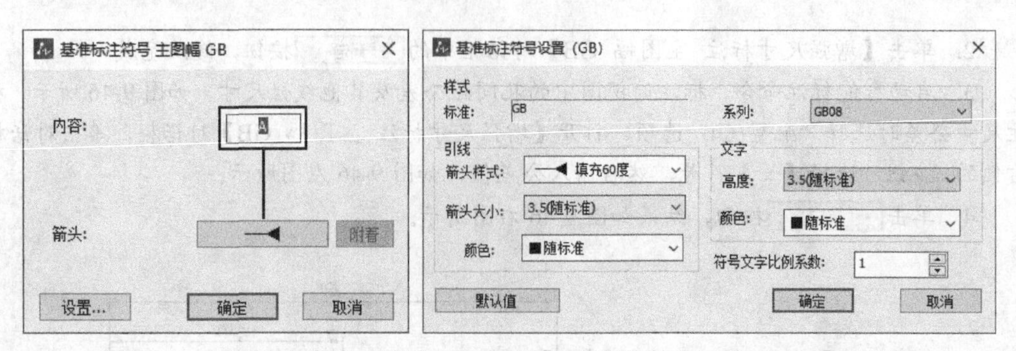

图 9-47 【基准标注符号 主图幅 GB】及【基准标注符号设置（GB）】对话框

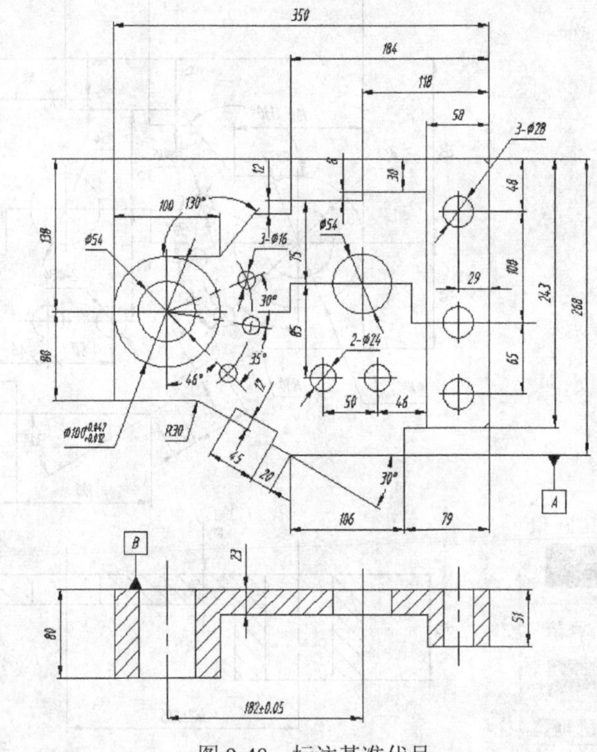

图 9-48 标注基准代号

9.2.9 标注形位公差

标注形位公差的命令是 XW，标注时可将公差框格按默认位置及方向放置，然后利用关键点编辑方式进行调整。也可在标注过程中通过标注命令的“方向:右(R)/方向:左(L)”选项将框格水平放置，利用“方向:上(U)/方向:下(D)”选项将框格竖直放置。

继续前面的练习，标注形位公差。

1. 单击【机械标注】选项卡中【符号标注】面板上的 形位公差 按钮，打开【形位公差 主图幅 GB】对话框，如图 9-49 所示。单击【符号】下的 —— 按钮，选择平行度代号；单击【公差 1】框格，在【公差等级】下拉列表中选择【7】级，则系统自动在公差框格中填入公差值；继续单击【基准 1】框格，输入基准代号“A”。

2. 单击 确定 按钮，选择要附着的线段 *M*，向上移动光标单击一点放置平行度公差框格。激活框格关键点，将其修改为水平放置。继续标注另一形位公差，结果如图 9-50 所示。

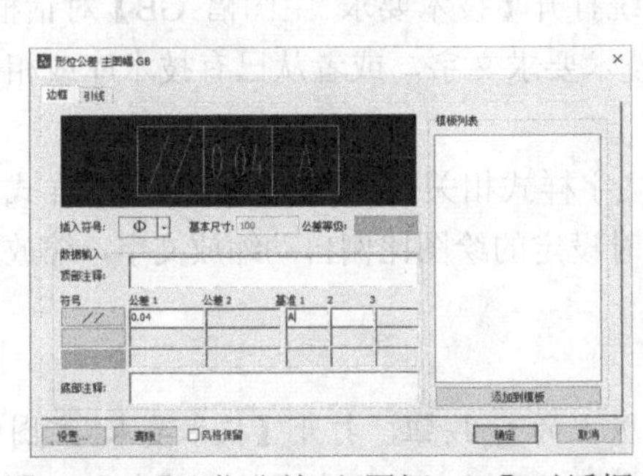

图 9-49 【形位公差 主图幅 GB】对话框

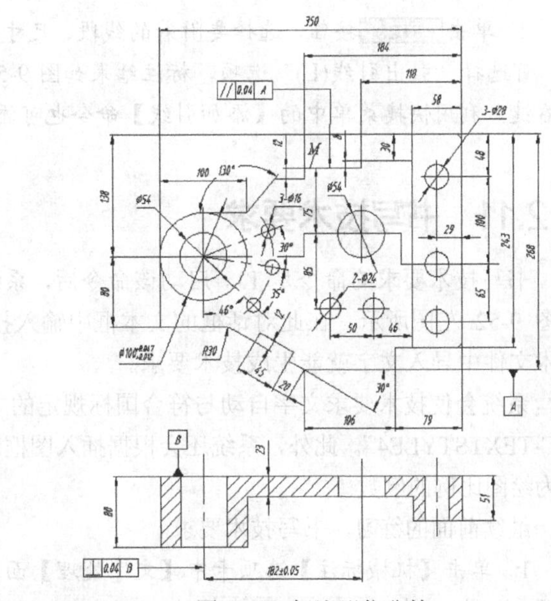

图 9-50 标注形位公差

9.2.10 标注表面结构代号

利用 CC 命令可生成表面粗糙度代号，也可生成表面结构代号。启动该命令后，选择基本符号，设定标注数值，选择标注对象，则生成相应的代号，还可利用该命令的“引出引线(L)”选项创建添加引线的代号。

继续前面的练习，标注表面结构代号。

1. 单击【机械标注】选项卡中【符号标注】面板上的粗糙度按钮，打开【粗糙度 主图幅 GB】对话框。单击 设置... 按钮，弹出【粗糙度符号设置（GB）】对话框，在【系列】下拉列表中选择【GB06】选项，返回【粗糙度 主图幅 GB】对话框，选择基本符号，设定标注数值，如图 9-51 左图所示。

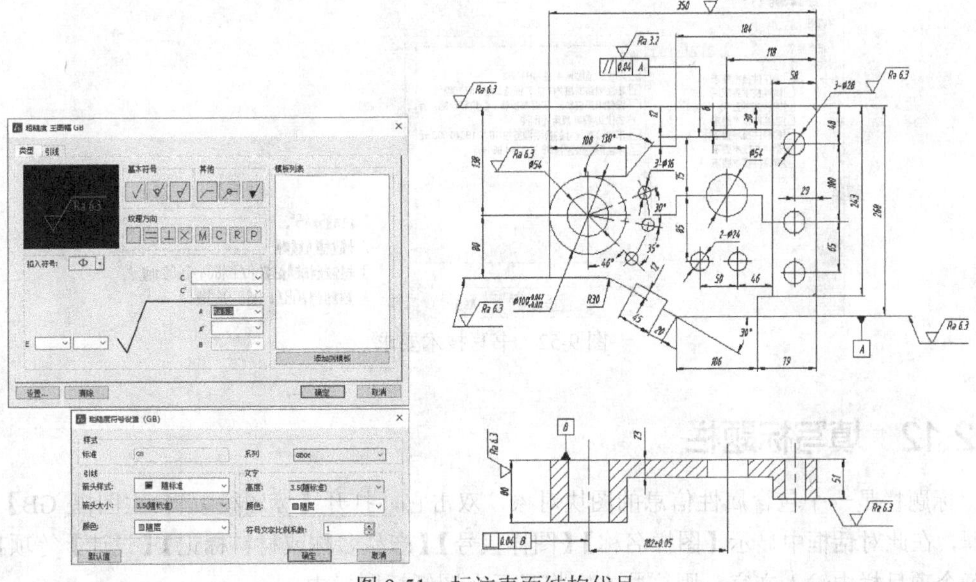

图 9-51 标注表面结构代号

2. 单击 确定 按钮，选择要附着的线段、尺寸线及尺寸界线等。若要给标注代号添加引线，可选择“引出引线(L)”选项，标注结果如图 9-51 右图所示。选中表面结构代号，单击鼠标右键，利用快捷菜单中的【添加引线】命令也可添加引线。

9.2.11 书写技术要求

书写技术要求的命令是 TJ。启动该命令后，系统打开【技术要求 主图幅 GB】对话框，如图 9-52 左图所示，在此对话框的文本框中输入技术要求文字，或者从已有技术库或相关技术文件中导入文字就能生成技术要求。

系统会使技术要求文字自动与符合国标规定的文字样式相关联，默认采用的文字样式为“PC-TEXTSTYLE4”。此外，系统还会根据插入图框时设定的绘图比例自动缩放文字，缩放比例为绘图比例的倒数。

继续前面的练习，书写技术要求。

1. 单击【机械标注】选项卡中【文字处理】面板上的 技术要求 按钮，打开【技术要求 主图幅 GB】对话框。单击 技术库 按钮，弹出【词句库调用】对话框，在【技术要求】列表框中勾选【锻件技术要求】复选框，再在【内容】列表框中选择相关内容，如图 9-52 左图所示。返回【技术要求 主图幅 GB】对话框，输入文字“未注倒角 5×45°”，勾选【自动编号】复选框，如图 9-52 左图所示。

2. 单击 确认 按钮，指定两个对角点放置技术要求文字，结果如图 9-52 右图所示。

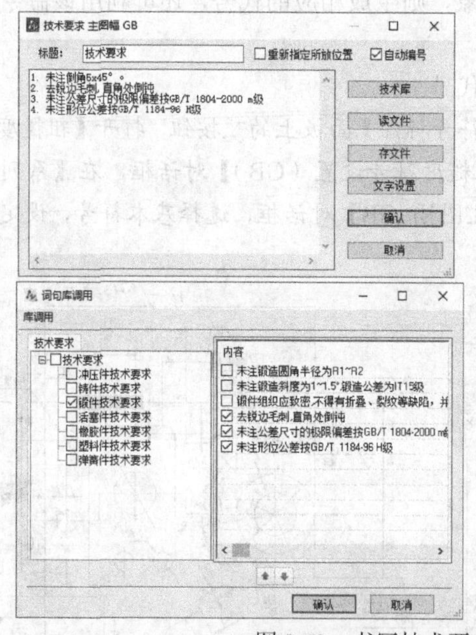

技术要求

1. 未注倒角5×45°。
2. 去锐边毛刺,直角处倒钝
3. 未注公差尺寸的极限偏差按GB/T 1804-2000 m级
4. 未注形位公差按GB/T 1184-96 H级

图 9-52 书写技术要求

9.2.12 填写标题栏

标题栏是一个包含属性信息的图块对象，双击它，打开【标题栏编辑 主图幅 GB】对话框，在此对话框中显示【图样名称】【图样代号】【产品名称或材料标记】【设计】等项目，在每个项目栏中输入文字，则这些文字将显示在图纸标题栏中。

继续前面的练习，填写标题栏。

1. 双击标题栏，打开【标题栏编辑 主图幅 GB】对话框，在此对话框中填写相关信息，如图 9-53 左图所示。

2. 单击 确定 按钮，结果如图 9-53 右图所示。

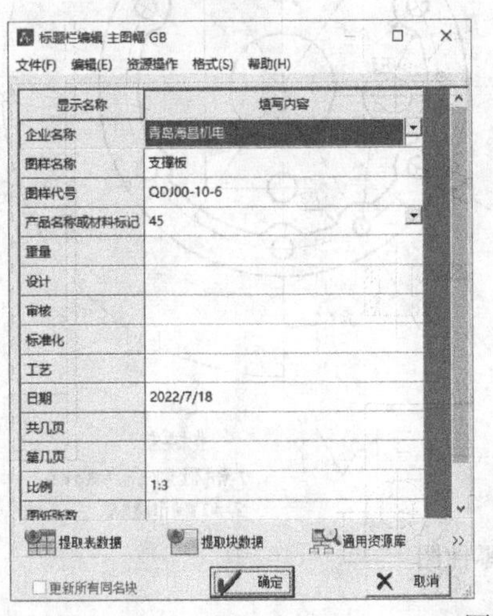

图 9-53 填写标题栏

9.2.13 上机练习——插入图框及标注尺寸

【练习 9-25】打开素材文件“dwg\第 9 章\9-25.dwg”，该文件是差动轴零件图，标注图样，书写技术要求，并填写标题栏，如图 9-54 所示。图幅选用 A3，绘图比例为 1∶1.5，零件材料为 45 号钢。

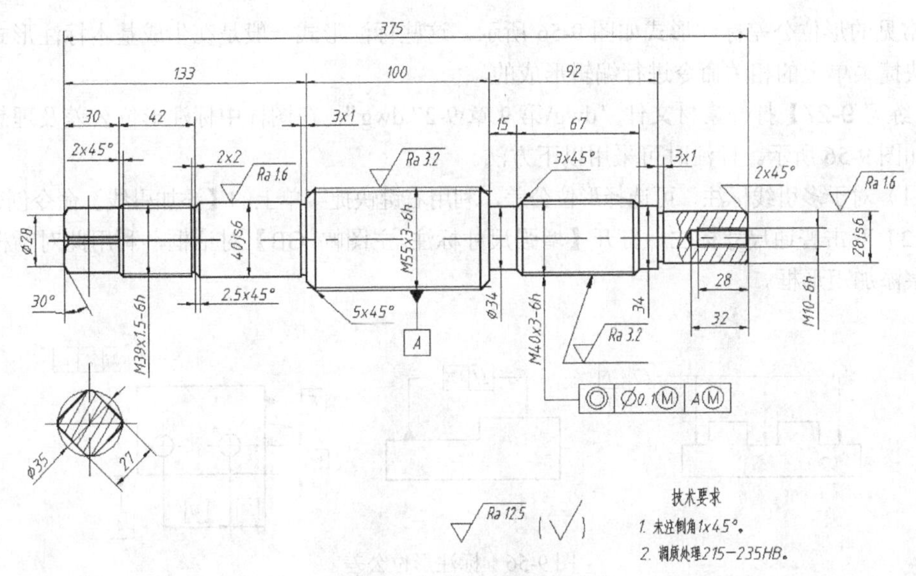

图 9-54 标注差动轴零件图

【练习 9-26】打开素材文件“dwg\第 9 章\9-26.dwg”，该文件是法兰盘零件图，标注图样，书写技术要求，并填写标题栏，如图 9-55 所示。图幅选用 A3，绘图比例为 1∶1.5，零件材料为 HT200。

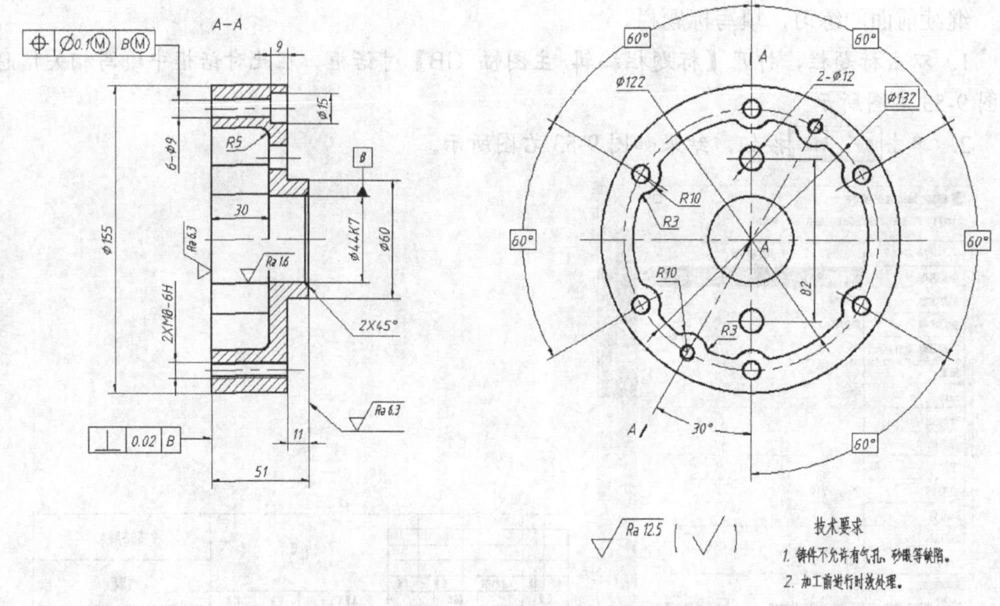

图 9-55 标注法兰盘零件图

9.3 其他标注工具

下面介绍其他的尺寸标注和编辑工具，以及一些编辑技巧。

9.3.1 形位公差的多种标注形式

常见的形位公差标注形式如图 9-56 所示，这些标注形式一般是在生成基本标注形式后，利用快捷菜单上的相关命令进行编辑形成的。

【练习 9-27】打开素材文件“dwg\第 9 章\9-27.dwg”，在图样中标注形位公差及理想尺寸等，如图 9-56 所示。标注时可采用以下方法。

（1）对于多引线标注，可选择形位公差，利用右键快捷菜单上的【添加引线】命令创建。

（2）双击普通尺寸标注，打开【增强尺寸标注 主图幅 GB】对话框，利用此对话框给尺寸文字添加矩形框。

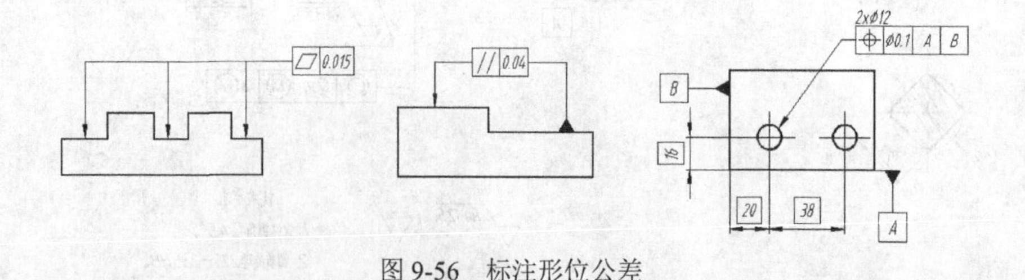

图 9-56 标注形位公差

9.3.2 一次性给多个标注文字添加符号

可以使用超级编辑命令一次性给多个标注文字添加符号，如直径代号等，如图 9-57 所示。

启动超级编辑命令 V（双击对象），选择一个尺寸标注，给尺寸标注文字添加特殊符号，然后可以将此符号“传递”给其他的尺寸标注。

【练习 9-28】打开素材文件\dwg\第 9 章\9-28.dwg”，如图 9-57 左图所示，使用超级编辑命令给图中的尺寸数值前添加直径代号，结果如图 9-57 右图所示。

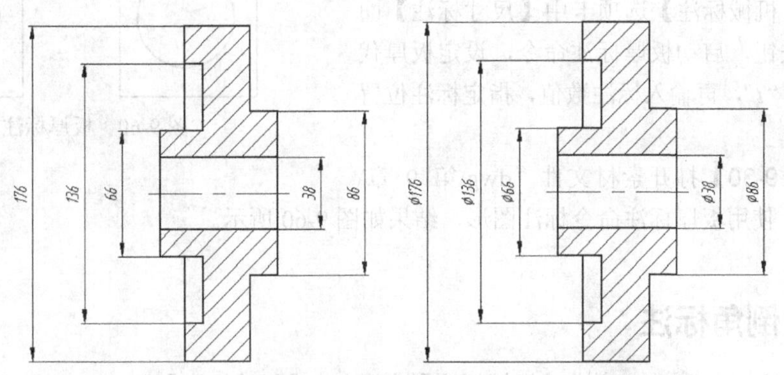

图 9-57　添加直径代号

1. 选择菜单命令【机械】/【辅助工具】/【超级编辑】或输入命令简称 V，启动超级编辑命令，选择一个标注文字，打开【增强尺寸标注 主图幅 GB】对话框，给标注文字前添加直径代号，如图 9-58 左图所示。

2. 单击 应用到> 按钮，选择其他尺寸标注，按 Enter 键，弹出【特性 主图幅 GB】对话框，如图 9-58 右图所示。

3. 返回【增强尺寸标注 主图幅 GB】对话框，单击 确定 按钮，结果如图 9-57 右图所示。

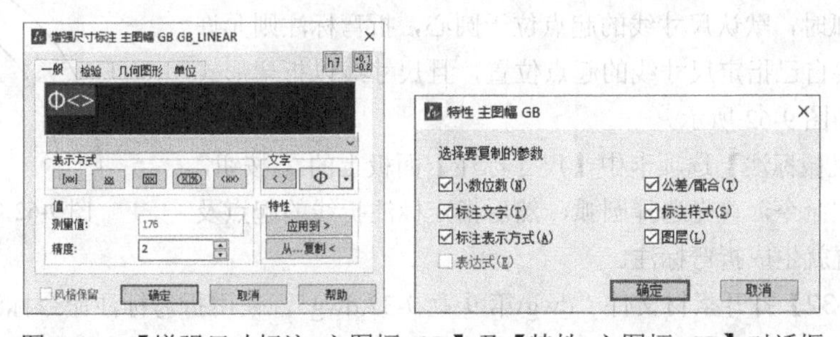

图 9-58　【增强尺寸标注 主图幅 GB】及【特性 主图幅 GB】对话框

9.3.3　半剖标注

对于对称视图，可以只绘制一半图样，并采用半剖标注命令来标注主要的轮廓尺寸，如图 9-58 所示。

单击【机械标注】选项卡中【尺寸标注】面板上的 按钮，启动半剖标注命令，首先选择中心线，然后选择要标注的对象端点即可。

【练习 9-29】打开素材文件“dwg\第 9 章\9-29.dwg”，利用半剖标注命令标注图形，结果如图 9-59 所示。

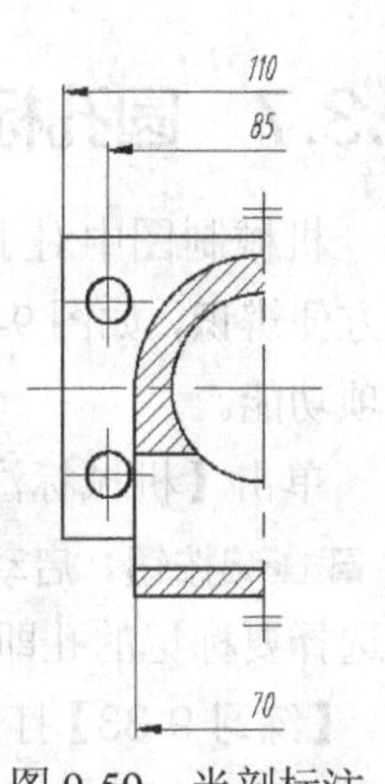

图 9-59　半剖标注

9.3.4 板厚标注

利用板厚标注命令可以标注板的厚度，标注形式如图 9-60 所示。

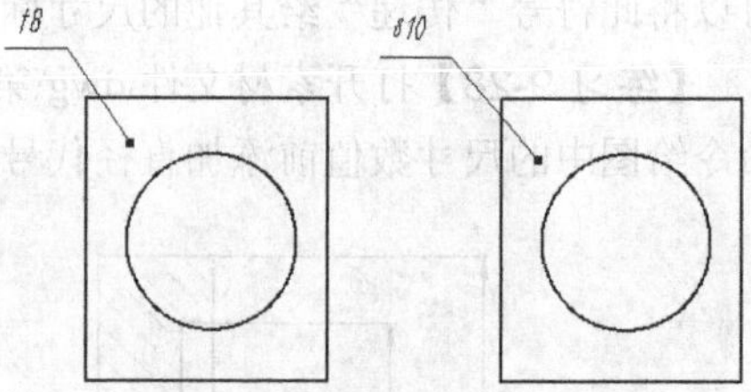

单击【机械标注】选项卡中【尺寸标注】面板上的按钮，启动板厚标注命令，设定板厚代号“ δ”或“*t*”，再输入标注数值，指定标注位置即可。

图 9-60 板厚标注

【练习 9-30】打开素材文件“dwg\第 9 章\9-30.dwg”，使用板厚标注命令标注图形，结果如图 9-60 所示。

9.3.5 倒角标注

倒角标注命令是 DB。单击【机械标注】选项卡中【尺寸标注】面板上的按钮，启动倒角标注命令，先选择倒角斜边，再选择倒角基线，即可生成倒角标注，标注形式如图 9-61 所示。

【练习 9-31】打开素材文件“dwg\第 9 章\9-31.dwg”，使用倒角标注命令标注倒角，结果如图 9-61 所示。

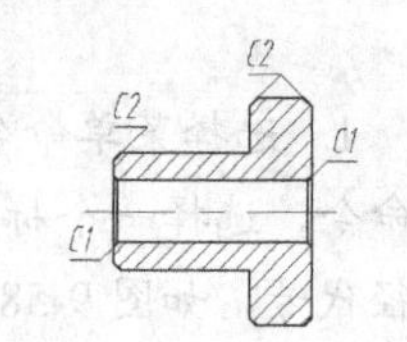

图 9-61 倒角标注

9.3.6 折弯标注

标注圆弧时，默认尺寸线的起点位于圆心，折弯标注则允许用户根据需要自己指定尺寸线的起点位置，且尺寸线以折弯形式显示出来，如图 9-62 所示。

单击【机械标注】选项卡中【尺寸标注】面板上的按钮，启动折弯标注命令，首先选择圆弧，然后指定标注折线的起点及标注文字位置就生成折弯标注。

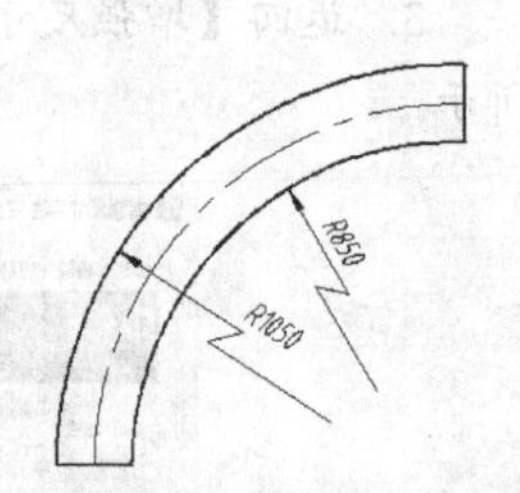

图 9-62 折弯标注

【练习 9-32】打开素材文件“dwg\第 9 章\9-32.dwg”，使用折弯标注命令标注圆弧，结果如图 9-62 所示。

9.3.7 圆孔标记

机械制图中对于直径相同的孔可以进行涂色标记，以方便辨识，如图 9-63 所示。圆孔标记命令 BJ 可以实现这项功能。

单击【机械标注】选项卡中【符号标注】面板上的 圆孔标记按钮，启动圆孔标记命令，指定一种标记形式，再选择要标记的孔即可标记圆孔。

【练习 9-33】打开素材文件“dwg\第 9 章\9-33.dwg”，使用圆孔标记命令标记圆孔，结果如图 9-63 所示。

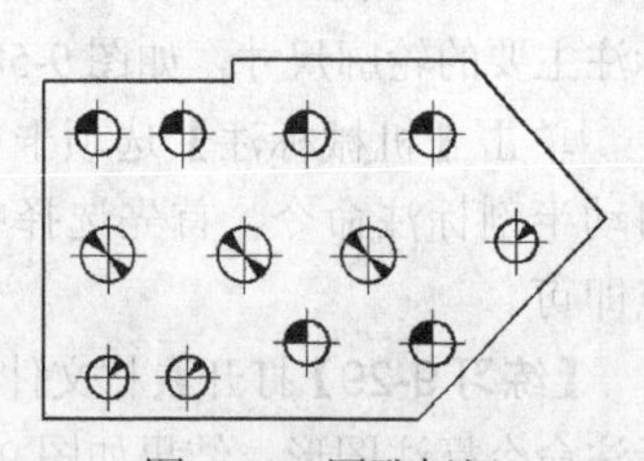
图 9-63 圆孔标记

9.3.8 焊接符号

生成焊接符号的命令是 HJ，单击【机械标注】选项卡中【符号标注】面板上的 焊接符号按钮，可启动该命令，打开【焊接符号 主图幅 GB】对话框，如图 9-64 左图所示。在此对话框中选择焊接符号，输入焊脚高度及焊缝的其他参数，然后指定焊接符号的标注位置即可完成标注。

【练习 9-34】打开素材文件“dwg\第 9 章\9-34.dwg”，标注焊接符号，结果如图 9-64 右图所示。对于多引线标注，可选择焊接符号，利用右键快捷菜单上的【添加引线】命令创建。

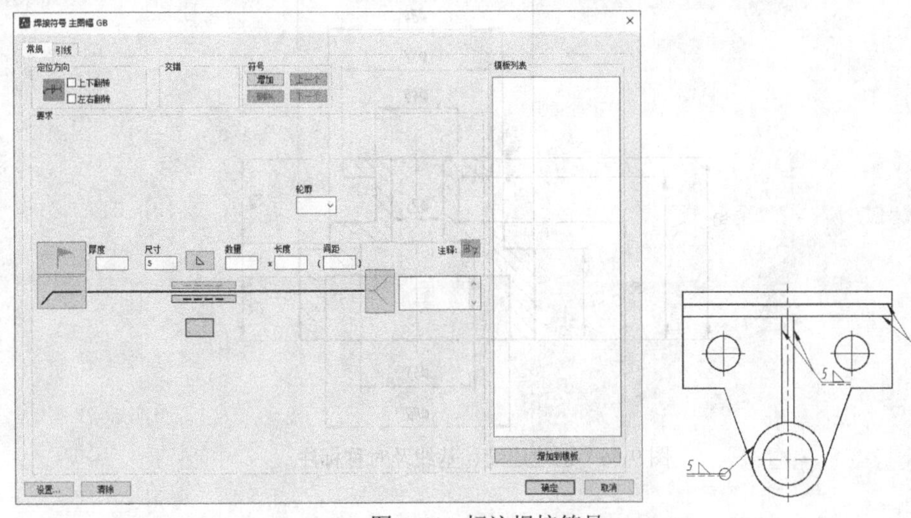

图 9-64 标注焊接符号

9.3.9 锥度及斜度标注

锥度及斜度标注命令是 XD。单击【机械标注】选项卡中【符号标注】面板上的 锥斜度标注按钮，启动该命令，首先选择锥度或斜度的基线，再选择要标注的斜线，就生成锥度或斜度标注，标注值由系统自动计算。

【练习 9-35】打开素材文件“dwg\第 9 章\9-35.dwg”，标注锥度及斜度，结果如图 9-65 所示。

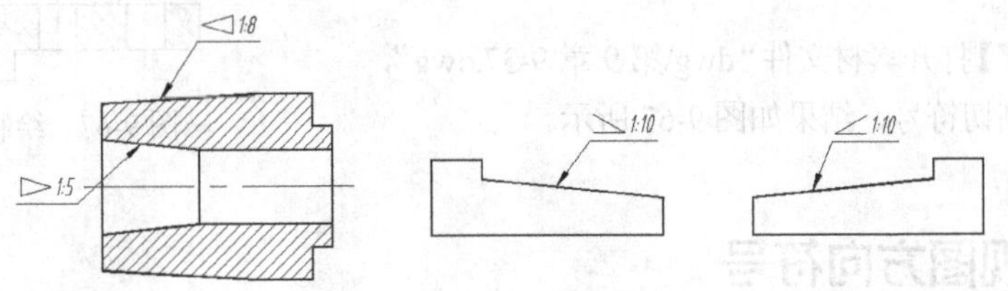

图 9-65 标注锥度及斜度

9.3.10 多重标注

多重标注命令是 DAU，利用该命令可以快速生成连续、基线和对称标注，如图 9-66 所示。单击【机械标注】选项卡中【尺寸标注】面板上的 多重标注按钮，启动该命令，其一般用法如下。

- 创建连续或基线标注。首先选第一个要标注的对象，再指定尺寸起始点，创建第一个标注，然后指定其他标注点就生成连续或基线标注。
- 创建对称形式标注。首先选择第一个要标注的对象，然后指定对称轴线上的两点就生成第一个尺寸标注，此后指定其他标注点继续生成对称标注。
- 创建轴及孔的标注。与创建对称标注的方法类似，系统自动添加直径代号。

【练习 9-36】打开素材文件“dwg\第 9 章\9-36.dwg”，创建连续、基线及对称标注，结果如图 9-66 所示。

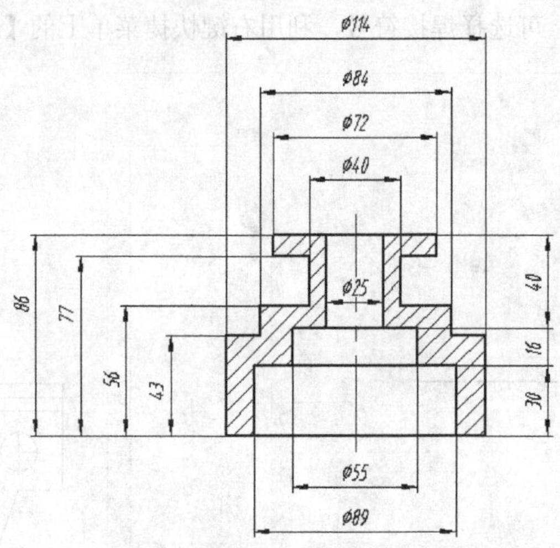

图 9-66 创建连续、基线及对称标注

9.3.11 剖切符号

绘制剖切线的命令是 PQ。单击【机械】选项卡中【创建视图】面板上的 剖切线 按钮，启动该命令，用户可以像使用画线命令一样绘制剖切线，按 Enter 键结束剖切线的绘制，单击一点指定剖视方向，再放置剖视图的名称代号。

双击剖切符号，可以编辑它，如去除标注字母或投影箭头等。

【练习 9-37】打开素材文件“dwg\第 9 章\9-37.dwg”，在图样中绘制剖切符号，结果如图 9-67 所示。

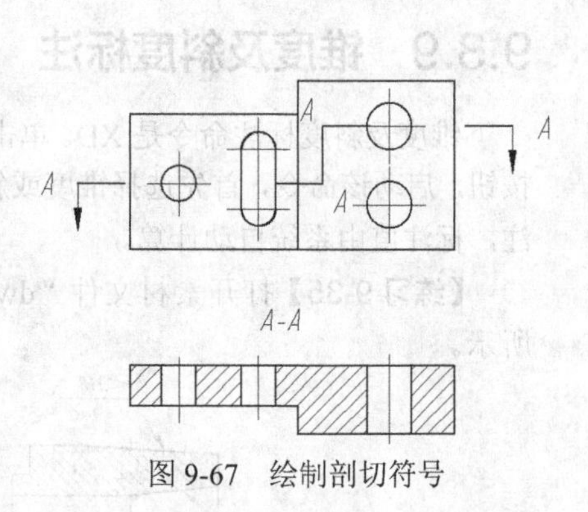

图 9-67 绘制剖切符号

9.3.12 视图方向符号

局部视图及斜视图的标注符号可利用视图方向命令生成，如图 9-68 所示。单击【机械】选项卡中【创建视图】面板上的 方向符号 按钮，启动该命令，指定投影方向的起始点，输入局部视图或斜视图的名称，然后指定投影方向的第二点，并放置视图的名称代号。对于斜视图，还可设定标注符号中旋转箭头的方向。

【练习 9-38】打开素材文件“dwg\第 9 章\9-38.dwg”，在图样中标注视图方向符号，结果如图 9-68 所示。

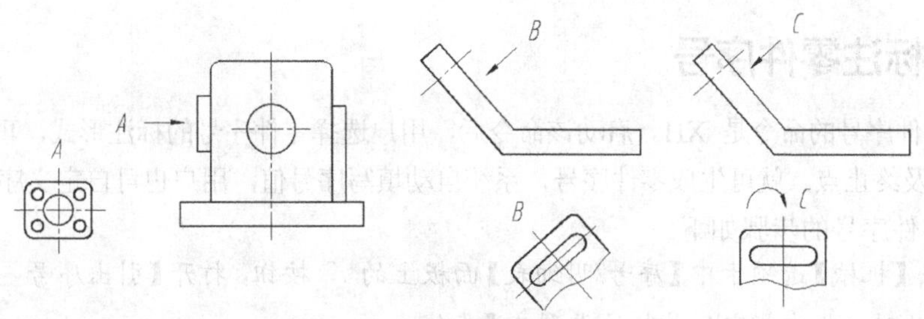

图 9-68　标注视图方向符号

9.3.13　局部放大图

局部放大图用于表达零件的局部细节结构，如图 9-69 所示，该图的放大比例为放大图与零件的真实尺寸之比。单击【机械】选项卡中【创建视图】面板上的 局部详图 按钮，启动局部放大图命令，在要放大的位置处绘制一个圆，再设定放大比例及视图名称，然后移动光标放置视图，系统自动对该图进行标注。

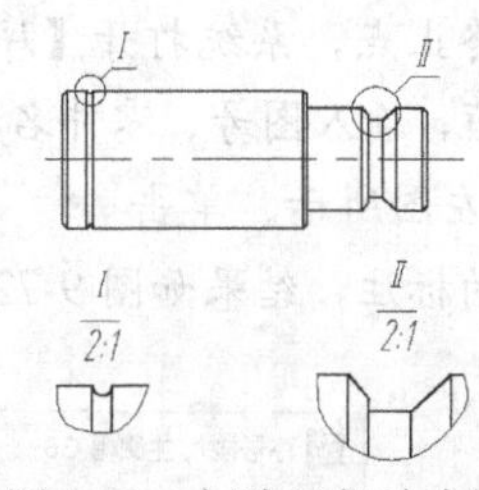

图 9-69　创建局部放大图

【练习 9-39】打开素材文件“dwg\第 9 章\9-39.dwg”，创建局部放大图，结果如图 9-69 所示。

9.3.14　引线标注

引线标注的命令是 YX，该命令可用于标注各类光孔及螺纹孔等。单击【机械标注】选项卡中【符号标注】面板上的 引线标注 按钮，启动引线标注命令，输入引线上部或下部的文字和符号，然后选择标注对象即可完成标注。

【练习 9-40】打开素材文件“dwg\第 9 章\9-40.dwg”，创建引线标注，结果如图 9-70 所示。

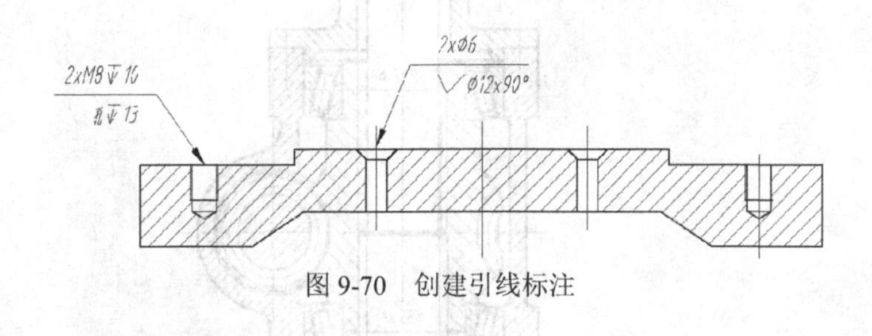

图 9-70　创建引线标注

9.4　生成零件序号及明细表

下面通过实例演示在装配图中生成零件序号及明细表的方法。

【练习 9-41】打开素材文件“dwg\第 9 章\9-41.dwg”，在装配图中创建零件序号并填写明细表。

9.4.1 标注零件序号

标注零件序号的命令是 XH。启动该命令后，用户选择零件序号的标注形式，再指定标注引线的起始点及终止点，就可生成零件序号，系统自动填写序号值，用户也可自定义序号值。

标注零件序号的步骤如下。

1. 单击【机械】选项卡中【序号/明细表】面板上的 序号标注 按钮，打开【引出序号 主图幅 GB】对话框，在此对话框中指定序号标注类型为【直线型】，在【序号】文本框中输入起始序号值，勾选【序号自动调整】和【填写明细表内容】复选框，如图 9-71 所示。

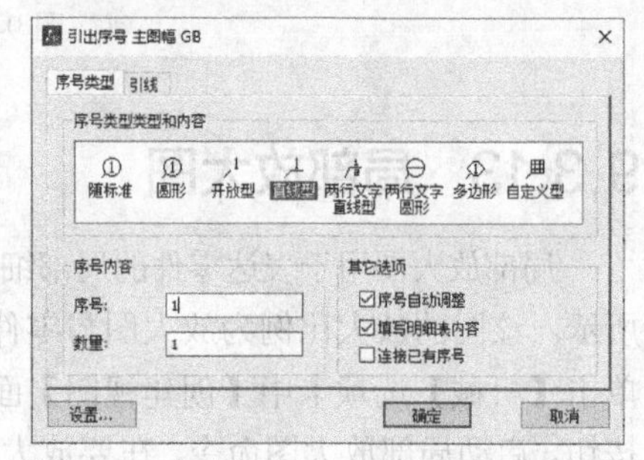

图 9-71 【引出序号 主图幅 GB】对话框

2. 单击 确定 按钮，指定标注引线的起始点及终止点，系统打开【序号输入 主图幅 GB】对话框，输入图号、零件名称及材料等信息，如图 9-72 左图所示。单击 确定 按钮，完成一个序号的标注，结果如图 9-72 右图所示。

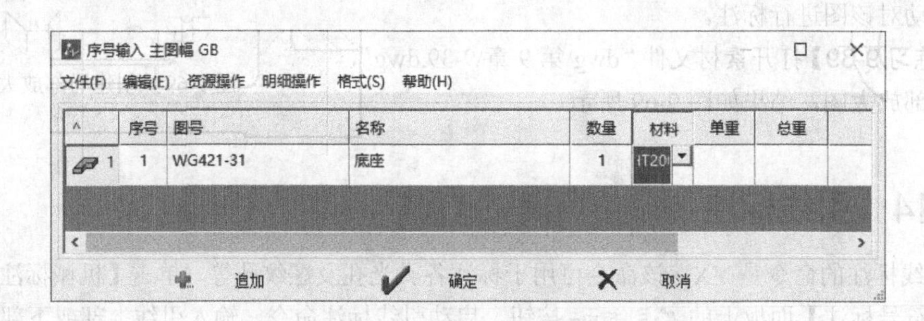

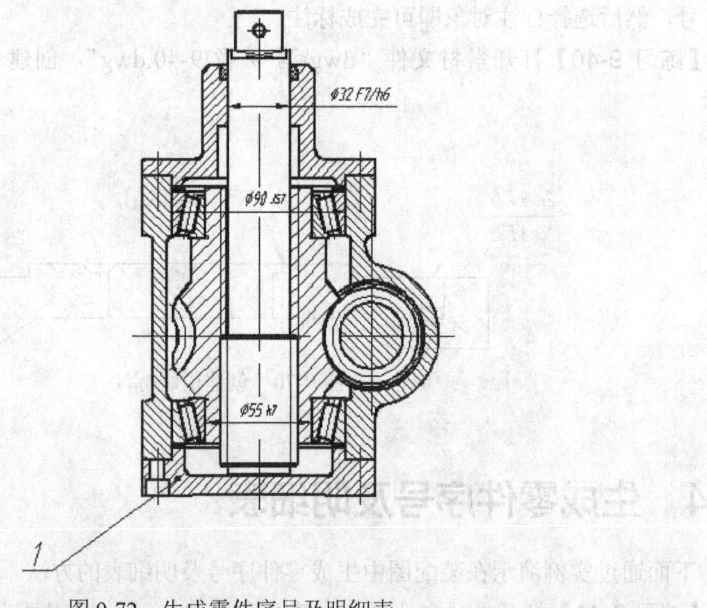

图 9-72 生成零件序号及明细表

3. 继续标注其他零件序号，并填写零件数据信息，如图 9-73 所示。

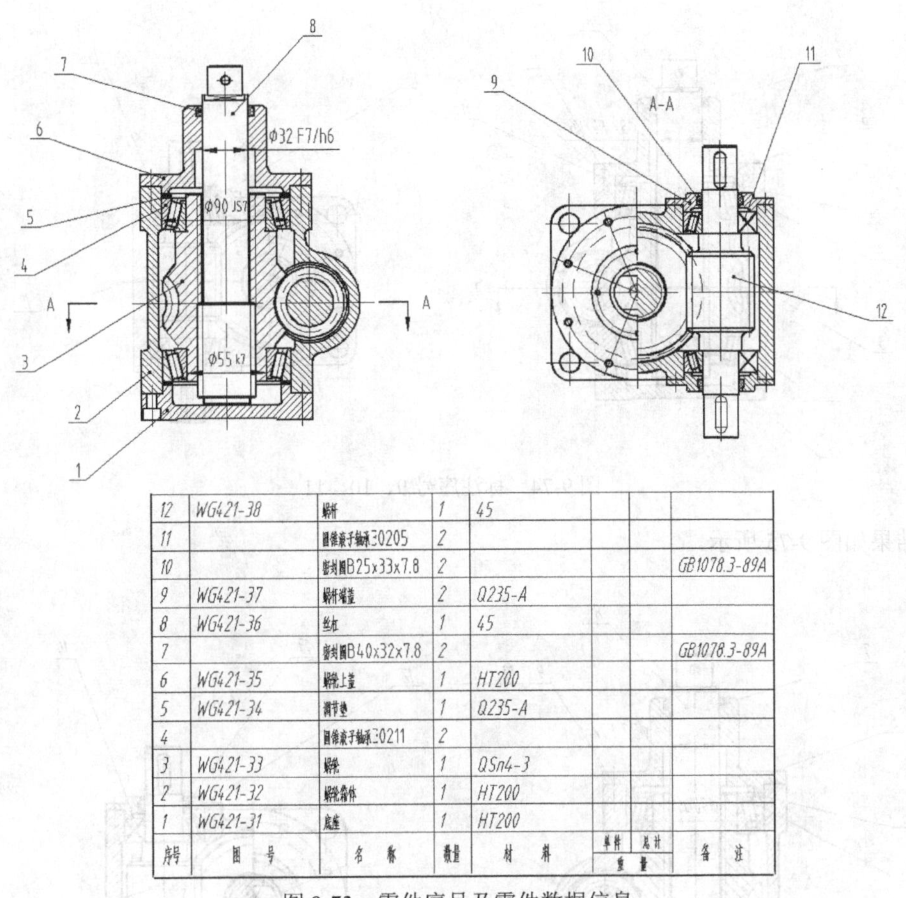

序号	图号	名称	数量	材料	单件	总计	备注
12	WG421-38	蜗杆	1	45			
11		圆锥滚子轴承30205	2				
10		密封圈B25x33x7.8	2				GB1078.3-89A
9	WG421-37	蜗杆端盖	2	Q235-A			
8	WG421-36	丝杠	1	45			
7		密封圈B40x32x7.8	2				GB1078.3-89A
6	WG421-35	蜗轮上盖	1	HT200			
5	WG421-34	调节垫	1	Q235-A			
4		圆锥滚子轴承30211	2				
3	WG421-33	蜗轮	1	QSn4-3			
2	WG421-32	蜗轮箱体	1	HT200			
1	WG421-31	底座	1	HT200			
					重量		

图 9-73 零件序号及零件数据信息

9.4.2 插入及合并零件序号

默认情况下，插入及删除零件序号后，系统将更新所有零件序号使其按顺序排列，同时已有的明细表也将发生相应的改变。

标注的零件序号可以进行合并，形成具有公共引线的标注形式，此种标注形式常用于螺栓、螺钉紧固件中。

继续前面的练习，下面插入新的零件序号并合并零件序号。

1. 标注蜗轮上盖的螺钉、弹簧垫及平垫圈的序号，分别为 9、10、11，如图 9-74 所示。对于 3 个标准件的信息可不必填写。插入零件序号后，后续零件序号自动更新顺号。

2. 将序号 9、10、11 进行合并，如图 9-75 所示。单击【机械】选项卡中【序号/明细表】面板上的 合并序号按钮，系统提示如下。

```
选择序号:总计 3 个                                    //选择序号 9、10、11
选择序号:                                             //按 Enter 键
选择排列方式[重新排列(N)]<添加到已有序号>:n           //使用“重新排列(N)”选项
选择排列顺序[按选择顺序(S)/按升序(A)/按降序(D)]<按选择顺序(S)>:
                                                      //按 Enter 键
选择要附着的对象或引出点 或[退出(X)]:                 //指定公共引线的起点(引出点)
下一点 或[配置(C)/自动方向(A)/改变方向(R)/引线为多线段(P)/选择对齐序号(S)/无引线(N)]<配置
(C)>:                                                 //指定公共引线的终点
拾取方向:                                             //在水平方向单击
```

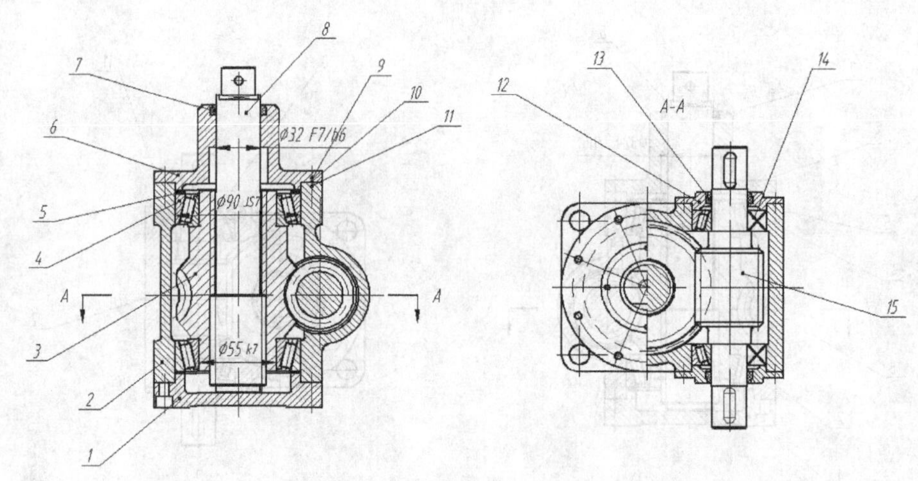

图 9-74 标注序号 9、10、11

结果如图 9-75 所示。

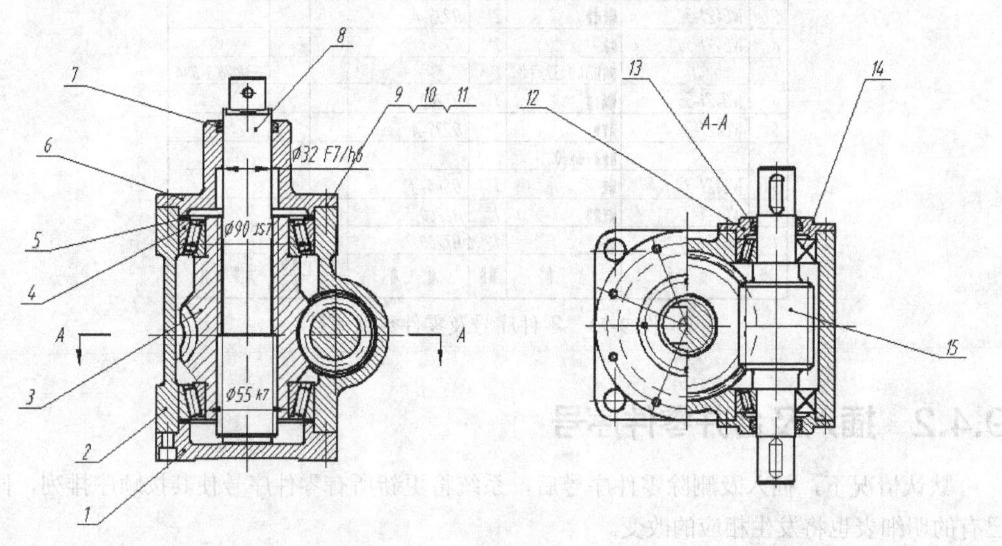

图 9-75 合并序号 9、10、11

9.4.3 对齐零件序号

创建零件序号后，还可将零件序号沿水平或竖直方向对齐。启动序号对齐命令，选择要对齐的零件序号，再指定要对齐的水平或竖直方向，所选零件序号就沿指定的方向对齐。

继续前面的练习，下面对齐零件序号。

单击【机械】选项卡中【序号/明细表】面板上的 序号对齐按钮，系统提示如下。

```
命令: _ZWMALIGNBALLOON
选择对齐顺序 [按箭头位置(A)/根据选择顺序(S)] <按箭头位置(A)>:s
                                   //使用“根据选择顺序(S)”选项
选择序号:总计 7 个                  //依次选择序号 1、2、3、4、5、6、7
选择序号:                          //按 Enter 键
起始点                             //指定序号分布的第一点
结束点                             //指定序号分布的第二点，竖直向上移动光标并单击
```

结果如图 9-76 左图所示。再对齐其他序号，结果如图 9-76 右图所示。

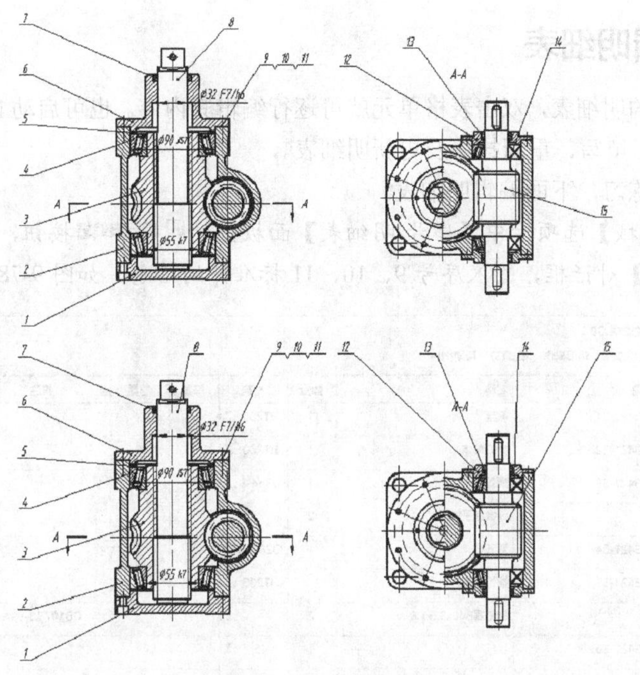

图 9-76 对齐零件序号

9.4.4 生成明细表

标注零件序号后，就可利用 MX 命令生成明细表。默认情况下，明细表放在标题栏的上方，明细表中的零件序号与标注的零件序号是对应的，当插入或删除零件序号后重新生成明细表，就将旧的明细栏进行更新。

继续前面的练习，下面生成明细表。

单击【机械】选项卡中【序号/明细表】面板上的 生成明细表按钮，系统提示如下。

```
命令: _ZWMPARTLIST
请指定生成界线点或[反向(R)/指定位置(S)/生成行数(6)]<15>:
                    //系统自动将明细表放置在标题栏的上方
                    //竖直向上移动光标并单击一点，该点位置限制了明细表的高度
请指定另一列的生成起点 或<回车确认为当前点>:
                    //指定明细表另一列的起点，捕捉标题栏的左下角点
是否生成新的明细表表头(Yes/No)? <Y>: n        //另一列不生成表头
请指定生成界线点或[反向(R)/指定位置(S)/生成行数(9)]<9>:
                    //竖直向上移动光标并单击一点
```

结果如图 9-77 所示。

序号	图号	名称	数量	材料	单件重量	总计重量	备注
15	WG421-38	蜗杆	1	45			
14		圆锥滚子轴承30205	2				
13		密封圈B25x33x7.8	2				GB1078.3-89A
12	WG421-37	蜗杆端盖	2	Q235-A			
11							
10							
9							
8	WG421-36	丝杠	1	45			
7		密封圈B40x32x7.8	2				GB1078.3-89A
6	WG421-35	蜗轮上盖	1	HT200			
5	WG421-34	调节垫	1	Q235-A			
4		圆锥滚子轴承30211	2				
3	WG421-33	蜗轮	1	QSn4-3			
2	WG421-32	蜗轮箱体	1	HT200			
1	WG421-31	底座	1	HT200			

蜗轮蜗杆升降机　WG421-30　比例 1:2　设计 620　日期 2022/7/23　青岛大学机电学院

图 9-77 生成明细表

9.4.5 编辑明细表

对于已生成的明细表，双击表格单元就可逐行编辑其内容。也可启动 MXB 命令，显示出整个明细表，然后填写、重新排序及更新明细表。

继续前面的练习，下面编辑明细表。

1. 单击【机械】选项卡中【序号/明细表】面板上的 明细表编辑 按钮，打开【明细表编辑窗口 主图幅 GB】对话框，输入序号 9、10、11 标准件的信息，如图 9-78 所示。

明细表编辑窗口 主图幅 GB

文件(F) 编辑(E) 资源操作 明细操作 格式(S) 帮助(H)

^	序号	图号	名称	数量	材料	单重	总重	备注	零件类型
1	1	WG421-31	底座	1	HT200				自制零件
2	2	WG421-32	蜗轮箱体	1	HT200				自制零件
3	3	WG421-33	蜗轮	1	QSn4-3				自制零件
4	4		圆锥滚子轴承30211	2					标准件
5	5	WG421-34	调节垫	1	Q235-A				自制零件
6	6	WG421-35	蜗轮上盖	1	HT200				自制零件
7	7		密封圈B40x32x7.8	2				GB1078.3-89A	标准件
8	8	WG421-36	丝杠	1	45				自制零件
9	9		螺钉	8				GB/T70.1-2008	标准件
10	10		弹簧垫圈	8				GB/T93-1987	标准件
11	11		平垫圈	8				GB/T92.1-2002	标准件
12	12	WG421-37	蜗杆端盖	2	Q235-A				自制零件
13	13		密封圈B25x33x7.8	2				GB1078.3-89A	标准件
14	14		圆锥滚子轴承30205	2					标准件
15	15	WG421-38	蜗杆	1	45				自制零件

图 9-78 【明细表编辑窗口 主图幅 GB】对话框

2. 在【明细表编辑窗口 主图幅 GB】对话框中选择菜单命令【文件】/【更新明细表】，结果如图 9-79 所示。

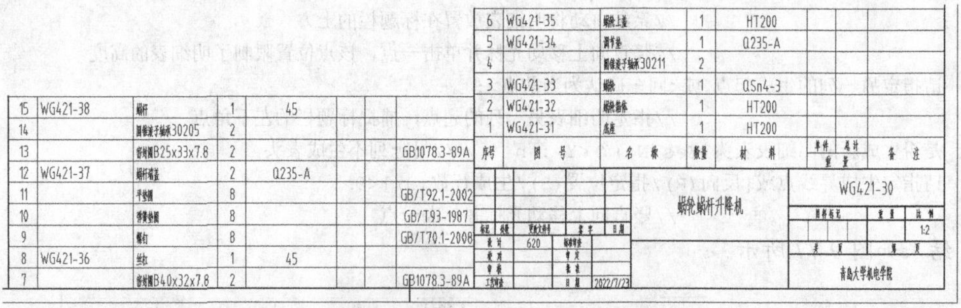

序号	图号	名称	数量	材料	单件重量	总计重量	备注
15	WG421-38	蜗杆	1	45			
14		圆锥滚子轴承30205	2				
13		密封圈B25x33x7.8	2				GB1078.3-89A
12	WG421-37	蜗杆端盖	2	Q235-A			
11		平垫圈	8				GB/T92.1-2002
10		弹簧垫圈	8				GB/T93-1987
9		螺钉	8				GB/T70.1-2008
8	WG421-36	丝杠	1	45			
7		密封圈B40x32x7.8	2				GB1078.3-89A
6	WG421-35	蜗轮上盖	1	HT200			
5	WG421-34	调节垫	1	Q235-A			
4		圆锥滚子轴承30211	2				
3	WG421-33	蜗轮	1	QSn4-3			
2	WG421-32	蜗轮箱体	1	HT200			
1	WG421-31	底座	1	HT200			

蜗轮蜗杆升降机　WG421-30　比例 1:2　设计 620　日期 2022/7/23　青岛大学机电学院

图 9-79 更新明细表

9.4.6 上机练习——标注零件序号及生成明细表

【练习 9-42】打开素材文件“dwg\第 9 章\9-42.dwg”，在装配图中插入标准图框，标注零件序号（见图 9-80）并填写明细表。图幅选用 A3，绘图比例自定。明细表中的零件名称及材料如表 9-2 所示，其余零件信息自定。

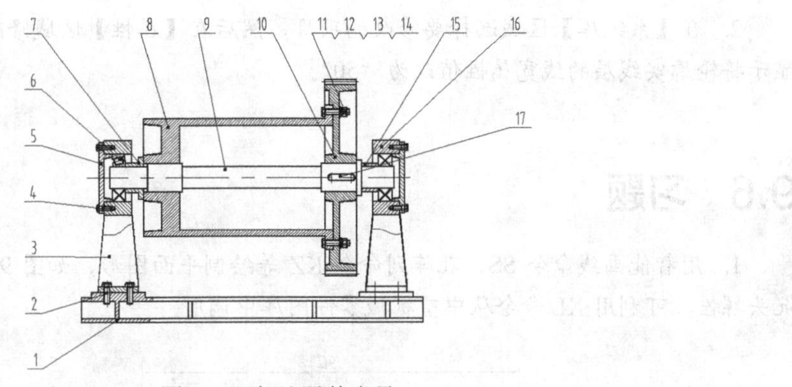

图 9-80 标注零件序号

表 9-2 零件名称及材料

序号	名称	材料	序号	名称	材料	序号	名称	材料
1	底座	HT200	7	间隔套	Q235-A	13	弹簧垫圈 16	
2	螺栓 M16×55		8	滚筒	HT200	14	螺母 M16	
3	左支架	HT200	9	滚筒轴	45	15	套筒	Q235-A
4	螺栓 M12×35		10	传动齿轮	45	16	右支架	HT200
5	端盖	HT200	11	螺栓 M16×75		17	键 22×14	
6	圆锥滚子轴承 31313		12	平垫圈 16				

9.5 自定义机械绘图环境

中望机械 CAD 绘图环境主要包含的项目有绘图标准、图层、文字样式及标注样式等。这些项目的属性（如线宽、对象颜色、文字倾斜角度等）都可进行设置，这样在创建新图样时将采用新属性。

自定义机械绘图环境的步骤如下。

1. 选择菜单命令【机械】/【系统维护工具】/【样式配置】，打开【标准】对话框，该对话框中显示了已加载的绘图标准及所提供的其他绘图标准，如图 9-81 所示。

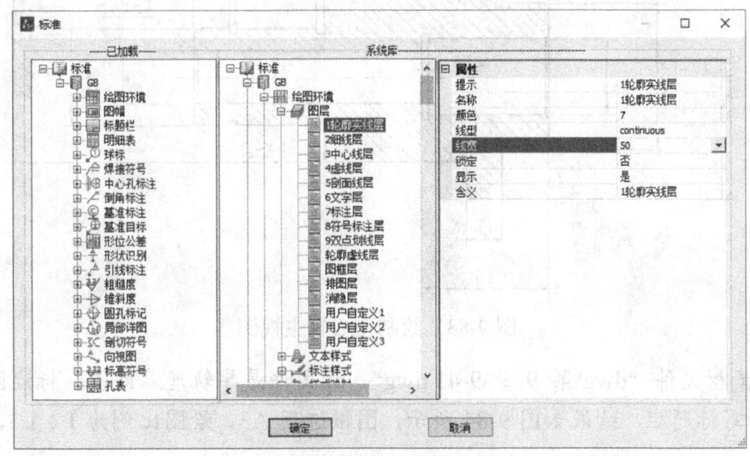

图 9-81 【标准】对话框

2. 在【系统库】区域选择要修改的项目，然后在【属性】区域修改相关参数即可。图中显示将轮廓实线层的线宽属性值改为“50”。

9.6 习题

1. 用智能画线命令 SS、孔阵列命令 KZ 等绘制平面图形，如图 9-82 所示。图中 M8 的沉头螺栓孔可利用 XL 命令从中望机械零件图库中调用。

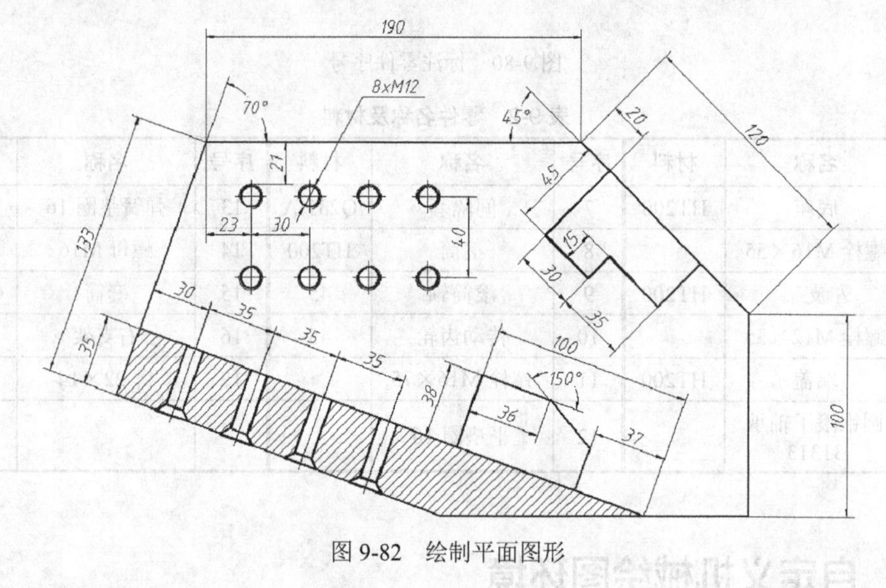

图 9-82 绘制平面图形

2. 用智能画线命令 SS、工艺槽命令 GY、倒角命令 DJ 等绘制空心轴主视图，如图 9-83 所示。

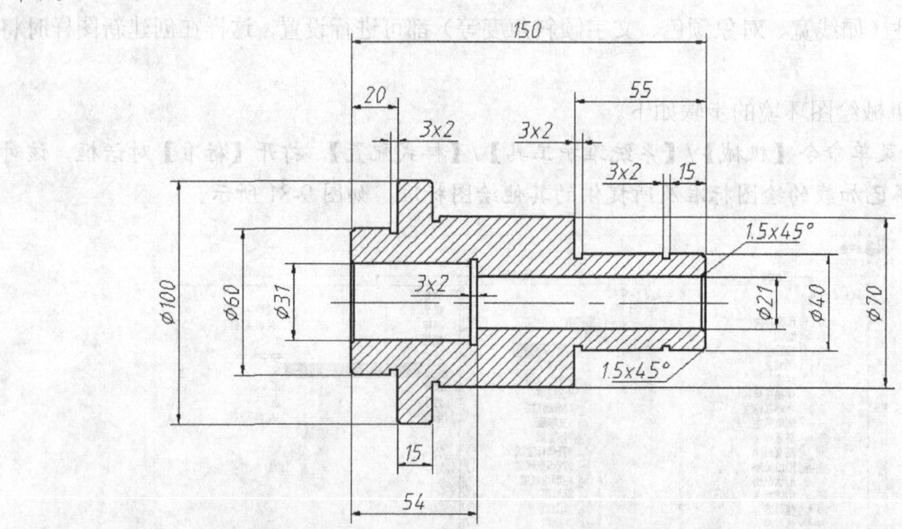

图 9-83 绘制空心轴主视图

3. 打开素材文件“dwg\第 9 章\9-43.dwg”，该文件是导轨座零件图。标注图样，书写技术要求，并填写标题栏，结果如图 9-84 所示。图幅选用 A3，绘图比例为 1∶1.5，零件材料为 20Cr。

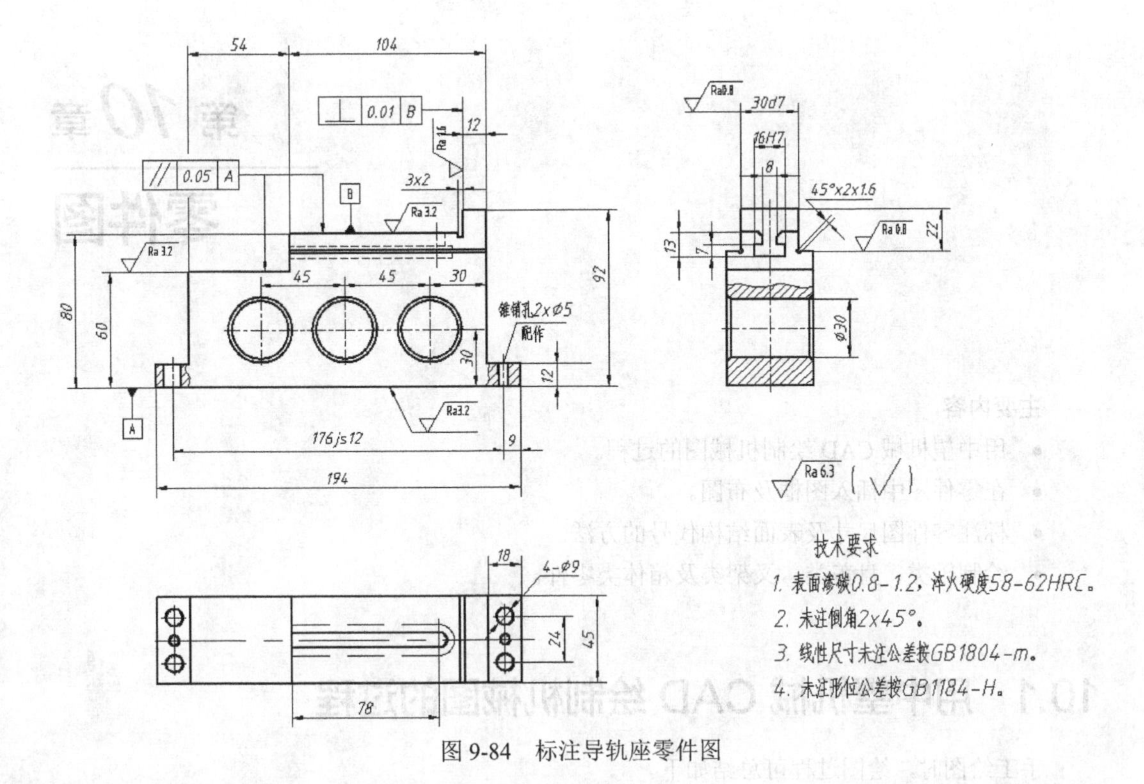

图 9-84 标注导轨座零件图

第 10 章 零件图

主要内容

- 用中望机械 CAD 绘制机械图的过程。
- 在零件图中插入图框及布图。
- 标注零件图尺寸及表面结构代号的方法。
- 绘制轴类、盘盖类、叉架类及箱体类零件。

10.1 用中望机械 CAD 绘制机械图的过程

手工绘图时，绘图过程可总结如下。

（1）绘制各视图的主要中心线及定位线。

（2）按形体分析法逐个绘制各基本形体的视图。绘图时，应注意各视图间的投影关系要满足投影规律。

（3）检查并修饰图形。

用中望机械 CAD 绘制机械图的过程与手工绘图类似，但具有一些新特点，下面以图 10-1 所示的箱体零件图为例进行说明。

【练习 10-1】绘制箱体零件图。

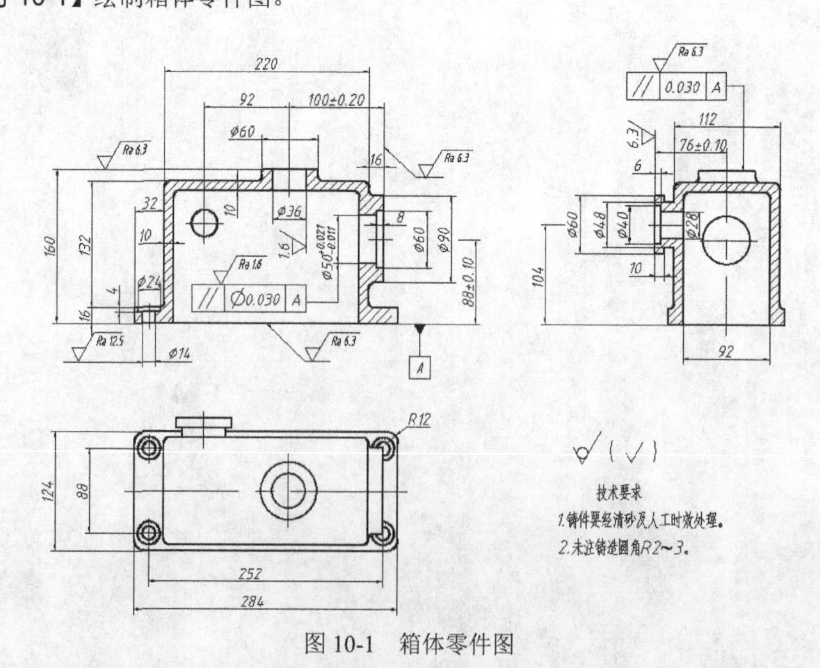

图 10-1　箱体零件图

10.1.1 建立绘图环境

建立绘图环境主要的包括以下 3 个方面的内容。

（1）设定工作区域的大小。

在开始绘图前，首先应建立工作区域，即设定绘图区域的大小，因为中望机械 CAD 默认的绘图区域是无限大的，用户所面对的绘图区域究竟有多大（长度、高度各为多少数量单位），应对其进行设置，这样就能估计出所绘图样在绘图区域上的大致范围了。

绘图区域的大小应根据视图的尺寸进行设定，例如，在绘制图 10-1 所示的零件图时，由于先画主视图，所以根据主视图的尺寸，设置当前屏幕高度为 180。

设置绘图区域大小的方法一般有两种，参见 1.3.12 小节。

要点提示 当绘图区域太大或太小时，所绘图形就可能很小或很大，以至于观察不到（如极大或极小的圆），此时可双击滚轮，使图形充满整个绘图窗口。

（2）创建必要的图层。

图层是管理及显示图形的强有力工具，绘制机械图时，不应将所有图形元素都放在同一图层上，而应根据图形元素性质创建图层，并设定图层上图形元素的属性，如线型、线宽、颜色等。

在机械图中，一般创建以下图层。

- 轮廓线层：颜色为白色，线宽为 0.5，线型为 Continuous。
- 中心线层：颜色为红色，线宽默认，线型为 Center。
- 虚线层：颜色为洋红，线宽默认，线型为 Dashed。
- 剖面线层：颜色为黄色，线宽默认，线型为 Continuous。
- 标注层：颜色为青色，线宽默认，线型为 Continuous。
- 文本层：颜色为绿色，线宽默认，线型为 Continuous。

对于中望机械 CAD，当启动智能画线、中心画圆等命令绘制图形后，系统自动创建上述类似图层。

（3）使用辅助绘图工具。

打开极轴追踪、对象捕捉及对象捕捉追踪功能，再设定捕捉类型为“端点”“圆心”“交点”。

10.1.2 布局主视图

用户首先绘制零件的主视图，绘制时，应从主视图的哪一部分开始入手呢？如果直接从某一局部细节开始绘制，常常会浪费很多时间。正确的方法是：先画出主视图的布局线，形成图样的大致轮廓，然后再以布局线为基准绘制图样的细节。

布局轮廓时，一般要画出以下一些线条。

- 图形元素的定位线，如重要孔的轴线、图形对称线、端面线等。
- 零件的上、下轮廓线及左、右轮廓线。

下面绘制主视图的布局线。

1. 切换到轮廓线层。用 LINE 命令画出两条适当长度的线段 A、B，它们分别是主视图的底端面线及左端面线，如图 10-2 左图所示。

2. 以线段 *A*、*B* 为基准线，用 OFFSET、TRIM 命令形成主视图的大致轮廓，结果如图 10-2 右图所示。

图 10-2 形成主视图的大致轮廓

现在已经绘制了视图的主要轮廓线，这些线条形成了主视图的布局线，这样用户就可以清楚地看到主视图所在的范围，并能利用这些线条快速形成图形细节。

10.1.3 生成主视图局部细节

在建立了粗略的几何轮廓后，就可考虑利用已有的线条来绘制图形细节。作图时，先把整个图形划分为几个部分，然后逐一绘制完成。

1. 绘制作图基准线 *C*、*D*，如图 10-3 左图所示。用 OFFSET、TRIM 命令形成主视图细节 *E*，结果如图 10-3 右图所示。

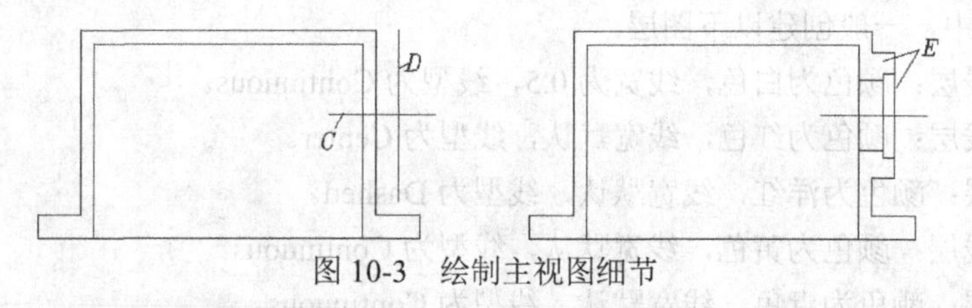

图 10-3 绘制主视图细节

2. 用同样的方法绘制主视图的其余细节，结果如图 10-4 所示。

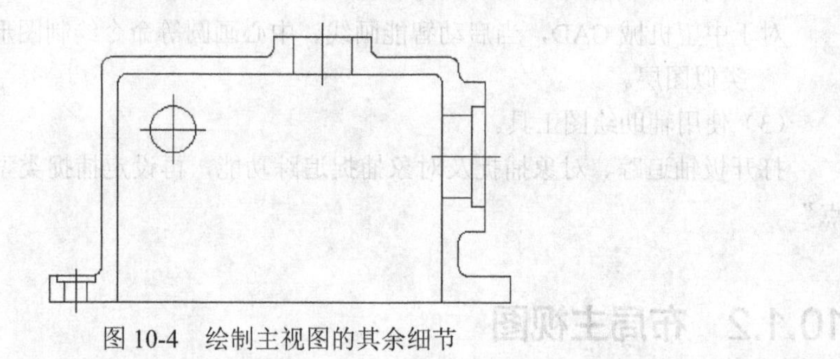

图 10-4 绘制主视图的其余细节

要点提示 当绘制局部区域的细节结构时，常用 ZOOM 命令的"窗口(W)"选项把局部图形区域放大，以方便作图。绘制完成后，再利用 ZOOM 命令的"上一个(P)"选项返回上一次的显示范围。

10.1.4 布局其他视图

主视图绘制完成后，接下来要绘制左视图及俯视图，它们的绘制过程与主视图的绘制过程类似，首先形成这两个视图的主要布局线，然后绘制图形细节。

对于工程图，视图间的投影关系要满足“长对正”“高平齐”“宽相等”的原则。利用中望机械 CAD 绘图时，可绘制一系列辅助投影线来保证视图间符合这个关系。

可用下面的方法绘制投影线。

- 利用 XLINE 命令过某一点绘制水平线或垂线。
- 利用 LINE 命令并结合极轴追踪、对象捕捉追踪功能绘制适当长度的水平或竖直方向的线段。

1. 布局左视图。用 XLINE 命令绘制水平投影线，再用 LINE 命令绘制左视图的竖直定位线 *F*，然后绘制平行线 *G*、*H*，如图 10-5 左图所示。修剪及打断多余线条，结果如图 10-5 右图所示。

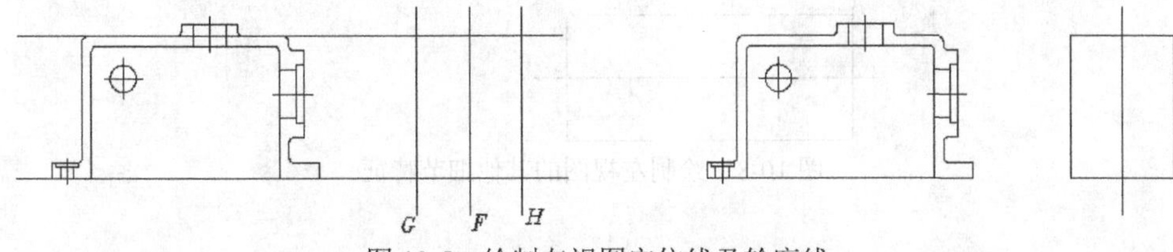

图 10-5 绘制左视图定位线及轮廓线

2. 布局俯视图。用 XLINE 命令绘制竖直投影线，用 LINE 命令绘制俯视图的水平定位线 *I*，然后绘制平行线 *J*、*K*，如图 10-6 左图所示。修剪多余线条，结果如图 10-6 右图所示。

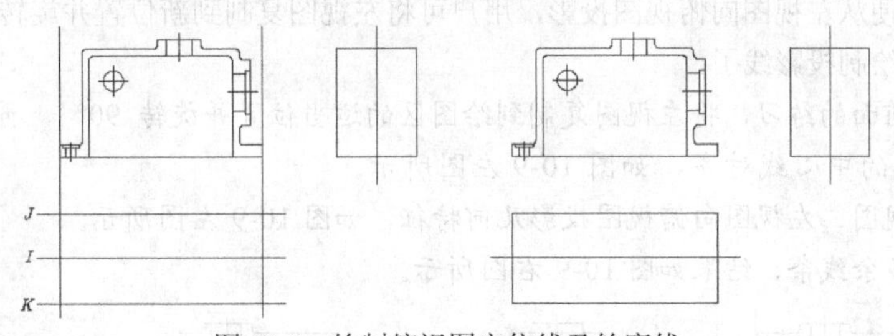

图 10-6 绘制俯视图定位线及轮廓线

10.1.5 向左视图投影几何特征并绘制细节特征

布局完左视图及俯视图后，就可以绘制视图的细节特征了。下面首先绘制左视图的细节特征。由于主视图里包含了左视图的许多几何特征，因而要从主视图绘制一些投影线将几何特征投影到左视图中。

1. 继续前面的练习。用 XLINE 命令从主视图向左视图绘制水平投影线，再绘制作图基准线 *L*，如图 10-7 左图所示。用 OFFSET、TRIM 命令形成左视图细节特征 *M*，结果如图 10-7 右图所示。

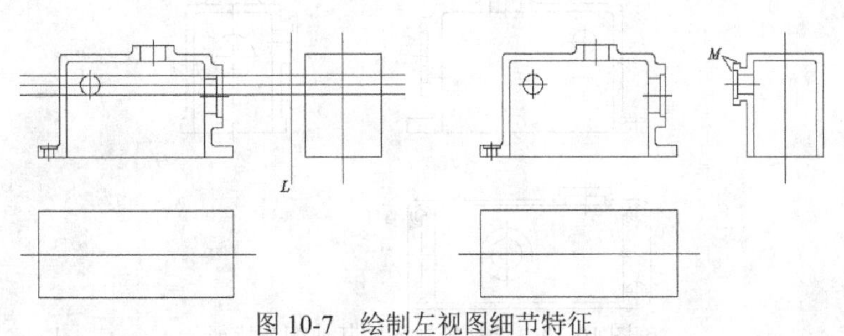

图 10-7 绘制左视图细节特征

要点提示　除了利用辅助线进行投影外，用户也可使用 COPY 命令把一个视图的几何特征复制到另一个视图中，如将视图中槽的大小、孔的中心线等沿水平或竖直方向复制到其他视图。

2. 用同样的方法绘制左视图的其他细节特征，结果如图 10-8 所示。

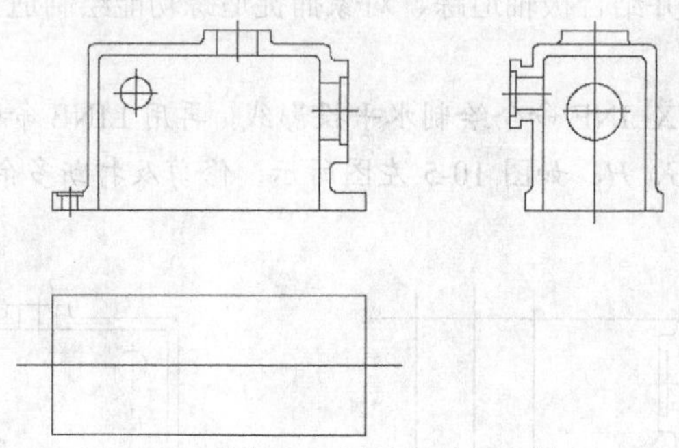

图 10-8　绘制左视图的其他细节特征

10.1.6　向俯视图投影几何特征并绘制细节特征

绘制完主视图及左视图后，俯视图沿长度及宽度方向的尺寸就可通过主视图及左视图投影得到。为方便从左视图向俯视图投影，用户可将左视图复制到新位置并旋转 90°，这样就可以很方便地绘制投影线了。

1. 继续前面的练习，将左视图复制到绘图区的适当位置并旋转 90°，再使左视图的中心线与俯视图的中心线对齐，如图 10-9 左图所示。

2. 从主视图、左视图向俯视图投影几何特征，如图 10-9 左图所示。

3. 修剪多余线条，结果如图 10-9 右图所示。

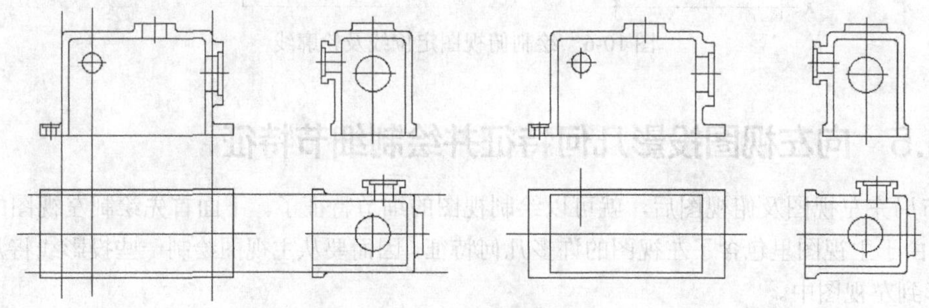

图 10-9　向俯视图投影几何特征

4. 用 OFFSET、TRIM、CIRCLE 等命令绘制俯视图的其他细节特征，结果如图 10-10 所示。

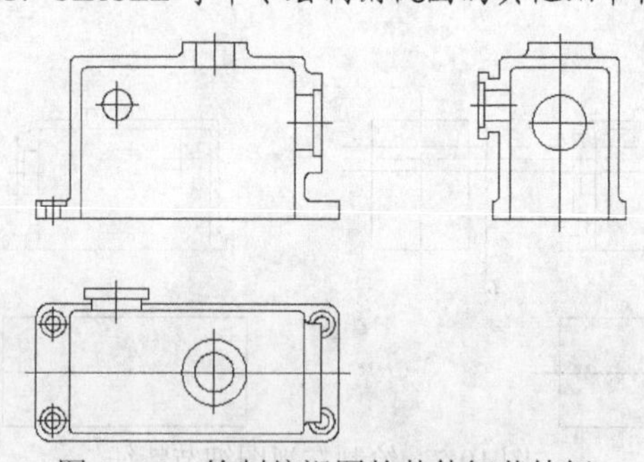

图 10-10　绘制俯视图的其他细节特征

10.1.7　修饰图样

图形绘制完成后，常常要对一些图形元素的外观及属性进行调整，这方面的工作主要包括以下内容。

（1）修改线条长度。一般采取以下 3 种方法。

- 用 LENGTHEN 命令修改线条的长度，发出该命令后，用户可连续修改要编辑的对象。
- 激活线段关键点并打开正交模式，然后通过拉伸编辑模式改变线段长度。
- 用 BREAK 命令打断过长的线条。

（2）修改对象所在图层。

选择要改变图层的所有对象，然后在【图层】面板的【图层控制】下拉列表中选择新图层，则所有选中的对象被转移到新图层上。

（3）修改线型，常用以下方法。

- 使用 MATCHPROP（特性匹配）命令改变不正确的线型。
- 通过【属性】面板上的【线型控制】下拉列表改变线型。

10.1.8　插入标准图框、标注尺寸及书写技术要求

将图样修饰完成后，接下来完成以下任务。

- 插入标准幅面图纸及设定绘图比例。
- 填充剖面图案。
- 标注尺寸、尺寸公差及形位公差。
- 创建各类符号及书写技术要求。

上述过程的详细信息参见 9.2 节。

用户要注意，图幅大小要适当，应使图样在标注尺寸及各类符号后，各视图间还有一些空间，不应过密或过稀。若图框或绘图比例选择不合适，可重新插入图框或设置新的绘图比例，此时已标注的尺寸、各类符号及技术要求文字等内容会自动更新外观大小。

10.2　绘制典型零件图

下面介绍典型零件图的绘制方法及技巧。

10.2.1　传动轴

齿轮减速器传动轴零件图如图 10-11 所示，图例的相关说明如下。

一、材料

45 号钢。

二、技术要求

（1）调质处理 190～230HB。

（2）未注圆角半径 *R*1.5。

（3）未注倒角 2×45°。

（4）线性尺寸未注公差按 GB1804-m。

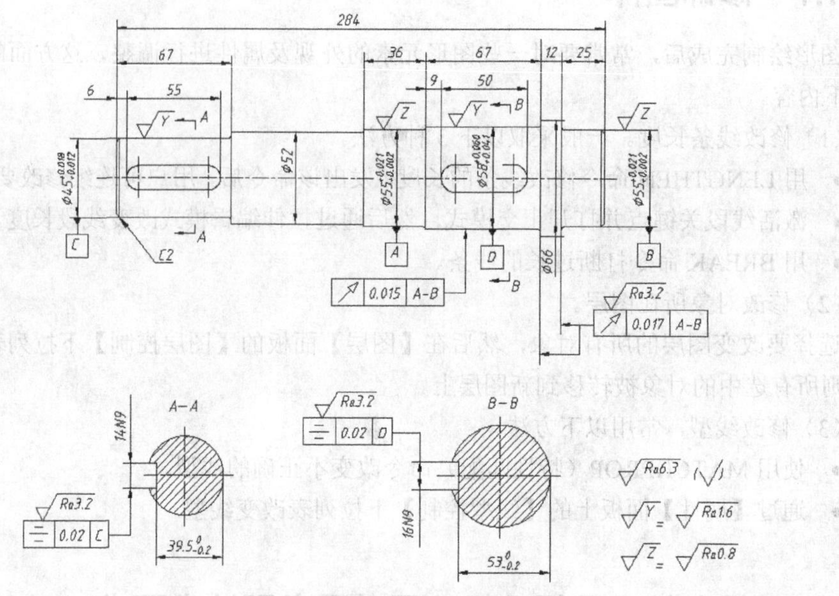

图 10-11 绘制传动轴零件图

三、形位公差

图 10-11 中径向跳动、端面跳动及对称度的说明如表 10-1 所示。

表 10-1 形位公差

形位公差	说明
↗ 0.015 A-B	圆柱面对公共基准轴线的径向跳动公差为 0.015
↗ 0.017 A-B	轴肩对公共基准轴线的端面跳动公差为 0.017
⌯ 0.02 D	键槽对称面对基准轴线的对称度公差为 0.02

四、表面结构代号

重要位置表面结构代号的说明如表 10-2 所示。

表 10-2 表面结构代号

位置	表面结构代号 *Ra*	说明
安装滚动轴承处	0.8	要求保证定心及配合特性的表面
安装齿轮处	1.6	有配合要求的表面
安装带轮处	1.6	中等转速的轴颈
键槽侧面	3.2	与键配合的表面

【练习 10-2】绘制传动轴零件图，如图 10-11 所示。这个练习的目的是使读者掌握用中望机械 CAD 绘制轴类零件的方法和一些作图技巧。

1. 打开极轴追踪、对象捕捉及对象捕捉追踪功能。设置极轴追踪增量角度为“90”，设置对象捕捉方式为“端点”“圆心”“交点”。

2. 设定绘图窗口的高度。绘制一条竖直线段，线段长度为 150。双击滚轮，使线段充满整个绘图窗口。

3. 切换到轮廓线图层。绘制零件的轴线 *A* 及左端面线 *B*，如图 10-12 左图所示。线段 *A* 的长度约为 350，线段 *B* 的长度约为 100。

4. 以线段 *A*、*B* 为作图基准线，使用 OFFSET 和 TRIM 命令形成轴左边的第 1 段、第 2 段和第 3 段，结果如图 10-12 右图所示。

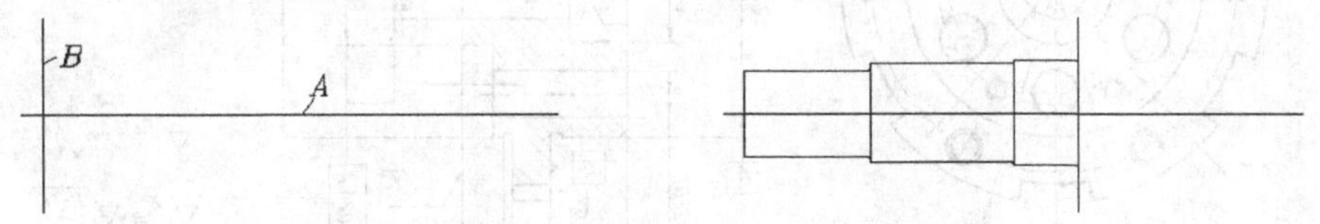

图 10-12　绘制轴左边的第 1 段、第 2 段、第 3 段等

5. 用同样的方法绘制轴的其余 3 段，结果如图 10-13 左图所示。

6. 用 CIRCLE、LINE、TRIM 等命令绘制键槽及剖面图，结果如图 10-13 右图所示。

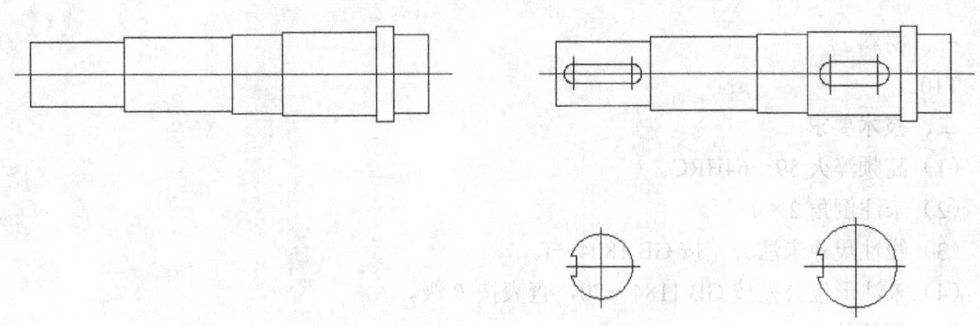

图 10-13　绘制轴的其余各段及键槽等

7. 倒角，将轴线和定位线等放置到中心线图层上，结果如图 10-14 所示。

8. 插入标准图框、填充剖面图案、标注尺寸及书写技术要求等，结果如图 10-15 所示。

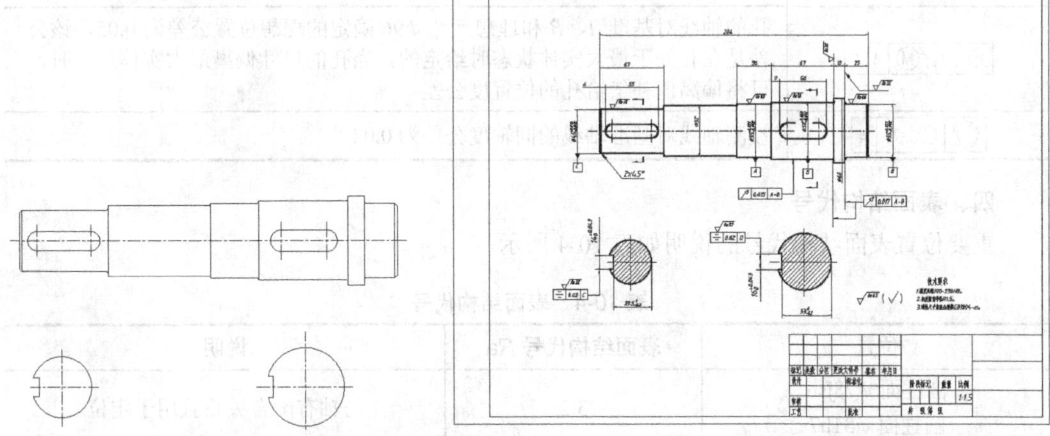

图 10-14　倒角及修改对象所在的图层　　　图 10-15　插入图框及标注尺寸等

10.2.2 连接盘

连接盘零件图如图 10-16 所示，图例的相关说明如下。

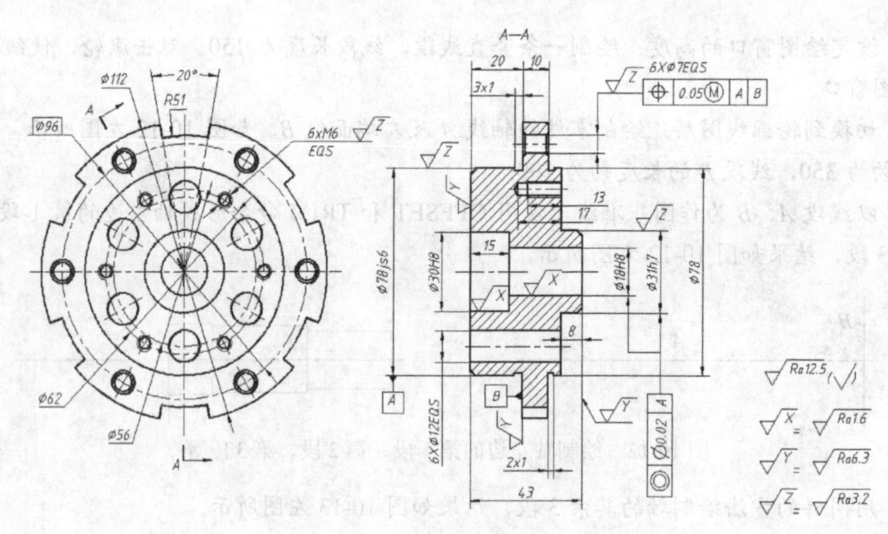

图 10-16 绘制连接盘零件图

一、材料

T10。

二、技术要求

（1）高频淬火 59～64HRC。

（2）未注倒角 2×45°。

（3）线性尺寸未注公差按 GB 1804—f。

（4）未注形位公差按 GB 1184—80，查表按 *B* 级。

三、形位公差

形位公差的说明如表 10-3 所示。

表 10-3 形位公差

形位公差	说明
⊕ 0.05Ⓜ A B	孔的轴线对基准 *A*、*B* 和理想尺寸 ϕ96 确定的理想位置公差为 0.05，该公差是在孔处于最大实体状态时给定的。当孔的尺寸偏离最大实体尺寸时，可将偏离值补偿给孔的位置度公差
◎ Ø0.02 A	被测轴线对基准轴线的同轴度公差为 0.02

四、表面结构代号

重要位置表面结构代号的说明如表 10-4 所示。

表 10-4 表面结构代号

位置	表面结构代号 *Ra*	说明
圆柱面 ϕ78js6 圆柱面 ϕ31h7	3.2	与轴有配合关系且用于定位
孔表面 ϕ30H8 孔表面 ϕ18H8	1.6	有相对转动的表面，转速较低
基准面 *B*	6.3	该端面用于定位

【练习 10-3】绘制连接盘零件图，如图 10-16 所示。这个练习的目的是使读者掌握用中望机械 CAD 绘制盘盖类零件的方法和一些作图技巧。

1. 打开极轴追踪、对象捕捉及对象捕捉追踪功能。设置极轴追踪增量角度为“90”，设置对象捕捉方式为“端点”“圆心”“交点”。

2. 设定绘图窗口的高度。绘制一条竖直线段，线段长度为 200。双击滚轮，使线段充满整个绘图窗口。

3. 切换到轮廓线图层。绘制水平及竖直的定位线，线段的长度为 150 左右，如图 10-17 左图所示。用 CIRCLE、ROTATE、ARRAY 等命令形成主视图的细节特征，结果如图 10-17 右图所示。

4. 用 XLINE 命令绘制水平投影线，再用 LINE 命令绘制左视图的作图基准线，结果如图 10-18 所示。

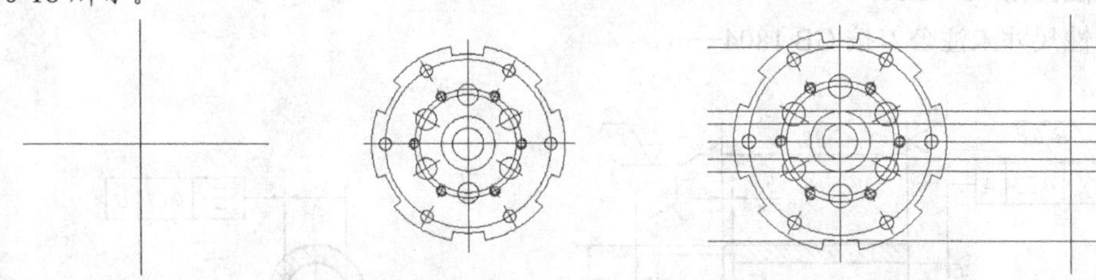

图 10-17 绘制定位线及主视图的细节特征　　图 10-18 绘制水平投影线及左视图的作图基准线

5. 用 OFFSET、TRIM 等命令形成左视图细节特征，结果如图 10-19 所示。

6. 创建倒角，然后将定位线及剖面线分别修改到中心线图层及剖面线图层上，结果如图 10-20 所示。

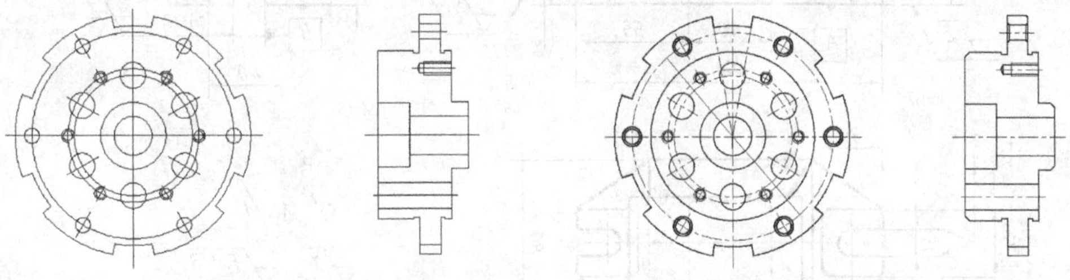

图 10-19 绘制左视图的细节特征　　图 10-20 倒角及修改对象所在的图层

7. 插入标准图框、填充剖面图案、标注尺寸及书写技术要求等，结果如图 10-21 所示。

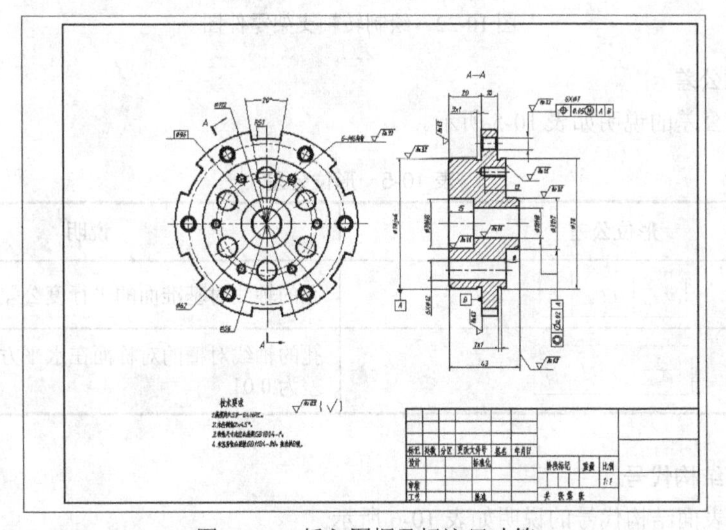

图 10-21 插入图框及标注尺寸等

10.2.3 转轴支架

转轴支架零件图如图 10-22 所示，图例的相关说明如下。

一、材料

HT200。

二、技术要求

（1）铸件不得有砂眼及气孔等缺陷。

（2）正火 170～190HB。

（3）未注圆角 *R*3～*R*5。

（4）线性尺寸未注公差按 GB 1804—m。

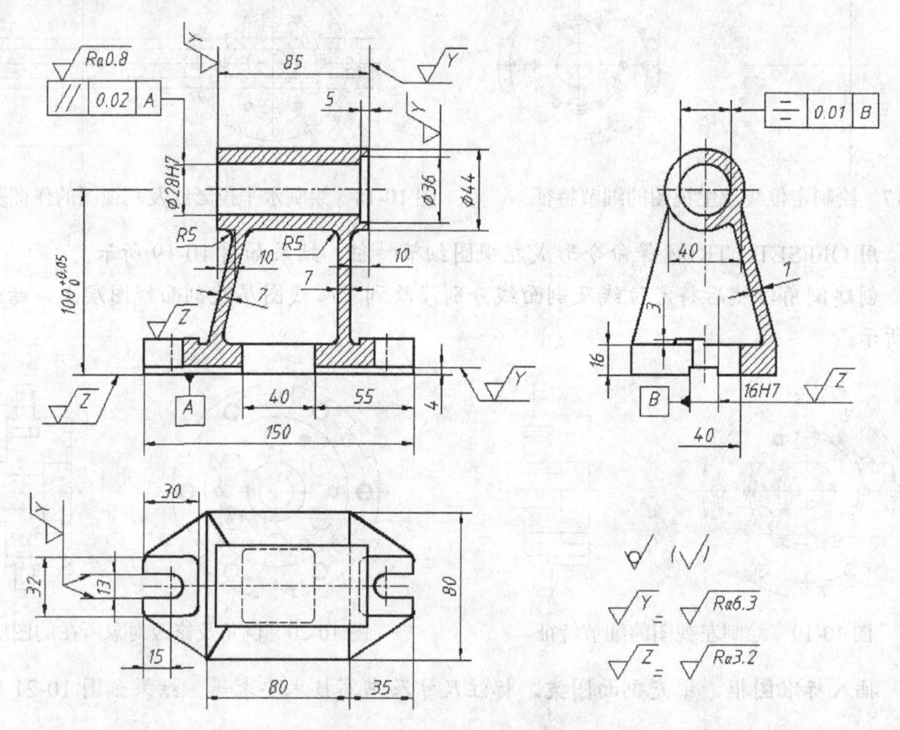

图 10-22 绘制转轴支架零件图

三、形位公差

图中形位公差的说明如表 10-5 所示。

表 10-5 形位公差

形位公差	说明
// 0.02 A	孔的轴线对基准面的平行度公差为 0.02
⌯ 0.01 B	孔的轴线对槽的对称面在水平方向的对称度公差为 0.01

四、表面结构代号

重要位置表面结构代号的说明如表 10-6 所示。

表 10-6 表面结构代号

位置	表面结构代号 Ra	说明
孔表面 ϕ28H7	0.8	有相对转动的表面
槽表面 ϕ16H7	3.2	起定位作用的表面
基准面 A	6.3	起定位作用的表面

【练习 10-4】绘制转轴支架零件图，如图 10-22 所示。这个练习的目的是使读者掌握用中望机械 CAD 绘制叉架类零件的方法和一些作图技巧。

1. 打开极轴追踪、对象捕捉及对象捕捉追踪功能。设置极轴追踪增量角度为"90"，设置对象捕捉方式为"端点""圆心""交点"。

2. 设定绘图窗口的高度。绘制一条竖直线段，线段长度为 300。双击滚轮，使线段充满整个绘图窗口。

3. 切换到轮廓线图层。绘制水平及竖直作图基准线，线段的长度为 200 左右，如图 10-23 左图所示。用 OFFSET、TRIM 等命令形成主视图的细节特征，结果如图 10-23 右图所示。

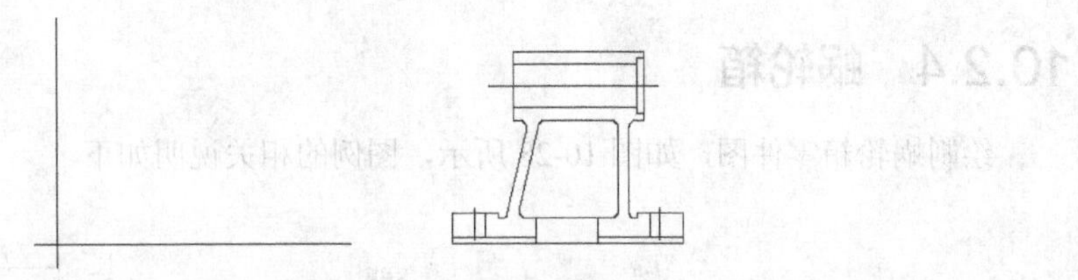

图 10-23 绘制作图基准线及主视图的细节特征

4. 从主视图绘制水平投影线，再绘制左视图的对称线，如图 10-24 左图所示。用 CIRCLE、OFFSET、TRIM 等命令形成左视图的细节特征，结果如图 10-24 右图所示。

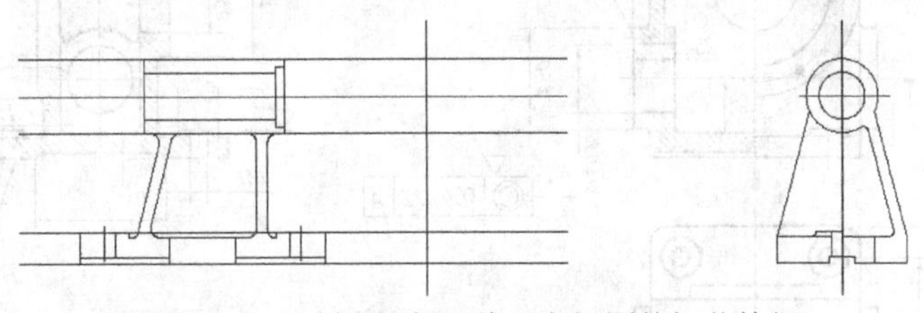

图 10-24 绘制水平投影线及左视图的细节特征

5. 复制并旋转左视图，然后向俯视图绘制投影线，结果如图 10-25 所示。

6. 用 CIRCLE、OFFSET、TRIM 等命令形成俯视图的细节特征，然后将定位线及剖面线分别修改到中心线图层及剖面线图层上，结果如图 10-26 所示。

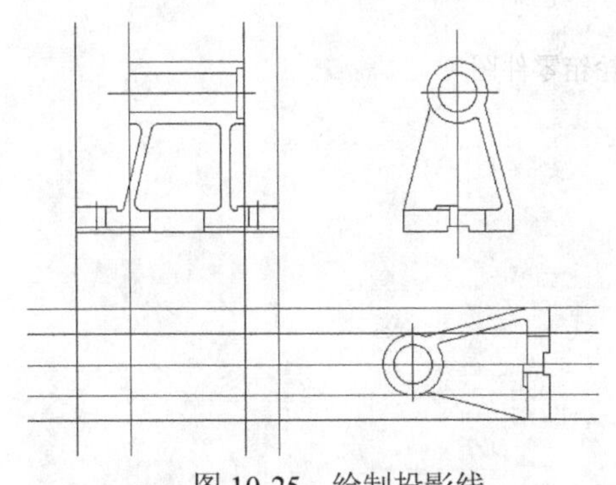

图 10-25 绘制投影线

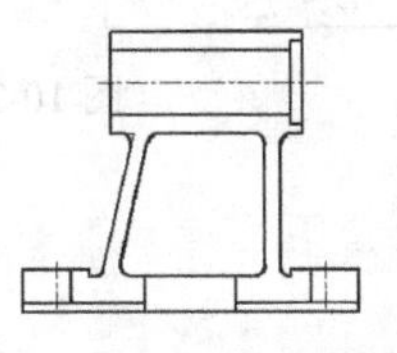

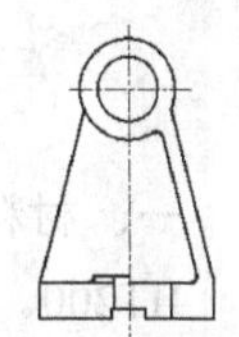

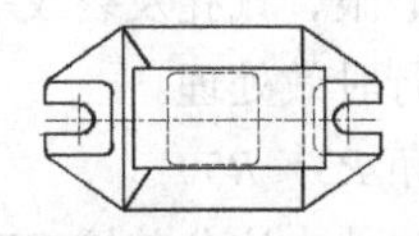

图 10-26 形成俯视图的细节特征等

7. 插入标准图框、填充剖面图案、标注尺寸及书写技术要求等，结果如图10-27所示。

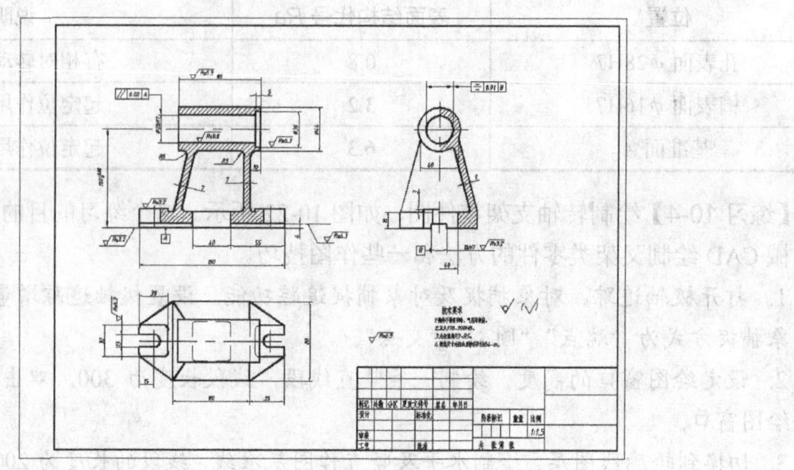

图10-27 插入图框及标注尺寸等

10.2.4 蜗轮箱

绘制蜗轮箱零件图，如图10-28所示，图例的相关说明如下。

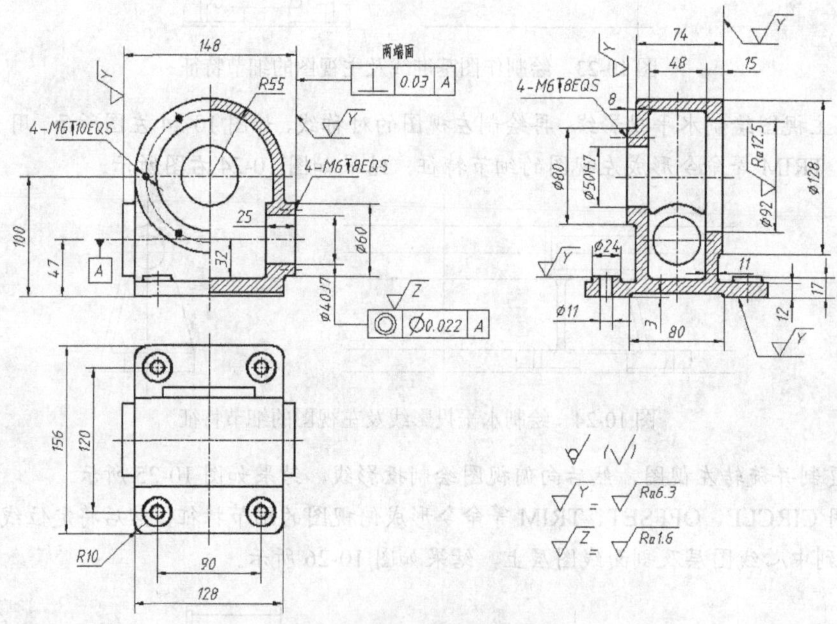

图10-28 绘制蜗轮箱零件图

一、材料

HT200。

二、技术要求

（1）铸件不得有砂眼、气孔及裂纹等缺陷。

（2）机加工前进行时效处理。

（3）未注铸造圆角 $R3$～$R5$。

（4）加工面线性尺寸未注公差按GB1804-m。

三、形位公差

形位公差的说明如表 10-7 所示。

表 10-7 形位公差

形位公差	说明
◎ | Ø0.022 | A	孔的轴线对基准轴线的同轴度公差为 ϕ0.022
⊥ | 0.03 | A	被测端面对基准轴线的垂直度公差为 0.03

四、表面结构代号

重要位置表面结构代号的说明如表 10-8 所示。

表 10-8 表面结构代号

位置	表面结构代号 *Ra*	说明
孔表面 ϕ40J7	1.6	安装轴承的表面
零件底面	6.3	零件的安装面
左右端面	6.3	有位置度要求的表面

【练习 10-5】绘制蜗轮箱零件图，如图 10-28 所示。这个练习的目的是使读者掌握用中望机械 CAD 绘制箱体类零件的方法和一些作图技巧。

1. 打开极轴追踪、对象捕捉及对象捕捉追踪功能。设置极轴追踪增量角度为“90”，设置对象捕捉方式为“端点”“圆心”“交点”。

2. 设定绘图窗口的高度。绘制一条竖直线段，线段长度为 300。双击滚轮，使线段充满整个绘图窗口。

3. 切换到轮廓线图层。绘制水平及竖直作图基准线，线段的长度为 200 左右，如图 10-29 左图所示。用 CIRCLE、OFFSET、TRIM 等命令形成主视图的细节特征，结果如图 10-29 右图所示。

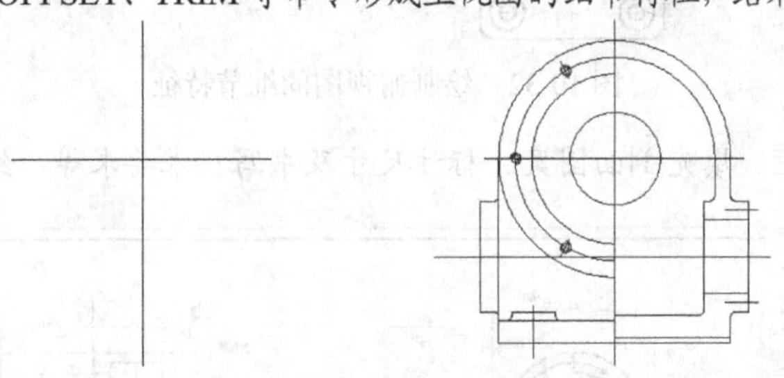

图 10-29 绘制作图基准线及主视图的细节特征

4. 从主视图绘制水平投影线，再绘制左视图的对称线，如图 10-30 左图所示。用 CIRCLE、OFFSET、TRIM 等命令形成左视图的细节特征，结果如图 10-30 右图所示。

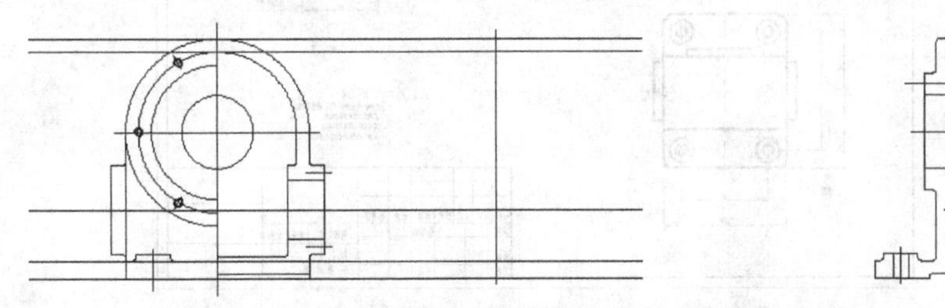

图 10-30 绘制水平投影线及左视图的细节特征

5. 复制并旋转左视图，然后向俯视图绘制投影线，结果如图10-31所示。

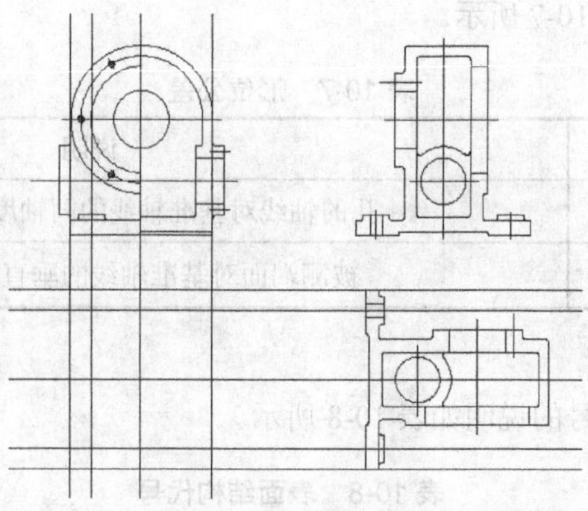

图10-31 绘制投影线

6. 用CIRCLE、OFFSET、TRIM等命令形成俯视图的细节特征，然后将定位线及剖面线分别修改到中心线图层及剖面线图层上，结果如图10-32所示。

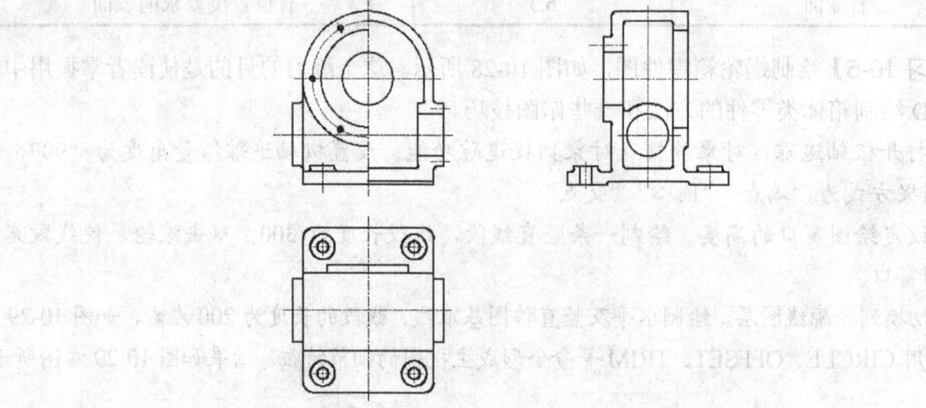

图10-32 绘制俯视图的细节特征

7. 插入标准图框、填充剖面图案、标注尺寸及书写技术要求等，结果如图10-33所示。

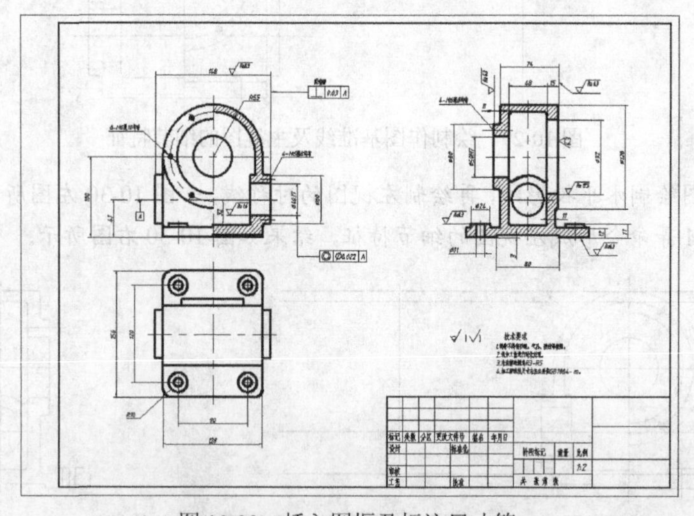

图10-33 插入图框及标注尺寸等

10.3 习题

1. 绘制拉杆轴零件图，如图 10-34 所示。图幅选用 A3。

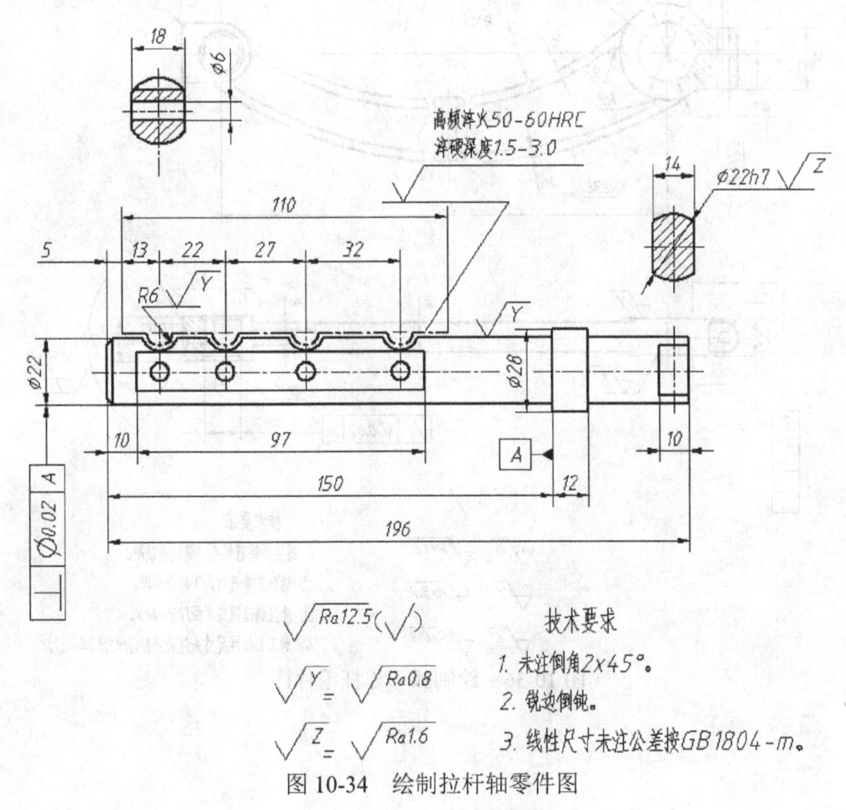

图 10-34　绘制拉杆轴零件图

2. 绘制调节盘零件图，如图 10-35 所示。图幅选用 A3。

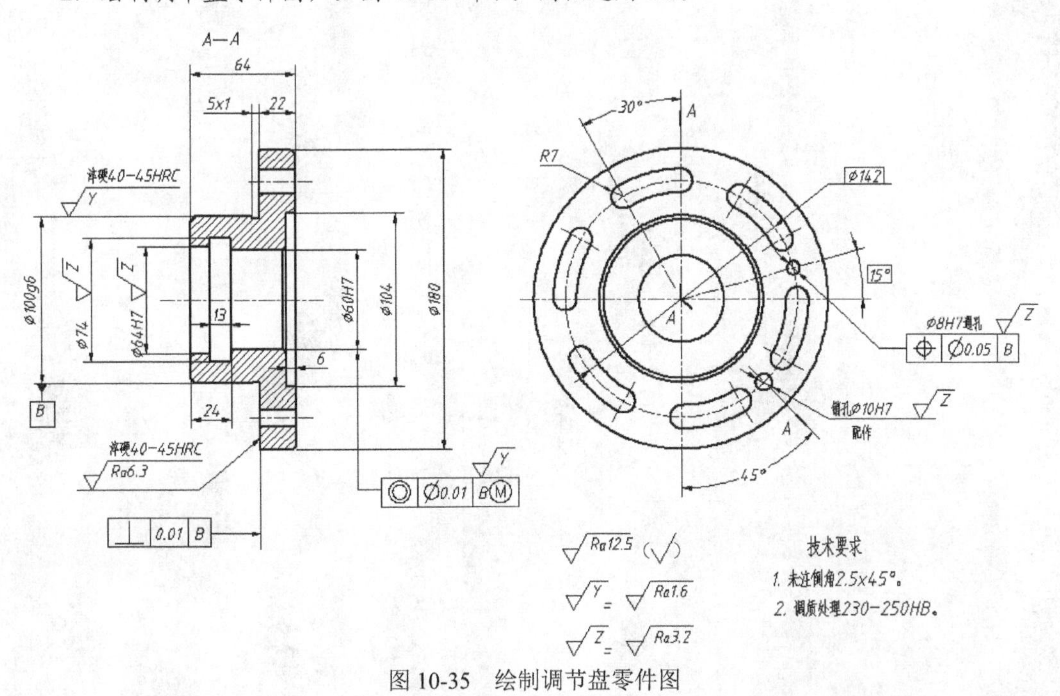

图 10-35　绘制调节盘零件图

3. 绘制弧形连杆零件图，如图 10-36 所示。图幅选用 A3。

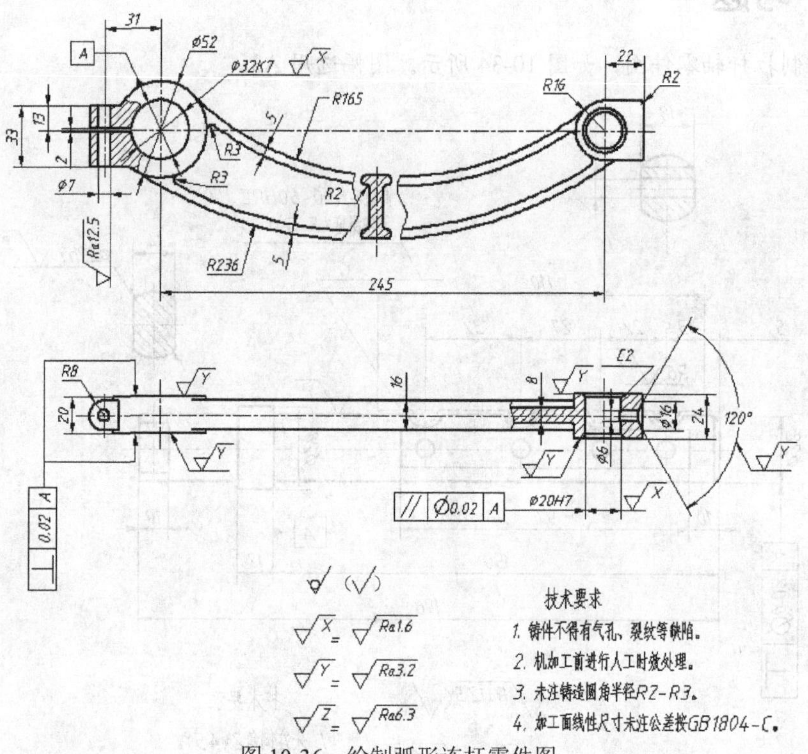

图 10-36 绘制弧形连杆零件图

第11章 产品设计方法及装配图

主要内容

- 利用中望机械 CAD 设计新产品的方法。
- 根据装配图拆画零件图。
- 检验零件间装配尺寸的正确性。
- 由零件图组合装配图的方法。
- 给装配图中的零件编号及形成明细表。

11.1 中望机械 CAD 产品设计的方法

利用中望机械 CAD 设计新产品的方法与手工设计时类似，但具有新特点且效率更高。在设计阶段，一般是先要提出各类设计方案并绘制设备的总体装配方案简图，经分析后，确定最终方案，然后开始绘制详细的产品装配图。使用中望机械 CAD 绘制装配图时，每个零件都按精确的尺寸进行绘制，为后续零件设计及关键尺寸的分析等做好准备。

下面以开发新型绕簧机为例说明用中望机械 CAD 进行产品设计的方法。

11.1.1 绘制 1∶1 的总体装配方案图

进行新产品开发的第一步是绘制 1∶1 的总体方案图，图中要表示产品的主要组成部分、各部分的大致形状及重要尺寸，还应该表明产品的工作原理。图 11-1 所示是绕簧机总体方案图之一，它表明了绕簧机由机架、绕簧支架、电机等几部分组成，以及各部分之间的位置关系等。

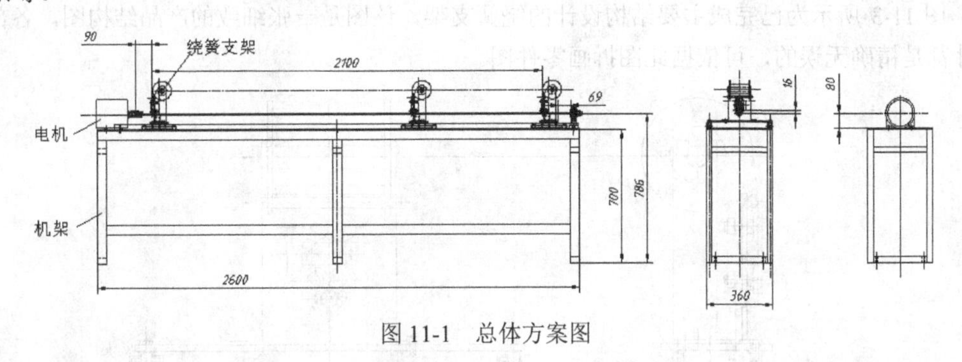

图 11-1　总体方案图

绘制总体方案图的主要作图步骤如下。

（1）绘制主要零部件的大致形状，确定它们之间的位置关系。

（2）绘制主要的装配干线。先绘制该装配干线上的一个重要零件，再以该零件为基准件依次绘制其他零件。要求零件的结构尺寸精确，为以后拆画零件图做好准备。

（3）绘制次要的装配干线。

11.1.2 设计方案的对比及修改

绘制了初步的总体方案图后，就要对方案进行广泛且深入的讨论，发现问题并进行修改。对于产品的关键结构及重要功能，更要反复细致地讨论，争取获得较为理想的解决方案。

在方案讨论阶段，可复制原方案，然后对原方案进行修改。将修改后的方案与原方案放在一起进行对比讨论，效果会更好。图 11-2 所示为原方案与修改后的方案。

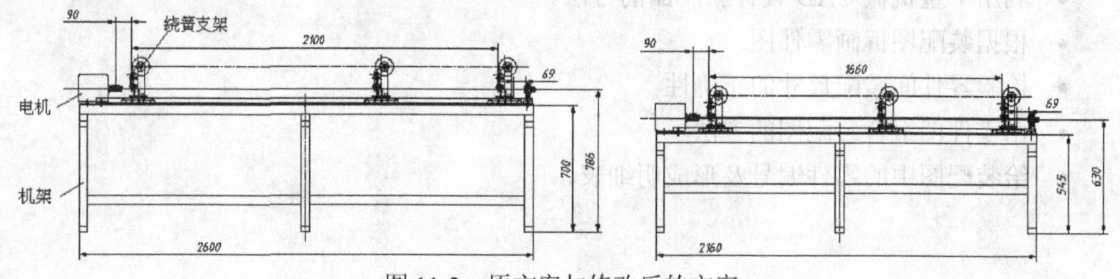

图 11-2 原方案与修改后的方案

11.1.3 绘制详细的产品装配图

确定产品的总体方案后，接下来就要对各零部件进行详细的结构设计，这一阶段主要完成以下工作。

（1）确定各零件的主要形状及尺寸，尺寸数值要精确。对于关键结构及有装配关系的地方，更应精确地绘制。这一点与手工设计是不同的。

（2）按正确尺寸绘制轴承、螺栓、挡圈、联轴器及电机等的外形图，特别是安装尺寸要正确。

（3）利用 MOVE、COPY、ROTATE 等命令模拟运动部件的工作位置，以确定关键尺寸及重要参数。

（4）利用 MOVE、COPY 等命令调整链轮和带轮的位置，以获得最佳的传动布置方案。对于带长及链长，可利用创建面域并查询周长的方法获得。

图 11-3 所示为已完成主要结构设计的绕簧支架，该图是一张细致的产品结构图，各部分尺寸都是精确无误的，可依据此图拆画零件图。

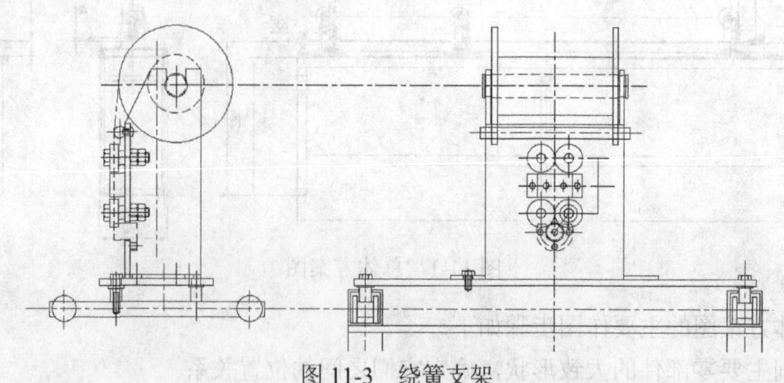

图 11-3 绕簧支架

绘制详细装配图的步骤如下。

1. 绘制主要装配干线的中心线及作图基准线，如重要的轴线、端面线等。

2. 首先绘制主要装配干线上具有定位作用的基准零件，如轴、齿轮等，然后依次绘制其他零件。零件的细微结构（如退刀槽、倒角等）也要精确绘制，以便后续零件的结构设计。

3. 绘制次要装配干线上的零件。

4. 绘制过程中应该确定相邻零件间的定位关系及定位结构，还要注意各装配干线上零件的装配顺序。

11.1.4 根据装配图拆画零件图

绘制了精确的装配图后，就可利用中望机械 CAD 的复制及粘贴功能从该图拆画零件图，具体过程如下。

（1）将装配图中某个零件的主要轮廓复制到剪贴板上。

（2）通过样板文件创建一个新文件，然后将剪贴板上的零件图粘贴到当前文件中。

（3）在已有零件图的基础上进行详细的结构设计，要求精确地进行绘制，以便以后利用零件图检验装配尺寸的正确性。

【练习 11-1】打开素材文件“dwg\第 11 章\11-1.dwg”，如图 11-4 所示，根据装配图拆画零件图。

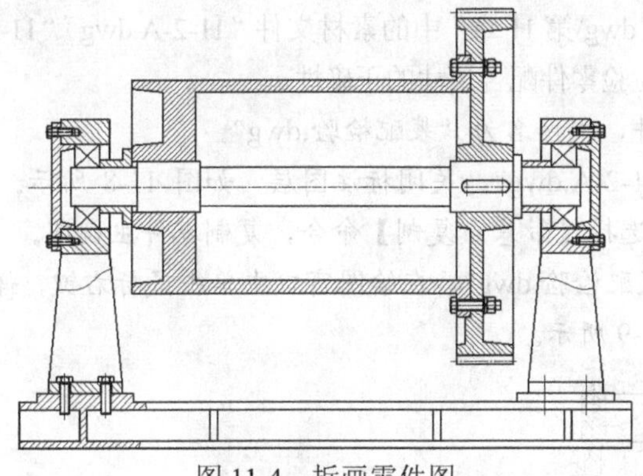

图 11-4 拆画零件图

1. 创建新图形文件，文件名为“筒体.dwg”。

2. 切换到文件“11-1.dwg”，在绘图窗口中单击鼠标右键，弹出快捷菜单，选择【带基点复制】命令，然后指定复制的基点为 *A* 点并选择筒体零件，如图 11-5 所示。

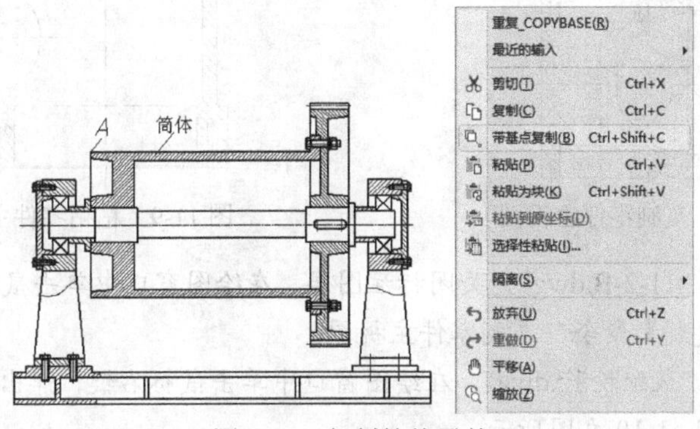

图 11-5 复制筒体零件

3. 切换到文件“筒体.dwg”，在绘图窗口中单击鼠标右键，弹出快捷菜单，选择【粘贴】命令，结果如图 11-6 所示。

4. 对筒体零件进行必要的编辑，结果如图 11-7 所示。

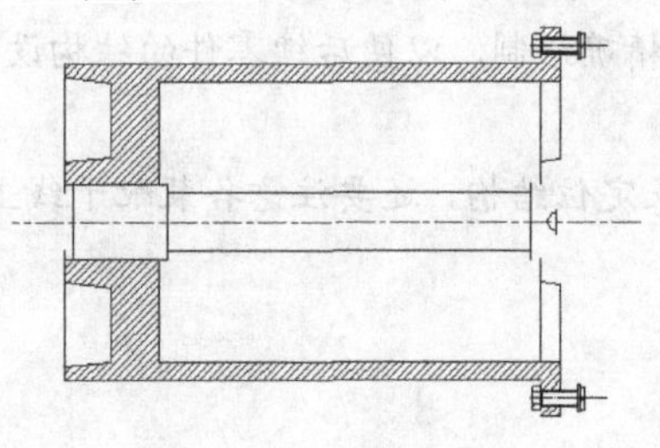

图 11-6 粘帖筒体零件

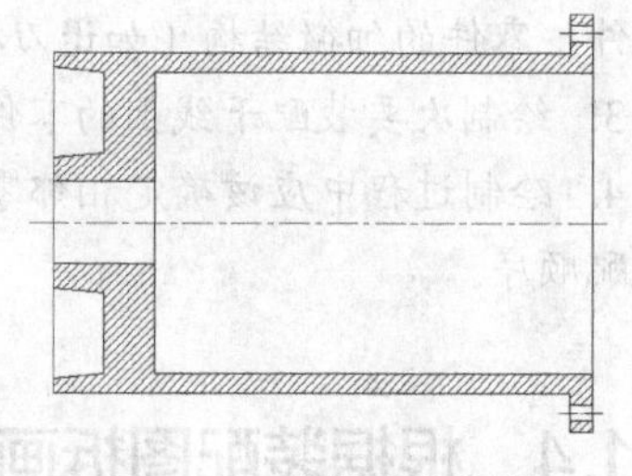

图 11-7 编辑筒体零件

11.1.5 装配零件图以检验配合尺寸的正确性

复杂的机器设备常常包含成百上千个零件，要将这些零件正确地装配在一起，就必须保证所有零件配合尺寸的正确性，否则就会产生干涉。若技术人员按图纸一一去核对零件的配合尺寸，工作量会非常大，且容易出错。怎样才能有效地检查零件配合尺寸的正确性呢？可先通过中望机械 CAD 的复制及粘贴功能将零件图装配在一起，然后通过查看装配后的图样就能迅速判定配合尺寸是否正确。

【练习 11-2】打开“dwg\第 11 章”中的素材文件“11-2-A.dwg”“11-2-B.dwg”“11-2-C.dwg”，将它们装配在一起，以检验零件配合尺寸的正确性。

1. 创建新图形文件，文件名为“装配检验.dwg”。

2. 切换到文件“11-2-A.dwg”，关闭标注图层，如图 11-8 所示。在绘图窗口中单击鼠标右键，弹出快捷菜单，选择【带基点复制】命令，复制零件主视图。

3. 切换到文件“装配检验.dwg”，在绘图窗口中单击鼠标右键，弹出快捷菜单，选择【粘贴】命令，结果如图 11-9 所示。

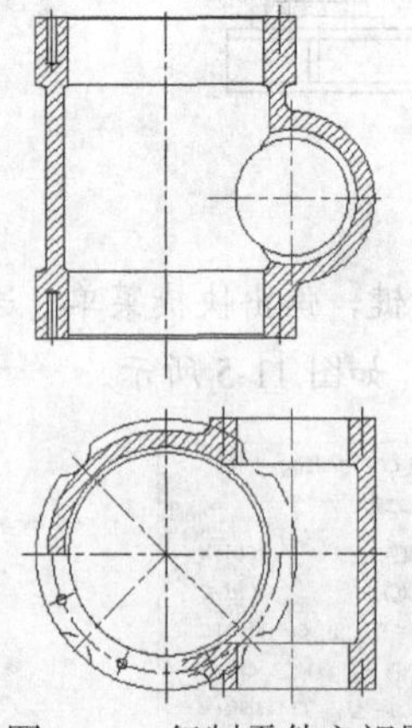

图 11-8 复制零件主视图

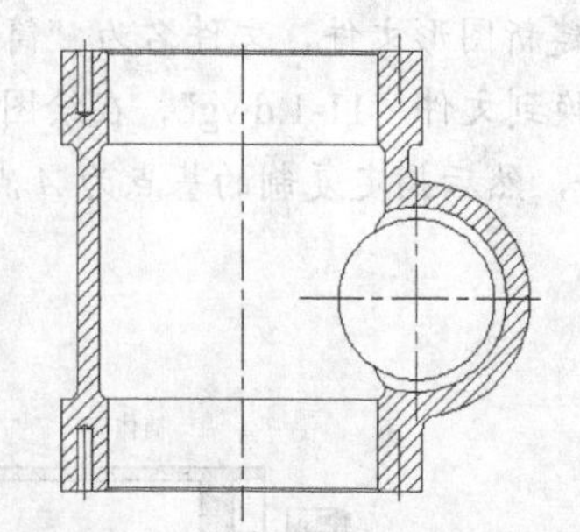

图 11-9 粘帖零件主视图

4. 切换到文件“11-2-B.dwg”，关闭标注图层。在绘图窗口中单击鼠标右键，弹出快捷菜单，选择【带基点复制】命令，复制零件主视图。

5. 切换到文件“装配检验.dwg”，在绘图窗口中单击鼠标右键，弹出快捷菜单，选择【粘贴】命令，结果如图 11-10 左图所示。

6. 用 MOVE 命令将两个零件装配在一起，结果如图 11-10 右图所示。从该图可以看出，两个零件正确地配合在一起，说明它们的装配尺寸是正确的。

7. 用同样的方法将零件“11-2-C”与“11-2-A”也装配在一起，结果如图 11-11 所示。

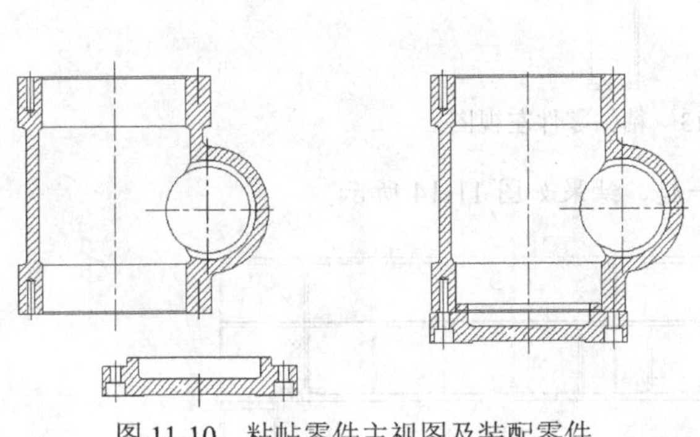

图 11-10 粘帖零件主视图及装配零件

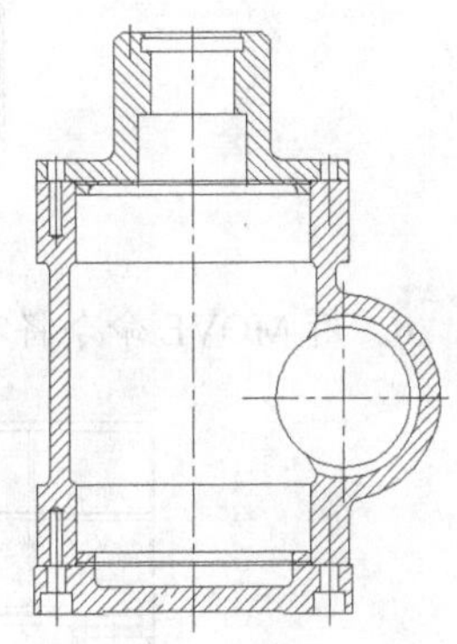

图 11-11 装配零件

11.2 根据零件图组合装配图

若已绘制了机器或部件的所有零件图，则当需要一张完整的装配图时，就可考虑利用零件图来组合装配图，这样能避免重复劳动，提高工作效率。组合装配图的方法如下。

（1）创建一个新文件。

（2）打开所需的零件图，关闭尺寸所在的图层，利用复制及粘贴功能将零件图复制到新文件中。

（3）利用 MOVE 命令将零件图组合在一起，再进行必要的编辑，形成装配图。

【练习 11-3】打开“dwg\第 11 章”中的素材文件“11-3-A.dwg”“11-3-B.dwg”“11-3-C.dwg”“11-3-D.dwg”，将 4 张零件图组合在一起，形成装配图。

1. 创建新图形文件，文件名为“装配图.dwg”。

2. 切换到文件“11-3-A.dwg”，在绘图窗口中单击鼠标右键，弹出快捷菜单，选择【带基点复制】命令，复制零件主视图。

3. 切换到文件“装配图.dwg”，在绘图窗口中单击鼠标右键，弹出快捷菜单，选择【粘贴】命令，结果如图 11-12 所示。

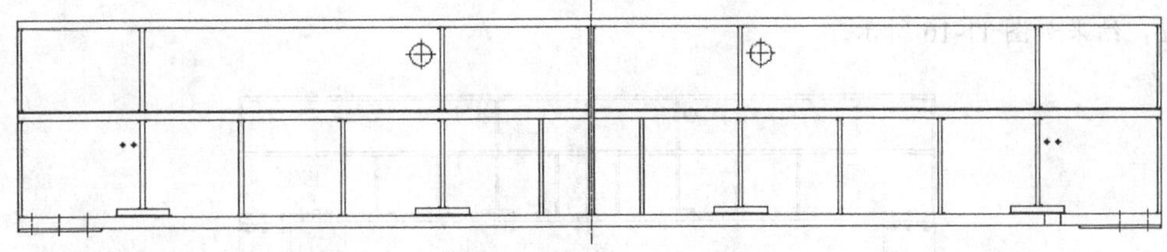

图 11-12 粘帖零件主视图

4. 切换到文件“11-3-B.dwg”，在绘图窗口中单击鼠标右键，弹出快捷菜单，选择【带基点复制】命令，复制零件左视图。

5. 切换到文件“装配图.dwg”，在绘图窗口中单击鼠标右键，弹出快捷菜单，选择【粘贴】命令，再重复粘贴操作，结果如图 11-13 所示。

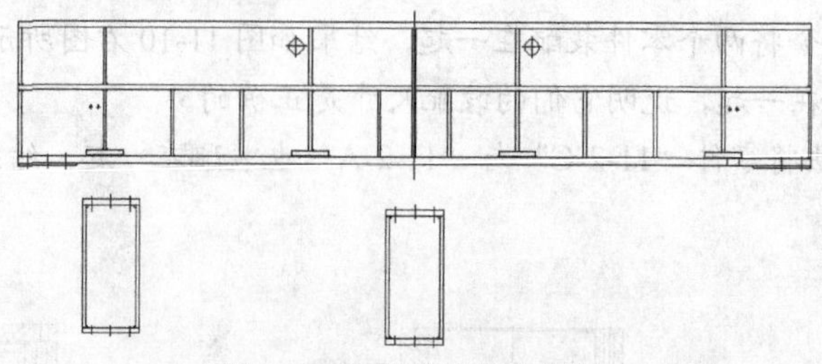

图 11-13 粘帖零件左视图

6. 用 MOVE 命令将零件图装配在一起，结果如图 11-14 所示。

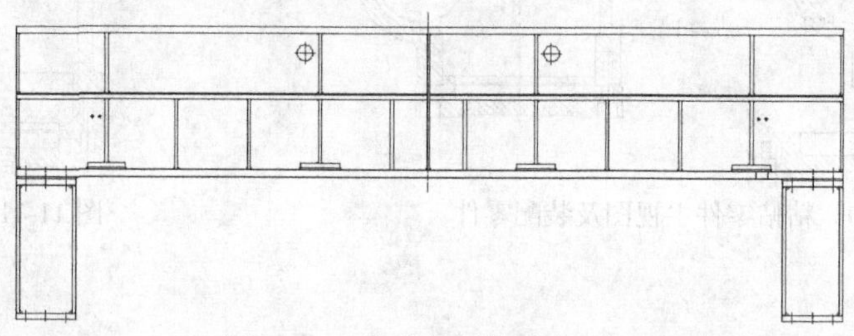

图 11-14 将零件图装配在一起

7. 用相同的方法将零件图“11-3-C.dwg”与“11-3-D.dwg”也插入装配图中，并进行必要的编辑，结果如图 11-15 所示。

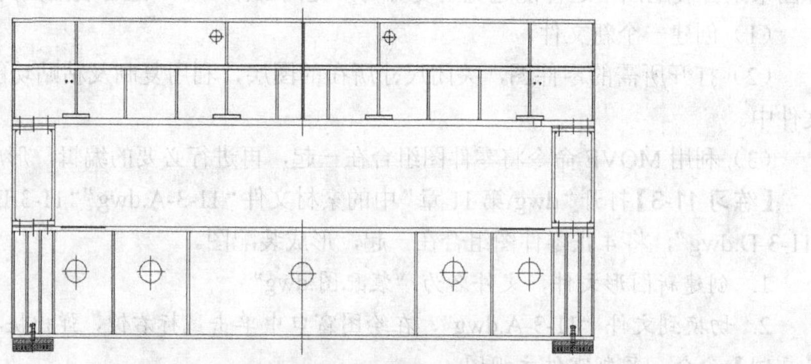

图 11-15 将零件图组合成装配图并编辑

8. 打开素材文件“dwg\第 11 章\标准件.dwg”，将该文件中的 M20 螺栓、螺母及垫圈等标准件复制到“装配图.dwg”中，然后用 MOVE 和 ROTATE 命令将这些标准件装配到正确的位置，结果如图 11-16 所示。

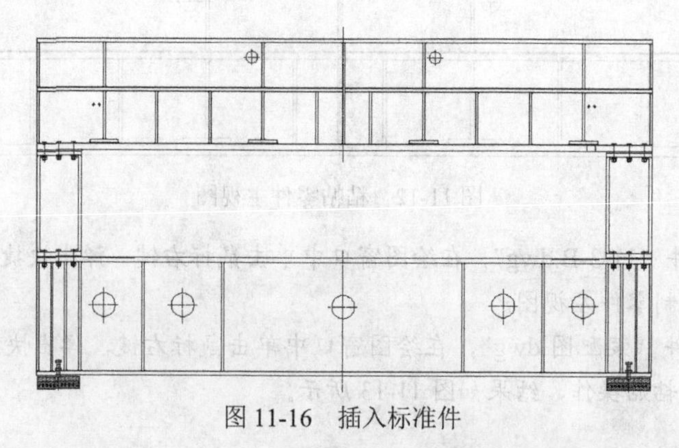

图 11-16 插入标准件

11.3 插入图框、生成零件序号及明细表

绘制完装配图后，接下来完成以下任务，详细操作可参见 9.2 节和 9.4 节。

（1）插入标准图框。

（2）填充剖面图案。

（3）标注必要的尺寸，如总体尺寸、配合尺寸及功能尺寸等。

（4）生成零件序号及明细表。

【练习 11-4】打开素材文件“dwg\第 11 章\11-4.dwg”，在装配图中插入标准图框、标注必要尺寸、书写技术要求、创建零件序号并填写明细表，结果如图 11-17 所示。图幅选用 A3，绘图比例自定。明细表中的零件名称及材料如表 11-1 所示，其余零件信息自定。

表 11-1 零件名称及材料

序号	名称	材料	序号	名称	材料
1	蜗轮轴	45	8	圆锥滚子轴承 30210	HT200
2	螺栓 M8×35		9	挡油环	Q235-A
3	箱体	HT200	10	轮芯	HT200
4	调节垫	08F	11	螺钉 M6×15	
5	透盖	HT200	12	蜗轮	ZCuSn10P1
6	毡圈油封 45		13	端盖	HT200
7	蜗轮轴	45			

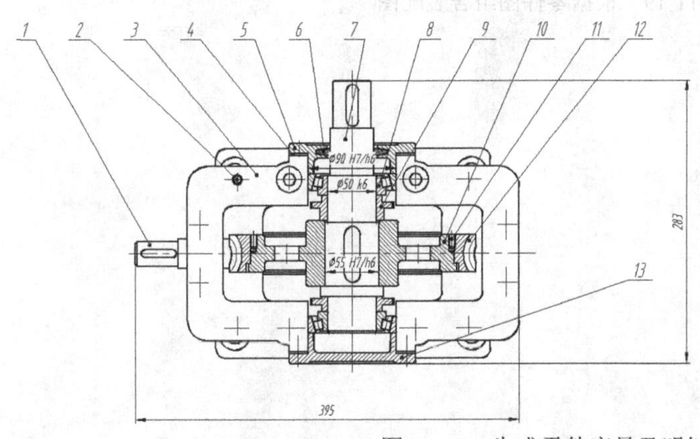

技术要求

1.零件装配前用煤油清洗，滚动轴承用汽油清洗。

2.保持侧隙不小于 0.1mm。

3.蜗杆轴与蜗轮轴上轴承轴向游隙为 0.25-0.4。

4.涂色检查接触斑点，沿齿高不小于 55%，沿齿高不小于 50%。

5.空载试验，转速 n_1=1000r/min，正常润滑油条件下，正反转各 1h，要求减速器平稳，无撞击声，升温不大于 60℃，无漏油。

图 11-17 生成零件序号及明细表

11.4 习题

1. 打开素材文件“dwg\第 11 章\11-5.dwg”，如图 11-18 所示，根据此装配图拆画零件图。

2. 打开“dwg\第 11 章”中的素材文件“11-6-A.dwg”“11-6-B.dwg”“11-6-C.dwg”“11-6-D.dwg”“11-6-E.dwg”，将它们组合在一起并进行必要的编辑，以形成装配图，如图 11-19 所示。

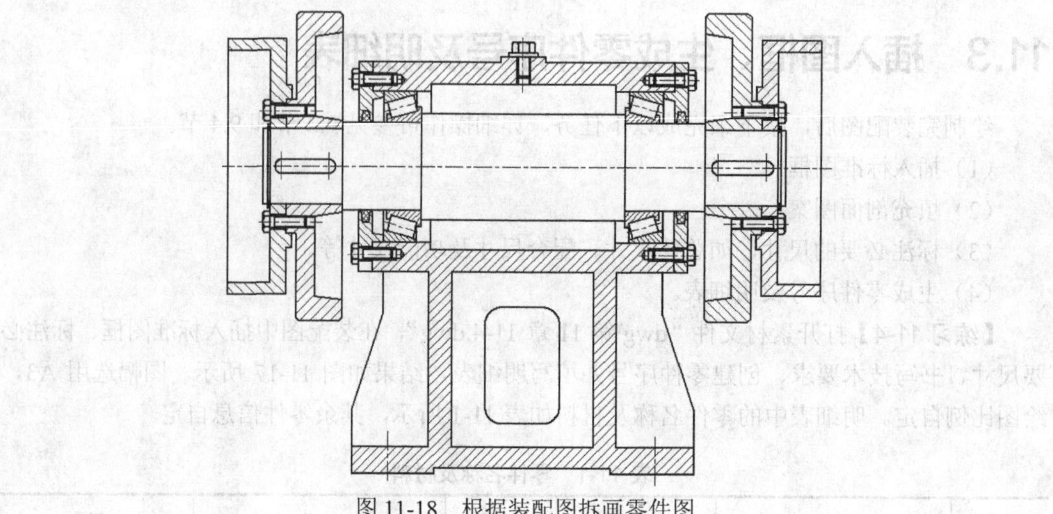

图 11-18　根据装配图拆画零件图

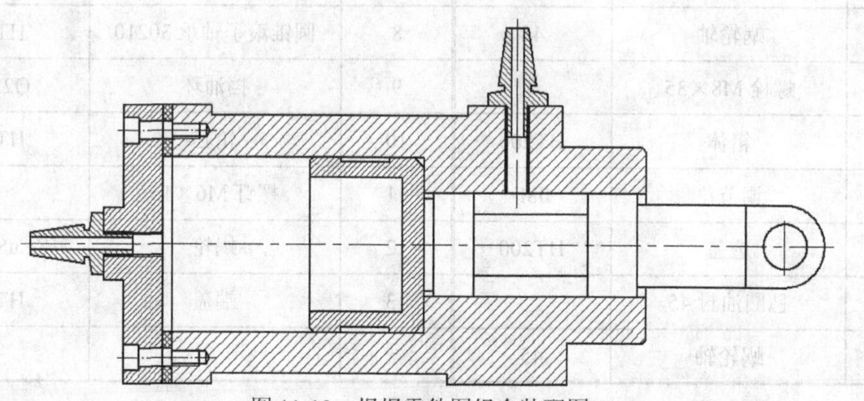

图 11-19　根据零件图组合装配图

第12章 轴测图

主要内容

- 激活轴测投影模式的方法。
- 在轴测投影模式下绘制线段、圆及平行线。
- 在轴测图中添加文字的方法。
- 给轴测图标注尺寸。

12.1 轴测投影模式、轴测面及轴测轴

在中望机械 CAD 中，用户可以利用轴测投影模式绘制轴测图，当激活此模式后，十字光标会自动调整到与当前指定的轴测面一致的位置。

长方体的轴测图如图 12-1 所示，其投影中只有 3 个平面是可见的。为便于绘图，将这 3 个面作为画线、找点等操作的基准平面，称它们为轴测面，根据其位置的不同分别是左轴测面、右轴测面和顶轴测面。当激活轴测投影模式后，用户就可以在这 3 个面间进行切换，同时系统会自动改变十字光标的形状，以使它们看起来好像处于当前轴测面内。

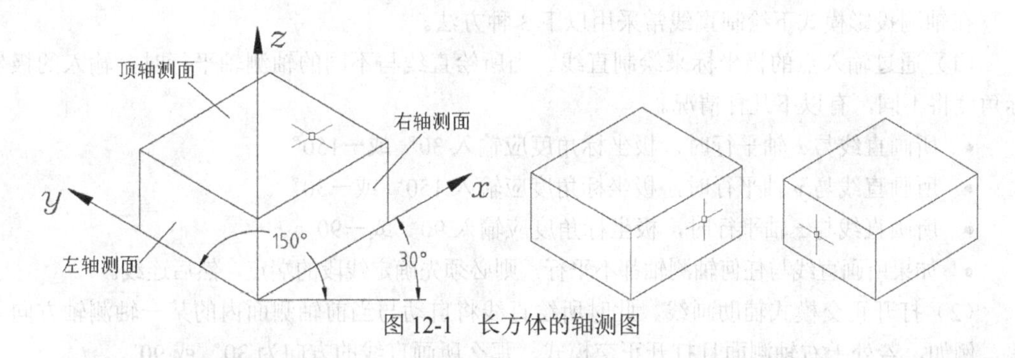

图 12-1 长方体的轴测图

在图 12-1 所示的轴测图中，长方体的可见边与水平线间的夹角分别是 30°、90°、150°。现在，在轴测图中建立一个假想的坐标系，该坐标系的坐标轴称为轴测轴，它们所处的位置如下。

- *x* 轴与水平位置的夹角是 30°。
- *y* 轴与水平位置的夹角是 150°。
- *z* 轴与水平位置的夹角是 90°。

进入轴测投影模式后，十字光标将始终与当前轴测面的轴测轴方向一致。用户可以使用以下方法激活轴测投影模式。

【练习 12-1】激活轴测投影模式。

1. 打开素材文件“dwg\第 12 章\12-1.dwg”。

2. 用鼠标右键单击状态栏上的▦按钮，在弹出的快捷菜单中选择【设置】命令，打开【草图设置】对话框，在【捕捉和栅格】选项卡的【捕捉类型】分组框中选择【等轴测捕捉】单选项，激活轴测投影模式，十字光标将处于左轴测面内，如图 12-2 左图所示。

3. 按 F5 键切换至顶轴测面，如图 12-2 中图所示。

4. 再按 F5 键可切换至右轴测面，如图 12-2 右图所示。

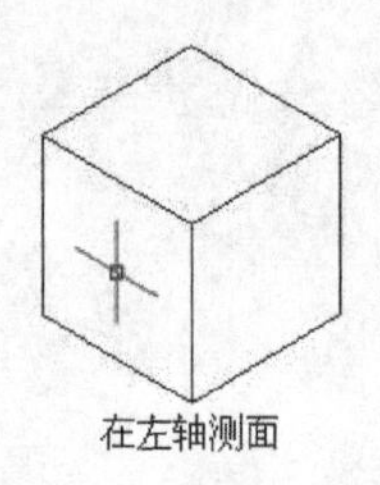

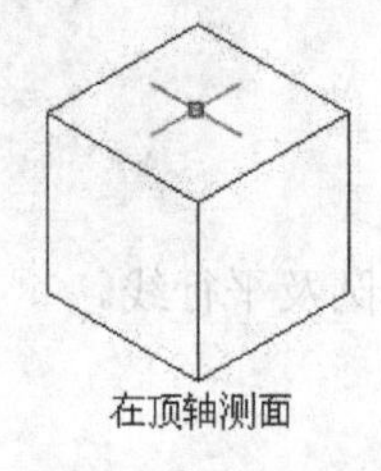

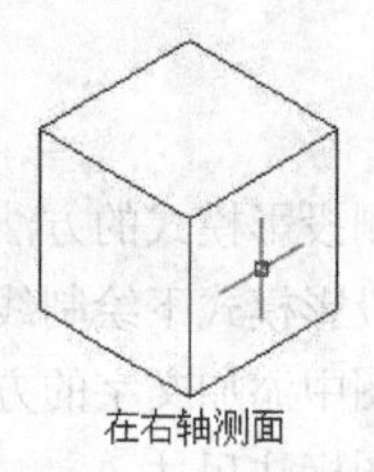

图 12-2　切换不同的轴测面

12.2　在轴测投影模式下作图

进入轴测投影模式后，用户仍然是利用基本的二维绘图命令来创建直线、椭圆等图形对象，但要注意这些图形对象轴测投影的特点，如水平直线的轴测投影将变为斜线，而圆的轴测投影将变为椭圆。

12.2.1　在轴测投影模式下绘制直线

在轴测投影模式下绘制直线常采用以下 3 种方法。

（1）通过输入点的极坐标来绘制直线。当所绘直线与不同的轴测轴平行时，输入的极坐标角度将不同，有以下几种情况。

- 所画直线与 x 轴平行时，极坐标角度应输入 30° 或－150° 。
- 所画直线与 y 轴平行时，极坐标角度应输入 150° 或－30° 。
- 所画直线与 z 轴平行时，极坐标角度应输入 90° 或－90° 。
- 如果所画直线与任何轴测轴都不平行，则必须先确定线段的端点，然后连线。

（2）打开正交模式辅助画线，此时所绘直线将自动与当前轴测面内的某一轴测轴方向一致。例如，若处于右轴测面且打开正交模式，那么所画直线的方向为 30° 或 90° 。

（3）利用极轴追踪、对象捕捉追踪功能画线。打开极轴追踪、对象捕捉和对象捕捉追踪，并设定极轴追踪的增量角度为“30”，这样就能很方便地画出沿 30° 、90° 或 150° 方向的直线。

【练习 12-2】在轴测投影模式下画线。

1. 激活轴测投影模式。

2. 输入点的极坐标画线。

```
命令: <等轴测平面: 右视>                    //按两次 F5 键切换到右轴测面
命令: _line                                //启动直线命令
指定第一个点:                              //单击 A 点，如图 12-3 所示
指定下一点或 [放弃(U)]: @100<30            //输入 B 点的相对坐标
```

```
指定下一点或 [放弃(U)]: @150<90                        //输入 C 点的相对坐标
指定下一点或 [闭合(C)/放弃(U)]: @40<-150               //输入 D 点的相对坐标
指定下一点或 [闭合(C)/放弃(U)]: @95<-90                //输入 E 点的相对坐标
指定下一点或 [闭合(C)/放弃(U)]: @60<-150               //输入 F 点的相对坐标
指定下一点或 [闭合(C)/放弃(U)]: c                      //使线框闭合
```

结果如图 12-3 所示。

3. 打开正交状态画线。

```
命令: <等轴测平面: 左视>                               //按 F5 键切换到左轴测面
命令: <正交 开>                                        //打开正交模式
命令: _line                                            //启动直线命令
指定第一个点: _int                                     //使用交点捕捉
交点                                                   //捕捉 A 点，如图 12-4 所示
指定下一点或 [放弃(U)]: 100                            //输入线段 AG 的长度
指定下一点或 [放弃(U)]: 150                            //输入线段 GH 的长度
指定下一点或 [闭合(C)/放弃(U)]: 40                     //输入线段 HI 的长度
指定下一点或 [闭合(C)/放弃(U)]: 95                     //输入线段 IJ 的长度
指定下一点或 [闭合(C)/放弃(U)]: _endp                  //启动端点捕捉
端点                                                   //捕捉 F 点
指定下一点或 [闭合(C)/放弃(U)]:                        //按 Enter 键结束命令
```

结果如图 12-4 所示。

4. 打开极轴追踪、对象捕捉及对象捕捉追踪功能。设置极轴追踪增量角度为“30”，设定对象捕捉方式为“端点”“交点”，设置沿所有极轴角进行自动追踪。

```
命令: <等轴测平面: 俯视>                               //按 F5 键切换到顶轴测面
命令: <等轴测平面: 右视>                               //按 F5 键切换到右轴测面
命令: _line                                            //启动直线命令
指定第一个点: 20                                       //从 A 点沿 30° 方向追踪并输入追踪距离
指定下一点或 [放弃(U)]: 30                             //从 K 点沿 90° 方向追踪并输入追踪距离
指定下一点或 [放弃(U)]: 50                             //从 L 点沿 30° 方向追踪并输入追踪距离
指定下一点或 [闭合(C)/放弃(U)]:                        //从 M 点沿-90° 方向追踪并捕捉交点 N
指定下一点或 [闭合(C)/放弃(U)]:                        //按 Enter 键结束命令
```

结果如图 12-5 所示。

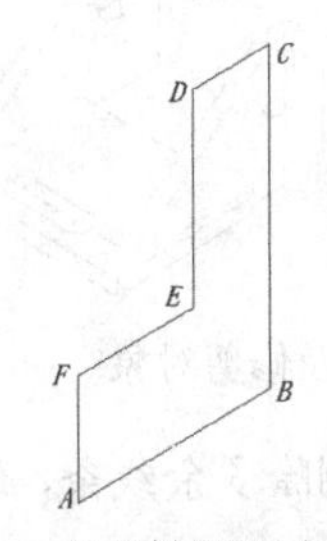

图 12-3 在右轴测面内画线（1）

图 12-4 在左轴测面内画线

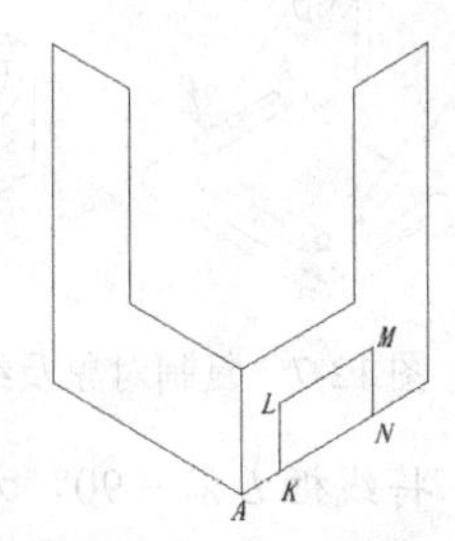

图 12-5 在右轴测面内画线（2）

12.2.2 在轴测面内移动及复制对象

沿轴测轴移动及复制对象时，图形元素移动的方向平行于 30°、90° 或 150° 方向线，因此设定极轴追踪角度增量为 30°，并设置沿所有极轴角自动追踪，就能很方便地沿轴测轴进行移动和复制操作。

【练习 12-3】打开素材文件“dwg\第 12 章\12-3.dwg”，如图 12-6 左图所示，用 COPY、MOVE、TRIM 命令将左图修改为右图。

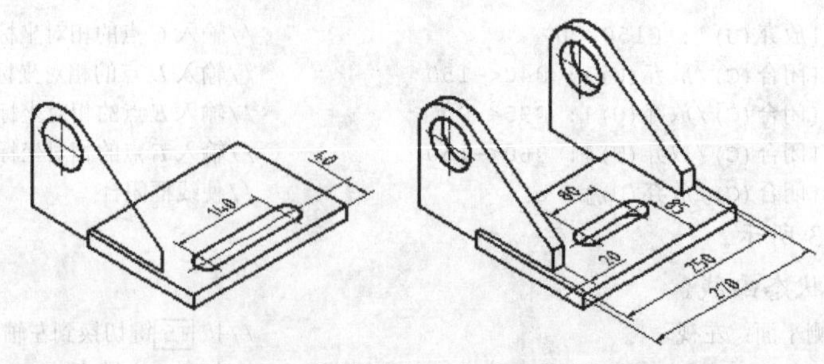

图 12-6 在轴测面内移动及复制对象

1. 激活轴测投影模式，打开极轴追踪、对象捕捉及对象捕捉追踪功能。指定极轴追踪增量角度为“30”，设定对象捕捉方式为“端点”“交点”，设置沿所有极轴角进行自动追踪。

2. 沿 30° 方向复制线框 *A*、*B*，再绘制线段 *C*、*D*、*E*、*F* 等，如图 12-7 所示。

```
命令: _copy
选择对象: 找到 10 个                                              //选择线框 A、B
选择对象:                                                         //按 Enter 键
指定基点或或 [位移(D)/模式(O)] <位移>:                              //单击一点
指定第二点的位移或者 [阵列(A)] <使用第一点当做位移>: 20
                                                                  //沿 30° 方向追踪并输入追踪距离
指定第二个点或 [阵列(A)/退出(E)/放弃(U)] <退出>: 250
                                                                  //沿 30° 方向追踪并输入追踪距离
指定第二个点或 [阵列(A)/退出(E)/放弃(U)] <退出>: 230
                                                                  //沿 30° 方向追踪并输入追踪距离
指定第二个点或 [阵列(A)/退出(E)/放弃(U)] <退出>:                    //按 Enter 键结束
```

再绘制线段 *C*、*D*、*E*、*F* 等，结果如图 12-7 左图所示。修剪及删除多余线条，结果如图 12-7 右图所示。

3. 沿 30° 方向移动椭圆弧 *G* 及线段 *H*，沿 −30° 方向移动椭圆弧 *J* 及线段 *K*，然后修剪多余线条，结果如图 12-8 所示。

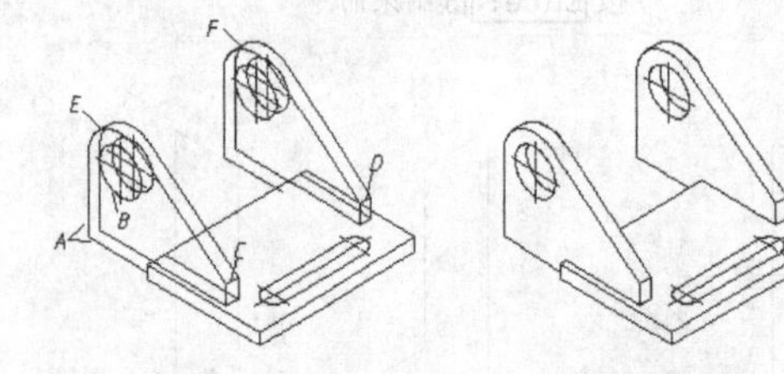

图 12-7 复制对象及绘制线段等

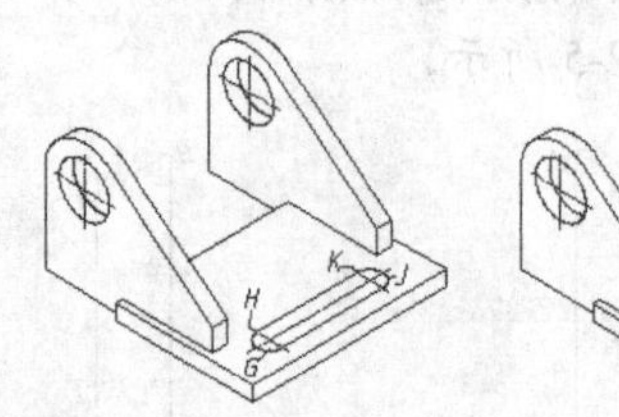

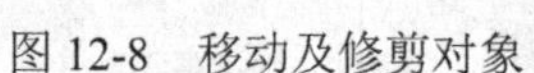

图 12-8 移动及修剪对象

4. 将线框 *L* 沿 −90° 方向复制，结果如图 12-9 左图所示。修剪及删除多余线条，结果如图 12-9 右图所示。

5. 将图形 *M*（见图 12-9 右图）沿 150° 方向移动，再调整中心线的长度，结果如图 12-10 所示。

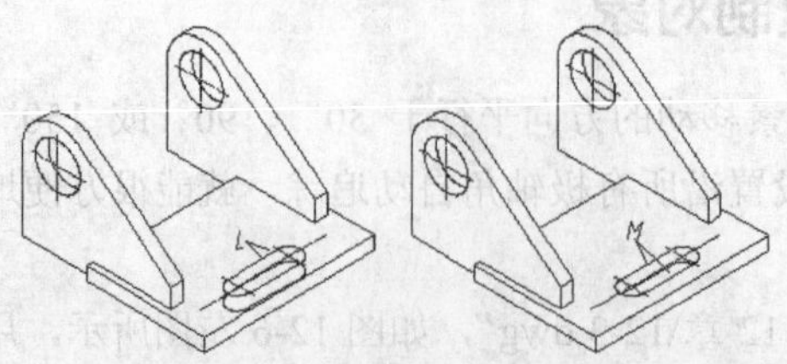

图 12-9 复制及修剪对象

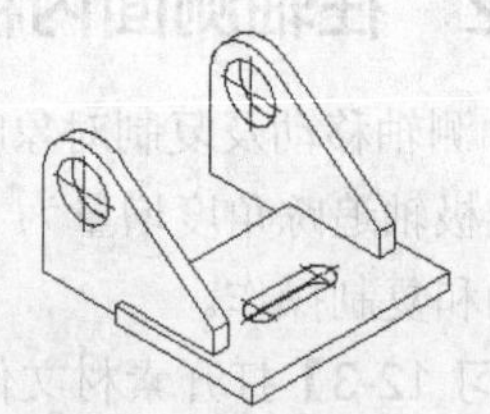

图 12-10 移动对象

12.2.3 在轴测面内绘制平行线

通常用 OFFSET 命令绘制平行线，但在轴测面内绘制平行线与在标准模式下绘制平行线的方法有所不同。如图 12-11 所示，在顶轴测面内作线段 *A* 的平行线 *B*，要求它们之间沿 30° 方向的间距是 30，如果使用 OFFSET 命令，并直接输入偏移距离 30，则偏移后两线间的垂直距离等于 30，而沿 30° 方向的间距并不是 30。为避免上述情况发生，常使用 COPY 命令或 OFFSET 命令的“通过(T)”选项来绘制平行线。

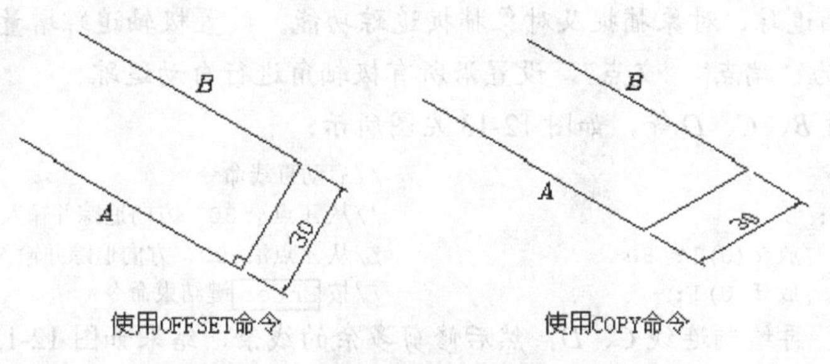

图 12-11 在轴测面内移动及复制对象

COPY 命令可以在二维空间和三维空间中对对象进行复制。使用此命令时，系统提示输入两个点或一个位移值。如果指定两点，则从第一点到第二点间的距离和方向就表示了新对象相对于原对象的位移。如果在“指定基点或 [位移(D)]:”提示下直接输入一个坐标值（直角坐标或极坐标），然后在第二个“指定第二个点:”的提示下按 Enter 键，那么输入的值就会被认为是新对象相对于原对象的移动值。

【练习 12-4】在轴测面内作平行线。

1. 打开素材文件“dwg\第 12 章\12-4.dwg”。

2. 打开极轴追踪、对象捕捉及对象捕捉追踪功能。设置极轴追踪增量角度为“30”，设定对象捕捉方式为“端点”“交点”，设置沿所有极轴角进行自动追踪。

3. 用 COPY 命令生成平行线。

```
命令: _copy
选择对象: 找到 1 个                                  //选择线段 A，如图 12-12 所示
选择对象:                                            //按 Enter 键
指定基点或 [位移(D)/模式(O)] <位移>:                  //单击一点
指定第二点的位移或者 [阵列(A)] <使用第一点当做位移>: 26
                                                     //沿-150°方向追踪并输入追踪距离
指定第二个点或[阵列(A)/退出(E)/放弃(U)]  <退出>:52
                                                     //沿-150°方向追踪并输入追踪距离
指定第二个点或[阵列(A)/退出(E)/放弃(U)]  <退出>: //按 Enter 键结束命令
命令: _COPY
                                        //重复命令
选择对象: 找到 1 个                      //选择线段 B
选择对象:                                //按 Enter 键
指定基点或 [位移(D)/模式(O)] <位移>:15<90
                                  //输入复制的距离和方向
指定第二个点或[阵列(A)] <使用第一个点作为位移>:
                                  //按 Enter 键结束命令
```

结果如图 12-12 所示。

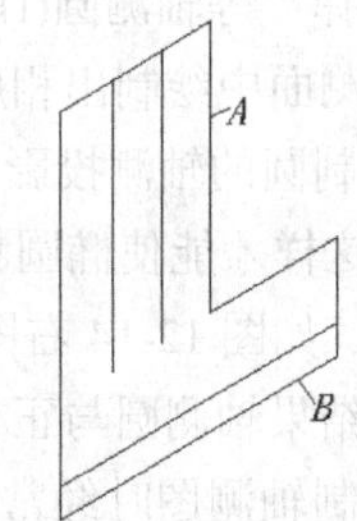

图 12-12 绘制平行线

12.2.4 在轴测投影模式下绘制角

在轴测面内绘制角时，不能按角度的实际值进行绘制，因为在轴测投影图中，投影角度值与实际角度值是不相等的。在这种情况下，应先确定角边上点的轴测投影，再将点连线，以获得实际的角轴测投影。

【练习 12-5】绘制角的轴测投影。

1. 打开素材文件“dwg\第 12 章\12-5.dwg”。

2. 打开极轴追踪、对象捕捉及对象捕捉追踪功能。设置极轴追踪增量角度为“30”，设定对象捕捉方式为“端点”“交点”，设置沿所有极轴角进行自动追踪。

3. 绘制线段 *B*、*C*、*D* 等，如图 12-13 左图所示。

```
命令: _line                               //启动直线命令
指定第一个点: 50                          //从A点沿 30° 方向追踪并输入追踪距离
指定下一点或 [放弃(U)]: 80                //从A点沿-90° 方向追踪并输入追踪距离
指定下一点或 [放弃(U)]:                   //按Enter键结束命令
```

复制线段 *B*，再绘制连线 *C*、*D*，然后修剪多余的线条，结果如图 12-13 右图所示。

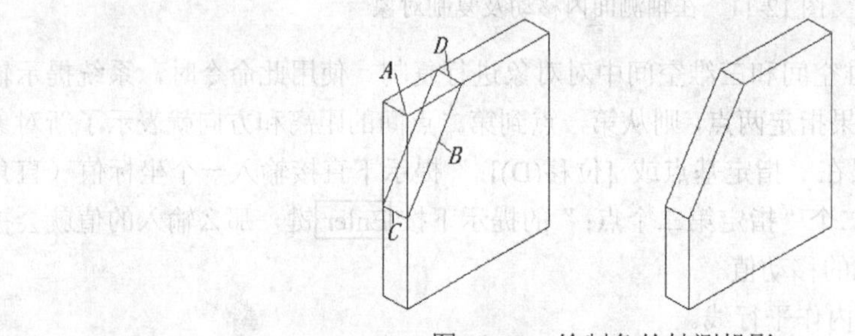

图 12-13 绘制角的轴测投影

12.2.5 绘制圆的轴测投影

圆的轴测投影是椭圆，当圆位于不同轴测面内时，椭圆的长轴、短轴位置也将不同。手工绘制圆的轴测投影比较麻烦，在中望机械 CAD 中可直接使用 ELLIPSE 命令的“等轴测圆(I)”选项进行绘制，该选项仅在轴测投影模式被激活的情况下才出现。

输入 ELLIPSE 命令，系统提示如下。

```
命令: _ellipse
指定椭圆的第一个端点或 [弧(A)/中心(C)/等轴测圆(I)]:I
                                          //输入“I”，选择“等轴测圆(I)”选项
指定圆的中心:                             //指定椭圆中心
指定圆半径或 [直径(D)]:                   //输入圆半径
```

选择“等轴测圆(I)”选项，再根据提示指定椭圆中心并输入圆的半径，则系统会自动在当前轴测面中绘制出相应圆的轴测投影。

绘制圆的轴测投影时，首先要利用 F5 键切换到合适的轴测面，使之与圆所在的平面对应起来，这样才能使椭圆看起来是在轴测面内，如图 12-14 左图所示，否则所画椭圆的形状是不正确的。如图 12-14 右图所示，圆的实际位置在正方体的顶面，而所绘轴测投影却位于右轴测面内，结果轴测圆与正方体的投影就显得不匹配了。

绘制轴测图时经常要画线与线之间的圆滑过渡，此时过渡圆弧变为椭圆弧。绘制这个椭圆弧的方法是在相应的位置画一个完整的椭圆，然后使用 TRIM 命令修剪多余的线条，如图

12-15 所示。

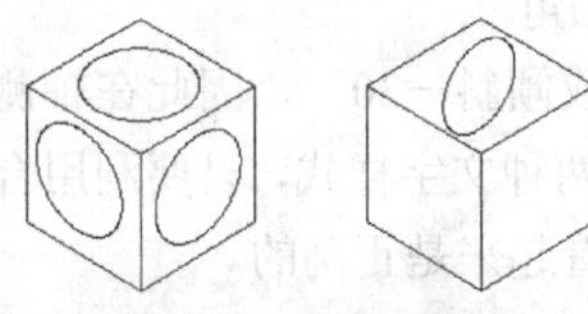

图 12-14　绘制轴测圆

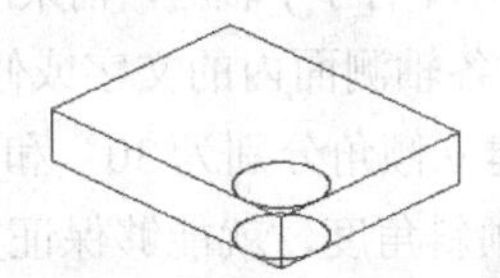

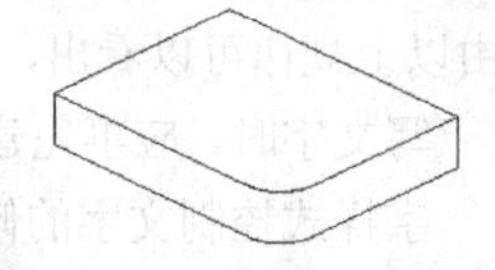

图 12-15　绘制过渡的椭圆弧

【练习 12-6】在轴测图中绘制圆及过渡圆弧。

1. 打开素材文件“dwg\第 12 章\12-6.dwg”。

2. 打开极轴追踪、对象捕捉及对象捕捉追踪功能。设置极轴追踪增量角度为“30”，设定对象捕捉方式为“端点”“交点”，设置沿所有极轴角进行自动追踪。

3. 激活轴测投影模式，切换到顶轴测面，启动 ELLIPSE 命令，系统提示如下。

```
命令: _ellipse
指定椭圆的第一个端点或 [弧(A)/中心(C)/等轴测圆(I)]:i
                                        //使用“等轴测圆(I)”选项
指定圆的中心: tt                        //输入“tt”建立临时参考点
指定临时追踪点:20
                    //从A点沿30°方向追踪并输入B点到A点的距离，如图12-16左图所示
指定圆的中心: 20                        //从B点沿150°方向追踪并输入追踪距离
指定圆半径或 [直径(D)]: 20              //输入圆半径
命令:
_ELLIPSE                                //重复命令
指定椭圆的第一个端点或 [弧(A)/中心(C)/等轴测圆(I)]:I  //使用“等轴测圆(I)”选项
指定圆的中心: tt                        //建立临时参考点
指定临时追踪点:50                       //从A点沿30°方向追踪并输入C点到A点的距离
指定圆的中心: 60                        //从C点沿150°方向追踪并输入追踪距离
指定圆半径或 [直径(D)]: 15              //输入圆半径
```

结果如图 12-16 左图所示。修剪多余线条，结果如图 12-16 右图所示。

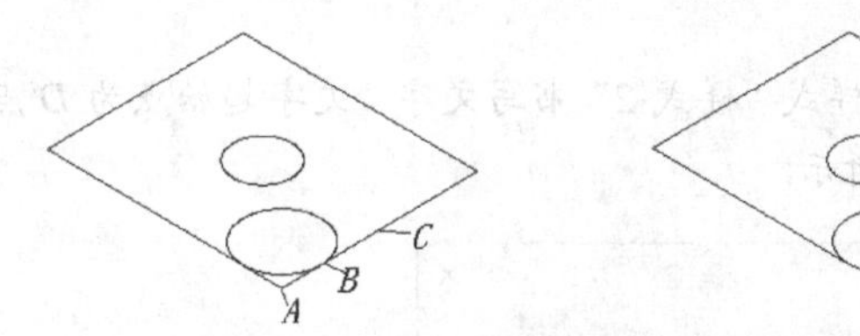

图 12-16　在轴测图中绘制圆及过渡圆弧

12.3　在轴测图中添加文字

为了使某个轴测面中的文字看起来像是在该轴测面内，就必须根据各轴测面的位置特点将文字倾斜一定的角度，以使它们的外观与轴测图协调。图 12-17 所示是在轴测图的 3 个轴测面上采用适当倾角书写文字后的结果。

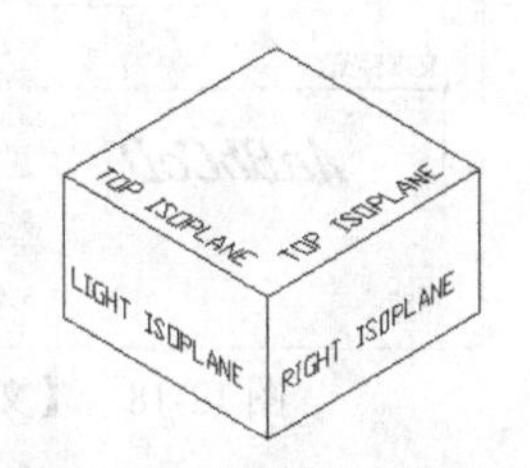

图 12-17　轴测面上的文字

轴测面上各文本的倾斜规律如下。

- 在左轴测面上，文字需采用−30°的倾角。
- 在右轴测面上，文字需采用 30°的倾角。

- 在顶轴测面上，当文字平行于 x 轴时，需采用－30° 的倾角。
- 在顶轴测面上，当文字平行于 y 轴时，需采用 30° 的倾角。

由以上规律可以看出，各轴测面内的文字或倾斜 30° 或倾斜－30° ，因此在轴测图中书写文字时，应事先建立倾角分别为 30° 和－30° 的两种文字样式，只要利用合适的文字样式控制文字的倾斜角度，就能够保证文字外观看起来是正确的。

【练习 12-7】创建倾角分别为 30° 和－30° 的两种文字样式，然后在各轴测面内书写文字。

1. 打开素材文件“dwg\第 12 章\12-7.dwg”。

2. 单击【注释】选项卡中【文字】面板上的↘按钮，打开【文字样式管理器】对话框，如图 12-18 所示。

3. 单击 新建(N) 按钮，建立名为“样式-1”的文字样式。在【名称】下拉列表中将文字样式所连接的字体设定为【仿宋】，在【倾斜角】文本框中输入数值“30”，如图 12-18 所示。

4. 用同样的方法建立倾角为－30° 的文字样式“样式-2”。

5. 激活轴测投影模式，并切换至右轴测面。

```
命令: dt                                              //利用 TEXT 命令书写单行文字
TEXT
指定文字的起点或 [对正(J)/样式(S)]: s                   //使用“样式(S)”选项指定文字的样式
输入文字样式或 [?] <样式-2>: 样式-1                      //选择文字样式“样式-1”
指定文字的起点或 [对正(J)/样式(S)]:                     //选取适当的起始点 A，如图 12-19 所示
指定文字高度 <22.6472>: 16                             //输入文字的高度
指定文字的旋转角度 <0>: 30                              //指定单行文字的书写方向，按 Enter 键
                                                      //出现文字编辑框，输入文字“STYLE1”
                                                      //按 Enter 键换行，再次按 Enter 键结束命令
```

6. 按 F5 键切换至左轴测面，采用文字样式“样式-2”书写文字。文字起始点为 B 点，文字高度为 16，倾角为－30° 。

7. 按 F5 键切换至顶轴测面，采用文字样式“样式-1”书写文字。文字起始点为 C 点，文字高度为 16，倾角为－30° 。

8. 在顶轴测面内采用文字样式“样式-2”书写文字。文字起始点为 D 点，文字高度为 16，倾角为 30° ，结果如图 12-19 所示。

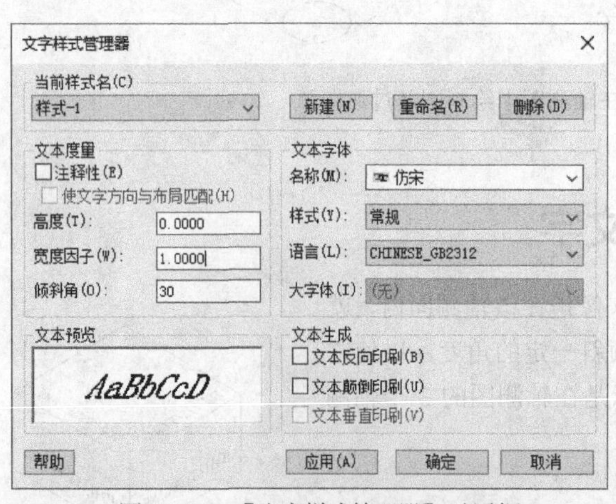

图 12-18 【文字样式管理器】对话框

图 12-19 书写文字

12.4 标注尺寸

当用标注命令在轴测图中标注尺寸后，其外观看起来与轴测图本身不协调。为了让某个轴测面内的尺寸标注看起来就像是在这个轴测面内，需要将尺寸线、尺寸界线倾斜某一角度，以使它们与相应的轴测轴平行。此外，标注文字也必须设置成倾斜某一角度的形式，才能使文字的外观也具有立体感。图 12-20 所示是标注的初始状态与调整外观后结果的比较。

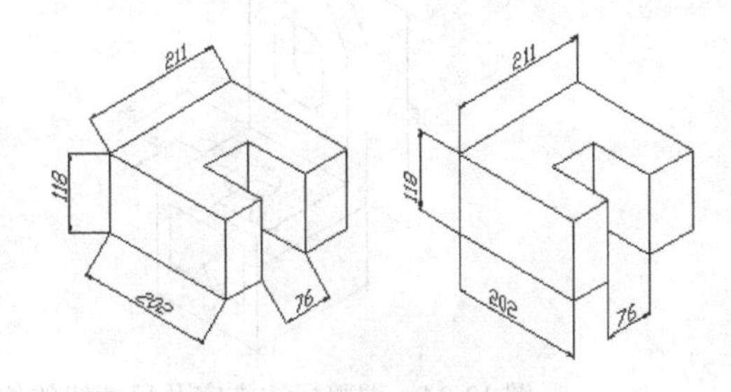

图 12-20 初始状态与调整后的外观

在轴测图中标注尺寸时，一般采取以下步骤。

（1）创建两种标注样式，这两种样式所控制的标注文字的倾斜角度分别是 30° 和－30° 。

（2）由于在等轴测图中只有沿与轴测轴平行的方向进行测量才能得到真实的距离值，因此创建轴测图的尺寸标注时应使用 DIMALIGNED 命令（对齐尺寸）。

（3）标注完成后，利用 DIMEDIT 命令的“倾斜(O)”选项修改尺寸界线的倾斜角度，使尺寸界线的方向与轴测轴的方向一致，这样才能使标注的外观具有立体感。

【练习 12-8】在轴测图中标注尺寸。

1. 打开素材文件“dwg\第 12 章\12-8.dwg”。

2. 建立倾角分别是 30° 和－30° 的两种文字样式，样式名分别是“样式-1”和“样式-2”，这两个样式连接的字体文件是“IC-isocp.shx”。

3. 创建两种标注样式，样式名分别是“DIM-1”和“DIM-2”，其中“DIM-1”连接文字样式“样式-1”，“DIM-2”连接文字样式“样式-2”。

4. 打开极轴追踪、对象捕捉及对象捕捉追踪功能。指定极轴追踪增量角度为“30”，设定对象捕捉方式为“端点”“交点”，设置沿所有极轴角进行自动追踪。

5. 指定标注样式“DIM-1”为当前样式，然后使用 DIMALIGNED 命令标注尺寸“22”“30”“56”等，结果如图 12-21 所示。

6. 单击【注释】选项卡中【标注】面板上的按钮，启动 DIMEDIT 命令，使用“倾斜(O)”选项将尺寸界线倾斜到竖直的、30° 或－30° 的位置，结果如图 12-22 所示。

7. 指定标注样式“DIM-2”为当前样式，单击【注释】选项卡中【标注】面板上的按钮，选择尺寸“56”“34”“15”进行更新，结果如图 12-23 所示。

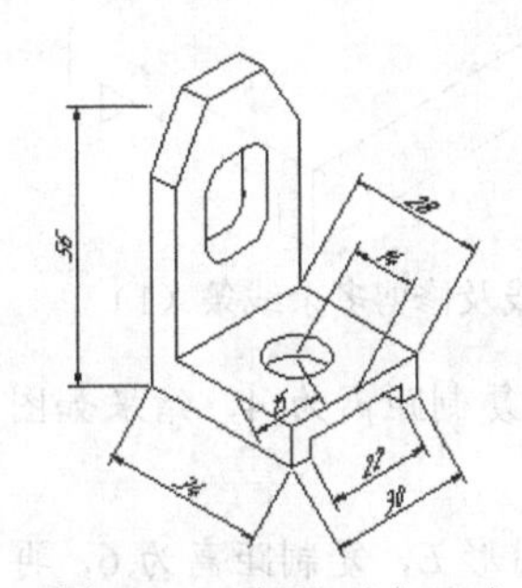

图 12-21 标注对齐尺寸

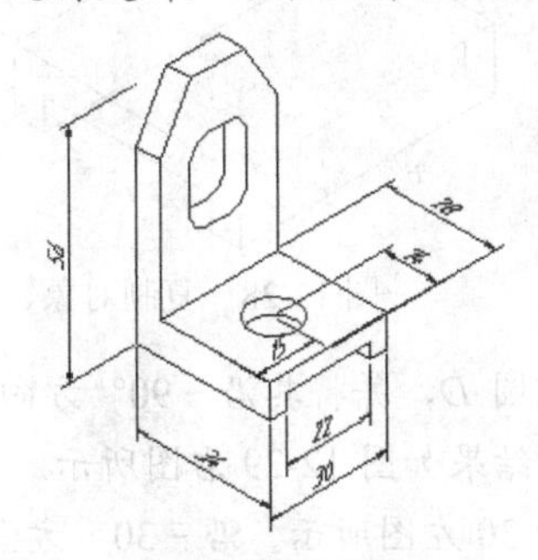

图 12-22 修改尺寸界线的倾角

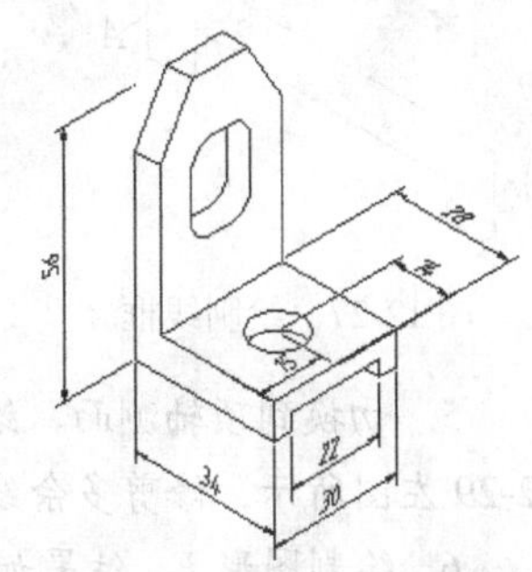

图 12-23 更新尺寸标注

8. 利用关键点编辑方式调整标注文字及尺寸线的位置，结果如图 12-24 所示。

9. 用上述类似的方法标注其余尺寸，结果如图 12-25 所示。

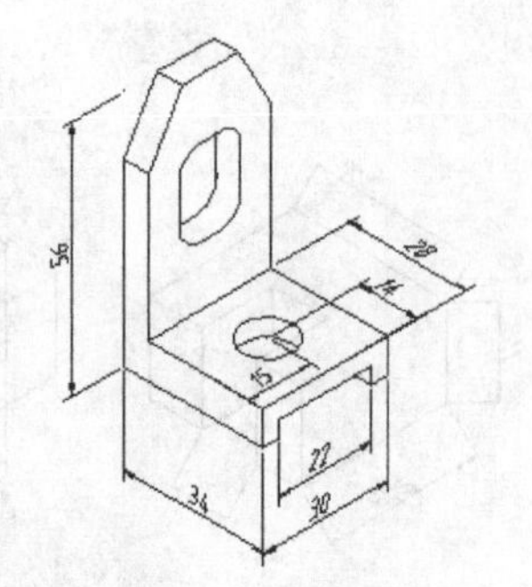

图 12-24 调整标注文字及尺寸线的位置

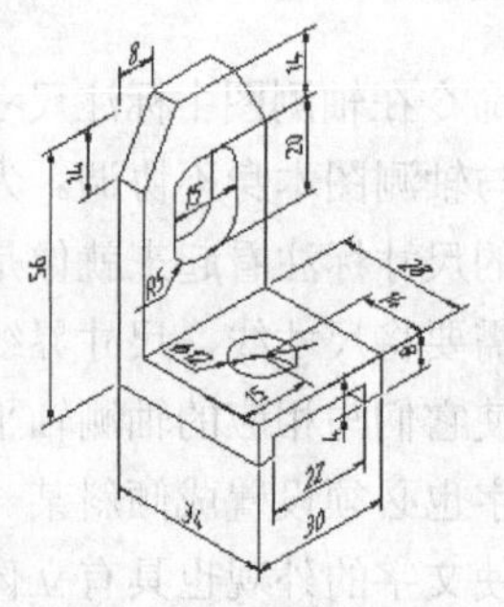

图 12-25 标注其余尺寸

要点提示 有时也使用引线在轴测图中进行标注，但外观一般不会满足要求，此时可用 EXPLODE 命令将标注分解，然后分别调整引线和文字的位置。

12.5 综合训练——绘制轴测图

【练习 12-9】绘制图 12-26 所示的轴测图。

1. 创建新图形文件。

2. 激活轴测投影模式，再打开极轴追踪、对象捕捉及对象捕捉追踪功能。设置极轴追踪增量角度为“30”，设定对象捕捉方式为“端点”和“交点”，设置沿所有极轴角进行自动追踪。

3. 切换到右轴测面，使用 LINE 命令绘制线框 *A*，结果如图 12-27 所示。

4. 沿 150° 方向复制线框 *A*，复制距离为 34，再使用 LINE 命令绘制连线 *B*、*C* 等，结果如图 12-28 左图所示。修剪及删除多余线条，结果如图 12-28 右图所示。

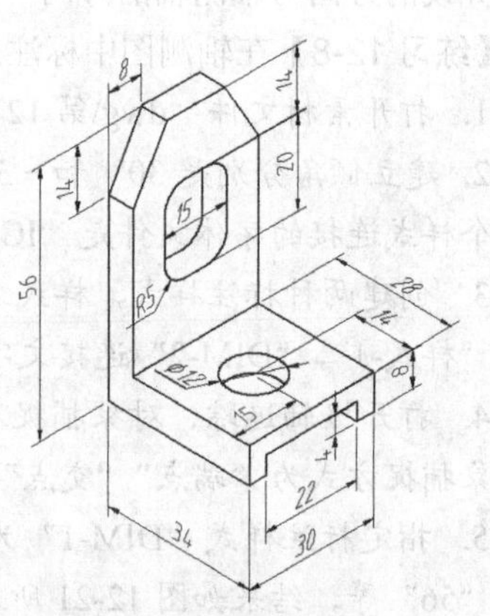

图 12-26 绘制轴测图（1）

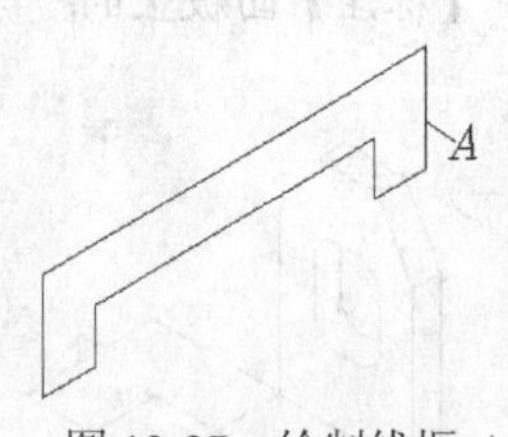

图 12-27 绘制线框 *A*

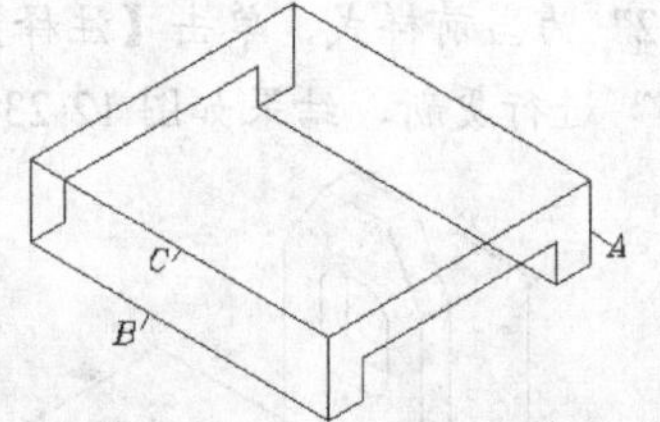

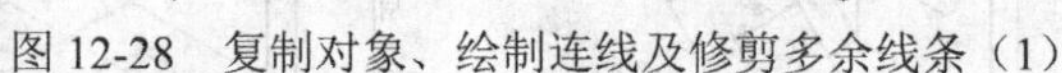

图 12-28 复制对象、绘制连线及修剪多余线条（1）

5. 切换到顶轴测面，绘制椭圆 *D*，并将其沿 −90° 方向复制，复制距离为 4，结果如图 12-29 左图所示。修剪多余线条，结果如图 12-29 右图所示。

6. 绘制图形 *E*，结果如图 12-30 左图所示。沿 −30° 方向复制图形 *E*，复制距离为 6，再使用 LINE 命令绘制连线 *F*、*G* 等。修剪及删除多余线条，结果如图 12-30 右图所示。

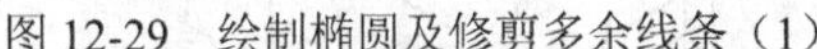

图 12-29 绘制椭圆及修剪多余线条（1）

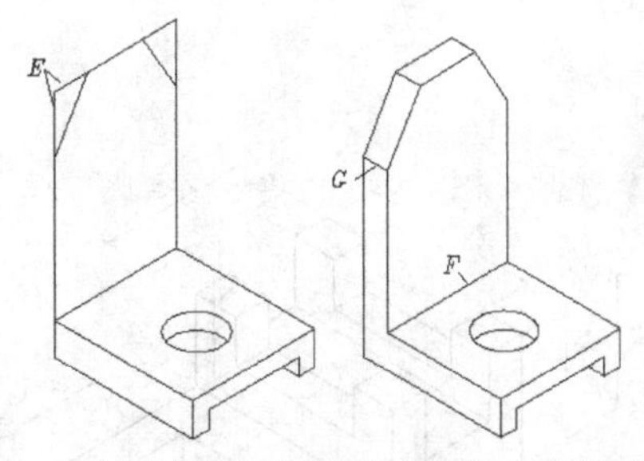

图 12-30 复制对象、绘制连线及修剪多余线条（2）

7. 使用 COPY 命令绘制平行线 *J*、*K* 等，结果如图 12-31 左图所示。延伸及修剪多余线条，结果如图 12-31 右图所示。

8. 切换到右轴测面，绘制 4 个椭圆，结果如图 12-32 左图所示。修剪多余线条，结果如图 12-32 右图所示。

9. 沿 150° 方向复制线框 *L*，复制距离为 6，结果如图 12-33 左图所示。修剪及删除多余线条，结果如图 12-33 右图所示。

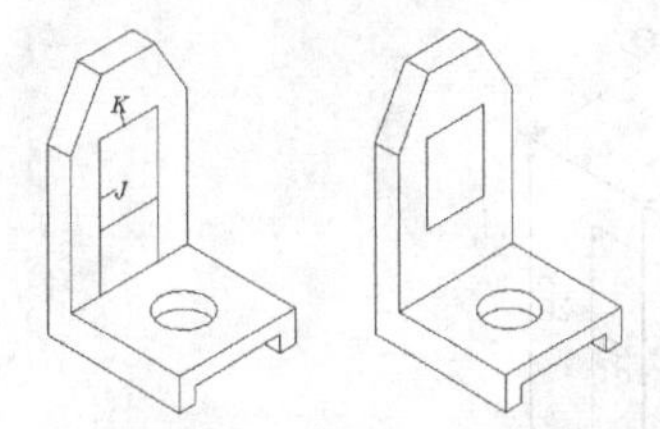

图 12-31 绘制平行线及修剪对象

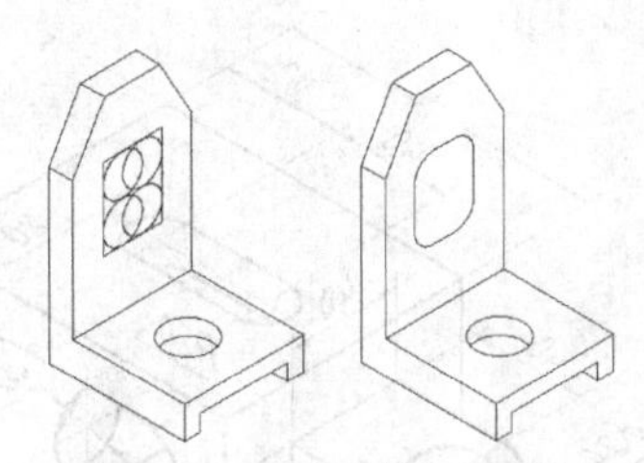

图 12-32 绘制椭圆及修剪多余线条（2）

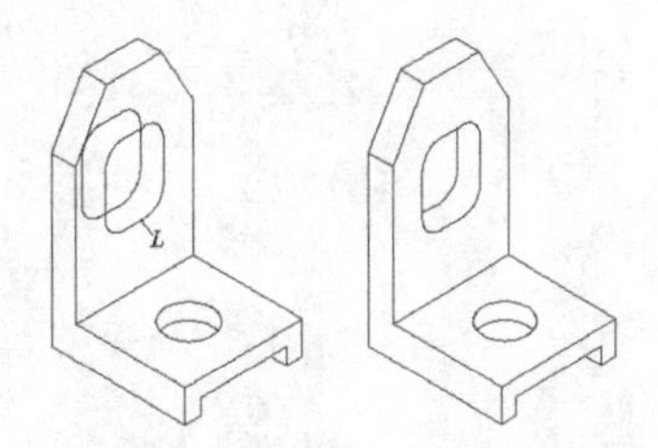

图 12-33 复制对象及修剪线条

【练习 12-10】绘制图 12-34 所示的轴测图。

【练习 12-11】绘制图 12-35 所示的轴测图。

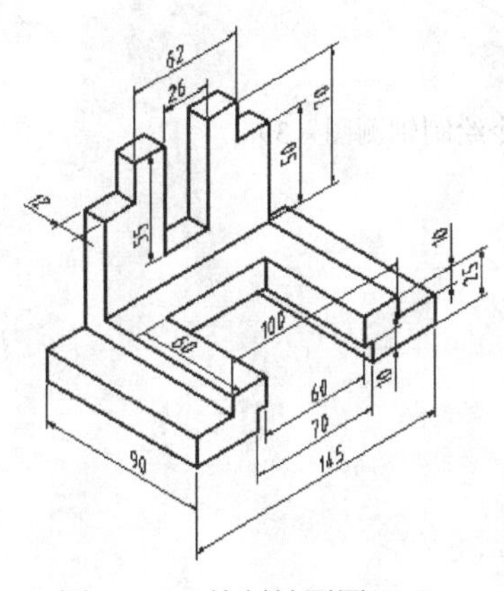

图 12-34 绘制轴测图（2）

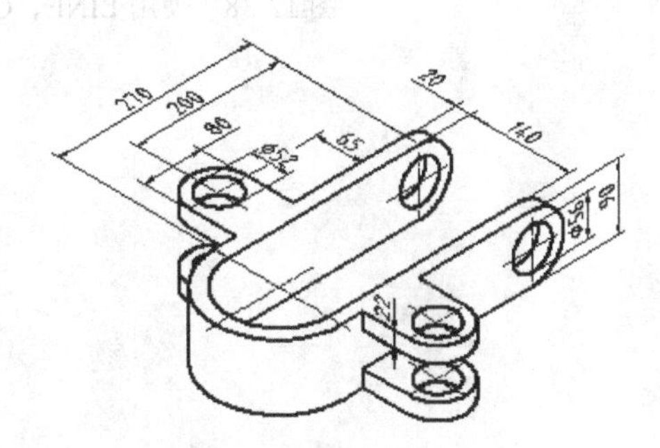

图 12-35 绘制轴测图（3）

12.6 习题

1. 使用 LINE、COPY、TRIM 等命令绘制图 12-36 所示的轴测图。
2. 使用 LINE、COPY、TRIM 等命令绘制图 12-37 所示的轴测图。

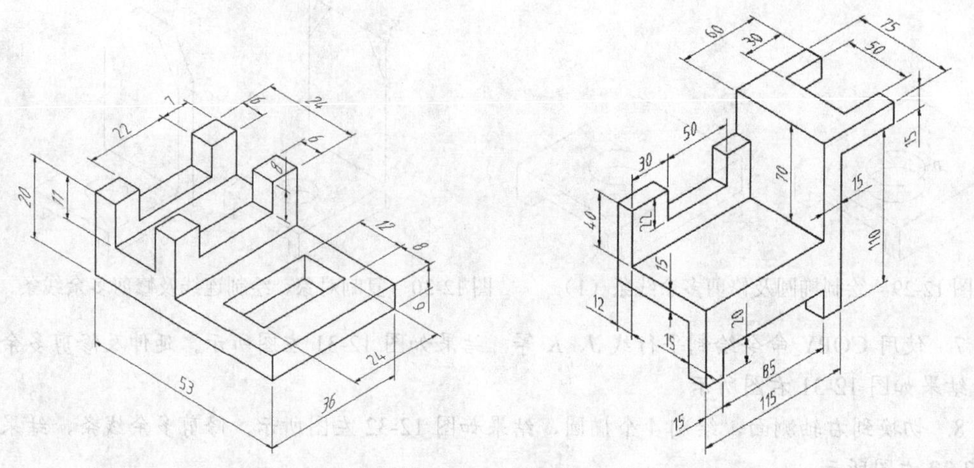

图 12-36 使用 LINE、COPY 等命令绘制轴测图(1)　图 12-37 使用 LINE、COPY 等命令绘制轴测图(2)

3. 使用 LINE、COPY、TRIM 等命令绘制图 12-38 所示的轴测图。

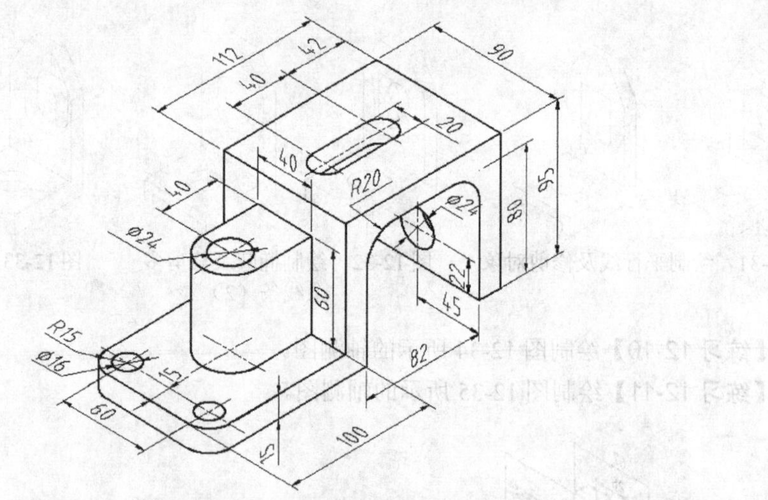

图 12-38 使用 LINE、COPY 等命令绘制轴测图（3）

第13章 打印图形

主要内容

- 从模型空间打印图形的完整过程。
- 选择打印设备及对当前打印设备的设置进行简单修改。
- 选择图纸幅面和设定打印区域。
- 调整图形打印方向和位置，设定打印比例。
- 将多个图样组合在一起打印。
- 从图纸空间打印图形的过程。
- 将图形集发布为PDF、DWF或DWFx格式文件。

13.1 打印图形的过程

在模型空间中将工程图样布置在标准幅面的图框内，在标注尺寸及书写文字后，就可以打印图形了。打印图形的主要过程如下。

（1）指定打印设备，打印设备可以是Windows系统打印机，也可以是在中望机械CAD中安装的打印机。

（2）选择图纸幅面及打印份数。

（3）设定要打印的内容。例如，可指定打印某一矩形区域的内容，或者打印包围所有图形的最大矩形区域的内容。

（4）调整图形在图纸上的位置及方向。

（5）选择打印样式，详见13.2.2小节。若不指定打印样式，则按图形的原有属性进行打印。

（6）设定打印比例。

（7）预览打印效果。

【练习13-1】从模型空间打印图形。

1. 打开素材文件“dwg\第13章\13-1.dwg”。

2. 单击【输出】选项卡中【打印】面板上的绘图仪管理器按钮，打开【Plotters】窗口，利用该窗口的【添加绘图仪向导】配置一台绘图仪【DesignJet 450C C4716A】。

3. 单击快速访问工具栏上的按钮，打开【打印-模型】对话框，如图13-1所示，在该对话框中完成以下设置。

- 在【打印机/绘图仪】分组框的【名称】下拉列表中选择打印设备【DesignJet 450C C4716A.pc5】。

- 在【纸张】下拉列表中选择 A2 幅面图纸。
- 在【打印份数】文本框中输入打印份数。
- 在【打印范围】下拉列表中选择【范围】选项。
- 在【打印比例】分组框中设定打印比例为【布满图纸】。
- 在【打印偏移】分组框中勾选【居中打印】复选框。
- 在【图形方向】分组框中设定图形打印方向为【横向】。
- 在【打印样式表】分组框的下拉列表中选择打印样式【Monochrome.ctb】（将所有颜色打印为黑色）。

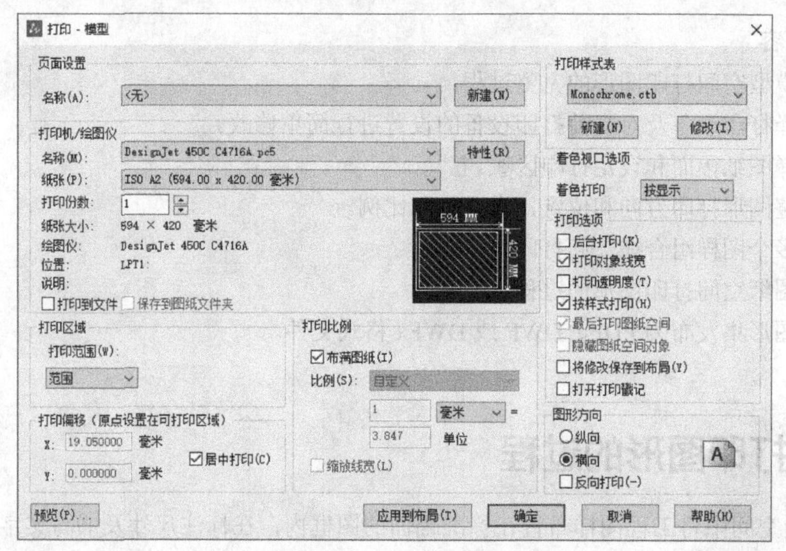

图 13-1 【打印 - 模型】对话框

4. 单击 预览(P)... 按钮，预览打印效果，如图 13-2 所示。若满意，单击按钮开始打印，否则按 Esc 键返回【打印 - 模型】对话框，重新设定打印参数。

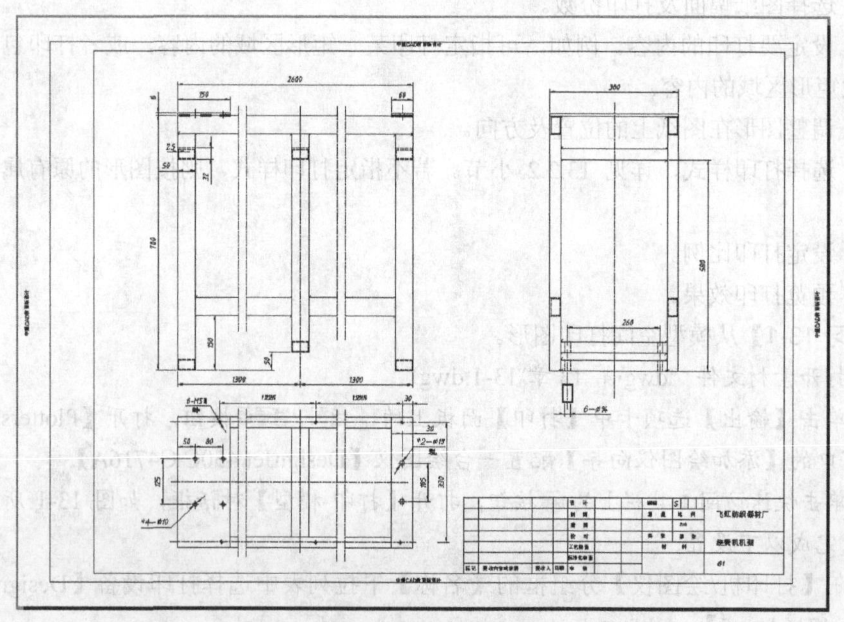

图 13-2 打印预览

13.2 设置打印参数

在中望机械 CAD 中，用户可使用内部打印机或 Windows 系统打印机打印图形，并能方便地修改打印机设置及其他打印参数。单击快速访问工具栏上的按钮，打开【打印 - 模型】对话框，如图 13-3 所示。在该对话框中，用户可配置打印设备及选择打印样式，还能设定图纸幅面、打印比例及打印区域等参数。下面介绍该对话框的主要功能。

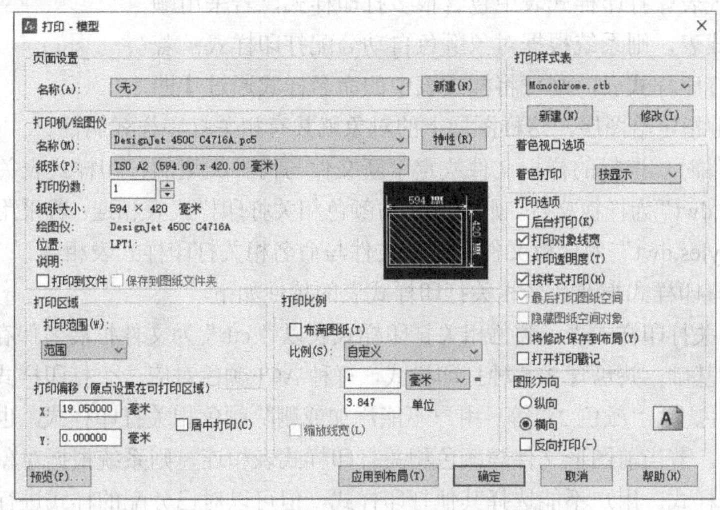

图 13-3 【打印 - 模型】对话框

13.2.1 选择打印设备

在【打印机/绘图仪】分组框的【名称】下拉列表中，用户可选择 Windows 系统打印机或中望机械 CAD 内部打印机（“.pc5”文件）作为输出设备。当用户选定某种打印机后，【名称】下拉列表下面将显示被选中设备的名称、连接端口及其他与打印机相关的注释信息。

如果用户想修改当前打印机设置，可单击 特性(R) 按钮，打开【绘图仪配置编辑器】对话框，如图 13-4 所示，在该对话框中可以重新设定打印机端口及其他输出设置，如打印介质、颜色深度、分辨率及自定义图纸尺寸等。

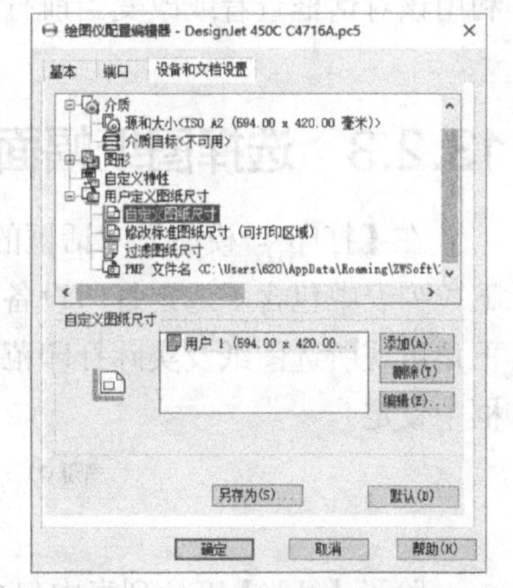

图 13-4 【绘图仪配置编辑器】对话框

【绘图仪配置编辑器】对话框包含【基本】【端口】【设备和文档设置】3 个选项卡，各选项卡的功能介绍如下。

- 【基本】：此选项卡中包含了打印机配置文件（“.pc5”文件）的基本信息，如配置文件名称、驱动程序信息、打印机端口等。用户可在此选项卡的【说明】列表框中加入其他注释信息。
- 【端口】：用户可在此选项卡中修改打印机与计算机的连接设置，如选定打印端口、指定打印到文件、后台打印等。
- 【设备和文档设置】：在此选项卡中，用户可以指定图纸来源、尺寸和类型，并能修改颜色深度、打印分辨率等。

13.2.2 选择打印样式

在【打印样式表】分组框的【打印样式】下拉列表中选择打印样式，如图13-5所示。

打印样式是对象的一种特性，与颜色和线型一样，用于设定打印图形的外观。若为某个对象选择了一种打印样式，则打印图形后，对象的外观由样式决定。系统提供了颜色相关打印样式表和命名相关打印样式表两种类型的打印样式表。打印样式表中包含很多打印样式，若采用颜色相关打印样式表，则系统根据对象颜色自动分配打印样式；若采用命名相关打印样式表，则可将样式表中的命名样式通过【图层特性管理器】指定给图层，这样图层上的对象就具有相关打印样式属性。

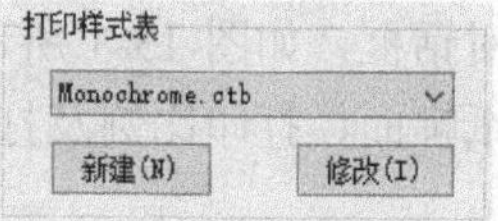

图13-5 选择打印样式

创建新文件时，选择的样板文件决定了新文件与何种类型的打印样式表关联。例如，若采用“zwcadiso.dwt”为样板文件，则新文件与颜色相关打印样式表相连；若采用“ZWCADISO - Named Plot Styles.dwt”为样板文件，则新文件与命名相关打印样式表相连。

颜色相关打印样式表及命名相关打印样式表的特性如下。

- 颜色相关打印样式表：颜色相关打印样式表以“.ctb”为文件扩展名保存。该表以对象颜色为基础，共包含255种打印样式，每种ACI颜色对应一个打印样式，样式名分别为“颜色1”“颜色2”等。用户不能添加或删除颜色相关打印样式，也不能改变它们的名称。若当前图形文件与颜色相关打印样式表相连，则系统根据对象的颜色自动分配打印样式。用户不能选择其他打印样式，但可以对已分配的样式进行修改。
- 命名相关打印样式表：命名相关打印样式表以“.stb”为文件扩展名保存。该表包括一系列已命名的打印样式，用户可修改打印样式的设置及其名称，还可添加新的样式。若当前图形文件与命名相关打印样式表相连，则用户可以不考虑对象颜色，直接给对象指定样式表中的任意一种打印样式。

【打印样式】下拉列表中包含了当前图形中的所有打印样式表，用户可选择其中之一。若要修改打印样式，可单击此下拉列表下面的 修改(I) 按钮，打开【打印样式编辑器】对话框，利用该对话框查看或改变当前打印样式表中的参数。

13.2.3 选择图纸幅面

在【打印 - 模型】对话框的【纸张】下拉列表中指定图纸大小，如图13-6所示。【纸张】下拉列表中包含了选定打印设备可用的标准图纸尺寸。当选择某种幅面图纸时，该下拉列表右下角出现所选图纸及实际打印范围的预览图像（打印范围用阴影表示，可在【打印区域】分组框中设定）。

图13-6 【纸张】下拉列表

除了【纸张】下拉列表中包含的标准图纸外，用户也可以创建自定义图纸，此时需修改所选打印设备的配置。

【练习13-2】创建自定义图纸。

1. 在【打印 - 模型】对话框的【打印机/绘图仪】分组框中单击 特性(R) 按钮，打开【绘图仪配置编辑器】对话框，在【设备和文档设置】选项卡中选择【自定义图纸尺寸】选项，如图13-7所示。

2. 单击 添加(A)... 按钮，打开【自定义图纸尺寸-开始】对话框，如图 13-8 所示。
3. 不断单击 下一步(N) > 按钮，并根据系统提示设置图纸参数，最后单击 完成 按钮。
4. 返回【打印 - 模型】对话框，系统将在【纸张】下拉列表中显示自定义的图纸。

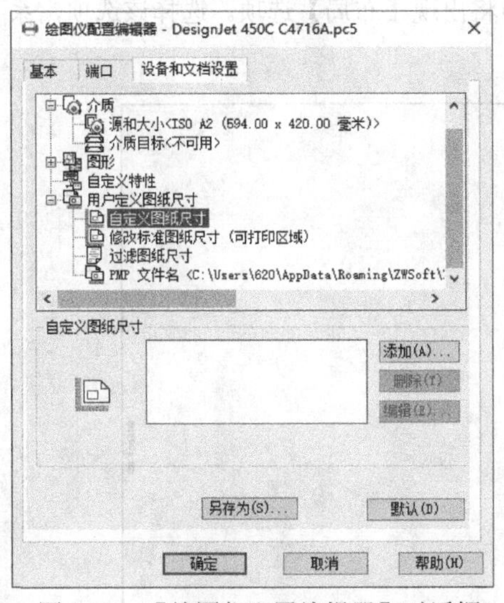

图 13-7 【绘图仪配置编辑器】对话框

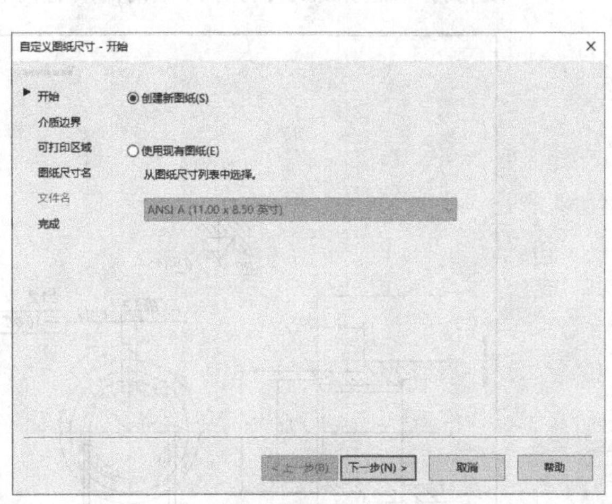

图 13-8 【自定义图纸尺寸-开始】对话框

13.2.4 设定打印区域

在【打印 - 模型】对话框的【打印区域】分组框中设置要输出的图形范围，如图 13-9 所示。

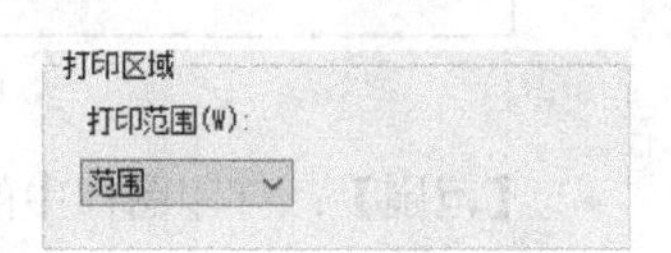

图 13-9 【打印区域】分组框

该分组框的【打印范围】下拉列表中包含 4 个选项，下面利用图 13-10 所示的图样讲解它们的功能。

要点提示 在【草图设置】对话框中取消勾选【显示超出界限的栅格】复选框，才会出现图 13-10 所示的栅格。

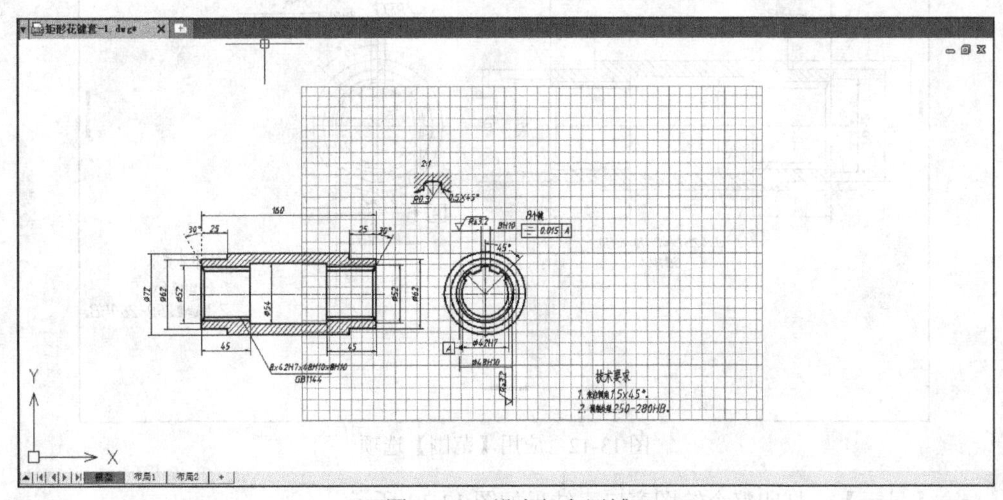

图 13-10 设定打印区域

- 【图形界限】/【布局】：从模型空间打印时，【打印范围】下拉列表中将出现【图形界限】选项。选择该选项，系统将把设定的图形界限范围（用 LIMITS 命令设置图形界限）打印在图纸上，结果如图 13-11 所示。

  从图纸空间打印时，【打印范围】下拉列表中将出现【布局】选项。选择该选项，系统将打印虚拟图纸可打印区域内的所有内容。

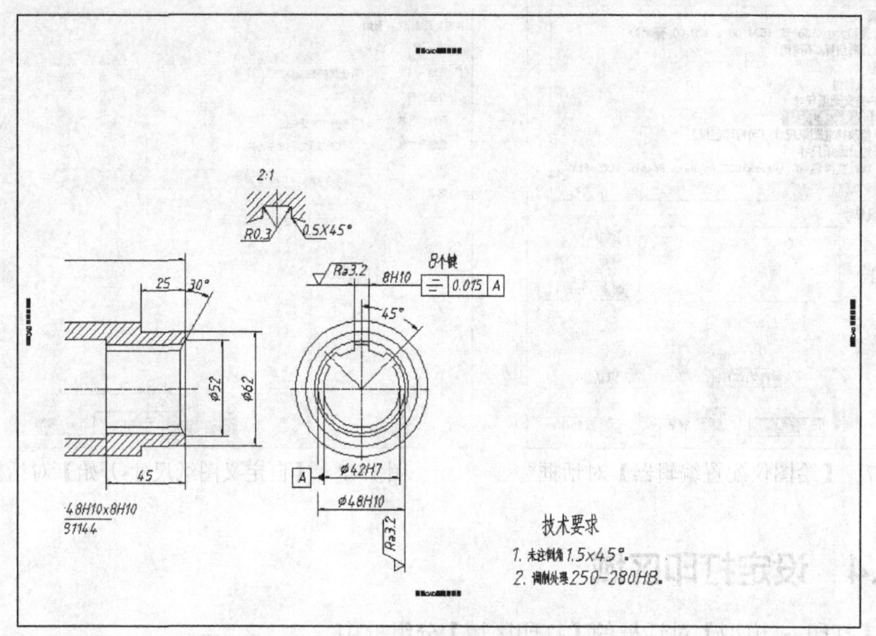

图 13-11 应用【图形界限】选项

- 【范围】：打印图样中的所有图形对象，结果如图 13-12 所示。

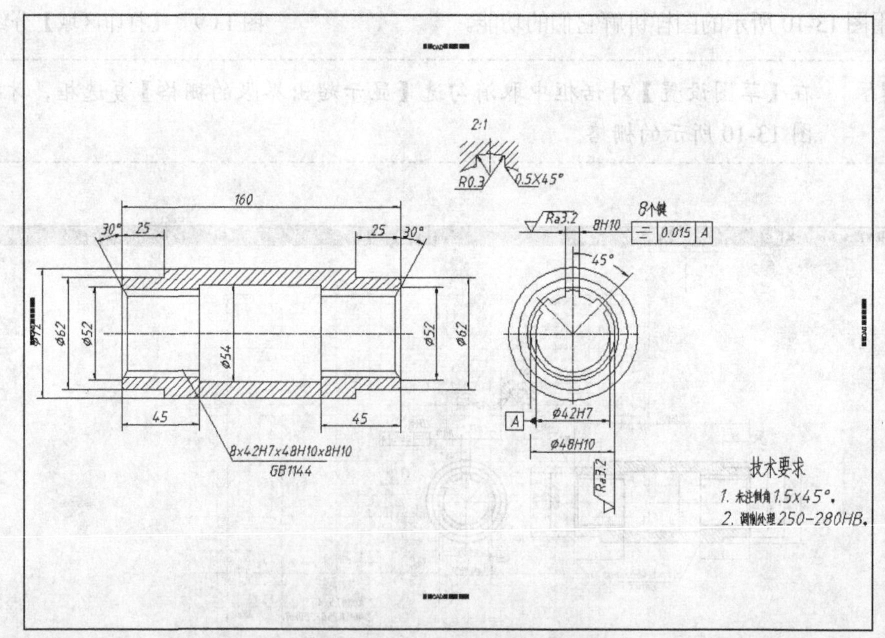

图 13-12 应用【范围】选项

- 【显示】：打印整个绘图窗口，结果如图 13-13 所示。

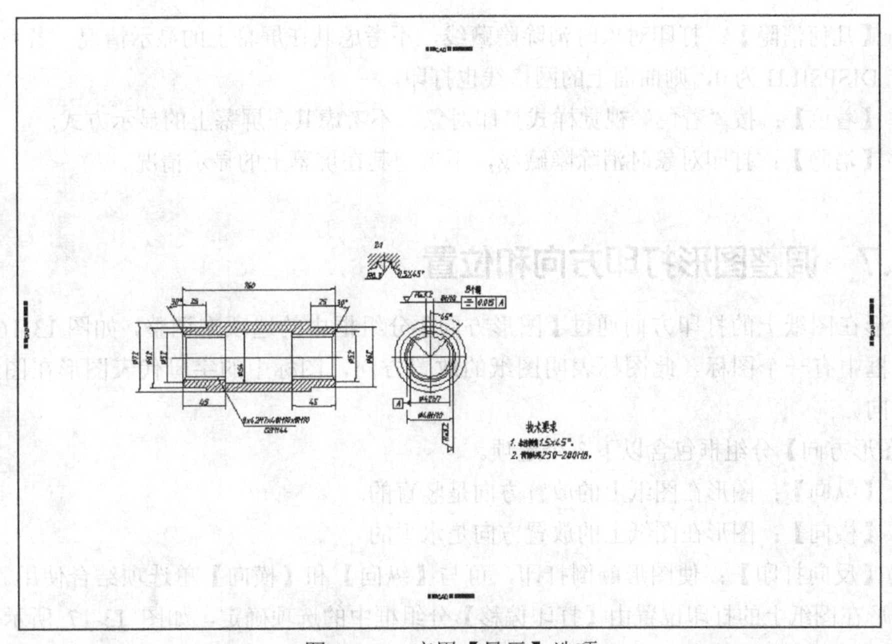

图 13-13 应用【显示】选项

- 【窗口】：打印用户设定的区域。选择此选项后，系统提示指定打印区域的两个角点，同时在【打印-模型】对话框中显示 选择打印区域(O)< 按钮，单击此按钮，可重新设定打印区域。

13.2.5 设定打印比例

在【打印-模型】对话框的【打印比例】分组框中设置打印比例，如图 13-14 所示。绘图阶段用户根据实物按 1∶1 比例绘图，打印阶段需依据图纸尺寸确定打印比例，该比例是图纸大小与图形大小的比值。当测量单位是毫米（mm）、打印比例设定为 1∶2 时，表示图纸上的 1mm 代表两个图形单位。

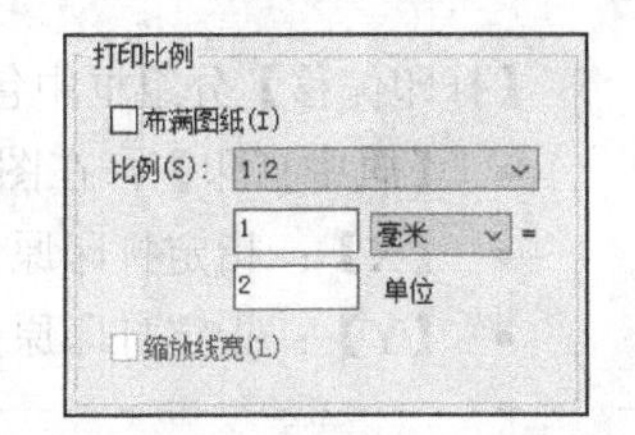

图 13-14 【打印比例】分组框

【比例】下拉列表中包含了一系列标准缩放比例和【自定义】选项。选择【自定义】选项，用户可以自己指定打印比例。

从模型空间打印时，【打印比例】的默认设置是【布满图纸】，此时系统将缩放图形以充满所选定的图纸。

13.2.6 设定着色打印

着色打印用于指定着色图及渲染图的打印方式，可在【着色视口选项】分组框的【着色打印】下拉列表中进行设定，如图 13-15 所示。

【着色打印】下拉列表中包含以下 5 个选项。

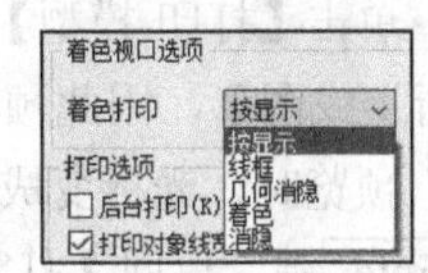

图 13-15 设定着色打印

- 【按显示】：按对象在屏幕上的显示情况进行打印。
- 【线框】：按线框方式打印对象，不考虑其在屏幕上的显示情况。

- 【几何消隐】：打印对象时消除隐藏线，不考虑其在屏幕上的显示情况。若系统变量 DISPSILH 为 0，则曲面上的网格线也打印。
- 【着色】：按"着色"视觉样式打印对象，不考虑其在屏幕上的显示方式。
- 【消隐】：打印对象时消除隐藏线，不考虑其在屏幕上的显示情况。

13.2.7 调整图形打印方向和位置

图形在图纸上的打印方向通过【图形方向】分组框中的选项来调整，如图 13-16 所示。该分组框中有一个图标，此图标表明图纸的放置方向，图标中的字母代表图形在图纸上的打印方向。

【图形方向】分组框包含以下 3 个选项。

- 【纵向】：图形在图纸上的放置方向是竖直的。
- 【横向】：图形在图纸上的放置方向是水平的。
- 【反向打印】：使图形颠倒打印，可与【纵向】和【横向】单选项结合使用。

图形在图纸上的打印位置由【打印偏移】分组框中的选项确定，如图 13-17 所示。默认情况下，系统从图纸左下角打印图形。打印原点处在图纸左下角的位置，坐标为（0,0），用户可在【打印偏移】分组框中设定新的打印原点，这样将得到图形在图纸上沿 x 轴和 y 轴移动后的效果。

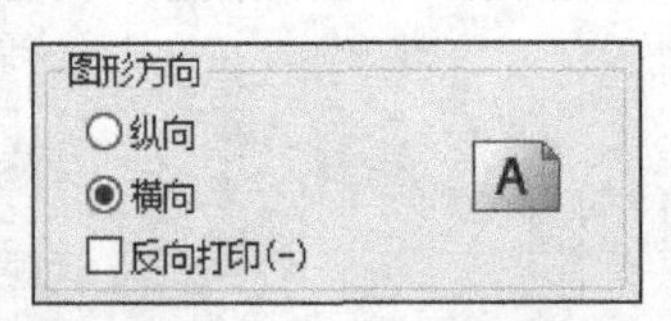

图 13-16 【图形方向】分组框

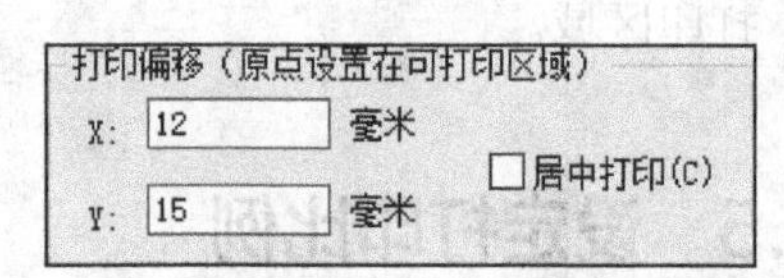

图 13-17 【打印偏移】分组框

【打印偏移】分组框中包含以下 3 个选项。

- 【居中打印】：在图纸正中间打印图形（自动计算 x 和 y 的偏移值）。
- 【X】：指定打印原点在 x 轴方向的偏移值。
- 【Y】：指定打印原点在 y 轴方向的偏移值。

要点提示 如果用户不能确定打印机如何确定打印原点，可试着改变打印原点的位置并预览打印效果，然后根据图形的移动距离推测打印原点的位置。

13.2.8 预览打印效果

打印参数设置完成后，用户可通过打印预览观察图形的打印效果，如果对效果不满意，可重新调整，以免浪费图纸。

单击【打印-模型】对话框左下角的 预览(P)... 按钮，系统显示实际的打印效果。由于系统要重新生成图形，因此预览复杂图形需耗费较多的时间。

预览时，光标变成放大镜形状，利用它可以进行实时缩放操作。查看完毕后，按 Esc 键或 Enter 键，返回【打印-模型】对话框。

13.2.9 页面设置——保存打印设置

用户选择打印设备并设置打印参数（图纸幅面、打印比例和打印方向等）后，可以保存这些页面设置，以便以后使用。

【页面设置】分组框的【名称】下拉列表中显示了所有已命名的页面设置，若要保存当前页面设置，就单击右边的 新建(N) 按钮，打开【添加打印设置】对话框，如图 13-18 所示，在该对话框的【新页面设置名】文本框中输入页面设置的名称，然后单击 确定 按钮即可。

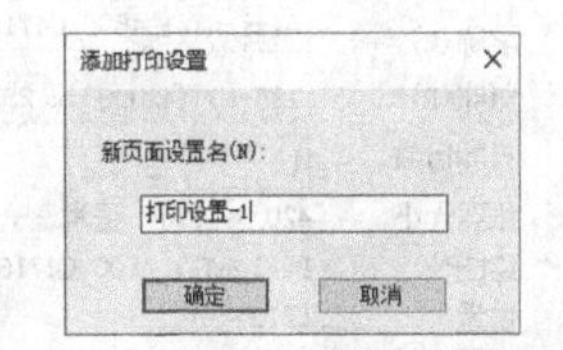

图 13-18 【添加打印设置】对话框

用户也可以从其他图形中输入已定义的页面设置。在【页面设置】分组框的【名称】下拉列表中选择【输入】选项，打开【从文件选择页面设置】对话框，选择并打开所需的图形文件后，打开【输入页面设置】对话框，如图 13-19 所示。该对话框显示了所选图形文件中包含的页面设置，选择其中之一，单击 确定 按钮完成输入。

用户可以利用【页面设置管理器】很方便地新建、修改及重新命名页面设置，还能输入其他图样的页面设置。用鼠标右键单击绘图窗口左下角的【模型】或【布局】选项卡，打开快捷菜单，利用【页面设置】命令打开【页面设置管理器】对话框，如图 13-20 所示。通过该对话框使模型空间或图纸空间与某一页面设置关联，图中显示模型空间与“打印设置-1”关联。这样在打印模型空间图样时，用户无须输入各类打印参数，“打印设置-1”已经决定了最后的打印效果。

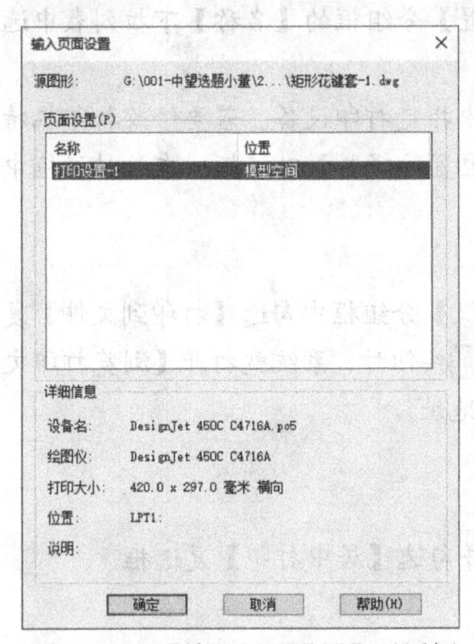

图 13-19 【输入页面设置】对话框

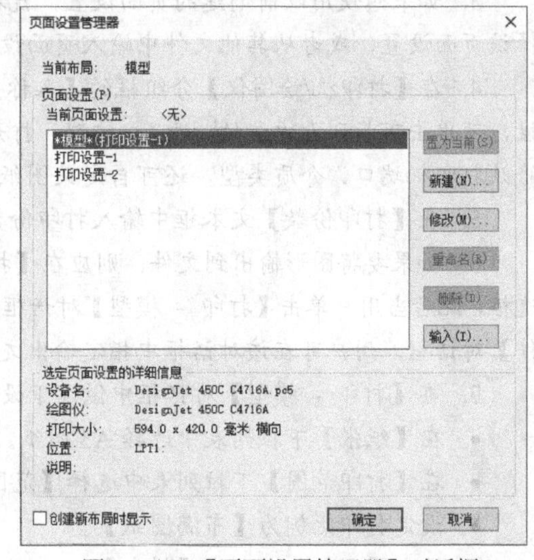

图 13-20 【页面设置管理器】对话框

13.3 打印图形实例——输出到打印机或生成 PDF 文件

前面两节介绍了有关打印图形方面的知识，下面通过一个实例演示打印图形的全过程。

【练习 13-3】将图样输出到打印机或生成 PDF 文件。

1. 打开素材文件“dwg\第 13 章\13-3.dwg”。

2. 单击【输出】选项卡中【打印】面板上的 打印 按钮，打开【打印 - 模型】对话框，如图 13-21 所示。

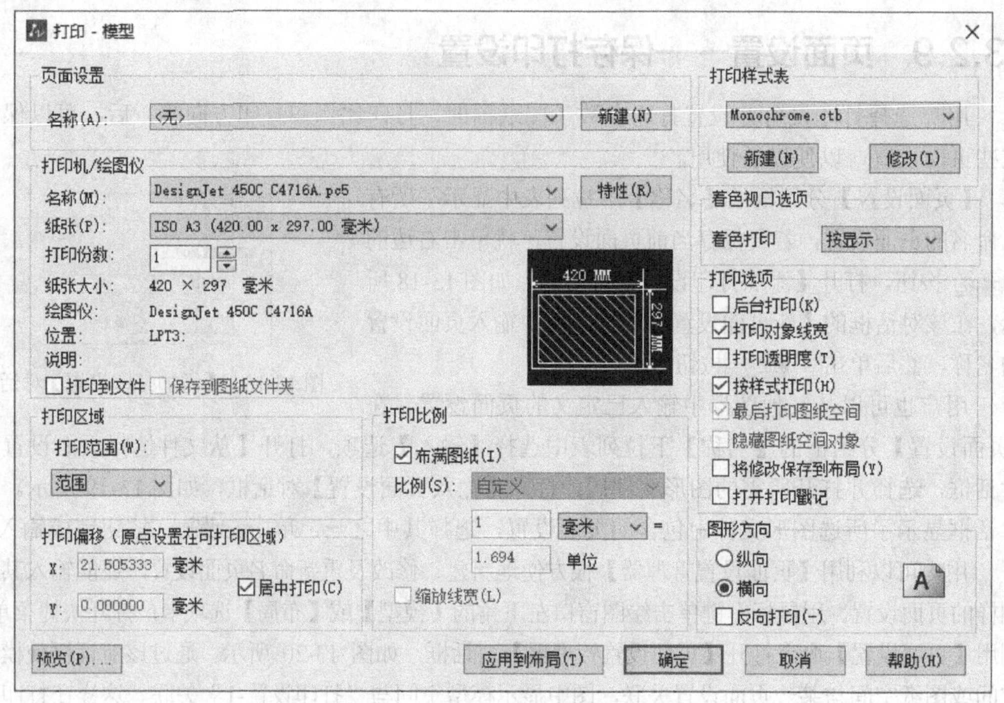

图 13-21 【打印 - 模型】对话框

3. 如果想使用以前创建的页面设置，就在【页面设置】分组框的【名称】下拉列表中选择该页面设置，或者从其他文件中输入页面设置并应用。

4. 在【打印机/绘图仪】分组框的【名称】下拉列表中指定打印设备。若要修改打印机特性，可单击下拉列表右边的 特性(R) 按钮，打开【绘图仪配置编辑器】对话框，在该对话框中修改打印机端口、介质类型，还可自定义图纸大小。

5. 在【打印份数】文本框中输入打印份数。

6. 如果要将图形输出到文件，则应在【打印机/绘图仪】分组框中勾选【打印到文件】复选框，此后当用户单击【打印 - 模型】对话框中的 确定 按钮时，系统就打开【浏览打印文件】对话框，用户可在该对话框中指定输出文件的名称及地址。

7. 在【打印 - 模型】对话框中做以下设置。

- 在【纸张】下拉列表中选择 A3 图纸。
- 在【打印范围】下拉列表中选择【范围】选项，并勾选【居中打印】复选框。
- 设定打印比例为【布满图纸】。
- 设定图形打印方向为【横向】。
- 在【打印样式表】分组框的下拉列表中选择打印样式【Monochrome.ctb】。

8. 单击 预览(P)... 按钮，预览打印效果，如图 13-22 上图所示。由预览图可见，图框与图纸边界有一定的距离，页边距不为 0。按 Esc 键，返回【打印 - 模型】对话框，单击 特性(R) 按钮，打开【绘图仪配置编辑器】对话框，利用【修改标准图纸尺寸（可打印区域）】选项编辑图纸的可打印区域，将页边距设置为 0。

9. 重新预览打印效果，结果如图 13-22 下图所示。若满意，单击 按钮开始打印。

10. 再次启动打印命令，打开【打印 - 模型】对话框，在【页面设置】分组框的【名称】下拉列表中选择【生成 PDF 文件】选项，则系统自动填写各项打印参数，如图 13-23 所示。

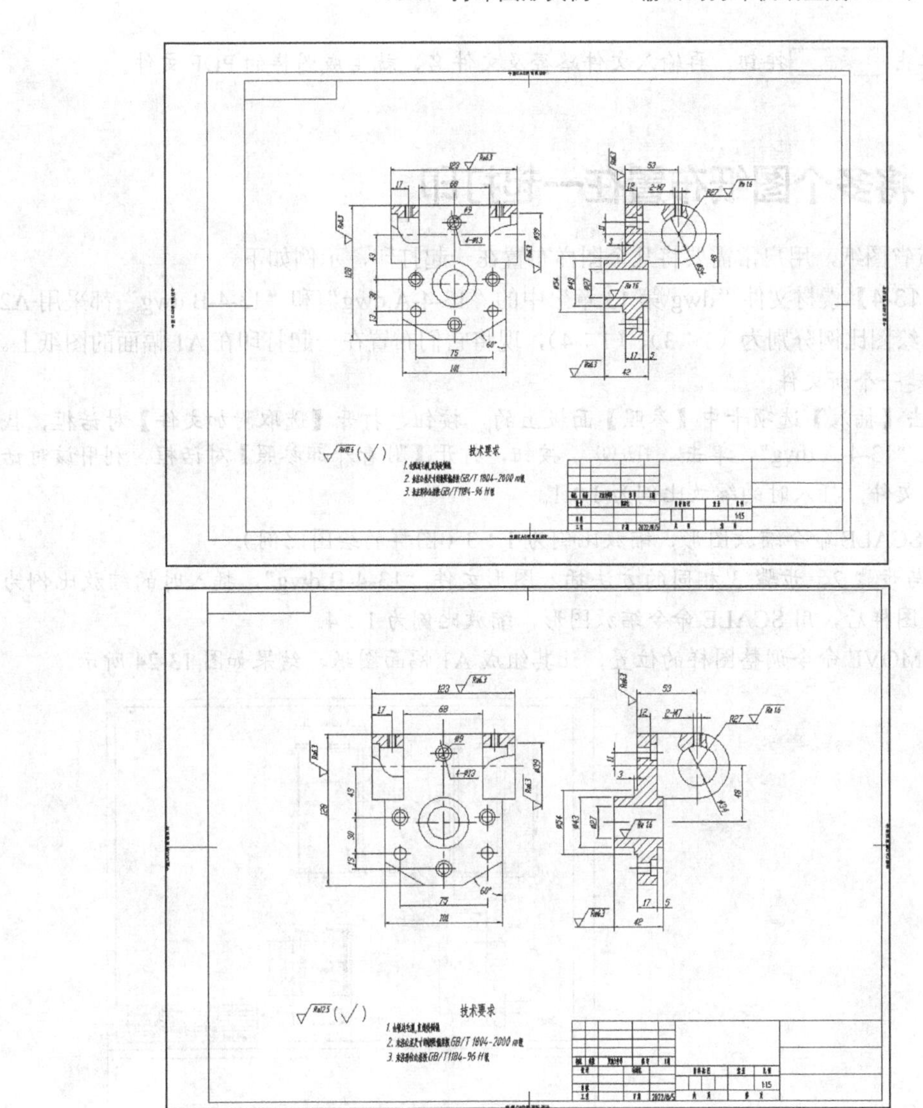

图 13-22 预览打印效果

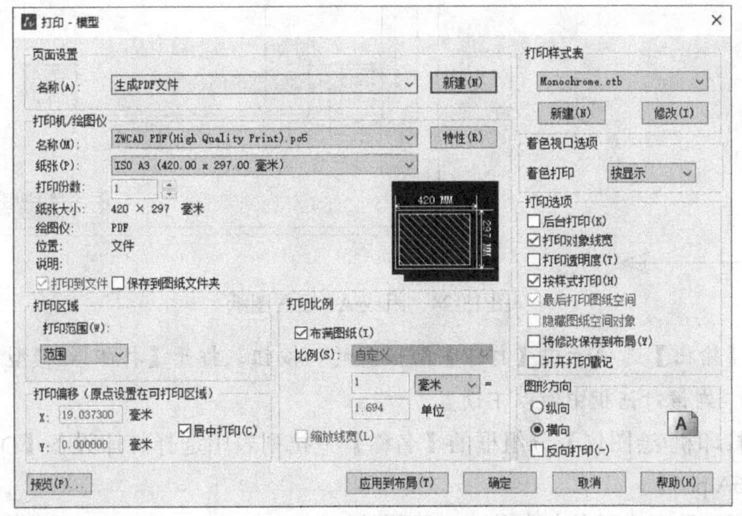

图 13-23 【打印 - 模型】对话框

11. 单击 确定 按钮，再输入文件路径及文件名，就生成图样的 PDF 文件。

13.4 将多个图纸布置在一起打印

为了节省图纸，用户常需要将几个图样布置在一起打印，示例如下。

【练习 13-4】素材文件“dwg\第 13 章”中的“13-4-A.dwg”和“13-4-B.dwg”都采用 A2 幅面图纸，绘图比例分别为（1∶3）、（1∶4），现将它们布置在一起打印在 A1 幅面的图纸上。

1. 创建一个新文件。

2. 单击【插入】选项卡中【参照】面板上的 DWG 按钮，打开【选取附加文件】对话框，找到图形文件“13-4-A.dwg”，单击 打开(O) 按钮，打开【附着外部参照】对话框，利用该对话框插入图形文件，插入时的缩放比例为 1∶1。

3. 用 SCALE 命令缩放图形，缩放比例为 1∶3（图样的绘图比例）。

4. 用与步骤 2、步骤 3 相同的方法插入图形文件“13-4-B.dwg”，插入时的缩放比例为 1∶1。插入图样后，用 SCALE 命令缩放图形，缩放比例为 1∶4。

5. 用 MOVE 命令调整图样的位置，让其组成 A1 幅面图纸，结果如图 13-24 所示。

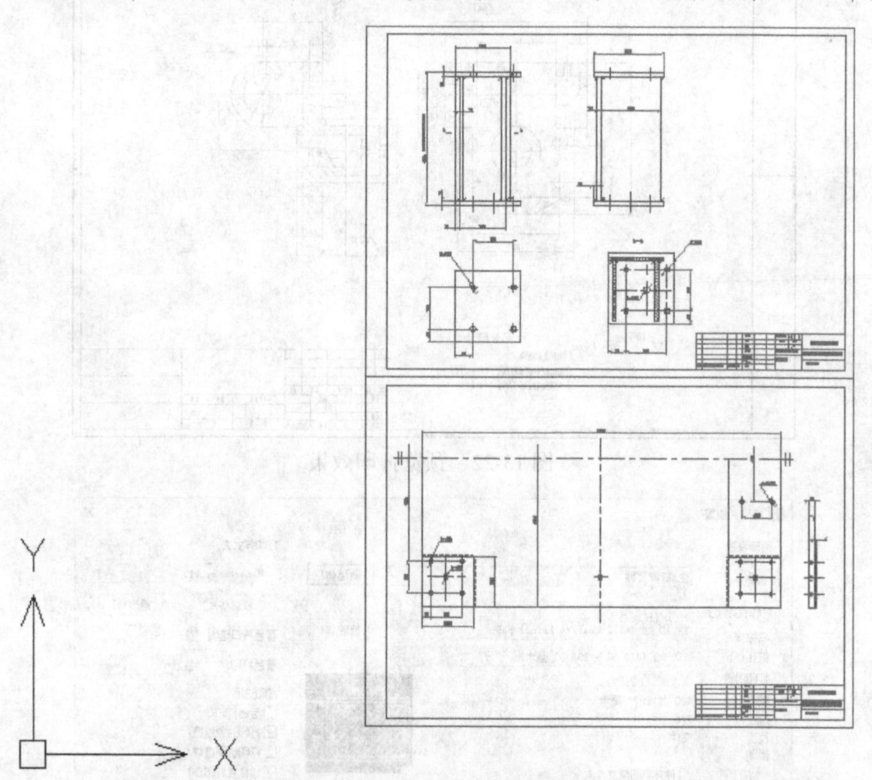

图 13-24 组成 A1 幅面图纸

6. 单击【输出】选项卡中【打印】面板上的 打印 按钮，打开【打印 - 模型】对话框，如图 13-25 所示，在该对话框中做以下设置。

- 在【打印机/绘图仪】分组框的【名称】下拉列表中选择打印设备【DesignJet 450C C4716A.pc5】。
- 在【纸张】下拉列表中选择 A1 幅面图纸。

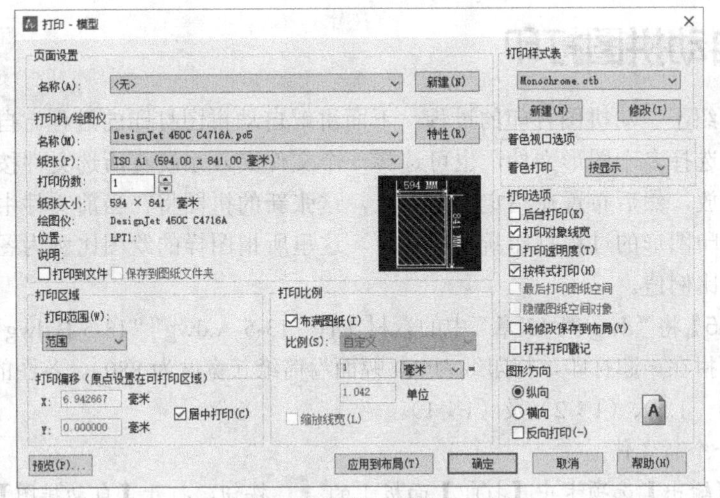

图 13-25　【打印 - 模型】对话框

- 在【打印样式表】分组框的下拉列表中选择打印样式【Monochrome.ctb】。
- 在【打印范围】下拉列表中选择【范围】选项，并勾选【居中打印】复选框。
- 在【打印比例】分组框中勾选【布满图纸】复选框。
- 在【图形方向】分组框中选择【纵向】单选项。

7. 单击预览(P)...按钮，预览打印效果，如图 13-26 所示。若满意，则单击打印按钮开始打印。

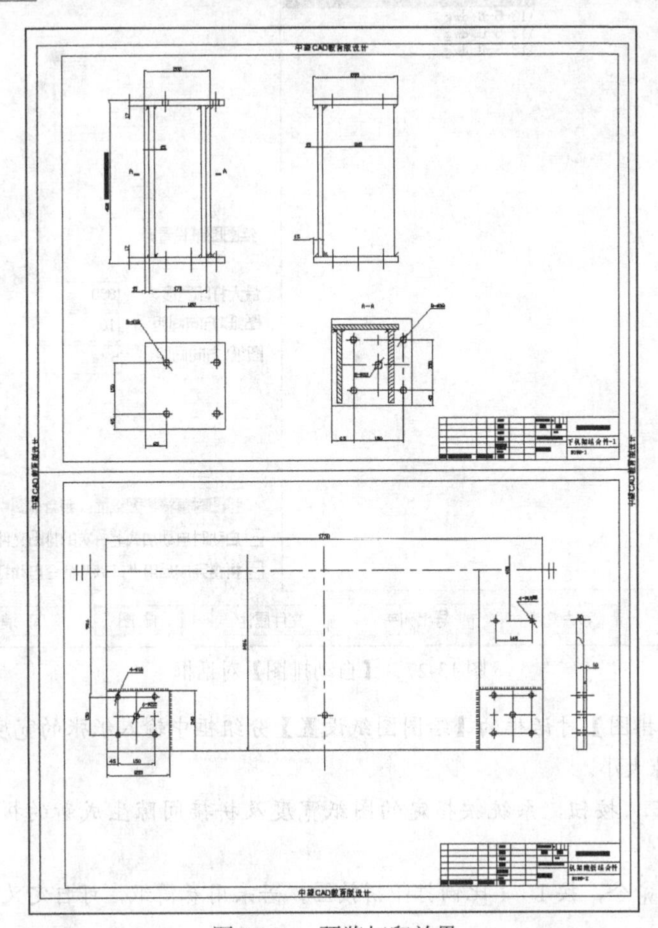

图 13-26　预览打印效果

13.5 自动拼图打印

13.4 节介绍了手动拼图打印的过程，下面讲解自动拼图打印的过程。自动拼图时，用户可以一次性选择多个图形文件，也可选择一个文件夹，系统将所选文件按每个图样的绘图比例进行缩放，然后布置在指定的图纸上，这张新的拼图将在当前文件中显示出来，接下来按一般打印图形的过程打印新拼图即可。这里所指图样的绘图比例为图样中插入标准图框时设定的比例值。

【练习 13-5】将“dwg\第 13 章”中的素材文件“13-5-A.dwg”“13-5-B.dwg”“13-5-C.dwg”“13-5-D.dwg”拼在一起打印，打印纸为 A0 幅面卷筒纸（宽度为 880）。各图的绘图比例分别为（1∶2）、（1∶1.5）、（1∶2）及（1∶1）。

1. 创建一个新文件。

2. 单击【输出】选项卡中【打印】面板上的 自动排版打印 按钮，打开【自动排图】对话框，如图 13-27 所示。单击 添加文件 按钮，指定添加文件方式为【单个或多个 DWG 文件（*.dwg）】，然后选择要拼接的 4 个图形文件。单击 文件属性 按钮，打开【图纸的相关属性】对话框，在该对话框中可以查看所选图形文件的绘图比例及图纸幅面。

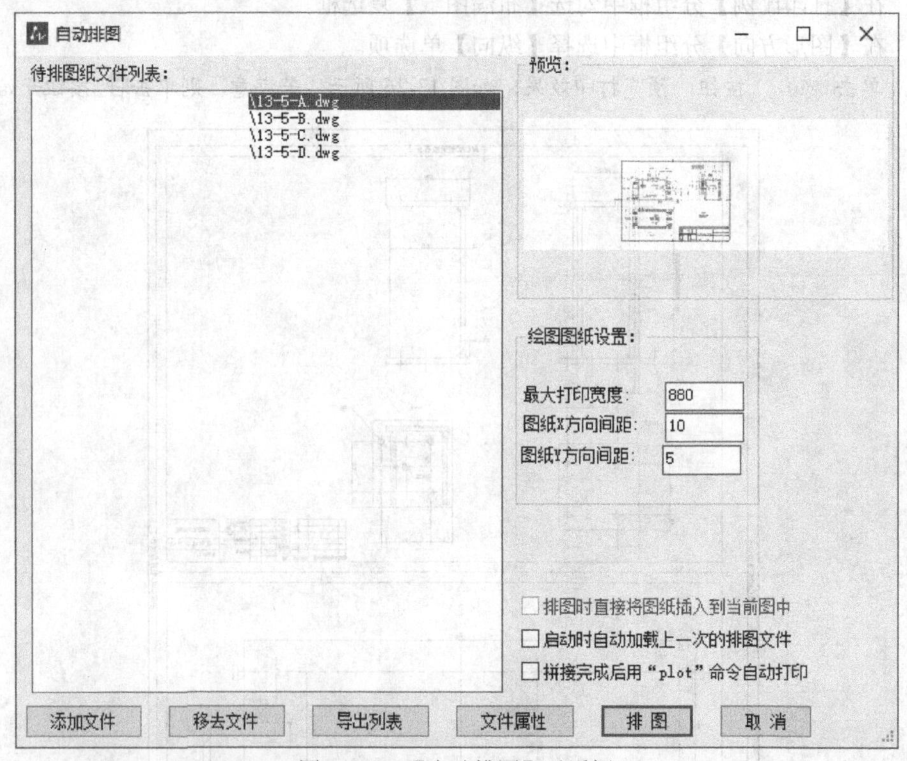

图 13-27 【自动排图】对话框

3. 在【自动排图】对话框的【绘图图纸设置】分组框中输入纸张的宽度，再设定图样拼接后图样间的间隙大小。

4. 单击 排图 按钮，系统按指定的图纸宽度及拼接间隙生成新的拼接图样，结果如图 13-28 所示。

5. 启动打印命令，按 1∶1 比例打印拼接图。若采用卷筒纸，可自定义纸张大小。

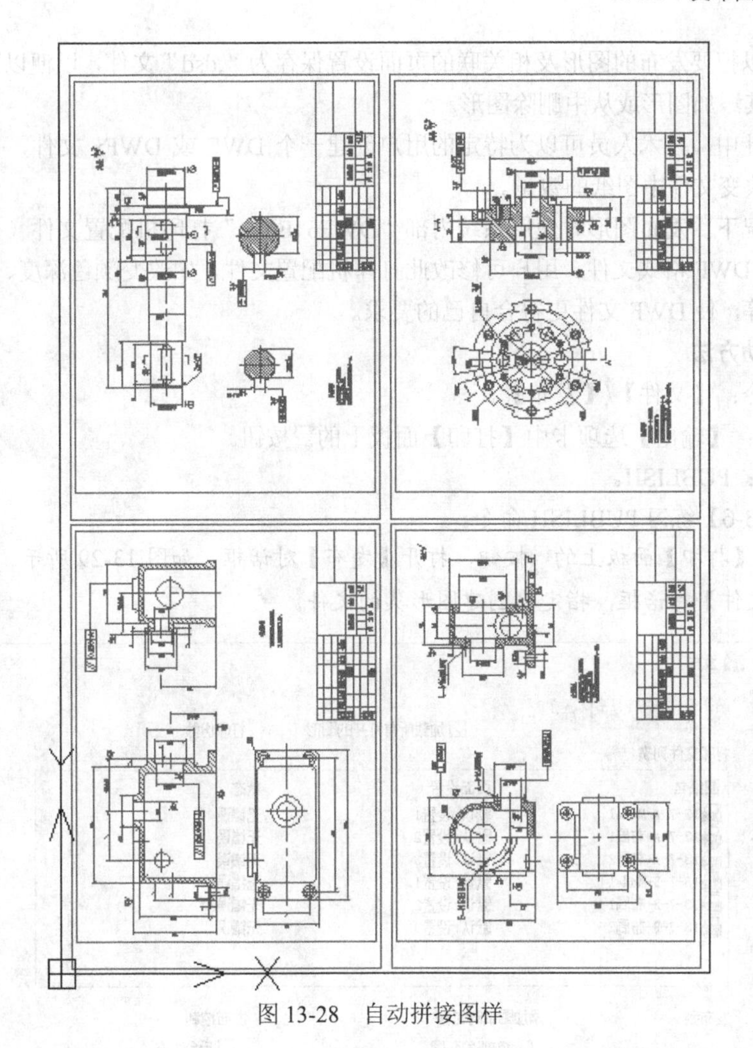

图 13-28 自动拼接图样

13.6 发布图形集

使用中望机械 CAD 提供的图形发布功能，用户可以一次性将多个图形文件创建成 PDF、DWF 或 DWFx 格式的文件，或者将所有图形通过打印机输出。下面详细介绍中望机械 CAD 中的图形发布功能。

13.6.1 将图形集发布为 PDF、DWF 或 DWFx 格式文件

用户利用发布功能可以把选定的多个图形文件创建成 DWF、DWFx 或 PDF 格式的文件，该文件可以是以下形式。

- 单个或多个 DWF 或 DWFx 文件，包含二维和三维内容。
- 单个或多个 PDF 文件，包含二维内容。

DWF 及 DWFx 格式的文件高度压缩，可方便地以电子邮件方式在 Internet 上传输，接收方无须安装中望机械 CAD 或了解中望机械 CAD 就可使用相关的免费查看器查看图形或高质量地打印图形。

用户可以把要发布的图形及相关联的页面设置保存为“.dsd”文件，以便以后调用，还可根据需要向其添加图形或从中删除图形。

工程设计中，技术人员可以为特定的用户创建一个DWF或DWFx文件，并可视工程进展情况随时改变文件中图纸的数量。

一般情况下，发布图形时使用系统内部“DWF6 Eplot”打印机配置文件（在页面设置中指定），生成DWF格式文件。用户可修改此打印机配置文件，如改变颜色深度、显示分辨率、文件压缩率等，使DWF文件更符合自己的要求。

命令启动方法

菜单命令：【文件】/【发布】。

- 面板：【输出】选项卡中【打印】面板上的发布按钮。
- 命令：PUBLISH。

【练习13-6】练习PUBLISH命令。

1. 单击【打印】面板上的发布按钮，打开【发布】对话框，如图13-29所示。单击按钮，打开【选择文件】对话框，指定要创建图形集的文件。

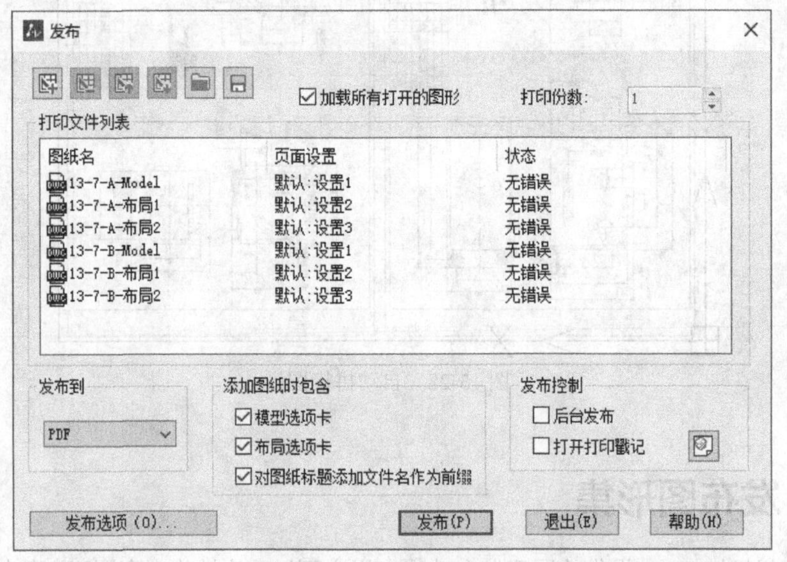

图13-29 【发布】对话框

2. 在【发布到】下拉列表中选择【PDF】选项，单击 发布选项(O)... 按钮，打开【发布选项】对话框，设定发布文件类型为【多页文件】，再指定PDF文件的名称和路径。

3. 单击 发布(P) 按钮生成一个多页的PDF文件。

【发布】对话框中主要选项的功能介绍如下。

（1）按钮：单击此按钮，选择要发布的图形文件。

（2）按钮：单击此按钮，加载已创建的图纸列表文件（.dsd文件）。如果【发布】对话框中列有图纸，将显示提示信息对话框，用户可以用新图纸替换现有图纸，也可以将新图纸附加到当前列表中。

（3）按钮：单击此按钮，将当前图纸列表保存为“.dsd”文件，该文件用于记录图形文件列表及选定的页面设置。

（4）【发布到】：设定发布图纸的方式，包括发布到页面设置中指定的打印机，多页DWF、DWFx或PDF文件。

（5）发布选项(O)... 按钮：单击此按钮，打开【发布选项】对话框，利用该对话框设定发布图形的一些选项，如保存位置、单页或多页形式文件、文件名及图层信息等。

（6）【打印文件列表】。

- 【图纸名】：由图形名称、短划线及布局名组成，此名称是 DWF、DWFx 或 PDF 格式图形集中各图形的名称，可通过连续两次单击来更改它。
- 【页面设置】：显示图纸的命名页面设置。单击页面设置名称，可选择其他页面设置或从其他图形中输入页面设置。

13.6.2 批处理打印

使用发布功能可以将多个图形文件合并为一个自定义的图形集，然后将图形集发布到每个图形指定的打印机。这些打印机的参数是在模型或布局的页面设置中设定的。

【练习 13-7】使用 PUBLISH 命令一次性打印多个图形文件。

1. 单击【打印】面板上的发布按钮，打开【发布】对话框，如图 13-30 所示。在【发布到】下拉列表中选择【打印机】选项。

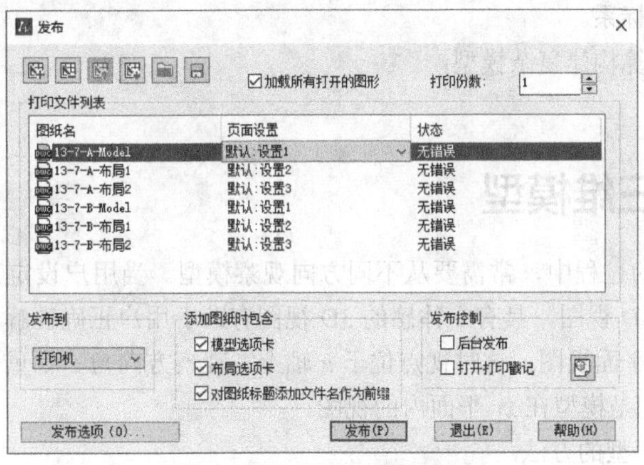

图 13-30 【发布】对话框

2. 单击按钮，打开【选择文件】对话框，选择要打印的图形文件。选定的图形文件将显示在【打印文件列表】分组框中，该分组框中的【页面设置】列中列出了图形文件所包含的命名页面设置。单击它，可选择或从另一文件中输入其他页面设置。

3. 单击 发布(P) 按钮，系统按图形文件页面设置中指定的打印机打印图形。

13.7 习题

1. 打印图形时，一般应设置哪些打印参数？如何设置？
2. 打印图形的主要过程是什么？
3. 当设置完打印参数后，应如何保存页面设置，以便再次使用？
4. 从模型空间打印图形时，怎样将绘图比例不同的图形放在一起打印？
5. 有哪两种类型的打印样式？它们的作用分别是什么？
6. 从图纸空间打印图形的过程是怎样的？

第 14 章 三维建模

主要内容

- 观察三维模型。
- 创建长方体、球体及圆柱体等基本实体。
- 拉伸或旋转二维对象形成三维实体。
- 通过扫掠及放样形成三维实体。
- 阵列、旋转及镜像三维对象。
- 使用用户坐标系。
- 利用布尔运算构建复杂模型。

14.1 观察三维模型

绘制三维模型的过程中，常需要从不同方向观察模型。当用户设定某个查看方向后，系统就显示出对应的 3D 视图，具有立体感的 3D 视图有助于用户正确理解模型的空间结构。系统的默认视图是 *xy* 平面视图，这时视点位于 *z* 轴上，观察方向与 *z* 轴重合，因此用户看不见模型的高度，看见的是模型在 *xy* 平面内的视图。

下面介绍观察模型的方法。

14.1.1 用标准视点观察模型

任何三维模型都可以从任意一个方向观察，【视图】选项卡中【视图】面板上的【视图控制】下拉列表提供了 10 种标准视点，如图 14-1 所示。通过这些标准视点就能获得三维对象的 10 种视图，如前视图、后视图、左视图及东南等轴测视图等。

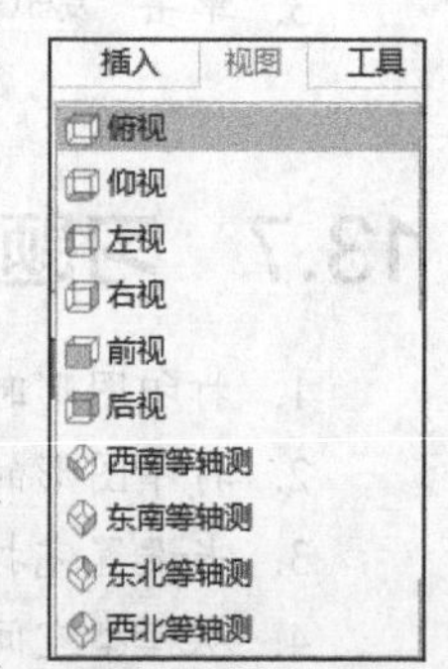

图 14-1 标准视点

【练习 14-1】利用标准视点观察三维模型。

1. 打开素材文件“dwg\第 14 章\14-1.dwg”，启动消隐命令 HIDE，结果如图 14-2 所示。

2. 选择【视图控制】下拉列表中的【前视】选项，然后发出消隐命令 HIDE，结果如图 14-3 所示，此图是三维模型的前视图。

3. 选择【视图控制】下拉列表中的【左视】选项，然后发出消隐命令 HIDE，结果如图 14-4 所示，此图是三维模型的左视图。

4. 选择【视图控制】下拉列表中的【东南等轴测】选项，然后发出消隐命令 HIDE，结果如图 14-5 所示，此图是三维模型的东南等轴测视图。

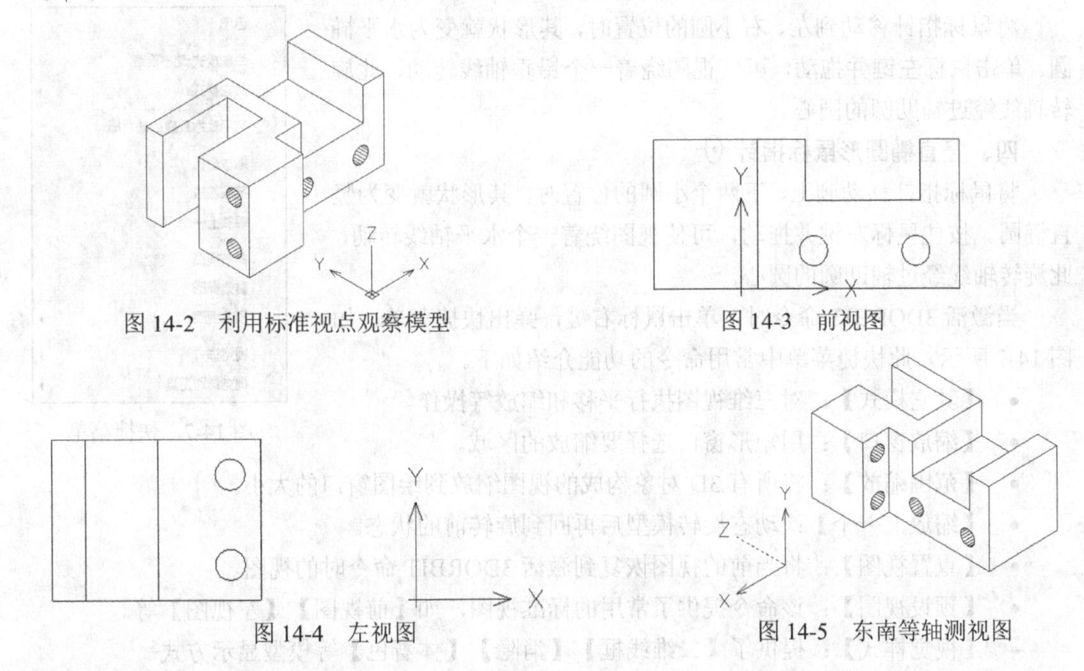

图 14-2 利用标准视点观察模型　　图 14-3 前视图

图 14-4 左视图　　图 14-5 东南等轴测视图

14.1.2 三维动态旋转

单击【实体】选项卡中【观察】面板上的动态观察按钮，启动三维动态旋转（3DORBIT）命令，此时用户可通过按住鼠标左键并拖动的方法来改变观察方向，从而能够非常方便地获得不同方向的 3D 视图。使用此命令时，可以选择观察全部对象还是模型中的一部分对象，系统围绕待观察的对象形成一个辅助圆，该圆被 4 个小圆分成 4 等份，如图 14-6 所示。辅助圆的圆心是观察目标点，当用户按住鼠标左键并拖动时，待观察对象的观察目标点静止不动，而视点绕着 3D 对象旋转，可以看到视图在不断地转动。

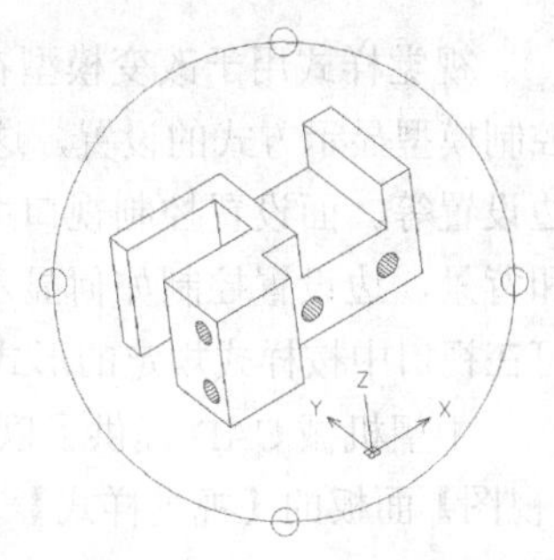

图 14-6 三维动态旋转

当用户想观察整个模型的部分对象时，应先选择这些对象，然后启动 3DORBIT 命令，此时仅所选对象显示在绘图窗口中。若其没有处在动态观察器的大圆内，就单击鼠标右键，在弹出的快捷菜单中选择【范围缩放】命令，或者按住鼠标滚轮将对象拖入观察器的大圆中。

启动 3DORBIT 命令后，绘图窗口中出现 1 个大圆和 4 个均布的小圆，如图 14-6 所示。当鼠标指针移至圆的不同位置时，其形状将发生变化，不同形状的鼠标指针表明了当前视图的旋转方向。

一、球形鼠标指针

鼠标指针位于辅助圆内时，其形状就变为球形，此时可假想一个球体将目标对象包裹起来。按住鼠标左键并拖动，就使球体沿鼠标指针拖动的方向旋转，从而让模型视图也旋转起来。

二、圆形鼠标指针

移动鼠标指针到辅助圆外，其形状就变为圆形，按住鼠标左键并将鼠标指针沿辅助圆拖动，可使 3D 视图旋转，旋转轴垂直于屏幕并通过辅助圆的圆心。

三、水平椭圆形鼠标指针

将鼠标指针移动到左、右小圆的位置时，其形状就变为水平椭圆。单击鼠标左键并拖动，可使视图绕着一个铅垂轴线转动，此旋转轴线经过辅助圆的圆心。

四、竖直椭圆形鼠标指针

将鼠标指针移动到上、下两个小圆的位置时，其形状就变为竖直椭圆。按住鼠标左键并拖动，可使视图绕着一个水平轴线转动，此旋转轴线经过辅助圆的圆心。

退出
当前模式:动态观察
其它模式:
启用动态观察自动目标
缩放窗口
范围缩放
缩放上一个
命名视图
重置视图
预设视图
视觉样式
视觉辅助工具

图 14-7　快捷菜单

当激活 3DORBIT 命令时，单击鼠标右键，弹出快捷菜单，如图 14-7 所示。此快捷菜单中常用命令的功能介绍如下。

- 【其它模式】：对三维视图执行平移和缩放等操作。
- 【缩放窗口】：用矩形窗口选择要缩放的区域。
- 【范围缩放】：将所有 3D 对象构成的视图缩放到绘图窗口的大小。
- 【缩放上一个】：动态旋转模型后再回到旋转前的状态。
- 【重置视图】：将当前的视图恢复到激活 3DORBIT 命令时的视图。
- 【预设视图】：该命令提供了常用的标准视图，如【前视图】【左视图】等。
- 【视觉样式】：提供了【二维线框】【消隐】【体着色】等模型显示方式。

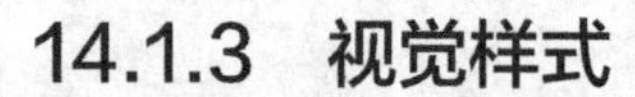

14.1.3　视觉样式

视觉样式用于改变模型在视口中的显示外观，它是一组控制模型显示方式的设置，这些设置包括面设置、环境设置、边设置等。面设置控制视口中面的外观，环境设置控制阴影和背景，边设置控制如何显示边。选中一种视觉样式时，即可在视口中按样式规定的形式显示模型。

中望机械 CAD 提供了以下 7 种默认视觉样式，用户可在【视图】面板的【视觉样式】下拉列表中进行选择，如图 14-8 所示。

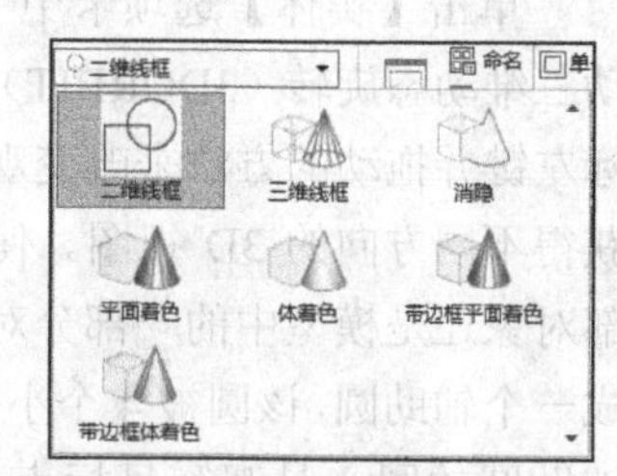

图 14-8　【视觉样式】下拉列表

- 【二维线框】：以线框形式显示对象，光栅图像、线型及线宽均可见，如图 14-9 左图所示。
- 【三维线框】：以线框形式显示对象，同时显示着色的 UCS 图标，光栅图像、线型及线宽均可见，如图 14-9 中图所示。
- 【消隐】：以线框形式显示对象并隐藏不可见线条，光栅图像及线宽可见，线型不可见，如图 14-9 右图所示。

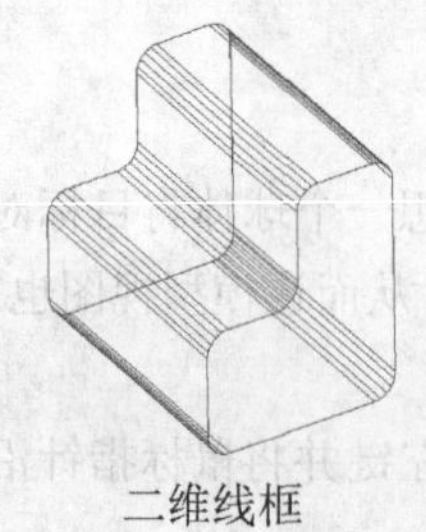

二维线框

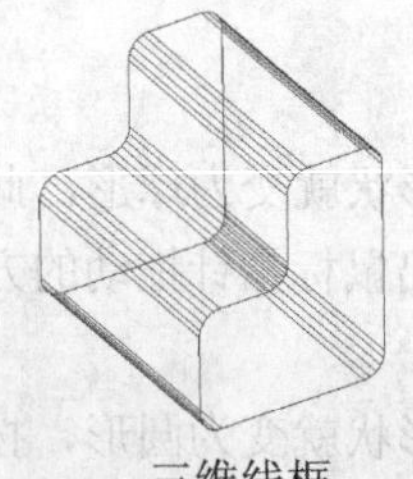

三维线框

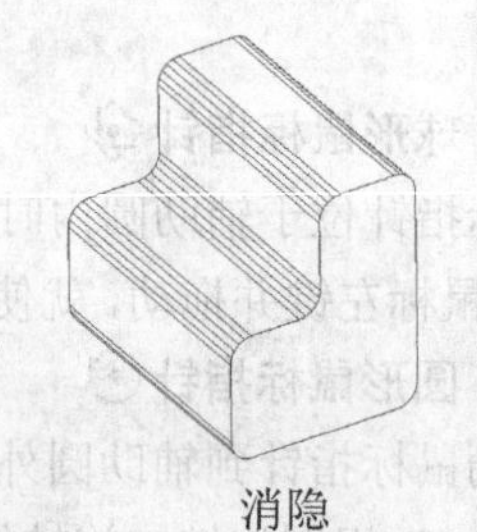

消隐

图 14-9　线框及消隐

- 【平面着色】：用许多着色的小平面来显示对象，着色的对象表面不是很光滑，如图 14-10 左图所示。
- 【体着色】：与平面着色相比，体着色会在着色的小平面间形成光滑的过渡边界，因而着色后的对象表面很光滑，如图 14-10 右图所示。
- 【带边框平面着色】：显示平面着色效果的同时还显示对象的线框。
- 【带边框体着色】：显示体着色效果的同时还显示对象的线框。

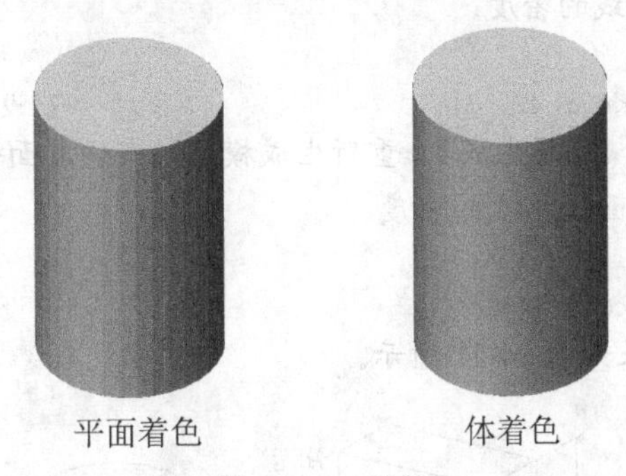

图 14-10 着色

14.2 创建三维基本实体

在中望机械 CAD 能创建长方体、球体、圆柱体、圆锥体、楔体及圆环体等基本实体。【实体】选项卡中的【图元】面板提供了创建这些实体的按钮，表 14-1 列出了这些按钮的功能及操作时要输入的主要参数。

表 14-1 创建基本实体的按钮

按钮	功能	输入参数
	创建长方体	指定底面一个角点，再输入另一角点的相对坐标及长方体高度
	创建球体	指定球心，输入球半径
	创建圆柱体	指定圆柱体底面的圆心，输入圆柱体半径及高度
	创建圆锥体及圆锥台	指定圆锥体底面的圆心，输入锥体底面半径及锥体高度；指定圆锥台底面的圆心，输入圆锥台底面半径、顶面半径及圆锥台高度
	创建楔体	指定底面一个角点，再输入另一角点的相对坐标及楔体高度
	创建圆环体	指定圆环中心点，输入圆环体半径及圆管半径

【练习 14-2】创建长方体及圆柱体。

1. 创建新文件，改变观察方向。在【视图】面板上的【视图控制】下拉列表中选择【东南等轴测】选项，切换到东南等轴测视图。再在【视觉样式】面板上的【视觉样式】下拉列表设定当前模型显示方式为【二维线框】。

2. 单击【图元】面板上的按钮，系统提示如下。

```
命令: _box
指定长方体的第一个角点或 [中心(C)]:              //指定长方体角点 A，如图 14-11 左图所示
指定另一个角点或 [立方体(C)/长度(L)]: @100,200,300
```

```
                                        //输入另一角点 B 的相对坐标，如图 14-11 左图所示
```

3. 单击【图元】面板上的按钮，系统提示如下。

```
命令: _cylinder
指定底面的中心点或 [三点(3P)/两点(2P)/切点、切点、半径(T)/椭圆(E)]:
                                        //指定圆柱体底面圆心，如图 14-11 右图所示
指定圆的半径或 [直径(D)] <201.6216>:80            //输入圆柱体半径
指定高度或 [两点(2P)/中心轴(A)] <407.5291>:300    //输入圆柱体高度
```

4. 改变实体表面网格线的密度。

```
命令: isolines
输入 ISOLINES 的新值 <4>: 40                     //设置实体表面网格线的数量
```

选择菜单命令【视图】/【重生成】，重新生成模型，实体表面网格线变得更加密集。

5. 控制实体消隐后表面网格线的密度。

```
命令: facetres
输入 FACETRES 的新值 <0.5000>: 5                //设置实体消隐后的网格线密度
```

启动 HIDE 命令，结果如图 14-11 所示。

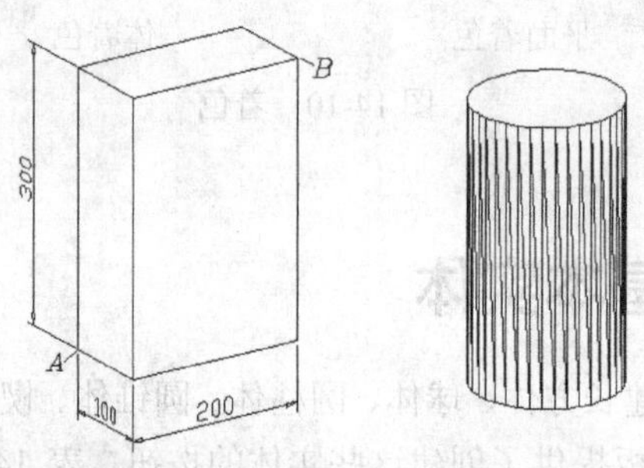

图 14-11 创建长方体及圆柱体

14.3 将二维对象拉伸成实体

使用 EXTRUDE 命令可以拉伸二维对象生成三维实体或曲面，若拉伸闭合对象，则生成实体，否则生成曲面。操作时，可指定拉伸高度值及拉伸对象的倾斜角，还可沿某一直线或曲线路径拉伸对象。

【练习 14-3】练习 EXTRUDE 命令。

1. 打开素材文件“dwg\第 14 章\14-3.dwg”。

2. 将图形 *A* 创建成面域，再用 JOIN 命令将连续线 *B* 编辑成一条多段线，如图 14-12（a）、图 14-12（b）所示。

3. 用 EXTRUDE 命令拉伸面域及多段线，形成实体和曲面。

单击【实体】面板上的按钮，启动 EXTRUDE 命令。

```
命令: _extrude
选择对象或 [模式(MO)]: 找到 1 个                    //选择面域
选择对象或 [模式(MO)]:                             //按 Enter 键
指定拉伸高度或 [方向(D)/路径(P)/倾斜角(T)]:260      //输入拉伸高度
命令: _EXTRUDE                                    //重复命令
选择对象或 [模式(MO)]: 找到 1 个                    //选择多段线
选择对象或 [模式(MO)]:                             //按 Enter 键
指定拉伸高度或 [方向(D)/路径(P)/倾斜角(T)] <260.0000>:p
                                                  //使用“路径(P)”选项
选择拉伸路径或 [倾斜角(T)]:                         //选择样条曲线 C
```

结果如图 14-12（c）、图 14-12（d）所示。

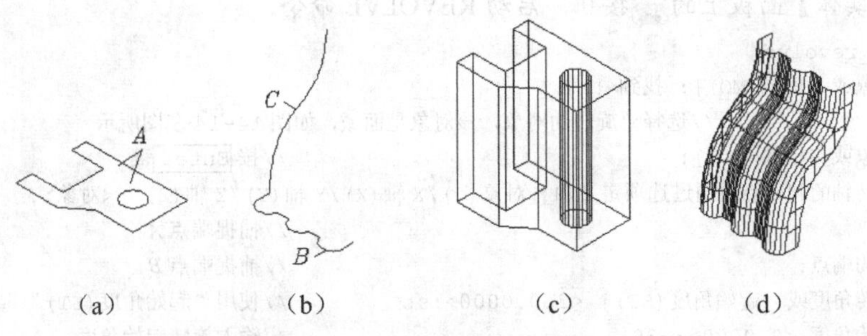

图 14-12 拉伸面域及多段线

EXTRUDE 命令中各选项的功能介绍如下。

- 模式(MO)：对于闭合轮廓，指定生成实体或曲面。
- 指定拉伸高度：如果输入正值，则使对象沿 z 轴正向拉伸；如果输入负值，则使对象沿 z 轴负向拉伸。当对象不在 xy 平面内时，将沿该对象所在平面的法线方向拉伸对象。
- 方向(D)：指定两点，两点的连线表明了拉伸的方向和距离。
- 路径(P)：沿指定路径拉伸对象形成实体或曲面。拉伸时，路径被移动到轮廓的形心位置。路径不能与拉伸对象在同一个平面内，也不能具有较大曲率的区域，否则有可能在拉伸过程中发生自相交的情况。
- 倾斜角(T)：当系统提示“指定拉伸的倾斜角度<0>:”时，输入正的拉伸倾斜角，表示从基准对象逐渐变细地拉伸，而输入负的拉伸倾斜角，则表示从基准对象逐渐变粗地拉伸对象，如图 14-13 所示。用户要注意拉伸倾斜角不能太大，若拉伸实体截面在到达拉伸高度前已经变成一个点，那么系统将提示不能进行拉伸。

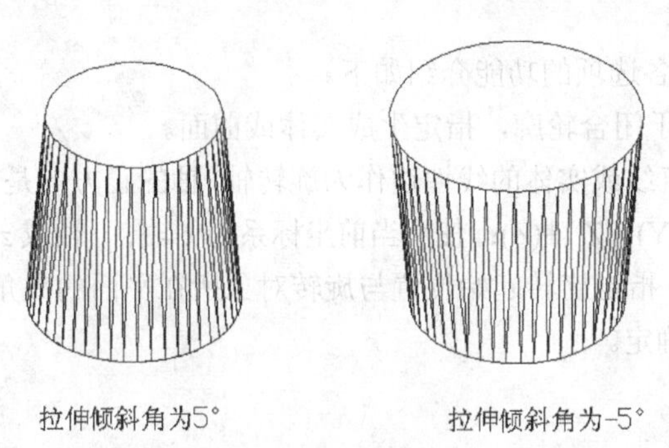

图 14-13 指定拉伸倾斜角

14.4 旋转二维对象以形成实体

使用 REVOLVE 命令可以旋转二维对象生成三维实体或曲面，若二维对象是闭合的，则生成实体，否则生成曲面。用户通过选择直线、指定两点或 x 轴（或 y 轴、z 轴）来确定旋转轴。

使用 REVOLVE 命令可以旋转以下二维对象。

- 直线、圆弧和椭圆弧。
- 面域、二维多段线和二维样条曲线。

【练习 14-4】练习 REVOLVE 命令。

打开素材文件“dwg\第 14 章\14-4.dwg”。

单击【实体】面板上的按钮，启动 REVOLVE 命令。

```
命令: _revolve
选择对象或 [模式(MO)]: 找到 1 个
                    //选择要旋转的对象，该对象是面域，如图 14-14 左图所示
选择对象或 [模式(MO)]:                                  //按 Enter 键
指定旋转轴的起始点或通过选项定义轴 [对象(O)/X 轴(X)/Y 轴(Y)/Z 轴(Z)] <对象>:
                                                        //捕捉端点 A
指定轴的端点:                                           //捕捉端点 B
指定旋转角度或 [起始角度(ST)] <360.0000>:st            //使用“起始角度(ST)”选项
指定起始角度 <0.0000>:-30                               //输入旋转起始角度
指定旋转角度或 [起始角度(ST)] <360.0000>:210            //输入旋转角度
```

启动 HIDE 命令，结果如图 14-14 右图所示。

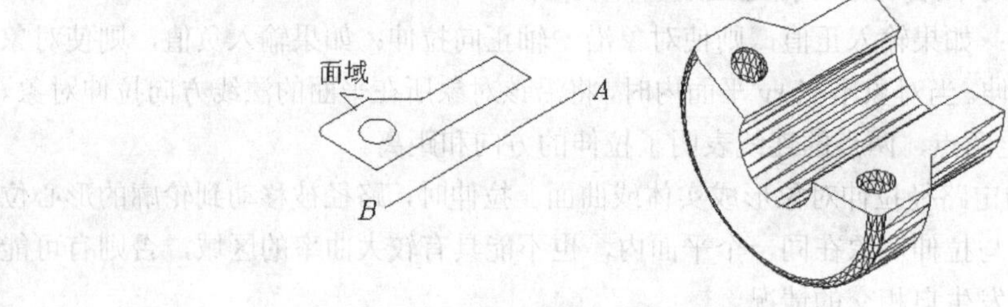

图 14-14 旋转面域形成实体

要点提示 若拾取两点来指定旋转轴，则轴的正向是从第一点指向第二点，旋转角度的正方向通过右手螺旋法则确定。

REVOLVE 命令中各选项的功能介绍如下。

- 模式(MO)：对于闭合轮廓，指定生成实体或曲面。
- 对象(O)：选择直线或实体的线性边作为旋转轴，轴的正方向是从拾取点指向最远端点。
- X 轴(X)、Y 轴(Y)、Z 轴(Z)：使用当前坐标系的 x 轴、y 轴或 z 轴作为旋转轴。
- 起始角度(ST)：指定旋转起始位置与旋转对象所在平面的夹角，角度的正方向通过右手螺旋法则来确定。

14.5 通过扫掠创建实体

使用 SWEEP 命令可以将平面轮廓沿二维路径或三维路径进行扫掠形成实体或曲面，若二维轮廓是闭合的，则生成实体，否则生成曲面。扫掠时，轮廓一般会被移动并被调整到与路径垂直的方向。默认情况下，轮廓形心将与路径起始点对齐，但也可指定轮廓的其他点作为扫掠对齐点。

【练习 14-5】练习 SWEEP 命令。

1. 打开素材文件“dwg\第 14 章\14-5.dwg”。
2. 利用 JOIN 命令将路径曲线 *A* 编辑成一条多段线。
3. 用 SWEEP 命令将面域沿路径扫掠。

单击【实体】面板上的按钮，启动 SWEEP 命令。

```
命令: _sweep
选择要扫掠的对象或 [模式(MO)]: 找到 1 个                    //选择轮廓面域，如图 14-15 左图所示
选择要扫掠的对象或 [模式(MO)]:                              //按 Enter 键
选择扫掠路径或 [对齐(A)/基点(B)/比例(S)/扭曲(T)]: b         //使用“基点(B)”选项
指定基点: _endp                                             //使用端点捕捉
端点                                                        //捕捉 B 点
选择扫掠路径或 [对齐(A)/基点(B)/比例(S)/扭曲(T)]:           //选择路径 A
```

启动 HIDE 命令，结果如图 14-15 右图所示。

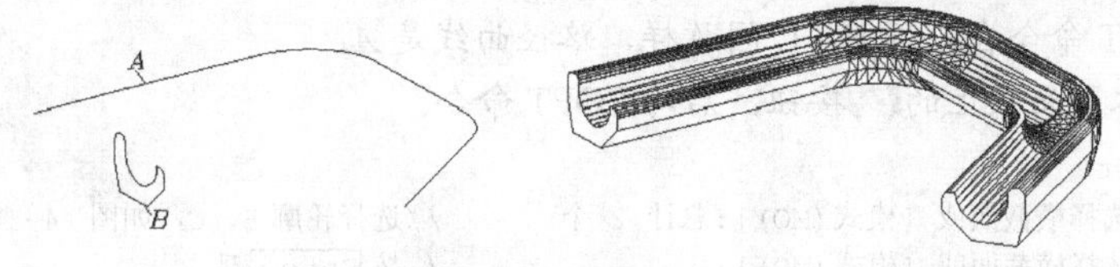

图 14-15　将面域沿路径扫掠

SWEEP 命令中各选项的功能介绍如下。

- 模式(MO)：对于闭合轮廓，指定生成实体或曲面。
- 对齐(A)：指定将轮廓调整到与路径垂直的方向或保持原有方向。默认情况下，系统将使轮廓与路径垂直。
- 基点(B)：指定扫掠时的基点，该点将与路径起始点对齐。
- 比例(S)：路径起始点处的轮廓缩放比例为 1，路径结束处的缩放比例为输入值，中间轮廓沿路径连续变化。与选择点靠近的路径端点是路径的起始点。
- 扭曲(T)：设定轮廓沿路径扫掠时的扭曲角度，扭曲角度应小于 360°。指定扭曲角度后若选择“倾斜”选项，可使轮廓随三维路径自然倾斜。

14.6 通过放样创建实体

使用 LOFT 命令可以对一组平面轮廓曲线进行放样形成实体或曲面，若所有轮廓是闭合的，则生成实体，否则生成曲面，如图 14-16 所示。注意，放样时，轮廓线或是全部闭合，或是全部开放，不能使用既包含开放轮廓又包含闭合轮廓的选择集。

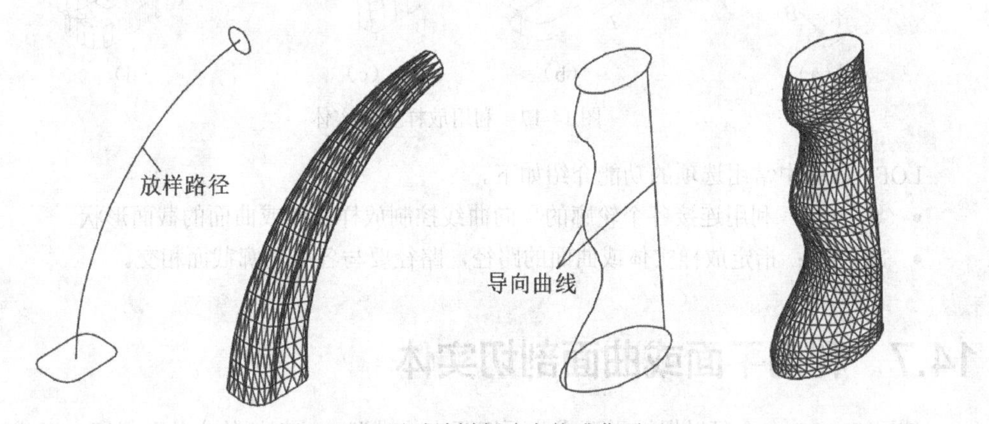

图 14-16　通过放样创建实体或曲面

放样时，实体或曲面中间轮廓的形状可利用放样路径控制，如图 14-16 左图所示。放样路径始于第一个轮廓所在的平面，终于最后一个轮廓所在的平面。使用导向曲线也可以控制放样形状，将轮廓上对应的点通过导向曲线连接起来，使轮廓按预定方式进行变化，如图 14-16 右图所示。轮廓的导向曲线可以有多条，每条导向曲线必须与各轮廓相交，并且始于第一个轮廓，终于最后一个轮廓。

【练习 14-6】练习 LOFT 命令。

1. 打开素材文件“dwg\第 14 章\14-6.dwg”。
2. 利用 JOIN 命令将线条 D、E 编辑成多段线，如图 14-17（b）所示。
3. 用 LOFT 命令在轮廓 B、C 间放样，路径曲线是 A。

单击【实体】面板上的按钮，启动 LOFT 命令。

```
命令: _loft
按放样次序选择横截面或 [模式(MO)]:总计 2 个          //选择轮廓 B、C，如图 14-17（a）所示
按放样次序选择横截面或 [模式(MO)]:                    //按 Enter 键
输入选项 [导向(G)/路径(P)/仅横截面(C)/设置(S)] <仅横截面>:p
                                                    //使用“路径(P)”选项
选择路径曲线:                                        //选择路径曲线 A
```

结果如图 14-17（c）所示。

4. 用 LOFT 命令中在轮廓 F、G、H、I、J 间放样，导向曲线是 D、E。

```
命令: _loft
按放样次序选择横截面或 [模式(MO)]:总计 5 个          //选择轮廓 F、G、H、I、J
按放样次序选择横截面或 [模式(MO)]:                    //按 Enter 键
输入选项 [导向(G)/路径(P)/仅横截面(C)/设置(S)] <仅横截面>:g
                                                    //使用“导向(G)”选项
选择导向曲线: 总计 2 个                              //选择导向曲线 D、E，按 Enter 键结束
```

结果如图 14-17（d）所示。

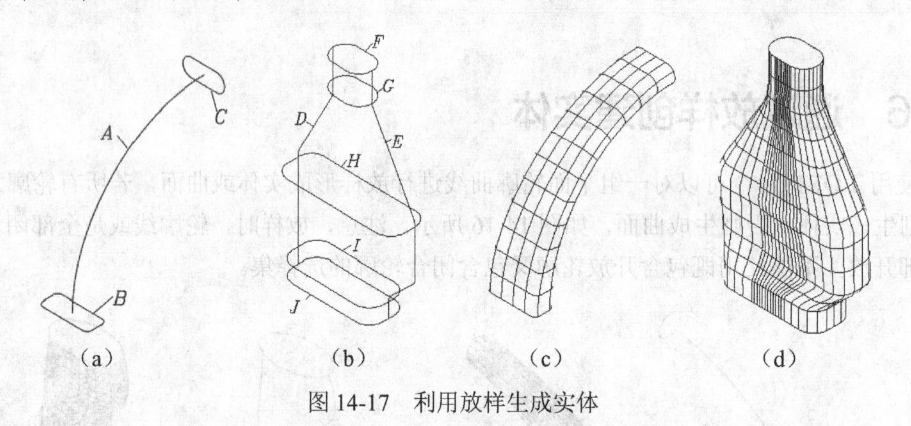

图 14-17 利用放样生成实体

LOFT 命令中常用选项的功能介绍如下。

- 导向(G)：利用连接各个轮廓的导向曲线控制放样实体或曲面的截面形状。
- 路径(P)：指定放样实体或曲面的路径，路径要与各个轮廓截面相交。

14.7 利用平面或曲面剖切实体

使用 SLICE 命令可以根据平面或曲面切开实体模型，被剖切的实体可保留一半或两半都保留。保留部分将保持原实体的图层和颜色特性。剖切方法是先定义剖切平面，然后选定需要

保留的部分。用户可通过 3 点来定义剖切平面，也可指定当前坐标系的 *xy* 平面、*yz* 平面或 *zx* 平面作为剖切平面。

【练习 14-7】练习 SLICE 命令。

1. 打开素材文件“dwg\第 14 章\14-7.dwg”。
2. 单击【实体编辑】面板上的剖切按钮，启动 SLICE 命令。

```
命令: _slice
选择要剖切的对象: 找到 1 个                                  //选择实体，如图 14-18 左图所示
选择要剖切的对象:                                            //按 Enter 键
指定剖切平面起点或 [平面对象(O)/曲面(S)/Z 轴(Z)/视图(V)/XY(XY)/YZ(YZ)/ZX(ZX)/三点(3)]
<三点>://按 Enter 键，利用 3 点定义剖切平面
在平面上指定第一点: _endp                                    //使用端点捕捉
端点                                                         //捕捉端点 A
指定平面上的第二个点: _mid                                   //使用中点捕捉
中点                                                         //捕捉中点 B
指定平面上的第三个点: _mid                                   //使用中点捕捉
中点                                                         //捕捉中点 C
在需求平面的一侧拾取一点或 [保留两侧(B)] <两侧>: //在要保留的那边单击
命令:
_SLICE                                                       //重复命令
选择要剖切的对象: 找到 1 个                                  //选择实体
选择要剖切的对象:                                            //按 Enter 键
指定剖切平面起点或 [平面对象(O)/曲面(S)/Z 轴(Z)/视图(V)/XY(XY)/YZ(YZ)/ZX(ZX)/三点(3)]
<三点>: s
                                                             //使用“曲面(S)”选项
选择曲面: 找到 1 个                                          //选择曲面
选择曲面:                                                    //按 Enter 键
选择要保留的剖切对象或[保留两侧(B)] <两侧>:                  //在要保留的那边单击
```

删除剖切曲面，结果如图 14-18 右图所示。

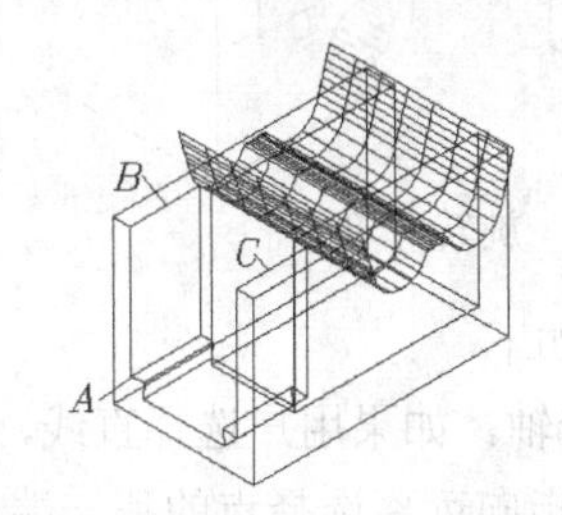

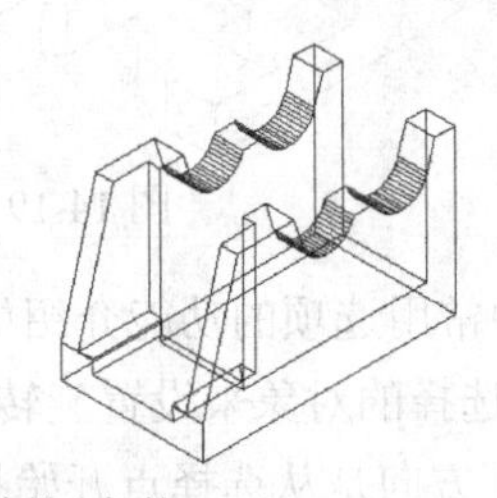

图 14-18　剖切实体

SLICE 命令中常用选项的功能介绍如下。

- 平面对象(O)：将圆、椭圆、圆弧或椭圆弧、二维样条曲线或二维多段线等对象所在的平面作为剖切平面。
- 曲面(S)：指定曲面作为剖切面。
- Z 轴(Z)：通过指定剖切平面的法线方向来确定剖切平面。
- 视图(V)：剖切平面与当前视图平面平行。
- XY(XY)、YZ(YZ)、ZX(ZX)：用坐标系的 *xy*、*yz* 或 *zx* 平面剖切实体。

14.8　三维移动及复制

用户可以使用 MOVE、COPY 命令在三维空间中移动及复制对象，操作方式与在二维空间中一样，只不过当通过输入距离来移动对象时，必须输入沿 *x* 轴、*y* 轴、*z* 轴 3 个方向的距离值。

在三维空间中移动或复制对象时，若打开正交或极轴追踪模式，就可以很方便地沿坐标轴方向移动或复制对象，此时只需输入移动或复制的距离就能完成操作。

14.9 三维旋转

使用 ROTATE 命令仅能在 *xy* 平面内旋转对象，即旋转轴只能是 *z* 轴。ROTATE3D 命令是 ROTATE 的 3D 版本，使用该命令能绕着 3D 空间中的任意轴旋转对象。

【练习 14-8】练习 ROTATE3D 命令。

1. 打开素材文件“dwg\第 14 章\14-8.dwg”。
2. 单击【三维操作】面板上的 三维旋转 按钮，启动 ROTATE3D 命令。

```
命令: _rotate3d
选择对象: 找到 1 个                          //选择要旋转的对象
选择对象:                                   //按 Enter 键
指定旋转轴的起始点或通过选项定义轴 [对象(O)/上一次(L)/视图(V)/X 轴(X)/Y 轴(Y)/Z 轴(Z)/两点(2)]:
                                            //指定旋转轴上的第一点 A，如图 14-19 左图所示
指定轴的终止点:                              //指定旋转轴上的第二点 B
指定旋转角度或参考角度(R): -90                //输入旋转角度
```

结果如图 14-19 右图所示。

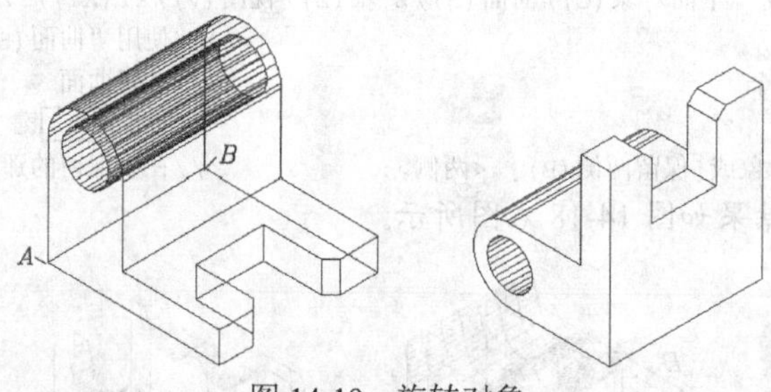

图 14-19 旋转对象

ROTATE3D 命令中常用选项的功能介绍如下。

- 对象(O)：根据选择的对象来设置旋转轴。如果用户选择直线，则该直线就是旋转轴，而且旋转轴的正方向是从选择点开始指向远离选择点的那一端。若选择了圆或圆弧，则旋转轴通过圆心并与圆或圆弧所在的平面垂直。
- 上一次(L)：将上一次使用 ROTATE3D 命令时定义的轴作为当前旋转轴。
- 视图(V)：旋转轴垂直于当前视区，并通过用户选取的点。
- X 轴(X)、Y 轴(Y)、Z 轴(Z)：旋转轴平行于坐标轴，并通过用户选取的点。
- 两点(2)：通过指定两点来设置旋转轴。
- 指定旋转角度：输入正的或负的旋转角，角度正方向由右手螺旋法则确定。
- 参考角度(R)：选择该选项，系统提示“指定参考角度”，输入参考角度或拾取两点指定参考角度，当系统继续提示“输入新的角度”时，再输入新的角度或拾取另外两点指定新参考角度，新参考角度减去初始参考角度就是实际旋转角度。常用该选项将 3D 对象从最初位置旋转到与某一方向对齐的另一位置。

使用 ROTATE3D 命令时，用户应注意确定旋转轴的正方向。当旋转轴平行于坐标轴时，坐标轴的方向就是旋转轴的正方向，若用户通过两点来指定旋转轴，则轴的正方向是从第一个选取点指向第二个选取点。

14.10 三维阵列

3DARRAY 命令是二维 ARRAY 命令的 3D 版本。用户可以使用该命令在三维空间中创建对象的矩形阵列或环形阵列。

【练习 14-9】练习 3DARRAY 命令。

打开素材文件“dwg\第 14 章\14-9.dwg”。

单击【三维操作】面板上的三维阵列按钮，启动 3DARRAY 命令。

```
命令: _3darray
选择对象: 找到 1 个                              //选择要阵列的对象，如图 14-20 所示
选择对象:                                        //按Enter键
输入阵列类型 [矩形(R)/环形(P)] <矩形>: //指定矩形阵列
输入行数 (---) <1>: 2                            //输入行数，行的方向平行于 x 轴
输入列数 (|||) <1>: 3                            //输入列数，列的方向平行于 y 轴
输入层数 (...) <1>: 3                            //指定层数，层数表示沿 z 轴方向的分布数目
指定行间距 (---): 50                  //输入行间距，如果输入负值，阵列方向将沿 x 轴反方向
指定列间距 (|||): 80                  //输入列间距，如果输入负值，阵列方向将沿 y 轴反方向
指定层间距 (...): 120                 //输入层间距，如果输入负值，阵列方向将沿 z 轴反方向
```

启动 HIDE 命令，结果如图 14-20 所示。

如果选择“环形(P)”选项，就能创建环形阵列，系统提示如下。

```
输入阵列中的项目数目: 6                              //输入环形阵列的数目
指定要填充的角度 (+=逆时针, -=顺时针) <360>:          //按Enter键
是否旋转阵列中的对象?[是(Y)/否(N)] <是>: //按Enter键，则阵列对象的同时还会旋转对象
指定阵列的圆心:                                    //指定旋转轴的第一点 A，如图 14-21 所示
指定旋转轴上的第二点:                              //指定旋转轴的第二点 B
```

启动 HIDE 命令，结果如图 14-21 所示。

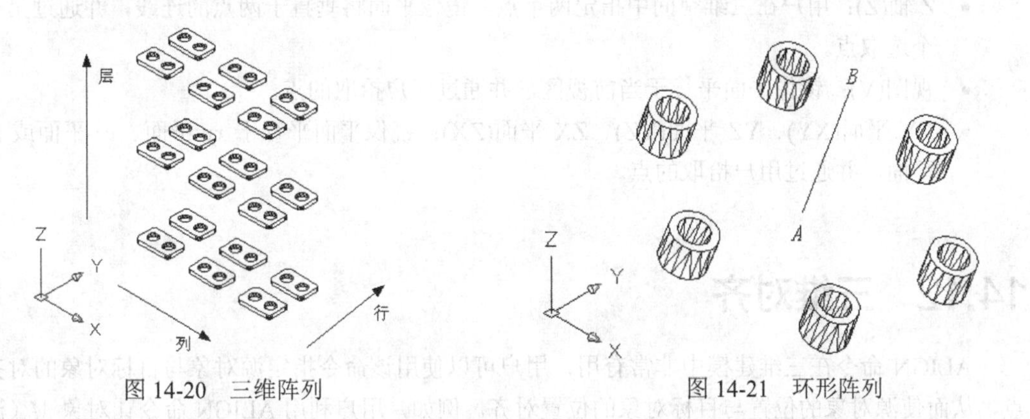

图 14-20 三维阵列　　图 14-21 环形阵列

环形阵列时，旋转轴的正方向是从第 1 个指定点指向第 2 个指定点，沿该方向伸出大拇指再握拳，则其他 4 个手指的弯曲方向就是旋转轴的正方向。

14.11 三维镜像

如果镜像线是当前坐标系 xy 平面内的直线，则使用常见的 MIRROR 命令就可对 3D 对象进行镜像复制。但若想以某个平面作为镜像平面来创建 3D 对象的镜像复制，就必须使用 MIRROR3D 命令。如图 14-22 所示，把 A、B、C 3 点定义的平面作为镜像平面，对实体进行镜像。

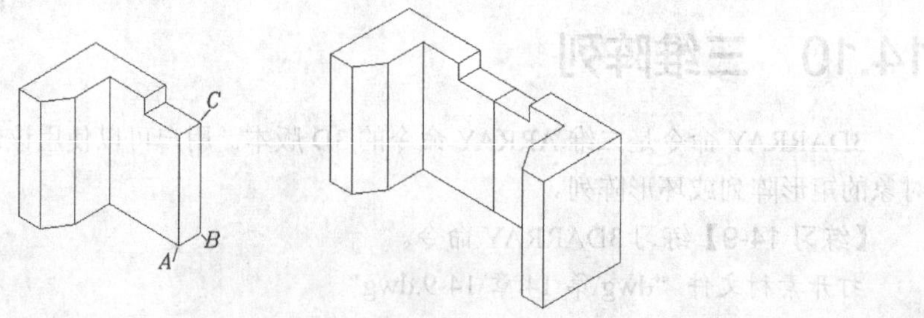

图 14-22 三维镜像

【练习 14-10】练习 MIRROR3D 命令。

1. 打开素材文件"dwg\第 14 章\14-10.dwg"。
2. 单击【三维操作】面板上的 三维镜像 按钮，启动 MIRROR3D 命令。

```
命令: _mirror3d
选择对象: 找到 1 个                                              //选择要镜像的对象
选择对象:                                                        //按 Enter 键
指定镜像平面上的第一个点(三点)或[对象(O)/上一次(L)/Z 轴(Z)/视图(V)/XY 平面(XY)/YZ 平面
(YZ)/ZX 平面(ZX)/三点(3)] <三点>:                                //按 Enter 键
指定平面上的第一个点:       //利用 3 点指定镜像平面，捕捉第一点 A，如图 14-22 左图所示
指定平面上的第二个点:                                            //捕捉第二点 B
指定平面上的第三个点:                                            //捕捉第三点 C
删除源实体[是(Y)/否(N)] <否>:                                    //按 Enter 键不删除源对象
```

结果如图 14-22 右图所示。

MIRROR3D 命令有以下选项，利用这些选项可以在三维空间中定义镜像平面。

- 对象(O)：将圆、圆弧、椭圆及 2D 多段线等二维对象所在的平面作为镜像平面。
- 上一次(L)：指定上一次 MIRROR3D 命令使用的镜像平面作为当前镜像平面。
- Z 轴(Z)：用户在三维空间中指定两个点，镜像平面将垂直于两点的连线，并通过第一个选取点。
- 视图(V)：镜像平面平行于当前视区，并通过用户拾取的点。
- XY 平面(XY)、YZ 平面(YZ)、ZX 平面(ZX)：镜像平面平行于 *xy* 平面、*yz* 平面或 *zx* 平面，并通过用户拾取的点。

14.12 三维对齐

ALIGN 命令在三维建模中非常有用，用户可以使用该命令指定源对象与目标对象的对齐点，从而使源对象的位置与目标对象的位置对齐。例如，用户利用 ALIGN 命令让对象 *M*（源对象）的某一平面上的 3 点与对象 *N*（目标对象）的某一平面上的 3 点对齐，操作完成后，*M*、*N* 两对象将组合在一起，如图 14-23 所示。

【练习 14-11】练习 ALIGN 命令。

1. 打开素材文件"dwg\第 14 章\14-11.dwg"。
2. 单击【修改】面板上的 按钮，启动 ALIGN 命令。

```
命令: _align
选择对象: 找到 1 个                    //选择要对齐的对象
选择对象:                              //按 Enter 键
指定第一个源点:                        //捕捉源对象上的第一点 A，如图 14-23 左图所示
```

```
指定第一个目标点：                    //捕捉目标对象上的第一点D
指定第二个源点：                      //捕捉源对象上的第二点B
指定第二个目标点：                    //捕捉目标对象上的第二点E
指定第三个源点或 <继续>：             //捕捉源对象上的第三点C
指定第三个目标点：                    //捕捉目标对象上的第三点F
```

结果如图 14-23 右图所示。

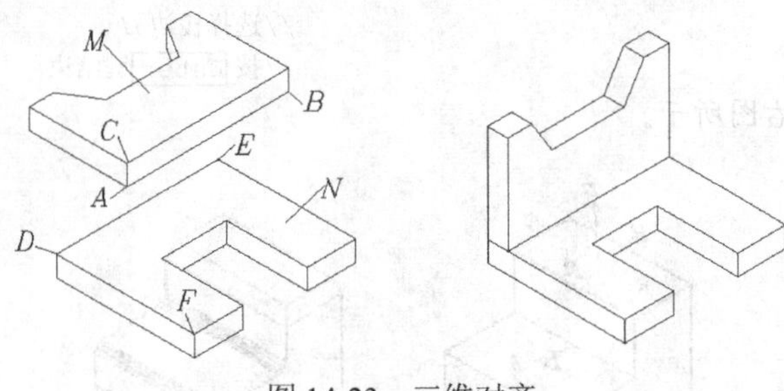

图 14-23 三维对齐

使用 ALIGN 命令时，用户不必指定所有的 3 对对齐点。下面说明提供不同数量的对齐点时，系统如何移动源对象。

- 如果仅指定一对对齐点，系统就把源对象由第 1 个源点移动到第 1 目标点处。
- 若指定两对对齐点，则系统移动源对象后，将使两个源点的连线与两个目标点的连线重合，并让第 1 个源点与第 1 个目标点也重合。
- 如果用户指定 3 对对齐点，那么命令结束后，3 个源点定义的平面将与 3 个目标点定义的平面重合在一起。选择的第 1 个源点要移动到第 1 个目标点的位置，前两个源点的连线与前两个目标点的连线重合。第 3 个目标点的选取顺序若与第 3 个源点的选取顺序一致，则两个对象平行对齐，否则相对对齐。

14.13 三维倒圆角及倒角

使用 FILLET 和 CHAMFER 命令可以对二维对象进行倒圆角及倒角操作，它们的用法已在第 2 章中介绍过。对于三维实体，同样可用这两个命令创建圆角和倒角，其操作方式与在二维对象略有不同。

【练习 14-12】在三维空间使用 FILLET、CHAMFER 命令。

打开素材文件“dwg\第 14 章\14-12.dwg”，用 FILLET、CHAMFER 命令给 3D 对象倒圆角及倒角。

```
命令：_fillet
选取第一个对象或 [多段线(P)/半径(R)/修剪(T)/多个(M)/放弃(U)]：
                                      //选择棱边A，如图14-24左图所示
圆角半径<25.0000>: 15                 //输入圆角半径
选择边或 [链(C)/半径(R)]：            //选择棱边B
选择边或 [链(C)/半径(R)]：            //选择棱边C
选择边或 [链(C)/半径(R)]：            //按Enter键结束
命令：_chamfer
选择第一条直线或 [多段线(P)/距离(D)/角度(A)/方式(E)/修剪(T)/多个(M)/放弃(U)]：
                                      //选择棱边E，如图14-24左图所示
                                      //平面D虚线显示，该面是倒角基面
```

```
输入曲面选择选项 [下一个(N)/当前(OK)] <当前(OK)>:
                                                //按 Enter 键
指定基准对象的倒角距离 <5.0000>: 10             //输入基面内的倒角距离
指定另一个对象的倒角距离 <10.0000>: 30          //输入另一平面内的倒角距离
选择边或[环(L)]:                                //选择棱边 E
选择边或[环(L)]:                                //选择棱边 F
选择边或[环(L)]:                                //选择棱边 G
选择边或[环(L)]:                                //选择棱边 H
选择边或[环(L)]:                                //按 Enter 键结束
```

结果如图 14-24 右图所示。

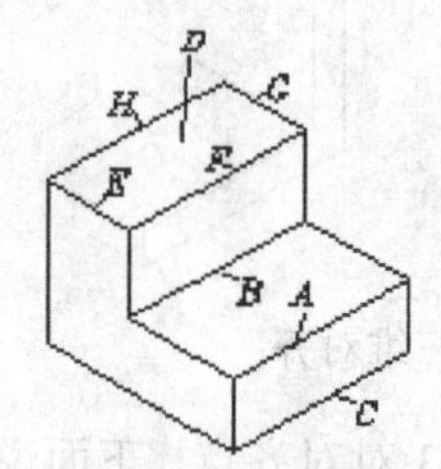

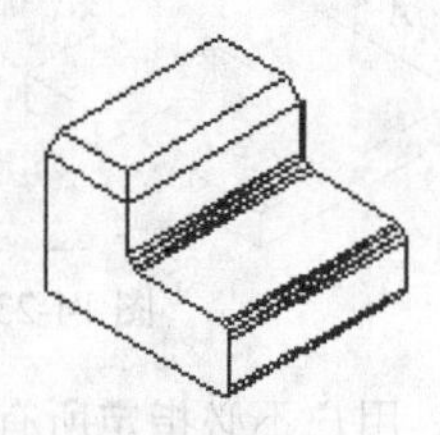

图 14-24　三维倒圆角及倒角

14.14　与实体显示有关的系统变量

与实体显示有关的系统变量有 ISOLINES、FACETRES、DISPSILH，分别介绍如下。

- ISOLINES：用于设定实体表面网格线的数量，如图 14-25 所示。
- FACETRES：用于设置实体消隐或渲染后的表面网格密度。此变量值的范围为 0.01～10.0，值越大表明网格越密，消隐或渲染后的表面越光滑，如图 14-26 所示。
- DISPSILH：用于控制消隐时是否显示实体表面的网格线。若此变量值为 0，则显示网格线；若为 1，则不显示网格线，如图 14-27 所示。

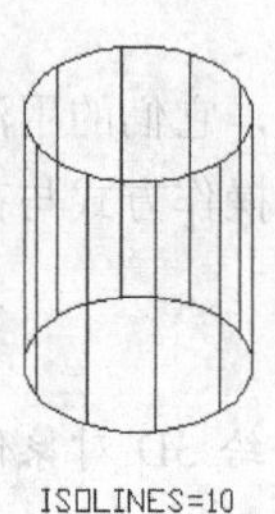

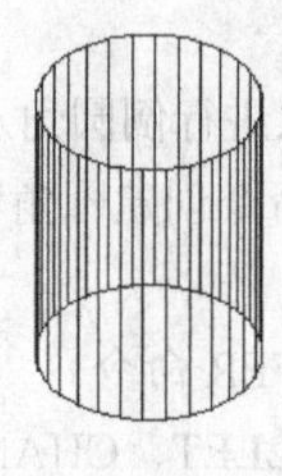

图 14-25　ISOLINES 变量

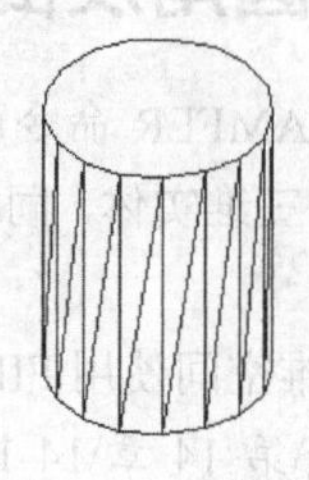

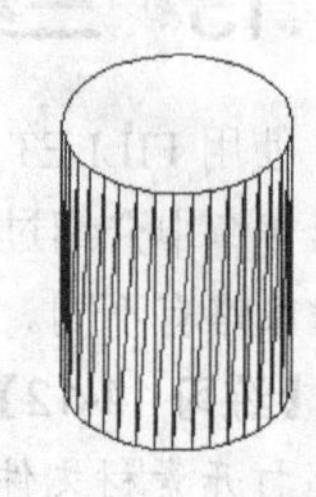

图 14-26　FACETRES 变量

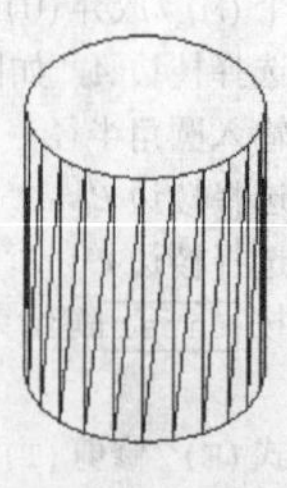

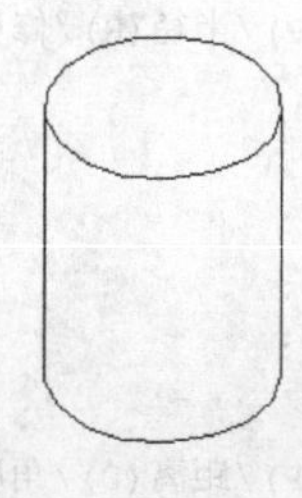

图 14-27　DISPSILH 变量

14.15 用户坐标系

默认情况下，中望机械 CAD 使用的是世界坐标系，该坐标系是一个固定坐标系。用户也可在三维空间中建立自己的坐标系（UCS），该坐标系是一个可变动的坐标系，坐标轴正向按右手螺旋法则确定。三维绘图时，UCS 特别有用，用户可以在任意位置、沿任意方向建立 UCS，从而使三维绘图变得更加容易。

在中望机械 CAD 中，多数 2D 命令只能在当前坐标系的 *xy* 平面或与 *xy* 平面平行的平面内执行。若用户想在三维空间的某一平面内使用 2D 命令，则应在此平面位置创建新的 UCS。

【练习 14-13】在三维空间中创建坐标系。

1. 打开素材文件“dwg\第 14 章\14-13.dwg”。
2. 改变坐标原点。键入 UCS 命令，系统提示如下。

```
命令: UCS
指定 UCS 的原点或 [?/面(F)/3 点(3)/删除(D)/对象(OB)/原点(O)/上一个(P)/还原(R)/保存(S)/
视图(V)/X/Y/Z/Z 轴(ZA)/世界(W)] <世界>:
                                                    //捕捉 A 点，如图 14-28 所示
指定 X 轴上的点或 <接受>:                             //按 Enter 键
```

结果如图 14-28 所示。

3. 将 UCS 绕 *x* 轴旋转 90°。

```
命令: UCS
指定 UCS 的原点或 [?/面(F)/3 点(3)/删除(D)/对象(OB)/原点(O)/上一个(P)/还原(R)/保存(S)/
视图(V)/X/Y/Z/Z 轴(ZA)/世界(W)] <世界>: x //使用“X”选项
输入绕 X 轴的旋转角度 <90>: 90                          //输入旋转角度
```

结果如图 14-29 所示。

4. 利用三点定义新坐标系。

```
命令: UCS
指定 UCS 的原点或 [?/面(F)/3 点(3)/删除(D)/对象(OB)/原点(O)/上一个(P)/还原(R)/保存(S)/
视图(V)/X/Y/Z/Z 轴(ZA)/世界(W)] <世界>:
                                                    //捕捉 B 点，如图 14-30 所示
指定 X 轴上的点或 <接受>:                             //捕捉 C 点
指定 XY 平面上的点或 <接受>:                          //捕捉 D 点
```

结果如图 14-30 所示。

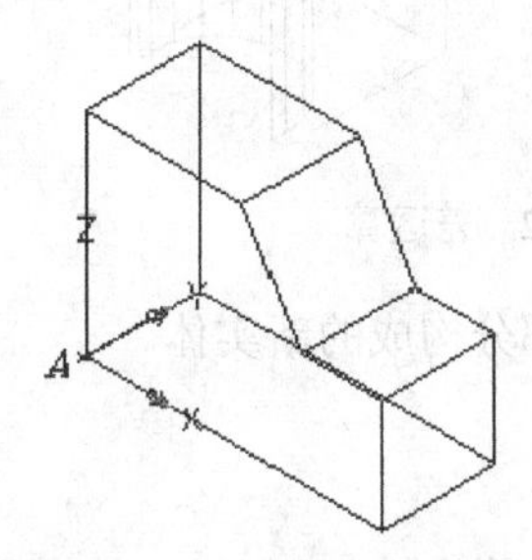

图 14-28 改变坐标原点

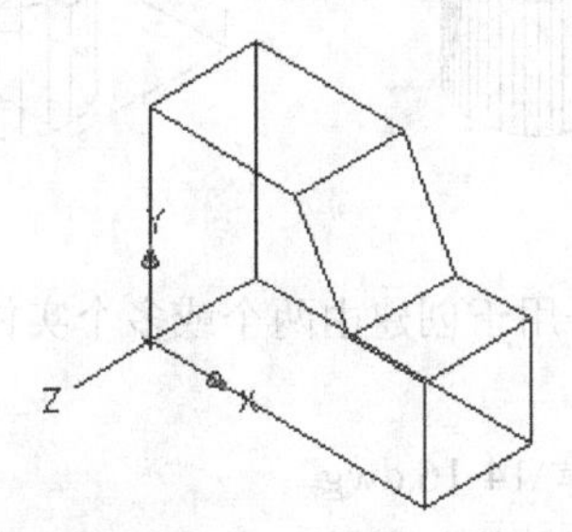

图 14-29 将坐标系绕 *x* 轴旋转 90°

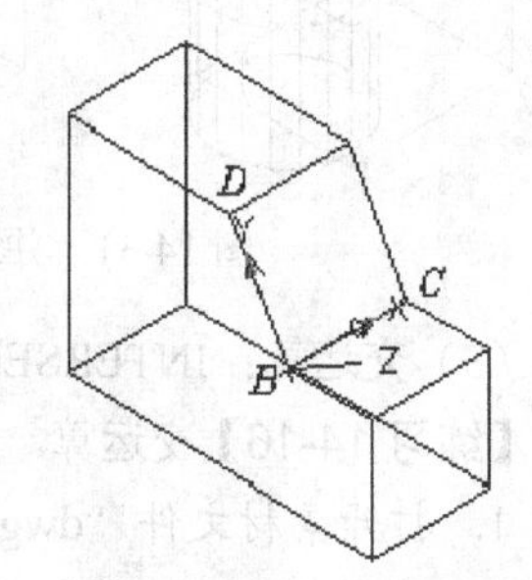

图 14-30 利用三点定义坐标系

除了用 UCS 命令改变坐标系外，也可打开动态 UCS 功能，使 UCS 的 *xy* 平面在绘图过程中自动与某一平面对齐。按下状态栏上的按钮，就能打开动态 UCS 功能。启动二维或三维绘图命令，将光标移动到要绘图的实体面，该实体面以虚线形式显示，表明坐标系的 *xy* 平面临时与实体面对齐，绘制的对象将处于此面内。绘图完成后，UCS 又返回原来的状态。

14.16　利用布尔运算构建复杂的实体模型

前面已经介绍了创建基本三维实体及将二维对象转换成三维实体的方法。将这些简单实体放在一起，然后进行布尔运算就能构建复杂的实体模型。

布尔运算包括并运算、差运算和交运算。

（1）并运算：UNION 命令用于将两个或多个实体合并在一起形成新的单一实体。操作对象既可以是相交的，也可是分离的。

【练习 14-14】并运算。

1. 打开素材文件“dwg\第 14 章\14-14.dwg”。
2. 单击【布尔运算】面板上的■按钮或键入 UNION 命令，系统提示如下。

```
命令: _union
选择对象求和: 找到 2 个                      //选择圆柱体及长方体，如图 14-31 左图所示
选择对象求和:                                //按 Enter 键
```

结果如图 14-31 右图所示。

（2）差运算：SUBTRACT 命令用于将实体构成的一个选择集从另一个选择集中减去。操作时，用户首先选择被减对象，构成第一选择集，然后选择要减去的对象，构成第二选择集，操作结果是第一选择集减去第二选择集后形成的新对象。

【练习 14-15】差运算。

1. 打开素材文件“dwg\第 14 章\14-15.dwg”。
2. 单击【布尔运算】面板上的□按钮或键入 SUBTRACT 命令，系统提示如下。

```
命令: _subtract
选择要从中减去的实体,曲面和面域: 找到 1 个          //选择长方体，如图 14-32 左图所示
选择要从中减去的实体,曲面和面域:                    //按 Enter 键
选择要减去的实体,曲面和面域: 找到 1 个              //选择圆柱体
选择要减去的实体,曲面和面域:                        //按 Enter 键
```

结果如图 14-32 右图所示。

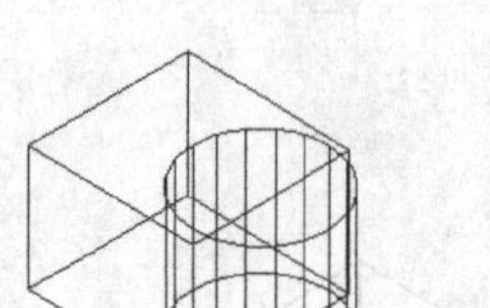

图 14-31　并运算

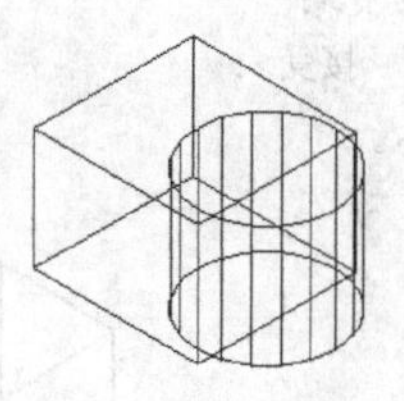

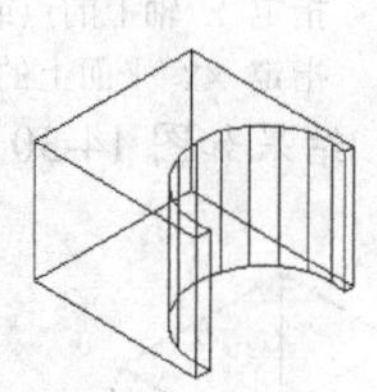

图 14-32　差运算

（3）交运算：INTERSECT 命令用于创建由两个或多个实体重叠部分构成的新实体。

【练习 14-16】交运算。

1. 打开素材文件“dwg\第 14 章\14-16.dwg”。
2. 单击【布尔运算】面板上的■按钮或键入 INTERSECT 命令，系统提示如下。

```
命令: _intersect
选取要相交的对象:                       //选择圆柱体和长方体，如图 14-33 左图所示
选取要相交的对象:                       //按 Enter 键
```

结果如图 14-33 右图所示。

【练习 14-17】创建图 14-34 所示支撑架的实体模型，演示三维建模的过程。

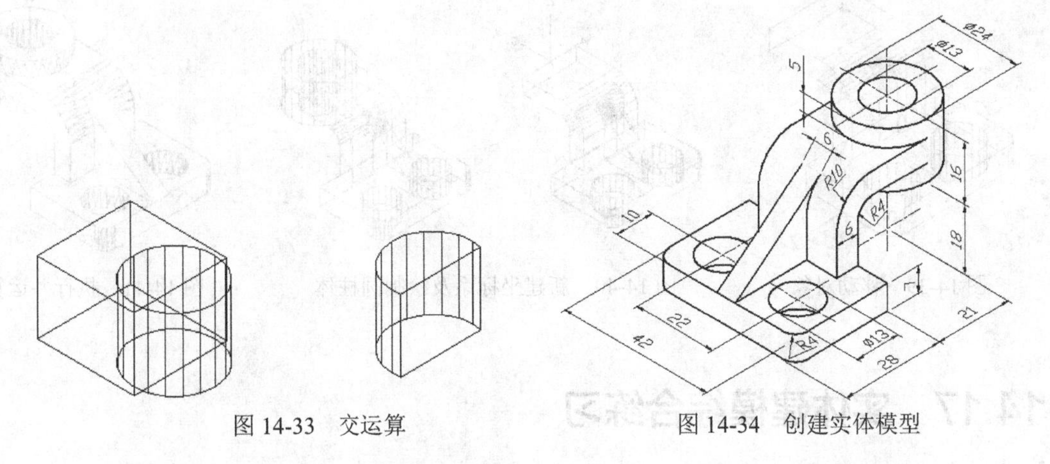

图 14-33 交运算　　　　图 14-34 创建实体模型

1. 创建一个新文件。

2. 打开【视图】面板上的【视图控制】下拉列表，选择【东南等轴测】选项，切换到东南等轴测视图。在 *xy* 平面上绘制底板的轮廓，并将其创建成面域，结果如图 14-35 所示。

3. 拉伸面域形成底板的实体模型，结果如图 14-36 所示。

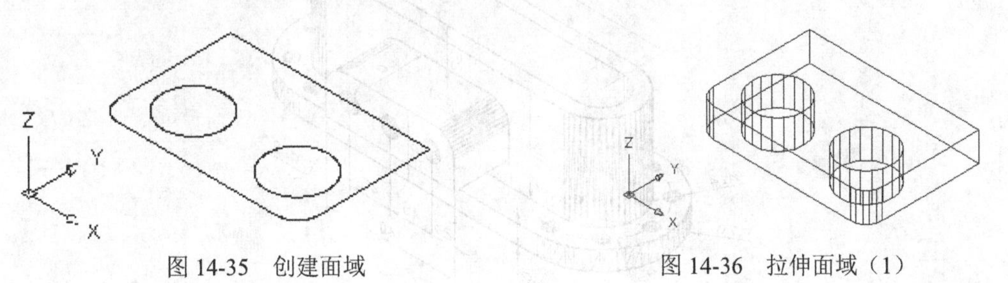

图 14-35 创建面域　　　　图 14-36 拉伸面域（1）

4. 建立新的用户坐标系，在 *xy* 平面上绘制弯板及三角形筋板的二维轮廓，并将其创建成面域，结果如图 14-37 所示。

5. 拉伸面域 *A*、*B*，形成弯板及筋板的实体模型，结果如图 14-38 所示。

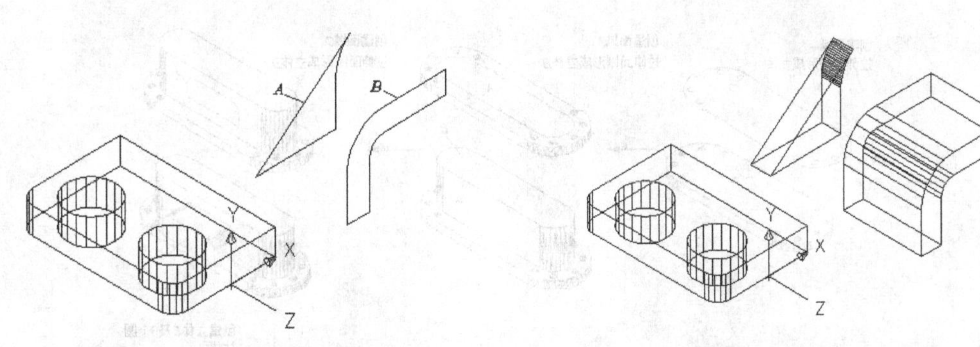

图 14-37 新建坐标系及创建面域　　　　图 14-38 拉伸面域（2）

6. 用 MOVE 命令将弯板及筋板移动到正确的位置，结果如图 14-39 所示。

7. 建立新的用户坐标系，如图 14-40 左图所示，再绘制两个圆柱体，结果如图 14-40 右图所示。

8. 合并底板、弯板、筋板及大圆柱体，使其成为单一实体，然后从该实体中去除小圆柱体，结果如图 14-41 所示。

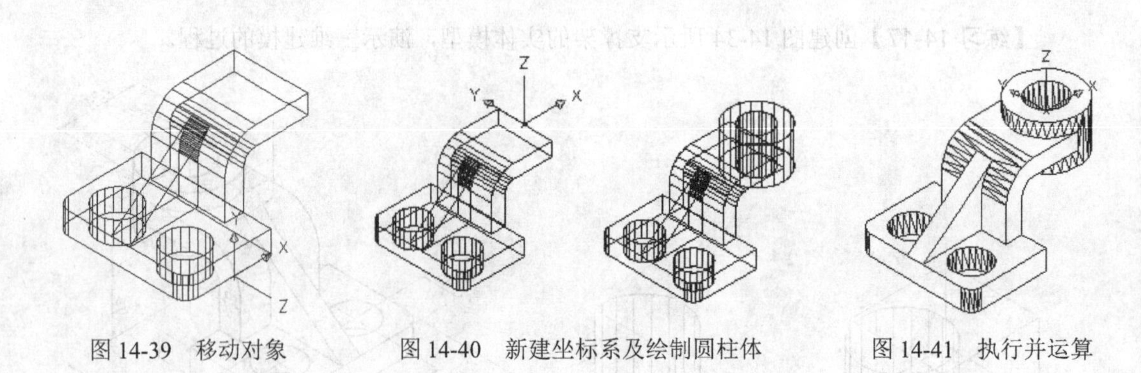

图 14-39 移动对象　　图 14-40 新建坐标系及绘制圆柱体　　图 14-41 执行并运算

14.17 实体建模综合练习

【练习 14-18】绘制图 14-42 所示立体的实体模型。

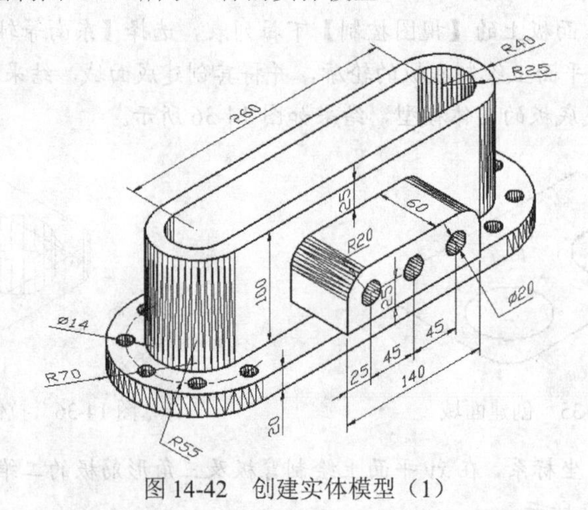

图 14-42 创建实体模型（1）

主要作图步骤如图 14-43 所示。

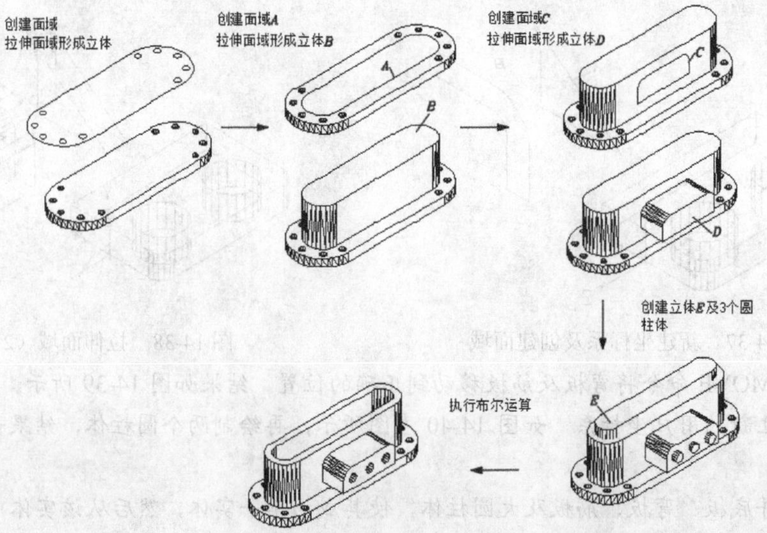

图 14-43 主要作图步骤（1）

【练习 14-19】绘制图 14-44 所示立体的实体模型。

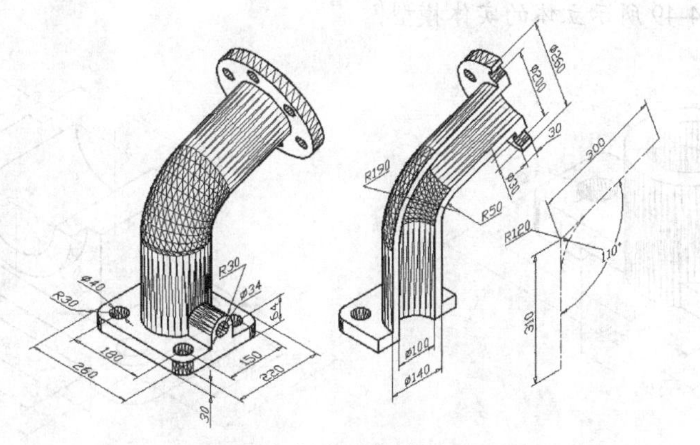

图 14-44 创建实体模型（2）

主要作图步骤如图 14-45 所示。

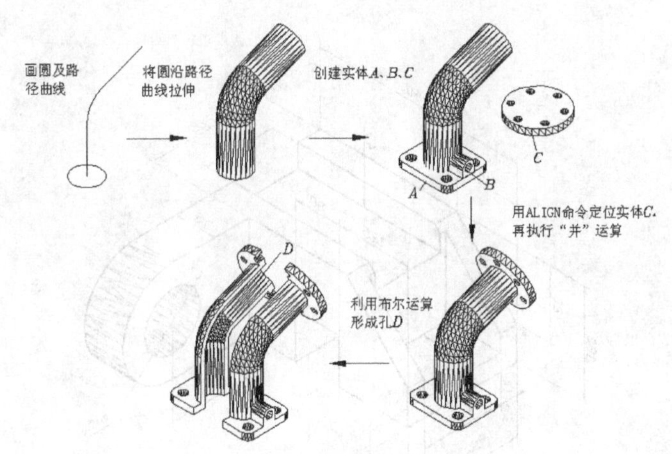

图 14-45 主要作图步骤（2）

14.18 习题

1. 绘制图 14-46 所示平面立体的实体模型。
2. 绘制图 14-47 所示曲面立体的实体模型。

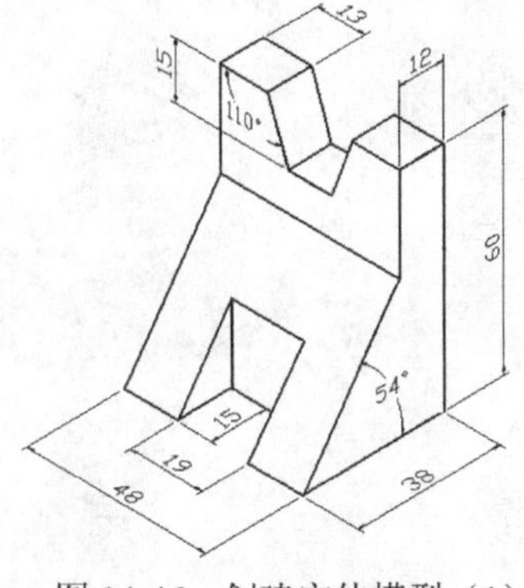

图 14-46 创建实体模型（1）

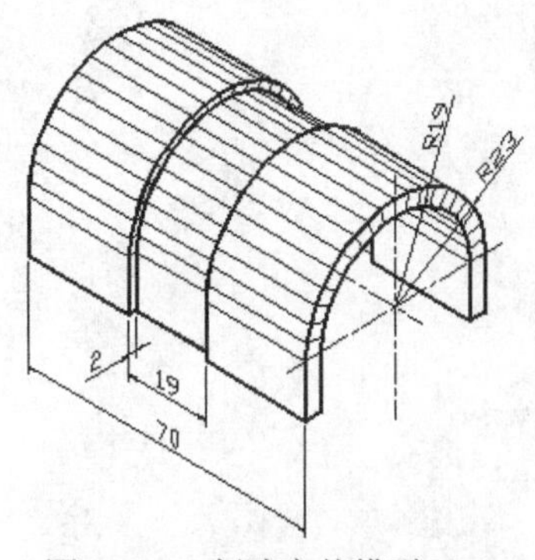

图 14-47 创建实体模型（2）

3. 绘制图 14-48 所示立体的实体模型。

4. 绘制图 14-49 所示立体的实体模型。

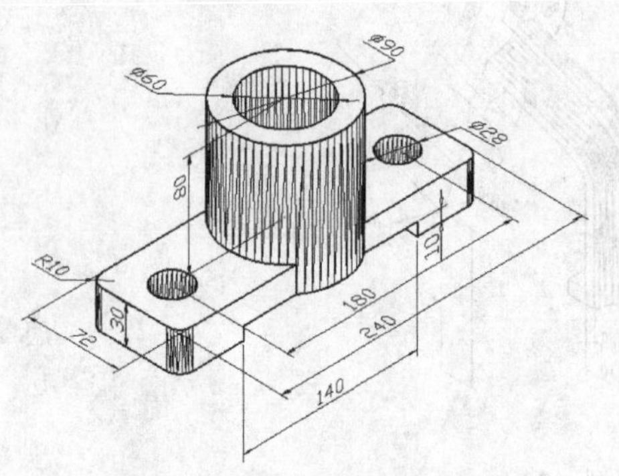

图 14-48 创建实体模型（3）

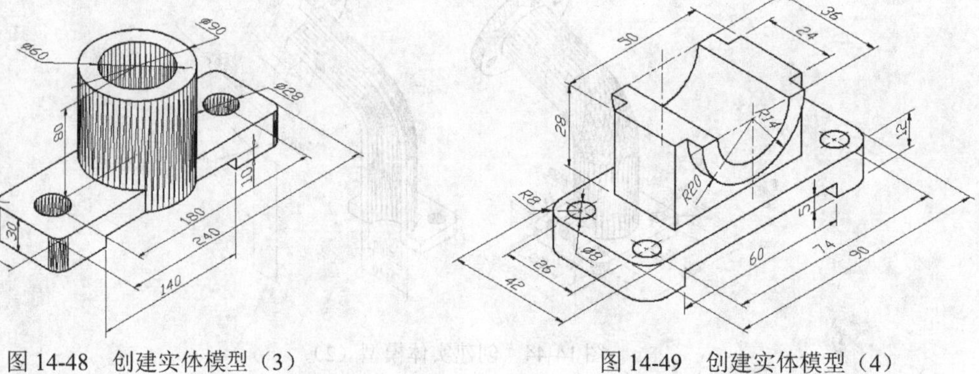

图 14-49 创建实体模型（4）

5. 绘制图 14-50 所示立体的实体模型。

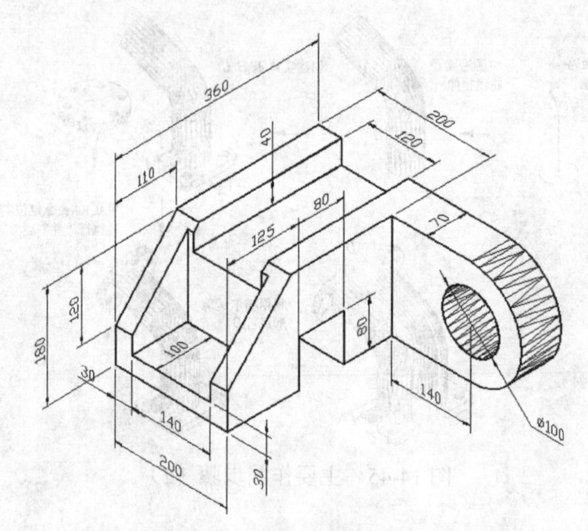

图 14-50 创建实体模型（5）